KB044314

한국산업인력공단 출제기준에 따른 최신판!!

# 한식 조리기능사 필기 실기

저자 무료 동영상 강의

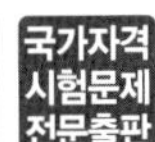

## 하현숙

- 상명대학교 이학박사, 국가공인 조리기능장
- 現) RGM 컨설팅 메뉴개발소장
- 現) 강릉영동대학교 호텔조리과 외래교수
- 現) 대한민국 국제요리 경연대회 심사위원
- 서울특별시 전통음식 계승 아카데미 강사
- 상명대학교 외식영양학과 외래교수
- 신한대학교 호텔조리과, 용인대학교 식품영양학과 외래교수
- 국가기술자격 조리기능사 실기시험 감독위원
- 저서 : 떡 제조기능사(단독)

## 남자숙

- 경희대학교 조리외식경영학박사, 음식디미방 기능장
- 現) (주)에이프로에프앤디 외식사업본부장
- 現) 대한민국 국제요리 경연대회 심사위원
- 現) 고문헌 음식디미방 전문강사 및 서울지회장
- 국제대학교 호텔조리과 외래교수
- 을지대학교 호텔조리과 외래교수
- 오산대학교 호텔조리과 외래교수
- 국가기술자격 조리기능사 실기시험 감독위원
- 저서 : 돈 되는 반찬(공저)

## 김남희

- 경기대학교 외식조리학 석사, 국가공인 조리기능장
- 現) 서울특별시 북부여성발전센터 조리강사
- 現) 국제호텔직업전문학교 외래강사
- 現) 노원 50 플러스 센터 강사
- 영동대학교 호텔조리과 외래교수
- 한국 조리직업 전문학교 전문강사
- 제일병원 영양사
- 국가기술자격 조리기능사 실기시험 감독위원
- 저서 : 돈 되는 반찬(공저), 사랑하는 마음으로 만드는 이유식

# 들어가는 말

흔히 4차 산업혁명시대는 자격증과 기술력시대라고 말합니다. 산업의 커다란 변화 속에 외식산업의 눈부신 발전은 곧 조리사라는 직업의 선호도를 높여, 현재 각 대학에서 많은 인력이 양성되고 있습니다.
그것은 곧 외식산업의 발전과 더불어 안전하고 건강한 식생활을 주도할 전문 인력의 배출이 절실한 시기이기도 하고, 양성된 전문인력이 국민들의 식생활을 책임져 가고 있기 때문이라 생각합니다. 앞으로도 지속적인 경제성장과 소득 증가, 여성들의 사회활동 증가, 1인 가구 증가 등으로 외식 산업의 눈부신 성장에 대한 준비는 미래를 준비하는 일임에는 틀림이 없을 것입니다.

본 교재는 조리사의 첫 관문인 한식조리기능사에 도전하는 수험생들에게 합격의 영광을 안겨 드리기 위해 최선을 다해 집필하였습니다.
2020년부터 개편된 필기시험은 상호면제 제도가 폐지되면서 각 분야의 전문성 확립을 위해 제정된 NCS 학습 모듈에 기반하여 최대한 쉽게 기술하였으며 특히, 수험생들이 어려워하는 원가계산 부분을 쉽게 이해할 수 있도록 기출문제를 중심으로 정확하게 풀어가는 과정을 설명하는 데 만전을 기했습니다. 그 무엇보다 원가계산은 현업에서 꼭 필요한 부분이기 때문입니다.

또한 CBT(Computer Based Training) 방식의 필기시험을 위해 시행한 문제를 복원하여 각 문항마다 해설을 수록하여 수험생 여러분의 이해를 최대한 돕고, 필기와 실기를 한 권으로 엮어 집중학습이 가능하도록 하였으니, 이 교재를 통해 자격증 취득은 물론 앞으로 우리 한식을 세계화하는 데 밑거름이 되어 주면 더 바랄 것이 없을 것 같습니다.

수험생 여러분!
여러분들의 한식조리기능사 도전에 힘찬 박수를 보내며, 이 교재의 출판을 위해 힘써 주신 크라운출판사 관계자 여러분께 깊이 감사드립니다.

저자 드림

# 조리기능사 자격시험가이드

## 시행처

한국산업인력공단(www.hrdkorea.or.kr)

## 개요

한식조리 부문에 배속되어 제공될 음식에 대한 계획을 세우고 조리할 재료를 선정, 구입 검수하고 선정된 재료를 적정한 조리기구를 사용하여 조리 업무를 수행하며 음식을 제공하는 장소에서 조리시설 및 기구를 위생적으로 관리 · 유지하고, 필요한 각종 재료를 구입, 위생학적 · 영양학적으로 저장 · 관리하면서 제공될 음식을 조리 · 제공하기 위한 전문인력을 양성하기 위하여 자격제도를 제정하였다.

## 수행 직무

제공될 음식에 대한 계획을 세우고 조리할 재료를 선정, 구입, 검수하고 선정된 재료를 적정한 조리기구를 사용하여 조리업무를 수행한다. 또한 음식을 제공하는 장소에서 조리시설 및 기구를 위생적으로 관리 · 유지하고, 필요한 각종 재료를 구입, 위생학적 · 영양학적으로 저장 관리하면서 제공될 음식을 조리하여 제공하는 직종이다.

## 진로 및 전망

- 호텔을 비롯한 관광업소와 일반 외식업소 및 기업체, 학교, 병원 등의 단체급식소와 자영업을 할 수 있다. 업체 간, 지역 간의 이동이 많은 편이고 고용과 임금에 있어서 안정적이지는 못한 편이지만, 조리에 대한 전문가로 인정받게 되면 높은 수익과 직업적 안정성을 보장받게 된다.
- 식품위생법상 집단급식소와 복어조리점, 식품접객업자는 조리사자격증을 취득하고 시 · 도지사의 면허를 받은 조리사를 둔다(소상공인이 운영하는 집단급식소는 제외).

## 취득방법

- 시험과목
  - 필기 : 식품위생 및 법규, 식품학, 조리이론과 원가계산, 공중보건
  - 실기 : 취득해당 자격부분 조리작업
- 검정방법
  - 필기 : 객관식 4지선다형, 총 60문항(60분)
  - 실기 : 작업형(70분 정도)
- 합격기준 : 100점(60점 이상 득점자)

## 실기 출제경향

- 요구작업 내용
  지급된 재료를 갖고 요구하는 작품을 시험 시간 내에 1인분을 만들어 내는 작업
- 주요 평가내용
  - 위생상태(개인 및 조리과정)
  - 조리의 기술(기구취급, 동작, 순서, 재료 다듬기 방법)
  - 작품의 평가
  - 정리정돈 및 뒷정리

## 출제 기준

| 주요항목 | 세부항목 | 세세항목 | |
|---|---|---|---|
| 1. 음식 위생관리 | 1. 개인 위생관리 | 1. 위생관리기준 | 2. 식품위생에 관련된 질병 |
| | 2. 식품 위생관리 | 1. 미생물의 종류와 특성<br>3. 살균 및 소독의 종류와 방법<br>5. 식품첨가물과 유해물질 | 2. 식품과 기생충병<br>4. 식품의 위생적 취급기준 |
| | 3. 작업장 위생관리 | 1. 작업장 위생 위해요소<br>2. 식품안전관리인증기준 (HACCP)<br>3. 작업장 교차오염발생요소 | |
| | 4. 식중독 관리 | 1. 세균성 및 바이러스성 식중독<br>3. 화학적 식중독 | 2. 자연독 식중독<br>4. 곰팡이 독소 |
| | 5. 식품위생 관계 법규 | 1. 식품위생법령 및 관계법규<br>2. 농수산물 원산지 표시에 관한 법령<br>3. 식품 등의 표시 · 광고에 관한 법령 | |
| | 6. 공중 보건 | 1. 공중보건의 개념<br>3. 역학 및 질병 관리 | 2. 환경위생 및 환경오염 관리<br>4. 산업보건관리 |
| 2. 음식 안전관리 | 1. 개인안전 관리 | 1. 개인 안전사고 예방 및 사후 조치 | 2. 작업 안전관리 |
| | 2. 장비 · 도구 안전작업 | 1. 조리장비 · 도구 안전관리 지침 | |
| | 3. 작업환경 안전관리 | 1. 작업장 환경관리<br>3. 화재예방 및 조치방법<br>4. 산업안전보건법 및 관련지침 | 2. 작업장 안전관리 |
| 3. 음식 재료관리 | 1. 식품재료의 성분 | 1. 수분<br>3. 지질<br>5. 무기질<br>7. 식품의 색<br>9. 식품의 맛과 냄새<br>11. 식품의 유독성분 | 2. 탄수화물<br>4. 단백질<br>6. 비타민<br>8. 식품의 갈변<br>10. 식품의 물성 |
| | 2. 효소 | 1. 식품과 효소 | |

| 주요항목 | 세부항목 | 세세항목 |
| --- | --- | --- |
| | 3. 식품과 영양 | 1. 영양소의 기능 및 영양소 섭취기준 |
| 4. 음식 구매관리 | 1. 시장조사 및 구매관리 | 1. 시장 조사 2. 식품구매관리<br>3. 식품재고관리 |
| | 2. 검수 관리 | 1. 식재료의 품질 확인 및 선별<br>2. 조리기구 및 설비 특성과 품질 확인<br>3. 검수를 위한 설비 및 장비 활용 방법 |
| | 3. 원가 | 1. 원가의 의의 및 종류 2. 원가분석 및 계산 |
| 5. 한식 기초 조리 실무 | 1. 조리 준비 | 1. 조리의 정의 및 기본 조리조작 2. 기본조리법 및 대량 조리기술<br>3. 기본 칼 기술 습득 4. 조리기구의 종류와 용도<br>5. 식재료 계량방법 6 조리장의 시설 및 설비 관리 |
| | 2. 식품의 조리원리 | 1. 농산물의 조리 및 가공 · 저장 2. 축산물의 조리 및 가공 · 저장<br>3. 수산물의 조리 및 가공 · 저장 4. 유지 및 유지 가공품<br>5. 냉동식품의 조리 6. 조미료와 향신료 |
| | 3. 식생활 문화 | 1. 한국 음식의 문화와 배경 2. 한국 음식의 분류<br>3. 한국 음식의 특징 및 용어 |
| 6. 한식 밥 조리 | 1. 밥 조리 | 1. 밥 재료 준비 2. 밥 조리<br>3. 밥 담기 |
| 7. 한식 죽조리 | 1. 죽 조리 | 1. 죽 재료 준비 2. 죽 조리<br>3. 죽 담기 |
| 8. 한식 국 · 탕 조리 | 1. 국 · 탕 조리 | 1. 국 · 탕 재료 준비 2. 국 · 탕 조리<br>3. 국 · 탕 담기 |
| 9. 한식 찌개조리 | 1. 찌개 조리 | 1. 찌개 재료 준비 2. 찌개 조리<br>3. 찌개 담기 |
| 10. 한식 전 · 적 조리 | 1. 전 · 적 조리 | 1. 전 · 적 재료 준비 2. 전 · 적 조리<br>3. 전 · 적 담기 |
| 11.한식 생채 · 회 조리 | 1. 생채 · 회 조리 | 1. 생채 · 회 재료 준비 2. 생채 · 회 조리<br>3. 생채 · 담기 |
| 12. 한식 조림 · 초 조리 | 1. 조림 · 초 조리 | 1. 조림 · 초 재료 준비 2. 조림 · 초 조리<br>3. 조림 · 초 담기 |
| 13. 한식 구이조리 | 1. 구이 조리 | 1. 구이 재료 준비 2. 구이 조리<br>3. 구이 담기 |
| 14. 한식 숙채조리 | 1. 숙채 조리 | 1. 숙채 재료 준비 2. 숙채 조리<br>3. 숙채 담기 |
| 15. 한식 볶음조리 | 1 볶음 조리 | 1. 볶음 재료 준비 2. 볶음 조리<br>3. 볶음 담기 |
| 16. 김치조리 | 김치 조리 | 1. 김치 재료 준비 2. 김치 조리<br>3. 김치 담기 |

# 개인 위생상태 및 안전관리 세부기준

## 위생상태 및 안전관리 세부기준 안내

| 순번 | 구분 | 세 부 기 준 |
|---|---|---|
| 1 | 위생복 상의 | • 전체 흰색, 손목까지 오는 긴소매<br>– 조리과정에서 발생 가능한 안전사고(화상 등) 예방 및 식품위생(체모 유입방지, 오염도 확인 등) 관리를 위한 기준 적용<br>– 조리과정에서 편의를 위해 소매를 접어 작업하는 것은 허용<br>– 부직포, 비닐 등 화재에 취약한 재질이 아닐 것, 팔토시는 긴팔로 불인정<br>• 상의 여밈은 위생복에 부착된 것이어야 하며 벨크로(일명 찍찍이), 단추 등의 크기, 색상, 모양, 재질은 제한하지 않음(단, 핀 등 별도 부착한 금속성은 제외) |
| 2 | 위생복 하의 | • 색상 · 재질무관, 안전과 작업에 방해가 되지 않고, 발목까지 오는 긴바지<br>– 조리기구 낙하, 화상 등 안전사고 예방을 위한 기준 적용 |
| 3 | 위생모 | • 전체 흰색, 빈틈이 없고 바느질 마감처리가 되어 있는 일반 조리장에서 통용되는 위생모 (모자의 크기, 길이, 모양, 재질(면 · 부직포 등) 은 무관) |
| 4 | 앞치마 | • 전체 흰색, 무릎아래까지 덮이는 길이<br>– 상하일체형(목끈형) 가능, 부직포 · 비닐 등 화재에 취약한 재질이 아닐 것 |
| 5 | 마스크 | • 침액을 통한 위생상의 위해 방지용으로 종류는 제한하지 않음<br>(단, 감염병 예방법에 따라 마스크 착용 의무화 기간에는 '투명 위생 플라스틱 입가리개' 는 마스크 착용으로 인정하지 않음) |
| 6 | 위생화<br>(작업화) | • 색상 무관, 굽이 높지 않고 발가락 · 발등 · 발뒤꿈치가 덮여 안전사고를 예방할 수 있는 깨끗한 운동화 형태 |
| 7 | 장신구 | • 일체의 개인용 장신구 착용 금지(단, 위생모 고정을 위한 머리핀 허용) |
| 8 | 두발 | • 단정하고 청결할 것, 머리카락이 길 경우 흘러내리지 않도록 머리망을 착용하거나 묶을 것 |
| 9 | 손/손톱 | • 손에 상처가 없어야하나, 상처가 있을 경우 보이지 않도록 할 것(시험위원 확인 하에 추가 조치 가능)<br>• 손톱은 길지 않고 청결하며 매니큐어, 인조손톱 등을 부착하지 않을 것 |
| 10 | 폐식용유 처리 | • 사용한 폐식용유는 시험위원이 지시하는 적재장소에 처리할 것 |
| 11 | 교차오염 | • 교차오염 방지를 위한 칼, 도마 등 조리기구 구분 사용은 세척으로 대신하여 예방할 것<br>• 조리기구에 이물질(예, 테이프)을 부착하지 않을 것 |
| 12 | 위생관리 | • 재료, 조리기구 등 조리에 사용되는 모든 것은 위생적으로 처리 하여야 하며, 조리용으로 적합한 것일 것 |
| 13 | 안전사고<br>발생 처리 | • 칼 사용(손 빔) 등으로 안전사고 발생 시 응급조치를 하여야하며, 응급조치에도 지혈이 되지 않을 경우 시험진행 불가 |
| 14 | 부정 방지 | • 위생복, 조리기구 등 시험장내 모든 개인물품에는 수험자의 소속 및 성명 등의 표식이 없을 것 (위생복의 개인 표식 제거는 테이프로 부착 가능) |
| 15 | 테이프사용 | • 위생복 상의, 앞치마, 위생모의 소속 및 성명을 가리는 용도로만 허용 |

※ 위 내용은 안전관리인증기준(HACCP) 평가(심사) 매뉴얼, 위생등급 가이드라인 평가 기준 및 시행상의 운영사항을 참고하여 작성된 기준입니다.

# 차 례

## 필기편

## 실기편

# 한식조리기능사
# **필기편**

# Part 1

# 음식 위생관리

# 개인 위생관리

## 1. 위생관리 기준

### (1) 개인위생의 정의

① 사람과 음식물의 접촉 : 장내세균은 사람의 접촉으로 인하여 음식물에 들어오는 가장 중요한 병원성 미생물이다.

② 개인위생(Personal Hygiene) : 식품 취급자의 개인적인 청결(신체, 의복, 습관 등)유지와 위생 관련 실천행위를 의미하며, 작업환경의 위생과 밀접하게 결부되어 있다.

③ 개인위생의 범위 : 신체부위, 복장, 습관, 장신구, 건강관리와 건강진단 등이 포함된다.

[인체유래 병원체와 근원]

| 경 로 | 질 병 | 병 원 체 | 근 원 |
|---|---|---|---|
| 피부, 입 | 엔테로톡신 | 황색포도상구균 | 인 · 후두감염 및 피부 |
| 항문, 입 | 살모넬라증 | 살모넬라균 | 소화관 |
| 항문, 입,<br>기타 경로(추정) | 대장균 | 병원성대장균 | 불확실함<br>(소화관으로 추정) |
| 항문, 입 | 세균성이질 | 이질균 | 소화관 |
| 항문, 입 | A형간염 | A형간염바이러스 | 불확실함<br>(소화관으로 추정) |

**Point** 개인위생(Personal Hygiene)
식품취급자의 개인적인 청결(신체, 의복, 습관 등)유지와 위생 관련 실천 행위를 의미하며, 주위의 작업환경 위생과도 밀접하게 결부되어 있다.

### (2) 인체 유래 병원체의 식품오염

① 신체 주위

- 얼굴, 목, 손 그리고 머리카락에는 다른 부위보다 세균이 더 많고, 밀집되어 있다.
- 신체 중에서 노출되는 부위는 공기와의 접촉표면에 의해서 오염되고, 사람과의 접촉에 의해서 더욱 많이 오염된다.

② 피부의 pH

- 피부의 pH나 산도에 영향을 끼치는 요인 : 땀샘으로부터 분비되는 젖산, 세균에 의해 생산되는 지방산, 피부에 확산되는 이산화탄소 등에 의해 영향을 받는다.
- 피부의 산성도는 pH 5.5 정도인데, 이는 피부에 있는 토착 세균의 성장에는 도움이 되지만 일시적으로 묻은 세균은 그렇지 않다.
- 비누, 크림 및 기타 세재를 사용하면 피부의 pH를 변화시키며, 또 피부에서 성장하는 세균의 종류를 변화시킬 수 있다.

③ 영양분 : 땀은 수용성 영양분, 피지는 지용성 영양분을 함유하고 있으며, 이들 영양분은 미생물 성장에 상당히 기여하는 것으로 보고 있다.

④ 연령 : 사람이 옮기는 미생물의 종류와 양은 성장하면서도 또 나이가 들어감에 따라 변화한다.

⑤ 건강상태

- 사람이 아플 때에는 많은 미생물을 전파시키므로, 식품을 더 많이 오염시킬 수 있다.
- 체내에 있는 미생물의 수가 증가함에 따라 질병 징후가 나타난다.
- 징후가 없어진 후에도 어떤 미생물은 체내에 남아 식품을 오염시킬 수 있다.

**Point**
- 질병과 식품변질을 일으키는 미생물(병원체)은 종종 사람(식품취급자)으로부터 온다.
- 식품업소 종사자는 아픈 증상이 없더라도 병원성 미생물을 옮길 수 있다.

## 2. 식품위생에 관련된 질병

### (1) 영업에 종사하지 못하는 질병의 종류

① 감염병 : 세균성이질, 장티푸스, 파라티푸스, 콜레라 등의 소화기계 전염병이나 디프테리아, 성홍열, 소아마비, 전염성 설사, 결핵 등의 전염성 질환이 걸렸을 때와 의심이 되는 경우에는 의사의 지시가 있을 때까지 주방이나 식품을 취급하는 장소에 출입을 금지해야 하고, 식품을 다루는 일에 종사하지 못한다.

② 피부병 및 기타 화농성 질환이 있을 때

③ 후천성 면역 결핍증(AIDS) : 성병에 관한 건강진단을 받아야 하는 영업에 종사하는 자에 한한다.

④ B형간염 : 전염의 우려가 없는 비활동성 간염은 제외한다.

⑤ 전염병의 병원균 보균자의 경우

### (2) 건강진단

① **대상자** : 식품 또는 식품첨가물(화학적 합성품 또는 기구들의 살균 · 소독제는 제외)을 제조 · 가공 · 조리 · 저장 · 운반 또는 판매하는 일에 직접 종사하는 영업자 및 종업원이다. 그러나 완전 포장된 식품 또는 식품첨가물을 운반하거나 판매하는 일에 종사하는 사람은 제외한다.

② **받아야 하는 시기** : 영업 시작 전 또는 영업에 종사하기 전까지

③ **기타 생활**

- 건강진단을 받은 결과 타인에게 위해를 끼칠 우려가 있는 질병이 있다고 인정된 자는 영업에 종사하지 못한다.
- 영업자는 건강진단을 받지 아니한 자나 건강진단 결과 타인에게 위해를 끼칠 우려가 있고, 질병이 있는 자는 그 영업에 종사시키지 못한다.

Chapter 01

# 예상문제

**01 다음 식품을 오염시키는 신체부위를 가장 잘 나타낸 것은?**

① 피부 ② 손가락
③ 배설기관 ④ 이상 모두

해설 식품을 오염시키는 신체부위 : 피부, 손과 손가락, 머리와 모발, 입, 코와 목, 눈, 배설기관 등이 있다.

**02 다음 중 항문을 통해 질병을 일으키는 병원체가 아닌 것은?**

① 황색포도상구균 ② 병원성 대장균
③ 살모넬라균 ④ 이질균

해설 황색 포도상구균은 피부와 입을 통해 질병을 일으킨다.

**03 피부의 pH나 산도에 영향을 미치는 것이라 볼 수 없는 것은?**

① 아세트산 ② 젖산
③ 지방산 ④ 이산화탄소

해설 피부의 pH나 산도는 땀샘으로부터 분비되는 젖산 세균에 의해 생산되는 지방산, 피부에 확산되는 이산화탄소 등에 의해 영향을 받는다.

**04 인체 유래 병원체의 식품오염에 대한 설명으로 틀린 것은?**

① 얼굴, 목, 손 그리고 머리카락에는 다른 부위보다 세균이 더 많이 밀집되어 있다.
② 피부의 산성도는 pH 5.5 정도인데, 이는 피부에 있는 토착 세균의 성장에는 도움이 안 된다.
③ 땀은 수용성 영양분, 피지는 지용성 영양분을 함유하고 있다. 이들 영양분은 미생물의 성장에 상당히 기여한다.
④ 사람이 아플 때에는 많은 미생물을 전파시키므로, 식품을 더 많이 오염시킬 수 있다.

해설 피부의 산성도는 pH 5.5 정도이다. 이는 피부에 있는 토착 세균의 성장에는 도움이 되지만 일시적으로 묻은 세균에 대해서는 그렇지 않다.

**05 식품업소에서 손 씻기에 사용되는 소독제가 아닌 것은?**

① 염소 ② 요오드포름
③ 역성비누 ④ 과산화수소수

해설 식품업소에서 손 씻기에 사용되는 소독 : 비누와 더불어 염소, 요오드포름, 역성비누 또는 4급 암모늄 화합물 등이 있다.

**06 식품취급자의 개인위생에 대한 다음 설명 중 옳지 않은 내용은?**

① 1분 이상 손을 철저히 문질러 씻고 손톱 밑은 손톱 솔로 닦아야 한다.
② 부득이한 재채기나 기침을 할 때는 손을 사용한다.
③ 머리 또는 머리쓰개에 손을 대는 즉시 손을 씻어야 한다.
④ 복장은 지퍼달린 단체복을 착용하며, 주머니는 허리 아래에 위치하도록 한다.

해설 식품취급자는 부득이한 재채기나 기침을 할 때는 옷소매 안쪽(팔꿈치 안쪽)이나 어깨를 사용한다.

정답 01 ④ 02 ① 03 ① 04 ② 05 ④ 06 ②

Chapter 02

# 식품 위생관리

## 1. 식품위생의 정의

### (1) 세계보건기구(WHO)의 정의

식품원료의 재배와 식품의 생산 및 제조로부터 유통과정을 거쳐 최종적으로 사람에게 섭취되기까지의 모든 단계에 있어서 식품의 안전성과 건전성을 확보하기 위한 모든 수단을 말한다.

### (2) 우리나라의 식품 위생법

① '식품'이란 모든 음식물(의약품으로 섭취하는 것은 제외)을 말한다.

② '식품위생'이란 식품, 식품첨가물, 기구 또는 용기 · 포장을 대상으로 하는 음식에 관한 위생을 말한다.

## 2. 식품위생의 목적

① 식품으로 인한 위생상의 위해 방지

② 식품영양의 질적 향상 도모

③ 국민보건 증진에 이바지

## 3. 식품위생의 대상

식품위생이라 함은 식품, 식품첨가물, 기구 또는 용기 · 포장을 대상으로 하는 음식에 관한 위생을 말한다.

## 4. 식품위생 행정기구

### (1) 중앙기구

① 보건복지부 식품정책과 : 식품위생에 관한 업무의 총괄, 기획, 조사 등을 주관한다.

② 식품위생심의위원회 : 보건복지부 심의 자문기관이다.

③ 국립보건원 : 조사, 연구, 시험검정을 담당한다.

④ 식품의약품안전처 : 식품과 건강기능식품, 의약품, 마약류, 화장품, 의약외품, 의료기기 등의 안전에 관한 실무를 관장하는 중앙행정 기관으로 2013년에 청에서 처로 승격되었다.

### (2) 지방기구

① 시 · 도 보건 복지국 : 식품위생 행정을 담당한다.

② 군 · 구 위생과 : 식품위생감시원을 배치하고, 일선의 위생행정 업무를 담당한다.

③ 시 · 도 보건환경연구원 : 식품의 위생검사를 담당한다.

## 5. 미생물의 종류와 특성

### (1) 미생물의 종류

미생물은 진균류, 세균, 리케차, 바이러스, 스피로헤타 등으로 분류되며, 그 생태는 다음과 같다.

① 진균류 : 곰팡이, 효모, 버섯을 포함한 균종으로 구성하는 미생물균을 말한다.

- 곰팡이 : 균사체를 발육기관으로 하는 것으로 균사 또는 포자를 형성하여 증식한다.
- 효모 : 단세포의 진균으로 출아법으로 증식하고 식중독은 일으키지 않으나, 세균과 같이 식품 부패의 원인이다.

② 세균

- 단세포의 미생물로 이분법으로 증식한다.
- 협막, 아포, 편모 등을 가지는 것이 있다.
- 세균성 식중독, 경구감염병, 부패세균 등이 있다.
- 형태상 구균, 간균, 나선균으로 구분한다.

③ 리케챠

- 세균과 바이러스의 중간에 속하며, 살아 있는 세포에서만 증식한다.
- 이분법으로 증식하며 운동성이 없고, 너무 작아서 보통 현미경으로는 볼 수 없다.
- 원형, 타원형 등의 모양을 하고 있다.
- 발진열, 발진티푸스 등의 병원체이다.

④ 바이러스

- 형태와 크기가 일정하지 않고 살아 있는 세포에서만 증식한다.
- 가장 작은 미생물로 전자현미경으로 모양을 볼 수 있다.
- 세균 여과기를 통과하여 여과성 병원체라고도 불리며, 경구감염병의 원인이다.
- 천연두, 인플루엔자, 일본뇌염, 광견병, 소아마비 등의 병원체이다.

⑤ 스피로헤타
- 단세포 식물과 다세포 식물의 중간단계의 미생물이다.
- 연약한 나선형을 하고 있으며, 항상 운동하고 있다.
- 매독균, 재귀열, 서교증, 바일(와일씨)병 등의 병원체이다.

**Point** 미생물의 크기 : 곰팡이>효모>스피로헤타>세균>리케챠>바이러스 순이다.

### (2) 식품위생관련 주요 미생물

① 곰팡이류
- 무코르(Mucor)속 : 털곰팡이속이라 고 한다. 자연계에 널리 분포하고 전분의 당화 및 치즈 숙성에 사용되며, 부패한 과일이나 맥아에서도 분리된다.
- 리조푸스(Rhizopus)속 : 거미줄곰팡이속이라 하며, 알코올 발효력과 단백질 분해력이 있으나 다소 약한 편이다. 빵류, 딸기, 밀감, 채소 등의 부패원인균이다.
- 아스페르길루스(Aspergillus)속 : 누룩곰팡이속이라고 하며, 토양 등의 자연계에 널리 분포한다. 식품에서 가장 흔하게 볼 수 있으며 염장품, 당장품 등에 번식하여 유해균이 된다.
- 페니실리움(Penicillium)속 : 아스페르길루스와 더불어 식품 중에서 많이 볼 수 있다. 페니실린 생산 균주를 비롯하여 치즈의 숙성에 관여하는 균주 및 각종 유기산을 생산하는 균주 등 유용한 균종이 있다.

② 효모류 : 사카로미세스(Saccharomyces)속 : '사카로미세스 세레비시'에는 맥주 제조, '사카로미세스 사케'는 청주 제조, '지고사카로미세스'는 꿀, 시럽, 포도주, 간장 등의 발효에 관여한다.

③ 세균류
- 바실루스(Bacillus)속 : 그람양성의 호기성 간균으로 아포를 형성하며 열 저항성이 강하다. 탄수화물과 단백질 분해 작용을 갖는 부패세균으로 토양 등 자연계에 널리 분포한다.
- 슈도모나스(Pseudomonas)속 : 그람음성(−) 호기성 간균으로 담수, 해양, 토양 등에 널리 분포하며 단백질, 유지를 분해하고 저온에서도 증식한다. 열에 약하나 방부제, 항생 물질에 강한 저항력을 갖는다.
- 마이크로코커스(Micrococcus)속 : 그람양성(+) 구균으로 토양 등 자연계에 널리 분포한다.
- 클로스트리디움(Clostridium)속 : 그람양성(+) 간균으로 내열성 아포를 갖는 혐기성 균으로 토양에서 유래하여 통조림 등 진공포장 식품에서 식중독을 일으킨다.
- 비브리오(Vibrio)속 : 그람음성(−)인 통성 혐기성 간균으로 콜레라균, 장염 비브리오균이 이에 속하며, 증식 속도가 빠르고 저온 증식이 많다.

### (3) 미생물 생육에 필요한 조건

① **영양소** : 미생물의 발육 · 증식에는 탄소원, 질소원, 무기염류, 생육소(발육소) 등의 영양소가 필요하다.

② **수분**

- 미생물의 발육 · 증식에는 40% 이상의 수분량이 필요하다.
- 수분양이 40% 이하이면 미생물의 증식이 억제된다.
- 곰팡이 생육 억제 수분양은 13% 이하이다.
- 생육에 필요한 수분 : 세균(0.95) > 효모(0.88) > 곰팡이(0.80) 순이다.

③ **온도** : 일반적으로 0℃ 이하 또는 80℃ 이상에서는 발육하지 못하고, 고온보다는 저온에서 저항력이 강하다. 미생물은 발육 온도에 따라 세 종류로 분류한다.

- 저온균 : 발육 가능온도는 0~25℃, 최적온도가 15~20℃인 균으로, 냉장식품에 부패를 일으키는 세균이다.
- 중온균 : 발육 가능온도는 15~55℃, 최적온도가 25~37℃인 균으로, 병원균을 비롯한 대부분이 세균이다.
- 고온균 : 발육 가능온도는 40~70℃, 최적온도가 50~60℃인 균으로, 온천수에 서식하는 세균이다.

④ **수소이온농도(pH)**

- 곰팡이 · 효모 : 최적 pH 4.0~6.0, 최저 pH 2.5~3.0으로 산성에서 잘 자란다.
- 세균 : 최적 pH 6.5~7.5, 최고 pH 8.0~8.5, 최저 4.5~5.0으로 중성 · 약알칼리성에서 잘 자란다.

⑤ **산소**

- 호기성균 : 곰팡이, 효모, 식초산균 등으로, 산소가 있어야 생육이 가능한 균이다.
- 혐기성균 : 낙산균은 생육에 산소를 필요로 하지 않는 균이다.
  - 통성혐기성균 : 효모, 대부분의 세균으로, 산소의 유무와 관계없이 생육이 가능한 균이다.
  - 편성혐기성균 : 보툴리누스균, 웰치균 등으로, 산소를 절대적으로 기피하는 균이다.

## 6. 식품과 기생충병

### (1) 기생충 질환의 원인과 종류

① **기생충 질환의 원인** : 환경 불량, 비과학적 식생활 습관, 분변의 비료화, 비위생적 일상생활, 비위생적 영농방법 등이다.

② 기생충의 종류

- 선충류 : 회충, 편충, 구충, 요충, 동양모양선충, 말레이사상충 등이다.
- 흡충류 : 간디스토마, 폐디스토마, 요코가와흡충 등이다.
- 조충류 : 무구조충, 유구조충, 광절열두조충, 만소니열두조충 등이다.
- 원충류 : 아메바성 이질, 말라리아 등이다.

### (2) 채소로부터 감염되는 기생충

① 회충증

- 전 세계적으로 분포되어 있으며, 환경위생이 불량한 지역에서 감염률이 높다.
- 우리나라에서는 농촌주민이나 유아 · 아동기에 가장 높은 감염률을 나타내는 기생충이다.
- 예방법
  - 분변관리(분뇨처리장의 증설, 분리 분뇨식 화장실, 완전 부숙 후 처리)
  - 청정채소의 장려, 식품위생의 준수, 파리구제 및 환경개선 등이다.
  - 식품위생의 준수 및 보건교육 실시

② 구충증(십이지장충증)

- 회충 다음으로 많은 기생충으로 농촌에 많으며, 회충보다 건강장애가 심하다.
- 경구 · 경피 감염이 되므로 유의해야 한다.
- 십이지장충과 아메리카 구충으로 구분된다.
- 예방법 : 인분을 사용한 밭에서 작업할 때 피부가 직접 흙에 닿지 않게 주의한다.

③ 요충증

- 전 세계에 널리 분포된 사람들만의 고유 기생충이다.
- 충란은 건조한 실내에서 장기간 생존하기 때문에 집단감염이 잘된다.
- 항문 주위에 산란하므로 항문 주위나 회음부에 소양증(가려움증)이 생긴다.
- 예방법 : 회충 예방법으로 관리하고 특히 손, 항문 근처, 속옷 및 침실의 청결이 필수적이다.

④ 편충증

- 전 세계에 분포되어 있으나 따뜻한 지방에 많고, 우리나라도 감염률이 높다.
- 자각증상이 없는 경우도 있으나 감염되면 복통, 구토, 복부 팽창, 미열, 두통 등의 증세를 일으킨다.
- 예방법: 관리대책은 회충에 준하나, 자각증상이 없어 구충하기가 매우 어렵다.

⑤ 동양모양선충증

- 우리나라, 중국, 일본 등 동양 각국에 분포하는 기생충이다.
- 감염유충은 저항력이 매우 강하며, 소장 점막에 염증을 일으켜 소화기계 증상이 나타난다.
- 내염성이 강하여 절인 채소에서도 부착된다.
- 예방법 : 구충제는 메벤다졸, 콤반트린 등이 있다.

### (3) 수육으로부터 감염되는 기생충

① 무구조충증(민촌충증)

- 인체에는 성충만 기생하며, 그 감염률은 유구조충보다 높다.
- 낭충이 기생한 소고기를 덜 익혀 먹거나 날것으로 먹으면 감염된다.
- 예방법 : 소고기는 완전히 익혀서 먹고, 소가 먹는 풀에 분변을 버리지 않아야 한다.

② 유구조충증(갈고리촌충증)

- 전 세계적으로 분포하나, 돼지고기를 생식하는 지역 주민한테 많이 발생한다.
- 소장에 기생하며, 감염초기에는 별 증상이 없다가 국소에 삼출성 조직반응, 세균침윤, 섬유조직의 증가가 일어나고 나중에는 석회화된다.
- 예방법 : 돼지고기는 충분히 익혀서 먹고, 돼지가 먹는 사료에 분변이 섞이지 않도록 해야 한다.

③ 선모충증

- 돼지, 개가 중간숙주이다.
- 유충은 림프계에 침입하여 전신으로 운반되며, 열 · 근육통을 일으킨다.

④ 톡소플라스마

- 고양이, 돼지, 개가 중간숙주이다.
- 애완동물의 침을 통해서 사람에게 감염되는 인수공통감염병과 관계있다.
- 경피 · 경구감염으로 여성이 임신 중에 감염되면 유산과 불임을 일으킨다.

### (4) 어패류로부터 감염되는 기생충

① 간디스토마증(간흡충증)

- 민물고기를 생식하는 강 근처 주민이 많이 감염되며, 개나 고양이 등에도 기생한다.
- 제1중간숙주(왜우렁이, 쇠우렁이), 제2중간숙주(참붕어, 모래무지, 잉어)이다.
- 예방법 : 민물고기의 생식 및 회 먹는 습관을 피한다.

② 폐디스토마증(폐흡충증)

- 산간 지역의 주민이 많이 감염되며, 홍역에 가재 생즙을 먹이는 습관이 있는 지역에서 많이 유행되었다.
- 제1중간숙주(다슬기), 제2중간숙주(민물게, 가재)이다.
- 예방법 : 민물게, 가재의 생식을 금하고, 유행지역에서는 물을 끓여서 마신다.

③ 요코가와흡충증(횡천흡충증)

- 일본을 비롯한 동양 각국에서 흔하고 간디스토마 유행 지역에 많이 분포하며, 사람 외에도 개, 고양이, 돼지 등이 감염된다.
- 제1중간숙주(다슬기), 제2중간숙주(담수어, 잉어, 은어)이다.

- 예방법 : 은어와 같은 민물고기의 생식을 피하고 조리할 때 손의 오염에 의해 감염되는 일이 없도록 유의한다.

④ 광절열두조충증(긴촌충증)
- 북한 동해안 등 해안 지역의 주민들이 많이 감염된다.
- 제1중간숙주(물벼룩), 제2중간숙주(연어, 송어)이다.
- 예방법 : 중간숙주인 송어나 연어 등 민물고기를 반드시 익혀 먹어야 한다.

⑤ 아니사키스증(고래회충증)
- 일본에서 아니사키스 유충 감염 예가 보고되었으며 고래, 돌고래에 기생하는 회충의 일종으로 연안 어류를 섭취하면 감염된다.
- 제1중간숙주(크릴새우), 제2중간숙주(대구, 고등어, 가다랑어, 청어 등 연안어류)이다.
- 예방법 : 해산 어류의 생식을 피하고 70℃ 이상으로 반드시 가열해서 먹어야 한다.

### (5) 중간숙주에 의한 기생충의 분류

① 중간숙주가 없는 기생충 : 회충, 구충, 편충, 요충 등이다.
② 중간숙주가 한 개인 기생충 : 무구조충, 유구조충, 선모충, 만소니열두조충 등이다.
③ 중간숙주가 두 개인 기생충 : 간디스토마, 폐디스토마, 요코가와흡충, 광절열두조충 등이다.

**Point** 사람이 중간숙주 역할을 하는 것은 '말라리아'이다.

### (6) 기생충 예방법

① 육류나 어패류는 생식하지 말고 충분히 가열 조리한 후 섭취한다.
② 채소는 희석한 중성세제로 세척한 후 흐르는 물에 5회 이상 씻는다.
③ 조리 기구를 잘 소독한다.
④ 개인위생관리를 철저히 한다.
⑤ 인분뇨를 사용하지 않고 화학비료를 사용하여 재배한다.

## 7. 살균 및 소독의 종류와 방법

### (1) 소독의 종류

① 멸균 : 미생물의 영양세포 및 포자를 사멸시켜 무균 상태로 만드는 것
② 살균 : 세균, 효모, 곰팡이 등 미생물의 영양세포를 사멸시키는 것
③ 소독 : 병원 미생물의 생활력을 파괴하여 감염력을 없애는 것
④ 방부 : 미생물의 증식을 억제하여 균의 발육을 저지시켜 부패나 발효를 방지한 것

**Point** 살균 작용의 세기 정도 : 멸균>살균>소독>방부 순이다.

### (2) 물리적인 소독방법

① 열처리법

- 화염멸균법
  - 불꽃 속에 20초 이상 가열하는 방법이다.
  - 불에 타지 않는 도자기류, 유리, 금속기구 등이다.
- 건열멸균법
  - 건열멸균기를 이용하여 170℃에서 1~2시간 동안 살균하는 방법이다.
  - 유리 기구, 주사침 등이다.

② 습열멸균법

- 자비소독법(열탕소독법)
  - 끓는 물(100℃)에서 15~20분 동안 가열하는 방법이다.
  - 식기류, 조리기구, 행주 등이다.
- 고압증기멸균법
  - 고압증기멸균기를 이용하여 121℃에서 20분 동안 살균하는 방법이다.
  - 통조림, 치즈 등이다.
- 유통증기멸균법 : 100℃의 유통증기를 30~60분 동안 통과시켜 살균하는 방법이다.
- 간헐멸균법 : 1일 1회 100℃의 증기를 30분 동안 통과시켜 3회 살균하는 방법이다.

③ 비열처리법

- 자외선 멸균법 : 살균력이 높은 2,500~2,800Å의 자외선을 사용하는 미생물 제거법이다.
- 방사선 멸균법 : 코발트(Cobalt 60) 등에서 발생하는 방사능을 이용한 미생물 제거법이다.
- 세균 여과법 : 시약, 음료수 등 액체식품을 세균 여과기로 걸러서 균체를 제거하는 법이다.

### (3) 화학적인 소독방법

① 석탄산(3%)

- 소독제의 살균력 지표로 사용한다.
- 석탄산계수가 낮을수록 소독력이 떨어진다(석탄산계수 = 소독약의 희석계수 ÷ 석탄산의 희석계수).
- 장점 : 살균력이 강하고, 유기물에도 소독력이 약화되지 않는다.
- 단점 : 피부 점막에 자극성이 강하고 냄새와 독성이 강하며, 금속을 부식시킨다.
- 세균에는 살균력이 강하지만, 바이러스나 아포 형성균에는 효과가 떨어진다.
- 독성이 강하기 때문에 음료수의 소독에는 적합하지 않다.

• 화장실, 의류, 손 소독 등에 사용하고, 염산을 첨가하면 소독효과가 높아진다.

② 크레졸비누(3%)

• 소독력이 석탄산보다 2배 강하고, 불용성이므로 비누액으로 만들어 사용한다.
• 피부에 저자극성이지만 냄새가 강하다.
• 화장실, 의류, 손 소독 등에 사용한다.

③ 승홍수(0.1%)

• 염화제이수은($HgCl_2$)으로 살균력이 강하다.
• 금속을 부식시키며, 단백질과 결합하면 침전이 생긴다.
• 피부, 손 소독 등에 사용한다.

④ 역성비누(양성비누)

• 양이온 계면활성제로 무자극, 무독성, 무색, 무미, 무취하고 침투력이 강하다.
• 유기물이 존재하면 살균력이 떨어지므로 먼저 보통비누로 깨끗이 씻어낸 후 역성비누를 사용한다.

⑤ 생석회

• 산화칼슘(CaO)으로 물에 넣으면 발열하면서 수산화칼슘으로 변한다.
• 공기에 오래 노출되면 살균력이 떨어진다.
• 하수도, 진개 등의 오물 소독에 가장 먼저 사용한다.

⑥ 과산화수소수 : 자극성이 약하여 피부의 상처 소독에 사용하며, 특히 입안의 상처 소독에 사용할 수 있다.

⑦ 에틸알코올(70%) : 금속기구, 초자기구, 손 소독 등에 사용한다.

⑧ 에틸렌옥사이드(기체) : 식품, 의약품 소독 등에 사용한다.

⑨ 염소 · 차아염소산나트륨

• 수돗물, 과일, 채소, 식기소독 등에 사용한다.
• 수돗물 사용 시 잔류 염소량 : 0.2ppm
• 수영장 물, 얼음, 감염병이 자주 발생하는 지역의 염소량 : 0.4ppm
• 과일, 채소, 식기 소독 시 염소량 : 50~100ppm

⑩ 표백분(클로르칼크, 클로르석회) : 우물, 수영장, 채소, 식기 소독 등에 사용한다.

⑪ 포르말린

• 포름알데히드를 물에 녹여서 35~37.5%의 수용액으로 만든 것이다.
• 화장실, 하수도, 진개 등의 오물 소독에 사용한다.

⑫ 포름알데히드(기체) : 병원, 도서관, 거실 등의 소독에 사용한다.

**Point** 소독약의 구비조건

- 살균력 : 침투력이 강할 것
- 부식성, 표백성, 독성, 냄새가 없을 것
- 안전성, 용해성이 높을 것
- 사용하기 간편하고 가격이 저렴할 것

**Point** 중성세제의 특징

- 경성세제에 비해 자연계에서 분해가 잘된다.
- 채소에 묻은 농약, 기생충 알을 씻어낼 수 있다.
- 식기 세척 시 사용하며, 사용 후 깨끗한 물로 헹구어야 한다.
- 식기 세척 시 중성세제의 농도는 0.1~0.2%이다.

## 8. 식품의 위생적 취급기준

① 식품 등을 취급하는 원료보관실, 제조가공실, 조리실, 포장실 등의 내부는 항상 청결하게 관리하여야 한다.

② 식품 등의 원료 및 제품 중 부패 · 변질이 되기 쉬운 것은 냉장 · 냉동시설에 보관 · 관리하여야 한다.

③ 식품 등의 보관 · 운반 · 진열 시에는 식품 등의 기준 및 규격이 정하고 있는 보존 및 유통기준에 적합하도록 관리하여야 한다. 이 경우 냉장 · 냉동 · 운반 시설은 항상 정상적으로 작동시켜야 한다.

④ 식품 등의 제조 · 가공 · 조리 · 포장에 직접 종사하는 사람은 위생모를 착용하는 등 개인위생관리를 철저히 하여야 한다.

⑤ 제조 · 가공(수입품을 포함)하여 최소 판매단위로 포장된 식품 또는 식품첨가물을 허가를 받지 아니하거나 신고를 하지 아니하고 판매를 목적으로 포장을 뜯어 분할하여 판매하여서는 안 된다(다만, 컵라면 · 1회용 다류 등에 뜨거운 물을 부어 주거나, 호빵 등을 따뜻하게 데워 판매하기 위하여 분할하는 경우는 제외).

⑥ 식품 등의 제조 · 가공 · 조리에 직접 사용하는 기계 · 기구 및 주방기구는 사용 후에 세척 · 살균하는 등 항상 청결하게 유지 · 관리해야 하며, 어류 · 육류 · 채소류를 취급하는 칼 · 도마는 각각 구분하여 사용하여야 한다.

⑦ 유통기한이 경과된 식품 등을 판매하거나 판매의 목적으로 진열 · 보관하면 안 된다.

## 9. 식품첨가물과 유해물질

### (1) 식품첨가물의 개요

① 식품첨가물의 정의

- 일반적 정의 : 식품을 제조 · 가공하는 과정에서 식품의 상품적 가치향상, 영양 강화, 보존 및 관능적 증진 등의 여러 가지 목적으로 식품 본래의 목적을 손상시키지 않는 범위 내에서 인위적으로 첨가되는 물질이다.
- 우리나라 식품첨가물의 정의 : 식품첨가물이라 함은 식품을 제조 · 가공 또는 보존함에 있어서 식품에 첨가 · 혼합 · 침윤 · 기타 방법으로 가공, 사용되는 물질을 말한다.

**Point** 식품첨가물이란 식품을 제조 · 가공하는 과정에서 식품의 가치향상, 영양 강화, 보존 및 관능적 증진 등의 여러 가지 목적으로 식품 본래의 목적을 손상시키지 않는 범위 내에서 인위적으로 첨가되는 물질을 말한다.

③ 식품첨가물의 구비조건

- 인체에 유해한 영향을 끼치지 않을 것
- 미량으로 효과가 클 것
- 독성이 없거나 극히 적을 것
- 식품에 나쁜 변화를 주지 않을 것
- 사용법이 간단하고 저렴할 것

④ 식품첨가물의 사용목적

- 식품의 부패와 변질방지
- 상품의 가치 향상
- 식품의 영양 강화
- 식품의 기호 및 관능 만족
- 식품의 제조 및 품질 개량

### (2) 식품의 변질 · 변패를 방지하는 첨가물

① 보존료(방부제)

- 정의 : 식품의 변질 · 부패를 방지하고 식품의 영양가와 신선도를 보존하기 위하여 사용하는 식품첨가물이다.
- 구비조건
  - 변질 미생물에 대한 증식 억제 효과가 클 것

– 미량으로도 효과가 클 것
– 독성이 없거나 극히 적을 것
– 무미 · 무취 · 무자극성일 것
– 공기, 빛, 열에 안정되고 pH에 영향을 받지 않을 것

• 종류
– 데히드로초산나트륨 : 치즈, 버터, 마가린에 사용한다.
– 소르빈산, 소르빈산칼륨 : 어묵류, 절임류, 잼, 케첩, 과실주 등에 사용한다.
– 안식향산, 안식향산나트륨 : 간장, 비탄산 청량음료 등에 사용한다.
– 프로피온산, 프로피온산 칼슘, 프로피온산 나트륨 : 빵, 생과자, 케이크류 등에 사용한다.
– 파라옥시안식향산 에스테류 : 간장, 식초, 과일, 소스, 음료 등에 사용한다.

② 살균제

㉠ 정의 : 식품의 부패원인균 등을 사멸시키기 위하여 사용하는 식품첨가물이다.

㉡ 종류

• 염소류(차아염소산나트륨, 표백분, 고도표백분) : 차아염소산나트륨은 참깨에 사용할 수 없다.
• 차아염소산수 : 차아염소산을 주성분으로 하는 수용액으로 유효염소 10~60mg/L 함유한다.
• 과산화수소수 : 식품에 사용 시 최종식품 완성 전에 분해 또는 제거해야 한다.
• 오존 수 : 오존($O_3$)1mg/L 이상을 함유하여 불안정한 무색의 액체로 특유의 냄새가 있다.

㉢ 산화방지제(항산화제)

• 정의 : 유지의 산패 및 식품의 산화로 인한 품질 저하를 방지하기 위하여 사용하는 식품첨가물이다.
• 천연 항산화제 : 비타민 C(아스코르빈산), 비타민 E(토코페롤), 플라본 유도체, 고시폴 등이다.
• 종류
– BHA(부틸히드록시아니솔) : 불포화지방산을 함유하는 동 · 식물 유지에 첨가하면 BHA 자체가 산화되어 산패를 일정기간 연장할 수 있다.
– BHT(디부틸히드록시톨루엔) : 페놀계 산화방지제로서 BHA보다 장기 독성이 크고 유지, 버터 등에 사용한다.
– L–아스코르빈산나트륨 : 냄새가 없고 비누맛이 나는 비타민류 강화제이다.
– 몰식자산프로필 : 열과 유지에 대한 항산화력은 강하지만 착색되기 쉽고, 유지에 대한 용해도가 낮다.

– 비타민 C(아스코르빈산) : 식육제품의 변색방지, 과일 통조림의 갈변 방지, 식품 풍미 유지효과가 있다.
– 비타민 E(토코페롤) : 영양강화, 산화방지제로 사용한다.

**Point** 산화방지제 중 L–아스코르빈산나트륨, 아스코르빈산, 토코페롤은 사용제한이 없다.

### (3) 식품의 관능을 만족시키는 첨가물

① 조미료

- 정의 : 식품 본래의 맛을 돋우거나 조절하여 풍미를 좋게 하기 위하여 사용하는 식품첨가물이다.
- 종류
  – 핵산계 : 이노신산나트륨, 구아닐산나트륨, 리보뉴크레오티드나트륨, 리보뉴크레오티드칼슘 등이다.
  – 아미노산계 : 글루타민산, 글루타민산나트륨, 글루타민산칼륨, 글루타민산암모늄, 알라닌, 글리신, 테아닌 등이다.
  – 유기산계 : 주석산나트륨, 구연산나트륨, 사과산나트륨, 호박산나트륨, 젖산나트륨, 호박산 등이다.

② 산미료

- 정의 : 식품에 산미(신맛)를 부여하고, 미각에 청량감과 상쾌한 자극을 주기 위하여 사용하는 식품첨가물이다.
- 종류
  – 주석산 : 포도주를 만들 때 침전하는 주석에 함유되어 있어 주석산이라고 한다. 신맛 성분이 대표적이며 청량음료, 과즙, 젤리, 과일주 등에 광범위하게 사용한다.
  – 구연산 : 청량음료, 혼성주, 캔디, 젤리, 잼, 빙과, 통조림 등의 산성조미료 및 식용유의 산패방지제로 사용한다.
  – 사과산 : 유기산의 하나로 음료(각종 주스, 과실주, 유산균음료, 콜라), 빙과, 가공식품(마요네즈, 잼, 케첩, 절임류) 등에 사용된다.
  – 젖산 : 신맛이 나며 방부 작용, 풍미 증강, 제품의 혼탁 방지를 위하여 과실엑기스, 시럽, 청량음료의 산미제로 이용된다. 주류의 발효 초기에 가해서 부패균의 번식을 방지하는데도 사용된다.
  – 푸마르산 : 물에 잘 녹지 않아 청량음료, 과일 통조림 등에 시트르산 혹은 타타르산과 함께 사용하며, 이때 시트르산의 20~30% 정도 첨가한다.

– 아세트산 : 무색의 액체로 순도가 높은 초산은 동절기에 빙결되기 때문에 '빙초산'이라고 도 한다. 합성 식초, 시럽, 피클, 케첩, 치즈, 마요네즈 등에 사용한다.

– 이산화탄소 : 물에 잘 용해되어 탄산이 생성되며, 미생물의 번식 억제작용을 하고 청량음료에 주로 사용한다.

③ 감미료

㉠ 정의 : 식품에 감미(단맛)를 주기 위하여 사용하는 식품첨가물이다.

㉡ 천연감미료와 인공감미료로 나누는데, 인공감미료는 당질을 제외한 감미를 지닌 화학적 합성품을 총칭하는 것으로 칼로리가 없다.

㉢ 종류

- 사카린나트륨 : 건빵, 생과자, 청량음료, 김치류, 젓갈류, 어육 가공품, 뻥 튀기 등에 제한적으로 사용한다.
- 아스파탐 : 다른 감미료와 병용 시 단맛은 상승작용을 하고 껌류, 음료, 시리얼, 유제품 등에 사용한다.
- D–소르비톨 : 습윤제, 변성 방지제, 향 억제제로 사용한다.
- 자일리톨 : 물에 잘 녹으며 냄새가 없고, 흡습성으로 청량감의 단맛을 나타낸다.
- 만니톨 : 추잉껌, 캔디류에 많이 사용한다.
- 글리실리진산 나트륨 : 된장, 간장 이외의 식품에는 사용 금지이다.
- 스테비오시드 : 비발효성, 비착색성, 저칼로리이며 음료수, 빙과류, 과자류, 절임류 등에 사용한다.

④ 착색제

㉠ 정의 : 식품에 색을 부여하거나 본래의 색을 다시 복원시키기 위해 사용하는 식품 첨가물이다.

㉡ 종류

- 타르계 : 식용색소 녹색, 황색, 적색 1 · 2 · 3 · · ·
  – 아마란스(식용색소 적색 제2호) : 물, 프로필렌글리콜에 사용하고 유지에는 사용하지 않는다.
  – 에리스로신(식용색소 적색 제3호) : 알코올, 글리세린, 글리콜에 사용하고 유지에는 사용하지 않는다.
  – 타트라진(식용색소 황색 제4호) : 전 세계적으로 흔히 쓰이는 색으로 물, 글리세린에 사용하고 알코올, 유지에는 사용하지 않는다.
- 비타르계
  – 베타카로틴(β–carotene) : 산, 광선, 산화에 불안정하고 치즈, 버터, 마요네즈, 마가린, 쇼트닝, 식용유지 등에 사용한다.

- 삼이산화철 : 곰팡이 방지용 도료로 사용되지만 바나나(꼭지의 절단면), 곤약 이외의 식품에 사용하여서는 안 된다.
- 이산화티타늄 : 캐나다, 덴마크, 프랑스, 독일, 영국, 미국 등 많은 나라에서 사용이 인정되고 있는 색소이다. 초콜릿 등의 당 코딩에 혼용하면 색도가 상승하고, 분말 청량음료의 현탁액으로 사용한다.
- 동클로로필린나트륨 : 착색료, 탈취제로서 사용된다. 채소류, 과일류의 저장품, 다시마, 츄잉 껌, 캔디, 완두통조림, 한천 이외 식품에 사용하여서는 안 된다
- 철클로로필린나트륨 : 양갱, 캐러멜, 차, 엿, 채소류나 과실류의 저장품 등에 사용된다.

⑤ 발색제(색소 고정제)

㉠ 정의 : 식품 중에 존재하는 색소 단백질과 결합함으로써 식품의 색을 보다 선명하게 하거나 안정화시키기 위하여 사용하는 식품첨가물이다.

㉡ 종류

• 육류 발색제
- 아질산나트륨 : 혈관 확장, 간장 장애, 갑상선기능 장애, 혈압 강하 등의 증상을 일으킨다.
- 질산나트륨 : 물에 잘 용해되고 냄새가 없으며 짠맛이 난다.
- 질산칼륨 : 청주 제조 시 조기 발효방지, 치즈 제조 시 발효조정으로 사용한다.

• 식물성 식품 발색제
- 황산제1철 : 과일류, 채소류에 사용되지만 타닌 함유식품, 단백질 다량 함유 식품에는 흑변을 일으킨다.
- 소명반(황산알루미늄칼륨) : 식품 중의 안토시아닌 색소와 반응하여 청록색을 형성한다.

⑥ 착향료

㉠ 정의 : 식품 특유의 향을 첨가하거나 제조공정 중 손실된 향을 첨가하여 식품 본래의 향을 유지하기 위해 사용되는 식품첨가물이다.

㉡ 종류

• 천연향료
- 동물성 천연향료 : 아민류, 저급지방산류 등이다.
- 식물성 천연향료 : 레몬류, 정유류, 황화합물류, 알데히드류, 케톤류, 에스테르류, 알코올류 등이다.

• 합성향료(인공향료) : 멘톨, 바날린, 벤질 알코올, 계피알데히드, 개미산 등이다.

⑦ 표백제

- 정의 : 식품의 제조과정 중 식품의 색소가 퇴색, 변색될 경우 색을 아름답게 하기 위해 사용하는 식품첨가물이다.
- 종류
  - 환원형 표백제 : 환원작용에 의해 공기 중의 산소를 빼앗아 표백한다. 메타중아황산칼륨, 무수아황산, 아황산나트륨, 산성아황산나트륨, 차아황산나트륨 등이다.
  - 산화형 표백제 : 산화작용에 의해 착색물질을 불가역적으로 파괴하여 무색이나 백색으로 분해한다. 과산화수소, 과산화벤조일, 과황산암모늄, 차아염소산나트륨, 표백분 등이다.

### (4) 식품의 품질계량 · 유지를 위한 첨가물

① 밀가루 개량제

- 정의 : 밀가루의 표백과 숙성 시간을 단축시키고, 제빵 효과의 저해 물질을 파괴시켜 분질을 개량하기 위하여 사용하는 식품첨가물이다.
- 종류
  - 과산화벤조일 : 주로 밀가루의 표백제로 사용한다.
  - 과황산암모늄 : 주로 반죽개량제로 사용한다.
  - 이산화염소 : 주로 빵류 제조용 밀가루로 사용한다.
  - 브롬산칼륨 : 산화제로 제빵의 품질 특성을 높인다.

② 품질 개량제

- 정의 : 햄, 소시지 등의 식육 연제품에 사용하여 결착성을 향상시키고 식품의 탄력성, 보수성, 팽창성을 증대시키기 위하여 사용하는 식품첨가물이다.
- 종류
  - 피로인산염 : 결정피로인산나트륨, 무수피로인산나트륨, 피로인산칼륨 등이다.
  - 폴리인산염 : 폴리인산나트륨, 폴리인산칼륨 등이다.
  - 메타인산염 : 메타인산나트륨, 메타인산칼륨 등이다.

③ 호료(증점제 및 안정제)

㉠ 정의 : 식품의 점착성 증가, 유화 안정성 향상, 가열이나 보존 중 선도 유지, 식품의 형체 보존을 위하여 사용하는 식품첨가물이다.

㉡ 종류

- 알긴산염류
  - 알긴산나트륨, 알긴산암모늄, 알긴산칼륨, 알긴산칼슘 등이다.
  - 아이스크림, 젤리, 캔디, 푸딩, 건 과류, 잼류 등에 사용한다.

- 카세인 · 카세인나트륨
  - 카세인 : 대표적인 우유단백질로 유제품, 축육 및 축산식품, 아이스크림류, 잼류 등에 사용한다.
  - 카세인나트륨 : 물에 용해되고 육류 연제품의 유화작용이나 육류에 결착력을 높여 준다.
- 폴리아크릴산나트륨 : 밀가루 반죽의 점탄성 등 물성효과가 커서 반죽개량제로 사용한다.
- 젤라틴, 한천, 알긴산, 셀룰로오스, 펙틴, 아라비아 껌, 키토산 등 천연제품에도 많이 사용한다.

④ 유화제(계면활성제)

㉠ 정의 : 기름과 물처럼 식품에서 혼합될 수 없는 물질을 균일한 혼합물로 만들거나 이를 유지시키기 위하여 사용하는 식품첨가물이다.

㉡ 종류

- 레시틴(대두인지질)
  - 빵류, 비스킷에 첨가 시 노화 방지가 되고 장류에 첨가 시 품질개량이 된다.
  - 침투제, 점도 조절제, 습윤제로도 사용한다.
- 지방산에스테르
  - 글리세린 지방산에스테르 : 식품의 유화 및 분산, 분산식품의 안정화, 액상식품의 농축기능을 한다.
  - 소르비탄 지방산에스테르 : 유화안정성이 좋고 분산작용이 우수하다.
  - 자당 지방산에스테르 : 친수성이 가장 크며, 친수성 때문에 다른 유화제와 병용한다.
  - 프로필렌글리콜 지방산에스테르 : 마가린, 과자류, 아이스크림류 등의 노화 방지, 용량 증가로 사용한다.
- 폴리소르베이트계 4종 : 폴리소르베이트20, 폴리소르베이트60, 폴리소르베이트65, 폴리소르베이트 80이 있다.

⑤ 이형제

- 정의 : 빵을 만들 때 형태를 손상시키지 않고 틀에서 분리해 내기 위하여 사용하는 식품첨가물이다
- 종류 : 유동파라핀이다.

⑥ 피막제

- 정의 : 식품의 외형에 보호막을 만들거나 광택을 부여하기 위한 식품첨가물이다.

- 종류
  - 몰포린지방산염 : 과일류, 과채류 표피의 피막제 이외에는 사용이 금지되어 있다.
  - 초산비닐수지 : 피막제 이외에 껌 기초제로 사용한다.

### (5) 식품의 제조 · 가공에 필요한 첨가물

① 팽창제

- 정의 : 빵, 과자를 부풀게 하여 조직을 연하게 하고, 기호성을 높이기 위하여 사용하는 식품첨가물이다.
- 종류
  - 탄산수소나트륨, 탄산수소암모늄, 탄산암모늄 : 빵, 전병, 비스킷, 과자 등에 사용한다.
  - 황산알루미늄칼륨 : 황산알루미늄암모늄은 된장에는 사용하지 않는다.
  - 염화암모늄 : 빵, 과자에 사용하며 비스킷, 전병에는 탄산수소나트륨과 혼합하여 사용한다.
  - 주석산수소칼륨 : 합성팽창제의 산제로 산성인산염, 명반류와 병용한다.
  - 효모(천연) : 필수아미노산, 무기질, 비타민 B 등 각종 영양가를 함유하기 때문에 다양하게 사용한다.

② 껌 기초제

- 정의 : 착향료, 감미료를 제외한 추잉껌의 기초 원료로 껌에 적당한 점성과 탄력성을 주기 위해 사용하는 식품첨가물이다. 주재료로 천연수지인 치클을 많이 사용했으나, 현재는 합성수지를 많이 사용한다.
- 종류
  - 초산비닐수지 : 과일류, 과채류의 피막제로도 사용한다.
  - 에스테르검 : 추잉껌 기초제 이외의 용도로 사용할 수 없다.
  - 폴리부텐 : 물, 알코올, 아세톤에 사용하지 못하고 황화탄소, 탄화수소에 사용한다.
  - 폴리이소부틸렌 : 물, 알코올, 에테르에 사용하지 못하고 황화탄소, 탄화수소에 사용한다.

③ 소포제

- 정의 : 식품 제조 시 거품 형성을 방지하거나 감소시키기 위하여 사용하는 식품첨가물이다.
- 종류 : 규소수지이다.

④ 추출제

- 정의 : 유지의 추출을 용이하게 하기 위해 사용하는 식품첨가물이다.
- 종류 : n-핵산이다.

⑤ **용제**

- 정의 : 식품첨가물 등을 사용할 때 식품이 균일하게 혼합되게 하기 위하여 식품첨가물 등의 화학물질을 용해시키는 작용을 하는 용매로 사용하는 식품첨가물이다.
- 종류
  - 글리세린 : 청주 등의 점조성 향상 및 과자류의 설탕 석출 억제 등에 사용한다.
  - 프로필렌글리콜 : 보존료, 착색제, 착향료, 산화방지제의 용제로 사용한다.

### (6) 식품의 영양 강화에 사용하는 첨가물

① **정의** : 식품을 제조 · 가공 또는 보존함에 있어 영양강화 제품을 첨가하여 영양소의 보충 및 원래의 식품에 없는 영양소를 강화시키기 위하여 사용하는 첨가물이다.

② **종류** : 비타민류, 무기질류, 아미노산류이다.

Chapter 02

# 예상문제

**01** 음식물 섭취와 관계가 없는 질환은?

① 회충충
② 사상충증
③ 광절열두조충증
④ 요충증

해설 사상충은 모기와 같은 흡혈 곤충으로부터 감염된다.

**02** 충란으로 감염되는 기생충은?

① 분선충 ② 동양모양선충
③ 십이지장충 ④ 편충

해설 분선충, 십이지장충, 동양모양선충, 광동주혈선충, 사상충 등은 유충으로 감염된다.

**03** 다음 기생충 중 주로 채소를 통해 감염되는 것으로만 짝지어진 것은?

① 회충, 민촌충
② 회충, 편충
③ 촌충, 광절열두조충
④ 십이지장충, 간흡충

해설 채소로부터 감염되는 기생충은 회충, 요충, 편충, 구충, 동양모양선충 등이 있다.

**04** 주로 동물성 식품에서 기인하는 기생충은?

① 구충 ② 회충
③ 동양모양선충 ④ 유구조충

해설 유구조충은 갈고리촌충이라고 하며, 돼지나 사람 등의 내장에 기생하는 촌충과의 기생충을 말한다. 돼지고기를 생식하는 지역에서 감염률이 높다.

**05** 집단감염이 잘 되며, 항문 주위에 산란하는 기생충은?

① 요충 ② 회충
③ 구충 ④ 편충

해설 요충은 항문 주위에 산란한다.

**06** 식품과 함께 입을 통해 감염되거나 피부로 직접 침입하는 기생충은?

① 회충 ② 십이지장충
③ 요충 ④ 간흡충

해설 십이지장충은 채소를 직접 섭취하는 경구감염과 오염된 토양이나 채소를 통해 경피 감염이 되는 기생충이다.

**07** 소고기를 가열하지 않고 회로 먹을 때 생길 수 있는 가능성이 가장 큰 기생충은?

① 민촌충 ② 선모충
③ 유구조충 ④ 회충

해설 무구조충(민촌충)은 소를 중간숙주로 하여 사람의 장 안에 기생한다.

**08** 기생충에 오염된 논 · 밭에서 맨발로 작업할 때 감염될 수 있는 가능성이 가장 높은 것은?

① 간흡충 ② 폐흡충
③ 구충 ④ 광절열두조충

해설 간흡충과 광절열두조충은 민물고기를 생식하는 강 유역 주민들이 쉽게 감염되고, 폐흡충은 산간 지역의 주민들한테서 많이 감염된다.

정답 01 ② 02 ④ 03 ② 04 ④ 05 ① 06 ② 07 ① 08 ③

**09** 리케차(Rickettsia)에 의해서 발생되는 감염병은?

① 세균성이질
② 파라티푸스
③ 발진티푸스
④ 디프테리아

해설 리케차성 감염병은 발진티푸스, 발진열, 양충병(츠츠가무시증) 등이다.

**10** 기생충과 중간숙주의 연결이 틀린 것은?

① 십이지장충 – 모기
② 말라리아 – 소금
③ 폐흡충 – 가재, 게
④ 무구조충 – 소

해설 처음에 십이지장에서 발견되어 십이지장충(구충)이라고 하는데, 채소로부터 감염되는 기생충이다.

**11** 여성이 임신 중에 감염될 경우 유산과 불임을 포함하여 태아에 이상을 유발할 수 있는 인수공통감염병과 관계되는 기생충은?

① 회충
② 십이지장충
③ 간디스토마
④ 톡소플라스마

해설 톡소플라스마는 돼지고기의 생식이나 개, 고양이 등 애완동물의 배설물을 통하여 감염되는 기생충이다.

**12** 인분을 사용한 밭에서 특히 경피적 감염을 주의해야 하는 기생충은?

① 십이지장충 ② 요충
③ 회충 ④ 말레이사상충

해설 구충(십이지장충)은 피낭자충으로 오염된 식품 또는 물을 섭취하거나 피낭자충이 피부를 뚫고 침입함으로써 감염된다.

**13** 돼지고기를 날 것으로 먹거나 불완전하게 가열하여 섭취할 때 감염될 수 있는 기생충은?

① 유구조충 ② 무구조충
③ 광절열두조충 ④ 간디스토마

해설 유구조충은 돼지고기, 무구조충은 소고기가 중간숙주이다.

**14** 다슬기가 중간숙주인 기생충은?

① 무구조충 ② 유구조충
③ 페디스토마 ④ 간디스토마

해설 폐흡충(폐디스토마) : 제1중간숙주(다슬기), 제2중간숙주(민물갑각류인 게, 가재)이다.

**15** 다음 기생충 중 돌고래의 기생충인 것은?

① 유극악구충 ② 유구조충
③ 아니사키스충 ④ 선모충

해설 아니사키스충은 고래나 돌고래 등에 기생하는 기생충의 일종으로 연안 어류를 가열하지 않고 날것으로 섭취하였을 때 감염될 수 있다.

**16** 다음 중 중간 숙주 없이 감염이 가능한 기생충은?

① 아니사키스 ② 회충
③ 폐흡충 ④ 간흡충

해설 회충, 편충 등은 중간숙주 없이 주로 분변에 오염된 채소를 통하여 경구감염된다.

**17** 중간숙주가 제1중간숙주와 제2중간숙주로 두 가지인 기생충은?

① 요충 ② 간디스토마
③ 회충 ④ 아메바성 이질

해설 간흡충(간디스토마) : 제1중간숙주는 왜 우렁이, 제2중간숙주 붕어, 잉어이다.

정답 09 ③ 10 ① 11 ④ 12 ① 13 ① 14 ③ 15 ③ 16 ② 17 ②

**18** 다음 중 중간숙주의 단계가 하나인 기생충은?

① 간디스토마 ② 페디스토마
③ 무구조충 ④ 광절열두조충

해설 중간숙주가 하나인 기생충은 무구조충(소), 유구조충(돼지), 선모충(돼지, 개), 톡소플라스마(돼지, 개, 고양이) 등이 있다.

**19** 어패류 매개 기생충 질환의 가장 확실한 예방법은?

① 환경위생관리 ② 생식 금지
③ 보건교육 ④ 개인위생 철저

해설 어패류에 의해 매개되는 기생충 질환은 생식을 금지하고 가열 섭취하는 것이 가장 확실한 예방법이다.

**20** 병원성 미생물의 발육과 그 작용을 저지 또는 정지시키며 부패나 발효를 방지하는 조작은?

① 산화 ② 멸균
③ 방부 ④ 응고

해설 방부는 미생물의 증식을 억제하여 균의 발육을 저지시켜 부패나 발효를 방지하는 것이다.

**21** 다음에서 설명하는 소독법은?

| 드라이 오븐을 이용하여 유리 기구, 주사침, 유지, 글리세린, 분말 등에 주로 사용하며 보통 170℃에서 1~2시간 처리한다. |
|---|

① 자비소독법
② 고압증기멸균법
③ 건열멸균법
④ 유통증기멸균법

해설 건열멸균법은 건열멸균기(드라이 오븐)을 이용하여 유리 기구, 주사침 등을 170℃에서 1~2시간 동안 가열 소독하는 방법이다.

**22** 포자 형성균의 멸균에 알맞은 소독법은?

① 자비소독법 ② 저온소독법
③ 고압증기멸균법 ④ 희석법

해설 고압증기멸균법은 고압증기멸균기를 이용하여 121℃에서 20분 동안 살균하는 방법이다.

**23** 역성비누를 보통비누와 함께 사용할 때 가장 올바른 방법은?

① 보통비누로 먼저 때를 씻어낸 후 역성비누를 사용
② 보통비누와 역성비누를 섞어서 거품을 내며 사용
③ 역성비누를 먼저 사용한 후 보통비누를 사용
④ 역성비누와 보통비누의 사용 순서는 무관하게 사용

해설 역성비누는 유기물(단백질)이 있으면 살균력이 떨어지므로 보통비누로 일단 씻어낸 후 역성비누를 사용해야 한다.

**24** 승홍수에 대한 설명으로 틀린 것은?

① 단백질을 응고시킨다.
② 강력한 살균력이 있다.
③ 금속기구의 소독에 적합하다.
④ 승홍의 0.1% 수용액이다.

해설 승홍수는 금속부식성이 강하여 0.1% 수용액으로 비금속 기구 소독에 사용한다.

**25** 소독의 지표가 되는 소독제는?

① 석탄산 ② 크레졸
③ 과산화수소수 ④ 포르말린

해설 석탄산은 기구, 용기, 의류 및 오물을 측정하는 데 3%의 수용액을 사용하며, 각종 소독약의 소독력을 나타내는 기준이 된다.

18 ③ 19 ② 20 ③ 21 ③ 22 ③ 23 ① 24 ③ 25 ①

**26** 금속부식성이 강하고, 단백질과 결합하여 침전이 일어나므로 주의를 요하며, 소독 시 0.1% 정도의 농도로 사용하는 소독약은?

① 석탄산　② 승홍수
③ 크레졸　④ 알코올

해설 석탄산은 3%, 승홍수는 0.1%, 크레졸은 3%, 알코올은 70% 농도로 사용한다.

**27** 소독약과 유효한 농도의 연결이 적합하지 않은 것은?

① 알코올 – 5%
② 과산화수소 – 3%
③ 석탄산 – 3%
④ 승홍수 – 0.1%

해설 알코올의 사용농도는 70%이다.

**28** 석탄산수(페놀)에 대한 설명으로 틀린 것은?

① 염산을 첨가하면 소독효과가 높아진다.
② 바이러스와 아포에 약하다.
③ 햇볕을 받으면 갈색으로 변하고 소독력이 없어진다.
④ 음료수의 소독에는 적합하지 않다.

해설 석탄산수(3%)는 의류, 용기, 목제 등의 소독에 사용하며 소독제의 살균력 지표로 사용된다.

**29** 분자식은 $KMnO_4$이며, 산화력에 의한 소독효과를 가지는 것은?

① 크레졸　② 석탄산
③ 과망간산칼륨　④ 알코올

해설 과망간산칼륨은 산화력이 강하여 살균 · 소독의 원료로 사용되며, 과망간산칼륨의 소비량으로 수중 유기물질을 간접적으로 측정한다.

**30** 다음 중 음료수 소독에 가장 적합한 것은?

① 알코올　② 과산화수소수
③ 염소　④ 승홍수

해설 염소는 수돗물, 과일, 채소, 식기류, 도마, 행주 등 주방용품이나 음료수 소독에 널리 사용된다.

**31** 분변소독에 가장 적합한 것은?

① 과산화수소　② 알코올
③ 생석회　④ 머큐로크롬

해설 분변소독에 잘 사용되는 생석회는 공기 누출 시 살균력이 저하되지만, 결핵균과 아포형성균에 효과적이다.

**32** 참깨 중에 주로 함유되어 있는 항산화 물질은?

① 고시폴　② 세사몰
③ 토코페롤　④ 레시틴

해설 고시폴(면실유의 유독성분), 토코페롤(식물성유에 함유되어 있는 비타민 E), 레시틴(난황에 함유되어 있는 유화제)이다.

**33** 다음 중 산화방지를 위해 사용하는 식품첨가물은?

① 아스파탐(aspartame)
② 디부틸히드록시톨루엔(BHT)
③ 이산화티타늄(titanium dioxide)
④ 글리신(glycine)

해설 아스파탐은 인공감미료이고, 이산화티타늄은 자외선 차단제 및 화장품 재료로 사용하며 글리신은 아미노산으로 단맛을 갖고 있다.

정답 26 ② 27 ① 28 ③ 29 ③ 30 ③ 31 ③ 32 ② 33 ②

**34** **미생물의 발육을 억제하여 식품의 부패나 변질을 방지할 목적으로 사용되는 것은?**

① 안식향산나트륨
② 호박산 나트륨
③ 글루타민 나트륨
④ 실리콘수지

**해설** 안식향산나트륨은 청량음료, 간장, 식초, 마가린, 마요네즈, 잼에 사용되는 보존료이다.

**35** **식품의 보존료가 아닌 것은?**

① 데히드로초산(dehydroacetic acid)
② 소르빈산(sorbic acid)
③ 안식향산(benzoic acid)
④ 아스파탐(aspartame)

**해설** 아스파탐은 가공식품 제조 시 단맛을 주기 위해 설탕 대신 사용되는 식품첨가물로 아미노산계 합성감미료이다.

**36** **다음 산화방지제 중 사용 제한이 없는 것은?**

① L-아스코르빈산 나트륨
② 아스코르발 팔미테이트
③ 디부틸히드록시톨루엔
④ 이디티에이 2 나트륨

**해설** 산화방지제 중에서 L-아스코르빈산 나트륨, 아스코르빈산, 토코페롤은 사용 제한이 없다.

**37** **다음 중 천연 항산화제와 거리가 먼 것은?**

① 토코페롤
② 스테비아 추출물
③ 플라본 유도체
④ 고시폴

**해설** 스테비아 추출물은 설탕의 300배 정도의 단맛을 내는 천연감미료이다.

**38** **강한 환원력이 있어 식품가공에서 갈변이나 향이 변하는 산화반응을 억제하는 효과가 있으며, 안전하고 실용성이 높은 산화방지제로 사용되는 것은?**

① 티아민(Thiamin)
② 나이아신(Niacin)
③ 리보플라빈(Riboflavin)
④ 아스코르빈산(Ascorbic acid)

**해설** 비타민 C(아스코르빈산)는 강한 환원력이 있어 수용성 산화방지제이다.

**39** **빵 반죽 시 효모와 함께 물에 녹여 사용하면 효모의 작용을 약화시키는 식품첨가물은?**

① 프로피온산 칼슘(Calcium propionate)
② 이초산나트륨(Sodium diacenate)
③ 파라옥시안식향산 에스테르(Parahy droxyben-zoic acid ester)
④ 소르빈산(Sorbic acid)

**해설** 프로피온산 칼슘은 보존료로 효모 등 미생물의 활성을 약화시켜 식물의 부패와 변질을 방지하는 식품첨가물이다.

**40** **유지나 지질을 많이 함유한 식품이 빛, 열, 산소 등과 접촉하여 산패를 일으키는 것을 막기 위하여 사용하는 첨가물은?**

① 피막제 ② 착색제
③ 산미료 ④ 산화방지제

**해설** 산화방지제는 유지나 지질의 산패를 막기 위한 식품첨가물로 BHA, BHT, 에리소르브산염, 몰식자산프로필 등이 있다.

34 ① 35 ④ 36 ① 37 ② 38 ④ 39 ① 40 ④

**41** 과실류, 채소류 등 식품의 살균목적으로 사용되는 것은?

① 초산비닐수지(Polyvinyl acetate)
② 이산화염소(Chlorine dioxide)
③ 규소수지(Silicone resin)
④ 차아염소산나트륨(Dodium hypochlorite)

해설 초산비닐수지는 과일, 채소류의 피막제, 껌 기초제이고, 이산화염소는 소맥분 표백제이며, 규소수지는 소포제이다.

**42** 우리나라에서 간장에 사용할 수 있는 보존료는?

① 프로피온산(Propionic acid)
② 이초산나트륨(Sodium diacetate)
③ 안식향산(Benzoic acid)
④ 소르빈산(Sorbic acid)

해설 안식향산은 보존료로 청량음료, 간장, 식초, 과일 · 채소류, 음료 등에 사용된다.

**43** 유해 보존료에 속하지 않는 것은?

① 붕산
② 소브산
③ 플루오린화합물
④ 폼알데하이드

해설 소브산은 식육, 된장 등에 허용된 보존료이다.

**44** 햄 등 육제품의 붉은색을 유지하기 위해 사용하는 첨가물은?

① 스테비오사이드 ② D-소르비톨
③ 아질산나트륨 ④ 아우라민

해설 아질산나트륨은 햄 등 육제품의 붉은색을 유지하기 위한 발색제이다.

**45** 다음 중 국내에서 허가된 인공감미료는?

① 둘신(Dulcin)
② 사카린나트륨(Sodium saccharin)
③ 사이클라민산나트륨(Sodium cyclamate)
④ 에틸렌글리콜(Ethylene glycol)

해설 둘신, 사이클라민산나트륨, 에틸렌글리콜은 독성이 강하여 사용 금지된 감미료이다.

**46** 사카린나트륨을 사용할 수 없는 식품은?

① 된장
② 김치류
③ 어 · 육가공품
④ 뻥 튀기

해설 사카린나트륨은 단맛을 내고 산성이 강한 식품으로 김치류, 어육가공품, 뻥튀기, 음료수 등에 제한적으로 사용된다.

**47** 유해감미료에 속하는 것은?

① 둘신 ② D-소르비톨
③ 자일리톨 ④ 아스파탐

해설 시이클라메이트, 둘신, 에틸렌글리콜은 유해 감미료이다.

**48** 사용이 허가된 산미료는?

① 구연산 ② 계피산
③ 말톨 ④ 초산에틸

해설 구연산은 허가된 산미료로 감귤류, 살구의 신맛이다. 계피산, 말톨, 초산에틸은 착향료이다.

정답 41 ④ 42 ③ 43 ② 44 ③ 45 ② 46 ① 47 ① 48 ①

**49** **식품첨가물 중 허용되어 있는 발색제는?**

① 식용적색 3호
② 철클로로필린나트륨
③ 질산나트륨
④ 삼이산화철

해설 허용된 발색제 : 육류 발색제(아질산나트륨, 질산나트륨, 질산칼륨), 식물성 발색제(황산제1철)이다.

**50** **식품의 조리 가공, 저장 중에 생성되는 유해 물질 중 아민이나 아미드류와 반응하여 니트로소 화합물을 생성하는 성분은?**

① 지질 ② 아황산
③ 아질산염 ④ 삼염화질소

해설 아질산염은 육류에 들어 있는 아민과 반응하여 발암 물질인 니트로소아민을 생성한다.

**51** **다음 식품첨가물 중 유지의 산화방지제는?**

① 소브산 칼륨
② 치아염소산나트륨
③ 비타민 E
④ 아질산나트륨

해설 비타민 E(토코페롤) : 비타민의 일종으로 영양 강화제의 목적으로도 사용하고, 유지의 산화방지제로도 사용된다.

**52** **과채류, 식육 가공 등에 사용하여 식품 중 색소와 결합하여 식품 본래의 색을 유지하게 하는 식품첨가물은?**

① 식용타르색소 ② 천연색소
③ 발색제 ④ 표백제

해설 발색제는 식품에 있는 색소와 결합하여 식품의 색을 보다 선명하게 하거나 본래의 색을 유지시키는 식품 첨가물이다.

**53** **관능을 만족시키는 식품첨가물이 아닌 것은?**

① 동클로로필린나트륨
② 질산나트륨
③ 아스파탐
④ 소르빈산

해설 관능을 만족시키는 첨가물로 조미료, 산미료, 감미료, 착색제, 발색제, 착향료, 표백제 등이 있다. 소르빈산은 대표적인 합성 보존료이다.

**54** **오징어 먹물색소의 주 색소는?**

① 안토크산틴
② 클로로필
③ 유멜라닌
④ 플라보노이드

해설 오징어 먹물의 색소는 유멜라닌으로 물이나 유지, 알코올 등 대부분의 용매에서 녹지 않는 특징이 있다.

**55** **다음 중 식품첨가물과 주요 용도의 연결이 바르게 된 것은?**

① 안식향산–착색제
② 토코페롤–표백제
③ 질소나트륨–산화방지제
④ 피로인산칼륨–품질개량제

해설 안식향산은 보존료(방부제), 토코페롤은 비타민 E, 질소나트륨은 발색제이다.

**56** **다음 중 사용이 허용된 밀가루 개량제는?**

① 메타중아황산칼륨
② 아황산나트륨
③ 산성아황산나트륨
④ 과황산암모늄

해설 소맥분 개량제에는 과황산암모늄, 과산화벤조일, 과붕산나트륨, 브롬산칼륨, 이산화염소가 있다.

49 ③ 50 ③ 51 ③ 52 ③ 53 ④ 54 ③ 55 ④ 56 ④

**57** 밀가루의 표백과 숙성을 위하여 사용하는 식품첨가물은?

① 유화제　② 개량제
③ 팽창제　④ 점착제

해설 소맥분 개량제는 과산화벤조일, 과황산암모늄, 브롬산칼륨, 과붕산나트륨 등이 있다.

**58** 껌 기초제로 사용되며 피막제로도 사용되는 식품첨가물은?

① 초산비닐수지
② 에스테르검
③ 폴리이소부틸렌
④ 폴리소르베이트

해설 초산비닐수지는 추잉껌의 기초제, 과일 등의 피막제로 사용되는 식품첨가물이다.

**59** 과일이나 과채류를 채취 후 선도 유지를 이해 표면에 막을 만들어 호흡 조절 및 수분 증발 방지의 목적에 사용되는 것은?

① 품질개량제　② 이형제
③ 피막제　④ 강화제

해설 피막제는 식품의 외형에 보호막을 만들거나 광택을 부여하는 식품첨가물로 몰포린지방산염, 초산비닐수지 등이 있다.

**60** 식품의 조리, 가공 시 거품이 발생하여 작업에 지장을 주는 경우 사용하는 식품첨가물 은?

① 규소 수지(Silicone resin)
② N-헥산(N-hexane)
③ 유동파라핀(Liquid paraffin)
④ 몰포린지방산염

해설 소포제는 식품의 거품 생성 방지에 사용하는 첨가물로 규소 수지가 대표적이다.

정답 57 ② 58 ① 59 ③ 60 ①

Chapter 03

# 작업장 위생관리

## 1. 작업장 위생관리의 개요

위생관리를 하는 궁극적인 목적은 음식이 만들어지는 과정에서 조리사와 장비 및 식품 취급상 인체의 위해를 방지할 수 있도록 충분히 위생적으로 관리하는 것이다.

### (1) 위생관리의 필요성

훌륭한 위생관리의 결과를 얻기 위해서는 주방에서 이루어지는 모든 과정이 중요하다.

① 조리사는 신체적 · 정신적으로 건강해야 하고, 투철한 위생관념과 위생 준칙을 준수하는 자세가 습관화되어야 한다.

② 주방장비와 기구 및 기물은 안전하게 배치되어야 하고, 위생적으로 관리되어야 한다.

③ 반입되는 식품을 검수 · 조리하는 과정에서 위생적으로 취급해야 한다.

### (2) 위생관리 내용

위생적으로 완벽한 음식을 고객에게 제공하기 위해서는 다음과 같은 구체적인 위생관리준칙을 준수해야 한다.

① 조리 종사원들의 채용과정에서 건강상태를 철저히 확인하여 적절하게 배치하여야 한다.

② 주방에 설치되어 있는 장비와 기물 · 기기 등의 취급 · 보관 · 손질방법을 습득하도록 철저한 교육이 필요하다.

③ 식재료를 취급할 때는 어느 작업이든 위생과 안전에 최선을 다하도록 설명해야 한다.

④ 모든 위생에 관련하는 사항은 우선순위를 두지 말고 똑같이 중요하게 지키도록 한다.

## 2. 위생관리의 목적

위생관리의 목적은 음식을 고객에게 직접 제공하는 과정에서 일어날 수 있는 식품위생상의 위해를 방지하고, 고객의 안전과 쾌적한 식생활 공간을 보장하는 것이다.

### (1) 종사원 측면에서

① 자신을 질병으로부터 보호하여 신체적 · 정신적으로 건강유지

② 쾌적한 주방공간을 확보하여 작업 능률의 향상

③ 조리 종사원들의 작업재해를 미연에 방지

### (2) 식재료 취급 측면에서

① 음식취급 과정에서 일어날 수 있는 각종 전염성을 방지(위생관념)
② 음식 상품의 질적 가치를 향상(조리방법)
③ 식재료의 보관기간을 연장(저장창고관리)
④ 항상 신선한 식재료를 사용(시장구매전략)
⑤ 원가절감 원칙의 적용(원가절약)

### (3) 시설관리 측면에서

① 종사원들의 안전사고 방지(안전관리)
② 장비 및 기물 · 기기의 경제적 수명 연장(시설관리)
③ 단위면적당 작업 능률의 향상(수익성 향상)
④ 음식 상품의 질적 가치 유지(신상품 개발)
⑤ 시설교체 시점의 연장(대체기물 선정)

## 3. 위생관리의 대상

식재료와 조리종사자, 주방시설과 그 주변 환경, 기물 · 기기 및 기구가 전반적으로 중요한 위생관리의 대상이 된다.

주방위생의 관리과정에서 이루어져야 하는 대상별 기준은 다음과 같다.

① 식재료를 취급하여 음식을 만드는 조리사는 개인적인 위생관리를 위해 정기적인 건강검진과 위생교육을 받도록 해야 한다.
② 음식을 조리할 때 안전하고 위생적으로 사용할 수 있는 시설 및 설비를 확보함과 동시에 취급방법을 익혀야 한다.
③ 식재료를 위생적으로 보관하고 취급해야 하며, 항상 신선한 식재료를 공급할 수 있도록 관리를 철저히 해야 한다.

## 4. 작업장 위생 위해요소

### (1) 주방의 환경적 요인

① 조리실의 고온다습한 환경조건 하에서 조리 시 발생하는 고열과 복합적으로 작용하여 땀띠 등 피부질환을 유발한다.

② 조리 종사원들은 발목에서 20cm 정도 오는 장화를 착용하기 때문에 무좀이나 검은 발톱, 아킬레스건염 등의 질병이 발생할 수 있다.

③ 조리 종사원들은 자극성 접촉성 피부염이 28.9%로 가장 많았고, 땀띠 22.2%, 알레르기 접촉성 피부염 17.8% 순으로 피부 관련 질환이 발생하고 있다.

### (2) 주방의 물리적 용인

① 조리 작업장의 바닥은 미끄러울 뿐만 아니라 다습한 환경으로 인해 항상 물기가 있어 낙상사고의 원인이 된다.

② 조리 종사원들이 넘어지는 경우는 바닥이 젖은 상태, 기름기가 있는 바닥, 낮은 조도로 인해 어두운 경우, 매트가 주름진 경우이며, 조리 종사원들의 미끄럼 사고는 신발과 바닥 사이의 마찰력에 의해 발생한다.

## 5. 식품안전관리인증기준(HACCP)

### (1) HACCP의 정의

해썹이란 위해요소분석(Hazard Amalysis)과 중요관리점(Critical Control Point)의 약자로 위해요소중점관리기준을 말한다.

① HACCP의 개념 : 우리나라에서는 '위해요소중점관리기준(HACCP)이라 함은 식품의 원료관리, 제조 · 가공 · 조리 및 유통의 모든 과정에서 위해한 물질이 식품에 혼입되거나 식품이 오염되는 것을 방지하기 위한 각 과정의 중점 관리 기준'이라고 정의하고 있다.

② HACCP의 7원칙과 12절차

㉠ HACCP팀 구성 : 제조, 시설설비, 물류, 품질관리 등에 책임 있는 사람 중심으로 팀을 구성한다.

㉡ 제품설명서 작성 : 제품의 특성을 고려한 제품설명서를 작성한다.

㉢ 용도확인 : 제품의 사용용도 및 사용방법을 확인한다.

㉣ 공정흐름도 작성 : 모든 공정단계를 파악하여 작업장 평면도를 작성한다.

㉤ 공정흐름도 현장확인 : 현장을 고려한 공정흐름도(도면)와 비교하여 현장과 일치하는지를 확인한다.

㉥ 위해요소분석 : 모든 단계에서 발생할 우려가 있는 위해 및 위험도를 평가할 것

㉦ 중요관리점(CCP)결정 : 확인된 위해의 통제·관리에 필요한 CCP를 결정할 것

㉧ CCP 한계기준 설정 : 결정된 각 CCP에 대하여 각각의 적합한 관리기준(위험도 한계)을 설정할 것

㉨ CCP모니터링 체계 확립 : 각 CCP(관리)방법을 정할 것

ⓩ 개선조치 방법 수립 : 기준에서 벗어나(이탈)이 확인된 경우, 취해야 할 개선조치를 미리 정해둘 것
ⓚ 검증절차 및 방법수립 : HACCP 적용이 정확히 실시되고 있는지의 여부에 대한 검증방법을 정해둘 것
ⓣ 문서화 및 기록유지 방법 설정 : HACCP 프로그램 문서에는 효과적인 기록의 보존 방법을 정하여 기재해 둘 것

**(2) 식품제조 · 가공업소(과자류, 빵 또는 떡류, 다류 커피, 음료수 등), 식품접객업소(일반음식점, 휴게음식점, 제과점 등), 건강기능식품 제조업소, 식품첨가물 제조업소 등이 적용대상이다. 연매출 100억 이상인 경우는 의무사항이고, 그 이하는 희망업소에 한한다.**

**Point** ※ HACCP 7원칙
위해요소 분석, 중요관리점(CCP)결정, CCP한계 기준 설정, CCP 모니터링 체계확립, 개선조치 방법 수립, 검증절차 및 방법수립, 문서화 및 기록유지 방법 설정이다.

## 6. 작업장 교차오염발생요소

### (1) 교차오염(Cross Contamination)

식재료나 조리기구, 물 등에 오염되어 있던 미생물이 오염되지 않은 식재료나 조리기구, 물 등에 접촉되거나 혼입되면서 전이되는 현상을 말한다.

### (2) 예방

식품을 취급하는 과정에 교차오염(Cross Contamination)이 발생될 수 있으므로 아래와 같은 방법으로 예방한다.

① 칼, 도마, 조리기구 등은 식품군별(채소류, 육류, 생선류 등)로 구별하여 사용한다.
② 생식품 또는 오염된 조리 기구에 사용된 행주나 스펀지 등은 깨끗이 세척한 후 소독하여 사용한다.
③ 생식품에 사용된 칼, 도마, 식기 등은 깨끗이 세척하고 소독하여 사용한다.

Chapter 03

# 예상문제

**01** **다음 중 중요관리점(CCP)에 대한 설명으로 옳은 것은?**

① 위해를 사전에 증명하기 위한 방법이나 도구
② 위해를 사전에 예방하거나 제어할 수 있는 포인트
③ 위해를 중증도 및 위험도를 평가하는 포인트
④ 위해에 대한 개선조치를 설정하는 포인트

해설 CCP는 위해를 사전 방지(예방)하거나 제어할 수 있는 포인트(작업 순서 또는 단계 · 공정 · 절차) 등이다.

**02** **위해요소중점관리기준(HACCP)의 7원칙이 아닌 것은?**

① 우수제조기준
② 위해요소분석
③ 중요관리점(CCP) 결정
④ 개선조치 방법

해설 위해요소분석, 중요관리점(CCP) 결정, CCP 모니터링 체계 확립, 개선조치 방법 및 수립, 검증절차 및 방법 수립, 문서화 및 기록유지 방법 설정이다.

**03** **다음 중 HACCP에 대한 설명으로 틀린 것은?**

① 원료의 생산자로부터 소비자까지의 전 단계에 적용할 수 있다.
② 위해요소중점관리 기준제도이다.
③ 위해분석과 중요관리점의 두 부분으로 이루어진다.
④ 주로 식품관리 행정당국이 최종 제품의 안전성을 검사하는 데 적용된다.

해설 HACCP의 특징
- 원료의 생산자로부터 소비자까지의 전 단계에 적용할 수 있다.
- 위해요소중점관리 기준제도이다.
- 위해분석과 중요 관리점의 두 부분으로 이루어진다.
- 식품의 안전성을 확보하기 위하여 특정 위해요소를 알아내고 이들을 방지 및 관리하기 위한 것이다.

**04** **소비자의 건강장해를 일으킬 우려가 있어 허용될 수 없는 생물학적 · 화학적 · 물리적 성분 또는 인자를 가리키는 것은?**

① 위해 ② 중요관리점
③ 위험도 ④ 검증

해설 위해(Hazard) : 소비자의 건강장해를 일으킬 우려가 있어 허용될 수 없는 생물학적 · 화학적 · 물리적 성분 또는 인자이다.

**05** **HACCP 관련 용어 중 위해 또는 위험성이 있는지의 여부를 평가하는 것은?**

① 이탈 ② 위험도
③ 검증 ④ 감시

해설 위험도(Risk) : 위해 또는 위험성이 있는지의 여부를 평가하는 것이다.

**06** **HACCP의 의무적용 대상 식품에 해당하지 않는 것은?**

① 빙과류 ② 비가열 음료
③ 껌류 ④ 레토르트식품

해설 HACCP 의무적용 대상 식품
아육가공품 중 어묵류, 냉동식품 중 어류 · 연체류 조미가공품, 냉동식품 중 피자류 · 만두류 · 면류, 빙과류, 비가열 음료, 김치류 중 배추김치등이다.

정답 01 ② 02 ① 03 ④ 04 ① 05 ② 06 ③

Chapter 04

# 식중독 관리

## 1. 식중독의 개요

### (1) 식중독의 정의

식중독이란 섭취한 음식물의 독성 물질 때문에 발생한 일련의 증후군을 말한다.

### (2) 식중독의 원인

원인에 따라 세균 자체에 의한 감염이나 세균에서 생산된 독소에 의해 증상을 일으키는 세균성 식중독, 자연계에 존재하는 동물성 혹은 식물성 독소에 의한 자연독 식중독, 인공적인 화합물에 의해 증상을 일으키는 화학성 식중독으로 나누어 볼 수 있다.

### (3) 식중독의 조사보고

① 식중독 환자나 식중독이 의심되는 증세를 보이는 자를 진단 · 검안 · 발견한 의사나 한의사 또는 집단급식소의 설치 · 운영자는 지체없이 관할시장 · 군수 · 구청장에게 보고해야 한다.

② 환자의 가검물과 원인식품은 원인조사 시까지 보관해야 한다.

### (4) 식중독의 분류

① 세균성 식중독

- 감염 : 살모넬라균, 장염비브리오균, 병원성대장균, 웰치균 등이다.
- 독소형 : 포도상구균, 클로스트리디움 보툴리눔균 등이다.
- 기타 : 알레르기성, 장구균, 바실루스 세레우스, 노로바이러스 등이다.

② 자연독 식중독

- 동물성 : 테트로도톡신, 삭시톡신, 베네루핀, 테트라민 등이다.
- 식물성 : 아마니타톡신, 무스카린, 무스카리딘, 프타퀼로사이드, 뉴린, 팔린, 콜린, 솔라닌, 셉신, 고시폴, 리신, 아미그달린, 시큐톡신, 테물린, 사포닌 등이다.

③ 화학적 식중독

- 식품 첨가물에 의한 중독
- 유해 금속물의 오염에 의한 중독
- 기구 · 포장 · 용기 및 포장에서 용출되는 유독성분
- 식품의 제조 · 소독 과정에서 생성되는 유해물질

④ 곰팡이(마이코톡신) 식중독

- 아플라톡신 중독

- 황변미 중독 : 시트리닌, 시트리오비리딘, 아이슬란디톡신이다.
- 맥각 중독 : 에르고타민, 에르고톡신이다.

## 2. 세균성 및 바이러스성 식중독

### (1) 감염형 식중독

① 살모넬라균 식중독(살모넬라균)

- 그람음성간균, 호기성, 통성혐기성균이다.
- 주로 사람과 동물의 장에 서식하며 대부분의 종들이 사람에게 심각한 영향을 끼치는 병원균이다.
- 잠복기 : 6~24시간(평균 18시간)이다.
- 증상 : 급격한 발열, 구토, 두통, 복통, 설사 등의 심한 위장증세가 나타난다. 주로 2~3일 후에는 회복되지만 심한 경우 사망한다.
- 원인식품 : 육류 및 그 가공품, 어패류 및 그 가공품, 살균하지 않은 우유, 잘 씻지 않은 채소 등이다.
- 예방법 : 열에 약하므로 60℃에서 30분 정도 가열하면 사멸하므로 가열한 후 섭취한다.

② 장염비브리오 식중독(비브리오균)

- 염분이 높은 환경에서 잘 자라고 연안 해수에 있는 세균으로 섭씨 20~37℃에서 빠르게 증식한다.
- 바닷물 온도가 올라가는 6~10월 여름철에 주로 발생한다.
- 잠복기 : 13~18시간이나 빠르면 5~8시간 내에도 증상이 나타난다.
- 증상 : 구토, 메스꺼움, 발열, 복통과 수양성 설사(혈변) 등의 급성위장염으로 이질로 오인하기 쉬우며, 2~3일 후 회복된다.
- 원인식품 : 어패류 생식, 조리기구 등을 통한 2차 감염
- 예방법 : 어패류 생식금지, 냉장보관, 60℃에서 15분 정도, 100℃에서 수 분 내 사멸하므로 가열처리, 어패류에 닿는 칼, 도마, 식기, 용기 등의 소독을 철저히 한다.

③ 병원성대장균 식중독[병원성대장균(O-157, H7)]

- 사람이나 동물의 장관 내에 살고 있는 균으로 물이나 흙속에 존재한다.
- 잠복기 : 10~24시간(평균 12시간)이다.
- 증상 : 설사, 복통, 두통, 발열 등이 나타나는데, 3~5일이면 회복된다.
- 원인식품 : 우유, 채소 샐러드, 가정에서 만든 마요네즈 등이다.
- 예방법 : 분변 오염이 되지 않도록 주의한다.

### (2) 독소형 식중독

① 포도상구균 식중독(포도상구균)

- 식중독뿐만 아니라 화농성 질환을 일으키는 원인균이다.
- 그람양성구균, 엔테로톡신(장독소) 생성, 엔테로톡신은 열에 강하여 끓여도 파괴되지 않으므로 일반 가열조리법으로 예방이 어렵고 균이 사멸되어도 독소가 남는 경우가 많다.
- 잠복기 : 가장 짧다(평균 3시간).
- 증상 : 메스꺼움, 구토, 복통, 설사 등, 급성 위장염 등이다.
- 원인식품 : 우유, 크림, 버터, 치즈, 떡, 김밥, 도시락 등이다.
- 예방법 : 화농성질환자의 식품 취급을 금지한다.

② 클로스트리디움 보툴리눔균 식중독[보툴리스균(A~G형 중에서 A, B, E, F형)]

- 혐기성, 그람양성으로 포자를 생성하는 막대모양의 세균속으로, 많은 종들이 강력한 세포외 독소를 생성한다.
- 뉴로톡신(신경독소)생성, 열에 약하나 형성된 포자는 열에 강하여 치명률이 매우 높다.
- 잠복기 : 12~36시간이다.
- 증상 : 안면마비 등의 신경계 급성중독 증상과 위장증세, 호흡곤란 등을 일으키며, 치사율이 높아 중독자 1/3이 사망한다.
- 원인식품 : 통조림 식품처럼 혐기성 상태인 제품이 120℃에서 20분간 제대로 가열처리 되지 못하였거나, 운반 또는 보관 도중에 난 흠집을 통하여 감염된다.
- 예방법 : 80℃에서 15분 정도 가열처리, 통조림 등 원인식품의 살균을 철저히 한다.

③ 웰치균 식중독[웰치균(A~F형 중에서 A형)]

- 혐기성 상태에서 잘 자라는 균이며, pH5 이하에서는 잘 자라지 못한다.
- 그람양성간균, 편성혐기성균, 엔테로톡신(장독소)발생 등이다.
- 잠복기 : 8~22시간(평균 12시간)이다.
- 증상 : 구토, 복통, 심한 설사를 하며, 2~3일이 지나면 회복하고 치명률이 낮다.
- 원인식품 : 육류, 통조림, 족발, 국 등 재가열 식품이다.
- 예방법 : 10℃ 이하, 60℃ 이상에서 보관, 저온 보관 후 다시 가열하는 것은 좋지 않다.

**Point**
- 웰치균 : 아포를 형성하는 클로스트리디움속의 편성혐기성균으로 아포 형성 시 생성되는 내열성 장독소(엔테로톡신)의 존재가 확인되기 전까지 감염형 식중독균으로 구분되었다.
- 클로스트리디움속 : 파상풍균, 보툴리누스균은 신경독(뉴로톡신), 웰치균은 장독소(엔테로톡신)를 생성한다.

### (3) 기타 세균성 식중독

① 알레르기성 식중독(히스타민)

- 부패되지 않은 식품을 섭취해도 발생한다.
- 잠복기 : 5분~1시간(평균 30분)이다.
- 증상 : 안면 홍조, 발진(두드러기), 구토, 설사, 두통, 발열 등이 나타나며, 1일 내에 회복된다.
- 원인식품 : 붉은살생선, 등푸른생선(꽁치, 정어리, 전갱이, 고등어, 가다랑어 등)이다.
- 예방법 : 항히스타민제 투여, 붉은살생선이나 등푸른생선은 신선한 것으로 구입한다.

② 장구균 식중독(스트렙토코쿠스 페칼리스균)

- 사람이나 동물의 배변에 의해서 식품이 2차적으로 오염을 받기 쉽다.
- 최적온도 10~45℃, 소금농도 65%, 최적 pH 9.6에서 잘 발육하며, 내열성이 있다.
- 잠복기 : 5~10시간이다.
- 증상 : 메스꺼움, 발열, 복통, 구토, 설사, 급성위장염 등을 일으키며, 1~2일 후 회복된다.
- 원인식품 : 소고기, 크로켓, 소시지, 햄, 치즈, 분유, 크림, 두부 등이다.
- 예방법 : 냉동식품의 오염에 주의, 분변오염에 주의한다.

③ 바실루스 세레우스 식중독(바실루스속의 세레우스균)

- 그람양성간균, 내열성의 아포 형성, 주모성 편모로 운동성이 있다. 최적발육온도는 28~35℃이다.
- 잠복기
  - 설사형 : 10~12시간 정도이다.
  - 구토형 : 1~5시간이다.
- 증상 : 설사, 구토 등이다.
- 원인식품
  - 설사형 : 바닐라 소스, 육류 및 채소 수프, 푸딩 등이다.
  - 구토형 : 쌀밥, 볶음밥 등의 탄수화물이다.
- 예방법 : 열에 강한 포자를 형성하여 식중독을 일으킬 수 있으므로, 고온으로 살균하는 과정이 필요하다.

④ 노로바이러스 식중독(노로바이러스)

- 겨울철에 주로 날 것의 음식을 먹었을 때 전염되는 바이러스이다.
- 식품에 쉽게 오염되고, 소량으로도 식중독을 일으킬 수 있으며, 항 바이러스제는 없다.
- 잠복기 : 24~48시간이다.
- 증상 : 메스꺼움, 구토, 설사, 두통, 오한 및 근육통을 일으키며, 1~2일 후 자연 치유된다.
- 원인식품 : 채소, 전처리된 샐러드, 생 어패류, 분변으로 오염된 물 등이나 아직 감염 경로 추정이 불확실하다.

• 예방법 : 냉장 또는 냉동상태에서는 수년 동안 감염력을 유지할 수 있어 식품의 오염에 주의한다.

## 3. 자연독 식중독

### (1) 동물성 자연독

① 복어(테트로도톡신)

- 독소 부위 : 난소 〉 간 〉 내장 〉 피부 순으로 많이 들어있다.
- 독성이 강하고 물에 녹지 않으며, 열에 파괴되지 않는다.
- 식후 30분~5시간 후 구토, 근육마비, 감각둔화, 호흡곤란, 의식불명 상태가 될 수 있다.
- 치사량 2mg, 치사율은 40~80%로 가장 높다.

② 섭조개 · 대합(삭시톡신)

- 5~9월까지의 여름철에 독성이 강하다.
  - 나트륨 이동을 봉쇄하여 신경의 흥분 또는 전도를 차단하여 국소마취에 사용할 수 있다.
  - 복어독과 비슷하다.
- 증상 : 식후 30분~3시간 후 마비증상, 언어장애, 호흡곤란 등 신경계통이 마비될 수 있다.

③ 모시조개 · 굴 · 바지락(베네루핀)

- 내열성이 강하여 100℃에서 1시간 이상 가열해도 파괴되지 않는다.
- 독성은 계절에 따라 변화가 있어 1~4월에는 높으나, 6~11월에는 사라진다.
- 증상 : 1~2일의 잠복기 후 지각이상, 호흡장애, 운동장애 등이 나타난다. 치사율은 45~50% 정도로 동물성 자연독 중 가장 높은 편이다.

④ 고둥 · 소라(테트라민)

- 타액선에 독이 있어 유독종의 경우 조리 전에 반드시 타액선을 제거하여야 한다.
- 증상 : 구토, 설사, 복통, 전신마비가 일어난다.

### (2) 식물성 자연독

① 독버섯(무스카린, 아마니타톡신, 무스카리딘, 필지오린, 팔린 등)

- 무스카린
  - 광대, 깔때기, 땀버섯 등에 독성분이 있다.
  - 증상 : 발한, 동공수축, 환각이 일어난다.
- 아마니톡신
  - 알광대, 독우산광대버섯 등에 독성분이 있다.
  - 증상 : 복통, 강직, 콜레라 등이 나타난다.

② 감자(솔라닌, 셉신)

- 솔라닌
  - 감자의 싹, 햇빛에 노출되었을 때 생기는 녹색부위에 독성분이 있다.
  - 증상 : 복통, 위장장애, 현기증, 졸음 등이 나타난다.
- 셉신
  - 감자의 부패부위에 존재하는 유독성분이다.
  - 증상 : 구토, 설사, 복통, 발열 등이 나타난다.

③ 목화씨(고시폴)

- 면실유에 독성분이 있다.
- 증상 : 출혈성 신장염이 나타난다.

④ 피마자(리신)

- 피마자(아주까리)에 독성분이 있다.
- 증상 : 복통, 구토, 설사, 알레르기 등이 나타난다.

⑤ 독미나리(시큐톡신)

- 독미나리에 독성분이 있다.
- 시안배당체가 산이나 효소에 의해 분해되면 청산(HCN)을 형성하게 되어 독성을 나타낸다.
- 증상 : 구토, 경련, 현기증 등이 나타난다.

⑥ 은행 · 청매(아미그달린)

- 청매, 은행, 살구씨에 독성분이 있다.
- 증상 : 구토, 설사, 복통, 두통, 호흡곤란, 전신경련 등이 나타나며, 심하면 호흡중추 마비로 사망한다.

⑦ 독보리(테물린)

- 밭이나 거친 땅에 나는 60~90㎝ 크기로 볏과의 일년초로 열매에 독성분이 있다.
- 과실에 기생균이 붙으면 균이 독소를 내서 가축이 중독사한다.

⑧ 대두(사포닌)

- 스테로이드, '스테로이드알카로이드' 혹은 트리텔펜(triterpene)의 배당체로, 물에 녹아 발포 작용을 나타내는 물질의 총칭이다.
- 증상 : 사포닌을 과다 섭취 시 몸 안에 요오드 결핍을 초래하여 갑상선 호르몬 생성에 이상이 생길 수도 있다.

⑨ 고사리(프타퀼로사이드)

- 생고사리에서 '프타퀼로사이드', '티아미나제'라고 하는 발암물질이 있지만 삶아서 말리면 문제가 되지 않는다.
- 증상 : 구토, 설사, 근육마비 등을 유발한다.

## 4. 화학적 식중독

### (1) 유해금속에 의한 식중독

① 납(Pb)

- 가공이 쉽고 색깔 조성이 잘 된다는 장점이 있어 축전지, 탄약, 배관, 합금, 페인트 등에 많이 사용되며, 유약을 바른 도자기에서 중독이 일어날 수 있다.
- 납 중독은 호흡과 경구침입에 의해 발생하고 축적성이 커서 미량이라도 계속 섭취하면 만성중독을 일으키며, 산모의 핏속 납수치가 높으면 태아에게 영향을 줄 수 있다.
- 증상 : 초기에는 식욕부진, 변비, 복부팽만감 등이며, 더 진행되면 팔과 손의 마비가 특징이다.
- 납 중독이 되면 소변에서 '코프로포르피린'이 검출된다.

**Point** 연연 : 살이 푸른빛을 띠고 이와 잇몸 사이에 검은 띠 모양의 납선이 착색되는 납 중독증이다.

② 카드뮴(Cd)

- 카드뮴에 오염된 어패류의 섭취, 도자기의 안료, 식기의 도금 등에 사용된 카드뮴이 중독을 일으킨다.
- '아타이이타이병'을 일으킨다.
  - 경산부에 많이 발병하는 것이 특징이다.
  - 신장의 재흡수 장애를 일으켜 칼슘 배설을 증가시킨다.
  - 뼈가 연화하여 변형 · 골절 등을 일으킨다.
- 증상 : 신장기능 장애, 골연화증, 골다공증, 보행 곤란, 단백뇨 등이다.

③ 수은(Hg)

- 유기수은으로 오염된 어패류, 수은 제제인 농약, 보존료 등으로 처리한 음식물의 섭취로 수은 중독이 되면 만성신경계의 질환을 일으킨다.
- '미나마타병'을 일으킨다.
  - 일본 미나마타만 부근의 공장에서 배출된 수은이 어패류를 통해 사람에게 옮겨져 축적된 중독의 예로 치명적인 피해를 주는 중금속이다.
  - 수은의 만성 중독으로 언어 장애, 보행 곤란, 난청 등의 증상이 나타난다.
- 증상 : 구내염, 근육경련, 언어장애 등을 일으킨다.

④ 주석(Sn)

- 주석으로 도금한 통조림의 내용물 중 질산이온이 높으면 깡통으로부터 주석이 용출되어 중독을 일으킨다.

• 채소 : 과즙 통조림같이 산성인 경우에 특히 용출량이 많다.
• 허용 기준 150ppm 이하, 산성 통조림은 200ppm 이하이다.
• 증상 : 권태감, 구토, 복통, 설사 등이다.

⑤ **크롬(Cr)** : 크롬이 증기나 미스트(기체 속에 함유된 미립자) 형태로 피부에 붙으면 크롬산에 의해 피부의 궤양, 비점막 염증, 비중격천공 등의 증상을 일으킨다.

> **Point** 비중격천공 : 코에 흡입된 크롬산 증기로 코안의 점막이 짓물러 궤양이 되어 결국에는 천공이 생기는 질병이다.

⑥ 구리(Cu)
• 채소의 착색에 사용된 황산구리와 조리기구가 부식되어 생성된 녹청 등으로 구리 중독을 일으킨다.
• 증상 : 구토, 설사, 위통, 간세포의 괴사, 간의 색소침착, 호흡곤란 등이다.

⑦ 아연(Zn)
• 유산균음료 등의 산성 용액에 용기나 도금에 사용된 아연이 용출되어 중독을 일으킨다.
• 공장의 작업자한테서 주로 나타나는 직업병의 하나이다.
• 증상 : 오한, 기침, 두통, 피로감, 발한 등이다.

⑧ 안티몬(Sb)
• 법랑, 도자기, 고무관, 어린이용 완구품의 착색제로 사용되어 오염되는데, 도금이 벗겨진 용기를 산성 식품에 사용하면 용출되어 중독을 일으킨다.
• 치사량은 0.5~1g 정도이다.
• 증상 : 구토, 설사, 복통 등이다.

⑨ 비소(As)
• 비산성석회를 무수탄산소다(밀가루 · 합성 장류의 중화제)로 오인하여 사용하는 경우 도기와 법랑의 회화 안료, 비소 농약의 사용으로 중독을 일으킨다.
• 증상 : 구토, 설사, 위통, 출혈, 구역질 또는 토혈, 하혈이 나타난다.

### (2) 농약에 의한 식중독

① 유기인제
• 인을 함유한 유기화합물로 된 농약을 말하며 '파라티온', '말라티온' 등의 농약이 신경독을 일으킨다.
• 콜린에스테라아제를 저해하여 살충, 살균력을 나타낸다.
• 증상 : 신경증상, 혈압 상승, 근력 감퇴 등이다.

- 예방법 : 농약 살포 시 흡입 주의, 과채류는 산성액으로 세척을 철저히 하고, 수확 15일 이내 농약 살포를 금지한다.

② 유기염소제
- 염소를 함유하는 유기합성 살충제의 총칭이다.
- DDT, BHC, DDD 등의 합성 살충제를 뜻하였으나 DDT, BHC는 현재 사용이 금지되었다.
- 최근에는 살균제 · 제초제에도 염소를 함유하는 유기화합물이 사용되고 있다.
- 특징
  - 자연계에서 분해되지 않고 잔류한다.
  - 모든 농작물에 사용이 금지되어 있다(토양에 잔류).
- 증상 : 구토, 설사, 복통, 두통, 시력감퇴 등이다.

③ 유기수은제
- 종자 소독, 토양 살균, 도열병 방제 등 살균제로 사용하는 메틸염화수은, 메틸요오드화 수은 등의 농약이 신경독과 신장독을 일으킨다.
- 증상 : 시야축소, 언어장애, 보행곤란, 정신착란 등이다.

④ 비소화합물
- 산성비산납, 비산칼슘 등의 농약이 중독을 일으킨다.
- 증상 : 식도 수축, 구토, 설사, 혈변, 소변량 감소, 갈증 등이다.

### (3) 불량첨가물에 의한 식중독

① 유해감미료
- 에틸렌글리콜 : 체내에서 산화되면 옥살산이 되어 신경 장애 등을 일으킨다.
- 둘신 : 무색 결정의 인공감미료로 설탕의 250배이며, 몸 안에서 분해되면서 혈액독을 일으키기 때문에 사용 금지되었다.
- 사클라메이트 : 감미도는 설탕의 40배 정도, 나트륨염, 칼슘염이 대표적이다.
- 메타니트로아닐린 : 감미도는 설탕의 200배 정도, 살인당, 원폭당이라고도 불린다.
- 페릴라르틴 : 감미도는 설탕의 2,000배 정도 신장을 자극하여 염증을 일으키며, 담배가 식후가 더 맛있게 느껴지는 원인물질이다.

② 유해보존료
- 붕산($H_3BO_3$) : 식품의 방부, 광택을 내기 위해 햄, 어묵, 전병, 마가린 등에 사용하였다.
- 포름알데히드(HCHO) : 자극취가 있는 무색의 기체로 물에 잘 녹는 살균방부제로 단백질 변성을 방지하므로 주류, 장류, 시럽, 육제품 등에 사용하였다.
- 불소화합물 : 방부력이 강한 불화수소, 불화나트륨 등을 육류, 우유, 알코올 음료(술) 등에 사용하였다.

- 승홍($HgCl_2$) : 무색 · 무취의 수용성 수은화합물의 강력한 살균력과 방부력으로 주류 등에 사용하였다.

③ 유해 착색제
- 아우라민 : 염기성 염료로 과자, 팥앙금, 단무지, 카레분말, 종이, 완구 등에 사용하였으나 현재는 사용이 금지되었다.
- 로다민 B : 복숭아 빛의 염기성 유해 색소로 과자, 장아찌 등의 식품의 착색료로 이용되기도 하였다.
- 파라니트로아닐린 : 혈액독과 신경독을 갖고 있는 착색제로 과자류 등에 사용하였다.

④ 유해 표백제
- 롱갈릿 : 주로 염색할 때 발색제로 사용하던 약품으로 물엿, 연근 등에 사용하였다.
- 형광표백제(형광물감) : 압맥, 국수, 생선묵, 우유병의 종이마개 등에 사용하였다.
- 염화질소(삼염화질소) : 밀가루의 표백과 숙성 등에 사용하였으며, 히스테리 증상을 일으킨다.

⑤ 증량제
- 어떤 약재를 묽게 하거나 부풀릴 목적으로 산성백토, 벤토나이트, 탄산칼슘, 탄산마그네슘, 규산알미늄, 규산마그네슘, 점토, 규조토, 백도토 등 영양적 가치가 없는 물질을 첨가한다.
- 증상 : 소화불량, 복통, 설사, 구토 등의 위장염을 일으킨다.

### (4) 식품의 제조 · 소독 과정에 의한 식중독

① 메틸알코올(메탄올)
- 에탄올 발효 시 펙틴이 있을 때 생성된다.
- 증상 : 구토, 복통, 설사, 시신경 염증, 시각장애, 실명, 호흡곤란으로 사망하기도 한다.

② N-니트로사민 : 육가공품의 발색제 사용으로 인한 '아민'과 '아질산'과의 반응에 의해 생성되는 발암물질이다. 어육 등에 들어있는 아민과 반응하면 생체 내에서 N-니트로사민(N-nitrosamine)을 생성하여 발암성을 띄게 된다.

③ 다환 방향족 탄화수소(PAH)
- 산소가 부족한 상태에서 유기물질로 고온으로 가열할 때 단백질이나 지방이 분해되어 생성되는 발암물질이다.
- 3.4-벤조피렌 : 다환 방향족 탄화수소이며, 훈제육이나 태운 고기에서 생성되는 발암물질이다.

④ 아크릴아마이드 : 전분식품 가열 시 아미노산과 당의 열에 의한 결합반응 생성물로 유전자 변형을 일으키는 발암물질로 많이 섭취하면 신경계통에 이상을 초래할 수 있다는 것은 잘 알려진 사실이다.

## 5. 곰팡이(마이코톡신) 독소

### (1) 아플라톡신

① '아스페르길루스 플라부스'라는 곰팡이가 재래식 된장, 고추장, 곶감 등에 침입하여 아플라톡신 독소를 생성하여 인체에 간장독을 일으킨다.

② 쌀, 보리, 옥수수 등이 원인식품이다.

### (2) 황변미 중독

① 푸른곰팡이가 저장미에 번식하여 시트리닌, 시트레오비리딘, 아이슬란디톡신 등의 독소를 생성하여 인체에 신장독, 신경독, 간장독 등을 일으킨다.

② 쌀 등이 원인식품이다.

### (3) 맥각 중독

① 맥각균이 에르고톡신, 에르고타민 등의 독소를 생성하여 맥각병을 발생시키고, 인체에는 간장독을 일으킨다.

② 보리, 밀, 호밀 등이 원인식품이다.

Chapter 04

# 예상문제

**01** 식중독에 관한 설명으로 틀린 것은?

① 자연독이나 유해물질이 함유된 음식물을 섭취함으로써 생긴다.
② 발열, 구역질, 구토, 설사, 복통 등의 증세가 나타난다.
③ 세균, 곰팡이, 화학물질 등이 원인물질이다.
④ 대표적인 식중독은 콜레라, 세균성이질, 장티푸스 등이 있다.

해설 콜레라, 세균성이질, 장티푸스는 식중독이 아니라 경구감염병이다.

**02** 장염비브리오 식중독 예방 방법으로 맞는 것은?

① 어류의 내장을 제거하지 않는다.
② 식품을 실온에서 보관한다.
③ 어패류를 바닷물로만 씻는다.
④ 먹기 전에 가열한다.

해설 장염비브리오 식중독은 저온에서 번식하지 못하므로, 냉장보관하거나 60℃에서 5분이면 사멸되므로 가열하여 섭취한다.

**03** 경구감염병과 비교하여 세균성 식중독이 가지는 일반적인 특성은?

① 소량의 균으로도 발병한다.
② 잠복기가 짧다.
③ 2차 발병률이 매우 높다.
④ 감염환(infection cycle)이 성립한다.

해설 세균성 식중독은 다량의 균으로 발병하고 잠복기가 짧으며, 2차 감염이 거의 없고 면역성이 없다.

**04** 포도상구균의 특징이 아닌 것은?

① 감염형 식중독을 일으킨다.
② 내열성 독소를 생성한다.
③ 손에 상처가 있을 경우 식품 오염 확률이 높다.
④ 주 증상은 급성위장염이다.

해설 포도상구균 식중독은 화농성염증이 원인이 되며, 독소형 식중독의 원인물질인 엔테로톡신을 생성한다.

**05** 세균의 장독소(Enterotoxin)에 의해 유발되는 식중독은?

① 황색포도상구균 식중독
② 살모넬라 식중독
③ 복어 식중독
④ 장염 비브리오

해설 살모넬라 식중독, 장염비브리오 : 세균 감염형 식중독이다.

**06** 다음 중 항히스타민제 복용으로 치료되는 식중독은?

① 살모넬라 식중독
② 알레르기성 식중독
③ 병원성 대장균 식중독
④ 장염비브리오 식중독

해설 알레르기성 식중독은 히스타민이라는 물질이 축적되어 일어나는 현상으로 항히스타민제를 복용하여 치료한다.

정답 01 ④ 02 ④ 03 ② 04 ① 05 ① 06 ②

**07** **음식을 먹기 전에 가열하여도 식중독 예방이 가장 어려운 균은?**

① 포도상구균
② 살모넬라균
③ 장염비브리오균
④ 병원성 대장균

해설 포도상구균의 원인독소인 엔테로톡신은 열에 강하여 일반조리법으로 파괴되지 않는다.

**08** **황색포도상구균에 대한 식중독에 대한 설명으로 틀린 것은?**

① 잠복기는 1~5시간 정도이다.
② 감염형 식중독을 유발하며, 사망률이 높다.
③ 주요 증상은 구토, 설사, 복통 등이다.
④ 장독소(enterotoxin)에 의한 독소형이다.

해설 황색포도상구균 식중독의 원인 독소는 엔테로톡신으로 독소형 식중독이며, 발병률이 높다.

**09** **신선도가 저하된 꽁치, 고등어 등의 섭취로 인한 알레르기성 식중독의 원인 성분은?**

① 트리메틸아민(trimethylamine)
② 히스타민(histamine)
③ 엔테로톡신(enterotoxin)
④ 시큐톡신(cicutoxin)

해설 알레르기 식중독의 원인물질은 히스타민이다.

**10** **음식물과 함께 섭취된 미생물이 식품이나 체내에서 다량 증식하여 장관 점막에 위해를 끼침으로써 일어나는 식중독은?**

① 독소형 세균성 식중독
② 감염형 세균성 식중독
③ 식물성 자연독 식중독
④ 동물성 자연독 식중독

해설 감염형 세균성 식중독은 식중독균에 오염된 식품 섭취 시 발병한다.

**11** **다음 세균성 식중독 중 독소형은?**

① 살모넬라 식중독
② 장염 비브리오 식중독
③ 알레르기성 식중독
④ 포도상구균 식중독

해설 세균성 식중독 중 독소형은 포도상구균 식중독과 보툴리누스 식중독이 있다.

**12** **클로스트리디움 보툴리눔(Clostridium botulinum) 식중독에 대한 설명으로 옳은 것은?**

① 독소는 독성이 강한 단백질 성분으로 열에 강하다.
② 주요 증상은 현기증, 두통, 신경장애, 호흡곤란이다.
③ 발병 시기는 음식물 섭취 후 3~5시간 이내이다.
④ 균은 아포를 형성하지 않는다.

해설 클로스트리디움 보툴리눔균은 내열성 아포균, 그람양성 양끝이 뭉툭한 간균, 편성 혐기성균으로 발병 시기는 식후 12~36시간이다.

**13** **감염형 세균성 식중독에 해당하는 것은**

① 살모넬라 식중독
② 수은 식중독
③ 클로스트리디움 보툴리눔 식중독
④ 아플라톡신 식중독

해설 감염형 세균성 식중독에는 살모넬라 식중독, 장염비브리오 식중독, 병원성 대장균 식중독 등이 있다.

**07 ① 08 ② 09 ② 10 ② 11 ④ 12 ② 13 ①**

**14** 어패류의 생식 시 주로 나타나며, 수양성 설사 증상을 일으키는 식중독의 원인균은?

① 살모넬라균
② 장염비브리오균
③ 포도상구균
④ 클로스트리디움 보툴리늄균

해설 장염비브리오균은 3~4%의 식염농도에서 잘 발육하며 증상은 위장 통증, 설사, 구토, 메스꺼움, 발열 등이다.

**15** 사시, 동공확대, 언어장해 등의 특유의 신경 마비 증상을 나타내며 비교적 높은 치사율을 보이는 식중독 원인균은?

① 클로스트리디움 보툴리늄균
② 포도상 구균
③ 병원성대장균
④ 셀레우스균

해설 클로스트리디움 보툴리늄균에 의한 식중독은 뉴로톡신 독소에 의해 일어나는 독소형 중독이다.

**16** 웰치균에 대한 설명으로 옳은 것은?

① 아포는 60℃에서 10분 가열하면 사멸한다.
② 혐기성균주이다.
③ 냉장온도에서 잘 발육한다.
④ 당질식품에서 주로 발생한다.

해설 웰치균은 그람양성간균, 편성혐기성세균, 내열성 아포, 단백질 식품에서 주로 발생, 10℃ 이하 또는 60℃ 이상에서 보존해야 한다.

**17** 쌀뜨물 같은 설사를 유발하는 경구감염병의 원인은?

① 살모넬라균 ② 포도상구균
③ 장염비브리오균 ④ 콜레라균

해설 콜레라는 제1군 감염병으로 잠복기가 하루에서 이틀 정도로 짧고 심한 설사와 구토를 유발한다.

**18** 다음 균에 의해 식사 후 식중독이 발생했을 경우 평균적으로 가장 빨리 식중독을 유발 시킬 수 있는 원인균은?

① 살모넬라균 ② 리스테리아
③ 포도상 구균 ④ 장구균

해설 포도상구균은 잠복기가 1~6시간(평균 3시간)으로 잠복기 후 70% 정도가 식중독을 일으킨다.

**19** 세균성 식중독의 가장 대표적인 증상은?

① 중추신경 마비
② 급성위장염
③ 언어장애
④ 시력장애

해설 세균성 식중독의 주요 증상은 급성위장염으로 위장 통증과 설사, 구토 등이다.

**20** 다음 중 감염형 식중독이 아닌 것은?

① 포도상구균 식중독
② 살모넬라 식중독
③ 장염비브리오 식중독
④ 리스테리아 식중독

해설 황색포도상구균 식중독은 독소형 식중독이며, 원인독소는 엔테로톡신(enterotoxin)이다.

**21** 엔테로톡신에 대한 설명으로 옳은 것은?

① 해조류 식품에 많이 들어 있다.
② 100℃에서 10분간 가열하면 파괴된다.
③ 황색 포도상 구균이 생성한다.
④ 잠복기는 2~5일이다.

해설 엔테로톡신은 내열성이 강해 고압증기멸균법으로도 예방하기 어렵고, 잠복기는 평균 3시간 정도이며, 김밥이나 떡이 원인식품이다.

정답 14 ② 15 ① 16 ② 17 ④ 18 ③ 19 ② 20 ① 21 ③

**22** **노로바이러스에 대한 설명으로 틀린 것은?**

① 발병 후 자연 치유되지 않는다.
② 크기가 매우 작고 구형이다.
③ 급성 위장염을 일으키는 식중독 원인체이다.
④ 감염되면 설사, 복통, 구토 등의 증상이 나타난다.

해설 노로바이러스 중독은 발병한 지 1~2일 후에 자연 치유된다.

**23** **단백질이 탈탄산반응에 의해 생성되어 알레르기성 식중독의 원인이 되는 물질은?**

① 암모니아 ② 아민류
③ 지방산 ④ 알코올류

해설 단백질의 탈탄산 반응에 의해 유독성 아민류나 히스타민이 생성되어 알레르기성 식중독을 일으킨다.

**24** **세균 번식이 잘 되는 식품과 가자 거리가 먼 것은?**

① 온도가 적당한 식품
② 수분을 함유한 식품
③ 영양분이 많은 식품
④ 산이 많은 식품

해설 세균의 생육에 필요한 조건은 영양분, 수분, 온도이며, 산이 많은 식품은 세균 번식이 어렵다.

**25** **다음 중 살모넬라에 오염되기 쉬운 대표적인 식품은?**

① 과실류 ② 해초류
③ 난류 ④ 통조림

해설 살모넬라는 난류나 가공품을 원인식품으로 하는 세균성 식풍독이다.

**26** **독소형 세균성 식중독으로 짝지어진 것은?**

① 살모넬라 식중독, 장염비브리오 식중독
② 리스테리아 식중독, 복어독 식중독
③ 황색포도상구균 식중독, 클로스트리디움 보툴리눔균 식중독
④ 맥각독 식중독, 콜리균 식중독

해설 독소형 식중독은 황색포도상구균, 클로스트리디움 보툴리눔균이다.

**27** **식중독 중 해산어류를 통해 많이 발생되는 식중독은?**

① 살모넬라 식중독
② 클로스트리듐 보툴리눔균 식중독
③ 황색포도상구균 식중독
④ 장염 비브리오균

해설 원인균은 Vibrio Parahaemolyticus로 해수세균의 일종이며, 3% 소금물에서 생육하고 적온은 37℃이다.

**28** **혐기상태에서 생산된 독소에 의해 신경증상이 나타나는 세균성 식중독은?**

① 황색포도상구균 식중독
② 클로스트리디움 보툴리눔균 식중독
③ 장염비브리오 식중독
④ 살모넬라 식중독

해설 클로스트리디움 보툴리눔균은 뉴로톡신이라는 신경독소를 만들어 신경마비 증상을 일으킨다.

22 ① 23 ② 24 ④ 25 ③ 26 ③ 27 ④ 28 ②

**29** 황색 포도상구균에 의한 식중독 예방대책으로 적합한 것은?

① 토양의 오염을 방지하고 특히 통조림의 살균을 철저히 해야 한다.
② 쥐나 곤충 및 조류의 접근을 막아야 한다.
③ 어패류를 저온에서 보존하며 생식하지 않는다.
④ 화농성 질환자의 식품 취급을 금지한다.

해설 황색포도상구균은 화농성 질환을 일으키는 원인균으로 자연계에 널리 분포되어 있는 세균이다.

**30** 알레르기성 식중독에 관계되는 원인물질과 균은?

① 아세토인(acetoin), 살모넬라균
② 지방(fat), 장염비브리오균
③ 엔테로톡신(enterotoxin), 포도상 구균
④ 히스타민(histamine), 모르가니균

해설 알레르기성 식중독은 단백질 또는 부패 생성물인 유해 히스타민이 원인물질로 모르가니균이 원인균이다.

**31** 히스타민(histamine)함량이 많아 가장 알레르기성 식중독을 일으키기 쉬운 어육은?

① 가다랑어　② 대구
③ 넙치　④ 도미

해설 히스타민은 알레르기성 식중독을 일으키는 성분으로 꽁치, 정어리, 전갱이, 고등어, 가다랑어 같은 등푸른 생선에 많다.

**32** 일반 조리법으로 예방하기 가장 힘든 식중독은?

① 병원성 대장균에 의한 식중독
② 황색포도상구균에 의한 식중독
③ 프로테우스균에 의한 식중독
④ 살모넬라균에 의한 식중독

해설 황색포도상구균에서 나오는 장독소(엔테로톡신)는 120℃의 온도에서 30분간 조리하여도 그 독소가 파괴되지 않는다.

**33** 식품에 오염된 미생물이 증식하여 생성한 독소에 의해 유발되는 대표적인 식중독은?

① 살모넬라 식중독
② 황색 포도상구균 식중독
③ 리스테리아 식중독
④ 장염비브리오 식중독

해설 살모넬라, 리스테리아, 장염비브리오 식중독은 감염형 식중독이다. 황색포도상구균 식중독은 독소형 식중독이다.

**34** 살모넬라균에 의한 식중독의 특징 중 틀린 것은?

① 장독소(enterotoxin)에 의해 발생한다.
② 잠복기는 보통 12~24시간이다.
③ 주요증상은 메스꺼움, 구토, 복통, 발열이다.
④ 원인식품은 대부분 동물성 식품이다.

해설 엔테로톡신(장독소)은 포도상구균이 생성하는 독소이다.

**35** 장염비브리오 식중독균(V.parahaemolyticus)의 특징으로 틀린 것은?

① 해수에 존재하는 세균이다.
② 3~4%의 식염농도에서 잘 발육한다.
③ 특정조건에서 사람의 혈구를 용혈시킨다.
④ 그람양성균이며, 아포를 생성하는 구균이다.

해설 장염비브리오균은 그람 음성, 통성혐기성 간균으로 아포를 생성하지 않는다.

정답 29 ④　30 ④　31 ①　32 ②　33 ②　34 ①　35 ④

## 36 곰팡이에 의해 생성되는 독소가 아닌 것은?

① 파툴린(Patulin)
② 시트리닌(Citrinin)
③ 엔테로톡신(Enterotoxin)
④ 에르고톡신(Ergotoxin)

**해설** 곰팡이독(마이코톡신)에는 아플라톡신(간장독), 시트리닌(신장독), 파툴린, 에르고톡신 등이 있다.

## 37 세균으로 인한 식중독 원인물질이 아닌 것은?

① 살모넬라균 ② 장염비브리오균
③ 아플라톡신 ④ 보툴리눔독소

**해설** 아플라톡신은 곰팡이 식중독으로 인체에 간장독을 일으킨다.

## 38 다음 중 잠복기가 가장 짧은 식중독은?

① 황색포도상구균 식중독
② 살모넬라균 식중독
③ 장염비브리오 식중독
④ 장구균 식중독

**해설** 황색포도상구균은 잠복기가 가장 짧고, 병원성 대장균은 잠복기가 가장 길다.

## 39 동물성 식품에서 유래하는 식중독 유발 유독성분은?

① 아마니타톡신(Amanitatoxin)
② 솔라닌(Solanine)
③ 베네루핀(Venerupin)
④ 시큐톡신(Cicutoxin)

**해설** 식중독 유발 독성분은 아마니타톡신(독버섯), 솔라닌(감자), 베네루핀(굴, 바지락), 시큐톡신(독미나리)이다.

## 40 감자의 싹과 녹색부위에서 생성되는 독성물질은?

① 솔라닌(Solanine)
② 리신(Ricin)
③ 시큐톡신(Cicutoxin)
④ 아미그달린(Amygdalin)

**해설** 유독성분 : 리신(피마자), 시큐톡신(독미나리), 아미그달린(청매 · 복숭아씨 · 살구씨)

## 41 식품과 자연독의 연결이 틀린 것은?

① 독버섯 – 무스카린(Muscarine)
② 감자 – 솔라닌(Solanine)
③ 살구씨 – 파세오루나틴(Phaseolunatin)
④ 목화씨 – 고시폴(Gossypol)

**해설** 살구씨 · 복숭아씨 · 청매의 독성물질은 아미그달린이고, 아마씨의 독성물질은 파세오루나틴이다.

## 42 다음 중 일반적으로 복어의 독성분인 테트로도톡신이 가장 많은 부위는?

① 근육 ② 피부
③ 난소 ④ 껍질

**해설** 복어의 독성분인 테트로도톡신은 난소 〉간 〉내장 〉피부 등의 순으로 다량 함유되어 있다.

## 43 주로 부패한 감자에 생성되어 중독을 일으키는 물질은?

① 셉신(Sepsine)
② 아미그달린(Amygdalin)
③ 시큐톡신(Cicutoxin)
④ 마이코톡신(Mycotoxin)

**해설** 부패한 감자의 독성분은 셉신, 싹이 튼 감자의 독성분은 솔라닌(Solanine)이다.

36 ③ 37 ③ 38 ① 39 ③ 40 ① 41 ③ 42 ③ 43 ①

**44** 섭조개 속에 들어 있으며, 특히 신경계통의 마비증상을 일으키는 독성분은?

① 무스카린
② 시큐톡신
③ 베네루핀
④ 삭시톡신

해설 삭시톡신은 유독 플랑크톤을 섭취한 섭조개, 대합에서 검출된다.

**45** 덜 익은 매실, 살구씨, 복숭아씨 등에 들어 있으며, 인체 장내에서 청산을 생산하는 것은?

① 솔라닌(Solanine)
② 고시폴(Gossypol)
③ 시큐톡신(Cicutoxin)
④ 아미그달린(Amygdalin)

해설 청매(미숙한 매실), 살구씨, 복숭아씨 등은 청산 배당체인 아미그달린을 함유하고 있어 식중독을 일으킬 수 있다.

**46** 다음 중 내인성 위해 식품은?

① 지나치게 구운 생선
② 푸른 곰팡이에 오염된 쌀
③ 싹이 튼 감자
④ 농약을 많이 뿌린 채소

해설 내인성 위해식품은 식품 자체에 유해 · 유독성분이 내재되어 있는 식품으로, 싹이 튼 감자는 솔라닌 독성분이 있는 내재성 위해식품이다.

**47** 복어와 모시조개 섭취 시 식중독을 유발하는 독성 물질을 순서대로 나열한 것은?

① 엔테로도톡신(Enterotoxin), 사포닌(Saponin)
② 테트로도톡신(Tetrodotoxin), 베네루핀(Venerupin)
③ 테트로도톡신(Tetrodotoxin), 듀린(Dhurrin)
④ 테트로도톡신(Tetrodotoxin), 아플라톡신(Aflatoxin)

해설 테트로도톡신은 복어 알 따위에 들어 있는 독소이고, 베네루핀은 모시조개, 굴, 바지락 등에 존재하는 독성분이다.

**48** 독미나리에 함유된 유독성분은?

① 무스카린(Muscarine)
② 솔라닌(Solanine)
③ 아트로핀(Atropine)
④ 시큐톡신(Cicutoxin)

해설 독미나리에 함유된 독성분은 시큐톡신이다.

**49** 바지락에 들어 있는 독성분은?

① 베네루핀(Venerupin)
② 솔라닌(Solanine)
③ 무스카린(Muscarine)
④ 아마니타 톡신(Amanitatoxin)

해설 베네루핀은 바지락에 들어 있는 독성분으로 변비를 일으킨다.

**50** 카드뮴(Cd)중독에 의해 발생되는 질병은?

① 미나마타병(Munamata)병
② 이타이이타이(Itai-itai)병
③ 스팔가눔병(Sparganosis)병
④ 브루셀라(Brucellosis)병

해설 카드뮴(Cd) 중독은 이타이이타이병의 원인물질로 골연화증, 단백뇨 등의 증세가 있다.

정답 44 ④ 45 ④ 46 ③ 47 ② 48 ④ 49 ① 50 ②

**51** 화학물질을 시험동물에 1회 또는 24시간 안에 반복 투여하거나, 흡입될 수 있는 화학물질을 24시간 안에 노출 시켰을 때 1일~2주 안에 나타나는 독성은?

① 급성독성　② 만성독성
③ 아급성독성　④ 특수독성

해설 급성 독성시험은 경구투여 후 급성 독성증상을 1~2주일 사이에 걸쳐 관찰한다.

**52** 식육 및 어육제품의 가공 시 첨가되는 아질산과 이급아민이 반응하여 생기는 발암물질은?

① 벤조피린(Benzopyrene)
② PCB(Polychlorinated Biphenyl)
③ 엔-니트로사민(N-nitrosamine)
④ 말론알데히드(Malonaldehyde)

해설 아질산나트륨은 육류에 들어 있는 아민과 결합하여 엔-니트로사민을 생성한다.

**53** 오래된 과일이나 산성 채소 통조림에서 유래되는 화학성 식중독의 원인물질은?

① 칼슘　② 주석
③ 철분　④ 아연

해설 주석 도금한 통조림의 내용물 중에서 질산이온의 농도가 높은 경우에 주석이 조금씩 녹아 나와 중독을 일으킨다.

**54** 식품 중 멜라민에 대한 설명으로 틀린 것은?

① 잔류허용 기준상 모든 식품 및 식품첨가물에서 불검출되어야 한다.
② 생체 내 반감기는 약 3시간으로 대부분 신장을 통해 뇨로 배설된다.
③ 반수치사량(LD50)은 3.2kg 이상으로 독성이 낮다.
④ 많은 양의 멜라민을 오랫동안 섭취할 경우 방광결석 및 신장결석 등을 유발한다.

해설 멜라민은 영 · 유아를 대상으로 하는 식품에서의 기준은 불검출이고, 나머지 식품과 식품첨가물은 2.5ppm 이하이다.

**55** 화학물질에 의한 식중독으로 일반 중독증상과 시신경의 염증으로 실명의 원인이 되는 물질은?

① 납　② 수은
③ 메틸알코올　④ 청산

해설 메틸알코올(메탄올)은 에탄올 발효 시 펙틴이 있을 때 생성되며, 실명의 원인이 되기도 하고 심할 경우 호흡곤란으로 사망할 수 있다.

**56** 다음에서 설명하는 중금속은?

> • 도료, 제련, 배터리, 인쇄 등의 작업에 많이 사용되며 유약을 바른 도자기 등에서 중독이 일어날 수 있다.
> • 중독 시 안면 창백, 연연(鉛緣), 말초신경염 등의 증상이 나타난다.

① 납　② 주석
③ 구리　④ 비소

해설 납은 소량씩 장기간 섭취할 때 만성중독 증상을 보이는 독성이 강한 중금속이다.

**57** 알콜 발효에서 펙틴이 있으면 생성되기 때문에 과실주에 함유되어 있으며, 과잉 섭취 시 두통, 현기증 등의 증상을 나타내는 것은?

① 붕산　② 승홍
③ 메탄올　④ 포르말린

해설 메탄올은 알코올 발효 시 펙틴으로부터 생성된다. 시신경 염증, 시각 장애를 초래하고 심하면 호흡곤란으로 사망한다.

51 ①　52 ③　53 ②　54 ①　55 ③　56 ①　57 ③

**58** 육류의 직화구이 및 훈연 중에 발생되는 발암물질은?

① 아크릴아미드(Acrylamide)
② 엔-니트로사민(N-nitrosamine)
③ 에틸카바메이트(Ethyl Carbamate)
④ 벤조피렌(Benzopyrene)

해설 벤조피렌은 육류의 직화구이 및 훈연 중에 탄수화물, 단백질, 지방 등이 불에 태워지면서 발생한다.

**59** 합성수지제 기구 · 용기 · 포장제 등에서 검출될 수 있는 화학적 식중독 원인물질은?

① 아플라톡신(Aflatoxin)
② 솔라닌(Solanine)
③ 포름알데히드(Formaldehyde)
④ 엔-니트로사민(N-nitrosamine)

해설 합성수지를 제조할 때 가열이나 가압에 의해 페놀이나 포름알데히드가 유리되어 용출된다.

**60** 화학적 식중독의 원인 물질은?

① 테트로도톡신(Tetrodotoxin)
② 무스카린(Muscarine)
③ 메탄올(Methanol)
④ 아미그달린(Amygdaline)

해설 테트로도톡신, 무스카린, 아미그달린은 자연독이 있는 식품을 섭취하여 일어나는 자연독 식중독이다.

**61** 산업장, 소각장 등에서 발생하는 발암성 환경오염 물질은?

① 안티몬(Antimon)
② 벤조피렌(Benzopyrene)
③ PBB(Poly Brominared Biphenyl)
④ 다이옥신(Dioxin)

해설 다이옥신은 무색, 무취의 맹독성 화학물질로 산업장, 소각장에서 발생하는 환경호르몬이다.

**62** 에탄올 발효 시 생성되는 메탄올의 가장 심각한 중독 증상은?

① 구토 ② 경기
③ 실명 ④ 환각

해설 메탄올은 에탄올 발효 시 펙틴이 있을 때 생성되고 시신경 염증, 시각장애를 초래하고 심하면 실명, 호흡곤란으로 사망한다.

**63** 칼슘(Ca)과 인(P)의 대사이상을 초래하여 골연화증을 유발하는 유해금속은?

① 철(Fe) ② 카드뮴(Cd)
③ 은(Ag) ④ 주석(Sn)

해설 카드뮴 중독은 칼슘과 인의 대사 이상을 초래하여 골연화증(이타이이타이병)을 일으킨다.

**64** 중금속에 의한 중독과 증상을 바르게 연결한 것은?

① 납중독-빈혈 등의 조혈장애
② 수은 중독-골연화증
③ 카드뮴 중독-흑피증, 각화증
④ 비소중독-사지마비, 보행 장애

해설 수은중독(미나마타병, 근육 경련, 구내염), 카드뮴 중독(이타이이타이병, 골연화증), 비소중독(신경계통 마비, 전신경련) 등이다.

**65** 초기에 두통, 구토, 설사 증상을 보이다가 심하면 실명을 유발하는 것은?

① 아우라민 ② 메탄올
③ 무스카린 ④ 에르고타민

해설 메탄올(메틸알코올)은 에탄올 발효 시 펙틴이 있을 때 생성되며, 시신경 염증으로 실명의 원인이 되기도 한다.

정답 58 ④ 59 ③ 60 ③ 61 ④ 62 ③ 63 ② 64 ① 65 ②

**66** 열경화성 합성수지제 용기의 용출에서 가장 문제가 되는 유독 물질은?

① methanol($CH_3OH$)
② 아질산염($NaNO_2$)
③ formaldehyde(HCHO)
④ 연단($Pb_3O_4$)

해설 포름알데히드는 실온에서 자극성이 강한 냄새를 갖는 가연성 무색기체로 독성이 매우 강하다.

**67** 화학성 식중독의 원인이 아닌 것은?

① 설사성 패류 중독
② 환경오염에 기인하는 식품 유독성분 중독
③ 중금속에 의한 중독
④ 유해성 식품첨가물에 의한 중독

해설 설사성 패류 중독은 패류를 섭취했을 때 발병하는 동물성 자연독에 의한 식중독이다.

**68** 곰팡이 독소(Mycotoxin)에 대한 설명으로 틀린 것은?

① 곰팡이가 생산하는 2차 대사산물로 사람과 가축에 질병이나 이상 생리작용을 유발하는 물질이다.
② 온도 24~35℃, 수분 7% 이상의 환경조건에서는 발생하지 않는다.
③ 곡류, 견과류와 곰팡이가 번식하기 쉬운 식품에서 주로 발생한다.
④ 아플라톡신(aflatoxin)은 간암을 유발하는 곰팡이 독소이다.

해설 곰팡이가 생기는 환경조건은 온도 30℃ 정도, 습도 13% 이상 습하고, 환기가 잘 되지 않는 장소에서 발생한다.

**69** 황변미 중독은 14~15% 이상의 수분을 함유하는 저장미에서 발생하기 쉬운데 그 원인 미생물은?

① 곰팡이 ② 세균
③ 효모 ④ 바이러스

해설 푸른곰팡이는 빵 ,떡과 같은 곳에서 생기고, 저장미에서 번식하면서 인체에 신장독, 간장독을 일으킨다.

**70** 다음 진균 독소 중 간암을 일으키는 것은?

① 시트리닌(citrinin)
② 아플라톡신(aflatoxin)
③ 스포리데스민(sporidesmin)
④ 에르고톡신(ergotoxin)

해설 아플라톡신은 아스퍼질러스 플라버스 곰팡이의 2차 대사산물로 쌀, 보리 등의 곡물류에서 간장독을 생성하여 간암을 일으킨다.

**71** 아스퍼질스 플라버스(Aspergillus flavus)물질은?

① 아플라톡신(aflatoxin)
② 루브라톡신(rubratoxin)
③ 니트로사민(nitrosamine)
④ 아이스란디톡신(islanditoxin)

해설 아스퍼질러스속 곰팡이균이 곡류나 두류에 침입하여 간장독인 아플라톡신 독소를 생성한다.

**72** 맥각 중독을 일으키는 원인물질은?

① 루브라톡신(rubratoxin)
② 오크라톡신(ochratoxin)
③ 에르고톡신(ergotoxin)
④ 파튤린(patulin)

해설 루브라톡신은 마이코톡신(간장독)의 독성분이고 오크라톡신은 옥수수, 땅콩의 독성분이며, 파튤린은 썩은 사과의 독성분이다.

66 ③ 67 ① 68 ② 69 ① 70 ② 71 ① 72 ③

Chapter 05

# 식품위생 관계 법규

해당 내용은 2023년 1월 1일 시행된 법률을 정리한 것입니다. 이후 개정사항은 국가법령정보센터(www.low.go.kr) 홈페이지을 통해 확인하실 수 있습니다.

## 1. 식품위생법령 및 관계법규

### 제1장 총칙

**제1조 (목적)**

식품으로 인하여 생기는 위생상의 위해를 방지하고 식품영양의 질적 향상을 도모하며 식품에 관한 올바른 정보를 제공하여 국민보건의 증진에 이바지함을 목적으로 한다.

**제2조 (정의)**

① 식품 : 모든 음식물을(의약으로 섭취하는 것을 제외) 말한다.

② 식품첨가물 : 식품을 제조 · 가공 · 조리 또는 보존하는 과정에서 감미, 착색, 표백 또는 산화 방지 등을 목적으로 식품에 사용하는 물질을 말한다. 이 경우 기구 · 용기 · 포장을 살균 · 소독하는 데에 사용되어 간접적으로 식품으로 옮아갈 수 있는 물질을 포함한다.

③ 화학적 합성품 : 화학적 수단으로 원소 또는 화합물 분해 반응 외의 화학 반응을 일으켜서 얻는 물질을 말한다.

④ 기구 : 다음 어느 하나에 해당하는 것으로서 식품 또는 식품첨가물에 직접 닿은 기계 · 기구나 그 밖의 물건(농업과 수산업에서 식품을 채취하는 데에 쓰는 기계 · 기구나 그 밖의 물건 및 「위생용품 관리」 제2조 1호에 따른 위생용품은 제외)을 말한다.

㉠ 음식 먹을 때 사용하거나 담는 것이다.

㉡ 식품 또는 식품첨가물을 채취 · 제조 · 가공 · 조리 · 저장 · 소분(완제품을 나누어 유통을 목적으로 재포장하는 것을 말함) · 운반 · 진열을 할 때 사용하는 것

⑤ 용기 · 포장 : 식품 또는 식품첨가물을 넣거나 싸는 것으로 식품 또는 식품첨가물을 주고받을 때 함께 건네는 물품을 말한다.

⑥ 위해 : 식품, 식품첨가물, 기구 또는 용기 · 포장에 존재하는 위험요소로서 인체의 건강을 해치거나 해칠 우려가 있는 것을 말한다.

⑦ 영업 : 식품 또는 식품첨가물을 채취 · 제조 · 조리 · 저장 · 소분 · 운반 또는 판매하거나 기구 또는 용기 · 포장을 제조 · 운반 · 판매하는 업(농업과 수산업에 속하는 식품 채취업은 제외)을 말한다.

⑧ 영업자 : 제37조 제1항 따라 영업허가를 받은 자 같은 조 제4항에 따라 영업신고를 한 자 또는 같은 조 제5항에 따라 영업 등록을 한 자를 말한다.

⑨ 식품위생 : 식품, 식품첨가물, 기구 또는 용기 · 포장을 대상으로 하는 음식에 관한 위생을 말한다.

⑩ 집단급식소 : 영리를 목적으로 하지 아니하면서 특정 다수인에게 계속하여 음식물을 공급하는 다음 각 목의 어느 하나에 해당하는 곳의 급식시설로 대통령령으로 정하는 시설을 말한다. 기숙사, 학교, 병원, 「사회복지사업법」 제2조 제4호의 사회복지시설, 산업체, 국가, 지방자치단체 및 「공공기관의 운영에 관한 법률」 제4조 제1항에 따른 공공기관, 그 밖의 후생기관 등이다.

⑪ 식품이력추적관리 : 식품을 제조 · 가공 단계부터 판매 단계까지 각 단계별로 정보를 기록 · 관리하여 그 식품의 안전성 등에 문제가 발생할 경우 그 식품을 추적하여 원인을 규명하고 필요한 조치를 할 수 있도록 관리하는 것을 말한다.

⑫ 식중독 : 식품의 섭취로 인하여 인체에 유해한 미생물 또는 유독물질에 의하여 발생하였거나 발생한 것으로 판단되는 감염성 질환 또는 독소형 질환을 말한다.

⑬ 집단급식소에서의 식단 : 급식 대상 집단의 영양 섭취기준에 따라 음식명, 식재료, 영양성분, 조리방법, 조리 인력 등을 고려하여 작성한 급식계획서를 말한다.

### 제3조 (식품 등의 취급)

① 누구든지 판매(판매 외의 불특정 다수인에 대한 제공을 포함)를 목적으로 하는 식품 또는 식품첨가물을 · 채취 · 제조 · 가공 · 사용 · 조리 · 저장 · 소분 · 운반 및 진열을 할 때에는 깨끗하고 위생적으로 하여야 한다.

② 영업에 사용하는 기구 및 용기 · 포장은 깨끗하고 위생적으로 다루어야 한다.

③ 제1항 및 제2항에 따른 식품, 식품첨가물, 기구 또는 용기 · 포장(이하 "식품 등"이라 한다)의 위생적인 취급에 관한 기준은 총리령으로 정한다.

## 제2장 식품과 식품첨가물

### 제4조 (위해식품 등의 판매 등 금지)

누구든지 다음 각 호의 어느 하나에 해당하는 식품 등을 판매하거나 판매할 목적으로 채취 · 제조 · 수입 · 가공 · 사용 · 조리 · 저장 · 소분 · 운반 또는 진열하여서는 아니 된다.

① 썩거나 상하거나 설익어서 인체의 건강을 해칠 우려가 있는 것

② 유독 · 유해물질이 들어 있거나 묻어 있는 것 또는 그러할 염려가 있는 것. 다만, 식품의약품안전처장이 인체의 건강을 해칠 우려가 없다고 인정하는 것은 제외한다.
③ 병을 일으키는 미생물에 오염되었거나 그러할 염려가 있어 인체의 건강을 해칠 우려가 있는 것
④ 불결하거나 다른 물질이 섞이거나 첨가된 것 또는 그 밖의 사유로 인체의 건강을 해칠 우려가 있는 것
⑤ 제18조에 따른 안전성 심사 대상인 농 · 축 · 수산물 등 가운데 안전성 심사를 받지 아니하였거나 안전성 심사에서 식용으로 부적합하다고 인정된 것
⑥ 수입이 금지된 것 또는 「수입식품안전관리 특별법」 제20조 제1항에 따른 수입 신고를 하지 아니하고 수입한 것
⑦ 영업자가 아닌 자가 제조 · 가공 · 소분한 것

**제5조 (병든 동물고기 등의 판매 등 금지)**

누구든지 총리령이 정하는 질병에 걸렸거나 걸렸을 염려가 있는 동물이나 그 질병에 걸려 죽은 동물의 고기 · 뼈 · 젖 · 장기 또는 혈액을 식품으로 판매하거나 판매할 목적으로 채취 · 수입 · 가공사용 · 조리 · 저장 · 소분 또는 운반하거나 진열하여서는 아니 된다.

**제6조 (기준 · 규격이 정하여지지 아니한 화학적 합성품 등의 판매 등 금지)**

누구든지 다음 각 호의 어느 하나에 해당하는 행위를 하여서는 아니 된다. 다만, 식품의약품안전처장이 제57조에 따라 식품위생심의위원회의(이하 "심의위원회"라 함)의 심의를 거쳐 인체의 건강을 해칠 우려가 없다고 인정하는 경우에는 그러하지 아니하다.
① 제7조 제1항 및 제2항에 기준 · 규격이 정하여지지 아니한 화학적 합성품인 첨가물과 이를 함유한 물질을 식품첨가물로 사용하는 행위
② 제1호에 따른 식품첨가물이 함유된 식품을 판매하거나 판매의 할 목적으로 제조 · 수입 · 가공 · 사용 · 조리 · 저장 · 소분 · 운반 또는 진열하는 행위

**제7조 (식품 또는 식품첨가물에 관한 기준 및 규격)**

① 식품의약품안전처장은 국민보건을 위하여 필요하면 판매를 목적으로 하는 식품 또는 식품첨가물에 관한 다음 각 호의 사항을 정하여 고시한다.
㉠ 제조 · 가공 · 사용 · 조리 · 보존 방법에 관한 기준
㉡ 성분에 관한 규격

② 식품의약품안전처장은 제1항에 따라 기준과 규격이 고시되지 아니한 식품 또는 식품첨가물의 기준과 규격을 인정받으려는 자에게 제1항 각 호의 사항을 제출하게 하여 「식품 · 의약품분야 시험 · 검사 등에 관한 법률」 제6조 제3항 제1호에 따라 식품의약품안전처장이 지정한 식품전문 시험 · 검사기관 또는 같은 조 제4항 단서에 따라 총리령으로 정하는 시험 · 검사기관의 검토를 거쳐 제1항에 따른 기준과 규격이 고시될 때까지 그 식품 또는 식품첨가물의 기준과 규격으로 인정할 수 있다.

③ 수출할 식품 또는 식품첨가물의 기준과 규격은 제1항 및 제2항에도 불구하고 수입자가 요구하는 기준과 규격을 따를 수 있다.

④ 제1항 및 제2항에 따라 기준과 규격이 정하여진 식품 또는 식품첨가물은 그 기준에 따라 제조 · 수입 · 가공 · 사용 · 조리 · 보존하여야 하며, 그 기준과 규격에 맞지 아니하는 식품 또는 식품첨가물은 판매하거나 판매할 목적으로 제조 · 수입 · 가공 · 사용 · 조리 · 저장 · 소분 · 운반 · 보존 또는 진열하여서는 아니 된다

#### 제7조의2 (권장가격 예시 등)

① 식품의약품안전처장은 판매를 목적으로 하는 제7조 및 제9조에 따른 기준 및 규격이 설정되지 아니한 식품 등이 국민보건상 위해 우려가 있어 예방조치가 필요하다고 인정하는 경우에는 그 기준 및 규격이 설정될 때까지 위해 우려가 있는 성분 등의 안전관리를 권장하기 위한 규격(이하 "권장규격"이라 함)을 예시할 수 있다.

② 식품의약품안전처장은 제1항에 따라 권장규격을 예시할 때에는 국제식품규격위원회 및 외국의 규격 또는 다른 식품 등에 이미 규격이 신설되어 있는 유사한 성분 등을 고려하여야 하고 심의위원회의 심의를 거쳐야 한다.

③ 식품의약품안전처장은 영업자가 제1항에 따른 권장규격을 준수하도록 요청할 수 있으며, 이행하지 아니한 경우 그 사실을 공개할 수 있다.

### 제3장 기구와 용기 · 포장

#### 제8조 (유독기구 등의 판매 · 사용 금지)

유독 · 유해물질이 들어 있거나 묻어 있어 인체의 건강을 해칠 우려가 있는 기구 및 용기 · 포장과 식품 또는 식품첨가물에 직접 닿으면 해로운 영향을 끼쳐 인체의 건강을 해칠 우려가 있는 기구 및 용기 · 포장을 판매하거나 판매할 목적으로 제조 · 수입 · 저장 · 운반 · 진열하거나 영업에 사용하여서는 아니 된다.

#### 제9조 (기구 및 용기 포장에 관한 기준과 규격)

식품의약품안전처장은 국민보건을 위해서 필요한 경우에는 판매하거나 영업에 사용하는 기구 및 용기 · 포장에 관하여 제조방법에 관한 기준, 기구 및 용기 · 포장과 그 원재료에 관한 규격을 정하여 고시한다.

### 제4장 표시

#### 제12조의 2 (유전자 변형식품 등의 표시)

① 생명공학 기술을 활용하여 재배 · 육성된 농산물 · 축산물 · 수산물 등을 원재료로 하여 제조 · 가공한 식품 또는 식품첨가물(이하 "유전자 변형식품 등"이라 함)은 유전자 변형식품임을 표시하여야 한다. 다만, 제조 · 가공 후에 유전자 변형 DNA 또는 유전자 변형 단백질이 남아 있는 유전자 변형식품 등에 한정한다.

㉠ 인위적으로 유전자를 재조합하거나 유전자를 구성하는 핵산을 세포 또는 세포 내 소기관으로 직접 주입하는 기술

㉡ 분류학에 따른 과(科)의 범위를 넘는 세포 융합기술

② 제1항에 따른 표시 의무자, 표지대상 및 표시방법 등에 필요한 사항은 식품의약품안전처장이 정한다.

### 제5장 식품 등의 공전

#### 제14조 (식품 등의 공전)

식품의약품안전처장은 식품 또는 식품첨가물의 기준과 규격, 기구 및 용기 · 포장의 기준과 규격, 식품 등의 표시기준 등을 실은 식품 등의 공전을 작성 · 보급하여야 한다.

### 제6장 (검사 등)

#### 제15조 (위해평가)

① 식품의약품안전처장은 국내외에서 유해물질이 함유된 것으로 알려지는 등 위해의 우려가 제기되는 식품 등이 제4조 또는 제8조에 따른 식품 등에 해당한다고 의심되는 경우에는 그 식품 등의 위해요소를 신속히 평가하여 그것이 위해식품 등 인지를 결정하여야 한다.

② 식품의약품안전처장은 제1항에 따른 위해평가가 끝나기 전까지 국민건강을 위하여 예방조치가 필요한 식품 등에 대하여는 판매하거나 판매할 목적으로 채취 · 제조 · 수입 · 가공 · 사용 · 조리 · 저장 · 소분 · 운반 또는 진열하는 것을 일시적으로 금지할 수 있다. 다만, 국민건강에 급박한 위해가 발생하였거나 발생할 우려가 있다고 식품의약품안전처장이 인정하는 경우에는 금지조치를 하여야 한다.

③ 식품의약품안전처장은 제2항에 따른 일시적 금지조치를 하려면 미리 심의위원회의 심의 · 의결을 거쳐야 한다. 다만, 국민건강을 급박하게 위해할 우려가 있어서 신속히 금지조치를 하여야 할 필요가 있는 경우에는 먼저 일시적 금지조치를 한 뒤 지체없이 심의위원회의 심의 · 의결을 거칠 수 있다.
④ 심의위원회는 제3항 본문 및 단서에 따라 심의하는 경우 대통령령으로 정하는 이해관계인의 의견을 들어야 한다.
⑤ 식품의약품안전처장은 제1항에 따른 위해평가나 제3항 단서에 따른 사후 심의위원회의 심의 · 의결에서 위해가 없다고 인정된 식품 등에 대하여는 지체없이 제2항에 따른 일시적 금지조치를 해제하여야 한다.
⑥ 제1항에 따른 위해평가의 대상, 방법 및 절차, 그 밖에 필요한 사항은 대통령령으로 정한다.

**제18조 (유전자변형식품 등의 안전성 심사 등)**

① 유전자변형식품 등을 식용(食用)으로 수입 · 개발 · 생산하는 자는 최초로 유전자변형식품 등을 수입하는 경우 등 대통령령으로 정하는 경우에는 식품의약품안전처장에게 해당 식품 등에 대한 안전성 심사를 받아야 한다.
② 식품의약품안전처장은 제1항에 따른 유전자변형식품 등의 안전성 심사를 위하여 식품의약품안전처에 유전자 변형식품 등 안전성심사위원회(이하 "안전성심사위원회"라 함)를 둔다.
③ 안전성심사위원회는 위원장 1명을 포함한 20명 이내의 위원으로 구성한다. 이 경우 공무원이 아닌 위원이 전체 위원의 과반수가 되도록 하여야 한다.
④ 안전성심사위원회의 위원은 유전자변형식품 등에 관한 학식과 경험이 풍부한 사람으로서 다음 각 호의 어느 하나에 해당하는 사람 중에서 식품의약품안전처장이 위촉하거나 임명한다.
㉠ 유전자변형식품 관련 학회 또는 「고등교육법」 제2조 제1호 및 제2호에 따른 대학 또는 산업대학의 추천을 받은 사람
㉡ 「비영리민간단체 지원법」 제2조에 따른 비영리민간단체의 추천을 받은 사람
㉢ 식품위생 관계 공무원
⑤ 안전성심사위원회의 위원장은 위원 중에서 호선한다.
⑥ 위원의 임기는 2년으로 한다. 다만, 공무원인 위원의 임기는 해당 직(職)에 재직하는 기간으로 한다.
⑦ 그 밖에 안전성심사위원회의 구성 · 기능 · 운영에 필요한 사항은 대통령령으로 정한다
⑧ 제1항에 따른 안전성 심의 대상, 안전성 심사를 위한 자료제출의 범위 및 심사절차 등에 관하여는 식품의약품안전처장이 정하여 고시한다.

#### 제21조 (특정 식품 등의 수입 · 판매 등 금지)

① 식품의약품안전처장은 특정 국가 또는 지역에서 채취 · 제조 · 가공 · 사용 · 조리 또는 저장된 식품등이 그 특정 국가 또는 지역에서 위해한 것으로 밝혀졌거나 위해의 우려가 있다고 인정되는 경우에는 그 식품 등을 수입 · 판매하거나 판매할 목적으로 제조 · 가공 · 사용 · 조리 · 저장 · 소분 · 운반 또는 진열하는 것을 금지할 수 있다.

② 식품의약품안전처장은 제15조 제1항에 따른 위해평가 또는 「수입식품안전관리 특별법」 제21조 제1항에 따른 검사 후 식품 등에서 제4조 제2호에 따른 유독 · 유해물질이 검출된 경우에는 해당 식품 등의 수입을 금지하여야 한다. 다만, 인체의 건강을 해칠 우려가 없다고 식품의약품안전처장이 인정하는 경우는 그러하지 아니하다.

③ 식품의약품안전처장은 제1항 및 제2항에 따른 금지를 하려면 미리 관계 중앙행정기관의 장의 의견을 듣고 심의위원회의 심의 · 의결을 거쳐야 한다. 다만, 국민건강을 급박하게 위해할 우려가 있어서 신속히 금지 조치를 하여야 할 필요가 있는 경우 먼저 금지조치를 한 뒤 지체없이 심의위원회의 심의 · 의결을 거칠 수 있다.

④ 제3항 본문 및 단서에 따라 심의위원회가 심의하는 경우 대통령령으로 정하는 이해관계인은 심의위원회에 출석하여 의견을 진술하거나 문서로 의견을 제출할 수 있다.

⑤ 식품의약품안전처장은 직권으로 또는 제1항 및 제2항에 따라 수입 · 판매 등이 금지된 식품 등에 대하여 이해관계가 있는 국가 또는 수입한 영업자의 신청을 받아 그 식품 등에 위해가 없는 것으로 인정되면 심의위원회의 심의 · 의결을 거쳐 제1항 및 제2항에 따른 금지의 전부 또는 일부를 해제할 수 있다.

⑥ 식품의약품안전처장은 제1항 및 제2항에 따른 금지나 제5항에 따른 해제를 하는 경우에는 고시하여야 한다.

⑦ 식품의약품안전처장은 제1항 및 제2항에 따라 수입 · 판매 등이 금지된 해당 식품 등의 제조업소, 이해관계가 있는 국가 또는 수입한 영업자가 원인 규명 및 개선사항을 제시할 경우에는 제1항 및 제2항에 따른 금지의 전부 또는 일부를 해제할 수 있다. 이 경우 개선사항에 대한 확인이 필요한 때에는 현지 조사를 할 수 있다.

#### 제22조 (출입 · 검사 · 수거 등)

① 식품의약품안전처장(대통령령으로 정하는 그 소속 기관의 장을 포함), 시 · 도지사 또는 시장 · 군수 · 구청장은 식품 등의 위해방지 · 위생관리와 영업질서의 유지를 위하여 필요하면 다음 각 호의 구분에 따른 조치를 할 수 있다.

㉠ 영업자나 그 밖의 관계인에게 필요한 서류나 그밖의 자료의 제출 요구

㉡ 관계 공무원으로 하여금 다음 각 목에 해당하는 출입 · 검사 · 수거 등의 조치

- 영업소(사무소, 창고, 제조소, 저장소, 판매소, 그 밖에 이와 유사한 장소를 포함)에 출입

하여 판매를 목적으로 하거나 영업에 사용하는 식품 등 또는 영업시설 등에 대하여 하는 검사
- 위에 따른 검사에 필요한 최소량의 식품 등의 무상 수거
- 영업에 관계되는 장부 또는 서류의 열람

② 식품의약품안전처장은 시 · 도지사 또는 시장 · 군수 · 구청장이 제1항에 따른 출입 · 검사 · 수거 등의 업무를 수행하면서 식품 등으로 인하여 발생하는 위생 관련 위해방지 업무를 효율적으로 하기 위하여 필요한 경우에는 관계 행정기관의 장, 다른 시 · 도지사 또는 시장 · 군수 · 구청장에게 행정응원(行政應援)을 하도록 요청할 수 있다. 이 경우 행정응원을 요청받은 관계 행정기관의 장, 시 · 도지사 또는 시장 · 군수 · 구청장은 특별한 사유가 없으면 이에 따라야 한다.

③ 제1항 및 제2항의 경우에 출입 · 검사 · 수거 또는 열람하려는 공무원은 그 권한을 표시하는 증표 및 조사기간, 조사범위, 조사담당자, 관계 법령 등 대통령령으로 정하는 사항이 기재된 서류를 지니고 이를 관계인에게 내보여야 한다.

④ 제2항에 따른 행정응원의 절차, 비용 부담 방법, 그 밖에 필요한 사항은 대통령령으로 정한다.

**제31조 (자가품질검사 의무)**

① 식품등을 제조 · 가공하는 영업자는 총리령으로 정하는 바에 따라 제조 · 가공하는 식품 등이 식품 또는 식품첨가물에 관한 기준 및 규격 또는 기구 및 용기 · 포장에 관한 기준 및 규격에 따른 기준과 규격에 맞는지를 검사하여야 한다.

② 식품등을 제조 · 가공하는 영업자는 제1항에 따른 검사를 「식품 · 의약품분야 시험 · 검사 등에 관한 법률」 시험 · 검사기관의 지정 등에 따른 자가품질위탁 시험 · 검사기관에 위탁하여 실시할 수 있다.

③ 제1항에 따른 검사를 직접 행하는 영업자는 제1항에 따른 검사 결과 해당 식품 등이 위해식품 등의 판매 등 금지, 병든 동물 고기 등의 판매 등 금지, 기준 · 규격이 정하여지지 아니한 화학적 합성품 등의 판매 등 금지, 식품 또는 식품 첨가물에 관한 기준 및 규격, 유독기구 등의 판매 · 사용금지 또는 기구 및 용기 · 포장에 관한 기준 및 규격을 위반하여 국민 건강에 위해가 발생하거나 발생할 우려가 있는 경우에는 지체 없이 식품의약품안전처장에게 보고하여야 한다.

④ 제1항에 따른 검사의 항목 · 절차, 그 밖에 검사에 필요한 사항은 총리령으로 정한다.

**제31조의2 (자가품질검사의무의 면제)**

식품의약품안전처장 또는 시 · 도지사는 식품안전관리인증기준에 따른 식품안전관리 인증기준적용업소가 다음 각 호에 해당하는 경우에는 자가품질검사의무에도 불구하고 총리령으로 정하는 바에 따라 자가품질 검사를 면제할 수 있다.

① 식품안전관리인증기준에 따른 식품안전관리인증기준적용업소가 자가품질검사 의무에 따른 검사가 포함된 식품안전관리인증기준을 지키는 경우
② 식품관리인증기준에 따른 조사 · 평가 결과 그 결과가 우수하다고 총리령으로 정하는 바에 따라 식품의약품안전처장이 인정하는 경우

### 제31조의3 (자가품질검사의 확인검사)

① 제31조제2항에 따라 자가품질검사를 위탁하여 실시한 영업자가 「식품 · 의약품 분야 시험 · 검사 등에 관한 법률」 제11조제3항에 따라 부적합으로 통보받은 검사 결과에 이의가 있으면 자가품질검사를 실시한 제품과 같은 제품(같은 날에 같은 영업시설에서 같은 제조 공정을 통하여 제조 · 생산된 제품에 한정한다. 이하 이 조에서 같다)에 대한 확인검사를 2곳 이상의 다른식품 · 의약품분야 시험 · 검사 등에 관한 법률」 제6조제2항제1호에 따른 식품 등 시험 · 검사기관에 요청할 수 있다. 이 경우 영업자는 식품의약품안전처장, 시 · 도지사 또는 시장, 군수 · 구청장에게 확인검사 요청 사실을 지체 없이 보고하여야 한다.
② 제1항에 따라 확인검사를 요청받은 식품 등 시험 · 검사기관은 자가품질검사를 실시한 제품과 같은 제품에 대하여 같은 검사 항목, 기준 및 방법에 따라 확인 검사를 실시한 후 영업자에게 시험 · 검사성적서를 발급하여야 한다. 다만, 시간이 경과함에 따라 검사 결과가 달라질 수 있는 검사항목 등 총리령으로 정하는 검사항목은 확인검사 대상에서 제외한다.
③ 제2항에 따라 시험 · 검사성적서를 발급받은 영업자는 해당 시험 · 검사의 결과가 모두 적합인 경우에는 관할 지방식품의약품안전청장에게 그 시험 · 검사성적서를 첨부하여 최종 확인검사를 요청할 수 있다. 이 경우 확인검사에 드는 비용은 영업자가 부담한다.
④ 제3항에 따라 최종 확인검사를 요청받은 지방식품의약품안전청장은 제2항에 따른 검사 항목, 기준 및 방법에 따라 검사를 실시하고 영업자에게 시험 · 검사성적서를 발급하여야 한다.
⑤ 식품의약품안전처장, 시 · 도지사 또는 시장 · 군수 · 구청장은 제1항에 따른 확인 검사를 요청한 영업자가 제4항에 따른 검사 결과 적합으로 판정된 시험 · 검사 성적서를 제출하는 경우에는 제45조에 따른 회수조치, 제73조제1항에 따른 공표 명령을 철회하는 등 지체없이 필요한 조치를 하여야 한다.
⑥ 제1항에 따른 확인검사 요청 · 보고 절차, 제2항에 따른 시험검사성적서의 발급, 제3항에 따른 최종 확인검사의 요청 및 제4항에 따른 지방식품의약품안전청장의 시험 · 검사성적서 발급 등에 필요한 사항은 총리령으로 정한다.

### 제32조 (식품위생감시원)

① 제22조 제1항에 따른 관계 공무원의 직무와 그 밖에 식품위생에 관한 지도 등을 하기 위하여 식품의약품안전처(대통령령으로 정하는 그 소속 기관을 포함), 특별시 · 광역시 · 특별자치

시 · 도 · 특별자치도(이하 "시 · 도"라 함) 또는 시 · 군 · 구(자치구를 말함)에 식품위생감시원을 둔다.

② 제1항에 따른 식품위생감시원의 자격 · 임명 · 직무범위, 그 밖에 필요한 사항은 대통령령으로 정한다.

### 제33조 (소비자식품위생감시원)

① 식품의약품안전처장(대통령령으로 정하는 그 소속 기관의 장을 포함), 시 · 도지사 또는 시장 · 군수 · 구청장은 식품 위생관리를 위하여 「소비자기본법」 제29조에 따라 등록한 소비자단체의 임직원 중 해당 단체의 장이 추천한 자나 식품위생에 관한 지식이 있는 자를 소비자식품위생감시원으로 위촉할 수 있다.

② 소비자 식품위생감시원의 직무

㉠ 식품접객영업자에 대한 위생관리 상태 점검

㉡ 유통 중인 식품 등이 표시기준에 맞지 아니하거나 허위표시 또는 과대광고 금지 규정을 위반한 경우 관할 행정관청에 신고하거나 그에 관한 자료 제공

㉢ 식품위생감시원이 하는 식품 등에 대한 수거 및 검사 지원

㉣ 그 밖에 식품위생에 관한 사항으로서 대통령령으로 정하는 사항

③ 소비자식품위생감시원의 직무를 수행하는 경우 그 권한을 남용하여서는 아니 된다.

④ 소비자식품위생감시원을 위촉한 식품의약품안전처장, 시 · 도지사 또는 시장 · 군수 · 구청장은 소비자식품위생감시원에게 직무 수행에 필요한 교육을 하여야 한다.

## 제7장 영업

### 제36조 (시설기준)

다음의 영업을 하려는 자는 총리령으로 정하는 시설기준에 맞는 시설을 갖추어야 한다.

① 식품 또는 식품첨가물의 제조업, 가공업, 운반업, 판매업 및 보존업

② 기구 또는 용기 · 포장의 제조업

③ 식품접객업

④ 공유주방 운영법

### 제37조 (영업의 허가 등)

① 대통령령으로 정하는 영업을 하려는 자는 대통령령으로 정하는 바에 따라 영업종류별 또는 영업소별로 식품의약품안전처장 또는 특별자치도지사 · 시장 · 군수 · 구청장의 허가를 받아야 한다. 허가받은 사항 중 대통령령으로 정하는 중요한 사항을 변경할 때에도 또한 같다.

② ①에 따라 영업허가를 받은 자가 폐업하거나 허가받은 사항 중 경미한 사항을 변경할 때에는

식품의약품안전처장 또는 특별자치도지사 · 시장 · 군수 · 구청장에게 신고하여야 한다.

③ 영업을 하려는 자는 대통령령으로 정하는 바에 따라 영업 종류별 또는 영업소별로 식품의약품 안전처장 또는 특별 자치도지사 · 시장 · 군수 · 구청장에게 등록하여야 한다. 신고한 사항 중 대통령령으로 정하는 중요한 사항을 변경하거나 폐업할 때에도 또한 같다. 다만, 폐업하거나 대통령령으로 정하는 중요한 사항을 제외한 경미한 사항을 변경할 때에는 특별 자치도지사 · 시장 · 군수 · 구청장에게 신고하여야 한다.

### 제38조 (영업허가 등의 제한)

① 영업자가 영업을 양도하거나 사망한 경우 또는 법인이 합병한 경우에는 그 양수인 · 상속인 또는 합병 후 존속하는 법인이나 합병에 따라 설립되는 법인은 그 영업자의 지위를 승계한다.

② 해당하는 절차에 따라 영업시설의 전부를 인수한 자는 그 영업자의 지위를 승계한다. 이 경우 종전의 영업자에 대한 영업 허가 · 등록 또는 그가 한 신고는 그 효력을 잃는다.

③ 영업자의 지위를 승계한 자는 총리령으로 정하는 바에 따라 1개월 이내에 그 사실을 식품의약품안전처장 또는 특별자치도지사 · 시장 · 군수 · 구청장에게 신고하여야 한다.

### 제40조 (건강진단)

① 총리령으로 정하는 건강진단을 받아야 하는 자는 식품 또는 식품첨가물(화학적 합성품 또는 기구 등의 살균소독제는 제외)을 채취 · 제조 · 가공 · 조리 · 저장 · 운반 또는 판매하는 일에 직접 종사하는 영업자 및 그 종업원으로 한다. 다만, 완전포장된 식품 또는 식품첨가물을 운반하거나 판매하는 일에 종사하는 사람은 제외한다. 영업자 및 그 종업원은 영업 시작 전 또는 영업에 종사하기 전에 미리 건강진단을 받아야 한다. 다만, 다른 법령에 따라 같은 내용의 건강진단을 받는 경우에는 이 법에 따른 건강진단을 받은 것으로 본다.

② 제1항의 건강진단 항목은 장티푸스(식품위생관련영업 및 집단급식소 종사자만 해당), 폐결핵, 전염성 피부질환(한센병 등 세균성 피부질환)이고, 그 횟수는 연 1회이다.

③ 건강진단을 받은 결과 타인에게 위해를 끼칠 우려가 있는 질병이 있다고 인정된 자는 그 영업에 종사하지 못한다.

㉠ 콜레라 · 장티푸스 · 파라티푸스 등

㉡ 결핵(비감염성인 경우는 제외)

㉢ 피부병 또는 그 밖의 화농성 질환

㉣ 후천성면역결핍증 「감염병의 예방 및 관리에 관한 법률」에 따라 성병에 관한 건강진단을 받아야 하는 영업에 종사하는 사람만 해당된다.

④ 영업자는 건강진단을 받지 않은 자나 건강진단 결과 타인에게 위해를 끼칠 우려가 있는 질병이 있는 자를 그 영업에 종사시키지 못한다.

**제41조 (식품위생교육)**

① 대통령령으로 정하는 영업자 및 유흥종사자를 둘 수 있는 식품접객업 영업자의 종업원은 매년 식품위생에 관한 교육을 받아야 한다.

② 영업을 하려는 자는 미리 식품위생교육을 받아야 한다. 다만, 부득이한 사유로 미리 식품위생교육을 받을 수 없는 경우에는 영업을 시작한 뒤에 식품의약품안전처장이 정하는 바에 따라 식품 위생교육을 받을 수 있다.

③ 교육을 받아야 하는 자가 영업에 직접 종사하지 않거나 두 곳 이상의 장소에서 영업을 하는 경우에는 종업원 중에서 식품위생에 관한 책임자를 지정하여 영업자 대신 교육을 받게 할 수 있다. 다만, 집단급식소에 종사하는 조리사 및 영양사가 식품위생에 관한 책임자로 지정되어 교육을 받은 경우에는 해당 연도의 식품위생교육을 받은 것으로 본다.

④ 영업자는 특별한 사유가 없는 한 식품위생교육을 받지 않은 자를 그 영업에 종사하게 해서는 아니 된다.

**제44조 (영업자 등의 준수사항)**

① 식품접객영업자 등 대통령령으로 정하는 영업자와 그 종업원은 영업의 위생관리와 질서유지, 국민의 보건위생 증진을 위하여 총리령으로 정하는 사항을 지켜야 한다.

㉠ 식품제조 · 가공업자
㉡ 즉석판매제조 · 가공업자
㉢ 식품첨가물제조업자
㉣ 식품운반업자
㉤ 식품소분 · 판매업자
㉥ 식품조사처리업자
㉦ 식품접객업자

② 식품접객영업자는 「청소년보호법」 제2조에 따른 청소년에게 다음의 어느 하나에 해당하는 행위를 하여서는 아니 된다.

㉠ 청소년을 유흥접객원으로 고용하여 유흥행위를 하게 하는 행위
㉡ 「청소년보호법」에 따른 청소년 출입 · 고용금지업소에 청소년을 출입시키거나 고용하는 행위
㉢ 「청소년보호법」에 따른 청소년 고용금지업소에 청소년을 고용하는 행위
㉣ 청소년에게 주류를 제공하는 행위

③ 누구든지 영리를 목적으로 식품접객업을 하는 장소(유흥종사자 둘 수 있도록 대통령령으로 정하는 영업을 하는 장소는 제외)에서 손님과 함께 술을 마시거나 노래 또는 춤으로 손님의 유흥을 돋우는 접객행위(공연을 목적으로 하는 가수, 악사, 댄서, 무용수 등이 하는 행위는 제외)를 하거나 다른 사람에게 그 행위를 알선해서는 아니 된다.

④ 식품접객영업자는 유흥종사자를 고용 · 알선하거나 호객행위를 해서는 아니 된다.
⑤ 주문자 상표부착방식으로 수출국 제조 · 가공을 위탁하여 식품 등(이하 "주문자상표부착식품 등"이라 함)을 수입 · 판매하는 영업자는 다음의 사항을 지켜야 한다.
   ㉠ 주문자상표부착식품 등을 제조 · 가공하는 업체에 대하여 식품의약품안전처장이 정하는 위생 점검에 관한 기준에 따라 대통령령으로 정한 기관 또는 단체로 하여금 현지 위생 점검 등을 실시하여야 한다.
   ㉡ 주문자상표부착식품 등에 대하여 검사를 실시하고, 그 기록을 2년간 보관해야 한다.

**제45조 (위해식품 등의 회수)**

① 판매의 목적으로 식품 등을 제조 · 가공 · 소분 · 수입 또는 판매한 영업자는 해당 식품 등이 규정을 위반한 사실(식품 등의 위해와 관련이 없는 위반사항은 제외)을 알게 된 경우에는 지체없이 유통 중인 해당 식품 등을 회수하거나 회수하는 데에 필요한 조치를 하여야 한다. 이 경우 영업자는 회수계획을 식품의약품안전처장, 시 · 도지사는 시장 · 군수 · 구청장은 이를 지체없이 식품의약품안전처장에게 보고하여야 한다.
② 식품의약품안전처장, 시 · 도지사는 시장 · 군수 · 구청장은 회수에 필요한 조치를 성실히 이행한 영업자에 대하여 해당 식품 등으로 인하여 받게 되는 행정처분을 대통령령으로 정하는 바에 따라 감면할 수 있다.
③ 회수대상 식품 등 회수계획 · 회수절차 및 회수결과 보고 등에 관하여 필요한 사항은 총리령으로 정한다.

**제46조 (식품 등의 이물발견 보고 등)**

① 판매의 목적으로 식품 등을 제조 · 가공 · 소분 · 수입 또는 판매하는 영업자는 소비자로부터 판매제품에서 식품의 제조 · 가공 · 조리 · 유통 과정에서 정상적으로 사용된 원료 또는 재료가 아닌 것으로서 섭취할 때 위생상 위해가 발생할 우려가 있거나 섭취하기에 부적합한 물질(이하 "이물"을 발견한 사실을 신고받은 경우 지체없이 이를 식품의약품안전처장, 시 · 도지사 또는 시장 · 군수 · 구청장에게 보고하여야 함)을 말한다.
② 「소비자기본법」에 따른 한국 소비자원 및 소비자 단체는 소비자로부터 이물 발견의 신고를 접수하는 경우 지체없이 이를 식품의약품안전처장에게 통보하여야 한다.
③ 시 · 도지사 또는 시장 · 군수 · 구청장은 소비자로부터 이물 발견의 신고를 접수하는 경우 이를 식품의약품안전처장에게 통보하여야 한다.
④ 식품의약품안전처장은 규정에 따라 이물 발견의 신고를 통보받은 경우 이물 혼입 원인 조사를 위하여 필요한 조치를 취하여야 한다.

### 제47조 (위생등급)

① 식품의약품안전처장 또는 특별자치도지사 · 시장 · 군수 · 구청장은 총리령으로 정하는 위생등급 기준에 따라 위생관리상태 등이 우수한 식품 등의 제조 · 가공 업소 · 식품접객업소 또는 집단급식소를 우수업소 또는 모범업소로 지정할 수 있다.

② 식품의약품안전처장(지방 식품의약품안전처장 포함), 시 · 도지사 또는 시장 · 군수 · 구청장은 지정한 우수업소 또는 모범업소에 대하여 관계 공무원으로 하여금 총리령으로 정하는 일정 기간 동안 출입 · 검사 · 수거 등을 하지 않게 할 수 있으며, 시 · 도지사 또는 시장 · 군수 · 구청장은 영업자의 위생관리시설 및 위생 설비시설 개선을 위한 융자 사업과 음식문화 개선과 좋은 식단 실천을 위한 사업에 대하여 우선 지원 등을 할 수 있다.

③ 식품의약품안전처장 또는 특별자치도지사 · 시장 · 군수 · 구청장은 우수업소 또는 모범업소로 지정된 업소가 그 지정기준에 미치지 못하거나 영업정지 이상의 행정처분을 받게 되면 지체 없이 그 지정을 취소하여야 한다.

### 제48조 (식품안전관리인증기준)

① 식품의약품안전처장은 식품의 원료관리, 제조 · 가공 · 조리 · 소분 · 유통의 모든 과정에서 위해한 물질이 식품에 섞이거나 식품이 오염되는 것을 방지하기 위하여 각 과정의 위해요소를 확인 · 평가하여 중점적으로 관리하는 기준(이하 "위해요소중점관리기준"이라 함)을 식품별로 정하여 고시할 수 있다.

② 총리령으로 정하는 식품을 제조 · 가공 · 조리 · 소분 · 유통하는 영업자는 식품의약품안전처장이 식품별로 고시한 위해요소중점관리기준을 지켜야 한다.

③ 식품의약품안전처장은 위해요소중점관리기준을 지키기 원하는 영업자의 업소를 식품별 위해요소 중점관리기준 적용업소(위해요소중점관리기준 적용업소)로 지정할 수 있다.

④ 식품의약품안전처장은 위해요소 중점관리기준 적용업소로 지정받은 영업자에게 총리령으로 정하는 바에 따라 그 지정 사실을 증명하는 서류를 발급하여야 한다.

⑤ 위해요소중점관리기준 적용업소의 영업자와 종업원은 총리령으로 정하는 교육훈련을 받아야 한다. 식품의약품안전처장은 위해요소중점관리기준 적용업소의 지정을 받거나 받으려는 영업자에게 위해요소중점관리에 필요한 기술적 · 경제적 지원을 할 수 있다.

⑥ 식품의약품안전처장은 위해요소중점관리기준 적용업소의 효율적 운영을 위하여 총리령으로 정하는 위해요소중점관리기준의 준수 여부 등에 관한 조사 · 평가를 할 수 있으며, 그 결과 위해요소중점관리기준 적용업소가 다음의 어느 하나에 해당하면 그 지정을 취소하거나 시정을 명할 수 있다. 다만, 위해요소중점관리기준 적용업소가 제2항에 해당할 경우 지정을 취소하여야 한다.

㉠ 위해요소중점관리기준을 지키지 아니한 경우

㉡ 영업정지 2개월 이상의 행정처분을 받은 경우
㉢ 영업자와 그 종업원이 교육훈련을 받지 아니한 경우
㉣ 그 밖에 총리령으로 정하는 사항으로 지키지 아니한 경우

⑦ 위해요소 중점관리기준 적용업소가 아닌 업소의 영업자는 위해요소 중점관리기준 적용업소라는 명칭을 사용하지 못한다.

⑧ 위해요소중점관리기준 적용업소의 영업자는 지정받은 식품을 다른 업소에 위탁하여 제조 · 가공하여서는 아니 된다. 다만, 위탁하려는 식품과 동일한 식품에 대하여 위해요소중점관리기준 적용업소로 지정된 업소에 위탁하여 제조 · 가공하려는 경우 등 대통령령으로 정하는 경우에는 그러하지 아니하다.

⑨ 식품의약품안전처장(지방 식품의약품안전처장 포함), 시 · 도지사 또는 시장 · 군수 · 구청장은 위해요소 중점관리기준 적용업소에 대하여 관계공무원으로 하여금 총리령으로 정하는 일정기간 동안 출입 · 검사 · 수거 등을 하지 않게 할 수 있으며, 시 · 도지사 또는 시장 · 군수 · 구청장은 영업자의 위생관리시설 및 위생 설비시설 개선을 위한 융자 사업에 대하여 우선 지원 등을 할 수 있다.

## 제8장 조리사 등

### 제51조 (조리사)

① 대통령령으로 정하는 식품접객영업자와 집단급식소 운영자는 조리사를 두어야 한다. 다만, 식품접객영업자 또는 집단급식소 운영자 자신이 조리사로서 직접 음식물을 조리하는 경우에는 조리사를 두지 아니하여도 된다.

② 집단급식소에 근무하는 조리사는 다음의 직무를 수행한다.
㉠ 집단급식소에서의 식단에 따른 조리업무(식재료의 전 처리에서부터 조리, 배식 등의 전 과정을 말함)
㉡ 구매식품의 검수 지원
㉢ 급식설비 및 기구의 위생 · 안전 실무
㉣ 그 밖에 조리 실무에 관한 사항

### 제52조 (영양사)

① 대통령령으로 정하는 집단급식소 운영자는 영양사를 두어야 한다. 다만, 집단급식소 운영자 자신이 영양사로서 직접 영양 지도를 하는 경우에는 영양사를 두지 아니하여도 된다.

② 집단급식소에 근무하는 영양사는 다음의 직무를 수행한다.
㉠ 집단급식소에서의 식단 작성, 검식 및 배식관리
㉡ 구매식품의 검수 및 관리

㉢ 급식시설의 위생적 관리
㉣ 집단급식소의 운영일지 작성
㉤ 종업원에 대한 영양 지도 및 식품위생교육

#### 제53조(조리사의 면허)

① 조리사가 되려는 자는 「국가기술자격법」에 따라 해당 기능분야의 자격을 얻은 후 특별자치도지사 · 시장 · 군수 · 구청장의 면허를 받아야 한다.
② 조리사의 면허 등에 관하여 필요한 총리령으로 한다.

#### 제54조 (결격사유)

다음에 해당하는 자는 조리사의 면허를 받을 수 없다.
① 「정신보건법」에 따른 정신질환자(다만, 전문의가 조리사 또는 영양사로서 적합하다고 인정하는 자는 그렇지 않다)
② 「감염병 예방 및 관리에 관한 법률」에 따른 감염병 환자(다만, B형 간염 환자는 제외)
③ 「마약류 관리에 관한 법률」에 따른 마약이나 그 밖의 약물 중독자
④ 조리사 또는 영양사 면허의 취소처분을 받고 그 취소된 날로부터 1년이 지나지 않은 자

#### 제55조 (명칭 사용 금지)

조리사가 아니면 조리사라는 명칭을 사용하지 못한다.

#### 제56조 (교육)

① 식품의약품안전처장은 식품위생 수준 및 자질의 향상을 위하여 필요한 경우 조리사와 영양사(조리사의 경우 보수교육을 포함한다. 다만, 집단급식소에 종사하는 조리사와 영양사는 2년마다 교육을 받아야 함)
② 교육의 대상자, 실시기관, 내용 및 방법 등에 관하여 필요한 사항은 총리령으로 정한다.
③ 식품의약품안전처장은 교육 등 업무의 일부를 대통령령으로 정하는 바에 따라 관계 전문기관이나 단체에 위탁할 수 있다.

### 제9장 식품위생심의위원회

#### 제57조 (식품위생심의위원회의 설치 등)

식품의약품안전처장의 자문에 응하여 다음 사항을 조사 · 심의하기 위하여 식품의약품안전처에 식품위생심의위원회를 둔다.
① 식중독 방지에 관한 사항

② 농약 · 중금속 등 유독 · 유해 물질 잔류허용 기준에 관한 사항
③ 식품 등의 기준과 규격에 관한 사항
④ 그 밖에 식품위생에 관한 중요 사항

### 제58조 (심의위원회의 조직과 운영)

① 심의위원회는 위원장 1명과 부위원장 2명을 포함한 100명 이내의 위원으로 구성한다.
② 심의위원회 위원은 다음의 어느 하나에 해당하는 사람 중에서 식품의약품안전처장이 임명하거나 위촉한다.
  ㉠ 식품위생관련 공무원
  ㉡ 식품 등에 관한 영업에 종사하는 사람
  ㉢ 시민단체의 추천을 받은 사람
  ㉣ 동업자조합 또는 "한국식품산업협회"의 추천을 받은 사람
③ 심의위원회 위원의 임기는 2년으로 하되, 공무원인 위원은 그 직위에 재직하는 기간 동안 재임한다. 다만, 위원이 궐위된 경우 그 보궐위원의 임기는 전임위원 임기의 남은 기간으로 한다.
④ 심의위원회에 식품 등의 국제 기준 및 규격을 조사 · 연구할 연구위원을 둘 수 있다. 연구위원의 업무는 다음과 같다.
  ㉠ 국제식품규격위원회에서 제시한 기준 · 규격 조사 · 연구
  ㉡ 국제식품규격의 조사 · 연구에 필요한 외국정부, 관련 소비단체 및 국제기구와 상호 협력
  ㉢ 외국 식품의 기준 · 규격에 관한 정보 및 자료 등의 조사 · 연구
  ㉣ 그 밖에 대통령령으로 정하는 사람

## 제10장 식품위생단체 등

### 제1절 동업자조합

### 제59조 (설립)

① 영업자는 영업의 발전과 국민보건 향상을 위하여 대통령령으로 정하는 영업 또는 식품의 종류별로 동업자 조항(이하 "조합"이라 함)을 설립할 수 있다.
② 조합은 법인으로 한다.
③ 조합을 설립하려는 경우에는 대통령령으로 정하는 바에 따라 조합원 자격이 있는 자 10분의 1(20명을 초과하면 20명으로 한다) 이상의 발기인이 정관을 작성하여 식품의약품안전처장의 설립인가를 받아야 한다.
④ 식품의약품안전처장은 제3항에 따라 설립인가의 신청을 받은 날부터 30일 이내에 설립인가 여부를 신청인에게 통지하여야 한다.
⑤ 식품의약품안전처장이 제4항에서 정한 기간 내에 인가 여부 또는 민원 처리 관련 법령에 따른

처리기간의 연장을 신청인에게 통지하지 아니하면 그 기간(민원 처리 관련 법령에 따라 처리기간이 연장 또는 재연장된 경우에는 해당 처리기간을 말한다)이 끝난 날의 다음 날에 인가를 한 것으로 본다.

⑥ 조합은 제3항에 따른 설립인가를 받는 날 또는 제5항에 따라 설립인가를 한 것으로 보는 날에 성립된다.

⑦ 조합은 정관으로 정하는 바에 따라 하부조직을 둘 수 있다.

### 제60조 (조합의 사업)

① 영업의 건전한 발전과 조합원 공동의 이익을 위한 사업

② 조합원과의 영업시설 개선에 관한 지도

③ 조합원을 위한 경영지도

④ 조합원과 그 종업원을 위한 교육훈련

⑤ 식품의약품안전처장이 위탁하는 조사 · 연구사업

⑥ 조합원의 생활안정과 복지증진을 위한 공제사업

⑦ 제1호부터 제5호까지에 규정된 사업의 부대사업

## 제2절 식품산업협회

### 제64조 (설립)

① 식품산업의 발전과 식품위생의 향상을 위하여 “한국식품산업협회”(이하 “협회”라 함)를 설립한다.

② 제1항에 따라 설립되는 협회는 법인으로 한다.

③ 협회의 회원이 될 수 있는 자는 영업자 중 식품 또는 식품첨가물을 제조 · 가공 · 운반 · 판매 · 보존하는 자 및 그 밖에 식품 관련 산업을 운영하는 자로 한다.

④ 협회에 관하여 이 법에서 규정하지 아니한 것에 대하여는 「민법」 중 사단 법인에 관한 규정을 준용한다.

### 제65조 (협회의 사업)

① 식품산업에 관한 조사 · 연구

② 식품 및 식품첨가물과 그 원재료에 대한 시험 · 검사 업무

③ 식품위생과 관련한 교육

④ 영업자 중 식품이나 식품첨가물을 제조 · 가공 · 운반 · 판매 및 보존하는 자의 영업 시설 개선에 관한 지도

⑤ 회원을 위한 경영지도

⑥ 식품안전과 식품산업 진흥 및 지원 · 육성에 관한 사업
⑦ 제1호부터 제5호까지에 규정된 사업의 부대사업

### 제3절 식품안전정보원

#### 제67조 (식품안전정보원의 설립)

① 식품의약품안전처장의 위탁을 받아 식품이력추적관리업무와 식품안전에 관한 업무를 효율적으로 수행하기 위하여 식품안전 정보원(이하 "정보원"이라 함)을 둔다.
② 정보원은 법인으로 한다.

#### 제68조 (정보원의 사업)

① 국 · 내외 식품안전정보의 수집 · 분석 · 정보 제공 등
② 식품 안전정보의 수집 · 분석 및 식품이력추적관리 등을 위한 정보시스템의 구축 · 운영 등
③ 식품이력 추적관리의 등록 · 관리 등
④ 식품이력 추적관리에 관한 고육 및 홍보
⑤ 식품사고가 발생한 때 사고의 신속한 원인규명과 해당 식품의 회수 · 폐기 등을 위한 정보제공
⑥ 식품위해 정보의 공동 활용 및 대응을 위한 기관 · 단체 · 소비자단체 등과의 협력 네트워크 구축 · 운영
⑦ 소비자 식품안전 관련 신고의 안내 · 접수 · 상담 등을 위한 지원
⑧ 그 밖에 식품안전정보 및 식품이력추적 관리에 관한 사항으로서 식품의약품안전처장이 정하는 사업

### 11장 시정명령과 허가취소 등 행정 제재

#### 제71조 (시정명령)

① 식품의약품안전처장, 시 · 도지사 또는 시장 · 군수 · 구청장은 식품 등의 위생적 취급에 관한 기준에 맞지 않게 영업하는 자와 이 법을 지키지 않는 자에게는 필요한 시정을 명하여야 한다.
② 식품의약품안전처장, 시 · 도지사 또는 시장 · 군수 · 구청장은 시정명령을 한 경우에는 그 영업을 관할하는 관서의 장에게 그 내용을 통보하여 시정명령이 이행되도록 협조를 요청할 수 있다.
③ 요청을 받은 관계 기관의 장은 정당한 사유가 없으면 이에 응해야 하며, 그 조치결과를 지체없이 요청한 기관의 장에게 통보하여야 한다.

#### 제72조 (폐기처분 등)

① 식품의약품안전처장, 시 · 도지사 또는 시장 · 군수 · 구청장은 영업자(「수입식품안전관리 특별

법」 제15조에 따라 등록한 수입식품 등 수입 · 판매업자를 포함한다.

② 식품의약품안전처장, 시 · 도지사 또는 시장 · 군수 · 구청장은 제37조 제1항, 제4항 또는 제5항을 위반하여 허가받지 아니하거나 신고 또는 등록하지 아니하고 제조 · 가공 · 조리한 식품 또는 식품첨가물이나 여기에 사용한 기구 또는 용기 · 포장 등을 관계 공무원에게 압류하거나 폐기하게 할 수 있다.

③ 식품의약품안전처장, 시 · 도지사 또는 시장 · 군수 · 구청장은 식품위생상의 위해가 발생하였거나 발생할 우려가 있는 경우에는 영업자에게 유통 중인 해당 식품 등을 회수 · 폐기하게 하거나 해당 식품 등의 원료, 제조 방법, 성분 또는 그 배합 비율을 변경할 것을 명할 수 있다.

④ 제1항 및 제2항에 따른 압류나 폐기를 하는 공무원은 그 권한을 표시하는 증표 및 조사기간, 조사범위, 조사담당자, 관계 법령 등 대통령령으로 정하는 사항이 기재된 서류를 지니고 이를 관계인에게 내보여야 한다.

⑤ 제1항 및 제2항에 따른 압류 또는 폐기에 필요한 사항과 제3항에 따른 회수 · 폐기 대상 식품 등의 기준 등은 총리령으로 정한다.

⑥ 식품의약품안전처장, 시 · 도지사 및 시장 · 군수 · 구청장은 제1항에 따라 폐기처분명령을 받은 자가 그 명령을 이행하지 아니하는 경우에는 「행정대집행법」에 따라 대집행을 하고 그 비용을 명령위반자로부터 징수할 수 있다.

#### 제73조 (위해식품 등의 공표)

식품의약품안전처장, 시 · 도지사 또는 시장 · 군수 · 구청장은 다음 각 호의 어느 하나에 해당되는 경우에는 해당 영업자에 대하여 그 사실의 공표를 명할 수 있다. 다만, 식품위생에 관한 위해가 발생한 경우에는 공표를 명하여야 한다.

① 식품 등의 판매 등 금지, 기준 및 규격에 관한 규정 등을 위반하여 식품위생에 관한 위해가 발생하였다고 인정되는 때

② 위해식품의 회수계획을 보고받은 때

#### 제75조 (허가 취소 등)

① 식품의약품안전처장, 시 · 도지사 또는 시장 · 군수 · 구청장은 영업자가 규정을 위반하는 경우에는 대통령령으로 정하는 바에 따라 영업허가 또는 등록을 취소하거나 6개월 이내에 기간을 정하여 그 영업의 전부 또는 일부를 정지하거나 영업소 폐쇄를 명할 수 있다.

② 영업자가 영업정지 명령을 위반하여 영업을 계속하면 영업허가 또는 등록을 취소하거나 영업소 폐쇄를 명할 수 있다.

③ 다음의 어느 하나가 해당하는 경우에는 영업허가 또는 등록을 취소하거나 영업소 폐쇄를 명할 수 있다.

㉠ 영업자가 정당한 사유 없이 6개월 이상 계속 휴업하는 경우
㉡ 영업자(영업허가를 받은 자)가 사실상 폐업하여 「부가가치세법」 제5조에 따라 관할 세무서장에게 폐업신고를 하거나 관할세무서장이 사업자 등록을 말소한 경우

**제80조 (면허취소 등)**

① 식품의약품안전처장은 또는 특별자치시장 · 특별자치도지사 · 시장 · 군수 · 구청장은 조리사가 다음의 어느 하나에 해당되면 그 면허를 취소하거나 6개월 이내의 기간을 정하여 업무정지를 명할 수 있다. 다만, 조리사가 아래에 해당할 경우 면허를 취소하여야 한다.
㉠ 결격사유 조항 중 어느 하나에 해당하게 된 경우
㉡ 식품위생 수준 및 자질 향상을 위한 교육 규정에 따른 교육을 받지 아니한 경우
㉢ 식중독이나 그 밖에 위생 관련 중대한 사고 발생에 직무상의 책임이 있는 경우
㉣ 면허를 타인에게 대여하여 사용하게 한 경우
㉤ 업무 정지 기간 중에 조리사의 업무를 하는 경우

② 제1항에 따른 행정처분의 세부기준은 그 위반 행위의 유형과 위반 정도 등을 고려하여 총리령으로 정한다.

## 제12장 보칙

**제86조 (식중독에 관한 조사 보고)**

① 다음의 어느 하나에 해당하는 자는 지체 없이 관할 시장 · 군수 · 구청장에게 보고하여야 한다. 이 경우 의사나 한의사는 대통령령으로 정하는 바에 따라 식중독 환자나 식중독이 의심 되는 자의 혈액 또는 배설물을 보관하는 데 필요한 조치를 해야 한다.
㉠ 식중독 환자나 식중독이 의심되는 자를 진단하였거나, 그 사체를 검안한 의사 또는 한의사
㉡ 집단급식소에서 제공한 식품 등으로 인하여 식중독으로 의심되는 증세를 보이는 자를 발견한 집단급식소의 설치 · 운영자

② 특별자치시장 · 군수 · 구청장은 보고를 받을 때에는 지체없이 그 사실을 식품의약품안전처장 및 시 · 도지사(특별자치시장은 제외)에게 보고하고 대통령령으로 정하는 바에 따라 원인을 조사하여 그 결과를 보고하여야 한다.

③ 식품의약품안전처장은 보고의 내용이 국민 보건상 중대하다고 인정하는 경우에는 해당 시 · 도지사 또는 시장 · 군수 · 구청장과 합동으로 원인을 조사할 수 있다.

④ 식품의약품안전처장은 식중독 발생의 원인을 규명하기 위하여 식중독 의심 환자가 많이 발생한 원인시설 등에 대한 조사절차와 시험 · 검사 등에 필요한 사항을 정할 수 있다.

### 제87조 (식중독 대책협의기구 설치)

① 식품의약품안전처장은 식중독 발생의 효율적인 예방 및 확산방지를 위하여 교육부, 농림축산식품부, 보건복지부, 환경부, 해양수산부, 식품의약품안전처, 시 · 도 등 유관기관으로 구성된 식중독 대책 협의기구를 설치 · 운영하여야 한다.

② 제1항에 따른 식중독대책협의기구의 구성과 세부적인 운영사항 등은 대통령령으로 정한다.

### 제88조 (집단급식소)

① 집단급식소를 설치 · 운영하려는 자는 총리령으로 정하는 바에 따라 특별자치도지사 · 시장 · 군수 · 구청장에게 신고하여야 한다.

② 집단급식소를 설치 · 운영하는 자는 집단급식소 시설의 유지 · 관리 등 급식을 위생적으로 관리하기 위하여 다음의 사항을 지켜야 한다.

㉠ 식중독 환자가 발생하지 않도록 위생관리를 철저히 할 것

㉡ 조리 · 제공한 식품의 매 회 1인분 분량을 총리령으로 정하는 바에 따라 144시간 이상 보관할 것

㉢ 영양사를 두고 있는 경우 그 업무를 방해하지 않을 것

㉣ 영양사를 두고 있는 경우 영양사가 집단급식소의 위생관리를 위하여 요청하는 사항에 대하여는 정당한 사유가 없으면 따를 것

㉤ 그 밖에 식품 등의 위생적 관리를 위하여 필요하다고 총리령으로 정하는 사항을 지킬 것

### 제89조 (식품진흥기금)

① 식품위생과 국민의 영양수준 향상을 위한 사업을 하는 데에 필요한 재원에 충당하기 위하여 시 · 도 및 시 · 군 · 구에 식품진흥기금(이하 "기금"이라 함)을 설치한다.

② 기금은 다음 각 호의 재원으로 조성한다.

③ 기금은 다음 각 호의 사업에 사용한다.

㉠ 영업자(「건강기능식품에 관한 법률」에 따른 영업자를 포함)의 위생관리시설 및 위생설비시설 개선을 위한 융자 사업

㉡ 식품위생에 관한 교육 · 홍보 사업(소비자단체의 교육 · 홍보 지원을 포함함)과 소비자식품위생감시원의 교육 · 활동 지원

㉢ 식품위생과 「국민영양관리법」에 따른 영양관리(이하 "영양관리"라 함)에 관한 조사 · 연구 사업

### 제90조 (포상금 지급)

① 식품의약품안전처장, 시 · 도지사 또는 시장 · 군수 · 구청장은 이 법에 위반되는 행위를 신고

한 자에게 신고 내용별로 1천만 원까지 포상금을 줄 수 있다.

② 제1항에 따른 포상금 지급의 기준 · 방법 및 절차 등에 관하여 필요한 사항은 대통령령으로 정한다.

## 제13장 벌칙

### 제93조 (벌칙)

① 3년 이상의 징역 : 소해면상뇌증, 탄저병, 가금 인플루엔자 중 어느 하나에 해당하는 질병에 걸린 동물을 사용하여 판매할 목적으로 식품 또는 식품첨가물을 제조 · 가공 · 수입 또는 조리한 자

② 1년 이상의 징역 : 마황, 부자, 천오, 초오, 백부자, 섬수, 백선피, 사리풀 중 어느 하나에 해당되는 원료 또는 성분 등을 사용하여 판매할 목적으로 식품 또는 식품첨가물을 제조 · 가공 · 수입 · 조리한 자

③ 제1항 및 제2항의 경우 제조 · 가공 · 수입 · 조리한 식품 또는 식품첨가물을 판매하였을 때에는 그 판매금액의 2배 이상 5배 이하에 해당하는 벌금을 병과한다.

④ 제1항 또는 제2항의 죄로 형을 선고받고 그 형이 확정된 후 5년 이내에 다시 제1항 또는 제2항의 죄를 범한 자가 제3항에 해당하는 경우 제3항에서 정한 형의 2배까지 가중한다.

### 제94조 (벌칙) 10년 이하의 징역 또는 1억 원 이하의 벌금

① 누구든지 다음 각 호의 어느 하나에 해당하는 식품 등을 판매하거나 판매할 목적으로 채취 · 제조 · 수입 · 가공 · 사용 · 조리 · 저장 · 소분 · 운반 또는 진열하여서는 아니 된다.

㉠ 썩거나 상하거나 설익어서 인체의 건강을 해칠 우려가 있는 것

㉡ 유독 · 유해물질이 들어 있거나 묻어 있는 것 또는 그러할 염려가 있는 것(다만, 식품의약품안전처장이 인체의 건강을 해칠 우려가 없다고 인정하는 것은 제외)

㉢ 병을 일으키는 미생물에 오염되었거나 그러할 염려가 있어 인체의 건강을 해칠 우려가 있는 것

㉣ 불결하거나 다른 물질이 섞이거나 첨가된 것 또는 그 밖의 인체의 건강을 해칠 우려가 있는 것

㉤ 안전성 평가 대상인 농 · 축 · 수산물 등 가운데 안정성 평가를 받지 아니하였거나 안전성 평가에서 식용으로 부적합하다고 인정된 것

㉥ 수입이 금지된 것 또는 「수입식품안전관리 특별법」에 따른 수입신고를 하지 아니하고 수입한 것

㉦ 영업자가 아닌 자가 제조 · 가공 · 소분한 것

㉧ 유독 · 유해물질이 들어 있거나 묻어 있어 인체의 건강을 해칠 우려가 있는 기구 및 용기 ·

포장과 식품 또는 식품첨가물에 직접 닿으면 해로운 영향을 끼쳐 인체의 건강을 해칠 우려가 있는 기구 및 용기 · 포장을 판매하거나 판매할 목적으로 제조 · 수입 · 저장 · 운반 · 진열하거나 영업에 사용한 자

㉧ 식품 또는 식품첨가물의 제조업, 가공업, 운반업, 판매업 및 보존업, 기구 또는 용기 · 포장의 제조업, 식품접객업을 하려는 자 중, 대통령령으로 정하는 바에 따라 영업 종류별 또는 영업소별로 식품의약품안전처장 또는 특별자치도지사 · 시장 · 군수 · 구청장의 허가를 받지 않은 자

② 제1항의 죄로 금고 이상의 형을 선고받고 그 형이 확정된 후 5년 이내에 다시 제1항의 죄를 범한 자는 1년 이상 10년 이하의 징역에 처한다.

③ 제2항의 경우 그 해당 식품 또는 식품첨가물을 판매한 때에는 그 소매가격의 4배 이상 10배 이하에 해당하는 벌금을 병과한다.

**제95조 (벌칙) 5년 이하의 징역 또는 5천만 원 이하의 벌금**

① 식품 또는 식품첨가물에 관한 기준 및 규격에 따라 기준과 규격이 정하여진 식품 또는 식품첨가물은 그 기준에 따라 제조 · 수입 · 가공 · 사용 · 조리 · 보존하여야 하며, 그 기준과 규격에 맞지 아니하는 식품 또는 식품첨가물은 판매하거나 판매할 목적으로 제조 · 수입 · 가공 · 사용 · 조리 · 저장 · 소분 · 운반 · 보존 또는 진열하여서는 아니 된다.

② 기구 및 용기 · 포장에 관한 기준 및 규격에 따라 기준과 규격이 정하여진 식품 또는 식품첨가물은 그 기준에 따라 제조 · 수입 · 가공 · 사용 · 조리 · 보존하여야 하며, 그 기준과 규격에 맞지 아니하는 식품 또는 식품첨가물은 판매하거나 판매할 목적으로 제조 · 수입 · 가공 · 사용 · 조리 · 저장 · 소분 · 운반 · 보존 또는 진열하여서는 아니 된다.

③ 식품 또는 식품첨가물의 제조업, 가공업, 운반업, 판매업 및 보존업, 기구 또는 용기 · 포장의 제조업, 식품접객업 중 대통령령으로 정하는 영업을 하려는 자 중, 대통령령으로 정하는 바에 따라 영업 종류별 또는 영업소별로 식품의약품안전처장 또는 특별자치도지사 · 시장 · 군수 · 구청장에게 등록하지 않았거나, 등록한 사항 중 대통령령으로 정하는 중요한 사항을 변경할 때에도 등록하지 않은 자, 폐업하거나 대통령령으로 정하는 중요한 사항을 제외한 경미한 사항을 변경할 때에 식품의약품안전처장 또는 특별자치도지사 · 시장 · 군수 · 구청장에게 신고하지 않은 자

④ 식품접객영업자와 그 종업원이 영업 질서와 선량한 풍속을 유지하는 데에 필요한 경우로 시 · 도지사로부터 영업시간 및 영업행위를 제한받았지만 이를 위반한 자

⑤ 판매의 목적으로 식품 등을 제조 · 가공 · 소분 · 수입 또는 판매한 영업자 중 해당 식품 등이 판매 금지 관련 법령을 위반한 사실(식품 등의 위해와 관련이 없는 위반 사항은 제외)을 알게 된 경우에도 유통 중인 해당 식품 등을 회수하거나 회수하는 데에 필요한 조치를 하지 않은 자

⑥ 식품의약품안전처장, 시 · 도지사 또는 시장 · 군수 · 구청장은 영업자가 판매 금지 관련 법령을 위반한 경우에는 관계 공무원에게 그 식품 등을 압류 또는 폐기하거나 용도 · 처리방법 등을 정하여 영업자에게 위해를 없애는 조치를 하도록 명하여야 한다.
⑦ 식품의약품안전처장 시 · 도지사 또는 시장 · 군수 · 구청장은 식품위생상의 위해가 발생거나 발생할 우려가 있는 경우에는 영업자에게 유통 중인 해당 식품 등을 회수 · 폐기하게 하거나 해당 식품 등의 원료, 제조방법, 성분 또는 그 배합 비율을 변경할 것을 명할 수 있다.
⑧ 식품의약품안전처장, 시 · 도지사 또는 시장 · 군수 · 구청장은 식품위생상의 위해가 발생하였거나 발생하였다고 인정하는 때, 회수계획을 보고받은 때에는 해당 영업자에 대하여 그 사실의, 공표를 명할 수 있다. 다만, 식품위생에 관한 위해가 발생한 경우에는 공표를 명하여야 한다.
⑨ 영업자 중 허가취소 등 관련 법령의 어느 하나에 해당하여 식품의약품안전처장 시 · 도지사 또는 특별자치도지사 · 시장 · 군수 · 구청장으로부터 대통령령으로 정하는 바에 따라 영업허가 또는 등록을 취소하거나 6개월 이내의 기간을 정하여 그 영업의 전부 또는 일부를 정지하거나 영업소 폐쇄를 명하였지만 이를 위반하여 영업을 계속한 자

**제96조 (벌칙) 3년 이하의 징역 또는 3천만 원 이하의 벌금**

① 조리사를 두지 않은 집단급식소 운영자와 식품 접객업자
② 영양사를 두지 않은 집단급식소 운영자

**제97조 (벌칙) 3년 이하의 징역 또는 3천만 원 이하의 벌금**

① 다음의 어느 하나를 위반한 자
　㉠ 유전자재조합 식품임을 표시하여야 하는 유전자 재조합식품 등은 표시가 없으면 판매하거나 판매할 목적으로 수입 · 진열 · 운반하거나 영업에 사용하여서는 아니 된다.
　㉡ 식품의약품안전처장이 긴급대응이 필요하다고 판단한 식품 등에 대하여 그 위해 여부가 확인되기 전까지 해당 식품 등의 제조 · 판매 등을 금지한 식품 등을 제조 · 판매 등을 하여서는 아니 된다.
　㉢ 식품 등을 제조 · 가공하는 영업자는 총리령으로 정하는 바에 따라 제조 · 가공하는 식품 등이 법령에 따른 기준과 규격에 맞는지를 검사하여야 한다.
　㉣ ㉢에 따른 검사를 직접 행하는 영업자는 ㉢의 검사 결과 해당 식품 등이 판매 금지 관련 법령을 위반하여 국민 건강에 위해가 발생하거나 발생할 우려 있는 경우에는 지체없이 식품의약품안전처장에게 보고하여야 한다.
　㉤ 영업허가를 받은 자가 폐업하거나 허가받은 사항 중 대통령령으로 정하는 중요한 사항을 제외한 경미한 사항을 변경할 때에는 식품의약품안전처장 또는 특별자치도지사 · 시장 · 군수 · 구청장에게 신고하여야 한다.

ⓗ 식품 또는 식품첨가물의 제조업, 가공업, 운반업, 판매업 및 보존업, 기구 또는 용기 · 포장의 제조업, 식품접객업 중 대통령령으로 정하는 영업을 하려는 자는 대통령령으로 정하는 바에 따라 영업 종류별 또는 영업소별로 식품의약품안전처장 또는 특별자치도지사 · 시장 · 군수 · 구청장에게 신고하여야 한다. 신고한 사항 중 대통령령으로 정하는 중요한 사항을 변경하거나 폐업할 때에도 또한 같다.

ⓢ 영업 승계 관련 법령에 따라 그 영업자의 지위를 승계한 자는 총리령으로 정하는 바에 따라 1개월 이내에 그 사실을 식품의약품안전처장 또는 특별자치도지사 · 시장 · 군수 · 구청장에게 신고하여야 한다.

ⓞ 총리령으로 정하는 식품을 제조 · 가공 · 조리 · 소분 · 유통하는 영업자는 식품의약품안전처장이 식품별로 고시한 식품안전관리 인증기준을 지켜야 한다.

ⓙ 식품안전관리인증기준 적용업소의 영업자는 인증받은 식품을 다른 업소에 위탁하여 제조 · 가공하여서는 아니 된다. 다만, 위탁하려는 식품과 동일한 식품에 대하여 식품안전관리 인증기준 적용업소로 인증된 업소에 위탁하여 제조 · 가공하려는 경우 등 대통령령으로 정하는 경우에는 그러하지 아니하다.

ⓒ 영 · 유아식 제조 · 가공업자, 일정 매출 · 매장 면적 이상의 식품판매업자 등 총리령으로 정하는 자는 식품이력추적관리를 하고자 할 때 식품의약품안전처장에게 등록하여야 한다.

ⓚ 조리사가 아니면 조리사라는 명칭을 사용하지 못한다.

② 다음의 어느 하나에 따른 검사 · 출입 · 수거 · 압류 · 폐기를 거부 · 방해 · 또는 기피한 자

㉠ 식품의약품안전처장, 시 · 도지사 또는 시장 · 군수 · 구청장은 식품 등의 위해방지 · 위생관리와 영업 질서의 유지를 위하여 필요하면 다음의 구분에 따른 조치를 할 수 있다.

㉡ 영업자나 그 밖의 관계인에게 필요한 서류나 그 밖의 자료의 제출 요구

㉢ 관계 공무원으로 하여금 다음에 해당하는 출입 · 검사 · 수거 등의 조치

- 영업소(사무소, 창고, 제조소, 저장소, 판매소, 그 밖에 이와 유사한 장소 포함)에 출입하여 판매를 목적으로 하거나 영업에 사용하는 식품 등 또는 영업 시설 등에 대여 하는 검사
- 위에 따른 검사에 필요한 최소량의 식품 등의 무상 수거
- 영업에 관계되는 장부 또는 서류의 열람

㉣ 식품의약품안전처장, 시 · 도지사 또는 시장 · 군수 · 구청장은 영업자가 판매 금지 관련 법령을 위반한 경우에는 관계 공무원에게 그 식품 등을 압류 또는 폐기하게 하거나 용도 · 처리방법 등을 정하여 영업자에게 위해를 없애는 조치를 하도록 명하여야 한다.

㉤ 식품의약품안전처장, 시 · 도지사 또는 시장 · 군수 · 구청장은 영업 허가 관련 법령을 위반하여 허가받지 아니하거나 신고 또는 등록하지 아니하고 제조 · 가공 · 조리한 식품 또는 식품첨가물이나 여기에 사용한 기구 또는 용기 · 포장 등을 관계 공무원에게 압류하거나 폐기하게 할 수 있다.

③ 그 외

㉠ 식품 또는 식품첨가물의 제조업, 가공업, 운반업, 판매업 및 보존업, 기구 또는 용기 · 포장의 제조업, 식품접객업의 영업을 하려는 자 중 총리령으로 정하는 시설기준을 갖추지 못한 영업자

㉡ 식품의약품안전처장 또는 특별자치도지사 · 시장 · 군수 · 구청장이 영업 허가와 관련하여 붙인 조건을 갖추지 못한 영업자

㉢ 식품접객영업자 등 대통령령으로 정하는 영업자와 그 종업원 중, 영업의 위생관리와 질서유지, 국민의 보건위생 증진을 위하여 총리령으로 정하는 사항을 지키지 아니한 자(다만, 총리령으로 정하는 경미한 사항을 위반한 자는 제외)

㉣ 영업자 중 식품의약품안전처장 또는 특별자치도지사 · 시장 · 군수 · 구청장이 대통령령으로 정하는 바에 따라 명한 영업정지 명령을 위반하여 계속 영업한 자 또는 영업소 폐쇄명령을 위반하여 영업을 계속한 자

㉤ 영업자 중 식품의약품안전처장 또는 특별자치도지사 · 시장 · 군수 · 구청장이 대통령령으로 정하는 바에 따라 명한제조정지 명령을 위반한 자

㉥ 영업자 중 폐쇄조치 관련 법령에 따라 관계 공무원이 부착한 봉인 또는 게시문 등을 함부로 제거하거나 손상시킨 자

**제98조 (벌칙) 1년 이하의 징역 또는 1천만 원 이하의 벌금**

① 「청소년보호법」에 따른 청소년 고용금지업소에서 청소년을 고용하는 행위를 위반하여 접객행위를 하거나 다른 사람에게 그 행위를 알선한 자

② 소비자로부터 이물 발견의 신고를 접수하고 이를 거짓으로 보고한 자

③ 이물의 발견을 거짓으로 신고한 자

**제100조 (양벌규정)**

법인의 대표자나 법인 또는 개인의 대리인, 사용인, 그 밖의 종업원이 그 법인 또는 개인의 업무에 관하여 위반행위를 하면 그 행위자를 벌하는 것 외에 그 법인 또는 개인에게도 해당 조문의 벌금형을 부과한다.

**제101조 (과태료)**

① 1천만 원 이하의 과태료

㉠ 식중독에 관한 조사 보고를 위반한 자

㉡ 집단급식소 설치 · 운영의 전단을 위반하여 신고하지 아니하거나 허위를 신고를 한 자

㉢ 집단급식소 시설 · 유지 · 관리를 위반한 자

② 5백만 원 이하의 과태료

㉠ 식품 등을 위생적으로 취급하지 않은 자

㉡ 검사명령을 위반하여 검사기한 내에 검사를 받지 아니하거나 자료 등을 제출하지 아니한 영업자

㉢ 영업허가 등을 위반하여 보고를 하지 아니하거나 허위의 보고를 한 자

㉣ 식품 등의 이물 발견 등을 위반하여 소비자로부터 이물 발견신고를 받고 보고하지 아니한 자

㉤ 식품안전관리인증기준을 위반한 자

㉥ 시설 개수에 따른 명령에 위반한 자

③ 3백만 원 이하의 과태료

㉠ 영업자 및 종업원의 건강진단 의무를 위반한 자

㉡ 위생관리책임자의 업무를 방해한 자

㉢ 위생관리책임자의 선임 · 해임 신고를 아니한 자

㉣ 직무 수행 내역 등을 기록 · 보관하지 아니하거나 거짓으로 기록 · 보관한 자

㉤ 식품위생관리책임자의 매년 식품위생교육을 받지 아니한 자

㉥ 공유주방을 운영하면서 책임보험에 가입하지 아니한 자

㉦ 식품이력추적관리 등록사항이 변경된 경우 변경사유가 발생한 날부터 1개월 이내에 신고하지 아니한 자

㉧ 식품 이력 추적 관리 정보를 목적 외에 사용한 자

㉨ 집단급식소 설치 · 운영하는 자가 지켜야 할 사항 중 총리령으로 정하는 경미한 사항을 지키지 아니한 자

④ 1백만 원 이하의 과태료

㉠ 식품위생교육을 위반한 자

㉡ 실적보고를 하지 아니하거나 허위의 보고를 한 자

㉢ 영업자 등의 준수사항에 따라 영업자가 지켜야 할 사항 중 총리령으로 정하는 경미한 사항을 지키지 아니한 자

㉣ 교육을 위반하여 교육을 받지 아니한 자

⑤ 제1항부터 제4항까지의 규정에 따른 과태료는 대통령령으로 정하는 바에 따라 식품의약품안전처장, 시 · 도지사 또는 시장 · 군수 · 구청장이 부과 · 징수한다.

[조리사에 대한 행정처분 기준]

| 위반 사항 | 1차 위반 | 2차 위반 | 3차 위반 |
|---|---|---|---|
| 조리사의 결격사유 중 하나에 해당하게 된 경우 | 면허취소 | – | – |
| 교육을 받지 아니한 경우 | 시정명령 | 업무정지 15일 | 업무정지 1개월 |
| 식중독이나 그 밖에 위생과 관련한 중대한 사고 발생에 직무상의 책임이 있는 경우 | 업무정지 1개월 | 업무정지 2개월 | 면허취소 |
| 면허를 타인에게 대여하여 사용하게 한 경우 | 업무정지 2개월 | 업무정지 3개월 | 면허취소 |
| 업무정지 기간 중에 조리사의 업무를 하는 경우 | 면허취소 | – | – |

## 2. 농·수산물 원산지 표시에 관한 법령

### 제1장 총칙

#### 제1조(목적)

이 법은 농산물 · 수산물과 그 가공품 등에 대하여 적정하고 합리적인 원산지 표시와 유통이력 관리를 하도록 함으로써 공정한 거래를 유도하고 소비자의 알권리를 보장하여 생산자와 소비자를 보호하는 것을 목적으로 한다.

#### 제2조(정의)

① 농산물이란 「농업 · 농촌 및 식품산업 기본법」에 따른 농산물을 말한다.

② 수산물이란 「수산업 · 어촌 발전 기본법」에 따른 어업활동 및 같은 호 마목에 따른 양식업 활동으로부터 생산되는 산물을 말한다.

③ 농수산물이란 농산물과 수산물을 말한다.

④ 원산지란 농산물이나 수산물이 생산 · 채취 · 포획된 국가 · 지역이나 해역을 말한다.

㉠ 유통이력이란 수입 농산물 및 농산물 가공품에 대한 수입 이후부터 소비자 판매 이전까지의 유통단계별 거래명세를 말하며, 그 구체적인 범위는 농림축산식품부령으로 정한다.

⑤ 식품접객업이란 「식품위생법」에 따른 식품접객업을 말한다.

⑥ 집단급식란 「식품위생법」 제2조 제12호에 따른 집단급식소를 말한다.

⑦ 통신판매"란 「전자상거래 등에서의 소비자보호에 관한 법률」에 따른 통신판매(같은 법 전자상거래로 판매되는 경우를 포함한다. 이하 같다) 중 대통령령으로 정하는 판매를 말한다.

⑧ 이 법에서 사용하는 용어의 뜻은 이 법에 특별한 규정이 있는 것을 제외하고는 「농수산물 품질

관리법」, 「식품위생법」, 「대외무역법」이나 「축산물 위생관리법」에서 정하는 바에 따른다.

### 제3조(다른 법률과의 관계)

이 법은 농수산물 또는 그 가공품의 원산지 표시와 수입 농산물 및 농산물 가공품의 유통이력 관리에 대하여 다른 법률에 우선하여 적용한다.

### 제4조(농수산물의 원산지 표시의 심의)

이 법에 따른 농산물 · 수산물 및 그 가공품 또는 조리하여 판매하는 쌀 · 김치류, 축산물(「축산물 위생관리법」 제2조제2호에 따른 축산물을 말한다. 이하 같다) 및 수산물 등의 원산지 표시 등에 관한 사항은 「농수산물 품질관리법」 제3조에 따른 농수산물품질관리심의회(이하 "심의회"라 한다)에서 심의한다.

## 제2장 농수산물 및 농수산물 가공품의 원산지 표시 등

### 제5조(원산지 표시)

① 대통령령으로 정하는 농수산물 또는 그 가공품을 수입하는 자, 생산 · 가공하여 출하하거나 판매(통신판매를 포함한다. 이하 같다)하는 자 또는 판매할 목적으로 보관 · 진열하는 자는 다음 각 호에 대하여 원산지를 표시하여야 한다.
  ㉠ 농수산물
  ㉡ 농수산물 가공품(국내에서 가공한 가공품은 제외한다)
  ㉢ 농수산물 가공품(국내에서 가공한 가공품에 한정한다)의 원료

② 다음 각 호의 어느 하나에 해당하는 때에는 제1항에 따라 원산지를 표시한 것으로 본다.
  ㉠ 「농수산물 품질관리법」 제5조 또는 「소금산업 진흥법」 제33조에 따른 표준규격품의 표시를 한 경우
  ㉡ 「농수산물 품질관리법」 제6조에 따른 우수관리인증의 표시, 같은 법 제14조에 따른 품질인증품의 표시 또는 「소금산업 진흥법」 제39조에 따른 우수천일염인증의 표시를 한 경우

③ 「소금산업 진흥법」 제41조에 따른 친환경천일염인증의 표시를 한 경우

④ 「농수산물 품질관리법」 제24조에 따른 이력추적관리의 표시를 한 경우

⑤ 「농수산물 품질관리법」 제34조 또는 「소금산업 진흥법」 제38조에 따른 지리적표시를 한 경우

⑥ 다른 법률에 따라 농수산물의 원산지 또는 농수산물 가공품의 원료의 원산지를 표시한 경우

### 제6조(거짓 표시 등의 금지)

① 누구든지 다음 각 호의 행위를 하여서는 아니 된다.
  ㉠ 원산지 표시를 거짓으로 하거나 이를 혼동하게 할 우려가 있는 표시를 하는 행위

㉡ 원산지 표시를 혼동하게 할 목적으로 그 표시를 손상 · 변경하는 행위
㉢ 원산지를 위장하여 판매하거나, 원산지 표시를 한 농수산물이나 그 가공품에 다른 농수산물이나 가공품을 혼합하여 판매하거나 판매할 목적으로 보관이나 진열하는 행위

② 농수산물이나 그 가공품을 조리하여 판매 · 제공하는 자는 다음 각 호의 행위를 하여서는 아니 된다.
㉠ 원산지 표시를 거짓으로 하거나 이를 혼동하게 할 우려가 있는 표시를 하는 행위
㉡ 원산지를 위장하여 조리 · 판매 · 제공하거나, 조리하여 판매 · 제공할 목적으로 농수산물이나 그 가공품의 원산지 표시를 손상 · 변경하여 보관 · 진열하는 행위
㉢ 원산지 표시를 한 농수산물이나 그 가공품에 원산지가 다른 동일 농수산물이나 그 가공품을 혼합하여 조리 · 판매 · 제공하는 행위

③ 제1항이나 제2항을 위반하여 원산지를 혼동하게 할 우려가 있는 표시 및 위장판매의 범위 등 필요한 사항은 농림축산식품부와 해양수산부의 공동 부령으로 정한다.

④ 「유통산업발전법」 제2조제3호에 따른 대규모점포를 개설한 자는 임대의 형태로 운영되는 점포(이하 "임대점포"라 한다)의 임차인 등 운영자가 제1항 각 호 또는 제2항 각 호의 하나에 해당하는 행위를 하도록 방치하여서는 아니 된다.

⑤ 「방송법」 제9조제5항에 따른 승인을 받고 상품소개와 판매에 관한 전문편성을 행하는 방송채널사용사업자는 해당 방송채널 등에 물건 판매중개를 의뢰하는 자가 제1항 각 호 또는 제2항 각 호의 어느 하나에 해당하는 행위를 하도록 방치하여서는 아니 된다.

### 제6조의2(과징금)

① 농림축산식품부장관, 해양수산부장관, 관세청장, 특별시장 · 광역시장 · 특별자치시장 · 도지사 · 특별자치도지사(이하 "시 · 도지사"라 한다) 또는 시장 · 군수 · 구청장(자치구의 구청장을 말한다. 이하 같다)은 제6조제1항 또는 제2항을 2년 이내에 2회 이상 위반한 자에게 그 위반금액의 5배 이하에 해당하는 금액을 과징금으로 부과 · 징수할 수 있다. 이 경우 제6조 제1항을 위반한 횟수와 같은 조 제2항을 위반한 횟수는 합산한다.

② 제1항에 따른 위반금액은 제6조제1항 또는 제2항을 위반한 농수산물이나 그 가공품의 판매금액으로서 각 위반행위별 판매금액을 모두 더한 금액을 말한다. 다만, 통관단계의 위반금액은 제6조제1항을 위반한 농수산물이나 그 가공품의 수입 신고 금액으로서 각 위반행위별 수입 신고 금액을 모두 더한 금액을 말한다. 〈개정 2017. 10. 13.〉

③ 제1항에 따른 과징금 부과 · 징수의 세부기준, 절차, 그 밖에 필요한 사항은 대통령령으로 정한다.

④ 농림축산식품부장관, 해양수산부장관, 관세청장, 시 · 도지사 또는 시장 · 군수 · 구청장은 제1항에 따른 과징금을 내야 하는 자가 납부기한까지 내지 아니하면 국세 또는 지방세 체납 처분

의 예에 따라 징수한다.

**제7조(원산지 표시 등의 조사)**

① 농림축산식품부장관, 해양수산부장관, 관세청장, 시 · 도지사 또는 시장 · 군수 · 구청장은 제5조에 따른 원산지의 표시 여부 · 표시사항과 표시방법 등의 적정성을 확인하기 위하여 대통령령으로 정하는 바에 따라 관계 공무원으로 하여금 원산지 표시대상 농수산물이나 그 가공품을 수거하거나 조사하게 하여야 한다. 이 경우 관세청장의 수거 또는 조사 업무는 제5조제1항의 원산지 표시 대상 중 수입하는 농수산물이나 농수산물 가공품(국내에서 가공한 가공품은 제외한다)에 한정한다.

② 제1항에 따른 조사 시 필요한 경우 해당 영업장, 보관창고, 사무실 등에 출입하여 농수산물이나 그 가공품 등에 대하여 확인 · 조사 등을 할 수 있으며 영업과 관련된 장부나 서류의 열람을 할 수 있다.

③ 제1항이나 제2항에 따른 수거 · 조사 · 열람을 하는 때에는 원산지의 표시대상 농수산물이나 그 가공품을 판매하거나 가공하는 자 또는 조리하여 판매 · 제공하는 자는 정당한 사유 없이 이를 거부 · 방해하거나 기피하여서는 아니 된다.

④ 제1항이나 제2항에 따른 수거 또는 조사를 하는 관계 공무원은 그 권한을 표시하는 증표를 지니고 이를 관계인에게 내보여야 하며, 출입 시 성명 · 출입시간 · 출입목적 등이 표시된 문서를 관계인에게 교부하여야 한다.

⑤ 농림축산식품부장관, 해양수산부장관, 관세청장이나 시 · 도지사는 제1항에 따른 수거 · 조사를 하는 경우 업종, 규모, 거래 품목 및 거래 형태 등을 고려하여 매년 인력 · 재원 운영계획을 포함한 자체 계획(이하 이 조에서 "자체 계획"이라 한다)을 수립한 후 그에 따라 실시하여야 한다.

⑥ 농림축산식품부장관, 해양수산부장관, 관세청장이나 시 · 도지사는 제1항에 따른 수거 · 조사를 실시한 경우 다음 각 호의 사항에 대하여 평가를 실시하여야 하며 그 결과를 자체 계획에 반영하여야 한다.

**제8조(영수증 등의 비치)**

제5조제3항에 따라 원산지를 표시하여야 하는 자는 「축산물 위생관리법」 제31조나 「가축 및 축산물 이력관리에 관한 법률」 제18조 등 다른 법률에 따라 발급받은 원산지 등이 기재된 영수증이나 거래명세서 등을 매입일부터 6개월간 비치 · 보관하여야 한다.

**제9조(원산지 표시 등의 위반에 대한 처분 등)**

① 농림축산식품부장관, 해양수산부장관, 관세청장, 시 · 도지사 또는 시장 · 군수 · 구청장은 제5

조나 제6조를 위반한 자에 대하여 다음 각 호의 처분을 할 수 있다. 다만, 제5조 제3항을 위반한 자에 대한 처분은 제1호에 한정한다.

㉠ 표시의 이행 · 변경 · 삭제 등 시정명령

㉡ 위반 농수산물이나 그 가공품의 판매 등 거래행위 금지

② 농림축산식품부장관, 해양수산부장관, 관세청장, 시 · 도지사 또는 시장 · 군수 · 구청장은 다음 각 호의 자가 제5조를 위반하여 2년 이내에 2회 이상 원산지를 표시하지 아니하거나, 제6조를 위반함에 따라 제1항에 따른 처분이 확정된 경우 처분과 관련된 사항을 공표하여야 한다. 다만, 농림축산식품부장관이나 해양수산부장관이 심의회의 심의를 거쳐 공표의 실효성이 없다고 인정하는 경우에는 처분과 관련된 사항을 공표하지 아니할 수 있다.

㉠ 제5조 제1항에 따라 원산지의 표시를 하도록 한 농수산물이나 그 가공품을 생산 · 가공하여 출하하거나 판매 또는 판매할 목적으로 가공하는 자

㉡ 제5조 제3항에 따라 음식물을 조리하여 판매 · 제공하는 자

③ 제2항에 따라 공표를 하여야 하는 사항은 다음 각 호와 같다.

㉠ 제1항에 따른 처분 내용

㉡ 해당 영업소의 명칭

㉢ 농수산물의 명칭

㉣ 제1항에 따른 처분을 받은 자가 입점하여 판매한 「방송법」 제9조 제5항에 따른 방송채널사용사업자 또는 「전자상거래 등에서의 소비자보호에 관한 법률」 제20조에 따른 통신판매중개업자의 명칭

㉤ 그 밖에 처분과 관련된 사항으로서 대통령령으로 정하는 사항

④ 제2항의 공표는 다음 각 호의 자의 홈페이지에 공표한다.

㉠ 농림축산식품부

㉡ 해양수산부, 관세청

㉢ 국립농산

㉣ 대통령령으로 정하는 국가검역 · 검사기관

㉤ 특별시 · 광역시 · 특별자치시 · 도 · 특별자치도, 시 · 군 · 구(자치구를 말한다)

㉥ 한국소비자원

㉦ 그 밖에 대통령령으로 정하는 주요 인터넷 정보제공 사업자

⑤ 제1항에 따른 처분과 제2항에 따른 공표의 기준 · 방법 등에 관하여 필요한 사항은 대통령령으로 정한다.

**제9조의2(원산지 표시 위반에 대한 교육)**

① 농림축산식품부장관, 해양수산부장관, 관세청장, 시 · 도지사 또는 시장 · 군수 · 구청장은 제9

조 제2항 각 호의 자가 제5조 또는 제6조를 위반하여 제9조 제1항에 따른 처분이 확정된 경우에는 농수산물 원산지 표시제도 교육을 이수하도록 명하여야 한다.

② 제1항에 따른 이수명령의 이행기간은 교육 이수명령을 통지받은 날부터 최대 4개월 이내로 정한다.

③ 농림축산식품부장관과 해양수산부장관은 제1항 및 제2항에 따른 농수산물 원산지 표시제도 교육을 위하여 교육시행지침을 마련하여 시행하여야 한다.

④ 제1항부터 제3항까지의 규정에 따른 교육내용, 교육대상, 교육기관, 교육기간 및 교육시행 지침 등 필요한 사항은 대통령령으로 정한다.

**제10조(농수산물의 원산지 표시에 관한 정보제공)**

① 농림축산식품부장관 또는 해양수산부장관은 농수산물의 원산지 표시와 관련된 정보 중 방사성물질이 유출된 국가 또는 지역 등 국민이 알아야 할 필요가 있다고 인정되는 정보에 대하여는 「공공기관의 정보공개에 관한 법률」에서 허용하는 범위에서 이를 국민에게 제공하도록 노력하여야 한다.

② 제1항에 따라 정보를 제공하는 경우 제4조에 따른 심의회의 심의를 거칠 수 있다.

③ 농림축산식품부장관 또는 해양수산부장관은 제1항에 따라 국민에게 정보를 제공하고자 하는 경우 「농수산물 품질관리법」 제103조에 따른 농수산물안전정보시스템을 이용할 수 있다.

**제10조의2(수입 농산물 등의 유통이력 관리)**

① 농산물 및 농산물 가공품(이하 "농산물등"이라 한다)을 수입하는 자와 수입 농산물등을 거래하는 자(소비자에 대한 판매를 주된 영업으로 하는 사업자는 제외한다)는 공정거래 또는 국민보건을 해칠 우려가 있는 것으로서 농림축산식품부장관이 지정하여 고시하는 농산물 등(이하 "유통이력관리수입농산물등"이라 한다)에 대한 유통이력을 농림축산식품부장관에게 신고하여야 한다.

② 제1항에 따른 유통이력 신고의무가 있는 자(이하 "유통이력신고의무자"라 한다)는 유통이력을 장부에 기록(전자적 기록방식을 포함한다)하고, 그 자료를 거래일부터 1년간 보관하여야 한다.

③ 유통이력신고의무자가 유통이력관리수입농산물등을 양도하는 경우에는 이를 양수하는 자에게 제1항에 따른 유통이력 신고의무가 있음을 농림축산식품부령으로 정하는 바에 따라 알려주어야 한다.

④ 농림축산식품부장관은 유통이력관리수입농산물등을 지정하거나 유통이력의 범위 등을 정하는 경우에는 수입 농산물등을 국내 농산물등에 비하여 부당하게 차별하여서는 아니 되며, 이를 이행하는 유통이력신고의무자의 부담이 최소화되도록 하여야 한다.

⑤ 제1항부터 제4항까지에서 규정한 사항 외에 유통이력 신고의 절차 등에 관하여 필요한 사항은 농림축산식품부령으로 정한다.

**제10조의3(유통이력관리수입농산물등의 사후관리)**

① 농림축산식품부장관은 제10조의2에 따른 유통이력 신고의무의 이행 여부를 확인하기 위하여 필요한 경우에는 관계 공무원으로 하여금 유통이력신고의무자의 사업장 등에 출입하여 유통이력관리수입농산물등을 수거 또는 조사하거나 영업과 관련된 장부나 서류를 열람하게 할 수 있다.

② 유통이력신고의무자는 정당한 사유 없이 제1항에 따른 수거 · 조사 또는 열람을 거부 · 방해 또는 기피하여서는 아니 된다.

③ 제1항에 따라 수거 · 조사 또는 열람을 하는 관계 공무원은 그 권한을 표시하는 증표를지니고 이를 관계인에게 내보여야 하며, 출입할 때에는 성명, 출입시간, 출입목적 등이 표시된 문서를 관계인에게 내주어야 한다.

④ 제1항부터 제3항까지에서 규정한 사항 외에 유통이력관리수입농산물등의 수거 · 조사 또는 열람 등에 필요한 사항은 대통령령으로 정한다.

## 제3장 보칙

제11조(명예감시원)

① 농림축산식품부장관, 해양수산부장관, 시 · 도지사 또는 시장 · 군수 · 구청장은 「농수산물품질관리법」 제104조의 농수산물 명예감시원에게 농수산물이나 그 가공품의 원산지 표시를 지도 · 홍보 · 계몽하거나 위반사항을 신고하게 할 수 있다.

② 농림축산식품부장관, 해양수산부장관, 시 · 도지사 또는 시장 · 군수 · 구청장은 제1항에 따른 활동에 필요한 경비를 지급할 수 있다.

**제12조(포상금 지급 등)**

① 농림축산식품부장관, 해양수산부장관, 관세청장, 시 · 도지사 또는 시장 · 군수 · 구청장은 제5조 및 제6조를 위반한 자를 주무관청이나 수사기관에 신고하거나 고발한 자에 대하여 대통령령으로 정하는 바에 따라 예산의 범위에서 포상금을 지급할 수 있다.

② 농림축산식품부장관 또는 해양수산부장관은 농수산물 원산지 표시의 활성화를 모범적으로 시행하고 있는 지방자치단체, 개인, 기업 또는 단체에 대하여 우수사례로 발굴하거나 시상할 수 있다.

③ 제2항에 따른 시상의 내용 및 방법 등에 필요한 사항은 농림축산식품부와 해양수산부의 공동부령으로 정한다.

### 제13조(권한의 위임 및 위탁)

이 법에 따른 농림축산식품부장관, 해양수산부장관 또는 관세청장의 권한은 그 일부를 대통령령으로 정하는 바에 따라 소속 기관의 장, 관계 행정기관의 장에게 위임 또는 위탁할 수 있다.

### 제13조의2(행정기관 등의 업무협조)

① 국가 또는 지방자치단체, 그 밖에 법령 또는 조례에 따라 행정권한을 가지고 있거나 위임 또는 위탁받은 공공단체나 그 기관 또는 사인은 원산지 표시와 유통이력 관리제도의 효율적인 운영을 위하여 서로 협조하여야 한다.

② 농림축산식품부장관, 해양수산부장관 또는 관세청장은 원산지 표시와 유통이력 관리제도의 효율적인 운영을 위하여 필요한 경우 국가 또는 지방자치단체의 전자정보처리 체계의 정보 이용 등에 대한 협조를 관계 중앙행정기관의 장, 시 · 도지사 또는 시장 · 군수 · 구청장에게 요청할 수 있다. 이 경우 협조를 요청받은 관계 중앙행정기관의 장, 시 · 도지사 또는 시장 군수 · 구청장은 특별한 사유가 없으면 이에 따라야 한다.

③ 제1항 및 제2항에 따른 협조의 절차 등은 대통령령으로 정한다.

## 제4장 벌칙

### 제14조(벌칙)

① 제6조제1항 또는 제2항을 위반한 자는 7년 이하의 징역이나 1억원 이하의 벌금에 처하거나 이를 병과(倂科)할 수 있다.

② 제1항의 죄로 형을 선고받고 그 형이 확정된 후 5년 이내에 다시 제6조제1항 또는 제2항을 위반한 자는 1년 이상 10년 이하의 징역 또는 500만원 이상 1억5천만원 이하의 벌금에 처하거나 이를 병과할 수 있다.

### 제16조(벌칙)

① 제9조 제1항에 따른 처분을 이행하지 아니한 자는 1년 이하의 징역이나 1천만원 이하의 벌금에 처한다.

② 제16조의2(자수자에 대한 특례) 제6조 제1항 또는 제2항을 위반한 자가 자신의 위반사실을 자수한 때에는 그 형을 감경하거나 면제한다. 이 경우 제7조에 따라 조사권한을 가진 자 또는 수사기관에 자신의 위반사실을 스스로 신고한 때를 자수한 때로 본다.

### 제17조(양벌규정)

법인의 대표자나 법인 또는 개인의 대리인, 사용인, 그 밖의 종업원이 그 법인 또는 개인의 업무에 관하여 제14조 또는 제16조에 해당하는 위반행위를 하면 그 행위자를 벌하는 외에 그 법인이나 개인에게도 해당 조문의 벌금형을 과(科)한다. 다만, 법인 또는 개인이 그 위반행위를 방지하기 위하여 해당 업무에 관하여 상당한 주의와 감독을 게을리하지 아니한 경우에는 그러하지 아니하다.

**제18조(과태료)**

① 다음 각 호의 어느 하나에 해당하는 자에게는 1천만 원 이하의 과태료를 부과한다.

㉠ 제5조 제1항 · 제3항을 위반하여 원산지 표시를 하지 아니한 자

㉡ 제5조 제4항에 따른 원산지의 표시방법을 위반한 자

㉢ 제6조 제4항을 위반하여 임대점포의 임차인 등 운영자가 같은 조 제1항 각 호 또는 제2항 각 호의 어느 하나에 해당하는 행위를 하는 것을 알았거나 알 수 있었음에도 방치한 자, 제6조 제5항을 위반하여 해당 방송채널 등에 물건 판매중개를 의뢰한 자가 같은 제1항 각 호 또는 제2항 각 호의 어느 하나에 해당하는 행위를 하는 것을 알았거나 알 수 있었음에도 방치한 자

㉣ 제7조제3항을 위반하여 수거 · 조사 · 열람을 거부 · 방해하거나 기피한 자

㉤ 제8조를 위반하여 영수증이나 거래명세서 등을 비치 · 보관하지 아니한 자

② 다음 각 호의 어느 하나에 해당하는 자에게는 500만 원 이하의 과태료를 부과한다.

㉠ 제9조의2 제1항에 따른 교육 이수명령을 이행하지 아니한 자

㉡ 제10조의2 제1항을 위반하여 유통이력을 신고하지 아니하거나 거짓으로 신고한 자

㉢ 제10조의2 제2항을 위반하여 유통이력을 장부에 기록하지 아니하거나 보관하지 아니한 자

㉣ 제10조의2 제3항을 위반하여 같은 조 제1항에 따른 유통이력 신고의무가 있음을 알리지 아니한 자

㉤ 제10조의3 제2항을 위반하여 수거 · 조사 또는 열람을 거부 · 방해 또는 기피한 자

③ 제1항 및 제2항에 따른 과태료는 대통령령으로 정하는 바에 따라 다음 각 호의 자가 각각 부과 · 징수한다.

㉠ 제1항 및 제2항 제1호의 과태료: 농림축산식품부장관, 해양수산부장관, 관세청장, 시 · 도지사 또는 시장 · 군수 · 구청장

㉡ 제2항 제2호부터 제5호까지의 과태료: 농림축산식품부장관

## 3. 식품 등의 표시·광고에 관한 법령

### 제1조(목적)

이 법은 식품 등에 대하여 올바른 표시 · 광고를 하도록 하여 소비자의 알 권리를 보장하고 건전한 거래질서를 확립함으로써 소비자 보호에 이바지함을 목적으로 한다.

### 제2조(정의)

이 법에서 용어의 뜻은 다음과 같다.

① 식품이란 「식품위생법」 제2조제1호에 따른 식품(해외에서 국내로 수입되는 식품을 포함한다)을 말한다.

② 식품첨가물이란 「식품위생법」 제2조제2호에 따른 식품첨가물(해외에서 국내로 수입되는 식품첨가물을 포함한다)을 말한다.

③ 기구란 「식품위생법」 제2조제4호에 따른 기구(해외에서 국내로 수입되는 기구를 포함한다)를 말한다.

④ 용기 · 포장이란 「식품위생법」 제2조제5호에 따른 용기 · 포장(해외에서 국내로 수입되는 용기 · 포장을 포함한다)을 말한다.

⑤ 건강기능식품이란 「건강기능식품에 관한 법률」 제3조제1호에 따른 건강기능식품(해외에서 국내로 수입되는 건강기능식품을 포함한다)을 말한다.

⑤ 축산물이란 「축산물 위생관리법」 제2조제2호에 따른 축산물(해외에서 국내로 수입되는 축산물을 포함한다)을 말한다.

⑦ 표시란 식품, 식품첨가물, 기구, 용기 · 포장, 건강기능식품, 축산물(이하 "식품등"이라 한다) 및 이를 넣거나 싸는 것(그 안에 첨부되는 종이 등을 포함한다)에 적는 문자 · 숫자 또는 도형을 말한다.

⑧ 영양표시란 식품, 식품첨가물, 건강기능식품, 축산물에 들어있는 영양성분의 양(量) 등 영양에 관한 정보를 표시하는 것을 말한다.

⑨ 나트륨 함량 비교 표시란 식품의 나트륨 함량을 동일하거나 유사한 유형의 식품의 나트륨 함량과 비교하여 소비자가 알아보기 쉽게 색상과 모양을 이용하여 표시하는 것을 말한다.

⑩ 광고란 라디오 · 텔레비전 · 신문 · 잡지 · 인터넷 · 인쇄물 · 간판 또는 그 밖의 매체를 통하여 음성 · 음향 · 영상 등의 방법으로 식품등에 관한 정보를 나타내거나 알리는 행위를 말한다.

⑪ 영업자란 다음 각 목의 어느 하나에 해당하는 자를 말한다.

　㉠ 「건강기능식품에 관한 법률」 제5조에 따라 허가를 받은 자 또는 같은 법 제6조에 따라 신고를 한 자

㉡ 「식품위생법」 제37조제1항에 따라 허가를 받은 자 또는 같은 조 제4항에 따라 신고하거나 같은 조 제5항에 따라 등록을 한 자

㉢ 「축산물 위생관리법」 제22조에 따라 허가를 받은 자 또는 같은 법 제24조에 따라 신고를 한 자

㉣ 「수입식품안전관리 특별법」 제15조제1항에 따라 영업등록을 한 자

⑫ 소비기한이란 식품등에 표시된 보관방법을 준수할 경우 섭취하여도 안전에 이상이 없는 기한을 말한다.

**제3조(다른 법률과의 관계)**

식품등의 표시 또는 광고에 관하여 다른 법률에 우선하여 이 법을 적용한다.

**제4조(표시의 기준)**

① 식품등에는 다음 각 호의 구분에 따른 사항을 표시하여야 한다. 다만, 총리령으로 정하는 경우에는 그 일부만을 표시할 수 있다.

㉠ 식품, 식품첨가물 또는 축산물

㉡ 기구 또는 용기 · 포장

㉢ 건강기능식품

② 제1항에 따른 표시의무자, 표시사항 및 글씨크기 · 표시장소 등 표시방법에 관하여는 총리령으로 정한다.

③ 제1항에 따른 표시가 없거나 제2항에 따른 표시방법을 위반한 식품등은 판매하거나 판매할 목적으로 제조 · 가공 · 소분[(小分): 완제품을 나누어 유통을 목적으로 재포장하는 것을 말한다. 이하 같다] · 수입 · 포장 · 보관 · 진열 또는 운반하거나 영업에 사용해서는 아니 된다.

**제5조(영양표시)**

① 식품등(기구 및 용기 · 포장은 제외한다. 이하 이 조에서 같다)을 제조 · 가공 · 소분하거나 수입하는 자는 총리령으로 정하는 식품등에 영양표시를 하여야 한다.

② 제1항에 따른 영양성분 및 표시방법 등에 관하여 필요한 사항은 총리령으로 정한다.

③ 제1항에 따른 영양표시가 없거나 제2항에 따른 표시방법을 위반한 식품등은 판매하거나 판매할 목적으로 제조 · 가공 · 소분 · 수입 · 포장 · 보관 · 진열 또는 운반하거나 영업에 사용해서는 아니 된다.

### 제6조(나트륨 함량 비교 표시)

① 식품을 제조 · 가공 · 소분하거나 수입하는 자는 총리령으로 정하는 식품에 나트륨 함량 비교 표시를 하여야 한다.

② 제1항에 따른 나트륨 함량 비교 표시의 기준 및 표시방법 등에 관하여 필요한 사항은 총리령으로 정한다.

③ 제1항에 따른 나트륨 함량 비교 표시가 없거나 제2항에 따른 표시방법을 위반한 식품은 판매하거나 판매할 목적으로 제조 · 가공 · 소분 · 수입 · 포장 · 보관 · 진열 또는 운반하거나 영업에 사용해서는 아니 된다.

### 제7조(광고의 기준)

① 식품등을 광고할 때에는 제품명 및 업소명을 포함시켜야 한다.

② 제1항에서 정한 사항 외에 식품등을 광고할 때 준수하여야 할 사항은 총리령으로 정한다.

### 제8조(부당한 표시 또는 광고행위의 금지)

① 누구든지 식품등의 명칭 · 제조방법 · 성분 등 대통령령으로 정하는 사항에 관하여 다음 각호의 어느 하나에 해당하는 표시 또는 광고를 하여서는 아니 된다.

㉠ 질병의 예방 · 치료에 효능이 있는 것으로 인식할 우려가 있는 표시 또는 광고

㉡ 식품등을 의약품으로 인식할 우려가 있는 표시 또는 광고

㉢ 건강기능식품이 아닌 것을 건강기능식품으로 인식할 우려가 있는 표시 또는 광고

㉣ 거짓 · 과장된 표시 또는 광고

㉤ 소비자를 기만하는 표시 또는 광고

㉥ 다른 업체나 다른 업체의 제품을 비방하는 표시 또는 광고

㉦ 객관적인 근거 없이 자기 또는 자기의 식품등을 다른 영업자나 다른 영업자의 식품등과 부당하게 비교하는 표시 또는 광고

㉧ 사행심을 조장하거나 음란한 표현을 사용하여 공중도덕이나 사회윤리를 현저하게 침해하는 표시 또는 광고

㉨ 총리령으로 정하는 식품등이 아닌 물품의 상호, 상표 또는 용기 · 포장 등과 동일하거나 유사한 것을 사용하여 해당 물품으로 오인 · 혼동할 수 있는 표시 또는 광고

㉩ 제10조제1항에 따라 심의를 받지 아니하거나 같은 조 제4항을 위반하여 심의 결과에 따르지 아니한 표시 또는 광고

② 제1항 각 호의 표시 또는 광고의 구체적인 내용과 그 밖에 필요한 사항은 대통령령으로 정한다.

### 제9조(표시 또는 광고 내용의 실증)

① 식품등에 표시를 하거나 식품등을 광고한 자는 자기가 한 표시 또는 광고에 대하여 실증(實證)할 수 있어야 한다.

② 식품의약품안전처장은 식품등의 표시 또는 광고가 제8조제1항을 위반할 우려가 있어 해당 식품등에 대한 실증이 필요하다고 인정하는 경우에는 그 내용을 구체적으로 밝혀 해당 식품등에 표시하거나 해당 식품등을 광고한 자에게 실증자료를 제출할 것을 요청할 수 있다.

③ 제2항에 따라 실증자료의 제출을 요청받은 자는 요청받은 날부터 15일 이내에 그 실증자료를 식품의약품안전처장에게 제출하여야 한다. 다만, 식품의약품안전처장은 정당한 사유가 있다고 인정하는 경우에는 제출기간을 연장할 수 있다.

④ 식품의약품안전처장은 제2항에 따라 실증자료의 제출을 요청받은 자가 제3항에 따른 제출 기간 내에 이를 제출하지 아니하고 계속하여 해당 표시 또는 광고를 하는 경우에는 실증자료를 제출할 때까지 그 표시 또는 광고 행위의 중지를 명할 수 있다.

⑤ 제2항에 따라 실증자료의 제출을 요청받은 자가 실증자료를 제출한 경우에는 「표시 · 광고의 공정화에 관한 법률」 등 다른 법률에 따라 다른 기관이 요구하는 자료제출을 거부할 수 있다. 다만, 식품의약품안전처장이 제출받은 실증자료를 제6항에 따라 다른 기관에 제공할 수 없는 경우에는 자료제출을 거부해서는 아니 된다.

⑤ 식품의약품안전처장은 제출받은 실증자료에 대하여 다른 기관이 「표시 · 광고의 공정화에 관한 법률」 등 다른 법률에 따라 해당 실증자료를 요청한 경우에는 특별한 사유가 없으면 이에 따라야 한다.

⑦ 제1항부터 제4항까지의 규정에 따른 실증의 대상, 실증자료의 범위 및 요건, 제출방법 등에 관하여 필요한 사항은 총리령으로 정한다.

### 제10조(표시 또는 광고의 자율심의)

① 식품등에 관하여 표시 또는 광고하려는 자는 해당 표시 · 광고(제4조부터 제6조까지의 규정에 따른 표시사항만을 그대로 표시 · 광고하는 경우는 제외한다)에 대하여 제2항에 따라 등록한 기관 또는 단체(이하 "자율심의기구"라 한다)로부터 미리 심의를 받아야 한다. 다만, 자율심의기구가 구성되지 아니한 경우에는 대통령령으로 정하는 바에 따라 식품의약품안전처장으로부터 심의를 받아야 한다.

② 제1항에 따른 식품등의 표시 · 광고에 관한 심의를 하고자 하는 다음 각 호의 어느 하나에 해당하는 기관 또는 단체는 제11조에 따른 심의위원회 등 대통령령으로 정하는 요건을 갖추어 식품의약품안전처장에게 등록하여야 한다.

㉠ 「식품위생법」 제59조제1항에 따른 동업자조합

㉡ 「식품위생법」 제64조제1항에 따른 한국식품산업협회

㉢ 「건강기능식품에 관한 법률」 제28조에 따라 설립된 단체

㉣ 「소비자기본법」 제29조에 따라 등록한 소비자단체로서 대통령령으로 정하는 기준을 충족하는 단체

③ 자율심의기구는 제4조부터 제8조까지의 규정에 따라 공정하게 심의하여야 하며, 정당한 사유 없이 영업자의 표시 · 광고 또는 소비자에 대한 정보 제공을 제한해서는 아니 된다.

④ 제1항에 따라 표시 · 광고의 심의를 받은 자는 심의 결과에 따라 식품등의 표시 · 광고를 하여야 한다. 다만, 심의 결과에 이의가 있는 자는 그 결과를 통지받은 날부터 30일 이내에 대통령령으로 정하는 바에 따라 식품의약품안전처장에게 이의신청할 수 있다.

⑤ 제1항에 따라 표시 · 광고의 심의를 받으려는 자는 자율심의기구 등에 수수료를 납부하여야 한다.

⑤ 식품의약품안전처장은 자율심의기구가 제3항을 위반한 경우에는 그 시정을 명할 수 있다.

⑦ 식품의약품안전처장은 자율심의기구가 다음 각 호의 어느 하나에 해당하는 경우에는 그 등록을 취소할 수 있다.

㉠ 제2항에 따른 등록 요건을 갖추지 못하게 된 경우

㉡ 제3항을 위반하여 공정하게 심의하지 아니하거나 정당한 사유 없이 영업자의 표시 · 광고 또는 소비자에 대한 정보 제공을 제한한 경우

㉢ 제6항에 따른 시정명령을 정당한 사유 없이 따르지 아니한 경우

⑧ 제1항에 따른 심의 대상, 제2항에 따른 등록 방법 · 절차, 그 밖에 필요한 사항은 총리령으로 정한다.

Chapter 05

# 예상문제

**01** 식품 등을 제조 · 가공하는 영업자가 식품 등이 기준과 규격에 맞는지 자체적으로 검사하는 것을 일컫는 식품위생법상의 용어는?

① 제품검사　　② 자가품질검사
③ 수거검사　　④ 정밀검사

해설 자가품질 검사는 식품 등을 제조 · 가공하는 영업자의 의무사항이다.

**02** 식품위생법상 식품위생의 정의는?

① 음식과 의약품에 관한 위생을 말한다.
② 농산물, 기구 또는 용기 · 포장의 위생을 말한다.
③ 식품 및 식품첨가물만을 대상으로 하는 위생을 말한다.
④ 식품, 식품첨가물, 기구 또는 용기 · 포장을 대상으로 하는 음식에 관한 위생을 말한다.

해설 식품위생은 식품, 식품첨가물, 기구 또는 용기 · 포장을 대상으로 하는 음식에 관한 위생을 말한다.

**03** 식품위생법상 식중독 환자를 진단한 의사는 누구한테 이 사실을 제일 먼저 보고하여야 하는가?

① 보건소장
② 경찰서장
③ 보건복지부장관
④ 관할 시장 · 군수 · 구청장

해설 특별자치시장 · 시장 · 구청장에게 지체없이 보고하여야 한다.

**04** 식품위생법상 식품을 제조 · 가공 또는 보존함에 있어 식품에 첨가 · 혼합 · 침윤 기타의 방법으로 사용되는 물질(기구 및 용기, 포장의 살균 소독의 목적에 사용되어 간접적으로 식품에 이행될 수 있는 물질을 포함함)이라 함은 무엇에 대한 정의인가?

① 식품
② 식품첨가물
③ 화학적 합성품
④ 기구

해설 식품위생 관련 용어 중 식품첨가물에 대한 정의이다.

**05** 다음 중 식품위생법에 명시된 목적이 아닌 것은?

① 위생상의 위해를 방지
② 건전한 유통 · 판매를 도모
③ 식품영양의 질적 향상을 도모
④ 식품에 관한 올바른 정보를 제공

해설 식품으로 인한 위생상의 위해를 방지하고 식품영양의 질적 향상을 도모함으로써 국민 보건 증진에 이바지함을 목적으로 한다.

**06** 식품위생법상 영업에 종사하지 못하는 질병의 종류가 아닌 것은?

① 비감염성 결핵
② 세균성이질
③ 장티푸스
④ 화농성 질환

해설 「감염병의 예방 및 관리에 관한 법률」 제2조 제4호에 따른 결핵(비감염성인 경우는 제외함)이다.

정답 01 ② 02 ④ 03 ④ 04 ② 05 ② 06 ①

**07** 식품, 식품첨가물, 기구 또는 용기 · 포장의 위생적 취급에 관한 기준을 정하는 곳은?

① 총리령
② 농림축산식품부령
③ 고용노동부령
④ 환경부령

해설 식품, 식품첨가물, 기구 또는 용기, 포장의 위생적인 취급에 관한 기준은 총리령으로 정한다.

**08** 식품위생법상 식품, 식품첨가물, 기구 또는 용기 포장에 기재하는 표시의 범위는?

① 문자
② 문자 숫자
③ 문자, 숫자, 도형
④ 문자, 숫자, 도형, 음향

해설 표시란 식품, 식품첨가물, 기구 또는 용기 · 포장에 기재하는 문자, 숫자 또는 도형을 말한다.

**09** 다음 중 식품위생법상 식품위생의 대상은?

① 식품, 약품, 기구, 용기, 포장
② 조리법, 조리시설, 기구, 용기, 포장
③ 조리법, 단체급식, 기구, 용기, 포장
④ 식품, 식품첨가물, 기구, 용기, 포장

해설 식품위생이란 식품 · 식품첨가물 · 기구 또는 용기 · 포장을 대상으로 하는 음식에 관한 위생을 말한다.

**10** 허위표시, 과대광고 및 과대포장의 범위에 해당하지 않는 것은?

① 허가 · 신고 또는 보고한 사항과 다른 내용의 표시 · 광고
② 신체의 성장 및 발달과 건강한 활동을 유지하는 데 도움을 준다는 표현
③ 제품의 원재료 또는 성분과 다른 내용의 표시 · 광고
④ 제조년월일 또는 유통기한을 표시함에 있어서 사실과 다른 내용의 표시 · 광고

해설 신체의 성장 및 발달과 건강한 활동을 유지하는 데 도움을 준다는 표현은 허위표시, 과대광고 및 과대포장의 범위에 해당되지 않는다.

**11** 식품위생법상 용어의 정의에 대한 설명 중 틀린 것은?

① 집단급식소라 함은 영리를 목적으로 하는 급식시설을 말한다.
② 식품이라 함은 의약으로 섭취하는 것을 제외한 모든 음식물을 말한다.
③ 표시라 함은 식품, 식품첨가물, 기구 또는 도형을 말한다.
④ 용기 · 포장이라 함은 식품을 넣거나 싸는 것으로서 식품을 주고받을 때 함께 건네는 물품을 말한다.

해설 집단급식소는 영리를 목적으로 하지 않으면서 특정 다수인에게 계속하여 음식물을 공급하는 급식시설이다.

**12** 우리나라 식품위생법 등 식품위생 행정업무를 담당하고 있는 기관은?

① 환경부
② 고용노동부
③ 보건복지부
④ 식품의약품안전처

해설 식품위생 행정업무를 담당하는 기관은 식품의약품안전처이다.

07 ① 08 ③ 09 ④ 10 ② 11 ① 12 ④

**13** 식품위생법상 위해식품 등의 판매 등 금지내용이 아닌 것은?

① 불결하거나 다른 물질이 섞이거나 첨가된 것으로 인체의 건강을 해칠 우려가 있는 것
② 유독 · 유해물질이 들어 있으나 식품의약품안전처장이 인체의 건강을 해할 우려가 없다고 인정한 것
③ 병원 미생물에 의하여 오염되었거나 그 염려가 있어 인체의 건강을 해칠 우려가 있는 것
④ 썩거나 상하거나 설익어서 인체의 건강을 해칠 우려가 있는 것

해설 유독 · 유해 물질이 들어 있어도 식품의약품안전처장이 인체의 건강을 해칠 우려가 없다고 인정하는 것은 제외한다.

**14** 식품을 구입하였는데 포장에 다음과 같은 표시가 있었다. 어떤 종류의 식품 표시인가?

① 방사선 조사식품
② 녹색신고식품
③ 자진회수식품
④ 유기가공식품

해설 방사선조사식품이란 미생물의 살균 등을 목적으로 방사선을 쪼인 식품으로 방사선조사식품 마크를 사용한다.

**15** 판매나 영업을 목적으로 하는 식품의 조리에 사용하는 기구 · 용기의 기준과 규격을 정하는 기관은?

① 보건소
② 농림축산식품부
③ 환경부
④ 식품의약품안전처

해설 식품의 조리에 사용하는 기구 및 용기 · 포장의 기준과 규격은 식품의약품안전처에서 정한다.

**16** 다음은 식품 등의 표시기준상 통조림제품의 제조 연 · 월 · 일 표시 방법이다. ( ) 안에 알맞은 것을 순서대로 나열하면?

> 통조림 제품에 있어서 연의 표시는 ( ) 만을, 10월, 11월, 12월의 월 표시는 각각 ( )로, 1일 내지 9일까지의 표시는 바로 앞에 0을 표시할 수 있다.

① 끝 숫자, O,N,D
② 끝 숫자, M,N,D
③ 앞 숫자, O,N,D
④ 앞 숫자, F,N,D

해설 통조림 제품의 연 표시는 끝 숫자만, 10월(October), 11월(November), 12월(Decdmber)의 월 표시는 각각 O, N, D로 표시한다.

**17** 식품 등의 표시기준상 열량표시에서 몇 kcal 미만을 '0'으로 표시할 수 있는가?

① 2kcal ② 5kcal
③ 7kcal ④ 10kcal

해설 식품 등의 표시기준상 열량표시에서 5kcal 미만을 '0'으로 표시할 수 있다.

정답 13 ② 14 ① 15 ④ 16 ① 17 ②

**18** 식품위생법상 허위표시 등의 금지에 대한 내용으로 틀린 것은?

① 허위표시의 범위 및 기타 필요한 사항은 대통령령으로 정한다.
② 포장에 있어서는 과대포장을 하지 못한다.
③ 식품의 표시에 있어서는 의약품과 혼동할 우려가 있는 표시를 하거나 광고를 하여서는 아니 된다.
④ 식품첨가물의 영양가, 원재료, 성분, 용도에 관하여 허위표시 또는 과대광고를 하지 못한다.

**해설** 허위표시, 과대광고, 비방광고, 과대포장의 범위 및 기타 필요한 사항은 식품위생법시행규칙의 내용이며 총리령이다.

**19** 식품 등의 표시기준에 의해 표시해야 하는 대상 성분이 아닌 것은?(단, 강조 표시 하고자 하는 영양성분은 제외)

① 나트륨　　② 지방
③ 열량　　④ 칼슘

**해설** 식품 표시대상 영양성분은 열량, 탄수화물, 단백질, 지방(포화지방, 트랜스지방), 콜레스테롤, 나트륨 등이다.

**20** 세계보건기구(WHO)에 따른 식품위생의 정의 중 식품의 안전성 및 건전성이 요구되는 단 계는?

① 식품의 재료, 채취에서 가공까지
② 식품의 생육, 생산에서 섭취의 최종까지
③ 식품의 재료 구입에서 섭취 전의 조리까지
④ 식품의 조리에서 섭취 및 폐기까지

**해설** 식품의 생육, 생산 및 제조까지 인간이 섭취하는 모든 단계를 말한다.

**21** 식품 등의 표시기준상 영양성분별 세부표시방법에 의거하여 콜레스테롤의 함량을 "o"으로 표시할 수 있는 기준은?

① 성분이 검출되지 않은 경우
② 2mg 미만일 때
③ 5mg 미만일 때
④ 10mg 미만일 때

**해설** 2mg 미만일 때 "o"으로 표시할 수 있다.

**22** 소고기 등급에서 육질 등급의 판단 기준이 아닌 것은?

① 등 지방 두께　　② 구이
③ 육색　　④ 지방색

**해설** 소고기 등급에서 육질등급의 판단 기준은 육색, 지방색, 조직감, 성숙도, 근육 내 지방색이다.

**23** 식품공전상 표준온도라 함은 몇 ℃인가?

① 5℃　　② 10℃
③ 15℃　　④ 20℃

**해설** 식품공전상 표준온도는 20℃이다.

**24** 식품위생법상 명시된 영업의 종류에 포함되지 않는 것은?

① 식품조사처리업
② 식품 접객업
③ 즉석판매제조 · 가공업
④ 먹는샘물 제조업

**해설** 영업의 제조에 속하지 않는 것은 먹는 샘물 제조업이다.

18 ①　19 ④　20 ②　21 ②　22 ①　23 ④　24 ④

**25** 식품위생법상 수입식품검사의 종류가 아닌 것은?

① 서류 검사 ② 관능검사
③ 정밀검사 ④ 종합검사

해설 수입식품검사의 종류에는 서류검사, 관능검사, 정밀검사, 무작위표본검사가 있다.

**26** 식품위생법규상 수입식품의 검사결과 부적합한 식품에 대해서 수입신고인이 취해야 하는 조치가 아닌 것은?

① 수출국으로의 반송
② 식품의약품안전처장이 정하는 경미한 위반사항이 있는 경우 보완하여 재수입 신고
③ 관할 보건소에서 재검사 실시
④ 다른 나라로의 반출

해설 수입이 부적합한 식품은 수출국으로 반송, 경미한 위반사항은 보완하여 재수입 신고, 다른 나라로의 반출 등을 할 수 있다.

**27** 식품위생법상 식품위생감시원의 직무가 아닌 것은?

① 영업소의 폐쇄를 위한 간판 제거 등의 조치
② 영업의 건전한 발전과 공동의 이익을 도모하는 조치
③ 영업자 및 종업원의 건강진단 및 위생교육의 이행 여부의 확인, 지도
④ 조리사 및 영양사의 법령 준수사항 이행여부의 확인, 지도

해설 영업의 건전한 발전과 공동의 이익을 도모하는 것은 식품 위생감시원의 직무가 아니다.

**28** 식품위생법규상 무상 수거 대상 식품은?

① 도 · 소매 업소에서 판매하는 식품 등을 시험검사용으로 수거할 때
② 가공식품에 잔류 농약검사, 방사능 검사용으로 5kg 넘게 수거할 때
③ 식품 등을 검사할 목적으로 수거할 때
④ 식품 등의 기준 및 규격 개정을 위한 참고용으로 수거할 때

해설 판매를 목적으로 하거나 영업에 사용하는 식품 등을 검사 할 목적으로 수거할 때 필요량을 무상 수거할 수 있다.

**29** 출입 · 검사 · 수거 등에 관한 사항 중 틀린 것은?

① 식품의약품안전처장은 검사에 필요한 최소량의 식품 등을 무상으로 수거하게 할 수 있다.
② 출입 · 검사 · 수거 또는 장부열람을 하고자 하는 공무원은 그 권한을 표시하는 증표를 지녀야 하며, 관계인에게 이를 내보여야 한다.
③ 시장 · 군수 · 구청장은 필요에 따라 영업을 하는 자에 대해 필요한 서류나 그 밖의 자료의 제출 요구를 할 수 있다.
④ 행정응원의 절차, 비용부담 방법 그 밖에 필요한 사항은 검사를 실시하는 담당공무원이 임의로 정한다.

해설 행정응원의 절차, 비용부담 방법, 그 밖에 필요한 사항은 대통령령으로 정한다.

정답 25 ④ 26 ③ 27 ② 28 ③ 29 ④

**30** 식품 등을 제조, 가공하는 영업을 하는 자가 제조, 가공하는 식품 등이 식품위생법 규정에 의한 기준, 규격에 적합한지 여부를 검사한 기록서를 보관해야 하는 기간은?

① 6개월 ② 1년
③ 2년 ④ 3년

해설 자가 품질 검사에 관한 기록서는 2년간 보관하여야 한다.

**31** 식품위생법규상 영업에 종사하지 못하는 질병의 종류에 해당하지 않는 것은?

①「감염병예방법」에 의한 제1급 감염병 중 장출혈성 대장균 감염증
②「감염병예방법」에 의한 제2급 감염병 중 홍역
③ 피부병 또는 기타 화농성 질환
④「감염병예방법」에 의한 제3급 감염병 중 결핵(비감염성인 경우는 제외)

해설 영업에 종사하지 못하는 질병의 종류는 제2급 감염병인 홍역이다.

**32** 식품위생법상 판매를 목적으로 하거나 영업상 사용하는 식품 및 영업시설 등 검사에 필요한 최소량의 식품 등을 무상으로 수거할 수 없는 자는?

① 국립의료원장
② 시 · 도지사
③ 시장 · 군수 · 구청장
④ 식품의약품안전처장

해설 식품의 검사에 필요한 최소량을 무상으로 수거할 수 있는 자는 식품의약품안전처장, 시 · 도지사, 시장 · 군수 · 구청장이다.

**33** 수출을 목적으로 하는 식품 또는 식품첨가물의 기준과 규격은 식품위생법의 규정 외에 어떤 기준과 규격에 의할 수 있는가?

① 수입자가 요구하는 기준과 규격
② 국립검역소장이 정하여 고시한 기준과 규격
③ FDA의 기준과 규격
④ 산업통상자원부장관의 별도 허가를 득한 기준과 규격

해설 수출할 식품 또는 식품첨가물의 기준과 규격은 식품위생법의 규정에도 불구하고 수입자가 요구하는 기준과 규격을 따를 수 있다.

**34** 보건복지부령이 정하는 위생등급기준에 따라 위생관리상태 등이 우수한 집단급식소를 우수업소 또는 모범업소로 지정할 수 없는 자는?

① 식품의약품안전처장
② 보건환경연구원장
③ 시장
④ 군수

해설 우수업소의 지정은 식품의약품안전처장 또는 시장 · 군수 · 구청장, 모범업소의 지정은 시장 · 군수 · 구청장이 한다.

**35** 식품위생법령상 영업허가 대상인 업종은?

① 일반음식점영업
② 식품 조사 처리업
③ 식품소분판매업
④ 즉석판매 제조가공

해설 영업허가 대상인 업종은 식품첨가물제조업, 식품 조사 처리업, 단란주점영업, 유흥주점영업 등이다.

**30** ③ **31** ② **32** ① **33** ① **34** ② **35** ②

**36** 음식류를 조리 · 판매하는 영업으로서 식사와 함께 부수적으로 음주행위가 허용되는 영업은?

① 휴게음식점 영업
② 단란주점 영업
③ 유흥주점 영업
④ 일반음식점 영업

해설 일반음식점 영업은 음식류를 주로 판매하며, 부수적인 음주행위가 허용되는 영업이다.

**37** 식품을 제조 · 가공 업소에서 직접 최종 소비자에게 판매하는 영업의 종류는?

① 식품운반업
② 식품소분 · 판매업
③ 즉석판매제조 · 가공업
④ 식품보존업

해설 식품을 직접 최종 소비자에게 판매하는 영업은 즉석 판매 제조 · 가공이다.

**38** 모범업소 중 집단급식소의 지정기준이 아닌 것은?

① 위해요소중점관리기준(HACCP) 적용업소 지정 여부
② 최근3년 간 식중독 발생 여부
③ 1회 100인 이상 급식 가능 여부
④ 조리사 및 영양사의 근무 여부

해설 모범업소 중 집단급식소의 지정기준에 의하면 1회 50인 이상의 급식을 제공하여야 한다.

**39** 일반음식점을 개업하기 위하여 수행하여야 할 사항과 관할 관청은?

① 영업허가 – 지방식품의약품안전처
② 영업신고 – 지방식품의약품안전처
③ 영업허가 – 특별자치도 · 시 · 군 · 구청
④ 영업신고 – 특별자치도 · 시 · 군 · 구청

해설 일반음식점, 휴게음식점 등의 영업신고는 시장 · 군수 · 구청장에게 해야 한다.

**40** 식품 또는 식품첨가물의 완제품을 나누어 유통할 목적으로 재포장, 판매하는 영업은?

① 식품제조 · 가공업
② 식품운반업
③ 식품 소분업
④ 즉석판매제조 · 가공업

해설 식품 소분업은 식품 또는 식품첨가물을 나누어 유통할 목적으로 재포장 · 판매하는 영업이다

**41** 식품위생법상 영업신고를 하지 않는 업종은?

① 즉석판매제조 · 가공업
② 양곡관리법에 따른 양곡가공업 중 도정업
③ 식품운반법
④ 식품소분, 판매업

해설 양곡관리법에 따른 양곡가공업 중 도정업은 영업신고를 하지 않아도 된다.

**42** 다음 영업의 종류 및 식품접객업이 아닌 것은?

① 보건복지부령이 정하는 식품을 제조 · 가공 업소 내에서 직접 최종소비자에게 판매하는 영업
② 음식류를 조리 · 판매하는 영업으로서 식사와 함께 부수적으로 음주행위가 허용되는 영업
③ 집단급식소를 설치 · 운영하는 자와의 계약에 의하여 그 집단급식소 내에서 음식류를 조리하여 제공하는 영업
④ 주로 주류를 판매하는 영업으로서 유흥종사자를 두거나 유흥시설을 설치할 수 있고 노래를 부르거나 춤을 추는 행위가 허용되는 영업

해설 식품접객업은 휴게음식점 영업, 일반음식점 영업, 단란주점 영업, 유흥주점 영업, 위탁급식 영업, 제과점 영업 등이 있다.

정답 36 ④ 37 ③ 38 ③ 39 ④ 40 ③ 41 ② 42 ①

**43** 영업을 하려는 자가 받아야 하는 식품위생에 관한 교육시간으로 옳은 것은?

① 식품제조 · 가공업 – 36시간
② 식품운반업 – 12시간
③ 단란주점영업 – 6시간
④ 옹기류 제조업 – 8시간

**해설** 단란주점영업은 식품접객업으로 신규로 영업을 하고자 할 경우 6시간의 식품위생에 관한 교육을 받아야 한다.

**44** 판매의 목적으로 식품 등을 제조 · 가공 · 소분 · 수입 또는 판매한 영업자의 해당 식품이 식품 등의 위해와 관련이 있는 규정으로 위반하여 유통 중인 당해 식품 등을 회수하고자 할 때 회수계획을 보고해야 하는 대상이 아닌 것은?

① 시 · 도지사
② 식품의약품안전처장
③ 보건소장
④ 시장 · 군수 · 구청장

**해설** 영업자는 회수 계획을 식품의약품안전처장, 시 · 도지사 또는 시장 · 군수 · 구청장에게 보고해야 한다.

**45** 다음 중 조리사 면허를 받을 수 없는 사람은?

① 미성년자
② 마약중독자
③ 비전염성 간염환자
④ 조리사 면허 취소 처분을 받고 그 취소된 날로부터 1년이 지난 자

**해설** 마약중독자는 조리사 면허를 받을 수 없는 결격사유가 된다.

**46** 식품위생법상 집단급식소 운영자의 준수사항으로 틀린 것은?

① 실험 등의 용도로 사용하고 남은 동물을 처리하여 조리해서는 안 된다.
② 지하수를 먹는물로 사용하는 경우 수질검사의 모든 항목 검사는 1년마다 하여야 한다.
③ 식중독이 발생한 경우 원인 규명을 위한 행위를 방해하여서는 아니 된다.
④ 동일 건물에서 동일 수원을 사용하는 경우 타 업소의 수질검사 결과로 갈음할 수 있다.

**해설** 모든 항목 검사는 2년마다 물의 수질기준에 따른 검사를 하여야 한다.

**47** 다음은 식품위생법상 교육에 관한 내용이다. ( ) 안에 알맞은 것을 순서대로 나열하면?

> ( )은 식품위생 수준 및 자질 향상을 위하여 필요한 경우 조리사와 영양사에게 교육받을 것을 명할 수 있다. 다만, 집단급식소에 종사하는 조리사와 영양사는 ( )마다 교육을 받아야 한다.

① 식품의약품안전처장, 1년
② 식품의약품안전처장, 2년
③ 보건복지부 장관, 1년
④ 보건복지부 장관, 2년

**해설** 조리사와 영양사에게 교육받을 것을 명할 수 있는 사람은 식품의약품안전처장이다.

**43** ③ **44** ③ **45** ② **46** ② **47** ②

**48** 식품위생법상 조리사를 두어야 하는 영업장은?

① 유흥주점
② 단란주점
③ 일반레스토랑
④ 복어조리점

**해설** 복요리를 조리 · 판매하는 영업은 복어조리 자격증이 있어야 한다.

**49** 조리사 면허의 취소처분을 받을 때 면허증 반납은 누구에게 하는가?

① 보건복지부 장관
② 특별자치도지사 · 시장 · 군수 · 구청장
③ 식품의약품안전처장
④ 보건소장

**해설** 조리사가 면허의 취소처분을 받으면 지체 없이 특별자치도지사 · 시장 · 군수 · 구청장에게 반납하여야 한다.

**50** 조리사 또는 영양사 면허의 취소처분을 받고 그 취소된 날부터 얼마의 기간이 경과해야 면허를 받을 자격이 있는가?

① 1개월 ② 3개월
③ 6개월 ④ 1년

**해설** 면허 취소 후 경과해야 하는 기간은 1년이다.

**51** 집단급식소를 설치 · 운영하는 자는 조리한 식품의 매회 1인분 분량을 보건복지부령이 정하는 바에 따라 몇 시간 이상 보관해야 하는가?

① 12시간 ② 24시간
③ 144시간 ④ 1,000시간

**해설** 보존식은 전용용기 또는 멸균 비닐봉지에 1인분 분량을 담아 −18℃ 이하에서 144시간 이상 보관하여야 한다.

**52** 농수산물 원산지 표시에 관한 법규 중 원산지 표시를 하지 않아도 되는 것은?

① 밥, 죽, 누룽지에 사용하는 쌀
② 오리고기, 양고기
③ 소고기, 돼지고기
④ 주류 및 음료

**해설** 주류 및 음료는 원산지 표시를 하지 않아도 된다.

정답 48 ④ 49 ② 50 ④ 51 ③ 52 ④

Chapter 06

# 공중보건

## 1. 공중보건의 개념

### (1) 공중보건의 개요

① 세계보건기구(WHO)공중보건의 정의 : 공중보건이란 조직적인 지역사회의 공동 노력을 통해서 질병을 예방하고 생명을 연장하며 육체적 · 정신적 효율을 증진시키는 기술과 과학이다.

**Point** 세계보건기구(WHO)

- 창설 : 1948년 4월 7일 창설
- 본부 : 스위스 제네바
- 한국 가입 : 1949년 8월(65번째 회원국으로 가입)
- 주요기능
  - 국제적인 보건 사업의 지휘 및 조정
  - 회원국에 대한 기술 지원 및 자료 공급
  - 전문가 파견에 의한 기술 자문 활동

② 공중보건의 대상 · 범위

- 대상 : 공중보건 사업을 적용하는 최초의 대상은 개인이 아닌 지역사회의 인간집단(지역주민)이며, 더 나아가서 국민 전체를 대상으로 한다.
- 범위 : 감염병 예방학, 식품위생학, 환경 위생학, 산업보건학, 모자보건학, 정신보건학, 학교보건학, 보건통계학 등을 다루는 사회의학이라 할 수 있다.

③ 보건수준의 평가지표 : 한 지역이나 국가의 보건 수준을 나타내는 대표적인 지표로 영아사망률, 보통(조)사망률, 질병이환율 등을 이용하여 평가할 수 있다. 세계보건기구는 한나라의 보건 수준을 표시하는 건강지표로 평균수명, 조사망률, 비례사망지수를 들고 있다.

- 평균수명 : 평균여명이라고도 하며, 인간의 생명표에 나타난 기대수명을 나타낸 것이다.
- 조사망률 : 보통 사망률이라고도 한다.
- 비례사망자수 : 연간 전체 사망자수에 50세 이상 사망자수의 구성 비율로 평균수명이나 조사망률의 보정지표가 된다. 비례사망자수가 낮은 것은 높은 영아사망률과 낮은 평균수명에 원인이 있는 것으로 건강 수준이 낮은 것을 의미한다.

④ 공중보건의 목표 : 생활환경을 개선하고 감염병을 예방하여 질병의 조기 발견 · 치료를 통해 지역사회 주민의 건강을 유지한다.

⑤ 공중보건의 3요소 : 질병예방, 수명연장, 건강증진이다.

### (2) 보건관리

① 인구와 보건(인구 구성)

- 피라미드형(인구증가형)
  - 출생률은 높고 사망률은 낮은 후진국형이며, 인구 증가형이다.
- 종형(인구정체형)
  - 출생률과 사망률이 낮은 인구 정체형이다(가장 이상적인 유형이다).
- 항아리형(인구감소형)
  - 평균 수명이 높은 선진국형이며, 인구 감소형이다.
- 별형(인구유입형, 도시형)
  - 생산층 인구가 많이 유입되는 도시형이며, 인구 유입형이다.
- 표주박형(인구유출형, 농촌형)
  - 별형과 반대로 인구가 감소되는 농촌형이며, 생산층 인구가 줄어드는 인구 유출형이다.

② 보건 행정

- 일반보건행정(보건복지부, 환경부) : 예방보건행정, 모자보건행정, 위생행정, 의무행정, 약무행정 등이다.
- 산업보건행정(고용노동부)
  - 근로기준법 : 1일 8시간(주 40시간)
  - 작업환경의 질적 향상, 산업재해 예방, 근로자의 건강유지 및 증진, 근로자의 복지시설 관리 및 안전교육 등이다.

③ 보건통계

- 보건통계의 정의 : 출생, 사망, 질병, 인구변동 등 인구의 특성을 연구하는 일과 생명, 건강 등 보건에 관한 여러 현상과 대상물을 측정 · 계측하고, 이를 분석하여 그 특성을 밝히는 통계를 말한다.
- 인간집단 지역사회의 질병관리와 보건향상을 위한 모든 연구조사의 분석 및 보건 정책의 수립과 방향 설정의 길잡이 역할을 한다.

④ 보건지표

- 조출생률(보통출생률) = (연간 사망자 수 ÷ 인구) × 1,000
- 일반출생률 = (연간 정상출생아 수 ÷ 연간 15~49세의 여자 수) × 1,000
- 조사망률(보통사망률) = (연간 사망자 수 ÷ 인구) × 1,000
- 영아사망률 = (연간 영아 사망 수 ÷ 연간 출생아 수) × 1,000
- 보정 영아사망률 = (어느 해에 출생한 자 중 1년 미만의 사망자 수 ÷ 출생아 수) × 1,000
- 신생아사망률 = (연간 신생아 사망 수 ÷ 연간 출생아 수) × 1,000
- 모성사망률 = (연간 모성 사망 수 ÷ 연간 출생아 수) × 1,000

- 출생 사망비(동태지수) = (연간 출생 수÷연간 사망 수)×1,000
- 사인별 사망률 = (어느 사인군의 연간 사망 수÷인구 수)×1,000
- 인가증가율 = [(자연증가+사회증가)÷인구]×1,000
- 인구자연증가 = 출생아 수−사망 수
- 인구사회증가 = 유입인구−유출인구

⑤ 보건영양(지역사회주민 또는 집단의 영양 문제)

- 지역 주민의 체력 및 체위 향상
- 지역근로자의 작업능력 향상, 정신적 안정, 작업의욕 고취로 노동 생산성 향상
- 질병의 이환율 감소, 결핍증 예방과 사망률 감소
- 지역주민의 의료 부담비 절감

⑥ 모자보건

㉠ 여성이 임신, 분만, 수유를 하는 기간과 학령기 전 단계인 영 · 유아의 보건관리를 모자보건이라 한다.

㉡ 모자보건의 내용

- 산전 관리
  - 육체적 · 정신적 건강유지에 증진한다.
  - 임신 중의 부작용 감소와 분만 시 안전에 노력한다.
- 분만 관리 : 태아와 부속물이 산도를 지나 모체 밖으로 배출되는 현상으로, 안전 분만 및 산모와 태아의 건강을 관리한다.
- 산후 관리
  - 신생아와 산모의 건강을 위해 수유와 산후 섭생 등을 포함한다.
  - 단백질, 무기질, 비타민이 풍부한 음식을 섭취한다.

㉢ 주요 질병

- 임신 중독증
  - 원인 : 단백질, 티아민 부족, 빈혈 등이다.
  - 증세 : 부종, 고혈압, 단백뇨 등이다.
  - 예방법 : 적당한 휴식을 취하고 단백질, 비타민을 충분히 공급한다.
    정기적인 건강진단을 하고 나트륨, 탄수화물, 지방을 과다 섭취하지 않는다.
- 유산 · 조산 · 사산
  - 원인 : 임신 중독증, 전신질환, 과로, 결핵, 당뇨병, 성병, 빈혈 등이다.
  - 예방법 : 임신중독증의 조기발견 및 조기치료에 노력한다.
- 산욕열
  - 분만 또는 산 후 6~8주 사이에 생식기 부위로부터의 세균침입으로 인한 감염증상을

말한다.

– 고열 · 두통 · 오한을 동반한다.

### (3) 산업보건

① 세계보건기구(WHO)의 산업보건 정의 : 모든 산업장의 근로자들이 육체적 · 정신적 · 사회적 안정이 최고로 증진 · 유지되도록 하는 데 있다.

② 산업재해의 정의 : 「산업안전보건법」에는 근로자가 업무에 관계되는 건설물, 설비, 원재료, 가스, 증기, 분진 등에 의하거나 작업 또는 그 밖의 업무로 인하여 사망 또는 부상하거나 질병에 걸리는 것이라고 정의한다.

③ 산업재해지표

- 건수율
  - 노동자 수에 대한 재해 발생의 빈도를 나타내는 지표이다.
  - 건수율 = (재해건수 ÷ 평균 실 근로자 수) × 1,000
- 도수율(빈도율)
  - 노동시간에 대한 재해의 발생 빈도를 나타내는 지표이다.
  - 도수율 = (재해건수 ÷ 연간 근로시간 수) × 1,000,000
- 강도율
  - 노동시간에 대한 재해로 인해 상실된 근로손실일 수로, 산업재해의 경중 정도를 나타내는 지표이다.
  - 강도율 = (근로손실일 수 ÷ 연간 근로시간 수) × 1,000
- 직업병

| 구분 | 질병 |
|---|---|
| 고열환경 | 열중증(열경련, 열허탈증, 열사병, 열쇠약증 등) |
| 저온환경 | 참호족염, 동상, 동창 등이다. |
| 저압환경 | 고산병(산소부족, 수면장애, 흥분, 이명, 두통, 식욕감퇴 등), 항공병 등이다. |
| 고압환경 | 잠함병(질소가 혈액 중에 유입되어 배출되지 않아서 발생함), 감압병 등이다. |
| 소음 | 직업성 난청(방지법 : 귀마개 사용, 방음벽 설치, 작업 방법 개선 등) |
| 분진 | 진폐증 : 규폐증(유리규산), 석면폐증(석면), 활석폐증(활석) 등이다. |
| 방사선 | 조혈기능장애, 피부점막의 궤양과 암, 생식기 장애, 백내장 등이다. |
| 자외선 및 적외선 | 피부 및 눈의 장애 |
| 조명불량 | 안정피로, 근시, 안구진탕증 등이다. |

| | | |
|---|---|---|
| 중금속 | 중독납(Pb) | 연연, 피부창백, 위장장애, 중추신경장애, 혈액장애, 요중 코프로포르피린 검출 등이다. |
| | 수은(Hg) | 미나마타병(언어장애, 구내염, 근육경련 등) |
| | 크롬(Cr) | 피부의 궤양, 비점막 염증, 비중격천공 등이다. |
| | 카드뮴(Cd) | 이타이이타이병(폐기종, 신장기능장애, 골연화증, 골다공증 등) |

## 2. 환경위생 및 환경 오염관리

### (1) 일광(日光)

① 자외선(100~400nm)

- 파장이 가장 짧다(2,000~3,800Å).
- 2,500~2,800Å에서 살균력이 가장 강해서 소독에 이용한다.
- 강한 살균력을 갖고 있으며, 디하이드로콜레스테롤(7-dehydrocholesterol)이나 유사물질에 조사하면 비타민 D의 형성으로 구루병의 예방 작용을 한다.
- 피부결핵, 관절염의 치료, 신진대사의 촉진, 혈압강하 작용을 한다.
- 자외선 조사량이 과도하면 피부의 홍반 및 피부색소 침착 등을 일으킨다. 심하면 부종, 수포 형성, 피부 박리, 결막염, 설안염, 피부암 등을 발생시킬 수 있다.
- 자외선 살균의 특징
  - 사용법이 간단하고, 살균에 열을 이용하지 않는 비열살균이다.
  - 조사대상물에 거의 변화를 주지 않으며, 조사하는 동안만 살균효과가 있다.
  - 잔류효과는 없으며, 유기물 특히 단백질이 공존하면 효과가 현저히 감소한다.
  - 가장 유효한 살균 대상은 물과 공기이다.

② 가시광선(390~780nm)

- 파장이 가장 길다(7,800Å 이상).
- 고열물체의 복사열을 운반하는 광선으로 열선이라고도 한다.
- 열작용을 하여 지상의 기온을 좌우하며, 피부 온도의 상승, 혈관확장, 피부 홍반 등의 작용이 있다.
- 조사량이 과도하면 두통, 현기증, 열경련, 열사병, 백내장, 일사병의 원인이 있다.

③ 적외선(780~3,000nm)

- 파장이 7,800~30,000Å의 광선으로 열작용을 하기 때문에 열선이라고도 한다.
- 파장에 따라서 근적외선, 중적외선, 원적외선으로 구분한다.

> **Point**
> • 옹스트롬(Å) : 빛, 전자기 방사선의 파장을 표현하는 길이의 단위이다.
> • 나노미토(nm) : 빛의 파장을 측정하는 단위로 1nm는 10억분의 1미터에 해당한다(1nm=10Å에 해당된다).
> • 생명선(Vital ray) : 2,800~3,200Å의 파장은 사람의 몸에 유익한 작용을 하며, 도르노선(Dorno rays) 또는 건강선이라고 한다.

### (2) 공기 및 온열조건

① 공기

㉠ 대기오염

- 산업의 다양화, 공업의 급진적 발전, 교통기관의 증가, 인구의 과밀현상 등으로 발생한다.
- 문제되는 기체는 황산화물, 질소산화물, 탄화물 등 화학물질과 분진 및 중금속 물질 등이 있다.

㉡ 군집독 : 밀폐된 실내에 많은 사람들이 장시간 밀집되어 있을 경우 두통, 구토, 권태, 현기증 등의 생리적 이상을 일으키게 되는 현상이다.

㉢ 공기의 자정작용

- 기류에 의한 공기 자체의 희석작용
- 강우 · 강설 등에 의하여 분진이나 용해성 가스의 세정작용
- 산소 · 오존 및 과산화수소수 등에 의한 산화작용
- 태양광선 중의 자외선에 의한 살균작용

㉣ 공기의 성분에 따른 특성

- 산소($O_2$) : 인간이 감당할 수 있는 산소의 변동 범위는 15~27%이며, 일반적으로 21%이다.
- 질소($N_8$) : 불활성 기체에서는 인체에 무해하다.
  - 4기압 이상(수중 30m 이상)에서 질소가스가 중추신경에 마취작용을 한다.
  - 잠함병(감압병) : 고압상태에서 급격한 저압으로 체액 및 지질에 용해되어 있던 질소가 기포를 형성하여 모세혈관에 혈전현상을 일으킨다.
- 이산화탄소($CO_2$) : 실내공기의 오염 · 환기의 판정을 결정하는 척도이다.
  - 무색 · 무취 · 비독성 가스이며, 10% 전 · 후에서 호흡곤란으로 사망할 수 있다.
  - 실내공기의 오탁도 판정기준 : 실내 서한량(위생학적 허용한계)은 0.1%(1,000ppm)이다.
- 일산화탄소(CO) : 무색 · 무취 · 무자극성
  - 공기보다 가볍고 물체의 불완전 연소 시 많이 발생하는데 연탄가스, 매연, 담배에서 발생한다.
  - 8시간 기준 서한량은 0.01%(100ppm)이다.

- 아황산가스($SO_2$) : 자극성 가스이며, 도시공해의 주범(자동차 배기가스)이다.
  - 실외 공기오염의 지표이다.
  - 산성비의 원인이며 식품의 고사현상, 호흡기계 염증, 호흡곤란, 금속부식성을 일으킨다.

**Point** 공기의 조성(0℃,1기압 기준) : 질소 78%, 산소 21%, 아르곤 0.9%, 이산화탄소 0.03%, 기타 0.07%이다.

② 온열조건

- 감각온도의 3요소 : 기온, 기습, 기류이다.
- 4대 온열인자(온열요소)
  - 기온 : 기온의 측정은 지상 1.5m에서의 건구 온도를 말하며, 작업장에서는 호흡선 온도를 측정한다.
  - 기습 : 일정 온도의 공기 중에 포함될 수 있는 수분양으로 습도라고 한다.
  - 기류 : 바람이라 하는데, 주로 기압 차이와 기온의 차이에 의해서 형성된다.
  - 복사열 : 발열체로부터 직접 발산되는 열을 말하며, 거리의 제곱에 반비례한다.
- 기온역전현상
  - 기온역전현상은 상부기온이 하부기온보다 높을 때를 말한다.
  - 지표면의 기온이 지표면 상층부보다 낮아지면 대기오염이 더 심해진다.
- 불감기류 : 공기의 흐름이 0.2~0.5m/sec로 약하게 움직여 사람들이 바람 부는 것을 감지하지 못한다.
- 실외의 기온측정 : 지상 1.5m에서의 건구온도를 측정(1일 최고온도 : 오후 2시, 1일 최저온도 : 일출 전)한다.
- 불쾌지수(DI) : 70이면 10%, 75이면 50%, 80이면 대부분이 불쾌감을 느낀다.
- 쾌적 조건 : 기온(18±2℃), 습도(55±15%), 공기의 흐름이 초당 1m 이동할 때가 건강에 가장 좋다.
- 여름철 냉방 시 적당한 실내외 온도차는 5~7℃이다.

### (3) 물과 상 · 하수도

① 물

㉠ 물은 원형질의 주성분으로 인체의 60~70%를 차지하며, 성인 하루 필요량은 2~2.5L이다. 인체 내 물이 10% 상실하면 신체기능에 이상이 오고, 20% 상실하면 생명이 위험한 필수불가결한 것이다.

㉡ 물의 인체 내 작용

- 체액 구성 및 정상 농도 유지

• 피부 및 점막의 마찰방지
• 체온조절
• 식품, 혈액, 임파액 및 노폐물 제거의 운반체이다.

㉢ 물의 종류

• 경수 : 칼슘이나 마그네슘 등 무기화합물이 많은 물이다.
• 연수 : 무기화합물이 없고 좋으며, 비누가 잘 풀린다.
• 생활용수 및 공업용수 : 상수(上水)는 요리, 세탁, 욕실용 청소, 공업용수, 소화용수, 다목적 급수 등 일상생활에 늘 필요한 것으로 물의 사용량은 생활수준이 높을수록 많아진다.

㉣ 물의 오염

• 수인성 감염병 : 소화기계 감염병이 대부분으로 장티푸스, 파라티푸스, 세균성이질, 콜레라, 아메바성 이질 등이 있다.

**Point** 수인성 감염병의 특징

• 환자가 집단적 · 폭발적으로 발생한다.
• 유행지역과 음료수 사용지역이 일치한다.
• 음료수 중에서 동일한 병원체를 검출할 수 있다.
• 음료수 사용을 중지하거나 개선하면 환자발생률이 감소하거나 중단된다.
• 비교적 잠복기가 짧고 치명률과 2차 감염률이 낮다.
• 계절에 관계없이 발생하나 여름철에 많이 발생한다.

• 물과 관련된 질병
  – 우식치 · 충치 : 불소가 없거나 적게 함유된 물을 장기간 음용 시 나타난다.
  – 반상치 : 불소가 과다 함유된 물을 장기간 음용 시 치아가 다갈색 · 흑색 반점으로 법랑질이 침식된다.
  – 청색아 : 질산염이 다량 함유된 물의 장기간 음용 시 소아가 청색증에 걸려 사망할 수 있다.

**Point** • 황산마그네슘이 다량 함유된 물은 설사를 일으킬 수 있다.
• 음료수의 허용 불소 함량은 0.8~1.0ppm이다.

• 기생충 질병의 감염병 : 물의 오염과 직 · 간접적으로 관련 있는 기생충 질병은 간흡충증(간디스토마), 폐흡충증(폐디스토마), 광절열두조충증, 회충증, 편충증, 구충증 등이 있다.
• 화학물질에 의한 중독 : 살충제나 제초제 등의 농약과 공업 생산에 따른 유해 물질 등이 문제가 된다. 특히, 최근에 물의 염소소독에 의하여 발생하는 '트라이할로메테인(trihalomethane)'은 발암물질이라는 점에서 문제가 되고 있다.

ⓜ 먹는 물(음용수)의 수질기준

- 무색 · 무미 · 무취해야 하고, 색도 5도 이하, 탁도 1도 이하일 것
- 불소 함량이 1.5mg/ℓ를 넘지 말아야 할 것
- 수소이온농도는 pH 5.5~8.5이어야 할 것
- 대장균은 50cc 중에서 검출되지 아니할 것
- 일반 세균 수는 1cc 중 100을 넘지 아니할 것
- 증발 잔유물은 500mg/ℓ를 넘지 아니할 것
- 경도는 300mg/ℓ 이하일 것

ⓑ 먹는 물에 관한 용어

- 먹는 물 : 먹는 데 통상 사용하는 자연 상태의 물로 먹기에 적합하도록 처리한 수돗물, 먹는 샘물, 먹는 염지하수, 먹는 해양심층수 등이다.
- 샘물 : 암반대수층 안의 지하수 또는 용천수 등 수질의 안전성을 계속 유지할 수 있는 자연 상태의 깨끗한 물을 먹는 용도로 사용할 원수이다.
- 먹는 샘물 : 샘물을 먹기에 적합하도록 물리적으로 처리하는 방법으로 제조한 물이다.
- 수 처리제 : 자연 상태의 물을 정수 또는 소독하거나 먹는 물 공급시설의 산화방지를 위하여 첨가하는 제제이다.

② 상수도

㉠ 수원(水源)

- 천수(비, 눈)
  - 매연 · 분진 · 세균양이 많다.
  - 지표수나 지하수가 부족할 때 사용한다.
  - 연수이지만 맛이 좋지 않아 열대지방이나 섬에서 사용된다.
- 지표수(하천 · 호수의 물) : 우리나라 상수도의 대부분은 지표수를 사용한다.
- 지하수(샘물 · 우물물)
  - 수도시설이 없는 곳에서 사용한다.
  - 유기물이나 미생물의 오염은 적고, 탁도는 낮으나 경도가 높다.
- 복류수 : 하천 바닥의 자갈이나 모래층을 통하여 모아진 물로 지표수보다 탁도가 낮고 수질도 양호하며, 소도시의 수원으로 이용하는 경우가 많다.
- 해수 : 3%의 식염을 포함하고 있어 화학처리하여 음용수로 사용할 수 있으나, 비용이 많이 든다.

**Point** 대장균이 수질오염의 지표로 중시되는 이유는 대장균 검출 시 다른 미생물이나 분변오염을 추측할 수 있으며, 검출 방법이 간편하고 정확하기 때문이다.

㉡ 침전

- 보통침전 : 유속을 느리게 하거나 침전지 내에서 정지 상태로 두면 물보다 비중이 무거운 부유물이 전부 침전되어 색도 · 탁도 · 세균 등의 감소가 일어나게 하는 방법이다.
- 약품침전 : 물에 응집제를 주입하여 부유물을 불용성 응집물인 플록(floc)을 형성하여 침전시키는 방법으로 응집침전법이라고도 한다. 응집제로는 황산알루미늄, 폴리염화알루미늄, 알루민산나트륨, 황산제1철, 황산제2철, 석회 등이 많이 사용된다.

㉢ 여과

- 완속여과 : 물이 모래판 내를 천천히 흘러감에 따라 불순물이 모래알 사이의 작은 틈 사이에 침전되어 제거하는 원리를 이용한 여과법이다.
- 급속여과 : 완속여과의 유속에 비하여 빠른 속도로 여과되기 때문에 약품침전을 하는 방법으로 도시급수에 필요한 여과법이다.

㉣ 소독

- 물리적 소독법 : 열처리법(100℃ 이상), 자외선 소독법, 오존 소독법이다.
- 화학적 소독법 : 염소 소독법, 표백분 소독법이다.

㉤ 특수 정수법

- 수원의 종류와 목적에 따라 특수정수법에 의한 처리가 필요하다.
- 조류제거법, 경수연화법, 철분제거법, 망간제거법, 불소주입법 등이 있다

**Point**
- 염소 소독 시 잔류 염소량은 0.2ppm이고, 식용얼음, 수영장, 감염병 발생 시 0.4ppm을 유지해야 한다.
- 우물은 화장실로부터 최저 20m 이상, 하수관이나 배수로에서 3m 이상 떨어져야 한다.

**Point** 물의 자정작용
- 지표수는 시간이 경과되면 자연적으로 정화되는데, 이런 현상을 물의 자정작용이라 한다.
- 동수(動水)에 비하여 정지수(靜止水)에서 더욱 왕성한데, 수중의 미생물이나 불순물이 물리 · 화학적 및 생물학적 작용을 받아 안정되어 무해화되는 과정이다.
- 희석작용 · 침전작용 · 자외선에 의한 살균작용 · 산화작용 · 수중생물 의한 '식균작용' 등이 있다.

③ 하수도

㉠ 하수도의 종류

- 합류식 : 가정 용수 · 천수 등 모든 하수를 운반하는 방법이다.
- 분류식 : 천수를 별도로 운반하는 데 필요한 별도의 하수관 시설로 보수 · 유지 · 청소 등의 유지비가 필요하다.
- 혼합식 : 천수와 가정 용수 등의 일부를 섞어 운반하는 방법이다.

㉡ 하수처리과정

- 예비처리 : 하수 유입구에 제진망을 설치하여 부유물 · 고형물을 제거하고 토사를 침전시키며, 보통 침전 또는 약품침전을 이용한다.
- 본처리 : 미생물을 이용한 생물화학적 방법
  - 호기성 분해처리 : 호기성 미생물을 발육 · 증식시켜 처리하는 방법으로 활성오니법(활성슬러지법, 가장 진보적인 방법), 살수여과법, 접촉여상법, 관개법, 산화방지법 등이 있다.
  - 혐기성 분해처리 : 무산소 상태에서 혐기성균을 증식하여 처리하는 방법으로 부패조처리법, 임호프탱크법이 있다.
- 오니처리 : 하수처리의 마지막 과정으로 본처리 과정에서 생기는 슬러지를 탈수 또는 소각하는 과정으로 소화법이 진보적이다. 육상처리법, 해상투기법, 사상건조법, 소각법, 퇴비화법 등이 있다.

㉢ 하수오염 측정

- 수소이온농도(pH)
  - 수중에 존재하는 수소 이온 양을 나타내는 지수를 말한다.
  - 수중에서 일어나는 모든 화학 및 생화학 변화에 대한 지배적인 인자이다.
- 용존산소량(DO)
  - 물에 녹아 있는 산소의 농도를 말한다.
  - 단위는 mg/ℓ 또는 ppm으로 나타난다.
  - 용존산소량의 수치가 낮으면 하수오염도가 높다는 것을 의미한다.
  - 산소량이 4~5ppm 이상이어야 방류가 허용된다.
- 생물학적 산소요구량(BOD)
  - 세균이 호기성 상태에서 유기물을 20℃에서 5일간 안정화시키는 데 필요한 산소량을 말한다.
  - 생물학적 산소요구량의 수치가 높으면 하수오염도가 높다는 것을 의미한다.
  - 산소량이 20ppm 이하이어야 한다.
- 화학적 산소요구량(COD)
  - 수중에 함유된 유기물질을 산화제로 산화시킬 때 소모되는 산화제의 양을 말한다.
  - 과망간산칼륨을 사용하여 수중의 유기물질을 간접적으로 측정한다.
  - 화학적 산소요구량의 수치가 높으면 하수 오염도가 높다는 것을 의미한다.
  - 산소량이 5ppm 이하이어야 한다.
- 부유물질(SS) : 여과나 원심 분리에 의해 분리되는 0.1μ 이상의 입자를 말한다.

**Point** 오염된 물은 생물학적 산소요구량(BOD) · 화학적 산소요구량(COD)은 높고, 용존산소량(DO)은 낮다.

### (4) 오물처리

① **분뇨처리** : 문화수준, 생활양식, 도시와 농촌 등에 따라서 다르며 화장실, 운반, 종말처리로 나눈다.

- 분변과 관계있는 질병 : 소화기계 감염병으로 장티푸스, 파라티푸스, 세균성이질, 유행성간염 등이 있으며, 기생충 질환으로는 회충증, 구충증, 편충증, 동양모양선충증 등이 있다.
- 완전부숙 처리법 : 분변의 비료화로 인한 토양오염을 줄이기 위해 겨울 3개월, 여름 1개월 이상 완전 부숙하여 사용한다.
- 분뇨의 종말처리 : 비료화법, 해양투기법, 분뇨 소화처리법, 화학적 처리법, 정화조 이용법, 수세식 처리법, 습식산화법(소각법) 등이다.

② **진개처리**

- 주개 : 부엌에서 나오는 동 · 식물성 유기물이다.
- 잡개 : 가연성 및 불연성 진개로 구분되며, 주개와 잡개가 혼입된 것은 혼합 진개라고 한다.
- 진개처리법
  - 매립법 : 도시에서 많이 사용하는 방법으로 진개의 두께는 2m 이하, 복토의 두께는 0.6~1m가 적당하다.
  - 소각법 : 가장 위생적인 방법이지만, 대기오염 발생의 원인이 될 수 있다.
  - 비료화법(퇴비화법) : 농촌이나 주변 도시에서 많이 이용되는 방법으로 유기물이 많은 쓰레기를 발효시켜 비료로 이용한다.
  - 재활용법 : 재활용으로 쓰레기양의 감소와 처리비용을 절감하고, 환경악화 등을 방지할 수 있다.
  - 투기법 : 저지대 투기법과 해양 투기법이 있으며, 가장 간단한 방법이나 환경오염 등의 문제가 많다.

### (5) 공해

① **대기오염**

- 대기오염원 : 공장의 매연, 자동차 배기가스, 공사장의 분진, 먼지 등이다.
- 대기오염물질 : 아황산가스(유황산화물), 일산화탄소, 질소산화물, 자동차 배기가스 등이다.
- 대기오염에 의한 피해 : 호흡기계 질병 유발, 식물의 고사, 자연환경의 악화, 물질의 변질과 부식, 경제적 손실 등이다

② 수질오염

- 수질오염원 : 농업, 공업, 광업, 도시 하수 등이다.
- 수질오염 물질 : 카드뮴, 유기수은, 시안, 농약, PCB 등이다.
- 수질오염에 의한 피해 : 이타이이타이병, 미나마타병, 가네미유증, 농작물의 고사, 어류의 사멸, 상수원의 오염, 악취로 인한 불쾌감 등이다.

**Point** 수질오염에 의한 공해 질병 : 수은 중독(미나마타병), 카드뮴 중독(이타이이타이병), PCB 중독(가네미유증)이다.

③ 소음

- 소음의 허용기준과 환경기준 : 1일 8시간 기준으로 90dB 이하이며, 어떠한 경우에도 115dB이 넘는 환경에 접해서는 안 된다.
- 소음에 의한 장애 및 피해
  - 불쾌감, 수면장애
  - 생리적 장애(두통, 식욕감퇴, 정신적 불안정, 불필요한 긴장 등)
  - 청력장애 및 발육장애

**Point**
- 데시벨(dB) : 소음의 측정단위로 음의 강도 수준 단위이다.
- 폰(phon) : 소음계로 측정한 음압 레벨의 단위로 음 크기의 측정단위이다.
- 초기 청력장애 시 직업성 난청병을 조기 발생할 수 있는 주파수는 4,000Hz이다.

④ 진동

- 진동에 의한 건강장애
  - 전신장애 : 자율신경, 특히 순환기계에 나타나는데 말초혈관의 수축, 혈압상승, 맥박증가 현상이 나타난다.
  - 국소장애 : 한랭한 환경에서 손가락의 말초혈관 운동장애로 일어나는 감각마비와 청색으로 변하는 청색증을 주 증상으로 하는 '레이노현상(Raynaud's Phenomenon)'과 심한 진동을 받으면 뼈 및 관절장애가 나타난다.

### (6) 채광 및 조명

① 채광(자연조명)

- 창의 방향 : 남향으로 하는 것이 좋다.
- 창의 크기
  - 빛이 들어오는 창 : 벽 면적의 70%, 바닥 면적의 20~30%가 적당하다.

– 환기를 위한 창 : 바닥 면적의 1/20이 적당하고, 개각은 4~5도 이상, 입사각은 28도 이상으로 개각과 입사각은 클수록 밝다.

• 창의 높이 : 높을수록 밝으며, 천창인 경우 보통 창의 3배 이상 효과적이다.
• 거실의 안쪽길이 : 바깥에서 창틀 상단 높이의 1.5배 이하가 적합하다.

② 조명(인공조명)

• 조명의 종류
  – 직접조명 : 조명효율이 높고 경제적이지만, 강한 음영으로 불쾌감을 준다.
  – 간접조명 : 조명효율이 낮고 설비, 유지비가 비싸다.
  – 반간접조명(절충식) : 직접조명과 간접조명의 절충식으로 조리장의 조도는 50~100lux가 적당하다.
• 조명 시 고려할 점
  – 조명도는 시간과 장소에 따라 변함없이 균등해야 하며, 최고와 최저의 조명도 차이는 30% 이내이어야 한다.
  – 빛의 색은 일광에 가까워야 하고 폭발, 화재의 위험이 없어야 한다.
  – 취급하기 간단하면서 가격이 저렴해야 하고, 유해가스가 발생되지 않아야 한다.
  – 광원은 간접조명이 좋으며, 좌상방에서 비치는 것이 좋다.
• 조명불량으로 인한 피해
  – 가성근시 : 조명도가 낮을 때 눈의 시력조절을 위한 안내압이 항진되어 나타난다.
  – 안정피로 : 조명도 부족이나 현위(眩輝)가 심할 때 대상물의 식별을 위해서 무리하면 나타난다.
  – 안구진탕증 : 부적당한 조명 아래서 안구가 좌우, 상하로 진탕하는 현상인데, 탄광부에게서 많이 볼 수 있다.

**Point** 럭스(lux) : 빛의 조명도를 나타내는 단위로, 1럭스는 1칸텔라의 광원에서 1m 떨어진 곳에 광원과 직각으로 놓인 면의 밝기이다.

### (7) 환기

① 자연환기

• 실내외의 온도차가 5℃ 이상일 때 환기가 잘된다.
• 실내외 온도차, 기체의 확산력, 외기의 풍력에 의해 이루어진다.
• 천장 가까이에서 형성되는 것이 환기량이 크다.

**Point** 중성대

환기창의 아래쪽으로 바깥 공기가 들어오고, 위쪽으로 공기가 나가는데 이 중간을 중성대라고 한다. 중성대가 높은 위치에 형성될수록 환기량이 크며, 천장 가까이에 있는 것이 좋다.

② 인공환기

- 기계력(환풍기, 후드 등)을 이용한 환기이다.
- 환기창은 5% 이상으로 내야 한다.

### (8) 냉 · 난방

① 냉방

- 실내 온도가 26℃ 이상 시 필요(실내외 온도차는 5~7℃ 이내로 유지)하다.
- 10℃ 이상 온도차가 나면 냉방병이 발생할 수 있다.

② 난방

- 실내 온도가 10℃ 이하 시 필요(머리와 발의 온도차는 2~3℃ 내외를 유지)하다.
- 목표온도 18±22℃, 습도 55~75% 정도 유지하는 것이 필수조건이다.

### (9) 구충 · 구서

① 구충 · 구서의 일반적인 원칙

- 구제대상 동물의 발생원인 및 서식처를 제거는 가장 근본적이며 중요한 대책이다.
- 구충 · 구서는 발생 초기에 실시한다.
- 구제 대상 동물의 상태, 습성에 따라 실시한다.

② 위생 해충

- 모기
  - 말라리아(중국 얼룩날개 모기), 일본뇌염(작은 빨간집 모기), 사상충증(토코숲 모기), 황열 등을 유발할 수 있으니 오염수의 장기간 정체를 방지한다.
  - 제초제와 살충제 살포, 덮개시설 등으로 방지한다.
- 파리
  - 장티푸스, 파라티푸스, 이질, 콜레라, 디프테리아, 식중독 등을 유발시킨다.
  - 방충망, 덮개시설, 살충제, 쓰레기와 오물의 완전처리 및 소독, 화장실 개량 등으로 구제 · 예방한다.
- 바퀴벌레
  - 이질, 콜레라, 장티푸스, 살모넬라증, 소아마비 등을 전파한다.
  - 번식력이 강하므로 완전히 박멸하여야 한다.
  - 독이법 이용 : 붕산을 물에 30~40% 정도로 용해하여 식빵가루를 조금 넣어서 서식처나 통로 등에 놓아둔다.

- 쥐
  - 페스트, 바일병, 서교증, 살모넬라, 발진열, 츠츠가무시증, 유행성 출혈열, 아메바성 이질 등을 전파시킨다.
  - 조리장에는 반드시 방충과 함께 방서조치가 필요하다.

## 3. 역학 및 감염병관리

### (1) 역학

① 정의 : 인간집단을 대상으로 질병의 발생이나 분포 및 유행경향을 밝히고, 그 원인을 규명함으로써 그 질병에 대한 예방대책을 강구할 수 있도록 하는 데 목적을 둔 학문이다.

② 역학의 역할

- 질병 발생의 원인을 규명하는 역할뿐 아니라 예방의학, 임상의학 및 공중보건학의 발전에도 활용된다.
- 병 발생의 원인규명, 질병 발생과 유행의 감시, 보건 사업의 기획과 평가자료 제공, 질병의 자연사 연구, 임상분야에 활용한다.

③ 역학조사 : 감염환자 등이 발생한 경우 감염병의 차단과 확산 방지 등을 위하여 감염병 환자 등의 발생 규모를 파악하고 감염원을 추적하는 등의 활동과 감염병 예방접종 후 이상 반응 사례가 발생한 경우, 그 원인을 규명하기 위하여 하는 활동을 말한다.

### (2) 감염병 관리

① 정의 : 세균, 리케차, 바이러스, 진균, 원충 등의 병원체가 인간이나 동물에 침입하여 증식함으로써 일어나는 질병이다.

② 발생 요인

- 감염원(병원체)
  - 감염병의 병원체를 내포하고 있어 감수성 숙주에 감염균을 전파시킬 수 있는 직접적인 원인이 되는 모든 것이다.
  - 환자, 보균자, 환자와 접촉한 자, 감염동물 및 토양, 오염식품, 오염수, 오염식기구나 생활용구 등이다.
- 경로(환경)
  - 감염원으로부터 감수성 보유자한테 병원체가 전파되는 과정이다.
  - 접촉감염(직 · 간접 접촉), 공기감염(비말전파), 절지동물감염(전파동물전파), 개달물감염(전파체)이다.

- 숙주의 감수성
  - 숙주 : 한 생물체가 다른 생물체의 침범을 받아 영양물질의 탈취 및 조직 손상 등을 당하는 생물체를 말한다.
  - 감수성 : 숙주에 침입한 병원체에 대항하여 감염이나 발병을 저지할 수 없는 상태로 감수성이 높으면 면역성이 낮으므로 질병이 발병되기 쉽다.

③ 생성과정

- 병원체 : 인체에 침입하는 미생물로 박테리아, 바이러스, 리케차, 기생충 등이 있다.
- 병원소: 병원체가 생존, 증식을 계속하여 질병이 전파될 수 있는 상태로 저장되는 장소(사람, 동물, 토양 등)이다.
- 병원소로부터 병원체의 탈출
  - 호흡기계 탈출(기침, 재채기, 대화 등)
  - 소화기계 탈출(분변, 구토물 등)
  - 비뇨기계 탈출(뇨, 분비물 등)
  - 기계적 탈출(흡혈성 곤충, 주사기, 감염된 육류 등)

④ 전파

- 직접전파 : 직접접촉 감염(기침, 재채기, 대화) 등이다.
- 간접전파
  - 비활성 전파(물, 식품, 공기, 생활 용구, 완구, 수술 기구 등)
  - 활성 전파(파리, 모기, 벼룩 등)
  - 공기 전파(먼지, 비말핵)

⑤ **병원체의 새로운 숙주로의 침입** : 호흡기계 감염병(호흡기계 침입), 소화기계 감염병(경구적 침입), 기계적 침입(매개곤충, 주사기 등), 경피침입(점막, 상처 부위 등) 피부점막 침입 등이다.

⑥ **숙주의 감수성** : 숙주의 병원체에 대한 저항력이 감염이나 발병에 크게 작용한다. 저항력이 낮으면 감수성이 높으므로 감염이 된다.

**Point** 감수성지수(접촉감염지수) : 두창, 홍역 〉 백일해 〉 성홍열 〉 디프테리아 〉 폴리오 순이다.

### (3) 감염병의 분류

① 질병의 원인별 분류

- 부모로부터 감염되었거나 유전되는 질병
  - 감염병 : 매독, 두창, 풍진 등이다.
  - 비감염성 질환 : 혈우병, 각종 식이성 질병, 알레르기, 정신발육지연, 시력 · 청력장애 등이다.

- 병원 미생물로부터 감염되는 질병
  - 소화기계 감염병 : 장티푸스, 파라티푸스, 세균성이질, 콜레라, 폴리오, 유행성간염, 아메바성이질 등이다.
  - 호흡기계 감염병 : 백일해, 홍역, 천연두, 유행성이하선염(볼거리), 풍진, 디프테리아, 성홍열 등이다.
  - 경피침입 감염병 : 일본뇌염, 페스트, 발진티푸스, 매독, 나병 등이다.
  - 절족동물매개 감염병 : 페스트, 발진티푸스, 말라리아, 사상충증, 양충병(츠츠가무시증), 황열, 유행성 출혈열, 일본뇌염 등이다.
  - 동물매개 감염병 : 광견병, 탄저병, 렙토스피라증 등이다.
  - 만성 감염병 : 결핵, 나병, 성병, 트라코마, 기생충 질병, 후천성면역결핍증(AIDS) 등이다.

② 병원체에 따른 분류
- 세균 : 장티푸스, 파라티푸스, 콜레라, 결핵, 성병, 나병, 백일해 등이다.
- 바이러스 : 소아마비, 간염, 두창, 인플루엔자, 홍역, 유행성이하선염(볼거리), 후천성면역결핍증(AIDS), 트라코마, 일본뇌염, 풍진 등이다.
- 리케챠 : Q열, 발진티푸스, 발진열, 양충병(츠츠가무시증) 등이다.
- 원충류 : 아베바성이질, 말라리아, 아프리카 수면병 등이다.
- 스피로헤타 : 매독, 서교증, 렙토스피라증, 재귀열이다.

③ 예방접종을 위한 분류
- 정기예방접종 : 디프테리아, 폴리오, 백일해, 홍역, 파상풍, 결핵, B형간염, 유행성이하선염(볼거리) 등이다.
- 임시예방접종 : 일본뇌염, 장티푸스, 인플루엔자, 유행성출혈열 등이다.

④ 잠복기에 따른 분류
- 1주일 이내 : 콜레라(잠복기가 가장 짧음), 페스트, 유행성간염, 이질, 성홍열, 파라티푸스, 디프테리아, 뇌염, 황열, 인플루엔자 등이다.
- 1~2주 : 발진티푸스, 두창, 홍역, 백일해, 장티푸스, 수두, 유행성이하선염, 풍진 등이다.
- 잠복기가 가장 긴 질병 : 나병(한센병), 결핵이다.

⑤ 감염경로에 따른 분류
- 직접접촉감염 : 매독, 임질, 피부병, 풍진 등이다.
- 간접접촉감염
  - 비말감염 : 코로나19, 독감, 백일해, 메르스 등이다.
  - 진애감염 : 두창, 결핵, 탄저병, 성홍열, 단독 등이다.
- 개달물감염 : 결핵, 트라코마, 천연두 등이다.
- 수인성감염 : 이질, 콜레라, 폴리오, 장티푸스, 파라티푸스, 유행성간염 등이다.

- 위생해충에 의한 감염
  - 모기 : 말라리아, 일본뇌염, 황열, 사상충증, 뎅기열 등이다.
  - 파리 : 장티푸스, 파라티푸스, 이질, 콜레라, 결핵, 디프테리아 등이다.
  - 쥐 : 페스트, 서교증, 재귀열, 바일병, 유행성출혈열, 양충병(츠츠가무시증) 등이다.
  - 바퀴 : 이질, 콜레라, 장티푸스, 폴리오 등이다.
  - 진드기 : 양충병(츠츠가무시증), 옴, 재귀열, 유행성출혈열 등이다.
  - 이 : 발진티푸스, 재귀열 등이다.
  - 벼룩 : 페스트, 발진열, 재귀열 등이다.
  - 빈대 : 재귀열 등이다.
- 음식물 감염 : 이질, 콜레라, 폴리오, 장티푸스, 파라티푸스, 유행성간염 등이다.
- 토양 감염 : 파상풍이다.

### (4) 숙주의 면역

① 선천면역

- 종속(종별)면역 : 사람이 닭의 결핵에 감염되지 않는 경우이다.
- 종족(인종)면역 : 인종에 따라 결핵에 대한 감수성이 다른 경우이다.

② 후천면역(획득면역)

㉠ 능동면역

- 자연능동면역(질병 감염 후 획득된 면역) : 두창, 홍역, 백일해, 발진티푸스, 장티푸스, 페스트, 황열, 콜레라 등이다.
- 인공능동면역(예방접종으로 획득된 면역)
  - 생균백신 : 1회 접종으로 장기간 면역이 지속되는 방법으로 결핵, 홍역, 폴리오(경구) 등이 있다.
  - 사균백신 : 면역을 유지하기 위하여 추가 면역이 필요한 방법으로 장티푸스, 콜레라, 백일해, 폴리오, 경피) 등이 있다.
  - 순화독소 : 세균이 만든 체외 독소를 불활성화하여 사용하는 방법으로 파상풍, 디프테리아 등이 있다.

㉡ 수동면역

- 자연수동면역(모체로부터 얻는 면역) : 홍역, 백일해, 발진티푸스, 장티푸스, 페스트, 콜레라, 폴리오 등이다.
- 인공수동면역(인공 제제의 접종으로 잠정적으로 방어할 수 있는 면역) : 디프테리아, 폐렴, 인플루엔자, 세균성이질, 매독 등이다.

㉢ 면역과 질병

- 영구면역이 잘 되는 질병 : 홍역, 수두, 풍진, 유행성이하선염, 백일해, 폴리오, 황열, 천연두 등이다.
- 면역이 형성되지 않는 질병 : 매독, 이질, 말라리아 등이다.
- 약한 면역만 형성되는 질병 : 인플루엔자, 디프테리아 등이다.

③ 인체 침입 장소에 따른 분류

- 호흡기계 침입 : 디프테리아, 백일해, 결핵, 폐렴, 수막구균성 수막염, 인플루엔자, 홍역, 수두, 풍진, 유행성이하선염, 성홍열 등이다.
- 소화기계 침입 : 장티푸스, 콜레라, 파라티푸스, 이질(세균성, 아메바성), 폴리오, 유행성간염 등이다.
- 경피 침입
  - 병원체의 피부접촉에 의해 그 자신의 힘으로 숙주의 체내에 침입 : 바일병, 십이지장충 등이다.
  - 상처를 통한 감염 : 파상풍, 매독, 한센병 등이다.
  - 동물에 쏘이거나 물려서 병원체 침입 : 모기, 이, 벼룩, 진드기, 쥐, 개 등의 매개 감염병이다.

### (5) 인수(人獸)공통 감염병

① **인수공통 감염병** : 사람과 동물이 같은 병원체에 의해서 감염 증상을 일으키는 감염병을 말한다.

② **인수공통 감염병의 종류**

- 결핵 : 소
- 탄저병, 비저 : 양, 말, 소, 당나귀
- 파상열 : 소, 돼지, 염소
- 야토병 : 토끼, 쥐, 다람쥐
- 살모넬라증, 돈단독, 선모충, Q열 : 돼지
- 페스트 : 쥐
- 공수병(광견병) : 개
- 브루셀라 : 소, 양, 돼지

### (6) 법정감염병

① 우리나라 법정 감염병

- 제1급감염병
  - 생물테러감염병 또는 치명률이 높거나 집단 발생 우려가 커서 발생 또는 유행 즉시 신고하고 음압격리가 필요한 감염병이다.

- 제2급감염병
  - 전파가능성을 고려하여 발생 또는 유행 시 24시간 이내에 신고하고, 격리가 필요한 감염병이다.
- 제3급감염병
  - 발생 또는 유행 시 24시간 이내에 신고하고 발생을 계속 감시할 필요가 있는 감염병이다.
- 제4급감염병
  - 제1급~제3급감염병 외에 유행 여부를 조사하기 위해 표본 감시 활동이 필요한 감염병이다.

② 우리나라 검역 감염병

- 검역법에서 검역기간은 해당 감염병의 최장 잠복기간을 기준으로 한다.
- 감염병의 종류 : 콜레라(120 시간), 페스트(144 시간), 황열(144 시간)이다.

### (7) 감염병의 예방대책

① 감염원 대책

- 환자 : 환자의 조기 발견, 격리, 감시, 치료 실시, 법정감염병 등의 환자 신고를 해야 한다.
- 보균자 : 보균자의 조기 발견으로 감염병의 전파를 막는다. 특히, 식품을 다루는 업무에 종사하는 사람에 대한 검색을 철저히 한다.
- 외래 감염병 : 병에 걸린 동물을 신속히 없앤다.
- 역학조사 : 호구조사, 집단검진 등 각종 자료에서 감염원을 조사하여 대책을 세운다.

② 감염경로 대책

- 감염원의 접촉 기회 억제
- 소독, 살균 철저
- 공기의 위생적 유지
- 상수도의 위생관리
- 식품의 오염방지

③ 감수성 대책

- 저항력 증진 : 평소에 영양부족, 수면부족, 피로 등에 의한 체력저하를 방지하고, 체력을 증진시켜 저항의 유지 증진에 노력한다.

## 4. 산업보건관리

### (1) 산업보건관리

① 산업보건의 정의

근로자들의 육체 · 정신 · 사회적 건강을 유지 증진 시키며 작업조건으로 인한 질병을 예방하고 건강에 유해한 작업환경을 개선하며 근로자를 생리적으로나 심리적으로 적합한 작업환경에 배치하여 건강하게 근무하도록 하는 일이다.

② 산업보건의 중요성

급격한 산업의 발달로 산업장의 노동인구가 증가하고 산업의 고도화로 노동력의 확보와 인력관리를 통한 노동력의 유지 · 증진을 통하여 생산성과 품질의 향상이 중요시되었고 아울러 근로자의 권익보호, 산업보건관리가 노동자의 인권문제로 대두하게 되었다.

③ 산업보건사업의 기본목표 3가지

- 노동과 노동조건으로 일어날 수 있는 건강장애로부터 근로자 보호
- 작업에 있어서 근로자들의 적응. 특히 채용 시 적성에 따른 배치, 근로환경 개선에 기여
- 근로자의 육체 · 정신적 안녕의 상태를 최대한 유지 · 증진시키는데 기여

④ 근로자 보호대책

㉠ 근로강도와 근로시간

- 근로강도 : 작업종류에 의한 밀도, 집약도, 긴장도에 의한 생리적 부담의 크기를 말하며 산소소비량에 따라 노동의 강도를 구분하며 그 기초가 되는 것이 에너지대사율(RMR)로 이에 따른 근로강도의 구분은 다음과 같다.

$$\text{에너지대사율(RMR)} = \frac{\text{작업시 소비에너지} - \text{같은 시간의 안정시 소비에너지}}{\text{기초대사량}}$$

$$= \frac{\text{노동대사량}}{\text{기초대사량}}$$

〈표〉

| 구분 | 경노동 | 중등노동 | 강노동 | 중노동 | 격노동 |
|---|---|---|---|---|---|
| 에너지대사율 | 1이하 | 1~2 | 2~4 | 4~7 | 7이상 |

- 근로시간 = 소정근로시간 + 초과근로시간
  - 소정근로시간 : 법정기준근로시간 이내에서 사업체에서 취업 규칙이나 단체 협약에서 정한 소정 근로일에 근로자와 사용자 간에 정한 근로시간으로 휴게 시간은 포함되지 않음
  - 초과근로시간 : 연장근로시간, 휴일근로시간 등 소정근로시간 이외의 시간에 초과하여

근로한 시간을 말함

㉡ 여성근로자의 보호와 연소 근로자 보호

- 여성근로자의 보호
  - 여성직종에 맞는 적정배치
  - 주작업의 근로강도는 RMR 2.0 이하
  - 중량물 취급작업은 중량을 제한(16세 이하 : 5kg, 16~18세 : 8kg, 18세 이상 : 20kg)
  - 서서 일하는 작업의 시간조정과 휴식시간 조정이 필요하다.
  - 고 · 저온 작업에서는 작업조건과 냉 · 난방을 고려한다.
  - 공업독물 취급 시 유 · 조 · 사산의 우려가 있으므로 이에 대한 고려가 필요하다.
  - 생리휴가(월 1회), 산전 · 산후휴가(6~8주) 등의 고려가 필요하다.
- 연소 근로자 보호
  - 중노동은 성장발육저해, 추리력, 통찰력, 신경작용, 운동조절능력의 열등화
  - 직업병 및 공업중독에 감수성이 크다.
  - 인격형성이 왜곡되기 쉽다.
  - 15세 미만자는 근로자 규제
  - 여자와 18세 미만자는 도덕 · 보건상 유해하거나 위험한 사업규제
  - 15~18세는 보호연령(1일 7시간 주당 35시간 초과 못함. 당사자 합의 시 1일 1시간, 주 5시간을 한도로 추가가능)

㉢ 산업피로 인자

- 산업피로 정의 : 휴식이나 수면으로 회복되지 않고 축적되는 피로

| | |
|---|---|
| 작업적 인자 | – 근로시간 및 작업시간의 연장<br>– 휴식시간, 휴일 부족<br>– 주야근무연속 수일간 지속<br>– 작업조건의 불량<br>– 작업환경의 불량<br>– 작업강도의 과대<br>– 근무시간 중 에너지대사율 과대 |
| 신체적 인자 | – 약한 체력<br>– 체력저하<br>– 신체적 결함 |
| 심리적 인자 | – 작업의욕 저하<br>– 흥미상실<br>– 작업불만<br>– 구속감 |

Chapter 06

# 예상문제

**01** **공중보건에 대한 설명으로 틀린 것은?**

① 목적은 질병예방, 수명연장, 정신적·신체적 효율의 증진이다.
② 공중보건의 최소단위는 지역사회이다.
③ 환경위생 향상, 감염병 관리 등이 포함된다.
④ 주요 사업대상은 개인의 질병치료이다.

해설 질병을 예방하고 생명을 연장시키며 신체적·정신적 효율을 증진시키는 기술과 과학을 공중보건이라고 한다.

**02** **세계보건기구(WHO)의 주요 기능이 아닌 것은?**

① 국제적인 보건사업의 지휘 및 조정
② 회원국에 대한 기술지원 및 자료공급
③ 개인의 정신질환 치료 및 정신보건 향상
④ 전문가 파견에 의한 기술자문 활동

해설 WHO의 기능은 국제적인 보건사업의 지휘 및 조정, 회원국에 대한 기술지원 및 자료공급, 전문가 파견에 의한 기술자문 활동이다.

**03** **인구 정지형으로 출생률과 사망률이 모두 낮은 인구형은?**

① 피라미드형 ② 별형
③ 항아리형 ④ 종형

해설 종형은 인구 정체형으로 14세 이하가 65세 이상 인구의 2배 정도가 되고 출생률과 사망률이 모두 낮다.

**04** **영아 사망률을 나타낸 것으로 옳은 것은?**

① 1년간 출생 수 1,000명당 생후 7일 미만의 사망 수
② 1년간 출생 수 1,000명당 생후 1개월 미만의 사망 수
③ 1년간 출생 수 1,000명당 생후 1년 미만의 사망 수
④ 1년간 출생 수 1,000명당 전체 사망 수

해설 영아사망률이란 1년 이내에 사망한 영아의 수를 해당 연도 1년 동안의 총출생아 수로 나눈 비율로, 보통 1,000분 비로 나타낸다.

**05** **지역사회나 국가사회의 보건수준을 나타낼 수 있는 가장 대표적인 지표는?**

① 모성사망률 ② 평균수명
③ 질병이환율 ④ 영아사망률

해설 영아사망률은 출생에서 1년까지의 영아의 사망을 의미하며, 한 국가의 건강수준을 나타내는 가장 대표적인 지표이다.

**06** **중독될 경우 소변에서 코프로포르피린(Copro porphyrin)이 검출될 수 있는 중금속은?**

① 철(Fe)
② 크롬(Cr)
③ 납(Pb)
④ 시안화합물(Cyanide)

해설 납(Pb)은 소량씩 장기간 섭취 시 만성중독 증상을 보이는 독성이 강한 중금속이다.

**07** **작업환경 조건에 따른 질병의 연결이 맞는 것은?**

① 고기압 – 고산병
② 저기압 – 잠함병
③ 조리장 – 열쇠약
④ 채석장 – 소화불량

해설 고기압 환경은 잠함병, 저기압 환경은 고산병, 채석장은 석면폐증 직업병의 원인이 된다.

정답 01 ④ 02 ③ 03 ④ 04 ③ 05 ④ 06 ③ 07 ③

**08** 발생하는 재해건수의 발생빈도를 나타내는 지표는?

① 건수율 ② 도수율
③ 강도율 ④ 재해일수율

해설 건수율 = 재해건수 ÷ 평균 실 노동자 × 1,000

**09** 잠함병의 발생과 가장 밀접한 관계를 가지고 있는 환경 요소는?

① 고압과 질소
② 저압과 산소
③ 고온과 이산화탄소
④ 저온과 일산화탄소

해설 잠함병(잠수병)은 높은 기압에서 체내의 질소가 배출되지 못하고 몸 안에서 기포를 형성하여 생기는 질병이다.

**10** 산업재해지표와 관련이 적은 것은?

① 건수율 ② 이환율
③ 도수율 ④ 강도율

해설 이환율은 일정한 기간 동안 발생한 환자의 수를 인구당 비율로 나타낸 것으로 집단의 건강지표로 사용한다.

**11** 카드뮴 만성중독의 주요 3대 증상이 아닌 것은?

① 빈혈
② 폐기종
③ 신장기능 장애
④ 단백뇨

해설 카드뮴 만성중독의 증상은 폐기종, 신장기능장애, 단백뇨, 골연화증 등이다. 빈혈은 납중독의 증상이다.

**12** 만성중독 시 비 점막 염증, 피부궤양, 비중격천공 등의 증상을 나타내는 것은?

① 수은 ② 벤젠
③ 카드뮴 ④ 크롬

해설 크롬의 만성중독 증상은 비점막염증, 피부 궤양, 비중격, 천공, 인두염 등이다.

**13** 규폐증과 관계가 먼 것은?

① 유리규산
② 암석가공업
③ 골연화증
④ 폐조직의 섬유화

해설 골연화증은 새로 생성되는 골기질의 석회화 이상으로 골밀도의 감소를 보이는 질환인데, 카드뮴 중독에 의한 이타이이타이병의 증상이다.

**14** 군집독의 가장 큰 원인은?

① 실내공기의 이화학적 조성의 변화 때문이다
② 실내의 생물학적 변화 때문이다.
③ 실내공기 중 산소의 부족 때문이다.
④ 실내기온이 증가하여 너무 덥기 때문이다.

해설 군집독은 실내공기의 화학적, 물리적 조성의 변화로 불쾌감, 두통, 권태감, 현기증, 구토 등의 생리적 이상을 일으키는 현상이다.

**15** 직업병과 관련 원인의 연결이 틀린 것은?

① 잠함병－자외선
② 난청－소음
③ 진폐증－석면
④ 미나마타병－수은

해설 잠함병은 높은 기압(수압)에서 몸속의 질소가 배출되지 못하고 몸 안에 기포를 형성하여 생긴다.

**08** ① **09** ① **10** ② **11** ① **12** ④ **13** ③ **14** ① **15** ①

**16** 고온작업환경에서 작업할 경우 말초혈관의 순환 장애로 혈관 신경의 부조절, 심박출량 감소가 생길 수 있는 열중증은?

① 열허탈증 ② 열경련
③ 열쇠약증 ④ 울열증

해설 열 허탈증은 말초혈관의 순환장애가 주원인으로 혈관신경의 부조절, 심박출량 감소 등이 나타난다.

**17** 일광 중 가장 강한 살균력을 가지고 있는 자외선 파장은?

① 1,000~1,800Å
② 1,800~2,300Å
③ 2,300~2,600Å
④ 2,600~2,800Å

해설 자외선은 파장의 범위가 2,500~2,800Å일 때 살균력이 가장 강하여 소독에 이용된다.

**18** 건강선(Dorno ray)이란?

① 감각온도를 표시한 도표
② 가시광선
③ 강력한 진동으로 살균작용을 하는 음파
④ 자외선 중 살균효과를 가지는 파장

해설 건강선은 가장 치료력이 큰 자외선으로 소독작용과 비타민 D 생성작용을 하고, 살균력이 강하여 소독에 이용된다.

**19** 각 환경요소에 대한 연결이 잘못된 것은?

① 이산화탄소($CO_2$)의 서한량 – 5%
② 실내의 쾌감습도 – 40~70%
③ 일산화탄소(CO)의 서한량 – 0.01%
④ 실내 쾌감기류 – 0.2~0.3m /sec

해설 이산화탄소($CO_2$)의 서한량은 0.1%(1,000ppm)이다.

**20** 일산화탄소(CO)에 대한 설명으로 틀린 것은?

① 무색 · 무취이다.
② 기체의 불완전 연소 시 발생한다.
③ 자극성이 없는 기체이다.
④ 이상 고기압에서 발생하는 잠함병과 관련이 있다.

해설 잠함병과 관련된 기체는 질소이다.

**21** 다음 중 대기오염을 일으키는 요인으로 가장 영향력이 큰 것은?

① 고기압일 때
② 저기압일 때
③ 바람이 불 때
④ 기온역전일 때

해설 기온역전은 상부기온이 하부기온보다 높을 때를 말하며, 상부기온이 높으면 대기오염이 심해진다.

**22** 4대 온열요소에 속하지 않는 것은?

① 기류 ② 기압
③ 기습 ④ 복사열

해설 4대 온열요소는 기온 · 기습 · 기류 · 복사열이다.

**23** 공기의 자정작용과 관계가 없는 것은?

① 희석작용
② 세정작용
③ 환원작용
④ 살균작용

해설 공기의 자정작용으로 희석, 세정, 산화, 살균, $CO_2$와 O2의 교환 작용 등이다.

정답 16 ④ 17 ④ 18 ④ 19 ① 20 ④ 21 ④ 22 ② 23 ③

**24** 이산화탄소($CO_2$)를 실내 공기의 오탁지표로 사용하는 가장 주된 이유는?

① 유독성이 강하므로
② 실내 공기 조성의 전반적인 상태를 알 수 있으므로
③ 일산화탄소로 변화되므로
④ 항상 산소량과 반비례하므로

해설 이산화탄소의 양을 측정함으로써 실내 공기의 전반적인 상태를 알 수 있다.

**25** 실내공기의 오염지표로 사용하는 기체와 그 서한량이 바르게 짝지어진 것은?

① CO – 0.01%　② $SO_2$ – 0.01%
③ $CO_2$ – 0.1%　④ $NO_2$ – 0.01%

해설 실내공기의 오염지표로 사용하는 기체 이산화탄소($CO_2$)의 서한량은 0.1%(1,000ppm)이다.

**26** 수인성 감염병의 역학적 유행 특성이 아닌 것은?

① 환자 발생이 폭발적이다.
② 잠복기가 짧고 치명률이 높다.
③ 성별과 나이에 거의 무관하게 발생한다.
④ 급수지역과 발병지역이 거의 일치한다.

해설 수인성 감염병은 잠복기가 비교적 길다.

**27** 하수처리방법 중 혐기성 분해처리에 해당하는 것은?

① 부패조법　② 활성오니법
③ 살수여과법　④ 산화지법

해설 혐기성 처리법에는 부패조법과 임호프 탱크(imhoff tank)가 있다.

**28** 다음의 상수처리 과정에서 가장 마지막 단계는?

① 급수　② 취수
③ 정수　④ 도수

해설 상수도 처리 과정은 침사 → 침전 → 여과 → 소독 → 급수의 순이다.

**29** 먹는 물의 수질기준으로 틀린 것은?

① 색도는 7도 이상이어야 한다.
② 냄새와 맛은 소독으로 인한 냄새와 맛 이외의 냄새와 맛이 있어서는 안 된다.
③ 대장균 · 분원성 대장균은 100ml에서 검출되지 않아야 한다(단, 샘물 · 먹는 샘물 및 먹는 해양심층수 제외).
④ 수소이온의 농도는 pH 5.8 이상 8.5 이하이어야 한다.

해설 색도는 5도를 넘지 않아야 한다.

**30** 수질의 분변오염 지표균은?

① 장염비브리오균
② 대장균
③ 살모넬라균
④ 웰치균

해설 대장균이 식품이나 수질의 분변오염의 지표로 이용되는 이유는 검출방법이 간편하고 정확하기 때문이다.

**31** 음료수의 오염과 가장 관계 깊은 감염병은?

① 홍역　② 백일해
③ 발진티푸스　④ 장티푸스

해설 장티푸스는 소화기계 감염병으로 병원체가 환자의 분변으로 배설되어 음식물이나 식수에 오염되어 경구 침입하는 감염병이다.

24 ②　25 ③　26 ②　27 ①　28 ①　29 ①　30 ②　31 ④

## 32 용존산소에 대한 설명으로 틀린 것은?

① 용존산소의 부족은 오염도가 높음을 의미한다.
② 용존산소가 부족하면 혐기성 분해가 일어난다.
③ 용존산소는 수질오염을 측정하는 항목으로 이용된다.
④ 용존산소는 수중의 온도가 높을 때 증가하게 된다.

해설 용존산소(DO)는 물이나 용액 속에 녹아 있는 산소를 말하며, 용존산소는 수중의 온도가 낮을 때 증가하게 된다.

## 33 수질검사에서 과망산칼륨(KMnO4)의 소비량이 의미하는 것은?

① 유기물의 양 ② 탁도
③ 대장균의 양 ④ 색도

해설 과망간산칼륨의 소비량은 수중 유기물을 산화시키는 데 소비되는 양을 말한다.

## 34 물의 자정작용에 해당되지 않는 것은?

① 희석작용 ② 침전작용
③ 소독작용 ④ 산화작용

해설 물의 자정작용은 희석작용, 침전작용, 산화작용, 미생물에 의한 식균작용, 자외선에 의한 살균작용 등이 있다.

## 35 ( ) 안에 차례대로 들어갈 알맞은 내용은?

> 생물화학적 산소요구량(BOD)은 일반적으로 ( )을 ( )에서 ( )간 안정화시키는 데 소비한 산소량을 말한다.

① 무기물질, 15℃, 5일
② 무기물질, 15℃, 7일
③ 유기물질, 20℃, 5일
④ 유기물질, 20℃, 7일

해설 B.O.D는 세균이 호기성 상태에서 유기물질을 20℃에서 5일간 안정화시키는 데 소비한 산소량을 말한다.

## 36 화학적 산소요구량을 나타내는 것은?

① COD
② DO
③ BOD
④ SS

해설 COD는 화학적 산소요구량을 말하며, COD가 높을수록 오염된 물이다. 해양오염의 지표 및 공장폐수를 측정하는 데 사용된다.

## 37 하수처리방법 중에서 처리의 부산물로 메탄가스 발생이 많은 것은?

① 활성오니법
② 살수여상법
③ 혐기성 처리법
④ 산화지법

해설 혐기성 처리법은 유기물 분해 시 메탄가스가 발생하기 때문에 메탄 발효법이라고도 한다.

## 38 먹는 물에서 다른 미생물이나 분변오염을 추측할 수 있는 지표는?

① 증발 잔류량 ② 탁도
③ 경도 ④ 대장균

해설 위생지표세균은 식품이나 수질의 분변오염을 추측할 수 있는 지표가 되는 세균이며, 보통 대장균을 이용한다.

정답 32 ④ 33 ① 34 ③ 35 ③ 36 ① 37 ③ 38 ④

**39** 저지대에 쓰레기를 버린 후 복토하는 쓰레기 처리 방법은?

① 소각법　② 퇴비화법
③ 투기법　④ 매립법

해설 매립법은 저지대에 쓰레기를 2m 정도 버린 후, 그 위에 복토를 60cm~1m 두께 정도로 덮는 처리방법이다.

**40** 분뇨의 종말처리 방법 중 병원체를 멸균할 수 있으며 진개 발생도 없는 처리 방법은?

① 소화처리법
② 습식산화법
③ 화학적 처리법
④ 위생적 매립법

해설 습식산화법(소각법)은 병원체를 멸균할 수 있으며, 진개 발생도 없으나 대기오염과 발암성 물질(다이옥신)이 발생할 수 있다.

**41** 폐기물 관리법에서 소각로 소각법의 장점으로 틀린 것은?

① 위생적인 방법으로 처리할 수 있다.
② 다이옥신(dioxin)의 발생이 없다.
③ 잔류물이 적어 매립하기에 적당하다.
④ 매립법에 비해 설치면적이 적다.

해설 소각법은 도시 쓰레기의 가장 이상적인 처리방법이나 건설비가 많이 들고, 대기오염(다이옥신)의 우려가 있다.

**42** 진개(쓰레기)처리법과 가장 거리가 먼 것은?

① 위생적 매립법　② 소각법
③ 비료화법　④ 활성슬러지법

해설 활성슬러지법(활성오니법)은 하수처리 방법 중 호기성 분해처리법이다.

**43** 질산염이나 인 물질 등이 증가해서 오는 수질오염 현상은?

① 수온상승현상
② 수인성 병원체 증가현상
③ 부영양화현상
④ 난분해물 축적현상

해설 부영양화는 영양물질인 질소, 인으로 인해 영양염류의 농도가 높아져 플랑크톤이 급증하여 용존산소량이 고갈되는 현상이다.

**44** 1일 8시간 기준 소음 허용 기준은 얼마 이하인가?

① 80dB　② 90dB
③ 100dB　④ 110dB

해설 청력소음허용기준은 8시간에 90dB이나, 어떠한 경우에도 115dB이 넘는 환경에 접해서는 안 된다.

**45** 진동이 심한 작업을 하는 사람에게 국소진동 장애로 생길 수 있는 직업병은?

① 진폐증
② 파킨슨씨병
③ 잠함병
④ 레이노드병

해설 레이노드병은 진동이 심한 작업을 하는 사람한테서 국소진동 장애로 생기는 병이다.

**46** 소음에 있어서 음의 크기를 측정하는 단위는?

① 데시벨(dB)
② 폰(phon)
③ 실(SIL)
④ 주파수(Hz)

해설 데시벨(dB)은 소음의 측정단위로 음압의 강도를 말한다.

39 ④　40 ②　41 ②　42 ④　43 ③　44 ②　45 ④　46 ①

**47** 조명이 불충분할 때는 시력저하, 눈의 피로를 일으키고 지나치게 강렬할 때는 어두운 곳에서 암순응 능력을 저하시키는 태양광선은?

① 전자파 ② 자외선
③ 적외선 ④ 가시광선

해설 가시광선은 눈의 망막을 자극하여 명암과 색깔을 구별하게 하는 파장이다.

**48** 열작용을 갖는 특징이 있어 일명 열선이라고도 하는 복사선은?

① 자외선 ② 가시광선
③ 적외선 ④ x-선

해설 적외선은 열선이라고 불릴 만큼 열적 작용이 강하며 장시간 노출 시 두통, 현기증, 열경련, 열사병, 백내장의 원인이 된다.

**49** 다음 중 단체급식 조리장을 신축할 때 우선적으로 고려해야 할 사항 순으로 배열된 것은?

| 가. 위생성 나. 경제성 다. 능률성 |
|---|

① 다 → 나 → 가
② 나 → 가 → 다
③ 가 → 다 → 나
④ 나 → 다 → 가

해설 조리장을 신축 또는 증 · 개축할 때는 위생, 능률, 경제의 3요소를 기본으로 한다.

**50** 위생해충과 이들이 전파하는 질병과의 관계가 잘못 연결된 것은?

① 쥐 – 유행성출혈열
② 바퀴벌레 – 사상충
③ 파리 – 장티푸스
④ 모기 – 말라리아

해설 바퀴벌레가 전파하는 질병은 이질, 콜레라, 장티푸스, 폴리오이다.

**51** 병원체가 생활, 증식, 생존을 계속하여 인간에게 전파될 수 있는 상태로 저장되는 곳을 무엇이라 하는가?

① 숙주 ② 보균자
③ 환경 ④ 병원소

해설 병원소는 병원체가 증식하면서 다른 숙주에 전파시킬 수 있는 상태로 저장되어 있는 곳을 말한다.

**52** 감염병 발생의 3대 요인이 아닌 것은?

① 예방접종 ② 환경
③ 숙주 ④ 병인

해설 감염병의 3대 요인은 병인, 환경, 숙주이다.

**53** 경구감염병과 세균성 식중독의 주요 차이점에 대한 설명으로 옳은 것은?

① 경구감염병은 다량의 균으로, 세균성 식중독은 소량의 균으로 발병한다.
② 세균성 식중독은 2차 감염이 많고, 경구감염병은 거의 없다.
③ 경구감염병은 면역성이 없고, 세균성 식중독은 있는 경우가 많다.
④ 세균성 식중독은 잠복기가 짧고, 경구감염병은 일반적으로 길다.

해설 세균성 식중독은 잠복기가 짧고 면역이 안 되며, 경구감염병은 일반적으로 길면서 면역이 된다.

**54** 순화독소(toxoid)를 사용하는 예방접종으로 면역이 되는 질병은?

① 파상풍 ② 콜레라
③ 폴리오 ④ 백일해

해설 순화독소는 세균이 만든 체외 독소를 불활성화하여 사용하는 방법으로 파상풍, 디프테리아 등이 있다.

정답 47 ④ 48 ③ 49 ③ 50 ② 51 ④ 52 ① 53 ④ 54 ①

**55** **세균성이질을 알고 난 아이가 얻는 면역에 대한 설명으로 옳은 것은?**

① 인공면역을 획득한다.
② 수동면역을 획득한다.
③ 영구면역을 획득한다.
④ 면역이 거의 획득되지 않는다.

해설 세균성이질, 디프테리아, 폐렴, 인플루엔자 등은 알고 난 후 면역이 거의 생기지 않는다.

**56** **생균(Live Vaccine)을 사용하는 예방접종으로 면역이 되는 질병은?**

① 파상풍 ② 콜레라
③ 폴리오 ④ 백일해

해설 생균백신에는 결핵, 두창, 폴리오, 홍역, 황열, 풍진, 인플루엔자 등이 있다.

**57** **먹는 물 소독 시 염소소독으로 사멸되지 않는 병원체로 전파되는 감염병은?**

① 세균성이질 ② 콜레라
③ 장티푸스 ④ 전염성간염

해설 염소소독으로 급성간염(전염성간염), 뇌염, 홍역, 천연두 등의 바이러스는 사멸되지 않는다.

**58** **모기가 매개하는 감염병이 아닌 것은?**

① 황열 ② 일본뇌염
③ 장티푸스 ④ 사상충증

해설 모기가 매개하는 감염병은 말라리아, 일본뇌염, 황열, 사상충증, 뎅기열 등이 있다.

**59** **리케차(Rickettsia)에 의해서 발생되는 감염병은?**

① 세균성이질 ② 파라티푸스
③ 발진티푸스 ④ 디프테리아

해설 세균성이질, 파라티푸스, 디프테리아 등은 세균이다.

**60** **접촉감염지수가 가장 높은 질병은?**

① 유행성이하선염 ② 홍역
③ 성홍열 ④ 디프테리아

해설 감수성지수(접촉감염지수) :
두창, 홍역(95%) 〉 백일해(60~80%) 〉 성홍열(40%) 〉 디프테리아(10% ) 〉 폴리오(0.1%) 순이다.

**61** **동물과 관련된 감염병이 연결이 틀린 것은?**

① 소 – 결핵
② 고양이 – 디프테리아
③ 개 – 광견병
④ 쥐 – 페스트

해설 개, 고양이와 같은 애완동물의 침을 통하여 사람에게 감염되는 병은 '톡스플러스마'이다.

**62** **환자나 보균자의 분뇨에 의해서 감염될 수 있는 경구 감염병은?**

① 장티푸스 ② 결핵
③ 인플루엔자 ④ 디프테리아

해설 환자나 보균자의 분뇨에 의해서 감염되는 경구 감염병은 수인성 감염병으로 장티푸스, 파라티푸스, 콜레라, 세균성이질 등이 있다.

**63** **감염병 중에서 비말감염과 관계가 먼 것은?**

① 백일해 ② 디프테리아
③ 발진열 ④ 결핵

해설 비말감염에는 디프테리아, 인플루엔자, 성홍열, 백일해, 결핵 등이 있다.

**64** **음식물이나 식수에 오염되어 경구적으로 침입되는 감염병이 아닌 것은?**

① 유행성이하선염 ② 파라티푸스
③ 세균성이질 ④ 폴리오

해설 파라티푸스, 세균성이질, 폴리오 등은 경구감염병이다.

55 ④ 56 ③ 57 ④ 58 ③ 59 ③ 60 ② 61 ② 62 ① 63 ③ 64 ①

**65** 매개 곤충과 질병이 잘못 연결된 것은?

① 이 – 발진티푸스
② 쥐벼룩 – 페스트
③ 모기 – 사상충증
④ 벼룩 – 렙토스피라증

해설 벼룩 : 재귀열, 발진열, 페스트이다.

**66** 인수공통 감염병으로 그 병원체가 바이러스(Virus)인 것은?

① 발진열 ② 탄저
③ 광견병 ④ 결핵

해설 공수병(광견병)의 병원체는 바이러스, 발진열의 병원체는 리케차, 탄저병과 결핵의 병원체는 세균이다.

**67** D.P.T 예방접종과 관계없는 감염병은?

① 파상풍 ② 백일해
③ 페스트 ④ 디프테리아

해설 D.P.T : D(diphtheria), P(pertussis), T(tetanus)을 의미한다.

**68** 다음 산업 피로 요인 중 작업적 인자가 아닌 것은?

① 작업강도의 과대
② 작업 의욕 저하
③ 휴식 시간, 휴일 부족
④ 근무시간 중 에너지대사율 과대

해설 작업의욕 저하는 심리적 인자이다.

**69** 다음 중 중대 재해가 아닌 것은?

① 근로자가 업무에 관계되는 건설물 · 가스 등에 의하거나 작업 또는 그 밖의 업무에 기인하여 사망
② 사망자 1인이 발생한 재해
③ 부상자 또는 직업성 질병 자가 동시에 10명 이상 발행한 재해
④ 3개월 이상의 요양이 필요한 부상자가 동시에 2명 이상 발생한 재해

해설 근로자가 업무에 관계되는 건설물 · 가스 등에 의하거나 작업 또는 그 밖의 업무에 기인하여 사망하는 경우는 산업재해이다.

**70** 산업재해 발생 시 조치사항과 처리 절차가 잘못된 것은?

① 산업재해(3일 이상 휴업)가 발생한 날부터 1개월 이내에 관할 지방고용노동관청에 산업재해조사표를 제출한다.
② 중대 재해는 지체없이 관할 지방고용노동관서에 전화, 팩스 등으로 보고한다.
③ 재해 발생 기계의 정지 및 재해자를 구출한다.
④ 산업재해가 발생한 경우 다음 각호의 사항을 기록하고 2년간 보존한다.

해설 산업재해 발생 시 3년간 보존한다.

정답 65 ④ 66 ③ 67 ③ 68 ② 69 ① 70 ④

# 음식 안전관리

Chapter 01

# 개인안전 관리

## 1. 개인 안전사고 예방 및 사후 조치

### (1) 개인 안전사고 예방

① 안전 풍토 개념 : 근로자들이 그들의 작업환경에서 안전에 대해 가지고 있는 통일된 일련의 인식이다.

② 안전풍토가 미치는 영향

- 조직 구성원들의 행동 및 태도
- 구성원 상호간의 의사소통
- 교육 및 훈련
- 개인의 책임감
- 근로자의 안전행동
- 안전 프로그램 참여율
- 사고율

### (2) 안전사과 예방을 위한 개인 안전관리 대책

관리 책임자는 책임 범위 내에서 위험도를 통제할 수 있는 방법을 찾아 안전사고를 예방하도록 해야 한다.

① 위험도 경감의 원칙

- 목적 : 사고 발생 예방과 피해 심각도의 억제이다.
- 위험도 경감전략의 핵심요소 : 위험요인 제거, 위험발생 경감, 사고피해 경감이다.
- 고려 사항 : 사람, 절차, 장비의 3가지 시스템 구성요소를 고려하여 다양한 위험도 경감 접근법을 검토한다.

② 안전사고 예방 과정

- 위험요인 제거 : 위험요인의 근원을 없앤다.
- 위험요인 차단 : 안전방벽을 설치한다.
- 예방(오류) : 위험사건을 초래할 수 있는 인적 · 기술적 · 조직적 오류를 예방한다.
- 교정(오류) : 위험사건을 초래할 수 있는 인적 · 기술적 · 조직적 오류를 교정한다.
- 제한(심각도) : 위험사건 발생 이후 재발방지를 위하여 대응 및 개선 조치를 한다.

### (3) 개인 안전관리 점검표

재난의 직접 원인이 불안전상태나 불안전 행동에 있다고 볼 때 4M(Man, Machine, Media, Management)이 각각 어떤 불안전 상태, 불안전 행동에 속하는지를 이해할 필요가 있다.

[재난 원인별 점검 내용]

| 구분 | 점검 내용 | |
|---|---|---|
| 인간<br>(Man) | 심리적 원인 | 지름길반응, 생략행위, 억측판단, 착오, 무의식 행동망각, 걱정거리, 위험감각 등이다. |
| | 생리적 원인 | 피로, 수면부족, 알코올, 질병, 나이, 신체기능 등이다. |
| | 직장적 원인 | 커뮤니케이션, 리더십, 팀워크, 직장의 인간관계 등이다. |
| 기계<br>(Machine) | • 기계 · 설비의 설계상의 결함<br>• 위험 방호의 불량<br>• 안전의식의 부족<br>• 표준화의 부족<br>• 점검정비의 부족 | |
| 매체<br>(Media) | • 작업정보의 부적절<br>• 작업자세, 작업동작의 결함<br>• 작업방법의 부적절<br>• 작업공간의 불량<br>• 작업환경 조건의 불량 | |
| 관리<br>(Management) | • 관리조직의 결함<br>• 불비 또는 불철저한 규정 · 매뉴얼<br>• 안전관리 계획의 부적절<br>• 교육 · 훈련 부족<br>• 부하직원에 대한 지도 · 감독 부족<br>• 적성배치의 부적당<br>• 부적절한 건강관리 | |

### (4) 개인 안전사고 사후 조치

① **재해 발생의 원인** : 근로자가 물체나 사람과의 접촉으로 혹은 몸 담고 있는 환경의 갖가지 물체나 작업조건에 작업자의 동작으로 말미암아 자신이나 타인에게 상해를 입히는 것이다. 구성요소의 연쇄반응 현상이라고도 말할 수 있다.

- 구성요소의 연쇄반응
  - 사회적 환경과 유전적 요소
  - 개인적인 성격의 결함
  - 불안전한 행위, 환경 및 조건
  - 산업재해의 발생

• 재해 발생의 원인
  – 부적합한 지식
  – 부적절한 태도의 습관
  – 불안전한 행동
  – 불충분한 기술
  – 위험한 환경
• 재난 원인별 점검 내용

| 구 분 | 재난 원인 |
|---|---|
| 기계 · 기구 잘못사용 | • 잘못된 기계 · 기구의 사용<br>• 필요기구의 미사용<br>• 미비된 기구의 사용 |
| 운전 중인 기계장치 손질 | • 사용 중인 기계장치 및 전기 장치의 주유, 수리, 용접 점검 및 청소<br>• 기압, 가열, 위험물과 관련된 용기 또는 물의 수리 및 청소 |
| 불안전한 속도 조작 | • 기계 장치의 과속<br>• 기계 장치의 저속<br>• 기타 불필요한 조작 |
| 유해 · 위험물 부주의 | 화기, 가연물, 폭발물, 압력용기, 중량물 등 취급 시 안전조치 미비 |
| 불안전한 상태 방지 | • 운전 중인 기계장치 등의 방치<br>• 불안전한 상태의 기계장치 방치<br>• 적재, 청소 등 정리정돈 불량 |
| 불안전한 자세 동작 | • 불안전한 자세(달림, 뜀, 던짐, 뛰어내림, 뛰어오름 등)<br>• 불필요한 동작(장난, 잡담, 잔소리, 싸움 등)<br>• 무리한 힘으로 중량물 운반 |
| 감독 및 비상연락망 | • 감독의 부재<br>• 불충분한 작업 지시<br>• 경보 오인<br>• 연락 미비 |

② 재해 발생의 문제점 : 안전관리가 집중적으로 필요한 중소 규모의 사업장에 안전관리자를 선임할 수 있는 법적 근거가 없다.

③ 안전교육의 목적
• 상해, 사망 또는 재산 피해를 불러일으키는 불의의 사고를 예방하는 것
• 일상생활에서 개인 및 집단의 안전에 필요한 지식, 기능, 태도 등을 이해시키는 것
• 안전한 생활을 영위할 수 있는 습관을 형성하는 것
• 개인과 집단의 안정성을 최고로 발달시키는 교육을 하는 것
• 인간생명의 존엄성을 인식시키는 것

④ 계층별 안전 보건 교육

| 구분 | 안전교육 | | |
|---|---|---|---|
| 선임관리자 | • 책임감 : 중간관리자로 하여금 안전성과를 보증하도록 한다.<br>• 질적관리 : 안전관리의 질을 관리하도록 한다.<br>• 가시성 : 안전활동에 직접 참여한다. | 종업원 보호 | • 적합한 작업방식을 합의한다.<br>• 종업원에 대하여 존중하고 신뢰한다.<br>• 종업원의 필요사항에 관심을 가지고 문제점을 공감한다. |
| | | 코칭 | • 부하직원에 대해 역할 모델이 된다.<br>• 종업원의 역량을 강화시킨다.<br>• 의견을 공유한다.<br>• 종업원으로 하여금 의사 결정에 참여토록 한다. |
| | | 통제 | • 규정을 제정한다.<br>• 상벌을 위한 리더의 권한을 행사한다.<br>• 종업원의 행동을 검토한다. |
| 중간관리자 및 현장 관리감독자 | 상호작용 | | • 방향을 제시하고 조언을 제공한다.<br>• 안전의 모범인물이 된다.<br>• 안전을 유도하고 의사소통한다. |
| | 정보제공 | | • 모니터링 : 모니터링 시스템을 통해 안전 관련 정보를 수집한다.<br>• 정보 공유 : 지속적으로 정보를 분석하여 종업원들이 중요한 정보를 받을 수 있도록 한다.<br>• 안전 대표자의 역할 : 안전 관련 위원회 등의 중요 회의에 참석한다. |
| | 의사결정 | | 계획, 지원 배분을 통해 안전 전략을 실행하여 성과를 향상시킨다. |
| 안전관리자 | 회사의 안전방침에 대해 경영진과 현장 간의 의사소통 통로를 개발하고 모니터링한다. | 전문 | • 카운슬링 : 위험관리, 사고조사, 안전 성과를 측정한다.<br>• 정보수집 방법을 제시하고 조사방법을 개선한다. |
| | | 조정 | 안전방침 개발, 안전정보 관리 및 의사소통을 한다. |
| | | 규정 | 안전감독, 감사, 인센티브제도 등이다. |

⑤ 응급조치의 목적

- 사고 현장에서 다친 사람이나 급성 질환자에게 즉시 조치를 취하는 것
- 가벼운 질병이나 부상을 의학적 조치 없이도 회복될 수 있도록 도와주는 행위를 하는 것
- 생명을 유지시키고, 상태악화를 방지 또는 지연시키는 것
- 응급 환자를 전문적인 의료행위가 실시되기 전에 긴급히 처치하는 것

⑥ 응급조치 시 주의사항

- 의약품을 사용하지 않는다.
- 환자에게 자신의 신분을 알린다.
- 응급환자는 어디까지나 응급처치로 그치고 의료진에게 맡긴다.
- 자신의 안전을 확인한다.
- 응급처치를 시행하기 전 환자의 생사유무를 판정하지 않는다.

## 2. 작업 안전관리

### (1) 주방 내 안전사고

[주방 내 안전사고 요인]

| 구분 | 요인 | 반응 |
|---|---|---|
| 인적요인 | 정서적 요인 | • 과격한 기질 또는 신경질<br>• 시력 또는 청력의 결함<br>• 근골 박약<br>• 지식 및 기능의 부족<br>• 중독증 또는 각종 질환 |
| | 행동적 요인 | • 독단적 행동<br>• 불완전한 동작과 자세<br>• 미숙한 작업방법<br>• 안전장치 등의 점검 소홀<br>• 결함이 있는 기계 · 기구의 사용 |
| | 생리적 요인 | 에너지가 일정한 한도를 넘어 과도하게 행해졌을 때 |
| 물적요인 | 각종 기계<br>장비 또는<br>시설물에서 오는 요인 | • 자재의 불량이나 결함<br>• 안전장치 또는 시설의 미비<br>• 각종 시설물의 노후화에 의한 붕괴<br>• 화재 |
| 환경적 요인 | 불완전한<br>각종 환경적 요인 | • 건축물이나 공작물의 부적절한 설계<br>• 통로의 협소<br>• 채광 · 조명 · 환기 시설의 부적절<br>• 불완전한 복장<br>• 고열, 먼지, 소음, 진동, 가스누출, 누전 등 |

### (2) 주방에서의 재해 요인

| 구분 | 원인 | 예방 및 조치 |
|---|---|---|
| 절단 · 상처 | • 주방에서 가장 많이 일어나는 사고<br>• 칼, 절단기, 슬라이스 기계, 유리파편<br>• 다듬기 작업, 그릇이나 유리조각 등의 취급 시 | 올바른 조리기구 사용법을 익히고 작업대를 정리정돈 |
| 화상 | • 화염, 뜨거운 액체나 물건, 스팀<br>• 뜨거운 물에 데치기, 끓이기, 튀기기, 소독 등의 작업 시 | • 고온 물체를 취급하기 전에 이에 맞는 작업방법을 선택하고 보호구 사용<br>• 심각한 후유증을 남길 수 있으므로 반드시 전문 의료인의 진찰이 필요 |
| 미끄러짐 · 넘어짐 | • 정리정돈 미흡으로 걸려서 넘어지는 경우<br>• 미끄럽고 어수선한 바닥 및 부적절한 조명 사용 시<br>• 빠르게 이동 중 넘어지거나 호스 등에 발이 걸려 넘어지는 경우 | • 바닥을 깨끗하게 유지<br>• 정리정돈을 철저히 하여 주변에 장애물이 없도록 조치 |
| 전기감전 및 누전 | • 부적절한 조리기구 및 전자제품 사용 시<br>• 조리실 전자제품의 청소 및 정비 시 | 절연상태 등을 수시로 확인 |
| 화재발생 위험 | • 전기용 조리기기 사용 시<br>• 가스버너 사용 또는 끓는 식용유 취급 시 | 조기진압과 대피 등의 요령 미리 숙지 |
| 유해 화합물로 인한 피부질환 | • 부적절한 식품 첨가물<br>• 고온 접촉 또는 신체 찰과상<br>• 과일과 채소에 묻은 살충제에 접촉 시 | 화학물질의 성분과 올바른 취급 방법을 정확히 알고 사용 |

### (3) 주방 내 안전관리

① 안전의식

- 위험이 생기거나 사고가 나지 않도록 하는 집단적 의지나 감정이다.
- 사고나 재해의 위험을 사전에 방지하여 사망, 상해 또는 상실되지 않도록 노력하는 것을 말한다.

② 안전보호장비

- 외부로부터의 위험요인을 차단하거나 감소시켜 산업 재해를 방지하기 위함이다.
- 근로자의 신체에 직접 착용하는 것이다.

③ 신체 부위별 장비의 종류

| 구분 | 종류 |
|---|---|
| 머리 보호구 | 안전모 |
| 눈 및 안면 보호구 | 보안경, 보안면 |
| 방음 보호구 | 귀마개, 귀덮개 |
| 호흡용 보호구 | 방진마스크, 방독마스크, 송기마스크, 공기호흡기 |
| 손 보호구 | 방열복, 방열두건, 방열장갑 |
| 발 보호구 | 안전화, 절연화, 정전화 |
| 안전대 | 안전대, 안전블록 |

④ 주방 내 사고 발생 시 대처 방법

- 작업을 중단하고 즉시 관리자에게 보고한다.
- 출혈이 있는 경우 상처부위를 눌러 지혈시키고, 출혈부위를 심장보다 높게 한다.
- 환자가 움직일 수 있으면 발생한 조리 장소로부터 격리하여 다른 조리 종사원과의 접촉을 피한다.

Chapter 02

# 장비 · 도구 안전작업

## 1. 조리장비·도구 안전관리 지침

### (1) 조리장비 · 도구의 관리 원칙

① 모든 조리장비와 도구는 전문가의 지시에 따라 정확한 사용법과 기능을 충분히 숙지하여야 한다.

② 장비의 사용용도 이외 사용을 금지한다.

③ 장비나 도구에 무리가 가지 않도록 유의한다.

④ 장비나 도구에 이상이 있을 경우 즉시 사용을 중지하고, 적절한 조치를 취해야 한다.

⑤ 전기를 사용하는 장비나 도구의 경우 전기사용량과 사용법을 확인한 다음 사용해야 하며, 수분의 접촉 여부에 신경을 써야 한다.

⑥ 도구는 항상 청결하게 유지하고, 사용 도중에는 모터에 이물질이 들어가지 않도록 주의한다.

### (2) 조리장비 · 도구의 선택 및 사용

① 필요성

- 장비는 정해진 작업을 위할 것, 품질을 개선시킬 수 있는 것, 작업비용을 감소할 수 있을 것을 파악하여 평가한다.
- 장비의 필수적 또는 기본적 기능과 활용성, 사용 가능성 등을 고려하여 조리 작업에 적절한 장비를 계획하여 배치한다.

② 성능

- 주방장비는 요구되는 기능과 특수한 기능을 달성시킬 수 있어야 한다.
- 장비의 비교는 주어지는 만족의 정도, 그리고 주어진 성능을 얼마나 오랫동안 유지하느냐에 중점을 두어야 하며 조작의 용이성, 분해, 조립, 청소의 용이성, 간편성, 사용기한에 부합되는 비용인가를 고려하여 성능을 평가한다.

③ 요구에 따른 만족도 : 투자에 따른 장비의 성능이 효율적인지를 확인한다.

④ 안정성과 위생

- 조리 장비를 계획하거나 선택할 때는 안전성과 위생에 대한 위험성, 그리고 오염으로부터 보호할 수 있는지를 고려해야 한다.
- 안전성과 효과성을 확보한 장비를 선택해서 사용한다.

## 2. 조리장비 · 도구 사용 및 관리

### (1) 조리도구의 분류

① 준비도구 : 재료손질과 조리준비에 필요한 용품(앞치마, 머릿수건, 양수바구니, 가위)이다.

② 조리기구 : 준비된 재료를 조리하는 과정에 필요한 용품(솥, 냄비, 팬)이다.

③ 보조도구 : 조리하는 과정에 필요한 용품(주걱, 국자, 뒤집개, 집개)이다.

④ 식사도구 : 식탁에 올려서 먹기 위해 사용되는 용품(그릇 및 용기, 쟁반, 상, 수저)이다.

⑤ 정리도구 : 조리 및 식사 후의 뒤처리에 사용(수세미, 행주, 식기건조대, 세제)한다.

### (2) 조리장비 도구의 점검방법

| 구분 | 용도 | 점검방법 |
|---|---|---|
| 음식절단기 | 각종 식재료를 필요한 형태로 얇게 썰 수 있는 장비 | • 전원 차단 후 기계를 분해하여 중성세제와 미온수로 세척하였는지 확인한다.<br>• 건조시킨 후 원상태로 조립하고 안전장치 작동에서 이상이 없는지 확인한다. |
| 튀김기 | 튀김요리에 이용 | • 사용한 기름이 식은 후 다른 용기에 기름을 받아내고 오븐크리너로 골고루 세척했는지 확인한다.<br>• 기름때가 심한 경우는 온수로 깨끗이 씻어 내고 마른걸레로 물기를 완전히 제거하였는지 확인한다.<br>• 받아둔 기름을 다시 유조에 붓고 전원을 켜고 사용한다. |
| 육절기 | 재료를 혼합하여 갈아내는 기계 | • 전원을 끄고 칼날과 회전봉을 분해하여 중성세제와 이온수로 세척하였는지 확인한다.<br>• 물기 제거 후 원상태로 조립하여 전원을 켜고 사용한다. |
| 제빙기 | 얼음을 만들어 내는 기계 | • 전원을 차단하고 기계를 정지 시킨 후 뜨거운 물로 제빙기의 내부를 구석구석 녹였는지 확인한다.<br>• 중성세제로 깨끗하게 세척하였는지 확인한다.<br>• 마른 걸레로 깨끗하게 닦고, 20분 정도 지난 후 작동시킨다. |
| 식기세척기 | 기물들을 짧은 시간에 대량 세척 | • 탱크의 물을 빼고 세척제를 사용하여 브러시로 깨끗하게 세척했는지 확인한다.<br>• 모든 내부 표면, 배수로, 여과기, 필터를 주기적으로 세척하고 있는지 확인한다. |
| 그리들 | 철판으로 만들어진 번철로 대량으로 구울 때 사용 | • 그리들 상판온도가 80℃가 되었을 때 오븐크리너를 분사하고 밤솔 브러시로 깨끗하게 닦았는지 확인한다.<br>• 뜨거운 물로 오븐크리너를 완전하게 씻어내고, 다시 비눗물을 사용해서 세척하고 뜨거운 물로 깨끗이 헹구어 내었는지 확인한다.<br>• 번철은 세척이 끝나면 기름칠을 하였는지 확인한다. |

### (3) 안전장비류의 취급관리

<table>
<tr><th>구분</th><th>기간</th><th colspan="2">점검 방법</th></tr>
<tr><td>일상점검</td><td>매일</td><td colspan="2">• 조리기구 및 장비를 사용하기 전에 기계 · 기구 · 전기 · 가스 등의 실태 등을 점검하고 그 결과를 기록 · 유지하도록 할 것<br>• 사고 및 위험 가능성이 있는 사항은 발견 즉시 안전책임자에게 보고하여 필요한 조치를 취하도록 한다.<br>• 안전책임자는 일상점검결과 기록 및 미비사항을 정기적으로 확인하고 지시사항을 점검일지에 기록할 것<br>• 일상점검표는 주방의 특성에 맞게 항목을 추가하거나 수정할 것</td></tr>
<tr><td>정기점검</td><td>매년 1회 이상<br>정기적</td><td colspan="2">• 안전관리 책임자는 조리 작업에 사용되는 기계 · 기구 · 전기 · 가스 등의 설비기능 이상 여부와 보호구의 성능유지 여부 등에 대하여 매년 1회 이상 정기적으로 점검을 실시하고 그 결과를 기록 · 유지할 것<br>• 정기점검을 실시하는 자는 주방 내의 모든 인적 · 물적인 면에서 물리화학적 · 기능적 결함 등이 있는지 여부를 육안점검과 법정측정기기 등의 점검장비를 사용하여 그 측정값을 점검결과에 기입할 것</td></tr>
<tr><td rowspan="3">긴급점검</td><td rowspan="3">관리주체가<br>필요하다고<br>판단될 때</td><td colspan="2">실시 목적에 따른 긴급점검의 구분</td></tr>
<tr><td>손상점검</td><td>재해나 사고에 의한 구조적 손상 등에 대하여 긴급히 시행하는 점검이다.</td></tr>
<tr><td>특별점검</td><td>결함이 의심되는 경우나 사용제한 중인 시설물의 사용 여부 등을 판단하기 위해 실시하는 점검이다.</td></tr>
</table>

Chapter 03

# 작업환경 안전관리

## 1. 작업장 환경관리

### (1) 작업환경 관리

① 의의 : 작업자의 건강에 장해를 줄 수 있는 물리 · 화학 · 생물학적 및 인간공학적인 인자를 알아내고 측정, 분석, 평가하는 과정이다.

② 목적

- 작업 시 발생하는 소음, 분진, 유해화학물질 등의 유해인자에 얼마나 노출되는지를 측정 · 평가한다.
- 시설과 설비 등의 적절한 개선을 통하여 안전한 작업환경을 만든다.
- 근로자의 건강 보호 및 생산성 향상에 기여한다.

### (2) 작업장 안전시설 관리

① 작업장의 안전관리 : 서비스 품질 향상 및 시설물에 대한 사후 유지 관리를 위해 안전관리인증이 요구된다.

② 작업장의 안전 및 유지 관리 기본방향 설정

- 작업장 안전 및 유지관리 기준의 정립 : 시설물 안전 및 유지관리 기준이 필요하다.
- 작업장 안전 및 유지관리 체계의 개선 : 시설물 안전 및 유지관리 체계의 개선이 필요하다.
- 작업장 안전 및 유지관리 실행 기반 : 시설물 안전 및 유지관리 실행 기반을 마련한다.
  - 주방의 크기와 규모
  - 주방의 시설물 및 기물의 배치
  - 주방 내의 인적 구성요인
  - 임금 및 후생 복지 시설

### (3) 주방 환경

① 작업환경 : 조리사의 물리적 공간인 주방에서 조리사의 반응을 야기시키는 작업장이다.

② 조리환경

- 주방 내에서 자체적으로 관리와 통제가 가능한 요소로 주방 종사자들과 직접적인 관계가 있으며, 업무 수행에 있어서 능률이 저하되고 불협화음이 일어날 수도 있다.
- 주방의 크기와 규모, 시설물 및 기물의 배치, 인적 구성요인, 임금체계 및 복리후생 등이 있다.

• 조리작업을 위한 공간이며, 주방 내의 조리 종사자들에게 직 · 간접적으로 영향을 미치는 환경적 요인으로서 그들의 근로의욕과 건강 등에 영향을 미친다.

③ 물리적 환경

• 인적 환경을 제외한 대부분의 시설과 설비를 포함한 주방의 환경이다.
• 주방의 제한된 공간에서 음식물을 생산하는 데 영향을 미치는 물리적 요소이다.
• 온도와 습도의 조절, 조명시설, 내부의 색깔, 환기(통풍장치) 등이 있다.
• 종사하는 조리사의 건강관리(보건)와 관련이 있다.
• 합리적인 설계와 배치방법은 작업자의 피로와 스트레스를 적게 받을 수 있고 작업능률을 높일 수 있다.

④ 작업환경 안전관리 방법

| 구분 | 안전관리 방법 |
|---|---|
| 정리정돈 점검 | • 작업 전에 작업장 주위 통로를 청소한다.<br>• 사용한 장비 · 도구는 적합한 보관 장소에 정리해 둔다.<br>• 굴러다니기 쉬운 것은 받침대를 사용한다.<br>• 적재물은 시용시기와 용도에 따라 구분하여 정리한다.<br>• 부식 및 발화 가연제 등 위험 물질은 별도로 구분하여 보관한다. |
| 온도 및 습도 관리 | • 적정온도 : 겨울 18.3~21.1℃, 여름 20.6~22.8℃<br>• 적정습도 : 40~60% |

## 2. 작업장 안전관리

### (1) 작업장 내 안전사고의 발생원인

① 인적요인 : 주방종사원들의 재해 방지 교육 부재로 인한 안전지식 결여

• 가스 및 전기의 부주의 사용
• 종사원들의 육체적 · 정신적 피로
• 주방 시설과 기물의 올바르지 못한 사용
• 주방시설의 관리 미흡

② 환경적요인

• 고온다습한 환경조건 하에서 조리
• 주방시설의 노후화
• 주방 바닥의 미끄럼방지 설비 미흡

**Point** 주방 내 미끄럼 사고 원인

- 바닥이 젖은 상태
- 매트가 주름진 경우
- 기름이 있는 바닥
- 노출된 전선
- 시야가 차단된 경우

### (2) 작업장의 안전 및 유지관리 기본방향 설정

① 작업장 안전 및 유지관리 기준의 정립 : 안전점검 및 객관적인 시설물 상태에 대한 평가기준 마련 등, 안전 및 유지관리 기준이 필요하다.

② 작업장 안전 및 유지관리 체계의 개선 : 주방시설의 설계단계에서부터 안전 및 유지 관리를 위한 기준 마련 등, 시설물 안전 및 유지관리 체계의 개선이 필요하다.

③ 작업장 안전 및 유지관리 실행 기반 : 시설물 안전 및 유지관리를 위해서는 관련 법령의 내용에 기초하여 실행 기반을 마련하여야 한다.

### (3) 안전교육의 필요성

① 외부의 위험으로부터 자신의 신체와 생명을 보호하려는 것은 인간의 본능이다.

② 안전사고에는 물체에 대한 사람들의 비정상적인 접촉에 의한 것이 많은 부분을 차지하고 있다.

③ 과거의 재해경험으로 쌓은 지식을 활용함으로써 기계 · 기구 · 설비와 생산기술의 진보 및 변화가 이루어졌다. 그러나 안전문화는 교육을 통하여서만 실현될 수 있다.

④ 사업장의 위험성이나 유해성에 관한 지식 · 기능 및 태도는 확실하게 습관화되기까지 반복하여 교육 및 훈련을 받지 않으면 이행이 되지 않는다.

### (4) 안전관리시설 및 안전용품 관리

① 개인 안전보호구 선택

- 사용 목적에 맞는 보호구를 갖추고, 작업 시 반드시 착용한다.
- 항상 사용할 수 있도록 하고 청결하게 보관 · 유지한다.
- 개인 전용으로 사용하도록 한다.
- 작업자는 보호구의 착용을 생활화하여야 한다.

② 개인 안전보호구를 착용한다.

- 안전화 : 물체의 낙하, 충격 또는 날카로운 물체로 인한 위험으로부터 발, 발등을 보호하거나 감전 또는 정전기 방지를 위해 착용한다.
- 위생장갑 : 작업자의 손을 보호함과 동시에 조리위생을 개선한다.
- 안전마스크 : 고객의 위생을 보호함과 동시에 조리위생을 개선한다.

- 위생모자 : 조리 작업 시 음식에 머리카락이 들어가지 않도록 방지하는 보호구로 조리 위생을 개선한다.

③ 항상 사용가능하도록 청결하게 보관한다.

### (5) 작업장 내 안전수칙

① 주방장비 및 기물의 안전수칙

- 바닥에 물이 고여 있거나 조리작업자의 손에 물기가 있을 때 전기장비를 접촉하지 않는다.
- 각종 기기나 장비의 작동방법과 안전교육을 철저히 한다.
- 가스밸브 사용 전 · 후 꼭 확인한다.
- 냉장 · 냉동실의 잠금장치 상태를 확인한다.
- 가스나 전기오븐의 온도를 확인한다.
- 전기기기나 장비를 세척할 플러그 유무를 확인한다.

② 조리작업자의 안전수칙

- 안전한 자세로 조리한다.
- 조리작업에 편안한 조리복과 안전화를 착용한다.
- 뜨거운 용기를 이용할 때에는 마른 천이나 장갑을 사용한다.
- 무거운 통이나 짐을 들 때 허리를 구부리는 것보다 쪼그리고 앉아서 들고 일어난다.
- 짐을 옮길 때 충돌 위험을 감지한다.

## 3. 화재예방 및 조치방법

### (1) 화재

물질이 산소와 결합하여 에너지를 방출하는 화학반응이다.

### (2) 화재의 3요소

① 가연성 물질(연료) : 점화원에 타기 쉬운 물질이나 물건이 산소와 반응했을 때 발열에 의한 연소가 쉬워야 한다. 일반적으로 산소와의 화합물을 만들 수 없는 원소들은 가연물질이 될 수 없다.

② 산화제(산소, 공기) : 공기는 산소, 질소, 헬륨, 수증기, 아르곤, 이산화탄소 등 가스들의 혼합체이다. 공기의 조성은 지역 및 고도, 계절에 따라 다르며, 이 중 산소는 공기 중의 다른 물질과 기체 상태로 충분히 혼합되어 가연성 물질을 태우는 데 필요한 역할을 하게 된다.

③ 에너지(열, 온도) : 어떤 물질이 발화하기 위한 최소 에너지이다.

- 자연발화온도(AIT, Auto Ignition Temperature) : 외부의 열원 없이 발화하는 최저온도이다.
- 인화점(Flash Point) : 가연성 고체 및 액체의 표면 또는 용기에서 공기와 혼합된 가연성 증기 또는 기체가 착화하는 데 충분할 정도의 농도로 발생할 때의 최저온도이다.
- 최소발화에너지(MIE, Minimum Ignition Energy) : 열을 방출하기 위한 최소한의 에너지이다.

### (3) 화재진압기 배치 및 사용

① 인화성 물질의 적정 보관 여부를 점검한다.

② 소화설비의 화재안전기준에 따른 소화전함, 소화기를 비치 · 관리한다.

③ 소화전함의 관리 상태를 점검한다.

### (4) 화재원인

① 전기 제품으로 누전으로 발생한다.

② 조리기구 주변 가연물에 의해 발생한다.

③ 가스레인지 주변 벽이나 환기구 후드에 있는 기름찌꺼기에 의해 발생한다.

④ 조리 중 자리이탈 등 부주의에 의해 발생한다.

⑤ 식용유 사용 중 과열로 인해 발생한다.

⑥ 기타 화기 취급 부주의에 의해 발생한다.

### (5) 화재 발생 시 대피 방안 확보

① 출입구 및 복도, 통로에 적재물 비치 여부를 점검한다.

② 비상통로 위치, 비상 조명등에 예비 전원 작동 상태를 점검한다.

③ 자동 확산 소화용구 설치의 적합성을 점검한다.

### (6) 화재 발생 시 대처요령

① 화재 시 경보를 울리고 큰소리로 주위에 알린다.

② 신속히 화재의 원인을 제거한다.

③ 소화기나 소화전을 사용하여 불을 끈다.

④ 몸에 불이 붙었을 때 제자리에서 바닥에 구른다.

### (7) 화재 예방

① 화재 위험성이 있는 화기나 설비 주변은 정기적으로 점검한다.

② 지속적이고 정기적으로 화재예방에 대한 교육을 실시한다.

③ 지정된 위치의 소화기 유무 확인 및 사용법 교육을 실시한다.

④ 뜨거운 오일이나 유지는 화염원 주변 방치 금지한다.
⑤ 전기의 사용지역에서는 접선이나 물의 접촉 금지한다.
⑥ 화재발생 위험 요소가 있을 수 있는 기계나 기기의 수리 및 점검한다.

### (8) 소화기의 종류

| 구분 | 내용 |
|---|---|
| "A"급 일반화재용 | 종이, 섬유, 나무 등과 같은 가연성 물질에 발생하는 화재로 연소 후 재로 남음(백색 바탕에 "A" 표시) |
| "B"급 유류화재용 | 페인트, 알코올, 휘발유, 가스 등의 가연성 액체나 기체에 발생하는 화재로 연소 후 재가 남지 않음(황색 바탕에 "B" 표시) |
| "C"급 전기화재용 | 모터, 두꺼비집, 전선, 전기기구 등에서 발생하는 전기화재(청색 바탕에 "C" 표시) |

## 4. 산업안전보건법 및 관련지침

### (1) 산업안전보건법 및 관련지침

① 산업안전보건법의 목적

산업 안전 및 보건에 관한 기준을 확립하고 그 책임의 소재를 명확하게 하여 산업재해를 예방하고 쾌적한 작업환경을 조성함으로써 노무를 제공하는 사람의 안전 및 보건을 유지 · 증진하기 위함이다.

산업안전 보건법령 : 고용노동부 소관 법령으로서 1개 법률, 1개 시행령, 3개 시행규칙으로 구성되어 있다.

산업안전보건법 ………………………………………… 법
산업안전보건법 시행령 …………………………… 시행령
산업안전보건법 시행규칙…………………………… 시행규칙
산업안전보건기준에 관한 규칙 …………………… 안전보건규칙
유해 · 안전작업의 취업제한에 관한 규칙 ………… 취업제한 규칙

② 사업주 및 근로자의 의무

사업주 및 근로자에게 의무를 부여하고 있다. 산업안전 · 보건관리는 사업주 책임하에서 행해져야 하며, 사업주는 기어경영을 총괄 지휘하고 조직 내의 모든 안전보건관리에 대한 책임을

지게 된다. 또한 근로자의 안전 확보를 위해서 노력하여야 하고 근로자는 사업주의 안전 · 보건조치가 효과를 얻을 수 있도록 협조해야 한다.

㉠ 사업주의 의무

산업안전보건법은 근로자의 안전 · 보건을 유지 · 증진시키기 위해 필요한 사항을 사업주에게 부여하고 있다.

**Point** 의무사항

- 국가에서 시행하는 산업재해 예방 시책 등을 준수하여야 한다.
- 산업재해 발생 보고의 의무가 있다.
- 산업재해 기록 · 보존의 의무가 있다.
- 산업안전보건법령 요지 게시 등의 의무가 있다.
- 유해 · 위험한 장소에 안전 · 보건표지를 부착하여야 한다.
- 안전 · 보건상의 필요한 조치를 하여야 한다.
- 근로자의 생명을 지키고 안전 · 보건을 유지 · 증진시켜야 한다.
- 안전보건규정을 작성하여 사업장에 게시하거나 근로자에게 알리는 등의 의무가 있다.

사업주의 법률상 책임 : 사업주는 근로자 임금 지불뿐만 아니라 근로자의 신체와 생명에 생길 수 있는 위험으로부터 근로자를 보호할 의무를 가지며, 안전조치 의무를 위반하고 있지 않음을 사업주가 입증하여야 한다. 예를 들면 평소에 작업에 대한 안전 · 보건교육을 충분히 실시하고 있었다든지, 작업 시 사용하고 있었던 기계 · 설비는 안전하게 방호조치 등을 하였음을 사업주가 입증하여야 한다.

㉡ 근로자의 의무

근로자는 산업재해 예방을 위한 기준을 준수하여야 하며, 사업주가 실시하는 산업재해방지에 관한 조치를 따라야 한다.

**Point** 의무사항

- 근로자는 사업주가 행한 안전 · 보건상의 조치 사항을 지켜야 한다.
- 사업주가 실시하는 근로자 건강진단을 받아야 한다.
- 사업주가 제공한 안전모, 안전화 등 보호구 착용 의무가 있다.

③ 산업재해 발생 시 조치해야 할 사항

재발방지를 위해 재해 발생원인과 재발방지 계획 등을 사업주가 기록하고 보존하도록 의무화하고 있고 산업재해가 발생한 날부터 1개월 이내에 관할 지방고용노동관서에 산업재해조사표를 제출하여야 하며, 중대재해는 지체 없이 관할 지방고용노동관서에 보고하도록 의무화하고 있다.

[산업안전보건법에서의 용어 정의]

| 구분 | 내용 |
|---|---|
| 산업재해 | 근로자가 업무에 관계되는 건설물 · 설비 · 원재료 · 가스 · 증기 · 분진 등에 의하거나 작업 또는 그 밖의 업무에 기인하여 사망 또는 부상하거나 질병에 걸리는 것 |
| 중대재해 | 산업재해 중 사망 등 재해 정도가 심한 것으로서, 다음의 재해를 말한다.<br>• 사망자 1인 발생한 재해<br>• 3개월 이상의 요양이 필요한 부상자가 동시에 2명 이상 발생한 재해<br>• 부상자 또는 직업성 질병 자가 동시에 10명 이상 발행한 재해 |

④ 산업재해 발생 시 조치 사항 및 처리절차

| 순서 | 내용 |
|---|---|
| 재해자 발견 시 조치사항 | • 재해발생 기계의 정지 및 재해자 구출<br>• 병원 긴급 후송 : 환자에 대한 응급처치와 동시에 119구급대, 병원 등에 연락하여 긴급 후송<br>• 보고 및 현장보존 : 관리감독자 등 책임자에게 알리고, 사고 원인 등 조사가 끝날 때까지 현장보존 |
| 산업재해 발생 보고 | • 산업재해(3일 이상 휴업)가 발생한 날부터 1개월 이내에 관할 지방고용노동관서에 산업재해조사표를 제출<br>• 중대재해는 지체 없이 관할 지방고용노동관서에 전화, 팩스 등으로 보고 |
| 산업재해 기록 · 보존 | • 산업재해가 발생한 경우 다음 각 호의 사항을 기록하고 3년간 보존<br>– 사업장의 개요 및 근로자의 인적사항<br>– 재해발생의 일시 및 장소<br>– 재해 발생의 원인 및 과정<br>– 재해 재발방지 계획 |
| 재발방지 계획에 따른 개선활동 실시 | • 재발방지 계획에 따른 개선활동 실시 |

Chapter 02

# 예상문제

**01** 안전관리의 중요성과 가장 거리가 먼 것은?

① 인간 존중이라는 인도적 신념의 실현
② 경영 경제상의 제품의 품질 향상 및 생산성 향상
③ 재해로부터 인적, 물적 손실 예방
④ 작업환경 개선을 통한 투자비용 증대

해설 안전관리란 재해로부터 인간의 생명과 재산을 보존하기 위한 계획적이고 체계적인 제반활동을 의미한다.

**02** 화재 시 대처 요령으로 바르지 않는 것은?

① 화재발생 시 큰소리로 주위에 먼저 알린다.
② 소화기 사용방법과 장소를 미리 숙지하여 소화기로 불을 끈다.
③ 신속히 원인 물질을 찾아 제거하도록 한다.
④ 몸에 불이 붙었을 경우 움직이면 불길이 더 커지므로 가만히 조치를 기다린다.

해설 몸에 불이 붙었을 경우 제자리에서 바닥에 구른다.

**03** 주방 내 미끄럼 사고의 원인이 아닌 것은?

① 바닥이 젖은 상태
② 기름이 있는 바닥
③ 높은 조도로 인해 밝은 경우
④ 주변 물체 또는 호스 등에 의해

해설 낮은 조도로 인해 어두운 경우 미끄럼 사고가 발생한다.

**04** 위험도 경감의 원칙으로 옳지 않은 것은?

① 위험요인 제거
② 위험발생 경감
③ 재발 경감
④ 사고피해 경감

해설 위험도 경감의 원칙에 있어 핵심 요소는 위험요인 제거, 위험발생 경감, 사고피해 경감이다.

**05** 선임 관리자의 역할이 아닌 것은?

① 적합한 작업 방식을 합의한다.
② 종업원의 역량을 강화시킨다.
③ 종업원에게 의견을 공유하고 의사결정에 참여시킨다.
④ 방향을 제시하고 조언을 제공한다.

해설 방향을 제시하고 조언을 제공하는 일은 중간 관리자 및 현장 관리감독자의 역할이다.

**06** 안전교육의 목적으로 옳지 않은 것은?

① 일상생활에서 개인 및 집단의 안전에 필요한 지식, 기능, 태도 등을 이해시킨다.
② 개인 위주의 안전성을 최고로 발달시키는 교육이다.
③ 안전한 생활을 위한 습관을 형성시킨다.
④ 인간 생명의 존엄성에 대해 인식시킨다.

해설 개인과 집단의 안전성을 최고로 발달시키는 교육이다.

정답 01 ④ 02 ④ 03 ③ 04 ③ 05 ④ 06 ②

**07** 응급조치의 목적이 아닌 것은?

① 119 신고부터 부상이나 질병을 의학적으로 처치하여 회복될 수 있도록 도와주는 행위이다.
② 다친 사람이나 급성질환자에게 사고현장에서 즉시 취하는 조치이다.
③ 건강이 위독한 환자에게 전문적인 의료가 실시되기에 앞서 긴급히 실시되는 처치이다.
④ 생명을 유지시키고 더 이상의 상태악화를 방지 또는 지연시키는 것이다.

**해설** 119 신고부터 부상이나 질병을 의학적 처치 없이도 회복될 수 있도록 도와주는 행위까지 포함한다.

**08** 응급조치 시 지켜야 할 사항이 아닌 것은?

① 환자에게 자신의 신분을 알린다.
② 현장에서 자신의 안전을 확보한다.
③ 최초로 응급환자를 발견하고 응급조치를 시행하기 전까지 환자의 생사를 판정하지 않는다.
④ 전문 의료진이 도착할 때까지의 행동으로 환자의 상태에 따라 의약품을 사용한다.

**해설** 전문 의료진이 도착할 때까지 원칙적으로 의약품을 사용하지 않는다.

**09** 작업장 내에서 조리작업자의 안전수칙으로 바르지 않는 것은?

① 안전한 자세로 조리한다.
② 뜨거운 용기를 이용할 때에는 장갑을 사용한다.
③ 짐을 옮길 때 충돌 위험을 감지한다.
④ 조리작업을 위해 편안한 조리복만 착용한다.

**해설** 조리 작업을 위해서는 조리복, 안전화, 위생모 등 적합한 복장을 갖추어야 한다.

**10** 화재를 사전에 예방하기 위한 방법으로 바르지 않는 것은?

① 화재 위험성이 있는 화기나 설비 주변은 정기적으로 점검한다.
② 지속적으로 화재 예방 교육을 실시한다.
③ 전기의 사용지역에서는 접선이나 물의 접촉을 금지한다.
④ 화재발생 위험 요소가 있는 기계 근처에는 가지 않는다.

**해설** 화재발생 위험 요소가 있을 수 있는 기계나 기기는 수리 및 정기적인 점검을 실시하여 관리한다.

**11** 주방 내 안전사고 요인 중 행동적 요인이 아닌 것은?

① 독단적 행동
② 안전장치 등의 소홀한 점검
③ 불안전한 동작과 자세
④ 신체 동작의 통제 불능

**해설** 신체 동작의 통제 불능은 생리적 요인이다.

**12** 위험도 경감의 3가지 시스템 구성요소가 아닌 것은?

① 장비 ② 사람
③ 기술 ④ 절차

**해설** 위험도 경감의 3가지 시스템 구성요소는 사람, 절차, 장비이다.

07 ① 08 ④ 09 ④ 10 ④ 11 ④ 12 ③

**13** 조리 작업 시 발생할 수 있는 안전사고의 위험 요인과 원인의 연결이 바르지 않는 것은?

① 화재발생 – 끓는 식용유 취급
② 미끄러짐 – 부적절한 조명
③ 전기감전 – 연결코드 제거 후 전자제품 청소
④ 베임, 절단 – 칼 사용 미숙

해설 전기 감전 예방법 : 연결코드 제거 후 전자 제품 청소이다.

**14** 작업장에서 안전사고가 발생했을 때 가장 먼저 해야 하는 것은?

① 역학조사
② 관리자 보고
③ 사고 원인 물질 회수
④ 모든 작업자 대피

해설 작업을 중단하고 즉시 관리자에게 보고한다.

**15** 재해에 대한 설명으로 틀린 것은?

① 구성요소의 연쇄반응 현상이다.
② 중소규모의 사업장에 재해관리를 전담할 수 있는 안전관리자를 선임할 수 있는 법적 근거가 없다.
③ 환경이나 작업조건으로 인해 자신에게만 상처를 입었을 때를 말한다.
④ 불안전한 행동과 기술에 의해 발생한다.

해설 환경이나 작업조건으로 인해 자신이나 타인에게 상해를 입히는 것이다.

**16** 재해나 사고에 의해 비롯된 구조적 손상 등에 대하여 긴급히 시행하는 점검은 무엇인가?

① 특별점검 ② 손상점검
③ 정기점검 ④ 일상점검

해설 재해나 사고에 의해 비롯된 구조적 손상 등에 대하여 긴급히 시행하는 점검은 관리주체가 필요하다고 판단될 때 실시하는 정밀점검 수준의 안전점검인 손상점검이다.

**17** 조리작업에 사용되는 설비기능 이상 여부와 보호구 성능 유지 등에 대한 정기 점검은 최소 매년 몇 회 이상 실시해야 하는가?

① 1회 ② 2회
③ 3회 ④ 4회

해설 매년 1회 이상 정기적으로 점검을 실시하고 그 결과를 보관한다.

**18** 주방장비 및 기물의 안전수칙이 바르지 않는 것은?

① 바닥에 물이 고여 있거나 조리작업자의 손에 물기가 있을 때 전기장비 접촉 불가
② 가스나 전기오븐의 온도를 확인
③ 가스 밸브는 사용 후만 꼭 확인하면 된다.
④ 각종 기기나 장비의 작동방법과 안전숙지 교육 철저히 한다.

해설 가스 밸브는 사용 전 · 후 모두 꼭 확인해야 한다.

**19** 페인트, 알코올, 휘발유 가스 등의 가연성 액체나 기체에 발생하는 화재로 연소 후 재가 남지 않는 것의 화재의 종류는?

① "A"급 화재 일반화재
② "B"급 화재 유류화재
③ "C"급 화재 전기화재
④ "D"급 화재 일반화재

해설 페인트, 알코올, 휘발류, 가스 등의 가연성 액체나 기체에 발생하는 화재로 연소 후 재가 남지 않는 화재는 "B"급 화재 유류화재이다.

13 ③ 14 ② 15 ③ 16 ② 17 ① 18 ③ 19 ②

# 음식 재료관리

Chapter 01

# 식품재료의 성분

## 1. 수분

### (1) 수분의 작용

① 영양소 및 노폐물 운반과 배설작용을 한다.
② 용매 작용 : 용질을 용해하여 체액의 pH와 삼투압을 유지한다.
③ 화학반응 조절작용 : 모든 대사 과정에 물이 필요하다.
④ 체온조절작용을 한다.
⑤ 조직의 안정보호작용을 한다.
⑥ 윤활제로 작용 : 체내에 있는 모든 체액을 구성한다.
⑦ 체중의 65~70%를 차지한다.
- 수분의 10% 상실 : 신체기능 이상을 유발한다.
- 수분의 20% 상실 : 생명이 위험하다.

⑧ 성인의 경우 1일 생리적 필요량은 2~2.5 ℓ (성인 : 1cc/kcal, 신생아 : 1.5cc/kcal)이다.
⑨ 식품의 물리 · 화학적 성질뿐만 아니라 조리 · 가공 · 저장 시 성분들의 변화에 큰 영향을 미친다.

### (2) 수분의 종류

① 자유수(유리수) : 분자와의 결합이 느슨하여 쉽게 이동이 가능한 물이다.
② 결합수 : 토양이나 생체 속 등에서 강하게 결합되어 쉽게 제거할 수 없는 물이다.

| 자유수(유리수) | 결합수 |
|---|---|
| 식품 중에 유리(자유) 상태로 존재한다. | 식품 중의 탄수화물이나 단백질 분자의 일부분을 형성하는 물이다. |
| 수용성 물질을 녹이는 용매 작용한다. | 수용성 물질을 녹이는 용매로 작용하지 못한다. |
| 미생물의 생육에 이용된다. | 미생물의 생육 불가능하다. |
| 0℃ 이하에서 동결되고, 100℃ 이상에서 증발한다. | -20℃ 이하에서 동결되지 않는다. |
| 4℃에서 비중이 제일 크고, 표면장력이 크다. | 유리수 보다 밀도가 크다. |
| 끓는점, 녹는점이 매우 높다. | 수증기압이 유리수 보다 낮으므로 100℃ 이상으로 가열해도 제거되지 않는다. |
| 건조하면 쉽게 분리된다. | 식품조직을 압착해도 분리가 불가능하다. |

### (3) 수분활성도

① 수분활성도(Aw)

- 임의의 온도에서 식품이 나타내는 수증기압(P)에 대한 같은 온도에 있어서 순수한 물의 수증기압(Po)의 비율이다.

**Point** $\text{식품의 수분활성도} = \dfrac{\text{식품 속의 수증기압}}{\text{순수한 물의 수증기압}} = \dfrac{\text{용질의 증기압}}{\text{용매의 증기압}}$

$$\dfrac{\text{용매의 농도/분자량}}{\text{용매의 농도/분자량} + \text{용질의 농도/분자량}}$$

- 순수한 물의 수분활성도(Aw) : (Aw) = 1인 물이다.
- 일반식품의 수분활성도(Aw) : (Aw) 〈 1이다(가용성 영양소들이 포함되어 있는 식품의 수분활성도는 항상 1보다 작다).
- 곡류나 건조식품 등은 다른 일반 식품들에 비해 수분활성도가 낮다.
- 식품별 수분활성도 : 식품의 수분활성은 식품에 함유된 용질의 농도와 종류에 따라 달라진다.

| 구분 | 수분 활성도 |
|---|---|
| 건조식품 | 0.20 이하 |
| 곡류 · 콩류 | 0.60~0.64 |
| 과일 · 채소류 | 0.98~0.99 |
| 육류 · 어류 | 0.98 |

② 미생물과 수분활성도

- 식품 중의 수분활성은 식품 중 효소작용의 속도에 영향을 준다.
- 소금 절임은 수분활성을 낮게 하고, 삼투압을 높게 하여 미생물의 생육을 억제한다.
- 수분활성도 0.6 이하에서는 미생물의 번식 억제가 가능하다.
- 수분활성도가 큰 미생물일수록 번식이 쉽다.

**Point** 수분활성도(Aw) = 세균(0.09~0.99) 〉 효모(0.88) 〉 곰팡이(0.80)이다.

## 2. 탄수화물(당질)

### (1) 탄수화물의 특징

① 구성원소: 탄소(C), 수소(H), 산소(O)가 1 : 2 : 1의 비율이다.

② 탄수화물은 크게 소화되는 당질과 소화되지 않는 섬유소로 구분한다.
③ 탄수화물의 대사 과정에는 비타민 $B_1$(티아민)이 반드시 필요하다.
④ 과잉 섭취 시간과 근육에 글리코겐으로 나머지는 피하지방으로 저장한다.

### (2) 탄수화물의 기능

① **에너지원** : 4kcal/g 에너지가 발생하며 총열량의 65%가 권장량으로 적당하며 소화율은 98%이다.
② **단백질 절약작용** : 탄수화물을 충분히 섭취하지 않으면 단백질을 분해하여 에너지원으로 사용한다.
③ **지방의 완전연소** : 탄수화물은 지방의 완전연소에 필요하다.
④ **장의 활성화** : 식이섬유는 장운동을 촉진시켜 변비를 예방한다.
⑤ 간장보호 및 간의 해독작용을 한다.
⑥ 혈당성분을 0.1%의 농도로 유지시킨다.
⑦ 필수영양소로서 10% 이상 섭취(뇌의 에너지원)해야 한다.
⑧ **부족 시** : 발육부진, 체중이 감소한다.
**과잉 시** : 지방과다증, 비만, 소화불량이 생긴다.

### (3) 탄수화물의 분류

결합한 당의 수에 따라 단당류, 이당류, 다당류로 분류된다.

① **단당류** : 더 이상 가수분해되지 않는 가장 작은 탄수화물의 구성단위로 물에 녹고 일반적으로 단맛이 난다.

• 오탄당 : 식물체에 유리 상태가 아닌 다당류의 형태로 식물의 줄기, 잎, 세포막 등에 존재한다.

| 구분 | 성분 |
|---|---|
| 아라비노스(Arabinose) | 동 · 식물체에 존재하는 핵산의 구성성분이다. |
| 리보스(Ribose) | 펙틴, 헤미셀루스의 구성성분이며, 식물체에 존재한다. |
| 자일로스(Xylose) | 설탕의 60% 정도의 단맛을 내며, 식물체에 존재한다. |

• 육탄당 : 탄소원자 6개를 갖는 단당류로 생물에 가장 널리 존재한다.

| 구분 | 성분 |
|---|---|
| 포도당<br>(glucose) | • 탄수화물의 최종 분해 산물로 자연계에 널리 분포한다.<br>• 혈액 중에 0.1% 정도의 혈당량이 있어 영양상 · 생리상으로 가장 중요한 당이다.<br>• 두뇌와 적혈구의 중요 에너지원이다.<br>• 여분의 포도당은 간이나 근육의 글리코겐으로 저장한다.<br>• 과잉의 포도당은 체내 지방으로 저장한다. |

| | |
|---|---|
| 과 당<br>(fructose) | • 과일, 꽃, 특히 벌꿀에 많이 함유한다.<br>• 당류 중 단맛이 가장 강하다.<br>• 체내에서 쉽게 포도당으로 변하여 전환한다.<br>• 감미도는 상온에서 강해지고 고온에서는 약해진다.<br>• 자당의 구성 성분이다.<br>• 용해도가 커서 결정화되지 않으며 물에 쉽게 녹는다. |
| 갈락토오스<br>(galactose) | • 천연식품에 유리된 상태로는 거의 존재하지 않는다(단독으로 존재하지 못함).<br>• 포도당과 결합하여 이당류인 유당의 구성성분으로 포유동물의 유즙에 존재한다.<br>• 지질과 결합된 당 지질로 뇌와 신경조직의 성분이 되므로, 특히 유아에게 필요한 성분이다.<br>• 단당류 중 감미도가 가장 약하다.<br>• 물에 잘 녹지 않으며, 동물 체내에만 존재한다. |
| 만노오스<br>(mannose) | • 밀감류의 과피, 당밀, 발아, 종자 등에 유리 상태로 소량 존재한다.<br>• 곤약, 감자, 백합 뿌리 등에 존재한다. |

② 이당류 : 단당류 2분자가 결합된 당이다.

| 구분 | 성분 |
|---|---|
| 자당(설탕 · 서당)<br>(sucrose) | • 포도당 + 과당이 결합한 당이다.<br>• 160℃ 이상 가열하면 갈색 색소인 캐러멜이 된다.<br>• 표준 감미료로 단맛을 비교할 때 기준으로 사용한다.<br>• 사탕수수나 사탕무에 많이 함유한다.<br>• 전화당 : 설탕을 가수분 할 때 얻어지는 포도당과 과당이 1:1로 섞여 있는 동량 혼합물(벌꿀에 많음)이다. |
| 맥아당<br>(maltose) | • 포도당 + 포도당이 결합한 당이다.<br>• 물엿의 주성분이다.<br>• 엿기름에 많다.<br>• 소화 · 흡수가 빠르다. |
| 젖당(유당)<br>(lactose) | • 포도당 + 갈락토오스가 결합된 당이다.<br>• 단맛이 가장 약하다.<br>• 칼슘과 단백질의 흡수를 돕고 정장작용을 한다.<br>• 동물 유즙에 많이 존재한다. |

**Point** 당질의 감미도

- 단맛의 정도는 상대적 감미도로 나타내는데, 상대적 감미도란 10% 설탕용액의 단맛을 100으로 기준 삼아 비교한 값이다.
- 과당(170) 〉 전화당(85~130) 〉 자당(100) 〉 포도당(74) 〉 맥아당(60) 〉 갈락토오스(33) 〉 유당(16) 순이다.

| 구분 | 성분 |
| --- | --- |
| 전분(녹말)<br>(starch) | • 식물계의 대표적인 저장 탄수화물로 중요한 에너지원이다.<br>• 포도당이 결합된 형태이다.<br>• 곡류 · 감자류에 존재한다.<br>• 아밀로오스(amylose)와 아밀로펙틴(amylopectin)으로 구성한다. |
| 글리코겐<br>(glycogen) | • 동물체의 저장 탄수화물이다.<br>• 동물의 간과 근육에 저장되어 필요할 때 포도당으로 분해되어 에너지로 사용한다.<br>• 요오드 반응에 의해 적색 · 적갈색을 띤다.<br>• 간, 근육, 조개류에 많이 함유한다. |
| 섬유소<br>(cellulose) | • 모든 식물의 세포벽의 구성성분이다.<br>• 결합상태가 단단하여 소화되지 않으나 곡류, 채소, 과일 등에 많이 함유한다.<br>• 영양적 가치는 없으나, 소화관을 자극하여 장의 연동운동을 도와서 배변을 촉진한다.<br>• 장내에 비타민 B군의 합성을 촉진한다. |
| 펙틴<br>(pectin) | • 세포벽이나 세포와 세포 사이를 연결시켜 주는 구성물질이다.<br>• 당과 산이 존재하는 조건 하에서 겔(gel)을 형성하여 잼이나 젤리를 만드는 데 이용한다.<br>• 사과, 과실류, 밀감껍질, 세포막 사이의 엷은 층에 존재하는 소화되지 않는 복합 다당류이다.<br>• 영양적인 가치는 없으나, 식이섬유소의 역할을 한다. |
| 키틴<br>(chitin) | • 새우나 게 같은 갑각류에 함유한다.<br>• 단백질과 복합체를 이루고 있는 다당류이다. |
| 이눌린<br>(inulin) | • 과당의 결합체로 우엉, 돼지감자, 다알리아 뿌리에 함유한다.<br>• 산이나 가수분해 효소인 이눌라아제에 의하여 과당을 생성한다. |
| 한천<br>(acar) | • 우뭇가사리 등 홍조류에 존재하는 점질물로 동결건조한 제품이다.<br>• 장을 자극하여 변비를 방지한다.<br>• 물과의 친화력이 강해 수분을 일정한 형태로 유지한다.<br>• gel화 되는 성질이 있어 식품의 조리가공에 이용한다(젤리, 잼, 과자, 아이스크림, 양갱, 청량음료 등).<br>• 고온에 강한 성질이 있어 제과 · 제빵의 안정제로 사용한다.<br>• 응고력이 강하고 응고하면 용융점이 높아 잘 부패하지 않는다. |
| 알긴산<br>(alginic acid) | • 미역, 다시마, 김 등의 갈조류의 세포막 성분이다.<br>• 아이스크림, 냉동 과자의 안정제이다. |

③ **다당류** : 여러 종류의 단당류가 결합된 분자량이 큰 탄수화물로 단맛이 없으며, 물에 잘 녹지 않는다.

## 3. 지방(지질)

### (1) 지방의 특징

① **구성원소** : 탄소(C), 수소(H), 산소(O)의 3원소로 구성된 유기 화합물이다.

② 유지 및 이들 유도체의 총칭으로 1분자의 글리세롤과 3분자의 지방산이 에스테르 상태로의 결합이다.

③ 물에 녹지 않고 유기용매에 녹는다.

④ 상온에서 액체인 것은 기름(Oil), 고체 상태인 지방(Fat)으로 존재한다.

⑤ 과잉섭취 시 피하지방으로 저장되며 비만, 고지혈증, 동맥경화, 심장병을 유발한다.

### (2) 지방의 기능

① **에너지원 공급원** : 9kcal/g 에너지가 발생하며, 총 열량의 20%가 권장량으로 적당하며 소화율은 95%이다.

② **필수지방산 공급** : 생명유지에 꼭 필요한 필수 지방산은 체내에서 합성되지 않기 때문에 반드시 섭취해야 한다.

③ **지용성 비타민 용매** : 지용성 비타민 A · D · E · K의 흡수와 운반을 도와준다.

④ **신체 보호** : 외부의 물리적 충격으로부터 중요한 장기를 보호해 준다.

⑤ **체온 조절** : 피하지방은 외부 온도의 변화로부터 체온을 유지시켜 준다.

⑥ **세포막 구성** : 인지질과 콜레스테롤은 체세포, 뇌, 신경조직 등에서 세포막의 구성 성분이 된다.

⑦ **포만감 제공** : 탄수화물, 단백질보다 위장에 오래 머물러 있어 포만감을 준다.

⑧ **맛 · 향미 제공** : 식품에 특별한 맛과 향미를 제공한다.

### (3) 지방의 물리적 · 화학적 성질

① **유화(에멀션화, Emulsification)**

- 수중유적형(O/W) : 물 중에 기름이 분산되어 있는 것으로 우유, 마요네즈, 생크림, 아이스크림 등이다.
- 유중수적형(W/O) : 기름 중에 물이 분산되어 있는 것 버터, 마가린 등이다.

② **수소화(경화, Hydrogenation)**

- 경화 : 액체상태의 기름에 수소($H_2$)를 첨가하고 니켈(Ni)이나 백금(Pt)을 넣어 촉매제로 하여 고체형의 기름으로 만든 것으로 마가린과 쇼트닝 등이다.
- 가수소화 과정으로 인하여 식물성 유지의 불포화지방산이 트랜스 지방산으로 변화한다.

③ **연화작용(Shortening)** : 밀가루 반죽에 유지를 첨가하면 반죽 내에서 지방을 형성하여 전분과 글루텐의 결합을 방해하는 작용이다.

④ 검화가(비누화가, saponification value)

- 유지는 수산화칼륨, 수산화나트륨 등의 알칼리에 의해 가수분해되어 지방산염, 즉 비누를 생성하며, 이를 '검화' 또는 '비누화'라고 한다.
- 글리세롤과 지방산염(비누)이 생성된다.
- 저급 지방산이 많을수록 비누화가 잘된다.

⑤ 가소성(plasticity) : 외부조건에 의하여 유지의 상태가 변했다가 외부조건을 원상태로 복구하여도 유지의 변형 상태 그대로 유지되는 성질이다.

⑥ 과산화물가(peroxide value)

- 유지의 산패 정도와 유도 기간을 알 수 있는 방법이다.
- 유지의 산패에 의해 생성된 과산화물에 요오드화칼륨을 반응시켰을 때 유리된 요오드를 '티오황산화나트륨'용액으로 적정하여 유지 1kg에 대한 mg당 양을 수로 표시한다.

⑦ 산가(acid value)

- 산가는 유지 1g 중에 함유되어 있는 유리지방산을 중화하는 데 소요되는 수산화칼륨의 mg 수이다.
- 유지의 산패도를 측정하는 방법이다.

### (4) 지방의 권장량

① 총열량의 20%를 지질에서 얻도록 한다.

② 과잉증 : 비만, 동맥경화, 간질환, 심장병 등이 있다.

③ 결핍증 : 성장부진, 체중감소 등이 있다.

### (5) 지방의 분류

① 구성성분과 구조에 따른 분류

| 구분 | 성분 |
| --- | --- |
| 단순지질<br>(중성지방) | • 지방산과 글리세롤의 에스테르 결합이다.<br>• 중성지방, 글리세롤, 지방산, 왁스 등이 있다.<br>• 중성지방(지방산 + 글리세롤), 왁스(지방산 + 고급알코올) 등이다. |
| 복합지질 | • 단순지질에 질소, 인, 당 등의 결합이다.<br>• 인지질(난황의 레시틴), 당지질, 단백지질 등이다. |
| 유도지질 | • 단순지질과 복합지질의 가수분해에 의해서 생성되는 지용성 물질이다.<br>• 스테롤(콜레스테롤 : 비타민 $D_3$, 에르고스테롤 : 비타민 $D_2$), 담즙산, 지방산, 고급 알코올류, 비타민류 등이 있다. |

② 요오드가에 따른 분류

- 유지 100g 중에 첨가되는 요오드의 g수이다.
- 요오드가 높다는 것은 지방산 중 불포화도가 높다는 의미이다.

| 구분 | 요오드가 | 종류 |
|---|---|---|
| 건성유 | 130 이상 | 공기 중에서 쉽게 굳는다.<br>• 아마인 유,들기름, 동유, 해바라기씨유, 호두기름 등이다. |
| 반건성유 | 100~130 | 대두유(콩기름), 옥수수유, 참기름, 면실유 등이다. |
| 불건성유 | 100 이하 | 공기 중에서 쉽게 굳지 않는다.<br>• 낙화생유(땅콩기름), 올리브유, 동백유 등이다. |

### (6) 지방산(지방의 성질은 지방산의 종류와 함량에 따라 크게 다르다)

| 구분 | 특징 |
|---|---|
| 포화 지방산 | • 천연에 가장 많이 분포한다.<br>• 융점이 높아 상온에서 고체상태로 존재한다.<br>• 탄소와 탄소 사이의 결합에 이중결합이 없는 지방산이다.<br>• 동물성 지방에 많이 함유한다.<br>• 종류 : 팔미트산, 스테아르산 등이다. |
| 불포화 지방산 | • 혈관벽에 쌓여 있는 콜레스테롤을 제거한다.<br>• 융점이 높아 상온에서 액체상태로 존재한다.<br>• 탄소와 탄소 사이의 결합에 1개 이상의 이중결합이 있는 지방산(이중결합이 많을수록 불포화도가 높음)이다.<br>• 식물성 지방, 어류, 견과류에 많이 함유한다.<br>• 종류 : 올레산, 리놀레산, 리놀렌산, 아라키돈산 등이다. |
| 필수 지방산 | • 불포화지방산 중 신체의 성장, 유지, 정상적인 기능을 위해 반드시 필요한 지방산이다.<br>• 체내에서 합성되지 않아 반드시 식품으로 공급받아야 한다.<br>• 식물성유에 많이 함유한다.<br>• 결핍 : 피부염, 성장 지연 등이다.<br>• 종류 : 리놀레산, 리놀렌산, 아라키돈산 등이다. |
| 트랜스 지방산 | • 불포화 지방산인 식물성 기름을 가공식품으로 만들 때 산패를 억제하기 위해 수소를 첨가하는 과정에서 생기는 지방산이다.<br>• 액체 상태의 식물성 기름을 마가린 · 쇼트닝과 같은 유지나 마요네즈와 같은 양념 등 고체 · 반고체 상태로 가공할 때 생성한다. |

## 4. 단백질

### (1) 단백질의 특징

① 구성원소 : 탄소(C), 수소(H), 산소(O) 외에 질소(N)로 구성되어 있다.

② 단백질의 질소 함량은 평균 16%의 질소를 함유하므로 단백질을 분해하여 생기는 질소의 양에 6.25(단백질의 질소계수)를 곱하면 단백질의 양을 알 수 있다.

- 질소량 = 단백질×(16÷100)
- 단백질량 = 질소량×(100÷16) = 질소량×6.25(질소계수)

③ 아미노산들이 펩티드 결합으로 연결되어 있는 고분자 유기 화합물이다.

④ 열, 산, 알칼리 등에 응고되는 성질이다.

⑤ 뷰렛에 의한 정색반응으로 보라색을 나타낸다.

### (2) 단백질의 기능

① 에너지원 공급원(1g당 4kcal)이다. 총 열량의 15%가 권장량으로 적당하며 소화율은 92%이다.

② 성장 및 체조직의 구성 성분: 혈장 단백질, 피부, 효소, 항체, 호르몬을 구성한다.

③ 삼투압 유지를 통해 체내의 수분함량의 조절한다.

④ 체내의 pH를 조절한다.

⑤ 나이아신(비타민 $B_3$) 합성 : 필수아미노산인 트립토판으로부터 나이아신이 합성된다.

⑥ 과잉증 : 체온과 혈압상승, 불면증, 피로 증가(잉여 단백질은 지방으로 체내 저장)등이다.

⑦ 결핍증 : 콰시오커, 마라스무스(단백질과 열량 부족), 발육장애, 체중감소, 면역력 저하, 피하지질 감소, 근육쇠약, 피부변색, 머리카락 변색, 빈혈, 부종 등이다.

### (3) 단백질의 분류

① 구성성분에 따른 분류

| 구분 | 특징 |
|---|---|
| 단순단백질 | • 아미노산으로 구성된다.<br>• 알부민(albumins) : 물, 산, 알칼리에 녹고 열에 응고되며, 글로불린과 함께 동 · 식물계에 널리 분포한다.<br>• 글로불린(globulin) : 물에 용해되지 않으나 묽은 염류 용액에 녹으며, 가열하면 응고한다.<br>• 글루테닌(glutenin) : 물, 염류 용액에 난용성이고 알코올에 녹지 않으며, 가열에도 응고되지 않는다.<br>• 프로라민(prolamin) : 글루테닌과 비슷하나 70~80% 알코올에 녹는점이 다르며, 아미노산의 글루타민산을 많이 함유한다.<br>• 히스톤(histone) : 물이나 산에 융해되고 가열하면 응고하고 라이신을 많이 함유한다.<br>• 프로타민(protamin) : 물이나 묽은 산에 융해되고 열에는 응고되지 않는 강한 염기성 단백질이다.<br>• 알부미노이드(albuminoid) : 어떠한 용매에도 녹지 않는 경단백질로 효소의 작용도 받기 어렵다. 연골의 콜라겐, 손톱과 모발의 엘라스틴 등이다. |

| | |
|---|---|
| 복합단백질 | • 단순 단백질과 비단백질 성분으로 구성된 복합성 단백질이다.<br>• 핵단백질 : 단순단백질인 프로타민, 히스톤이 핵산과 결합된 단백질이다. 유전자(DNA, RNA)의 구성요소이며, 식품의 맛과 관련이 있다.<br>• 인단백질 : 단순단백질과 인산이 결합된 것(우유의 카제인, 난황의 오보비텔린)<br>• 당단백질 : 단순단백질과 점질성 당질이 결합되어 점성 단백질이라고도 하며, 주로 동물계의 화액의 뮤신, 난백의 오보뮤코이드 등에 존재한다.<br>• 지단백질 : 레시틴 등의 인지질과 단순단백질의 복합체로 난황의 리포비텔린 등이다.<br>• 색소단백질<br>– 산소운반, 호흡작용, 산화 · 환원 작용 등 중요한 생리작용을 한다.<br>– 식품 성분으로서 식품의 색과 관계 : 헤모글로빈(혈색소), 미오글로빈(육색소) |
| 유도단백질 | 열에 의해 변성된 단순 · 복합 단백질, 산 · 알칼리 등의 작용으로 변성 · 분해된다.<br>• 1차 유도 단백질(변성단백질) : 분자의 골격은 변하지 않고 성질만 변한 단백질(젤라틴, 프로틴, 메타프로테인 등)이다.<br>• 2차 유도 단백질(분해단백질) : 단백질이 아미노산으로 가수분해될 때까지의 중간생성물(프로테우스, 펩톤, 펩티트 등)이다. |

② 영양학적 분류(필수 아미노산 함량에 따른 분류)

| 구분 | 특징 |
|---|---|
| 완전단백질 | 생명유지 및 성장에 필요한 필수아미노산이 충분히 들어있는 단백질이다.<br>예 달걀(알부민), 우유(카제인), 콩(글리시닌) 등 |
| 부분적 불완전단백질 | • 필수 아미노산을 모두 함유하고 있으나 그중 하나 또는 그 이상 아미노산 함량이 부족한 단백질이다.<br>예 쌀(오리제닌), 보리(호르데인)<br>• 성장유지는 도움이 되지만 성장에는 도움이 되지 않는 단백질이다.<br>• 아미노산 보강(부족한 아미노산을 다른 식품을 통해 보충)을 통해 완전 단백질로 영양가를 높일 수 있다.<br>예 쌀(리신부족)+콩(리신풍부)=콩밥(완전한 형태의 단백질 공급) |
| 불완전 단백질 | • 하나 또는 그 이상의 필수아미노산이 결여된 저질 단백질 혹은 생물가가 낮은 단백질이다.<br>• 합성에 필요한 모든 아미노산을 제공할 수 없는 불완전 단백질을 섭취해서는 동물의 성장과 생명유지가 어렵다.<br>예 옥수수(제인), 젤라틴 등 |
| 필수 아미노산 | 체내에서 합성하지 않아 반드시 음식으로 섭취해야 하는 아미노산이다.<br>• 성인에게 필요한 필수아미노산 8가지 : 트레오닌, 발린, 트립토판, 이소루이신, 루신, 리신, 페닐알라닌, 메티오닌이다.<br>• 성장기 어린이에게 필요한 필수 아미노산 : 성인에게 필요한 필수아미노산 8가지+아르기닌, 히스티딘이다. |

### (4) 단백질의 변성요인

① 물리적 요인
- 가열, 동결, 건조, 계면장력 등이다.
- 달걀에 열을 가하면 노른자와 흰자가 굳어진다.

② 화학적 요인
- 산, 알칼리, 염류, 금속이온, 효소 등이다.
- 생선에 식초를 뿌리면 생선살이 단단해진다.

③ 효소에 의한 요인
- 효소작용에 의한 변성 및 가수분해이다.
- 레닌이 우유 단백질인 카제인을 응고시킨다.

**Point** 단백질의 변성
- 열, 산, 물리적 자극, 중금속 등에 의하여 단백질의 3차원 입체구조가 깨지고 풀어지는 과정을 변성이라 한다.
- 조리에 의한 단백질의 변성으로 소화흡수율이 증가한다.
- 카제인 → 파라카제인, 피브리노겐 → 피브린, 콜라겐 → 젤라틴으로 변성시킨다.

**Point** 젤라틴

동물의 가죽, 뼈에 다량 존재하는 콜라겐이 가수분해된 것이다(아이스크림, 마시멜로우, 족편 등).

### (5) 단백질 변성으로 인한 변화

① 용해도 및 생물학적 활성감소

② 점도 증가

③ 소화효소의 작용을 받기 쉬워 소화율 증가

④ 폴리펩티드 사슬이 풀어짐

### (6) 단백질의 영양평가

① 생물가
- 섭취된 단백질의 질소 중 체내에 흡수된 질소와 체내에 보유된 질소의 비이다.
- 생물가 = (체내 보유된 질소량÷흡수된 질소량)×100이다.

② 단백가
- 달걀의 단백질을 표준 단백질의 기준으로 비교하여 평가한다.
- 달걀(100) 〉 닭고기(87) 〉 소고기(83) 〉 백미(72) 〉밀가루(47) 순이다.

## 5. 무기질

### (1) 무기질의 특징

① 탄소(C), 수소(H), 산소(O), 질소(N) 등 인체를 구성하는 유기성분을 제외한 나머지 원소이다.

② 우리 몸을 구성하는 중요 성분으로 인체의 약 4~5% 차지한다.

③ 체내에서 필요로 하는 양에 따라 다량원소와 미량원소로 구분한다.

- 다량원소 : 칼슘, 인, 칼륨, 황, 나트륨, 염소 등이다.
- 미량원소 : 아연, 철, 구리, 망간, 요오드 등이다.

### (2) 무기질의 기능

① 체조직 구성성분

- 칼슘, 인, 마그네슘은 뼈와 치아의 구성성분이다.
- 황은 머리카락과 손톱의 구성성분이다.
- 철, 구리, 나트륨, 인, 염소 등은 혈액의 구성성분이다.

② 호르몬 · 효소의 구성

- 인체 내 중요한 기능을 하는 호르몬 · 효소의 구성 물질로 작용한다.
- 요오드는 갑상선 호르몬 · 아연은 인슐린 · 철은 헤모글로빈의 구성성분이다.

③ 수분평형

- 수분은 삼투현상에 의해 세포막을 통과하게 되는데, 이동방향과 양은 무기질의 농도에 의해 결정한다.
- 무기질의 불균형 시 부종, 탈수 증세를 동반한다.

④ 산 · 알칼리 평형 : 체내 대사반응이 정상적으로 이루어질 수 있도록 체액의 산 · 알칼리도를 조절하여 적정 pH를 유지한다.

⑤ 정상적인 심장박동, 근육의 수축성 조절, 신경의 자극 전달을 돕는다.

**Point** 인체 내의 무기질 함량이 많은 것부터 나열 : 칼슘 〉 인 〉 칼륨 〉 황 순이다.

**Point**
- 산성식품 : 인(P), 황(S), 염소(Cl)등이 체내에서 분해되어 산성이 되므로 이들을 많이 함유한 곡류, 어류, 육류 등을 말한다.
- 알칼리성 식품 : 칼슘(Ca), 칼륨(K), 나트륨(Na), 마그네슘(Mg), 철분(F) 등이 체내에서 분해되어 알칼리가 되므로 이들을 많이 함유한 과일, 채소, 해조류 등을 말한다.

## (3) 무기질의 종류

| 구 분 | 기능 | 결핍 | 급원 |
|---|---|---|---|
| 칼슘<br>(Ca) | • 골격 · 치아의 구성 성분 혈액응고<br>• 신경자극전달<br>• 근육 수축과 이완<br>• 세포 대사에 관여 | • 골격 · 치아의 발육부진<br>• 골다공증, 골연화증<br>• 구루병, 성장장애, 비타민 결핍<br>• 칼슘흡수를 촉진 : 비타민 D를 공급<br>• 칼슘의 흡수를 방해 : 수산, 피틴산<br>• 칼슘의 흡수를 도와주는 것 : 비타민 D 단백질, 유당 등 | 우유 및 유제품, 뼈째 먹는 생선(멸치, 뱅어포) |
| 인<br>(P) | • 골격 · 치아의 구성성분<br>• 에너지 대사 관여<br>• 인지질의 구성성분<br>• 산 · 알칼리의 균형유지 | • 결핍증 : 골격 · 치아의 구성성분, 골연화증, 성장부진, 골격손상, 근육 약화 등<br>• 과잉증 : 칼슘 · 인의 섭취 불균형으로 골연화증, 골다공증을 유발<br>• 칼슘과 인의 섭취 비율 : 성인(칼슘1 : 인1), 어린이(칼슘2 : 인1) | 우유 및 유제품, 생선, 난황 |
| 나트륨<br>(Na) | • 삼투압 조절<br>• 산 · 알칼리 평형 유지<br>• 신경 자극 전달<br>• 영양소 운반 | • 결핍증 : 성장 부진, 식욕 부진, 근육 경련, 모유 분비 감소<br>• 과잉증 : 고혈압, 부종 등 | 피클, 가공 치즈, 김치류, 장류 |
| 마그네슘<br>(Mg) | • 골격 · 치아의 구성성분<br>• 에너지 대사 관여<br>• 효소의 활성화<br>• 근육 이완 관여 | 신경 및 근육 경련, 구토, 설사 등 | 견과류, 콩, 녹색 채소 |
| 염소<br>(Cl) | • 삼투압 조절<br>• 위액 산성 유지<br>• 산 · 알칼리 평형 유지<br>• 신경자극의 정상화 | 구토, 식욕 부진, 소화불량 등 | 소금 |
| 칼륨<br>(K) | • 삼투압 · 수분 평형유지<br>• 산 · 알칼리 평형 유지<br>• 근육 수축 · 이완 작용<br>• 당질대사 등 | 식욕 감퇴, 근육 경련, 어지러움, 변비 등 | 시금치, 양배추, 바나나, 감자 |
| 황<br>(S) | • 체조직 구성성분<br>• 산 · 알칼리 평형 관여<br>• 페놀 · 크레졸류 등의 해독작용 | 손 · 발톱, 모발의 발육 부진 등 | 단백질 식품 |
| 망간<br>(Mn) | • 금속 효소의 구성성분<br>• 효소의 활성화<br>• 이완작용 조절 등 | 성장 장애, 생식장애, 뼈 · 연골 형성변화, 지질 · 당질 대사이상 등 | 호두, 땅콩, 귀리, 쌀겨, 콩류 |

| 철 (Fe) | • 산소 운반과 저장<br>• 헤모글로빈 구성성분<br>• 미오글로빈 구성성분<br>• 효소의 보조인자 | 빈혈, 피로, 허약, 식욕 부진, 유아 발육 부진, 면역기능 저하 등 | 간, 난황, 육류, 녹황색 채소 |
|---|---|---|---|
| 구리 (Cu) | • 철 흡수 · 이용 관여<br>• 결합조직의 합성에 관여 | 심장 질환, 빈혈, 성장장애, 백혈구 감소, 뼈의 손실 등 | 간, 굴, 가재, 패류, 해조류, 채소류 |
| 코발트 (Co) | • 비타민$B_{12}$의 구성성분<br>• 적혈구 생성에 관여 | 비타민 $B_{12}$의 결핍증, 빈혈, 성장부진, 식욕감퇴 등 | 쌀, 콩류 |
| 불소 (F) | • 충치 예방<br>• 골다공증 예방 | 충치, 폐경기 여성 · 노인 골다공증 등 | 해조류, 고등어, 연어, 차 |
| 요오드 (I) | • 갑상선호르몬(티록신)의 구성성분<br>• 유즙 분비 촉진 | • 결핍증 : 갑상선종, 크레틴병(태아의 성장 지연)<br>• 과잉증 : 갑상선기능항진증, 바세도우씨병(안구 돌출, 심장박동 증가, 기초대사항진), 점액수종(얼굴, 손의 부종) 등 | 미역, 다시마, 김, 시금치, 무 |
| 아연 (Zn) | • 상처 회복, 면역기능 관여<br>• 금속 효소의 구성성분<br>• 생체막의 구조유지 | 성장 지연, 근육 발달 지연, 식욕부진, 생식기 발달 저하, 면역기능 저하 | 해산물(굴, 조개, 새우 등), 육류, 달걀, 우유 |

## 6. 비타민

### (1) 비타민의 특징 및 기능

① 체내에 극히 미량 함유되어 있으며, 생리기능을 조절한다.

② 완전한 물질대사가 일어나도록 하여 성장유지에 절대적으로 필요하다.

③ 체내에서 대사작용 조절물질(조효소) 역할을 한다.

④ 대부분 체내에서 합성되지 않으므로 음식물로 공급한다(예외적으로 비타민 D는 자외선에 의해 피부에서 합성되고 비타민 K는 장내 세균에 의해 합성).

⑤ 여러 가지 결핍증을 예방하고 일부 비타민은 항산화제로 여러 영양소의 산화를 방지한다.

⑥ 세포 분화와 성장촉진작용에 관여한다.

⑦ 에너지 · 신체 구성물질로 사용되지 않는다.

## (2) 비타민의 성질

| 지용성 비타민 | 수용성 비타민 |
|---|---|
| 기름과 유기용매에 용해된다. | 물에 용해된다. |
| 체내에 저장이 가능하다(과잉 시 독성이 나타난다). | 체내에 저장되지 않고 배출한다. |
| 체외로 거의 배출되지 않는다. | 여분은 오줌으로 체외 배출한다. |
| 결핍증세가 서서히 나타난다. | 결핍증세가 비교적 빠르게 나타난다. |
| 필요량을 매일 공급할 필요성은 없다. | 필요량을 매일 공급해야 한다. |
| 비타민의 전구체가 존재한다. | 일반적으로 비타민의 전구체가 존재하지 않는다. |
| 구성 원소는 탄소, 소수, 산소에 함유한다. | 구성 원소는 탄소, 수소, 산소 외에 질소, 황 등을 함유하는 것도 있다. |

## (3) 지용성 비타민(A · D · E · K)

| 구분 | 기능 | 결핍 | 급원 |
|---|---|---|---|
| 비타민 A<br>(레티놀, retinol) | • 피부의 상피세포 보호한다.<br>• 눈의 기능을 좋게 한다.<br>특징<br>• 비타민 A의 전구체 : 카로틴 중 β-카로틴이 비타민 A로서의 활성이 가장 많다.<br>• 카로틴이 비타민 A로 전환한다. | • 야맹증<br>• 안구 건조증<br>• 각막 연화증 | 우유, 난황, 당근, 버터, 시금치, 간 |
| 비타민 D<br>(칼시페롤, calciferol) | • 뼈의 성장에 필요하다.<br>• 골격, 치아 발육 촉진한다.<br>• 칼슘과 인의 흡수를 돕는다.<br>특징<br>• 반드시 식품으로 섭취하지 않아도 자외선에 의해 생성한다.<br>• 에르고스테롤은 자외선을 받아 비타민 $D_2$를 생성한다.<br>• 7-디하이드로콜레스테롤은 자외선을 받아 $D_3$를 생성한다. | • 구루병<br>• 골연화증<br>• 골다공증 | 건조식품<br>(말린 생선류 및 버섯류) |

| 비타민 E<br>천연항산화제<br>(토코페롤,<br>tocopherol) | • 항산화작용(노화방지)을 한다.<br>• 비타민 A의 흡수를 촉진한다.<br>• 산화 예방한다.<br><br>특징<br>• α-토코페롤의 활성이 가장 좋다.<br>• 지질 흡수 도움을 준다. | • 불임증<br>• 노화 촉진<br>• 근육 위축 | 식물성 기름, 견과류, 배아, 달걀, 상추 |
|---|---|---|---|
| 비타민 K<br>(필로퀴논,<br>phylloquinone) | • 혈액의 응고에 관여한다.<br>• 지혈작용을 한다.<br><br>특징<br>장내세균에 의해 인체 내에서 합성한다. | • 혈액 응고 지연<br>• 신장염<br>• 혈우병 | 양배추, 시금치, 토마토, 대두, 당근, 감자 |
| 비타민 F | 성장과 영양에 필요하다.<br><br>특징<br>• 체내에 합성되지 않는다.<br>• 리놀산, 리놀렌산, 아라키돈산이 있다. | • 피부 건조증<br>• 피부염 | 식물성 기름 |

**Point** 프로비타민 : 식품 중에서 비타민의 형태가 아니지만, 체내로 들어가면 효소의 활동으로 비타민으로 전환되는 것을 말한다.

### (4) 수용성 비타민($B_1$ · $B_2$ · $B_3$ · $B_6$ · $B_8$ · $B_{12}$ · C · P)

| 구분 | 기능 | 결핍 | 급원 |
|---|---|---|---|
| 비타민 $B_1$<br>(티아민, thiamin) | • 탄수화물 대사 조효소 작용을 한다.<br>• 위액분비 촉진한다.<br>• 식욕을 증진한다.<br>• 포도당이 분해될 때 필요하다.<br><br>특징<br>마늘의 매운맛 성분인 알리신에 의해 흡수율이 증가한다. | • 각기병<br>• 다발성 신경염<br>• 식욕감퇴 | 돼지고기, 곡물의 배아, 땅콩 |
| 비타민 $B_2$<br>(리보플라빈,<br>riboflavin) | • 피부나 점막을 보호이다.<br>• 성장촉진을 한다.<br><br>특징<br>열, 산에 안정하나 빛 알칼리에 불안정하다. | • 피부염<br>• 구순구각염<br>• 설염 | 우유, 유제품, 달걀, 콩곡류, 녹색 채소 |

| | | | |
|---|---|---|---|
| 비타민 $B_3$ (나이아신, niacin) | 탄수화물 대사 작용 증진<br>특징<br>• 열에 강하고 알칼리에 안정적이다.<br>• 필수아미노산인 트립토판 60mg 섭취하면 나이아신 1mg 생성한다. | 펠라그라 (설사, 피부염, 우울증) | 육류, 어류, 가금류, 유제품, 땅콩 |
| 비타민 $B_6$ (피리독신, pyridoxine) | • 항피부염성 비타민이다.<br>• 신경전달 물질, 적혈구의 합성에 관여한다.<br>열에 안정하나 빛에 분해된다. | 피부염 | 쌀겨, 효모, 육류, 간, 녹황색 채소 |
| 비타민 $B_8$ (엽산, folic acid) | 적혈구를 비롯한 세포의 생성을 돕고 아미노산 합성에 관여한다.<br>특징<br>산에서 열을 가하면 쉽게 파괴된다. | 빈혈 | 동물의 간, 달걀, 현미, 과일 |
| 비타민 $B_{12}$ (코발라민, cobalarnin) | • 성장 촉진 작용을 한다.<br>• 조혈작용(적혈구 생성 조효소)을 한다.<br>특징<br>• 코발트(Co)함유 비타민이다.<br>• 동물성 식품에만 있다. | 악성빈혈 | 동물의 간, 시금치 |
| 비타민 C (아스코르빈산, ascorbicacid) | • 혈관벽을 튼튼하게 유지한다.<br>• 대사 작용에 관여한다.<br>• 철분 흡수 촉진한다.<br>• 피로회복을 촉진한다.<br>• 산화 환원 작용 관여한다.<br>• 조리 시 가장 많이 소실되는 영양소이다.<br>• 알칼리, 열 등에 불안정하다.<br>• 물에 잘 녹는다. | • 괴혈병<br>• 간염<br>• 면역력 감소 | 감귤류, 딸기, 채소류, 메밀 |
| 비타민 P | 비타민 C와 비슷하며, 모세혈관의 저항력을 강하게 하고 삼투압을 정상으로 유지한다. | 피하출혈 | 감귤류, 메밀, 토마토 |

## 7. 식품의 색

식품의 색은 식품의 품질을 결정하는 하나의 척도가 되며, 기호적 요인으로서 식욕과도 관계가 있다. 출처에 따라 동물성 색소와 식물성 색소로 나뉜다.

**Point**
- 비타민 C 파괴효소 : 아스코르비나아제

  비타민 C의 파괴효소로 당근, 호박, 오이 등에 많이 들어 있다. 특히, 당근에 많이 함유되어 있어 무와 같이 섞어 방치하면 비타민 C가 파괴된다.
- 각기병

  쌀의 도정 과정에서 비타민 $B_1$이 제거되기 때문에 정제된 쌀을 주식으로 하는 사람에게 발생한다. 팔, 다리에 부종이 나타나며 주로 신경계, 근육, 소화기, 심혈관계 질환에 영향을 준다.

## (1) 식물성 색소

<table>
<tr><th>구분</th><th colspan="2">내용</th></tr>
<tr><td rowspan="5">클로로필<br>(엽록소)</td><td colspan="2">• 식물의 잎, 줄기에 있는 녹색의 색소로 주성분으로 한다.<br>• 물에 녹지 않고 유기용매에 녹는다.<br>• 산, 알칼리, 효소, 금속에 변한다.</td></tr>
<tr><td>산과 반응<br>(식초)</td><td>녹갈색의 페오피틴이다.</td></tr>
<tr><td>알칼리성<br>(소다첨가)</td><td>• 녹색의 클로로필이 더욱 선명하다.<br>• 녹색채소를 데칠 때 알칼리 물질을 첨가하면 초록색 알칼리에 불안정한 비타민 C 등은 파괴되고 조직이 지나치게 연해진다.</td></tr>
<tr><td>효소에 의한<br>변화</td><td>녹색의 클로로필이 식물조직에 존재하는 효소(클로로필라아제)에 의해 더욱 선명한 초록색의 클로로필라이드로 변한다.</td></tr>
<tr><td>금속에 의한<br>변화</td><td>• 구리, 철, 아연 함께 가열하면 매우 안정적이 되어 선명한 초록색을 유지한다.<br>• 완두콩 통조림 가공 시 소량의 황산구리를 첨가하면 선명한 녹색을 유지한다.</td></tr>
<tr><td>카로티노이드</td><td colspan="2">• 비타민 A의 전구물질이다.<br>• 동 · 식물성 조직에 널리 분포한다.<br>• 카로틴계 : 라이코펜(수박, 토마토), β-카로틴(당근, 녹황색 채소) 등이다.<br>• 크산토필계 : 푸코크산틴(미역, 다시마) 등이다.<br>• 산, 알칼리, 열에 안정적이다.</td></tr>
<tr><td rowspan="2">플라보노이드<br>(안토잔틴)<br>(안토시아닌)</td><td colspan="2">• 식물에 넓게 분포하는 황색계통의 수용성 색소이다.<br>• 옥수수, 밀가루, 양파의 색소 등이다.</td></tr>
<tr><td>안토잔틴</td><td>• 백색이나 담황색의 수용성 색소로 식물의 뿌리, 줄기 잎 등에 분포한다.<br>• 산에 의한 변화 : 산성에서는 더욱 선명한 흰색이다(초밥의 경우 밥에 식초를 첨가하면 색이 더욱 하얗게 됨).<br>• 알칼리에 의한 변화 : 황색, 짙은 갈색이다(밀가루에 소다를 첨가하여 빵을 만들면 황색이 됨).<br>• 금속에 의한 변화 : 철과 반응하면 암갈색이다(감자를 철제 칼로 자르면 절단면이 암갈색으로 변함).<br>• 가열에 의한 변화 : 노란색이 더욱 진해진다(감자, 양파, 양배추를 가열조리하면 노란색이 진해짐).</td></tr>
</table>

| | | |
|---|---|---|
| | 안토시아닌 | • 식물의 꽃, 과실, 잎, 줄기, 뿌리에 존재하는 적색 · 자색 · 청색의 수용성 색소이다.<br>• 산성에서는 적색, 중성에서는 자색, 알칼리성에서는 청색(생강은 담황색이지만 안토시아닌 색소를 포함하고 있어 식초에 절이면 붉은색이 됨)으로 변한다.<br>• 가지를 삶을 때 백반을 첨가하면 보라색을 유지한다.<br>• 생강(담황색)을 식초에 절이면 분홍색으로 변화한다. |

### (2) 동물성 식품의 색소

| 구분 | 성분 |
|---|---|
| 미오글로빈 | • 동물의 근육 조식에 함유되어 있는 육색소(95% 이상)이다.<br>• 신선한 생육은 적자색이며, 공기 중 산소와 결합하여 선명한 적색의 옥시미오글로빈이 되고, 가열하면 갈색 또는 회색의 메트미오글로빈이 된다.<br>• 연령 · 활동 빈도가 높은 근육일수록 미오글로빈 함량이 증가하여 고기의 색깔이 진해진다. |
| 헤모글로빈 | • 동물의 혈액에 함유되어 있는 혈색소이다.<br>• 체내에 산소를 공급하는 산소 운반 작용을 한다.<br>• 철이 함유되어 있다.<br>• 육류 가공 시 질산칼륨이나 아질산칼륨을 첨가하면 선홍색을 유지한다. |
| 헤모시아닌 | • 문어, 오징어 등의 연체류에 포함되어 있는 파란색의 색소이다.<br>• 가열 시 적자색으로 변한다. |
| 아스타잔틴 | • 새우, 게, 가재 등에 포함되어 있는 포함되어 있는 색소이다.<br>• 가열 및 부패에 의해 아스타신이 붉은색으로 변한다. |
| 멜라닌 | • 오징어 먹물 색소이다. |

## 8. 식품의 갈변

### (1) 갈변작용의 정의

① 정의 : 식품에 원래 함유되어 있는 색소에 의한 것이 아니라 조리 · 가공 · 저장 중에 식품의 성분들 사이의 반응, 효소반응, 공기 중의 산소에 의한 산화 등에 의하여 식품의 색이 갈색으로 변하는 것을 말한다.

② 식품이 갈변되면 맛, 냄새 등 풍미가 나빠지고 식품 성분의 변화를 일으켜 바람직하지 못한 경우가 대부분이지만 홍차, 맥주, 간장, 제빵 제조와 같이 품질을 향상시키기도 한다.

### (2) 효소적 갈변

① 효소에 의한 갈변반응은 상처받은 조직이 공기와 접촉하여 페놀성 물질의 산화, 축합에 의한 멜라닌 형성반응이다.

② 효소적 갈변의 종류

| 구분 | 효소적 갈변 |
| --- | --- |
| 폴리페놀옥시다아제에 의한 갈변 | • 카테콜이나 그 유도체들을 산화시키고 그 생성물이 중합, 축합되어 멜라닌 색소 또는 이와 유사한 갈색 또는 흑색 색소를 형성한다.<br>• 채소류나 과일류를 자르거나 껍질을 벗길 때 또는 홍차의 갈변 등이다. |
| 티로시나아제에 의한 갈변 | • 감자에 들어 있는 티로신이 티로시나아제에 의해 산화되어 갈색이 된다.<br>• 깎은 감자의 갈변 등이다. |

### (3) 효소에 의한 갈변 방지법

① 가열 처리 : 효소는 단백질로 구성되어 있으므로 가열처리하여 단백질을 변성시켜 효소를 불활성시킨다.

② pH 조절 : 산을 이용하여 pH 3.0 이하로 낮추면 효소들의 반응속도가 급격하게 감소한다.

③ 온도 조절 : 온도를 10℃ 이하로 낮춰 효소의 활성을 억제한다.

④ 산소제거 : 식품을 밀폐용기에 저장, 이산화탄소나 질소가스 주입하여 산화를 억제한다.

⑤ 고농도의 설탕물, 저농도의 소금물에 담근다.

⑥ 구리나 철로 된 용기나 기구의 사용을 피한다.

### (4) 비효소적 갈변

① 비효적 갈변의 종류

| 구분 | 내용 |
| --- | --- |
| 마이야르 반응 | • 아미노기($-NH_2$)와 카르보닐기($C=O$)가 공존할 때 일어나는 반응으로 갈색의 중합체인 멜라노이딘이 생성된다.<br>• 외부의 에너지 공급 없이 자연 발생적으로 일어나는 반응 · 아미노카르보닐 반응, 멜라노이딘 반응이라고도 한다.<br>• 식빵, 된장, 간장의 갈색화, 케이크, 쿠키, 커피, 오렌지주스 등이다. |
| 캐러멜화 반응 | • 당류를 180~200℃의 고온으로 가열시켰을 때 산화 및 분해산물에 의한 중합, 축합으로 갈색 물질을 형성하는 반응이다.<br>• 외부의 에너지 공급에 의하여 일어나는 반응이다.<br>• 간장, 소스, 합성청주, 약식, 기타 가공식품 등에 이용한다. |
| 아스코르빈산의 산화반응 | • 비가역적으로 산화되어 항산화제로의 기능을 상실하고 그 자체가 갈색화 반응을 수반한다.<br>• 과채류의 가공식품에 항산화제 및 항갈변제로 이용한다.<br>• 감귤류, 과실주스, 농축산물 등에서 발생한다. |

## 9. 식품의 맛과 냄새

### (1) 식품의 맛

① 기본적인 맛

- 식품은 각각의 특유한 맛을 가지고 있으며, 맛은 식품의 품질을 결정짓는 중요한 요소이다. 식품의 맛을 느끼는 미각은 혀 표면의 미뢰가 맛 성분의 화학적인 자극을 받아 일어나는 감각을 말한다. 기본적으로 '헤닝(Henning)'의 4원미에 기초한 기본적인 맛과 기타 보조적인 맛으로 나누어 볼 수 있다.
- 헤닝(Henning)의 4원미

| 구 분 | 성분 |
|---|---|
| 단맛 | • 유기화합물이 가지고 있는 맛으로 영양과도 관계있다.<br>• 종류 : 당류, 알코올, 아미노산, 일부 방향족 화합물이다.<br>• 천연감미료 : 당류, 당알코올, 아미노산 및 펩티드 등이다.<br>• 인공감미료 : 아스파탐, 만니톨(다시마 표면의 흰 가루) 유기 화합물이 가지고 있는 맛으로 영양과도 관계가 있다. |
| 짠맛 | • 소금농도가 1%일 때 가장 기분 좋은 짠맛이 난다.<br>• 종류 : 염화나트륨, 염화칼륨, 브롬화나트륨 등이다.<br>• 짠맛에 신맛을 더하면 짠맛이 강화되고, 단맛을 더하면 짠맛이 약해진다.<br>• 염화나트륨은 가장 순수한 짠맛이다. |
| 신맛 | • 신맛은 수소이온과 해리되지 않은 산 분자의 맛이다.<br>• 식품 변질을 방지하는 보관효과가 좋다.<br>• 신맛은 온도가 상승할수록 강해지며, 단맛과 짠맛을 더하면 신맛이 약해지면서 맛이 부드러워진다.<br>• 같은 pH의 경우 유기산은 무기산보다 신맛이 더 강하게 느껴진다.<br>• 무기산 : 신맛 외에 쓴맛과 떫은맛 등이 혼합되어 있다(염산, 황산, 질산 등).<br>• 유기산 : 상쾌한 맛과 특유의 감칠맛으로 식욕을 증진시킨다.<br>• 초산(식초, 김치), 구연산(살구, 감귤, 딸기), 호박산(청주, 조개, 김치), 사과산(사과, 과일류), 글루콘산(곶감, 양조식품), 주석산(포도) 등이다. |
| 쓴맛 | • 4원미 중 가장 민감하게 느껴지는 맛이다.<br>• 다른 맛 성분과 조화를 이루면 기호성을 높여 주며, 미량으로도 식품의 맛을 강화시킨다.<br>• 10℃ 정도에서 가장 강하게 느낀다.<br>• 카페인(녹차, 홍차, 커피), 테오브로민(코코아, 쵸콜릿), 나린진(감귤류, 자몽), 쿠쿠르비타신(오이의 꼭지), 케르세틴(양파의 껍질), 휴물론(맥주), 카테킨(차류) 등이다. |

**Point** 만니톨

- 갈조류(미역, 다시마 등) 표면의 흰가루 성분으로 당알코올의 일반적인 성질이다.
- 양파, 곶감, 균류, 버섯류에 존재한다.

② 보조적인 맛

| 구분 | 특징 |
|---|---|
| 맛난맛<br>(감칠맛) | • 4원미와 향 등이 잘 조화되어 구수하게 느껴지는 맛<br>• 글루타민산(다시마, 김, 된장, 간장)<br>• 구아닐산(버섯류)<br>• 이노신산(멸치, 가다랑어포)<br>• 베타인(새우, 문어, 오징어)<br>• 타우린(오징어, 문어, 조개류)<br>• 시스테인, 리신(육류, 어류) |
| 매운맛 | • 미각신경을 강하게 자극할 때 형성되는 맛(통각에 가까움)<br>• 일반적으로 향기를 함유하며 식욕을 촉진시키고, 살균 · 살충작용을 함<br>• 60℃ 정도에서 가장 강하게 느낌<br>• 캡사이신(고추)<br>• 피페린, 차비신(후추)<br>• 시니그린(겨자)<br>• 알리신(마늘, 양파)<br>• 쇼가올, 진저론(생강)<br>• 신남알데히드(계피)<br>• 커큐민(강황)<br>• 이소티오시아네이트(무, 겨자) |
| 떫은맛 | • 미각의 마비에 의한 수렴성의 불쾌한 맛으로 독특한 풍미를 나타내며, 차 제조에 중요한 맛<br>• 타닌(감, 보늬)은 단백질 응고로 인한 변비를 초래 |
| 아린맛 | • 쓴맛과 떫은맛이 섞인 것과 같은 불쾌감을 주는 맛<br>• 죽순, 고사리, 가지, 우엉, 토란 등에 함유<br>• 먹기 전에 물에 담가 두면 제거됨 |

③ 미각의 분포도

- 단맛은 혀의 끝부분, 짠맛은 혀의 전체, 신맛은 혀의 양쪽 둘레, 쓴맛은 혀의 안쪽 부분에서 예민하게 느낀다.
- 미각의 반응 시
  - 온도가 높을수록 단맛은 증가하고 짠맛과 쓴맛은 감소하며, 신맛은 온도변화에 영향을 받지 않는다.

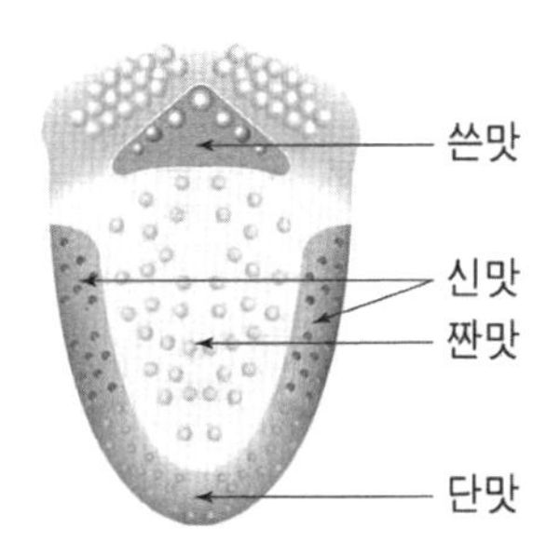

- 맛을 느끼는 최적온도 : 단맛(20~50℃), 짠맛(30~40℃), 신맛(25~50℃), 쓴맛(40~50℃)이다.
- 단맛은 같은 당도라도 체온보다 높거나 낮을 때 덜 달게 느끼고, 체온과 가까운 온도에서 가장 달게 느낀다.
- 짠맛은 뜨거울 때보다 식었을 때 더 짜게 느낀다.
- 쓴맛은 체온보다 높은 온도에서는 덜 쓰게 느끼고, 체온보다 낮을 때는 맛의 변화를 거의 느끼지 못한다.
- 신맛은 온도에 크게 영향을 받지 않는다. 다만, 과일처럼 단맛과 신맛을 함께 함유한 식품은 온도가 높으면 단맛을 더 느끼고, 온도가 낮으면 신맛을 더 강하게 느낀다.

④ 맛의 상호작용

- 대비현상(강화현상) : 단맛+소금 = 단맛 증가
  - 한 가지 맛 성분에 다른 맛 성분을 혼합하면 주된 맛 성분을 더 강하게 느끼는 현상이다.
  - 설탕 용액에 약간의 소금을 첨가하면 단맛이 증가한다.
  - 단팥죽의 단맛을 강하게 하려면 약간의 소금을 첨가한다.
- 상쇄현상
  - 맛의 대비현상과는 반대로 두 종류의 정미성분이 섞여 있을 경우에 각각의 맛을 느낄 수 없고, 서로 조화된 맛을 느끼는 현상이다.
  - 김치의 짠맛과 신맛이 어우러져 상큼한 맛을 느끼게 한다.
  - 간장의 짠맛과 발효된 감칠맛이 서로 조화를 이뤄 새로운 풍미가 느껴진다.
  - 청량음료의 단맛과 신맛이 서로 조화를 이룬다.
- 변조현상 : 쓴맛+물 = 단맛
  - 한 가지 맛을 느낀 직후에 다른 맛을 보면 원래 식품의 맛이 다르게 느껴지는 현상이다.
  - 쓴 약을 먹고 난 후 물을 마시면 물맛이 달게 느껴진다.
  - 오징어를 먹은 후 밀감을 먹으면 밀감이 쓰게 느껴진다.
- 억제현상(소실현상) : 쓴맛+단맛 = 쓴맛 감소
  - 두 가지 맛 성분을 섞었을 때 각각의 고유한 맛이 약하게 느껴지는 현상이다.
  - 커피에 설탕을 넣으면 단맛에 의해 커피의 쓴맛이 약하게 느껴진다.
- 상승현상
  - 같은 종류의 맛을 가진 두 가지 성분을 혼합하면 각각 가지고 있는 본래의 맛보다 강한 맛을 느끼는 현상이다.
  - 설탕에 포도당을 첨가하면 단맛이 더 증가한다.
- 미맹현상
  - 미각의 이상 현상으로 식품의 맛을 정상인과 다르게 느끼는 현상이다.

– 쓴맛 성분인 PTC라는 화합물은 일부 사람은 느끼지 못한다.

• 순응현상(피로현상)

– 같은 정미성분을 계속 맛볼 경우 미각이 둔해져 역가가 높아지는 현상이다.

– 설탕을 계속 먹을 경우 처음 먹을 때보다 단맛을 둔하게 느끼게 된다.

⑤ 미각의 역가

• 최소감응농도 : 맛을 인식하는 최소 농도이다.

• 최소감각농도 : 용액의 맛이 무엇인지는 알 수 없으나, 순수한 물과는 다르다고 느끼게 되는 최소의 농도이다.

• 최소식별농도 : 맛의 인식 감도의 변화를 느끼게 하는 최소 단위의 농도 변화이다.

• 최소인지농도 : 어떤 물질의 맛인지 정확히 감시할 수 있는 물질의 농도이다.

• 한계농도 : 농도의 증가가 인식 강도의 증가를 더이상 일으키지 않는 농도이다.

### (2) 식품의 냄새

① 식품의 냄새는 미각, 시각과 함께 그 식품의 외형적인 품질을 결정한다.

• 향(쾌감을 주는 냄새), 이취(불쾌감을 주는 냄새)라 한다.

• 풍미 : 식품의 냄새와 맛이 혼합된 종합 감각을 말하며 넓은 의미에서 질감을 포함시키기도 한다.

② 후각의 생리현상

• 냄새의 역치 : 냄새를 느낄 수 있는 최저농도이다.

• 냄새의 전환

– 향 성분의 농도가 변하면 성질도 동시에 변화하는 현상이다.

– 바닐라 향은 장미향 같지만, 진하면 낡은 종이 냄새가 나는 경우이다.

• 냄새의 조화 · 부조화

– 여러 종류의 향 성분을 느낄 때 냄새가 조화되어 있는 것과 분리되어 느끼는 경우이다.

– 향이 조화되는 예로는 홍차에 레몬, 고기에 후추 등이 있고, 부조화는 녹차나 홍차이다.

• 후각의 피로 · 소멸 : 같은 냄새를 오랫동안 맡으면 나중에는 후각신경이 피로하여 본래의 냄새를 느끼지 못하게 되는 경우이다.

③ 식물성 식품의 냄새

• 알코올 및 알데히드류 : 주류, 감자, 계피, 오이, 복숭아 등이다.

• 테르펜류 : 녹차, 차잎, 레몬, 오렌지 등이다.

• 황화합물 : 마늘, 양파, 파, 무, 고추, 부추, 고추냉이 등이다.

• 에스테르류 : 과일향 등이다.

④ 동물성 식품의 냄새
- 휘발성 아민류 및 암모니아류 : 육류, 어류
- 지방산류 : 유제품

**Point** 어류에 관련된 냄새
- 트리메틸아민
- 암모니아
- 피페리딘
- 카르보닐 화합물 : 고기 굽는 냄새

## 10. 식품의 물성

### (1) 식품의 물성

식품 자체의 물리적 성질의 집합이다. 둘 또는 그 이상의 물질로 이루어진 혼합 또는 분산된 상태로 식품의 종류에 따라 다르다. 식품의 분산 형태를 결정하는 데 중요한 것은 분산되는 분자 또는 입자의 크기로 진용액, 교질용액, 현탁액으로 나눌 수 있다.

① **진용액** : 소금이나 설탕은 물에 완전히 용해되어 진용액을 형성한다.

※ 용액 = 용매(녹이는 물질)+용질(녹아 들어가는 물질) → 소금물 = 물+소금
- 용액 : 어떤 물질이 다른 한 물질 속에 용해되었을 때 균질상태를 형성하는 것
- 용질 : 용액에 용해되는 물질
- 용매 : 용질을 용해시키는 물질

② **교질용액** : 진용액보다 분산질 크기가 커서 용해되거나 침전되지 않고 분산되어 있는 상태이다.
- gel : 졸 상태의 용액이 온도 pH 등의 요인으로 인해 흐르지 않고 굳은 상태이다(묵, 두부, 젤라틴).
- sol : 액체의 콜로이드 용액이다(달걀, 우유).
- 가역성젤 : 젤 상태에서 가열에 의해 다시 졸로 되돌아가는 현상이다(펙틴, 젤라틴 젤, 한천 젤).
- 비가역성젤 : 젤 상태에서 가열에 의해 다시 졸로 돌아갈 수 없는 현상이다(묵, 어묵, 삶은 달걀 등).

③ **현탁액** : 분산되어 있는 물질로 물에 용해되지 않고 가라앉는다. 용액을 저어주면 분산 상태이지만 그대로 두면 중력에 의해 가라앉는다(물에 전분이나 물을 풀어놓은 상태).

## 11. 식품의 유독성분

인간의 식량이 되거나 가축의 사료로 이용되는 동 · 식물 중에는 그 종류와 부위에 따라 유해 · 유독한 독성을 가진 것들이 있다. 이들 유독성분에 유용하게 쓰이는 것도 있으나 발암, 돌연변이 기형유발, 알레르기를 일으키는 것들도 많이 있다. 식용과 비슷하거나 특정지역이나 계절에 유독화되기 때문에 유독 · 유해 성분을 함유하고 있는 동 · 식물을 구별하지 못하여 치명적인 위해가 발생하는 경우가 적지 않다.

### (1) 식물성 식품의 유독성분

식물의 유독 성분은 식물에 항상 존재하거나 혹은 특정부위나 특정시기에 유독성분을 함유하게 되는데, 이를 식용으로 잘못 알고 섭취하거나 부주위로 식용식물에 혼입된 것을 섭취하여 식중독을 발생한다.

| 구분 | 독소 | 증상 |
|---|---|---|
| 면실유<br>(목화씨) | 고시폴(gossypol) | 피로, 위장장애, 정력감퇴, 비타민 K 결핍 등 |
| 감자 | • 솔라닌(solanine) : 녹색부위와 발아부위<br>• 셉신(sepsine) : 썩은 감자 | 태아(기형유발), 구토, 설사, 복통, 언어장애(혀의 마비), 혈액독, 신경독 등 |
| 청매<br>(덜익은매실)<br>살구씨 | 아미그달린(amygdalin, 시안배당체) | 두통, 식중독 증상 등 |
| 미나리 | 시큐톡신(cicutoxin) | 메스꺼움, 구토, 복통, 호흡곤란 등 |
| 독버섯<br>(무당버섯 화경 버섯 외대버섯 미치광이버섯) | • 무스카린(muscarine)<br>• 무스카리딘(muscaridine)<br>• 뉴린(neurine)<br>• 콜린(choline)<br>• 팔린(phalline)<br>• 아마니타톡신(amanitatoxin)<br>(가장 맹독성이고 내열성) | **콜레라형**<br>• 경련, 허탈, 혼수상태 등<br>• 독우산광대버섯, 알광대버섯, 마귀곰보버섯<br>**위장형**<br>• 설사,구토, 복통 등<br>• 무당버섯, 화경버섯, 굽은외대버섯<br>**뇌중형중독**<br>• 중추신경장애, 광란, 뇌증상 등<br>• 미치광이버섯, 파리버섯, 광대버섯<br>**혈액중독형**<br>• 혈뇨, 빈혈, 용혈작용, 황달 등<br>• 마귀곰보버섯 |
| 피마자 | 리신(ricin) | 메스꺼움, 구토, 설사, 복통 등 |
| 고구마 | 흑반병균 | 설사, 고열, 정신혼미 등 |
| 독보리 | 테무린(temuline) | 두통, 현기증, 구역질, 무기력증 등 위장장애 증상 등 |

| 수수 | 듀린(dhurrin) | 구토, 설사, 복통 등 소화기계 증상 등 |
|---|---|---|
| 아플라톡신<br>(간장독) | **원인곰팡이**<br>• 아스퍼질러스플라버스 곰팡이(aspergillus flavus)<br>• 쌀, 보리 옥수수 땅콩 등에서 잘 자람<br>**최적조건**<br>• 수분 16~18%, 습도 80~85%, 온도 28~30℃ | 발암성, 돌연변이, 면역억제 등 |
| 맥각중독<br>(ergotoxin) (간장독) | **원인곰팡이**<br>• 맥각균<br>• 보리, 호밀, 밀 등에서 잘 자람 | 구토, 설사, 복통, 근육수축(자궁의 수축을 일으키기 때문에 조산이나 유산의 위험성이 있음) 등 |
| 황변미<br>(Yellowed Rice) | • 시트리닌(citrinin), 신장독<br>• 시트레오비딘(citreoviridine), 신경독<br>• 아이스란디톡(islandia toxin), 간장독<br>**원인곰팡이**<br>• penicillium속 푸른곰팡이<br>• 쌀의 수분함량이 14~15% 이상을 함유한 쌀에 곰팡이가 번식하여 누렇게 변색됨 | 신장독, 신경독(호흡곤란, 신경마비, 호흡장애 등), 간장독 등 |

### (2) 동물성 식품의 천연 유독 성분

동물 중에는 자연적으로 자체에 유독성분을 함유하고 있거나 특정한 부위나 시기에 유독성분을 함유하게 되는데, 이를 오인하여 식용하거나 식용동물과 구분이 어려워 혼입된 것을 섭취하여 발생하는 경우도 있다.

| 구분 | 독소 | 증상 |
|---|---|---|
| 복어 | **테트로도톡신(tetrodotoxin)**<br>• 독소량 : 난소 〉 간 〉 내장 〉 피부<br>• 잠복기 : 식후 30분~5시간<br>**예방책**<br>• 독소 제거와 폐기<br>• 전문조리사 조리<br>• 산란 직전 식용주의(5~6월) | 구토, 호흡곤란, 호흡마비, 사지의 마비(치사율 50~60%) 등 |
| 모시조개 · 바지락 | **베네루핀(venerupin)**<br>• 유독시기 : 5~9월<br>• 끓여도 파괴되지 않음 | 혈변, 출혈, 혼수상태 등 |
| 섭조개(홍합) · 대합 | **삭시톡신(saxitoxin)**<br>• 유독시기 : 2~4월<br>• 끓여도 파괴되지 않음 | 신경마비, 신체마비, 호흡곤란 등 |

Chapter 01

# 예상문제

**01** 식품이 나타내는 수증기압이 0.75기압이고, 그 온도에서 순수한 물의 수증기압이 1.5기압일 때 식품의 수분활성도(Aw)는?

① 0.5 ② 0.6
③ 0.7 ④ 0.8

해설 수분활성도(Aw) = 식품의 수증기압(P)÷순수한 물의 수증기압(Po) → 0.75÷1.5이다.

**02** 일반적으로 신선한 어패류의 수분활성도(Aw)는?

① 1.10~1.15
② 0.98~0.99
③ 0.65~0.66
④ 0.50~0.55

해설 과일, 채소, 고기의 Aw는 0.98~0.99이다.

**03** 다음 중 결합수의 특징이 아닌 것은?

① 용질에 대해 용매로 작용하지 않는다.
② 자유수보다 밀도가 크다.
③ 식품에서 미생물의 번식과 발아에 이용되지 못한다.
④ 대기 중에서 100℃로 가열하면 쉽게 수증기가 된다.

해설 결합수는 수증기압이 보통 물보다 낮아 대기 중에서 100℃ 이상 가열해도 제거되지 않는다.

**04** 다음 식품 중 수분활성도가 가장 낮은 것은?

① 생선 ② 소시지
③ 과자류 ④ 과일

해설 수분활성도(Aw) = 과일 〉 생선 〉 소시지 〉 과자순이다.

**05** 20%의 수분(분자량 : 18)과 20%의 포도당(분자량 : 180)을 함유하는 식품의 이온적인 수분활성도는 약 얼마인가?

① 0.82 ② 0.88
③ 0.91 ④ 1

해설 수분활성도(Aw) = (용매의 농도÷분자량)÷[(용매의 농도÷분자량)+(용질의 농도÷분자량)]이다.

**06** 식품의 수분활성도(Aw)에 대한 설명으로 틀린 것은?

① 식품이 나타내는 수증기압과 순수한 물의 수증기압의 비를 말한다.
② 일반적인 식품의 Aw 값은 1보다 크다.
③ Aw의 값이 작을수록 미생물의 이용이 쉽지 않다.
④ 어패류의 Aw는 0.99~0.98 정도이다.

해설 물의 수분활성도는 1이고, 일반식품의 수분활성도는 1보다 작다.

**07** 자유수의 성질에 대한 설명으로 틀린 것은?

① 수용성 물질의 용매로 사용된다.
② 미생물 번식과 성장에 이용되지 못한다.
③ 비중은 4℃에서 최고이다.
④ 건조로 쉽게 제거가능하다.

해설 미생물의 번식과 성장에 이용되지 못하는 물은 결합수이다.

정답 01 ① 02 ② 03 ④ 04 ③ 05 ③ 06 ② 07 ②

**08** 식품이 나타내는 수증기압이 0.75기압이고, 그 온도에서 순수한 물의 수증기압이 1.5기압일 때 식품의 상대습도(RH)는?

① 40 ② 50
③ 60 ④ 80

해설 상대습도(ERH)는 실질적으로 수분활성의 정의와 같으며, 상대습도와 평형을 이루고 있는 식품의 수분활성도의 100배가 된다. 수분활성도(Aw) = 식품의 수증기압(P)÷순수한 물의 수증기압(Po) → 0.75÷1.5×100이다.

**09** 유화의 형태가 나머지 셋과 다른 것은?

① 우유 ② 마가린
③ 마요네즈 ④ 아이스크림

해설 마가린, 버터는 유중수적형(W/O)에 속하며, 우유, 마요네즈, 아이스크림은 수중유적형(O/W)이다.

**10** 우리 몸 안에서 수분이 중요작용을 바르게 말한 것은?

① 우리가 섭취한 영양소를 수분이 운반하는 중요작용을 한다.
② 우리가 섭취하는 5대 영양소에 속하는 중요 영양소이다.
③ 우리가 섭취한 수분은 열량을 공급하여 추위를 막을 수 있다.
④ 우리 몸 안의 수분은 호르몬 조성에 중요 작용을 한다.

해설 수분의 3대 기능 : 영양소 운반, 노폐물 방출, 체온조절 작용이다.

**11** 생리적으로 우리가 하루에 필요한 물의 양은?

① 8~9L ② 5~7L
③ 2~3L ④ 1L

해설 생리적으로 필요한 물의 양은 약 2~3L이다.

**12** 물은 우리 몸에서 영양물과 배설물의 운반과 체온을 조절하는데, 우리 몸의 몇 %가 물인가?

① 45% ② 65%
③ 85% ④ 95%

해설 물은 공기와 더불어 생물이 살아가는 데에 없어서는 안 될 중요한 물질로, 우리 몸의 65%로 형성되어 있다.

**13** 전분의 이화학적 처리 또는 효소 처리에 의해 생산되는 제품이 아닌 것은?

① 가용성 전분
② 고과당 옥수수 시럽
③ 덱스트린
④ 사이클로덱스트린

해설 덱스트린은 사탕수수로 만든 포도당 중합체인 다당류이다.

**14** 올리고당의 특징이 아닌 것은?

① 장내 균총의 개선 효과
② 변비의 개선
③ 저칼로리 당
④ 충치 촉진

해설 올리고당은 충치를 예방하는 기능이 있다.

**15** 다음 중 전화당의 구성성분과 그 비율로 옳은 것은?

① 포도당과 과당이 1 : 1인 당
② 포도당과 맥아당이 2 : 1인 당
③ 포도당과 과당이 3 : 1인 당
④ 포도당과 자당이 4 : 1인 당

해설 설탕의 가수분해 과정을 전화(inversion)라 하고 이렇게 형성된 포도당과 과당의 1 : 1 혼합물을 전화당이라고 한다.

정답 08 ② 09 ② 10 ① 11 ③ 12 ② 13 ③ 14 ④ 15 ①

**16** 다음 중 단당류인 것은?

① 포도당 ② 유당
③ 맥아당 ④ 전분

해설 단당류에는 포도당, 과당, 갈락토오스, 자일리톨, 만노오즈가 있다.

**17** 게, 가재, 새우 등의 껍질에 다량 함유된 키틴(chitin)의 구성성분은?

① 다당류 ② 단백질
③ 지방질 ④ 무기질

해설 키틴은 바닷가재, 새우 등 갑각류의 껍질에 다량 함유된 단백질과 복합체를 이루고 있는 다당류이다.

**18** 당류가 그 가수분해 생성물이 옳은 것은?

① 맥아당 = 포도당+과당
② 유당 = 포도당+갈락토오즈
③ 설탕 = 포도당+포도당
④ 이눌린 = 포도당+셀룰로오스

해설 맥아당은 포도당+포도당, 설탕은 포도당+과당, 이눌린은 다당류로 과당의 결정체이다.

**19** 다음의 당류 중 영양소를 공급할 수 없으나 식이섬유소로서 인체에 중요한 기능을 하는 것은?

① 전분 ② 설탕
③ 맥아당 ④ 펙틴

해설 펙틴은 과일류에 많이 들어 있는 다당류의 하나로, 세포를 결합하는 작용을 한다.

**20** 다음 중 감미도가 가장 높은 것은?

① 설탕 ② 과당
③ 포도당 ④ 맥아당

해설 당질의 감미도 : 과당 〉 전화당 〉 자당(설탕, 서당) 〉 포도당 〉 맥아당 〉 갈락토오스 〉젖당(유당) 순이다.

**21** 전분에 대한 설명으로 틀린 것은?

① 찬물에 쉽게 녹지 않는다.
② 달지는 않으나 온화한 맛을 준다.
③ 동물 체내에 저장되는 탄수화물로 열량을 공급한다.
④ 가열하면 팽윤되어 점성을 가진다.

해설 전분은 식물 체내에 저장되는 탄수화물로 열량을 공급한다.

**22** 다음 중 다당류에 속하는 탄수화물은?

① 전분 ② 포도당
③ 과당 ④ 갈락토오스

해설 포도당, 과당, 락토오스는 단당류이고 전분, 글리코겐, 섬유소는 다당류이다.

**23** 당질의 기능에 대한 설명 중 틀린 것은?

① 당질은 평균 1g당 4kcal를 공급한다.
② 혈당을 유지한다.
③ 단백질 절약작용을 한다.
④ 당질은 섭취가 부족해도 체내 대사의 조절에는 큰 영향이 없다.

해설 당질은 열량공급, 단백질 절약작용, 지방의 완전연소, 혈당 유지 등 체내 대사조절에 중요한 기능을 한다.

**24** 다음 중 5탄 당이 아닌 것은?

① 리보오스(ribose)
② 크실로오스(xylose)
③ 갈락토오스(galactose)
④ 아라비노오스(arabinose)

해설 6탄당에는 포도당(glucose), 과당(fructose), 갈락토오스(galactose), 만노오스nose) 등이 있다.

16 ① 17 ① 18 ② 19 ④ 20 ② 21 ③ 22 ① 23 ④ 24 ③

**25** 칼슘과 단백질의 흡수를 돕고 정장효과가 있는 것은?

① 설탕 ② 과당
③ 유당 ④ 맥아당

해설 유당은 유즙 속에 함유되어 있으며, 칼슘과 인의 흡수를 돕고 정장작용을 하여 유아의 골격 형성에 도움을 준다.

**26** 환원성이 없는 당은?

① 포도당(glucose)
② 과당(fructose)
③ 설탕(sucrose)
④ 맥아당(maltose)

해설 환원당(모든 단당류, 맥아당, 유당), 비환원당(설탕, 전분)이다.

**27** 탄수화물의 구성요소가 아닌 것은?

① 탄소 ② 질소
③ 산소 ④ 수소

해설 탄수화물의 구성요소는 탄소(C), 수소 (H), 산소(O)이다.

**28** 이당류인 것은?

① 설탕(Scrose)
② 전분 (Sarch)
③ 과당(Fructose)
④ 갈락토오스(Glactose)

해설 단당류(포도당, 과당, 갈락토오스, 만노오스), 이당류(설탕, 맥아당, 유당) 다당류(전분, 글리코겐, 셀룰로오스, 이눌린)이다.

**29** 단당류에서 부제탄소원자가 3개 존재하면 이론적인 입체 이성체 수는?

① 2개 ② 4개
③ 6개 ④ 8개

해설 부제탄소 원자가 n개 존재하면 이론적인 이성체 수는 $2^n$이다.

**30** 탄수화물이 아닌 것은?

① 젤라틴 ② 펙틴
③ 섬유소 ④ 글리코겐

해설 젤라틴은 천연 단백질인 콜라겐을 물과 함께 가열하여 얻어지는 유도 단백질이다.

**31** 당도가 10% 되는 설탕물 200cc가 내는 열량은?

① 20kcal ② 40kcal
③ 60kcal ④ 80kcal

해설 설탕물 200cc 속에는 10%의 당질(20g)이 들어 있다. 당질은 1g당 4kcal의 열량을 낸다. 그러므로 20g × 4kcal = 80kcal가 된다.

**32** 다음 중 아밀로펙틴(amylopectin)만으로 된 식품은?

① 멥쌀 전분
② 찹쌀 전분
③ 단옥수수 전분
④ 감자 전분

해설 찹쌀은 아밀로펙틴이 100% 멥쌀은 아밀로오스 20%와 아밀로펙틴 80%로 이루어졌다.

**33** 혈당의 함량은?

① 0.1% ② 0.2%
③ 0.3% ④ 0.4%

해설 혈당은 혈액에 0.1% 함유한다.

정답 25 ③ 26 ③ 27 ② 28 ① 29 ④ 30 ① 31 ④ 32 ② 33 ①

**34** 포도당이 체내에 흡수된 후 글리코겐으로 가장 많이 저장되는 곳은?

① 근육 ② 혈액
③ 간 ④ 골수

해설 포도당은 체내에 흡수된 후 간에 글리코겐으로 가장 많이 저장되며, 나머지는 지방으로 변하여 저장된다.

**35** 젖당의 설명 중 틀린 것은?

① 포도당과 갈락토오스로 된 다당류이다.
② 뇌, 신경 조식에 존재한다.
③ 장 속의 유해균의 번식을 억제한다.
④ 단맛은 자당의 약 1/4이다.

해설 젖당은 포도당과 갈락토오스로 되어 있는 이당류이다.

**36** 중성지방의 구성성분은?

① 탄소와 질소
② 아미노산
③ 지방산과 글리세롤
④ 포도당과 지방산

해설 중성지방은 지방산과 글리세롤의 에스테르 결합이다.

**37** 인을 함유하는 복합지방질로서 유화제로 사용되는 것은?

① 레시틴 ② 글리세롤
③ 스테롤 ④ 글리콜

해설 레시틴은 지질과 인이 결합한 복합지질로서 유화제로 많이 사용된다.

**38** 지방에 대한 설명으로 틀린 것은?

① 에너지가 높고 포만감을 준다.
② 모든 동물성 지방은 고체이다.
③ 기름으로 식품을 가열하면 풍미를 향상시킨다.
④ 지용성 비타민의 흡수를 좋게 한다.

해설 지방은 상온에서 고체 형태인 지방과 액체 형태인 기름으로 존재한다.

**39** 지방의 경화에 대한 설명으로 옳은 것은?

① 물과 지방이 서로 섞여 있는 상태이다.
② 불포화 지방산에 수소를 첨가한 것이다.
③ 기름을 7.2℃까지 냉각시켜서 지방을 여과하는 것이다.
④ 반죽 내에서 지방층을 형성하여 글루텐 형성을 막는 것이다.

해설 불포화 지방산에 수소를 첨가하여 '니켈'이나 백금을 촉매제로 하여 고체형의 기름으로 만든 것이다.

**40** 필수 지방산에 속하는 것은?

① 리놀렌산
② 올레산
③ 스테아르산
④ 팔미트산

해설 필수 지방산은 리놀레산, 리놀렌산, 아라키돈산이다.

**41** 지방산의 불포화도에 의해 값이 달라지는 것으로 짝지어진 것은?

① 융점, 산가
② 검화가, 요오드가
③ 산가, 유화가
④ 융점, 요오드가

해설 불포화도가 높으면 융점은 낮고 요오드가는 높다. 불포화도가 낮으면 융점은 높고 요오드가는 낮다.

34 ③ 35 ① 36 ③ 37 ① 38 ② 39 ② 40 ① 41 ④

**42** 18 : 2 지방산에 대한 설명으로 옳은 것은?

① 토코페롤과 같은 항산화성이 있다.
② 이중결합이 2개 있는 불포화지방산이다.
③ 탄소수가 20개이며 리놀렌산이다.
④ 체내에서 생성되므로 음식으로 섭취하지 않아도 된다.

해설 18 : 2 지방산은 18개의 탄소와 2개의 이중결합을 가진 불포화지방산으로 필수지방산인 리놀레산을 말한다.

**43** 요오드값(Iodine Value)에 의한 식물성유의 분류로 맞는 것은?

① 건성유－올리브유, 우유유지, 땅콩기름
② 반건성유－참기름, 채종유, 면실유
③ 불건성유－아마인유, 해바라기씨유, 동유
④ 경화유－미강유, 야자유, 옥수수유

해설 • 건성유 : 들깨유, 아마인유, 호두유, 잣유 등이다.
• 반건성유 : 대두유, 면실유, 유채유, 해바라기씨유, 참기름 등이다.
• 불건성유 : 낙화생유(땅콩기름), 동백기름, 올리브유 등이다.

**44** 다음 중 유도지질(Derived Lipids)은?

① 왁스　② 인지질
③ 지방산　④ 단백지질

해설 유도지질이란 단순지질이나 복합지질을 가수분해하여 얻어진 물질로 지방산, 고급 알코올류, 비타민류 등이 있다.

**45** 건성유에 대한 설명으로 옳은 것은?

① 고도의 불포화 지방산 함량이 많은 기름이다.
② 포화지방산 함량이 많은 기름이다.
③ 공기 중에 방치해도 피막이 형성되지 않는 기름이다.
④ 대표적인 건성유는 올리브유와 낙화생유가 있다.

해설 건성유는 식물성 유지로 불포화지방산 함량이 많은 요오드가 130 이상인 들깨, 잣, 호두, 아마인유 등이 있다.

**46** 경화유란 어느 것인가?

① 버터　② 마가린
③ 치즈　④ 마요네즈

해설 경화유는 버터 대용품인 마가린과 라드의 대용품인 쇼트닝이 있다.

**47** 다음은 지질의 체내 기능에 대하여 설명한 것이다. 옳지 않은 것은 어느 것인가?

① 지용성 비타민의 흡수를 돕는다.
② 열량소 중에서 가장 많은 열량을 낸다.
③ 뼈와 치아를 형성한다.
④ 필수지방산을 공급한다.

해설 뼈와 치아를 형성하는 것은 무기질 중에 칼슘, 인, 마그네슘이다.

**48** 카로틴 흡수에 유리한 것은?

① 티아민(비타민 $B_1$)
② 당질
③ 지방
④ 단백질

해설 카로티노이드계 색소는 체내에 흡수되어 비타민 A로 변한다. 지용성인 비타민 A는 지방과 결합되면 흡수에 도움이 된다.

정답 42 ② 43 ② 44 ③ 45 ① 46 ② 47 ③ 48 ③

**49** 필수 지방산에 대하여 잘못 말한 것은?

① 불포화도가 높다.
② 체내에서 합성되지 않는다.
③ 주로 동물성 지방에 함유되어 있다.
④ 부족 시에는 피부병이 발생한다.

해설 필수지방산은 불포화도가 높으며 체내에서 합성되지 않아 외부로부터 섭취해야 한다. 주로 식물성 지방에 함유되어 있으며, 부족할 때는 피부병을 일으킨다.

**50** 필수지방산의 함량이 가장 많은 기름은?

① 올리브유 ② 야자유
③ 대두유 ④ 생선기름

해설 필수지방산은 주로 식물성 기름이며, 발연점이 높은 대두유에 함량이 많다.

**51** 육류의 근원섬유에 들어 있으며 근육의 수축이완에 관여하는 단백질은?

① 미오겐(Myogen)
② 미오신(Myosin)
③ 미오글로빈(Myoglobin)
④ 콜라겐(Collagen)

해설 미오신은 육류의 근원섬유에 들어 있는 단백질로 액틴과 결합하여 '액토미오신'이 되어 근육을 수축시킨다.

**52** 꽁치 160g의 단백질 양은? (단, 꽁치 100g 당 단백질 양은 24.9g이다)

① 28.7g ② 34.6g
③ 39.8g ④ 43.2g

해설 꽁치 100g:단백질 24.9g = 꽁치 160g:단백질×g

**53** 단백질의 구성단위는?

① 아미노산 ② 지방산
③ 과당 ④ 포도당

해설 단백질은 아미노산들이 펩티드 결합으로 연결되어 있는 고분자 유기 화합물이다.

**54** 어떤 단백질의 질소함량이 18%라면 이 단백질의 질소계수는 약 얼마인가?

① 5.56 ② 6.30
③ 6.47 ④ 6.67

해설 질소계수 = 100÷질소함량
= 100÷18 = 5.56

**55** 필수 아미노산만으로 짝지어진 것은?

① 트립토판, 메티오닌
② 트립토판, 글리신
③ 라이신, 글루타민산
④ 루신, 알라닌

해설 필수아미노산
이소루신, 루신, 리신, 메티오닌, 페닐알라닌, 트레오닌, 트립토판, 발린, 아르기닌, 히스티딘

**56** 함유된 주요 영양소가 잘못 짝지어진 것은?

① 북어포 : 당질, 지방
② 우유 : 칼슘, 단백질
③ 두유 : 지방, 단백질
④ 밀가루 : 당질, 단백질

해설 북어포는 말린 제품으로 대부분 단백질로 구성되어 있다.

**57** 단백질의 분해효소로 식물성 식품에서 얻어지는 것은?

① 펩신(pepsin) ② 트립신(trypsin)
③ 파파인(papain) ④ 레닌(rennin)

해설 파파인은 파파야에서 추출한 천연 단백질 분해효소이다.

49 ③ 50 ③ 51 ② 52 ③ 53 ① 54 ① 55 ① 56 ① 57 ③

**58** 단백질에 관한 설명 중 옳은 것은?

① 인단백질은 단순단백질에 인산이 결합한 단백질이다.
② 지단백질은 단순단백질에 당이 결합한 단백질이다.
③ 당단백질은 단순단백질에 지방이 결합한 단백질이다.
④ 핵단백질은 단순단백질 또는 복합단백질이 화학적 또는 산소에 의해 변화된 단백질이다.

해설 지단백질 : 단백질+지방 / 당단백질 : 단백질+당 / 핵단백질 : 단백질+핵이다.

**59** 단백질의 변성으로 인한 변화에 대한 설명으로 틀린 것은?

① 용해도가 변화한다.
② 단백질의 1차, 2차, 3차 구조가 모두 변한다.
③ 일반적으로 소화율이 증가한다.
④ 생물학적 활성이 감소한다.

해설 단백질의 변성은 물리적 · 화학적 요인으로 1차 구조인 펩티드 결합을 제외하고 고차 구조(2차, 3차, 4차)가 변하는 현상이다.

**60** 단백질의 특성에 대한 설명으로 틀린 것은?

① C, H, O, N, S, P 등의 원소로 이루어져 있다.
② 단백질은 뷰렛에 의한 정색반응을 나타내지 않는다.
③ 조단백질은 일반적으로 질소의 양에 6.25를 곱한 값이다.
④ 아미노산은 분자 중에 아미노기와 카르복실기를 가진다.

해설 뷰렛시험(Biuret test)은 단백질의 발색반응 중의 하나로, 가성소다 용액에 황산동 한 방울을 가하면 자색으로 정색한다.

**61** 완전 단백질(Complete Protein)이란?

① 필수아미노산과 불필수아미노산을 모두 함유한 단백질이다.
② 함황아미노산을 다량 함유한 단백질이다.
③ 성장을 돕지는 못하나 생명을 유지시키는 단백질이다.
④ 정상적인 성장을 돕는 필수아미노산이 충분히 함유된 단백질이다.

해설 동물이 성장하는 데 필요한 필수아미노산을 골고루 함유하고 있는 단백질을 완전단백질이라 한다. 대부분의 동물성 단백질이 해당되며, 식물성단백질은 불완전단백질이 대부분이다.

**62** 경단백질로서 가열에 의해 젤라틴으로 변하는 것은?

① 케라틴(Keratin)
② 콜라겐(Collagen)
③ 엘라스틴(Elastin)
④ 히스톤(Histone)

해설 콜라겐은 아교질이라고도 한다. 물에 잘 녹지 않는 경질단백질에 속하며, 가열에 의해 젤라틴으로 변한다.

**63** 식품에서 다음과 같은 기능을 갖는 성분은?

| 유화성, 거품생성능력, 젤화, 수화성 |
|---|

① 단백질 ② 지방
③ 탄수화물 ④ 비타민

해설 단백질 기능으로 난황의 유화성, 난백의 기포성, 콜라겐의 젤라틴화, 열에 의한 수화성 등이 있다.

정답 58 ① 59 ② 60 ② 61 ④ 62 ② 63 ①

**64** 카세인(Casein)은 어떤 단백질에 속하는가?

① 당단백질
② 지단백질
③ 유도단백질
④ 인단백질

해설 유즙의 카세인은 인단백질(Phosphoprotein)이다.

**65** 황 함유 아미노산이 아닌 것은?

① 트레오닌(Threonine)
② 시스틴(Cystine)
③ 메티오닌(Methionine)
④ 시스테인(Cysteine)

해설 트레오닌은 성인에게 필요한 필수아미노산으로 황을 함유하고 있지 않다.

**66** 칼슘의 흡수를 방해하는 인자는?

① 유당 ② 단백질
③ 비타민 C ④ 옥살산

해설 옥살산(수산)은 녹색채소(시금치)에 있는 성분으로 체내에서 칼슘흡수를 방해하여 신장결석을 일으킬 수 있다.

**67** 영양소와 급원 식품의 연결이 옳은 것은?

① 동물성 단백질 – 두부, 소고기
② 비타민 A – 당근, 미역
③ 필수 지방산 – 대두유, 버터
④ 칼슘 – 우유, 치즈

해설 두부 : 식물성단백질 / 미역 : 요오드 / 버터 : 동물성단백질이다.

**68** 다음에서 설명하는 영양소는?

> • 원소 기호는 (I)이다
> • 인체의 미량 원소로 주로 갑상선 호르몬인 '티록신'과 '트리요오드티로닌'의 구성원소로 갑상선에 들어있다.

① 아이오딘(요오드)
② 철
③ 마그네슘
④ 셀레늄

해설 요오드(I)는 김, 미역 등 해조류에 함유되어 있으며 결핍증세로 갑상선종, '크레틴 병'이 있다.

**69** 식품의 산성 및 알칼리성을 결정하는 기준 성분은?

① 필수지방산 존재 여부
② 필수아미노산 존재 여부
③ 구성 탄수화물
④ 구성 무기질

해설 식품을 연소시켰을 때 마지막으로 남는 무기질에 따라 식품의 산성과 알칼리성이 결정된다.

**70** 알칼리성 식품의 성분에 해당하는 것은?

① 유즙의 칼슘(Ca)
② 생선의 황(S)
③ 곡류의 염소(Cl)
④ 육류의 인(P)

해설 • 산성식품 : 황(S), P(인), 염소(Cl) 등이다.
• 알칼리성 식품 : 칼슘(Ca), 나트륨(Na), 칼륨(K), 마그네슘(Mg), 철(Fe), 구리(Cu), 망간(Mn) 등이다.

**64** ④ **65** ① **66** ④ **67** ④ **68** ① **69** ④ **70** ①

## 71 무기질만으로 짝지어진 것은?

① 지방, 나트륨, 비타민 A
② 칼슘, 인, 철
③ 지방, 염소, 비타민 B
④ 아미노산, 요오드, 지방

해설 무기질은 칼슘, 칼륨, 인, 철, 구리 등이다.

## 72 다음 중 어떤 무기질이 결핍되면 갑상선종이 발생 될 수 있는가?

① 칼슘(Ca)
② 요오드(I)
③ 인(P)
④ 마그네슘(Mg)

해설 해조류에 많이 함유되어 있는 요오드가 부족하면 갑산선종 '크레톤병'이 발생될 수 있다.

## 73 체내 산 · 알칼리 평형 유지에 관여하며 가공 치즈나 피클에 많이 함유된 영양소는?

① 철분 ② 나트륨
③ 황 ④ 마그네슘

해설 나트륨(Na)은 체내에서 삼투압 및 pH(산 · 알칼리 평형유지) 조절, 근육수축 및 신경흥분 억제 등의 역할을 한다.

## 74 영양소와 그 기능의 연결이 틀린 것은?

① 유당(젖당) – 정장 작용
② 셀룰로오스 – 변비예방
③ 비타민 K – 혈액응고
④ 칼슘 – 헤모글로빈 구성성분

해설 칼슘(Ca)은 골격과 치아를 구성하고, 헤모글로빈과 미오글로빈의 구성성분은 철(Fe)이다.

## 75 철(Fe)에 대한 설명으로 옳은 것은?

① 헤모글로빈의 구성성분으로 신체의 각 조직에 산소를 운반한다.
② 골격과 치아에 가장 많이 존재하는 무기질이다.
③ 부족 시에는 갑상선종이 생긴다.
④ 철의 필요량은 남녀에게 동일하다.

해설 철(Fe)은 헤모글로빈과 미오글로빈의 구성성분으로 신체의 각 조직에 산소를 운반한다.

## 76 열에 의해 가장 쉽게 파괴되는 비타민은?

① 비타민 C
② 비타민 A
③ 비타민 E
④ 비타민 K

해설 비타민 C는 열에 가장 약하다.

## 77 비타민 A가 부족할 때 나타나는 대표적인 증세는?

① 괴혈병 ② 구루병
③ 불임증 ④ 야맹증

해설 괴혈병은 비타민 C 부족, 구루병은 비타민 D 부족, 불임증은 비타민 E 부족에서 나타난다. 비타민 A 부족은 야맹증, 결막염, 안구 건조증 등이 나타난다.

## 78 생식기능 유지와 노화방지의 효과가 있고, 화학명이 토코페롤(Tocopherol)인 비타민은?

① 비타민 A
② 비타민 C
③ 비타민 D
④ 비타민 E

해설 비타민 E는 생식기능의 유지와 항산화 기능으로 노화방지의 효과가 있다.

정답 71 ② 72 ② 73 ② 74 ④ 75 ① 76 ① 77 ④ 78 ④

**79** 조리 시 일어나는 비타민, 무기질의 변화 중 맞는 것은?

① 비타민 A는 지방음식과 함께 섭취할 때 흡수율이 높아진다.
② 비타민 D는 자외선과 접하는 부분이 클수록 오래 끓일수록 파괴율이 높아진다.
③ 색소의 고정효과로는 $Ca^{++}$이 많이 사용되며 식물색소를 고정시키는 역할을 한다.
④ 과일을 깎을 때 쇠칼을 사용하는 것이 맛, 영양가, 외관상 좋다.

해설 비타민 A는 지용성으로 지방음식과 함께 섭취하면 흡수율이 높아진다.

**80** 물에 녹는 비타민은?

① 레티놀(Retinol)
② 토코페롤(Tocopherol)
③ 티아민(Thiamine)
④ 칼시페롤(Calciferol)

해설 물에 녹는 비타민은 수용성 비타민으로 티아민($B_1$), 리보플라민($B_2$), 나이아신($B_3$), 피리독신($B_6$), 엽산($B_9$), 시아노코발라민($B_{12}$), 아스코르빈산(C), 루틴(P) 등이 있다.

**81** 동·식물체에 자외선을 쪼이면 활성화되는 비타민은?

① 비타민 C ② 비타민 K
③ 비타민 D ④ 비타민 E

해설 비타민 D는 반드시 식품에서 섭취하지 않아도 자외선을 쪼이면 피하에서 비타민 D가 만들어진다.

**82** 비타민 A의 함량이 가장 많은 식품은?

① 쌀 ② 당근
③ 감자 ④ 오이

해설 비타민 A는 우유, 당근, 난황, 시금치 등에 많이 들어있다.

**83** 다음 중 효소적 갈변 반응이 나타나는 것은?

① 캐러멜 소스
② 간장
③ 장어구이
④ 사과주스

해설 식품의 갈변 중 효소적 갈변은 파쇄하거나 껍질을 벗길 때 일어나는 반응으로, 사과주스가 효소적 갈변에 해당한다.

**84** 쌀에서 섭취한 전분이 체내에서 에너지를 발생하기 위해서 반드시 필요한 것은?

① 비타민 A ② 비타민 $B_1$
③ 비타민 C ④ 비타민 D

해설 비타민 $B_1$(티아민)은 전분이 에너지를 발생하는 데 보조효소의 역할을 한다. 백미보다 현미로 섭취하는 것이 효과적이다.

**85** 다음 중 점성이 많고 보슬보슬한 매시드 포테이토(Mashed Potato)용 감자로 가장 알맞은 것은?

① 충분히 숙성한 분질의 감자
② 전분의 숙성이 불충분한 수확 직후의 햇감자
③ 소금 1C : 물 11C의 소금물에서 표면에 뜨는 감자
④ 10℃ 이하의 찬 곳에 저장한 감자

해설 메시드 포테이토용 감자는 분질감자로 스타치(Starchy)감자라고도 부르며, 전분성분이 높은 것을 말한다.

79 ① 80 ③ 81 ③ 82 ② 83 ④ 84 ② 85 ①

**86** 알코올 1g당 열량 산출기준은?

① 0kcal ② 4kcal
③ 7kcal ④ 9kcal

해설 탄수화물 4kcal, 지방 9kcal, 단백질 4kcal, 알코올은 7kcal이다.

**87** 다음 중 비타민 $B_{12}$가 많이 함유되어 있는 급원식품은?

① 사과, 배, 귤
② 소간, 난황, 어육
③ 미역, 김, 우뭇가사리
④ 당근, 오이, 양파

해설 비타민 $B_{12}$의 급원식품은 우유, 달걀, 치즈, 소간, 어육 등이다.

**88** 비타민 $B_2$가 부족하면 어떤 증상이 생기는가?

① 구각염 ② 괴혈병
③ 야맹증 ④ 각기병

해설 구각염은 비타민 $B_2$, 괴혈병은 비타민 C, 야맹증은 비타민A, 각기병은 비타민 $B_1$의 결핍증세이다.

**89** 비타민 A의 전구물질로 당근, 호박, 고구마, 시금치에 많이 들어 있는 성분은?

① 안토시아닌 ② 카로틴
③ 리코펜 ④ 에르고스테롤

해설 카로틴은 비타민 A의 전구체로서 당근, 호박, 시금치, 고구마 등 녹황색 채소에 많이 들어 있다.

**90** 우유에 들어있는 비타민 중에서 함유량이 적어 강화우유에 사용되는 지용성 비타민은?

① 비타민 D ② 비타민 C
③ 비타민 $B_1$ ④ 비타민 E

해설 칼슘의 흡수에는 지용성 비타민인 비타민 D(칼시페롤)의 도움이 필요하다.

**91** 다음과 같은 직업을 가진 사람들 중 비타민D 결핍증에 걸리기 쉬운 사람은 누구인가?

① 농부 ② 광부
③ 사무원 ④ 목수

해설 비타민 D는 반드시 식품에서 섭취하지 않아도 자외선을 쪼이면 피하에서 비타민 D가 만들어진다. 광부는 햇볕을 쬘 수가 없으므로 비타민 D 결핍증에 걸리기 쉽다.

**92** 마늘을 먹음으로써 효력이 촉진되는 비타민은?

① 비타민 $B_1$ ② 비타민 A
③ 비타민 $B_2$ ④ 비타민 K

해설 돼지고기에는 비타민 $B_1$이 많이 들어 있고, 마늘의 매운맛 알리신은 비타민 $B_1$의 흡수를 도와주므로 돼지고기와 마늘을 함께 섭취하는 게 좋다.

**93** 카로틴은 동물 체내에서 어떤 비타민으로 변하는가?

① 비타민 D ② 비타민 $B_1$
③ 비타민 A ④ 비타민 C

해설 식물체의 색소인 카로틴은 동물 체내에서 쉽게 비타민 A로 변하여 '프로비타민 A'라고도 한다.

**94** MSG(MonoSodium Glutamate)의 설명으로 틀린 것은?

① 아미노산계 조미료이다.
② pH가 낮은 식품에는 정미력이 떨어진다.
③ 흡습력이 강하므로 장기간 방치하면 안 된다.
④ 신맛과 단맛을 완화시키고 단맛에 감칠맛을 부여한다.

해설 MSG는 아미노산계 조미료로, 미역과 다시마의 감칠맛 성분이며, 풍미강화제로 사용되고 있다. pH6~8의 범위에서 가장 효과적이며 산성에서는 감소한다. 신맛과 쓴맛을 완화하여 주고, 단맛에 감칠맛을 부여한다.

정답 86 ③ 87 ② 88 ① 89 ② 90 ① 91 ② 92 ① 93 ③ 94 ③

**95** 라이코펜은 무슨 색이며, 어떤 식품에 많이 들어있는가?

① 붉은색 – 당근, 호박, 살구
② 붉은색 – 토마토, 수박, 감
③ 노란색 – 옥수수, 고추, 감
④ 노란색 – 새우, 녹차, 노른자

해설 라이코펜은 일종의 카로티노이드계 색소로 잘 익은 토마토, 수박, 감 등에 많이 들어 있다.

**96** 신선한 생육의 환원형 미오글로빈이 공기와 접촉하면 분자상의 산소와 결합하여 옥시미오글로빈으로 되는데, 이때의 색은?

① 어두운 적자색
② 선명한 적색
③ 어두운 회갈색
④ 선명한 분홍색

해설 미오글로빈은 공기 중의 산소와 결합하여 선명한 적색의 옥시미오글로빈이 된다.

**97** 식육이 공기와 접촉하여 선홍색이 될 때 선홍색의 주체 성분은?

① 옥시미오글로빈(Oxymyoglobin)
② 미오글로빈(Myoglobin)
③ 메트미오글로빈(Metmyoglobin)
④ 헤모글로빈(Hemogiobin)

해설 미오글로빈은 산소와 결합하면 선홍색인 옥시미오글로빈으로 된다. 공기 중에 방치하거나 가열하면 갈색의 '메트미오글로빈'이 된다.

**98** 적자색 양배추를 채썰어 물에 장시간 담가 두었더니 탈색되었다. 이 현상의 원인이 되는 색소와 그 성질을 바르게 연결한 것은?

① 안토시아닌(Anthocyanin)계 색소 – 수용성
② 플라보노이드(Flavonoid)계 색소 – 지용성
③ 헴(Heme)계 색소 – 수용성
④ 클로로필(Chlorophyll)계 색소 – 지용성

해설 안토시아닌은 플라보노이드(Flavonoids) 계열의 물질로, 물에 담가 두면 흰색이 되는 수용성 물질이다.

**99** 오이나 배추의 녹색이 김치를 담갔을 때 점차 갈색을 띠게 되는 것은 어떤 색소의 변화 때문인가?

① 카로티노이드(Carotenoid)
② 클로로필(Chlorophyll)
③ 안토시아닌(Anthocyanin)
④ 안토잔틴(Anthoxanthin)

해설 녹색채소에 있는 식물성 색소인 클로로필 색소는 발효로 생긴 유기산에 의해 갈색으로 변한다.

**100** 안토시아닌 색소를 함유하는 과일의 붉은색을 보존하려고 할 때 가장 좋은 방법은?

① 식초를 가한다.
② 중조를 가한다.
③ 소금을 가한다.
④ 수산화나트륨을 가한다.

해설 안토시아닌 색소는 산성일 때 적색으로, 중성일 때 자색으로, 알칼리성일 때 청색으로 변색된다. 붉은색을 보존하려면 산성(식초)를 첨가하면 된다.

95 ② 96 ② 97 ③ 98 ① 99 ② 100 ①

**101** 카로티노이드에 대한 설명으로 옳은 것은?

① 클로로필과 공존하는 경우가 많다.
② 산화효소에 의해 쉽게 산화되지 않는다.
③ 자외선에 대해서 안정하다
④ 물에 쉽게 용해된다.

**해설** 카로티노이드는 지용성 색소로 물에 녹지 않고 공기 중의 산소, 햇빛, 산화효소에 쉽게 산화되며 클로로필과 공존한다.

**102** 다음의 안토시아닌(Anthocyanin)의 화학적 성질에 대한 설명에서 ( ) 안에 알맞은 것을 순서대로 나열한 것은?

| Anthocyanin은 산성에서는 ( ), 중성에서는 ( ), 알칼리성에서는 ( )을 나타낸다. |
|---|

① 적색 – 자색 – 청색
② 청색 – 적색 – 자색
③ 노란색 – 파란색 – 검정색
④ 검정색 – 파란색 – 노란색

**해설** 안토시아닌은 사과, 딸기, 포도, 가지 등의 수용성 색소로 산성에서 적색, 중성에서 자색, 알칼리성에서 청색을 띤다.

**103** 동물성 식품(육류)의 대표적인 색소 성분은?

① 미오글로빈(Myoglobin)
② 페오피틴(Pheophytin)
③ 안토크산틴(Anthoxanthin)
④ 안토시아닌(Anthocyanin)

**해설** 동물성 색소에는 미오글로빈(근육색소), 헤모글로빈(혈색소), 동물성 카로티노이드계 색소 등이 있다.

**104** 동물성 식품의 색에 관한 설명 중 틀린 것은?

① 식육의 붉은색은 Myoglobin과 Hemoglobin에 의한 것이다.
② Heme은 페로프로토포피린(Ferroproto porphyrin)과 단백질은 글로빈(Globib)이 결합된 복합단백질이다.
③ Myoglobin은 적자색이지만 공기와 오래 접촉하여 Fe로 산화되면 선홍색의 Oxymyoglobin이 된다.
④ 아질산염으로 처리하면 가열에도 안정한 선홍색의 Nitrosomyoglobin이 된다.

**해설** 미오글로빈은 붉은색인데, 공기와 접촉하면 선홍색의 옥시미오글로빈, 더 오래 방치하거나 가열하면 갈색의 메트미오글로빈이 된다.

**105** 철과 마그네슘을 함유하는 색소를 순서대로 나열한 것은?

① 안토시아닌, 플라보노이드
② 카로티노이드, 미오글로빈
③ 클로로필, 안토시아닌
④ 미오글로빈, 클로로필

**해설** 미오글로빈은 철, 클로로필은 마그네슘을 함유하고 있다.

**106** 클로로필에 대한 설명으로 틀린 것은?

① 산을 가해주면 Pheophytin이 생성된다.
② Chlorophyllase가 작용하면 Chloro phyllide가 된다.
③ 수용성 색소이다.
④ 엽록체 안에 들어있다.

**해설** 수용성 색소(안토잔틴, 안토시아닌), 지용성색소(클로로필, 카로티노이드)가 있다.

**정답** 101 ① 102 ① 103 ① 104 ④ 105 ④ 106 ③

**107** 카로티노이드(Carotenoid) 색소와 소재식품의 연결이 틀린 것은?

① 베타카로틴(β–Carotene) : 당근, 녹황색 채소
② 라이코펜 (Lycopene) : 토마토, 수박
③ 아스타산틴(Astaxanthin) : 감, 옥수수, 난황
④ 푸코크산틴(Fucoxanthin) : 다시마, 미역

**해설** 아스타잔틴은 새우, 게, 가재와 같은 갑각류에 들어있는 색소이다.

**108** 사과를 깎아 방치했을 때 나타나는 갈변현상과 관계가 없는 것은?

① 산화효소 ② 산소
③ 페놀류 ④ 섬유소

**해설** 사과의 갈변은 페놀류 산화효소인 '폴리페놀옥시다아제'가 산소와 결합하여 갈색으로 변하는 것이다.

**109** 식품의 갈변현상 중 성질이 다른 것은?

① 고구마 절단면의 변색
② 홍차의 적색
③ 간장의 갈색
④ 다진 양송이의 갈색

**해설** 간장의 갈변은 비효소적 갈변 중 '마이야르 반응'에 의한 것이다. 고구마, 홍차, 양송이의 갈변은 효소적 갈변이다.

**110** 효소에 의한 갈변을 억제하는 방법으로 옳은 것은?

① 환원성 물질 첨가
② 기질 첨가
③ 산소 접촉
④ 금속이온 첨가

**해설** 효소에 의한 갈변을 억제하는 방법으로 환원성 물질의 첨가, 산소 제거, 효소의 불활성화 등이 있다.

**111** 감자는 껍질을 벗겨 두면 색이 변화되는데, 이를 막기 위한 방법은?

① 물에 담근다.
② 냉장고에 보관한다.
③ 냉동시킨다.
④ 공기 중에 방치한다.

**해설** 감자의 갈변은 티로신이 '티로시나아제'에 의해 산화되어 갈색이 된다. 산소와의 접촉을 피해 물에 담그면 색이 변하지 않는다.

**112** 캐러멜화(caramelzation)반응을 일으키는 것은?

① 당류 ② 아미노산
③ 지방질 ④ 비타민

**해설** 캐러멜화 반응은 당류를 160~180℃로 가열할 대 산화 · 분해되어 생성된 물질이 계속 종합 · 중합하여 갈색 물질인 캐러멜 색소를 형성하는 반응이다.

**113** 과일의 갈변을 방지하는 방법으로 바람직하지 않은 것은?

① 레몬즙, 오렌지즙에 담가둔다.
② 희석된 소금물에 담가둔다.
③ −10℃ 온도에서 동결시킨다.
④ 설탕물에 담가둔다.

**해설** 과일이 얼면 조직이 파괴되어 품질이 저하되므로, 10℃ 정도의 상온에서 보관하는 것이 좋다.

107 ③ 108 ④ 109 ③ 110 ① 111 ① 112 ① 113 ③

**114** **아미노 카르보닐 반응에 대한 설명 중 틀린 것은?**

① 마이야르반응(Maillard Reaction)이라고도 한다.
② 당의 카르보닐 화합물과 단백질 등의 아미노산기가 관여하는 반응이다.
③ 갈색 색소인 캐러멜을 형성하는 반응이다.
④ 비효소적 갈변반응이다.

해설 비효소적 갈변반응으로 갈색 색소인 캐러멜을 형성하는 반응은 캐러멜 반응이다.

**115** **마이야르(Maillard) 반응에 영향을 주는 인자가 아닌 것은?**

① 수분 ② 온도
③ 당의 종류 ④ 효소

해설 마이야르 반응에 영향을 주는 요인은 온도, pH, 당의 종류, 수분함량, 금속이온의 영향, 반응물질 등이다.

**116** **식품의 조리, 가공 시 발생하는 갈변현상 중 효소가 관계하는 것은?**

① 페놀성 물질의 산화, 축합에 의한 멜라닌(Melanine) 형성반응
② 마이야르(Maillard) 반응
③ 캐러멜화(Caramelization) 반응
④ 아스코르빈산(Ascorbic acid) 산화반응

해설 비효소적 갈변으로 마이야르(Maillard)반응, 캐러멜화(Caramelization)반응, 아스코르빈산(Ascorbic acid) 산화반응 등이 있다.

**117** **귤의 경우 갈변현상이 심하게 나타나지 않는 이유는?**

① 비타민 C의 함량이 높기 때문에
② 갈변효소가 존재하기 않기 때문에
③ 비타민 A의 함량이 높기 때문에
④ 갈변의 원인 물질이 없기 때문에

해설 비타민 C의 함량이 높으면 갈변현상이 억제된다.

**118** **단맛을 갖는 대표적인 식품과 가장 거리가 먼 것은?**

① 사탕무 ② 감초
③ 벌꿀 ④ 곤약

해설 곤약은 만난을 가공하여 만든 식품으로 떫은맛을 가지고 있다.

**119** **다음 중 알리신(allicin)이 가장 많이 함유된 식품은?**

① 마늘 ② 사과
③ 고추 ④ 무

해설 마늘의 매운맛 성분인 알리신은 비타민 $B_1$의 흡수를 돕는다.

**120** **쓴 약을 먹은 직후 물을 마시면 단맛이 나는 것처럼 느끼게 되는 현상은?**

① 변조현상 ② 소실현상
③ 대비현상 ④ 미맹현상

해설 맛의 변조현상은 한 가지 맛을 본 직후에 다른 맛을 보면 정상적으로 그 맛을 느끼지 못하는 현상이다.

**121** **간장, 다시마 등의 감칠맛을 내는 주된 아미노산은?**

① 알라닌(Alanine)
② 글루탐산(Glutamic acid)
③ 리신(Lysine)
④ 트레오닌(Threonine)

해설 맛과 관련된 아미노산은 글루탐산이다.

정답 114 ③ 115 ④ 116 ① 117 ① 118 ④ 119 ① 120 ① 121 ②

**122** 아린맛은 어느 맛의 혼합인가?

① 신맛과 쓴맛 ② 쓴맛과 단맛
③ 신맛과 떫은맛 ④ 쓴맛과 떫은맛

해설 아린맛 : 쓴맛 + 떫은맛이 혼합된 불쾌한 맛이다.

**123** 온도가 미각에 영향을 미치는 현상에 대한 설명으로 틀린 것은?

① 온도가 상승함에 따라 단맛에 대한 반응이 증가한다.
② 쓴맛은 온도가 높을수록 강하게 느껴진다.
③ 신맛은 온도 변화에 거의 영향을 받지 않는다.
④ 짠맛은 온도가 높을수록 최소감량이 늘어난다.

해설 쓴맛은 온도가 높을수록 반비례하여 쓴맛이 약하게 느껴진다.

**124** 다음 식품 중 이소티오시아네이트(isothiocyanates)화합물에 의해 매운맛을 내는 것은?

① 양파 ② 겨자
③ 마늘 ④ 후추

해설 이소티오시아네이트는 겨자의 매운맛 성분이다.

**125** 단맛성분에 소량의 짠맛 성분을 혼합할 때 단맛이 증가하는 현상은?

① 맛의 상쇄현상
② 맛의 억제현상
③ 맛의 변조현상
④ 맛의 대비현상

해설 맛의 대비현상은 단맛+짠맛이면 단맛이 증가하는 현상이다.

**126** 4가지 기본적인 맛이 아닌 것은?

① 단맛 ② 신맛
③ 떫은맛 ④ 쓴맛

해설 4원미는 단맛, 신맛, 쓴맛, 짠맛이다.

**127** 신맛 성분에 유기산인 아미노기(–$NH_2$)가 있으면 어떤 맛이 가해진 산미가 되는가?

① 단맛 ② 신맛
③ 쓴맛 ④ 짠맛

해설 신맛 성분은 수산기(–OH)가 있으면 온건한 신맛을 내고 아미노기(–$NH_2$)가 있으면 쓴맛이 짙은 신맛을 낸다.

**128** 식품과 대표적인 맛 성분(유기산)을 연결한 것 중 틀린 것은?

① 포도 – 주석산
② 감귤 – 구연산
③ 사과 – 사과산
④ 요구르트 –호박산

해설 젖산(요구르트, 김치류 등), 호박산(청주, 조개, 김치류 등)이다.

**129** 쓴맛물질과 식품 소재의 연결이 잘못된 것은?

① 데오브로민(Theobromine) : 코코아
② 나린긴(Naringin) : 감귤류의 과피
③ 휴물론(Humulone) : 맥주
④ 쿠쿠르비타신(Cucurbitacin) : 도토리

해설 쿠쿠르비타신은 오이 꼭지부분의 쓴맛이다.

122 ④ 123 ② 124 ② 125 ④ 126 ③ 127 ② 128 ④ 129 ④

**130** 김치류의 신맛 성분이 아닌 것은?

① 초산(Acetic acid)
② 호박산(Succinic acid)
③ 젖산(Lactic acid)
④ 수산(Oxalic acid)

해설 옥산살(수산)은 녹색채소(파슬리, 차이브, 쇠비름, 카사바, 시금치 등)에 함유되어 있는 성분이다.

**131** 매운맛 성분과 소재 식품의 연결이 올바르게 된 것은?

① 알릴이소티오시아네이트(Allyliso thiocyanate) – 겨자
② 캡사이신(Capsaicin) – 마늘
③ 진저롤(Gingerol) – 고추
④ 차비신(Chavicine) – 생강

해설 알릴이소티오시아네이트는 겨자나 고추냉이에 들어있는 시니그린에서 생성되는 자극취와 매운맛을 갖는 성분이다.

**132** 가열에 의해 고유의 냄새 성분이 생성되지 않는 것은?

① 장어구이 ② 스테이크
③ 커피 ④ 포도주

해설 포도주는 가열하지 않고, 발효시켜 만든 발효주이다.

**133** 과일의 주된 향기성분이며, 분자량이 커지면 향기도 강해지는 냄새 성분은?

① 알코올
② 에스테르류
③ 유황화합물
④ 휘발성 질소화합물

해설 에스테르류는 사과, 배, 파인애플 등과 같은 대부분의 과일에 향을 내는 주성분이다.

130 ④ 131 ① 132 ④ 133 ②

Chapter 02

# 효소

## 1. 식품과 효소

### (1) 효소의 이용에 따른 분류

| 구분 | 내용 |
|---|---|
| 식품 중에 함유되어 있는 효소의 이용 | 육류, 치즈, 된장의 숙성 등에 이용되는 육류, 치즈, 된장의 숙성 등에 이용 |
| 효소 작용을 억제하는 경우 | 신선도를 위한 변화 방지를 목적으로 효소 작용을 억제 |
| 효소를 식품에 첨가하는 경우 | • 펙틴 분해효소를 첨가해 포도주의 혼탁을 예방<br>• 육류연화를 위해 프로테아제(protease) 첨가 |
| 효소를 사용하여 식품을 첨가하는 경우 | • 전분으로부터 포도당을 제조<br>• 효소반응을 이용해 글루타민산과 아스파틱산 제조 |

### (2) 효소반응에 영향을 미치는 인자

① 온도

- 효소의 최적온도는 30~40℃(활성이 가장 큼)이고, 일부 내열성 효소는 70℃ 정도에서 활성화된다.
- 효소의 활성은 온도가 올라갈수록 증가하지만, 특정 온도 이상이 되면 열변성에 의해 활성이 떨어지거나 사라진다.
- 효소의 최적온도는 반응시간, 효소농도, 용액의 pH, 공존하는 화학물질 등에 의해 영향을 받는다.

② 수소이온농도(pH)

- 최적 pH는 4.5~8정도이며, 이 경우 효소의 활성이 가장 크다.
- 펩신(pepsin) : 최적 pH 1~2, 트립신(trypsin) : 최적 pH 7~8이고 효소의 종류에 따라 최적의 pH가 다르며, 최적의 pH일 때 활성이 가장 크다.

③ 효소농도

- 효소의 농도가 낮을 경우 효소 농도는 반응속도와 직선적으로 비례한다.
- 효소농도가 최대반응속도 지점을 지나게 되면 기질농도를 증가시킬 경우에만 반응속도가 증가한다(기질이 증가하지 않으면 반응속도는 증가하지 않음).

④ 기질농도

- 효소농도가 일정할 때 기질 농도가 낮으면 기질농도의 반응속도는 정비례하고 기질농도가 일정치를 넘으면 반응속도는 일정해진다.
- 최대효소의 반응속도를 유지하기 위해서는 효소농도와 기질의 농도 조절이 중요하다.

### (3) 소화와 흡수

① 소화의 정의 : 음식물이 소화관을 지나면서 분해되어 우리 몸이 이용할 수 있는 형태의 영양소로 변하는 것을 말한다.

② 소화의 구분

- 기계적 소화
  - 저작작용 : 음식을 삼키기 위한 준비로 치아가 음식물을 으깨거나 씹는 작용이다.
- 소화관 운동
  - 분절운동 : 소화관 벽 근육의 수축과 이완에 의해 음식물이 위에서 아래로 이동하는 운동이다.
  - 연동운동 : 장관 근육의 수축으로 음식물을 잘게 부수고 섞이도록 하는 운동이다.

③ 화학적 소화 : 음식물이 소화효소에 의해 아주 작은 단위로 가수분해되는 과정이다.

### (4) 소화과정

소화과정의 순서 : 입 → 식도 → 위 → 소장 → 대장 → 직장 → 항문 순이다.

① 입에서의 소화

| 소화액 | 소화 효소 | 작용 |
|---|---|---|
| 침 | 프티알린(아밀라아제) | 녹말 : 맥아당, 덱스트린 |
| | 말타아제 | 맥아당 : 포도당 |

② 위에서의 소화

| 소화액 | 소화 효소 | 작용 |
|---|---|---|
| 위액 | 펩신 | 단백질 : 폴리펩티드(펩톤) |
| | 리파아제 | 지방 : 지방산, 글리세롤 |
| | 레닌 | 우유의 카제인 : 응고 |

**Point** 위산의 작용

- 위의 세포벽에서 분비되는 염산은 펩시노겐과 프로레닌을 펩신과 레닌으로 활성화한다.
- 음식물 속의 각종 세균을 죽인다.
- 위의 내부를 강한 산성 환경으로 만들어 펩신의 활동을 도와준다.

## (5) 소장에서의 소화

① 탄수화물의 소화

| 소화액 | 소화 효소 | 작용 |
|---|---|---|
| 이자액 | 아밀롭신(아밀라이제) | 녹말 : 맥아당 |
| 소장액 | 말타아제 | 맥아당 : 포도당, 포도당 |
| | 수크라아제 | 설탕 : 포도당, 과당 |
| | 락타아제 | 젖당 : 포도당, 갈락토오스 |

**Point**
- 소장액은 소장벽에서 분비되고 담즙은 간에서 분비된다.
- 담즙(쓸개즙) : 간에서 생성되어 쓸개에 저장되었다가 분비되고 효소는 아니지만, 지방의 유화작용 · 인체 내 해독작용 · 산의 중화작용 등을 한다.

② 지방의 소화

| 소화액 | 소화 효소 | 작용 |
|---|---|---|
| 이자액 | 리파아제 | 지방 : 지방산, 글리세롤 |

③ 단백질의 소화

| 소화액 | 소화 효소 | 작용 |
|---|---|---|
| 이자액 | 트립신 | 폴리펩티드(펩톤) : 디펩티드 |
| | 키모트립신 | |
| 소장액 | 디펩티다아제 | 디펩티드 : 아미노산 |

## (6) 흡수

① 소장에서의 흡수 : 소화된 영양소들은 소장 내벽의 융털을 통해 흡수된다.

② 대장에서의 흡수
- 대부분 영양소의 소화는 소장에서 끝나지만 소화되지 않는 물질이 대장으로 내려간다.
- 소장에서 내려온 내용물 중 대변에 섞여 들어가야 할 수분을 제외한 남은 수분과 나트륨 같은 염분을 흡수한다.

Chapter 02

# 예상문제

**01** 효소의 주된 구성성분은?

① 지방 ② 탄수화물
③ 단백질 ④ 비타민

해설 효소는 생물학적 반응을 촉매로 하고 생리 활성을 나타내는 단백질이다.

**02** 다음 중 효소가 아닌 것은?

① 말타아제(Maltase)
② 펩신(Pepsin)
③ 레닌(Rennin)
④ 유당(Lactose)

해설 유당은 갈락토오스+포도당으로 이루어진 이당류이며 분해효소는 락타아제이다.

**03** 침(타액)에 들어 있는 소화효소의 작용은?

① 전분을 맥아당으로 변화시킨다.
② 단백질을 펩톤으로 분해시킨다.
③ 설탕을 포도당과 과당으로 분해시킨다.
④ 카제인을 응고시킨다.

해설 프티알린과 말타아제는 침에 있는 소화효소로 전분 → 맥아당, 맥아당 → 포도당으로 변화시킨다.

**04** 다음 중 담즙의 기능이 아닌 것은?

① 산의 중화작용
② 유화작용
③ 당질의 소화
④ 약물 및 독소 등의 배설작용

해설 담즙은 산의 중화작용, 지방을 소화하기 쉬운 형태로 유화작용, 약물 및 독소 등의 배설작용을 한다.

**05** 영양소와 그 소화 효소가 바르게 연결된 것은?

① 단백질 : 리파아제
② 탄수화물 : 아밀라아제
③ 지방 : 펩신
④ 유당 : 트립신

해설
- 단백질의 소화효소 : 펩신, 트립신
- 지방의 소화효소 : 리파아제
- 유당의 소화효소 : 락타아제

**06** 소화흡수가 잘 되도록 하는 방법으로 가장 적절한 것은?

① 짜게 먹는다.
② 동물성 식품과 식물성 식품을 따로따로 먹는다.
③ 식품을 잘고 연하게 조리하여 먹는다.
④ 한꺼번에 많은 양을 먹는다.

해설 음식은 짜지 않게 조리하고 잘게 연하게 조리하며, 조금씩 먹어야 소화가 잘 된다.

정답 01 ③ 02 ④ 03 ① 04 ③ 05 ② 06 ③

Chapter 03

# 식품과 영양

## 1. 영양과 영양소의 정의

### (1) 영양

생명이 있는 유기체가 체내 세포를 생성 · 유지시키는 데 필요한 물질과 에너지를 식품으로 공급받아 생명을 유지하고 성장과 발육을 도와 에너지를 생성하는 과정이다.

### (2) 영양소

영양소의 목적을 위하여 섭취하는 식품에 포함된 물질로 열량, 체액구성 물질, 신체반응을 조절하는 인자들을 공급함으로써 건강유지 기능을 한다.

① 3대 영양소 : 단백질, 탄수화물, 지방으로 구성되어 있다.

② 5대 영양소 : 단백질, 탄수화물, 지방, 비타민, 무기질로 구성되어 있다.

③ 6대 영양소 : 5대 영양소에 물을 포함한다.

## 2. 영양소의 기능 및 영양소 섭취기준

### (1) 영양소의 체내역할

① 열량소 : 체온유지, 활동에 필요한 에너지를 공급한다(탄수화물, 단백질, 지방).

② 구성소 : 신체조직, 혈액과 골격을 구성한다(단백질, 무기질, 물).

③ 조절소 : 몸의 생리기능 조절, 열량소와 구성소 등의 대사를 돕는다(무기질, 비타민, 물).

## 3. 기초식품군

균형 잡힌 식생활을 위해 반드시 먹어야 하는 식품들로 식품에 함유되어 있는 주요 영양소를 근거로 하여 기초식품군을 정한다.

### (1) 제1군 식품(단백질)

단백질의 급원, 근육·피 등을 구성, 호르몬 효소 기능 조절을 한다.

① 고기, 생선 알 및 콩류

② 소고기, 돼지고기, 닭고기, 생선, 조개, 땅콩, 된장, 생선묵 등

### (2) 제2군 식품(칼슘)

칼슘과 각종 무기질, 단백질의 급원식품, 골격과 치아의 구성성분이다.

① 우유 및 유제품, 뼈째 먹는 생선

② 멸치, 잔생선, 새우, 사골, 우유, 분유, 아이스크림 등

### (3) 제3군 식품(비타민, 무기질)

비타민 및 무기질의 급원식품, 조절기능, 인체 구성성분이다.

① 채소 및 과일류

② 시금치, 쑥갓, 무청, 당근, 상추, 배추, 사과, 김, 미역 등

### (4) 제4군 식품(탄수화물)

몸과 뇌에 에너지를 공급한다.

① 곡류(잡곡 포함 ) 및 감자류

② 쌀, 보리, 콩, 팥, 밀, 감자, 고구마, 토란, 과자, 빵 등

### (5) 제5군 식품(지방)

에너지공급, 체온유지, 신체보호 등의 기능이다.

① 유지류

② 면실류, 참기름 버터, 호두, 깨소금, 라드, 쇼트닝 등

## 4. 산성 식품과 알칼리성 식품

### (1) 산성 식품

인, 황, 염소를 많이 포함한 식품(곡류, 어류, 육류, 가공식품 등)이다.

### (2) 알칼리성 식품

칼슘, 마그네슘 등 무기질을 많이 포함한 식품(우유, 채소, 과일, 감자류, 해조류 등)이다.

## 5. 식품 구성 자전거

다양한 식품 섭취를 통한 균형 잡힌 식사와 수분 섭취의 중요성, 그리고 적당한 운동을 통한 건강 유지라는 기본개념이다.

식품구성자전거 / 자료출처 : 보건복지부, 2015 한국인 영양소 섭취기준

## 6. 영양섭취기준

한국인의 질병을 예방하고 건강을 최적의 상태로 유지하기 위해 섭취해야 하는 영양소의 기준을 제시한 것이다. 식품군을 기초로 식단을 작성한다.

| 구분 | 내용 |
|---|---|
| 평균필요량 | 대상 집단을 구성하는 건강한 사람들의 절반에 해당되는 사람들의 일일 필요량을 충족하는 섭취 수준이다. |
| 권장섭취량 | • 대부분의 사람들에 대해 필요량을 충족시키는 섭취 수준이다.<br>• 평균필요량에 표준편차의 2배를 더하여 정한다(평균섭취량+표준편차×2). |
| 충분섭취량 | 영양소 필요량에 대한 자료가 부족하여 권장 섭취량을 설정할 수 없을 때 제시되는 섭취 수준이다. |
| 상한섭취량 | 사람의 건강에 유해 영향이 나타나지 않는 최대영양소의 섭취 수준이다. |

Chapter 02

# 예상문제

**01** 콩, 소고기, 달걀 중에 공통적으로 들어 있는 주급원 영양소는?

① 당질 ② 단백질
③ 비타민 ④ 무기질

해설 단백질군 : 콩, 소고기, 달걀 등이 있다.

**02** 식단 작성 시 무기질과 비타민을 공급하려면 다음 중 어떤 식품으로 구성하는 것이 가장 좋은가?

① 곡류, 감자류
② 채소류, 과일류
③ 유지류, 어패류
④ 육류

해설 무기질과 비타민의 급원식품은 채소류와 과일류이다.

**03** 식품의 분류에 대한 설명으로 틀린 것은?

① 식품은 수분과 고형물로 나눌 수 있다.
② 고형물은 유기질과 무기질로 나누어진다.
③ 유기질은 조단백질, 조지방, 탄수화물, 비타민으로 나누어진다.
④ 조단백질은 조섬유와 당질로 나누어진다.

해설 섬유소와 당질로 나누어지는 것은 탄수화물이다.

**04** 다음 중 칼슘 급원 식품으로 가장 적합한 것은?

① 우유 ② 감자
③ 참기름 ④ 소고기

해설 감자는 탄수화물, 참기름은 지방, 소고기는 단백질, 우유는 칼슘이다.

**05** 식품 구성 탑 중 5층에 해당하는 식품은?

① 채소류, 과일류
② 곡류, 전분류
③ 유지, 견과, 당류
④ 고기, 생선, 계란, 콩류

해설 1층 : 곡류, 전분류 / 2층 : 채소류, 과일류 / 3층 : 고기, 생선, 계란, 콩류 / 4층 : 우유, 유제품 / 5층 : 유지, 당류이다.

**06** 다음 중 알칼리성의 식품의 성분에 해당하는 것은?

① 유즙에 칼슘(Ca)
② 생선의 유황(S)
③ 곡류의 염소(Cl)
④ 육류의 산소(O)

해설 산성식품은 황(S), 인(P), 염소(Cl), 알칼리성식품은 나트륨(Na), 칼륨(K), 칼슘(Ca), 마그네슘(Mg)이 많이 들어 있는 식품이다.

**07** 빙과류에 대한 설명으로 틀린 것은?

① 빙과류의 종류에는 아이스크림, 파르페, 셔벳, 무스 등이 있다.
② 지방이 많이 함유된 빙과류는 열량이 높다.
③ 비타민류는 냉동에 의해 성분의 변화가 심하게 일어난다.
④ 셔벳은 시럽에 과일즙을 첨가하였거나 과일에 젤라틴, 달걀흰자를 첨가하여 얼린 것이다.

해설 비타민은 냉동에 의해 성분 변화가 거의 없어 비타민 C의 잔존량은 냉동 야채의 품질지표로 사용된다.

정답 01 ② 02 ② 03 ④ 04 ① 05 ③ 06 ① 07 ③

**08** **강화식품에 대한 설명으로 틀린 것은?**

① 식품에 원래 적게 들어있는 영양소를 보충한다.

② 식품의 가공 중 손실되기 쉬운 영양소를 보충한다.

③ 강화영양소로 비타민 A, 비타민 B, 칼슘(Ca) 등을 이용한다.

④ α화 쌀은 대표적인 강화식품이다.

해설 α-화 쌀은 호화시킨 쌀을 말하며, 뜨거운 물을 부어 잠시 두면 밥이 되는 즉석식품이다.

**09** **육류, 생선류, 알류 및 콩류에 함유된 주된 영양소는?**

① 단백질 ② 탄수화물

③ 지방 ④ 비타민

해설 단백질의 급원식품 : 육류, 생선류, 알류 및 콩류

**10** **다음의 식단 구성 중 편중되어 있는 영양가의 식품군은?**

| 완두콩밥, 된장국, 장조림, 명란알찜, 두부조림, 생선구이 |
|---|

① 탄수화물군

② 단백질군

③ 비타민/무기질군

④ 지방군

해설 완두콩, 된장, 소고기, 생선, 두부, 알 등은 단백질식품 군이다.

**11** **알칼리성 식품에 대한 설명 중 옳은 것은?**

① Na, K, Ca, Mg이 많이 함유되어 있는 식품

② S, P, Cl가 많이 함유되어 있는 식품

③ 당질, 지질, 단백질 등이 많이 함유되어 있는 식품

④ 곡류, 육류, 치즈 등의 식품

해설 알칼리성 식품은 나트륨(Na), 칼륨(K), 칼슘(Ca), 마그네슘(Mg) 등이 많이 함유된 채소 및 과일류, 해조류에 많이 함유되어 있다.

**12** **식품을 구성하는 성분 중 특수성분인 것은?**

① 수분 ② 효소

③ 섬유소 ④ 단백질

해설 특수성분은 색, 향, 맛, 효소, 유독성분 등이 있다.

**13** **5대 영양소의 기능에 대한 설명으로 틀린 것은?**

① 새로운 조직이나 효소, 호르몬 등을 구성한다.

② 노폐물을 운반한다.

③ 신체 대사에 필요한 열량을 공급한다.

④ 소화 · 흡수 등의 대사를 조절한다.

해설 수분은 각 세포와 혈액에 섞여 있는 불순물을 걸러내는 역할을 한다. 수분은 영양소가 아니다.

**14** **열량급원 식품이 아닌 것은?**

① 감자 ② 쌀

③ 풋고추 ④ 아이스크림

해설 • 열량소 : 탄수화물, 단백질, 지질(감자, 쌀, 아이스크림)이다.
• 조절소 : 비타민, 무기질(풋고추)이다.

정답 08 ④ 09 ① 10 ② 11 ① 12 ② 13 ② 14 ③

## 15 체온유지 등을 위한 에너지 형성에 관계하는 영양소는?

① 탄수화물, 단백질, 지방
② 물, 비타민, 무기질
③ 무기질, 탄수화물, 물
④ 비타민, 지방, 단백질

**해설** 탄수화물, 단백질, 지방은 우리 몸의 활동에 필요한 에너지를 공급하고 체온을 유지하는 하는 영양소이다.

## 16 영양소에 대한 설명 중 틀린 것은?

① 영양소는 식품의 성분으로 생명현상과 건강을 유지하는 데 필요한 요소이다.
② 건강이라 함은 신체적, 정신적, 사회적으로 건전한 상태를 말한다.
③ 물은 체조직 구성요소로서 보통 성인 체중의 2/3를 차지하고 있다.
④ 조절소란 열량을 내는 무기질과 비타민을 말한다.

**해설** 조절소는 체내의 각 기관이 순조롭게 활동하고 섭취된 것이 몸에 유효하게 사용되기 위해 동물체의 생활 기능을 조절하는 영양소이다.

## 17 조절영양소가 비교적 많이 함유된 식품으로 구성된 것은?

① 시금치, 미역, 귤
② 소고기, 달걀, 두부
③ 두부, 감자, 소고기
④ 쌀, 감자, 밀가루

**해설** 조절영양소는 비타민과 무기질을 말하며 채소, 과일, 해조류이다.

정답 15 ① 16 ④ 17 ①

# Part 4

# 음식 구매관리

Chapter 01

# 시장조사 및 구매관리

## 1. 시장조사

### (1) 시장조사의 정의

① 과거와 현재의 시장상황을 조사한 후 분석을 통해 미래의 수요와 소비를 예측하는 것으로 구매수립 계획의 지침을 제공하는 미래지향적 활동이다.

② 시장 환경을 기업의 활동에 적합하게 적용하여 전략이나 정책을 세우기 위해 필요한 정보 및 각종 자료를 수집하고 분석하는 일련의 과정이다.

### (2) 시장조사의 의의

① 구매활동에 필요한 자료를 수집하고 이를 비교 분석하여 최선의 구매방법을 선택할 수 있다.

② 구매방침 결정, 비용절감, 이익증대를 도모하고, 구매시장 상황을 예측하기 위해 실시한다.

③ 가격변동, 수급현황, 새로운 자재의 개발, 공급업자와 업계의 동향을 파악하기 위해 매우 중요하다.

### (3) 시장조사의 목적

① **구매 예정 가격의 결정** : 제품의 원가와 시장의 가격을 기초로 이루어진다.

② **합리적인 구매 계획의 수립** : 구매 예상 물품의 품질, 구매할 거래처, 구매할 시기, 구매수량 등의 계획을 수립한다.

③ **신제품의 설계** : 상품의 특성, 종류, 경제성, 원활한 구입 가능성, 구입 시기 등을 조사한다.

④ **제품 개량** : 기존 상품의 새로운 마케팅이나 판매 시장 개척, 원가절감을 목적으로 진행한다.

### (4) 시장조사의 수행 내용

시장조사에서 확인한 정보를 바탕으로 상품 기획, 구매 계획을 실행, 통제해야 한다.

① **품목** : 구매 품목을 결정한다.

② **품질** : 필요한 물품의 가격 대비 품질가치를 확인한다.

③ **수량** : 필요한 구매량을 결정(저장 공간, 유통기한, 비용)한다.

④ **가격** : 판매할 상품의 가격을 결정한다.

⑤ **시기** : 사용할 시기(계절, 농산물 출하 시기, 시장 상황)를 결정한다.

⑥ **구매거래처** : 최소 두 곳 이상의 업체로부터 견적 비교를 한다.

⑦ **거래조건** : 물품의 납품 방법, 지불 조건 등을 확인한다.

### (5) 시장조사의 원칙

① **비용 경제성의 원칙** : 시장 조사에 사용된 비용이 얻을 수 있는 이익을 초과하지 않도록 비용을 최소화해야 한다.

② **조사 적시성의 원칙** : 시장조사 목적은 조사 자체가 아니라 구매업무를 수행하기 위한 과정으로 정해진 기간 내에 끝내야 한다.

③ **조사 탄력성의 원칙** : 식품은 계절, 기후 등에 따라 구매 활동에 변동성이 많아 시장 상황에 탄력적으로 대응할 수 있는 품목, 대체식품 등의 조사가 필요하다.

④ **조사 계획성의 원칙** : 사전에 조사할 세부 품목을 철저히 계획하여 정확한 조사가 되도록 한다.

⑤ **조사 정확성의 원칙** : 정확한 실태 조사를 해야 한다.

### (6) 시장조사의 종류

일반적으로 시장조사는 네 가지 형태로 구분한다.

① 일반 기본 시장조사
- 구매정책 결정을 위한 조사로 시장조사의 기초가 된다.
- 기초 자재의 가격 현황, 관련 업계의 동향과 수급 변동 상황, 공급업체의 대금 결제 조건, 납품 방법 등을 조사한다.

② 품목별 시장조사
- 물품의 조달 및 가격 변동에 대한 현황을 조사한다.
- 물품의 가격예측을 위한 기초 자료, 구매수량 결정을 위한 자료로 사용한다.

③ 구매할 거래처의 업태 조사
- 안정적인 거래 유지를 위해 주거래 업체를 선정한다.
- 업체의 재무상태, 신뢰성, 경영관리, 생산 및 공급 시설과 납품 능력, 품질관리 등을 조사한다.

④ **유통경로의 조사** : 구매가격에 직접적인 영향을 주는 유통경로를 조사한다.

### (7) 식품의 구입계획을 위한 기초 지식

① **물가 파악을 위한 자료정비** : 과거 및 전년도에 사용한 식품의 단가일람표를 참고한다.

② **식품 출회표와 가격의 상황** : 곡류, 어패류, 과일류, 채소류 등은 각 원산지마다 특수성이 있으므로, 출하시기와 사용식품의 가격 상황을 점검한다.

③ **식품의 유통기한과 가격을 알아둘 것** : 식품마다 소비자에게 최종 전달될 때까지의 모든 과정을 파악하고, 유통기한과 가격을 알아본다.

④ 폐기율과 가식부
- 폐기율은 식품의 품질, 조리기술, 손질하는 기계화의 정도, 조리기구의 특성에 따라 다르다.
- 각 업장마다 사용량과 사용횟수가 많은 식품은 중량이나 크기별로 측정하여 그 업장 특유의 표준 폐기율을 산출해야 한다.

**Point**
- 폐기율 : 채소의 껍질, 생선의 뼈나 머리, 내장과 같이 식품 중에서 실제로 먹지 못하고 버리는 부분이 전체 식품에서 차지하는 비율을 말한다.
- 가식부율 : 식품에서 먹을 수 없어 버리는 부분을 제외하고 식용이 가능한 부분을 말하며, 가식량이라고도 한다.

⑤ 사용계획 : 저장 가능량과 유통기한의 관계를 고려하여 수요예측 계획을 세워야 한다.

⑥ 재료의 종류와 품질판정법
- 원산지 특성을 살펴보고, 우수한 품질의 것을 선택한다.
- 올바른 지식으로 불량식품을 적발, 불분명한 식품을 이화학적인 방법에 의해 밝히며 세균검사, 제조방법, HACCP 적용식품 등을 통해 품질판정을 한다.

## 2. 식품 구매관리

### (1) 구매관리의 정의

구입하고자 하는 물품을 거래처로부터 최소의 가격으로 최고의 품질을 구입할 목적으로 구매활동 계획, 통제하는 관리활동이다.

### (2) 구매활동의 기본조건

① 구입할 물품의 적정한 조건과 최고의 품질을 선정한다.

② 구매계획에 따른 구매량을 결정한다.

③ 정보자료 및 시장조사를 통한 공급자를 선정한다.

④ 유리한 구매조건으로 협상 및 계약을 체결한다.

⑤ 적정량의 물품을 적정시기에 공급한다.

⑥ 구매활동에 따른 검수, 저장, 입 · 출고(재고), 원가관리를 한다.

### (3) 구매관리의 목적

최고의 품질을 적정한 시기, 가격, 수량, 원하는 장소에 납품되도록 하여 영업 목적을 달성하기 위해 효율적인 경영관리를 하는 것이다.

① 구매관리의 목표
- 필요한 물품과 용역을 지속적으로 공급해야 한다.
- 품질, 가격, 제반 서비스 등 최적의 상태를 유지해야 한다.
- 재고와 저장관리에서 손실을 최소화한다.
- 신용이 있는 공급업체와 원만한 관계를 유지하면서 유사시를 위해 대체 공급업체를 확보하여야 한다.

- 구매 관련의 정보 및 시장조사를 통한 경쟁력을 확보한다.
- 3S : 표준화(Standardization), 전문화(Specialization), 단순화(Simplification)의 체계를 확보한다.

### (4) 구매의 중요성

조직체의 경영활동 중 중추적인 역할을 한다. 오늘날 조직활동의 분업화, 생산시설의 기계화, 산업화, 전산화를 통한 구매활동은 조직체의 경영적인 측면과 가정의 경제적인 측면에서 매우 중요한 위치를 차지하고 있다.

① **조직업체의 경영활동 측면** : 경제성장으로 인하여 제품의 가격 중 노무비보다 재료비가 차지하는 비중이 점차 높아짐에 따라 식품 원재료를 구입하는 사람, 구입 장소 및 구입 방법 등이 조직체의 경영에 큰 영향을 미치기 때문이다.

② **가정경제 측면** : 생산과 소비가 분리되어 원하는 물품은 모두 시장에서 구입하여야 한다. 따라서 가정경제와 소비생활에 구매활동이 큰 영향을 주므로, 구매관리는 계획적 · 효율적으로 이루어져야 한다.

③ **구매관리 시 유의할 점**
- 구입할 상품의 특성을 철저히 분석하고 검토한다.
- 적절한 구매 방법을 통해 질 좋은 상품을 구입한다.
- 구매경쟁력을 위해 꼼꼼한 시장조사를 한다.
- 구매에 관련된 서비스 내용을 확인한다.
- 필요량을 적기에 저렴하게 구입하고 공급업체와의 유기적 상호관계를 유지한다.
- 복수의 공급업체를 통한 구매체계를 확립한다.

### (5) 식품의 구매계획

① 메뉴가 정해지고 재료의 품목과 양이 산출되면 구매계획을 세운다.

② 품목에 따라 공동구매, 대량구매 등으로 구입하고, 특히 메뉴의 판매 가격을 고려해야 한다.

③ 소고기는 부위와 중량에 유의하고, 과일은 크기, 신선도, 당도, 원산지, 상자당 개수, 품종 등을 고려해야 한다.

④ 곡류, 건어물 등 장기보관이 가능한 식품은 1개월분을 한꺼번에 구입하고, 과채류 · 생선 등은 수시로 구입한다. 소고기는 냉장시설이 갖추어져 있으면 1주일분을 한꺼번에 구입한다.

### (6) 식품의 구매 시 고려사항

① **안전성** : 식품은 중금속, 농약, 유해첨가물 등 위해 물질의 위험성이 있는 식품을 사용하면 안 된다.

② **위생성** : 식품은 깨끗하고 위생적으로 처리되어 관리된 것을 구매해야 한다.

③ **신선도** : 식품은 신선할 때 맛이 가장 좋으며 영양가도 높다.

④ **적정가격** : 식품의 가격은 손익이 계산된 적정한 금액으로 구매해야 한다.

### (7) 구매명세서에 포함될 내용

① 구매자와 공급업체가 쉽게 이해할 수 있도록 명확하고 구체적일 것

② 등급, 중량 기준, 당도, 크기 등의 내용을 상세히 기재할 것

③ 현재 시장에서 유통되는 브랜드와 제품명, 등급을 기재할 것

④ 반품 여부를 결정할 수 있는 객관적이고 현실적인 품질기준을 기재할 것

⑤ 공급업체와 구매자와의 타당하고 공정한 기준을 제시할 것

**Point** 구매명세서에 포함될 중요한 내용

물품명, 용도, 상표명(브랜드), 품질 및 등급, 크기, 형태, 숙성 정도, 중량, 산지명, 전처리 및 가공정도, 보관 온도, 폐기율 등이다.

### (8) 식품의 발주

메뉴계획표에 맞춰 정확한 재고량을 파악하여 7~10일 단위로 발주한다.

① 발주량 산출 및 발주서 작성에 포함될 내용

- 필요량에 각 식품의 폐기율, 비용, 저장시설의 용량 등을 고려하여 발주한다.
- 전처리가 필요한 식재료는 폐기율을 고려하여 발주한다.
- 품목별로 필요한 발주량은 표준 레시피의 1인 분량과 예측하는 식수를 근거로 산출한다.
- 식재료의 발주량을 산출한 후 납품업체에 보낼 발주서를 작성할 때 구매명세서를 참고하여 원하는 물품사양에 대해 구체적이고 명확하게 작성한다.

### (9) 식품의 검수

납품된 식품의 품질, 모양, 수량 등이 구매명세서의 내용과 일치하는지 세밀하게 검수하고, 저렴한 가격에 계약이 되었어도 식품의 품질이 떨어지거나, 수량이 부족하지 않는지 철저히 검수한다.

### (10) 구매를 위한 식품공급업체의 선정

공급업체 선정 방법으로 경쟁입찰계약과 수의계약이 있다.

| 구 분 | 특 징 |
|---|---|
| 경쟁입찰계약 | • 공식적 구매 방법이다.<br>• 입찰에 참여하는 공급업체 중 입찰가격을 구매자가 원하는 품목과 품질에 가장 합리적인 가격을 제시한 업체와 계약을 체결하는 방법이다.<br>• 지명경쟁입찰과 일반경쟁입찰이 있다.<br>• 경제적이고 공평하다.<br>• 저장성이 좋은 식품(곡류, 건어물 등) 구매 시 적용한다. |

| | |
|---|---|
| 수의계약 | • 비공식적 구매 방법이다.<br>• 입찰계약이 아니고, 계약내용을 이행 할 자격을 갖춘 특정업체와 계약을 체결하는 방법이다.<br>• 생선, 두부, 채소류 등 저장성이 낮고, 가격변동이 심한 식품 구매에 적합한 계약 방법이다.<br>• 단일견적과 복수견적이 있다. |

### (11) 식품 구매의 절차

구매할 물품 수요예측 → 품목의 종류 및 수량 결정 → 물품 구매량과 품질 검토 및 구매 필요성 인식 → 수량 및 품질 결정 후 구매 결정 → 구매청구서 작성(필요 부서) 후 구매부서에 송부 → 재고량 조사 후 발주량 결정(구매담당자) → 구매명세서 작성(구매물품 특성 및 품질에 대해 자세히 기록한 것) → 구매발주서 작성(공급업체 발송용) → 공급업체 선정 → 공급업체에 발주 및 확인전화 → 거래명세서에 공급업자명, 물품명, 수량, 단가, 총액, 공급가액 등의 내용을 기재하여 물품 배달(공급업체) → 구매명세서를 기준으로 철저한 검수(발주업체) → 입 · 출고 및 재고관리 수행 → 구매활동 중 수행된 모든 업무를 문서로 기록 보관 → 검수담당자의 검수 승인받은 납품서 회계부서에 청구하여 납품대금 지불한다.

### (12) 구매담당자의 업무

구매부서의 업무는 좋은 품질의 식재료 및 물품을 합리적인 가격으로 적재적소에 공급해 주는 것이다.

| 구 분 | 내 용 |
|---|---|
| 물품구매총괄 | 구매계획서, 구매결과 분석 |
| 식재료 결정 | • 발주단위 결정<br>• 신상품 개발 |
| 구매방법 결정 | 품목별로 경쟁력 있는 구매방법 결정 |
| 시장조사 | • 경쟁업체 가격분석<br>• 시세분석 |
| 공급업체관리 | • 공급업체관리 및 평가<br>• 공급업체별 구매품목 결정 |
| 원가관리 | • 구매원가관리<br>• 경쟁지수관리 |
| 공급업체등록 및 대금지급 확인 | • 공급업자와의 약정서 체결<br>• 대금지급업무 |
| 고객관리 | • 식재료 모니터링<br>• 식재료 정보사항 공지 |

### (13) 구입할 식품의 발주량 계산식

발주량 결정 시 폐기량이 있는 식품과 없는 식품을 구분하여 다음의 공식에 따라 발주량을 산출하며 폐기율을 적용하여 출고계수를 결정한다.

| 발주량 산출 공식 |
|---|
| ① 폐기율(%) = (폐기량÷전체중량)×100 = 100 − 가식부율<br>② 가식부율(%) = 정미율 = (가식량÷전체중량)×100 = 100 − 폐기율<br>③ 출고계수 = 100÷가식부율 = 100÷(100 − 폐기율)<br>④ 발주량 = 출고계수×정미중량×식수인원<br>⑤ 대체식품량 = (원래식품량×원래식품 해당성분수치)÷대체식품 해당성분수치<br>⑥ 구매비용<br>• 정미율 = 100 − 폐기율<br>• 정미량 = 전체중량×정미율<br>⑦ 필요비용 = 필요량×(100÷가식부율)×1kg당의 단가 |

**Point** 비례식(구매비용 등의 계산식에 적용할 수 있다)

a : b = c : χ를 계산하면

→ (a×χ= b×c)를 계산하면

→ χ= b×c÷a가 된다.

## 3. 식품 재고관리

### (1) 재고관리의 정의

물품의 수요가 발생했을 때 신속하고 경제적으로 적용할 수 있도록 재고를 최적의 상태로 관리하는 것을 말한다.

### (2) 재고관리의 목적

① 물품 부족으로 인한 급식 생산계획의 차질을 미연에 방지한다.

② 정확한 재고 수량 파악으로 필요한 만큼 주문하므로 구매비용을 절약한다.

③ 급식 생산에 요구되는 식재료와 최소한의 재고량을 유지하여 유지비용을 절약한다.

④ 도난과 부주의, 부패로 인한 손실을 최소화한다.

### (3) 재고조사 실시

① 효율적인 재고조사 방법

- 저장창고별로 품목의 위치를 순서대로 정렬하고, 저장순서에 따라 품목명을 기록하여 시간을 절약한다.

- 실사에 품목의 가격을 미리 기록한다.
- 냉동 저장물품은 꼬리표를 달아서 입고한다.

② 재고조사표 작성

- 품목별 재고 수량, 중량 등을 확인하고 작성한다.
- 재고조사 시 입고검사 내용을 참고하여 색상, 형태, 이미지, 이취, 품질상태, 유통기한 등을 점검한다.

③ 재고조사 결과를 구매명세서에 작성한다.

④ 구매에 필요한 최적의 발주량은 구매자 입장에서 경제적인 발주량이 될 수 있도록 현재의 재고량을 고려하여 결정하며, 지속적인 영업을 위해 적정 재고량을 유지할 수 있도록 발주량을 결정한다.

⑤ 구매명세서를 보고 구매발주서(주문서, 구매전표, 발주전표)를 작성한다.

### (4) 식재료비의 계산

① 식재료 비율(%) = (식재료비 ÷ 매출액) × 100

② 메뉴품목별 비율(%) = (품목별 식재료비 ÷ 품목별 메뉴가격) × 100

### (5) 재고회전율

① 자금이 재고자산으로 묶여 있는 정도를 평가하는 척도이다.

② 일정기간 동안 재고가 몇 번 "0"에 도달하였다가 보충되었는가를 측정한다.

③ 재고회전율이 표준치보다 낮으면 재고과잉 상태이며, 표준치보다 높으면 재고부족 상태로 생산이 지연된다.

④ 식재료 재고회전율 = 당기 식재료비총액 ÷ 평균 재고가액

= 당기 식재료비총액 ÷ [(기초재고가액+기말재고가액) ÷ 2]

## 4. 재료 소비량의 계산

### (1) 계속기록법

재료가 입 · 출고될 때마다 기록하여 재료 소비량을 파악한다.

### (2) 재고조사법

① 재고조사를 실시할 때는 항상 일정한 기간에 맞춰 실제 남은 재고량을 조사하여 기말재고량을 파악하고, 전기 이월량과 당기 구입량의 합계에서 기말재고량을 차감하여 재료소비량을 산출한다.

② 당기소비량 = (전기 이월량+당기 구입량)−기말재고량

### (3) 역계산법

① 일정 분량을 생산하는 데 사용되는 재료의 표준소요량을 산출하고, 산출된 양에 필요한 제품의 수량을 곱하여 전체소비량을 산출한다.

② 재료 소비량 = 제품 단위당 표준소비량×생산량

## 5. 재료 소비가격의 계산

### (1) 선입선출법

재고자산의 출고단가를 결정하는 방법 중 하나로 재료의 구입순서에 따라 먼저 구입한 재료를 먼저 소비한다는 조건으로 재료 소비가격을 계산한다.

### (2) 후입선출법

선입선출법과 반대로 최근에 구입한 재료부터 먼저 사용한다는 조건으로 재료 소비가격을 계산한다.

### (3) 개별법

재료를 구입단가별로 가격표를 붙여서 보관하며, 출고 시 재료에 부착되어 있는 구입단가를 재료의 소비가격으로 한다.

### (4) 단순평가법

일정기간 동안의 구입단가를 구입횟수로 나눈 구입단가의 평균을 재료 소비단가로 계산한다.

### (5) 이동평균법

구입단가가 다른 재료를 구입할 때마다 재고량과의 가중평균가를 산출하여 이를 소비 재료의 가격으로 한다.

Chapter 01

# 예상문제

**01** 다음 중 시장 조사의 내용이 아닌 것은?

① 품목　　② 중량
③ 품질　　④ 수량

해설 시장조사의 내용 : 품목, 품질, 수량, 가격, 시기, 구매거래처, 거래조건 등이다.

**02** 구매를 위한 시장조사의 세부 내용이 아닌 것은?

① 물품의 납품 방법과 지불 조건을 검토한다.
② 최소 두 곳 이상 업체로부터 비교 견적을 받는다.
③ 판매할 상품의 가격과 품질을 고려한다.
④ 구매 수량에 대한 확인은 보류한다.

해설 시장조사의 내용 중 대량구매에 따른 원가절감이나 예비구매량이나 보존성에 따라 구매 수량을 확인해야 한다.

**03** 구매를 위한 시장조사의 원칙 중 올바르지 않은 것은?

① 비용 경제성의 원칙
② 조사 탄력성의 원칙
③ 조사 정확성의 원칙
④ 조사 타당성의 원칙

해설 시장조사의 원칙 : 비용 경제성의 원칙, 조사 적시성의 원칙, 조사 탄력성의 원칙, 조사 계획성의 원칙, 조사 정확성의 원칙이 있다.

**04** 구매를 위한 시장조사 방법의 종류에 해당되지 않는 것은?

① 기본적인 시장조사
② 탄력적인 시장조사
③ 품목별 시장조사
④ 유통경로의 조사

해설 시장조사 방법의 종류 : 기본적인 시장조사, 품목별 시장조사, 구매 할 거래처의 업태 조사, 유통경로의 조사가 있다.

**05** 대량 조리 업소에서 식품을 구매 할 때 식품의 최소한 입고 단가를 1개월에 몇 번 정도 확인해야 하는가?

① 1회　　② 2회
③ 3회　　④ 4회

해설 단체급식소인 병원, 학교, 산업체 등 대량조리 업소에서는 한 달에 2회 정도 입고 단가를 점검한다.

**06** 다음 중 일반적으로 폐기율이 가장 높은 식품은 어느 것인가?

① 동태
② 돼지고기 살코기
③ 고구마
④ 꽃게

해설
- 채소류의 폐기율 : 감자 6%, 고구마 10%, 오이 8%이다.
- 고기류의 폐기율 : 소고기 살코기와 돼지고기 살코기 0%, 닭고기 39%, 소꼬리 50%이다.
- 어패류의 폐기율 : 동태 20%, 고등어 31%, 대구 34%, 꽃게 68%, 바지락 82%이다.

정답 01 ② 02 ④ 03 ④ 04 ② 05 ② 06 ④

**07** 다음의 조건에서 당질 함량을 기준으로 고구마 180g을 쌀로 대치하려면 필요한 쌀의 양은?

- 고구마 100g의 당질 함량 29.2g
- 쌀 100g의 당질 함량 31.7g

① 165.8g ② 170.6g
③ 177.5g ④ 184.7g

해설 대체식품량
= (원래식품량 × 원래식품 해당성분함량) ÷ 대체식품 해당성분함량
= (180 × 29.2) ÷ 31.7 = 약165.8g이다.

**08** 당근의 구입단가는 kg당 1,300원이다. 10kg 구매 시 표준수율이 86%라면, 당근 1인분(80g)의 원가는 약 얼마인가?

① 51원 ② 121원
③ 151원 ④ 181원

해설 당근10kg의 구입단가 = 13,000원
10kg의 가식량 = 10×0.86 = 8.6kg = 8,600g
8,600g : 13,000원 = 80g : χ원 → 8,600χ = 1,040,000 →
= 약 120.9원이다.

**09** 단체급식소에서 식품구입량을 정하여 발주하는 식으로 옳은 것은?

① 발주량=(1인분 순사용량 ÷ 가식률) × 100 × 식수
② 발주량=(1인분 순사용량 ÷ 가식률) × 100
③ 발주량=(1인분 순사용량 ÷ 폐기율) × 100 × 식수
④ 발주량=(1인분 순사용량 ÷ 폐기율) × 100

해설 발주량
= 출고계수 × 정미중량 × 식수인원
= (100 ÷ 가식률) × 정미중량 × 식수인원이다.
※ 1인분 사용량 = 정미중량

**10** 물품의 검수와 저장하는 곳에서 꼭 필요한 집기류는?

① 칼과 도마
② 대형 그릇
③ 저울과 온도계
④ 계량컵과 계량스푼

해설 칼과 도마, 그릇, 계량스푼 등은 조리할 때 필요하며, 물품을 검수할 때는 무게의 계량을 위해 저울이 필요하고, 저장 시에는 저장 온도를 관리 할 수 있는 온도계가 필요하다.

**11** 김장용 배추포기김치 46kg을 담그려는데 배추 구입에 필요한 비용은 얼마인가? (단, 배추 5포기 13kg의 값은 13,260원, 폐기율은 8%)

① 23,920원 ② 38,934원
③ 46,000원 ④ 51,000원

해설 • 필요비용 = 필요량×(100÷가식부율)×1kg당의 단가이다.
• 가식부율 = 100 − 폐기율 = 100 − 8 = 92이다.
• 필요비용 = 46×(100÷92)×(13,260÷13) = 51,000원이다.

**12** 식품의 구매방법으로 필요한 품목, 수량을 표시하여 업자에게 견적서를 제출받고 품질이나 가격을 검토한 후 낙찰자를 정하여 계약을 체결하는 것은?

① 수의계약 ② 경쟁입찰
③ 대량구매 ④ 계약구입

해설 경쟁입찰은 다수의 입찰자를 참여시켜 경쟁으로 낙찰자를 선정하는 계약이다.

정답 07 ① 08 ② 09 ① 10 ③ 11 ④ 12 ②

**13** 식품을 구매하는 방법 중 경쟁입찰과 비교하여 수의계약의 장점이 아닌 것은?

① 절차가 간편하다.
② 경쟁이나 입찰이 필요 없다.
③ 싼 가격으로 구매할 수 있다.
④ 경비와 인원을 줄일 수 있다.

해설 경쟁입찰은 다수의 입찰자를 참여시켜 경쟁으로 낙찰자를 선정하여 계약을 성사시키는 입찰 방법이다.

**14** 오징어 12kg을 45,000원에 구입하여 모두 손질한 후의 폐기물이 35%였다면 실사용량의 kg당 단가는 약 얼마인가?

① 1,666원 ② 3,205원
③ 5,769원 ④ 6,123원

해설 가식부율 = 100−폐기율 = 65%이다.
실사용량(정미량) = 12kg×0.65 = 7.8kg
45,000÷7.8 = 약 5,769원이다.

**15** 1인분 사용량이 120g이며 폐기율이 55%인 닭고기로 200인분의 음식을 만들려고 할 때 발주량은 약 얼마인가?

① 44kg ② 53kg
③ 75kg ④ 91kg

해설 발주량
=정미중량×[(100−폐기율)÷100]
=120×[(100−55)÷100]
=53.333g=약 53kg

**16** 일반적으로 폐기율이 가장 높은 식품은?

① 소살코기 ② 계란
③ 생선 ④ 곡류

해설 폐기율은 식품 전체에서 먹지 못하는 부분에 대한 비율로 다듬어 버리는 부분이 가장 많은 생선류가 폐기율이 높다.

**17** 다음 중 비교적 가식부율이 높은 식품으로만 나열된 것은?

① 고구마, 동태, 파인애플
② 닭고기, 감자, 수박
③ 대두, 두부, 숙주나물
④ 고추, 대구, 게

해설 대두, 두부, 숙주나물은 폐기율이 거의 없는 식품이다. 가식부율은 폐기율을 제외한 전체 식품에서 실질적으로 먹을 수 있는 부분의 양이다.

**18** 일반적인 식품의 구매방법으로 가장 옳은 것은?

① 고등어는 2주일분을 한꺼번에 구입한다.
② 느타리버섯은 3일에 한 번씩 구입한다.
③ 쌀은 1개월분을 한꺼번에 구입한다.
④ 소고기는 1개월분을 한꺼번에 구입한다.

해설 곡류, 건어물 등 부패성이 적은 식품은 1개월분을 한꺼번에 구입한다.

**19** 구매관리 중에서 다음에 해당하는 것은 무엇을 설명한 내용인가?

> 적정한 품질과 수량의 물품을 적정한 시기, 가격, 공급원, 장소에 납품되도록 하는데 있다. 최적의 품질, 적정수량, 최적의 가격, 특정물품, 필요한 시기를 조절하여 영업 목적을 달성하기 위한 효율적 경영관리를 하기 위함이다.

① 구매관리의 정의
② 구매의 중요성
③ 구매관리의 목적
④ 구매관리의 목표

해설 구매관리의 목적은 효율적 경영관리를 하기 위함이다.

13 ③ 14 ③ 15 ② 16 ③ 17 ③ 18 ③ 19 ③

**20** 구매 관리 시 유의할 사항이 아닌 것은?

① 구입할 상품의 특성을 철저히 분석하고 검토한다.
② 적절한 구매 방법을 통해 질 좋은 상품을 구입한다.
③ 재고와 저장관리에서 손실을 최소화한다.
④ 필요량을 적기에 저렴하게 구입하고 공급업체와의 유기적 상관관계를 유지한다.

해설 재고와 저장관리에서 손실을 최소화 하는 것은 구매관리의 목표이다.

**21** 구매명세서에 포함될 내용 중 바르지 않는 것은?

① 물품명, 크기, 형태
② 용도 및 산지명
③ 품질 및 등급
④ 검수 방법

해설 구매명세서의 내용에는 물품명, 용도, 상표명(브랜드), 품질 및 등급, 크기, 형태, 숙성 정도, 중량, 산지명, 전처리 및 가공 정도, 보관 온도, 폐기율이다.

**22** 발주량 산출 및 발주서 작성에 포함될 내용으로 바르지 못한 것은?

① 필요량에 각 식품의 폐기율, 비용, 저장시설의 용량 등을 고려하여 발주량 결정
② 전처리가 필요한 식재료는 폐기율을 고려하여 발주량 산출
③ 품목별로 필요한 발주량은 표준 레시피의 1인 분량과 예측하는 식수를 근거로 산출
④ 전년도에 사용한 식품의 품목, 수량

해설 전년도에 사용한 식품의 품목, 수량, 사용빈도는 발주 시 고려사항이다.

**23** 구매할 식품의 계산식 중 폐기율에 대한 계산식으로 옳은 것은?

① (가식량÷전체중량)×100
② 100 − 폐기율
③ (폐기량÷전체중량)×100 = 100−가식부율
④ (원래식품량×원래식품함량)÷대체식품함량

해설 폐기율(%) = (폐기량÷전체중량)×100 = 100 − 가식부율이다.

**24** 식품의 감별법 중 옳지 않은 것은?

① 감자는 싹이 나지 않은 것
② 달걀은 표면이 거칠고 흔들어 보아 소리가 나지 않는 것
③ 생선은 손으로 눌러보아 살에 탄력이 있는 것
④ 송이버섯은 봉오리가 활짝 피고 줄기가 부드러운 것

해설 송이버섯은 줄기가 굵고 단단하며 봉오리는 자루보다 약간 더 핀 것이 좋다.

**25** 다음이 100인분의 멸치조림에 소요된 재료의 양이라면 총 재료비는 얼마인가?

| 재료 | 사용재료량 (g) | 1kg 단가 |
|---|---|---|
| 멸치 | 1,000 | 10,000 |
| 풋고추 | 2,000 | 7,000 |
| 기름 | 100 | 2,000 |
| 간장 | 100 | 2,000 |
| 깨소금 | 100 | 5,000 |

① 17,900원 ② 24,900원
③ 26,000원 ④ 33,000원

정답 20 ③ 21 ④ 22 ④ 23 ③ 24 ④ 25 ②

해설 단위 통일을 위해 단가를 1g당 단가로 변경(1kg 단가를 1,000으로 나누기)
= 멸치 1g:10원, 풋고추 1g:7원, 기름 1g:2원, 간장 1g:2원, 깨소금 1g:5원이다.
재료비 = 재료소비량×재료소비단가
= (1,000×10)+(2,000×7)+(100×2)+(100×2)+(100×5)
= 24,900원이다.

**26** **원가분석과 관련된 식으로 틀린 것은?**

① 메뉴 품목별 비율(%) = (품목별 식재료비/품목별 메뉴 가격)×100
② 감가상각비 = (구입가격−잔존 가격)/내용연수
③ 인건비 비율(%) = (인건비/총 매출액)×100
④ 식재료비 비율(%) = (식재료/총재료비)×100

해설 식재료비 비율=(식재료비÷총매출액)×100이다.

**27** **1일 총매출액이 1,200,000원, 식재료비가 780,000원인 경우의 식재료비 비율은?**

① 55% ② 60%
③ 65% ④ 70%

해설 식재료비 비율
= (식재료비÷총매출액)×100
= 780,000÷1,200,000×100 = 65%이다.

**28** **재고회전율이 표준치보다 낮은 경우에 대한 설명으로 틀린 것은?**

① 긴급구매로 비용 발생이 우려된다.
② 종업원들이 심리적으로 부주의하게 식품을 사용하여 낭비가 심해진다.
③ 부정 유출이 우려된다.
④ 저장 기간이 길어지고 식품 손실이 커지는 등 많은 자본이 들어가 이익이 줄어든다.

해설 재고회전율이 표준치보다 낮으면 재고가 많이 남아 있다는 뜻으로 긴급구매가 필요한 상황이 아니다.

**29** **재료의 소비액을 산출하는 계산식은?**

① 재료 구입량×재료 소비단가
② 재료 소비량×재료 구입단가
③ 재료 소비량×재료 소비단가
④ 재료 구입량×재료 구입단가

해설 재료의 소비액 = 재료 소비량×재료 소비단가이다.

**30** **미역국을 끓일 때 1인분에 사용되는 필요량, 가격이 아래와 같다면 미역국 10인분에 필요한 재료비는? (단, 총 조미료의 가격 70원은 1인분 기준임)**

| 재료 | 필요량(g) | 가격(원/100g당) |
|---|---|---|
| 미역 | 20 | 150 |
| 소고기 | 60 | 850 |
| 총 조미료 | − | 70(1인분) |

① 610원 ② 6,100원
③ 870원 ④ 8,700원

해설 주어진 가격 100으로 나누어 1g당 가격으로 변경하면 미역 1.5원, 소고기 8.5원으로, 1인분 끓이는 데 필요한 재료비를 구하면 (20×1.5)+(60×8.5)+70 = 30+510+70=610원이다.
따라서 10인분은 610원×10=6,100원이다.

26 ④ 27 ③ 28 ① 29 ③ 30 ②

**31** 효율적인 재고조사를 하기 위해 사전에 준비할 사항으로 옳지 않은 것은?

① 저장창고별로 품목의 위치를 순서대로 정렬, 저장순서에 따라 품목명을 기록하여 시간을 절약
② 실사에 품목의 가격을 미리 기록
③ 냉동 저장물품은 꼬리표를 달아서 입고
④ 적정 재고량을 유지 해 둔다.

해설 적정 재고량 유지는 재고조사 이후에 실행되어야 한다.

**32** 재고관리의 목적으로 올바르지 않은 것은?

① 물품 부족으로 인한 급식생산계획의 차질을 미연에 방지
② 최소한의 재고량을 유지하여 유지비용을 증가
③ 정확한 재고 수량 파악으로 필요한 만큼 주문하므로 구매비용을 절감
④ 도난과 부주의 및 부패로 인한 손실을 최소화 함

해설 최소한의 재고량을 유지하여 유지비용을 감소시킨다.

**33** 급식재료의 소비량을 계산하는 방법이 아닌 것은?

① 선입선출법
② 재고조사법
③ 계속기록법
④ 역계산법

해설 선입선출법(first-in, first-out)은 먼저 구입한 재료를 먼저 소비한다는 조건에서 계산하는 방법이다.

**34** 구매한 식품의 재고관리 시 적용되는 방법 중 최근에 구입한 식품부터 사용하는 것으로 가장 오래된 물품이 재고로 남게 되는 것은?

① 선입선출법
② 후입선출법
③ 총 평균법
④ 최소-최대관리법

해설 후입선출법은 최근에 구입한 물품을 먼저 사용하는 재고관리 방법으로 가장 오래된 물품이 재고로 남게 된다.

정답 31 ④ 32 ② 33 ① 34 ②

Chapter 02

# 검수관리

배달된 물품이 주문 내용과 일치하는가를 확인하는 절차로 납품된 물품의 품질, 규격, 수량, 중량, 크기, 가격 등이 구매하려는 해당 식재료와 일치하는가를 검사하고 납품을 확인하는 관리이다.

## 1. 식재료의 품질 확인 및 선별

검수 담당자는 발주된 요구사항을 잘 파악하여 정확하게 검사, 평가하여 물품을 입고할 것인지 반품할 것인지를 결정한다.

### (1) 검수 방법

① **전수 검수법** : 물품이 소량이거나 소규모 단위일 때, 검수 품목 종류가 다양하거나 고가품일 경우에 많이 사용된다.

- 장점 : 정확성이 있다.
- 단점 : 시간과 경비가 많이 소요된다.

② **샘플링(발췌) 검수법** : 대량 구매물품이나 동일품목으로 검수물량이 많거나 파괴검사를 해야 할 경우 일부를 무작위로 선택해서 검사하는 방법이다.

- 장점 : 검수 시간과 경비가 절약될 수 있다.
- 단점 : 품질이 나쁜 재료가 포함되어 있을 수 있다.

③ **기타 검수법** : 생화학적 · 화학적 · 물리학적 방법 등이 있다.

### (2) 검수원의 자격요건

① 식품의 특수성에 관한 전문적인 지식이 필요하다.

② 식품의 품질을 평가하고 감별할 수 있는 지식과 능력이 필요하다.

③ 식품의 유통경로와 검수업무 처리절차를 알아야 한다.

④ 검수일지 작성 및 기록보관 업무를 알아야 한다.

⑤ 업무에 있어서 공정성과 신뢰도가 있을 것

### (3) 검수 절차

구매청구서로 주문하여 배달된 물품이 일치하는가를 검수 · 관리 하는 활동이다.

① 6단계의 검수절차

- 물품과 구매 청구서를 대조하여 품목, 수량, 중량, 가격 확인한다.
- 송장과 물품을 대조할 때 품목, 수량, 중량, 가격도 대조한다.
- 품질, 위생상태, 등급을 판정한 후 물품 인수 또는 반품처리를 한다.
- 검수일자, 품질검사 확인, 납품업자명을 확인 후 식품 분류 및 명세표에 부착해 둔다.
- 식품을 정리보관 및 저장고로 이동시킨다.
- 검수기록(검수일지, 검수일자와 서명, 송장, 검수표, 검수인, 반품서 등)을 적는다.

② 식품 유형별 검수 순서 : 냉장식품 → 냉동식품 → 신선식품(채소, 과일) → 공산품

### (4) 검수 업무에 대한 평가사항

① 검수를 위한 설비와 장비종류는 급 · 배수 시설과 방충 · 방서관리 부분, 선반, 팔레트, 저울, 온도계와 계산기 등을 확인한다.

② 검수관리 시 납품된 식재료나 물품이 주문 내용(품질, 규격, 수량 등)과 일치하는지 검사한다.

③ 식재료를 특성에 맞게 선별하고 검수하여, 적정한 용도에 맞게 활용하는지 확인한다.

④ 식재료와 조리기구 불량 등 반품 여부를 결정짓고 대금지급 방법을 확인한다.

⑤ 검수관리 시 구매 및 조리 업무를 파악하고 있어야 하며, 검수절차 및 발주서와 거래명세서 등 서류 관리능력을 갖추었는지 확인한다.

### (5) 식품 재료의 품종별 검사기준

① 육류

- 감별 항목 : 부위등급(지방점유율, 육색, 지방색), 육질, 절단 상태, 신선도, 중량 등이다.
- 감별 내용
  - 신선한 것은 색이 선명하고 수분이 있는데, 소고기는 선홍색 띠며 윤기가 나고, 돼지고기는 담홍색을 띠며 지방색이 하얗다.
  - 병든 고기는 피를 많이 함유하여 냄새가 난다.
  - 고기를 얇게 잘라 투명하게 비췄을 때 얼룩반점이 있는 것은 기생충이 있는 것이다.
  - 암갈색을 띠고 탄력성이 없는 것은 오래된 것이다.

② 계류

- 감별 항목 : 크기, 절단부위, 중량, 육색 등이다.
- 감별 내용
  - 신선한 닭고기는 분홍색, 육질에 탄력이 있다.
  - 목과 발목의 단면이 붉어야 하고, 검붉은 색은 냉동닭이다.

③ 과일류

- 감별 항목 : 크기, 외관 형태, 숙성 정도, 색상, 향, 등급 등이다.
- 감별 내용
  - 신선하며 잘 성숙된 것으로 상처가 없는 것이어야 한다.
  - 색이 선명하고 시들지 않은 것이어야 한다.
  - 사과의 당도는 12Brix 이상이고 표면에 상처나 병해충 등의 피해가 없는 것으로, 착색이 고르고 모양이 일정한 것이어야 한다.
  - 배의 당도는 11Brix 이상, 껍질이 얇고 표면이 매끄러우며 윤기가 없어야 하고 모양이 둥글고 굴곡이 없어야 한다.

④ 채소류

- 감별 항목 : 신선도, 크기, 중량, 색상, 등급 등이다.
- 감별 내용
  - 오이는 씨가 적고 길이와 굵기가 같으며 쓴맛이 없고, 껍질에 가시가 있어야 한다.
  - 통배추는 바깥쪽 푸른 잎이 완전히 제거된 상태이며 결구(結球)가 단단한 것으로, 신선감이 있어야 한다. 표피가 얇아야 하며, 절단 시 속이 꽉 차고 단맛이 있어야 한다.
  - 대파는 줄기의 신선도가 좋아야 하고, 잎이 부드러우며 짙은 녹색이어야 한다. 꽃대가 피어서는 안 되며, 흰 대가 길고 굵기가 일정하여야 한다.
  - 양파는 외피가 무르지 않아 상처가 없으면서 단단하고, 겨울철에는 얼지 않아야 하고 싹이 트지 않아야 하며 뿌리가 없어야 한다.

⑤ 곡류

- 감별 항목 : 품종, 수확년도, 산지, 건조 상태, 곰팡이, 이물질 혼합 등이다.
- 감별 내용
  - 쌀은 곰팡이(황변미 식중독 발생)가 없이 잘 건조된 것으로 형태는 타원형이 좋고, 싸라기가 적고, 돌, 뉘 등이 없으며, 쌀알에 반점이 없어야 한다.
  - 소맥분(밀가루)은 냄새가 없고 잘 건조된 것으로 가루가 미세하고 감촉이 좋으며, 색은 희고 밀기울이 없는 것이어야 한다.

⑥ 서류(고구마, 감자 등)

- 감별 항목 : 크기, 싹의 유무, 곰팡이 등이다.
- 감별 내용
  - 감자는 알이 적당히 굵고 씨눈 부위가 선명해야 하며, 녹색부위와 싹이 없어야 한다. 빛깔이 희고 타원형이며, 껍질이 얇으면서 얼지 않은 것이 좋다.
  - 고구마는 둥근 것보다 길쭉한 것이 좋다. 껍질을 벗겨 먹었을 때 단맛이 나야 하며, 붉은 빛이 나야 맛이 있다.

⑦ 건어물과 수산식품 및 어육연제품

㉠ 감별 항목 : 건조 상태, 신선도, 광택, 외관 형태(육질의 탄력, 비늘, 아가미, 눈 등), 염도, 색상, 냄새, 산패취, 곰팡이 등이 있다.

㉡ 감별 내용

- 색의 선명도, 광택, 비늘이 고르게 밀착되어 있는지, 탄력성, 눈은 투명하고 튀어나온 것, 아가미는 선홍색, 물에 담갔을 때 가라앉는지를 확인한다. 부패된 것은 물 위로 떠오르는 특성이 있다.
- 어육연제품
  - 절단면의 결이 고르고 표면에 끈적이는 점액이 없는가를 확인한다.
  - 한가운데를 잘라서 자른 부분을 바깥쪽에서 눌러 중심부와 바깥쪽과의 색깔, 조직, 탄력성 등이 다른지를 확인하고, 살균이 제대로 되었는지도 확인한다.
  - 염산수를 만들어 연제품에 살짝 대었을 때 흰 연기가 나는 것은 오래된 것이므로, 연기 발생 유무를 살펴본다.

⑧ 통조림류

- 감별 항목 : 제조일자, 유통기한, 외관 형태, 내용물 표시 등이다.
- 감별 내용
  - 외관이 찌그러졌거나 녹슬은 것은 내용물이 변질되었는지 확인한다.
  - 라벨의 내용물, 제조자명, 소재지, 제조년월일, 중량 또는 용량, 첨가물의 유무를 확인하고 개봉했을 때 표시대로 식품 형태, 색, 맛, 향기 등에 이상이 없는지를 확인한다.

### (6) 냉동식품 검사

유통 과정에서도 −18℃ 이하로 저장, 유통된 제품인지 확인한다.

### (7) 냉장식품 검사

유통 과정에서도 냉장온도로 저장, 유통된 제품인지 확인한다.

### (8) 구매주문서와 거래명세서의 수량 단가 일치 여부를 확인한다.

### (9) 포장해체에 따른 식품 보관 상태를 확인한다.

### (10) 반품처리 및 수량차이 절차를 확인한다.

### (11) 특정품목의 검수시간을 구분한다.

### (12) 거래명세서 서명과 상호 교부에 관한 절차를 확인한다.

## 2. 조리기구 및 설비 특성과 품질 확인

### (1) 조리기구 · 기기

조리를 하기 위해 사용되는 도구들로, 사용과 관리가 편리해야 한다. 영업장의 서비스 형태에 따라 재질과 종류를 결정하며 특히, 제공자와 이용자의 편리성, 심미성 등을 고려하여 식기류를 결정한다.

① **조리기구** : 일반적으로 냄비, 프라이팬, 젓가락, 국자, 솥, 통, 바구니, 소쿠리, 체, 주걱, 칼, 도마, 휘퍼(Whipper), 필러(Peeler) 등이 있다.

- 조리기구들은 식품위생법이 지정한 제품들을 사용해야 한다.
- 일반적으로 스테인리스로 된 재질을 많이 사용한다. 광택이 좋고 세척과 관리가 편리하여 식기류 및 주방용품으로 이용되며, 반영구적으로 사용할 수 있어 녹이 슬지 않는 재질로 만들어진 것을 선택한다.
- 도마는 곰팡이가 생길 수 있는 나무 도마는 사용하지 않는 것이 좋다.
- 칼은 단단한 재료로 만들어진 제품을 사용하여야 한다.
- 플라스틱과 멜라민 수지는 가볍고 견고하며, 디자인과 색상이 다양하고 세제나 냉각상태에 강하다. 식기류 및 주방용품 등에 많이 사용되며, 열에 약하고 색이 있는 음식물에 의해 변색되는 것을 주의한다.

② **조리기기** : 조리를 하기 위해 사용되는 도구들로 주로 부피가 크다. 일반적으로 전자레인지, 전기오븐, 가스 및 전기취반기, 가스렌지, 회전솥, 세절기, 스팀솥, 인덕션, 냉장고, 냉동고, 온장고, 보온고, 건조기, 살균소독기, 식기세척기, 건조기, 믹서기, 파절기 등이 있다.

- 기기 또는 기물이라고도 하며, 사용 도중에 고장이 발생할 경우 서비스를 원활히 받을 수 있는 제품을 선택한다.
- 전기를 사용하는 제품은 누전이 발생하지 않고, 전기타이머나 온도관리가 정확한 기기들을 선택한다.
- 가스를 사용하는 제품은 가스안전 장치와 가스배관 등이 튼튼한 제품을 선택한다.

### (2) 설비

조리장의 설비는 조리를 원활하게 하기 위한 시설들이다

① **검수 공간**

- 발주된 식재료가 원활하게 입고될 수 있도록 출입문의 크기나 경사면, 급 · 배수, 방충 · 방서관리, 주차공간 등을 고려하여 설계한다. 취급할 물품의 양이 많은 영업장이나 급식소는 검수업무의 신속한 수행을 위해 별도의 사무실을 마련하기도 한다.

- 필요사항 : 손소독기, 검수대, 계량기구(저울, 계량컵 등), 운반설비, 칼, 개폐기, 보관설비, 조명기기, 장비 · 공구, 수분이 많은 식품을 담는 용기 등이다.

② 저장 공간

- 검수가 마무리 된 물품은 저장 공간에 입고시킨 후 조리장으로 이동하는 구조로 설계가 이루어지면 동선이 짧아지고 종업원의 피로도가 감소하여 업무가 능률적이다.
- 필요사항 : 실온 창고(용기, 건조식품, 통조림, 조미료 등), 냉장 · 냉동고, 온도계 등이다.

**Point** 효율적인 설비순서 : 검수 공간 → 저장 공간 → 조리장 순이다.

③ 전처리 공간

- 입고된 식재료를 조리하기 위해 준비하는 작업 과정이다.
  - 다듬고 씻는 과정에서 물을 많이 사용하므로 급수가 잘되며, 청소가 쉽고 배수와 건조가 잘되는 바닥 재질을 선택한다.
  - 생선은 소금에 염지하거나 절단하고, 채소류는 다듬고 씻어 필요한 분량만큼 포장한다.
  - 육류는 절단 등의 기기류 사용이 많아 전처리실은 여유로운 공간이 필요하다.
  - 교차오염이 발생하지 않도록 육류, 생선, 채소 작업 시 도마와 작업공간을 분리하여 사용한다.
- 필요사항 : 작업대, 개수대, 건조기, 혼합기, 진공포장기, 절단기, 소쿠리, 들통 등이다.

④ 조리 공간

- 조리 공간 설계 시 중요사항
  - 조리장 형태를 결정, 조리장 면적산출, 효율적인 작업자 동선을 고려한다.
  - 제공할 음식을 효율적으로 작업할 수 있는 조리기기를 선정한다.
  - 미래의 변화가능성에 대한 대비까지 고려하여 효율적인 공간이 될 수 있도록 설계와 배치를 한다.
- 필요사항 : 저울, 세미기, 취반기, 튀김기, 오븐, 찜솥, 제빙기, 가스 · 전기레인지, 냉장 · 냉동고 등이 있다.

⑤ 배식

- 조리가 완성된 음식을 제공하는 공간으로 저온보관 부분, 보온보관 부분, 음식 담기, 배식 등이 이루어진다.
- 필요사항 : 배식대, 식기, 식수기, 퇴식대, 보온고, 냉장고 등이다.

⑥ 세척 및 소독

- 식사를 마친 식기 회수와 잔반처리, 세척, 소독이 이루어지는 공간이다.
- 필요사항 : 손소독기, 식기세척기, 세척용 씽크대, 칼 · 도마 소독고, 잔반처리기 등이다.

⑦ 보관

- 기구나 기물의 세척과 소독이 끝나면 건조시켜 보관하는 공간이다.
- 필요사항 : 식기 살균기, 선반 등이 있다.

## 3. 검수를 위한 설비 및 장비 활용 방법

### (1) 검수 설비의 요건

① 검수대

- 청결유지와 위생적으로 안전한 상태를 위해 세척, 소독을 실시한다.
- 물품을 배송하는 차량에서 쉽게 하역할 수 있고, 하역 장소를 기능적으로 활용할 수 있도록 인체 공학적으로 설계한다.
- 수산물, 축산물, 농산물, 채소류는 검수대를 각각 따로 설치한다.

② 기타

- 물건과 사람, 장비가 이동할 공간을 계산하여 설계한다.
- 청소하기 편리해야 하고, 배수가 잘 되어 악취가 나지 않도록 설치되어야 한다.

### (2) 검수 장비의 종류

① 전자저울은 제품의 특성에 맞게 단위별로 구비한다.

② 운반차(L형, 전동캐리어)

③ 염도계, 당도계, 산도계

④ 잔류농약 측정 및 검출기

⑤ 돋보기

⑥ 온도계

- 적외선 온도계 : 최근 식품 검수 시 가장 많이 사용하며, 표면 온도만 측정이 가능하지만 비접촉식이므로 제품이 손상되지 않는 장점이 있다.
- 탐침 심부 온도계 : 식품 내부 온도를 측정할 수 있다.

### (3) 검수할 때 주의사항

① 물품을 과대 포장하여 납품하는지 확인한다.

② 실제 물품에 비해 포장재 중량이 더 무거운지 확인한다.

③ 양질의 상품만을 맨 위에 올려놓는가를 확인해 본다.

④ 물품의 등급표시를 하지 않고 특정등급만 납품하는지를 점검한다.

⑤ 뼈나 지방 등 비가식 부분(폐기율)이 많은지 확인한다.

⑥ 검수부서를 거치지 않고 직접 생산부서로 납품하는지 확인한다.
⑦ 박스포장이 대량일 경우에는 단위 · 포장별로 분해하여 상황에 따라서는 시식을 해야 한다.
⑧ 용도에 맞는 식품이 배달되었는지를 발주서와 납품서를 비교하여 확인한다.
⑨ 신선한 식품이라 하더라도 유통과정 중 변질된 식품 없는지 확인한다.
⑩ 검수수행에 혼란이 없도록 충분한 시간계획을 세우고 적당한 조명시설과 검수공간을 확보한다.
⑪ 검수에 필요한 계량기, 저울, 칼, 개폐기, 염도계, 당도계 등 검수 시에 필요한 장비 및 기기를 구비해야 한다.
⑫ 검수대의 조도는 540lux 이상을 유지한다.
⑬ 검수대는 공산품, 농산물, 수산물, 육류를 구분하여 사용한다.
⑭ 식품은 바닥에서 60cm 이상의 높이에서 검수를 진행한다.

### (4) 식품위생법상의 검수기준

① 제품명(기구 또는 용기, 포장 제외)을 확인한다.
② 식품의 유형(식품 첨가물도 해당)을 확인한다.
③ 업소명 및 소재지를 확인한다.
④ 제조년월일(포장완료일을 기준으로 소분판매는 소분용 원료제품의 포장시점)을 확인한다.
⑤ 유통기한(식품첨가물 제외)을 확인한다.
⑥ 내용량(중량, 용량, 개수)을 확인한다.
⑦ 성분 및 원재료명(식품첨가물 포함) 및 함량(특정성분을 제품명의 일부로 사용하는 경우)을 확인한다.
- 영양식품(따로 정하는 제품에 한하여 특수 영양식품 및 건강보조식품)을 확인한다.
- 기타 식품 등의 세부 표시기준에서 정하는 사항을 확인한다.

Chapter 02

# 예상문제

**01** 6단계 검수절차 내용으로 옳지 않은 것은?

① 송장과 물품을 대조할 때 품목, 수량, 중량, 가격도 대조한다.
② 품질, 위생상태, 등급을 판정한 후 물품 인수 또는 반품처리를 한다.
③ 검수기록(검수일지, 검수일자와 서명, 송장, 검수표, 검수인, 반품서 등)을 적는다.
④ 식품의 특수성에 관한 전문적인 지식이 필요하다.

해설 식품의 특수성에 관한 전문적인 지식은 검수원의 자격요건이다.

**02** 물품이 소량이거나 소규모 단위일 때, 검수품목 종류가 다양하거나 고가품일 경우에 많이 사용되는 검수 방법은?

① 화학적법 ② 발췌수법
③ 샘플링 검수법 ④ 전수 검수

해설 전수 검수법의 장점은 정확성이 있으나 시간과 경비가 많이 소요되는 단점이 있다.

**03** 정확한 검수를 위해 필요한 측량 도구가 아닌 것은?

① 계량컵 ② 저장고
③ 저울 ④ 온도계

해설 정확한 검수를 위한 측량도구들은 저울, 온도계, 계량컵 등이 있다.

**04** 검수업무를 위한 검수원의 자격요건으로 옳지 않은 것은?

① 업무의 특수성에 따라 전문적인 지식이 요구되지 않는다.
② 식품이 유통경로와 검수업무 처리절차를 알아야 한다.
③ 검수일지 작성 및 기록보관 업무를 알아야 한다.
④ 식품의 품질을 평가하고 감별할 수 있는 지식과 능력이 필요하다.

해설 검수업무를 원활하게 진행하기 위해서는 전문적인 지식이 필요하다.

**05** 검수장의 검수를 위한 설비 조건으로 옳지 않은 것은?

① 저장 공간이 가까이 있어야 한다.
② 발주된 식품 재료가 원활하게 입고될 수 있는 위치에 설비를 한다.
③ 검수장의 조도는 50lux 이상을 유지한다.
④ 검수대는 공산품, 농산물, 수산물, 육류를 구분하여 사용한다.

해설 검수대의 조도는 540lux 이상을 유지해야 이물질이나 신선식품을 구별하기 용이하다.

**06** 물품의 품질, 규격, 수량, 중량, 크기, 가격 등이 구매하려는 해당 식재료와 일치하는가를 검사하고 납품을 확인하는 업무형태는?

① 재고관리 ② 구매관리
③ 발주관리 ④ 검수관리

해설 검수관리는 발주한 물품이 해당 식재료와 일치하는가를 검사하고 납품을 확인하는 관리이다.

정답 01 ④ 02 ④ 03 ② 04 ① 05 ③ 06 ④

**07** **식품 재료의 감별법으로 올바르지 않은 것은?**

① 소고기는 선홍색을 띠며 윤기가 나야 한다.
② 돼지고기는 분홍색을 띠며 지방이 희고 촉촉해야 한다.
③ 어류는 손으로 살점을 눌러보아 들어가면 신선한 것이다.
④ 달걀은 껍질이 까칠까칠 한 것이 신선한 것이다.

해설 어류는 손으로 살점을 눌러보아 탱글탱글한 탄력이 느껴져야 한다.

**08** **식품 내부 온도를 측정할 수 있는 온도계는?**

① 돋보기
② 염도계
③ 적외선 온도계
④ 탐침 심부 온도계

해설 탐침심부온도계는 식품 내부 온도를 측정할 수 있다.

**09** **식품은 바닥에서 몇 cm 이상의 높이에서 검수를 진행해야 하는가?**

① 100cm 이상 ② 30cm 이상
③ 15cm 이상 ④ 60cm 이상

해설 식품은 바닥에서 60cm 이상의 높이에서 검수를 진행한다.

**10** **식품재료를 조리에 사용하기 전에 재료를 다듬고 준비하는 공간의 명칭은 무엇인가?**

① 저장 공간 ② 전처리 공간
③ 검수 공간 ④ 보존 공간

해설 전처리 공간은 조리하기 전 준비단계에 해당되며 식품을 다듬어 씻고, 썰기를 하는 곳이다.

**11** **주방설비에 대한 설명으로 옳지 않은 것은?**

① 효율적인 설비 배치는 검수 공간, 저장 공간, 조리장 순서로 배치한다.
② 검수공간 : 식품재료가 원활하게 입고될 수 있도록 출입문의 크기나 경사면, 급·배수, 방충·방서관리, 주차 등을 고려하여 설계한다.
③ 조리공간 : 시설비를 절약하기 위해 효율적인 동선보다는 기기들의 배치 공간을 먼저 확보한다.
④ 저장공간 : 검수가 마무리된 물품은 저장 공간에 입고시킨 후 조리장으로 이동하는 구조로 설계가 이루어지면 동선이 짧아지고 종업원의 피로도가 감소하여 업무가 능률적이다.

해설 조리 공간 설계 시 중요사항 : 조리장 형태를 결정, 조리장 면적산출, 효율적인 작업자 동선을 고려, 제공할 음식을 효율적으로 작업할 수 있는 조리기기 선정, 장래의 변화 가능성에 대한 대비까지 고려하여 효율적인 공간이 될 수 있도록 설계와 배치를 한다.

**12** **식품의 관능검사를 진행할 때 감별하는 능력에서 가장 중요한 것은?**

① 시료 수집기술
② 이론적 지식
③ 나이
④ 풍부한 경험을 가진 식품 감별자의 능력

해설 맛, 향, 조직감 등을 판별하는 관능평가는 오랜 경험을 바탕으로 습득된 감별자의 능력이 중요하다.

정답 07 ③ 08 ④ 09 ④ 10 ② 11 ③ 12 ④

Chapter 03

# 원가

## 1. 원가의 의의 및 종류

### (1) 원가의 정의

① 기업이 제품을 생산하는 데 소비한 경제 가치를 말한다.

② 특정한 제품의 제조 · 판매 · 서비스 제공을 위하여 소비된 경제적 가치를 말한다.

### (2) 비용의 정의

일정기간 내에 기업의 경영 활동으로 발생한 경제적 가치의 소비액을 말한다.

### (3) 원가계산의 목적

① 가격결정에 필요한 원가정보의 제공 : 제품의 판매가격을 결정할 목적으로 제품 생산 시 실제 소비된 원가를 산출 후 일정한 이윤을 가산하여 가격을 결정한다.

② 원가관리 및 통제에 필요한 원가정보의 제공 : 경영활동에 있어 원가계산은 원가 절감을 관리하는 것이 목적이다.

③ 예산편성 및 예산통제에 필요한 원가정보의 제공 : 예산 편성 시 기초 자료를 제공한다.

④ 재무제표작성에 필요한 원가정보의 제공 : 재무제표를 작성하여 기업 외부 이해 관계자들에게 보고하는 기초 자료로 제공된다.

⑤ 경영의 기본계획 설정 및 경영관리 목적에 필요한 원가정보의 제공 : 이익계획과 자금 조달 및 운영을 위한 자금계획에 정보를 제공한다.

### (4) 원가계산의 기간

원가계산의 실시기간은 1개월을 원칙으로 하며, 경우에 따라 3개월 또는 1년에 한 번 실시하기도 한다. 이러한 기간을 '원가계산기간'이라 한다.

### (5) 원가계산의 원칙

① 진실성의 원칙 : 실제로 발생한 원가를 정확히 파악하여 진실하게 표현해야 한다.

② 발생기준의 원칙 : 모든 비용과 수익의 계산은 발생시점을 기준으로 한다.

③ 계산경제성의 원칙 : 중요성의 원칙이라고도 하며 경제성을 고려하여야 한다.

④ 확실성의 원칙 : 여러 방법이 있을 경우에 가장 확실성이 높은 방법을 선택한다.

⑤ 정상성의 원칙 : 정상적으로 발생한 원가만을 계산하며, 비정상적으로 발생한 원가는 계산하지 않는다.

⑥ 비교성의 원칙 : 다른 일정기간이나 다른 부분의 원가와 비교할 수 있어야 한다.

⑦ **상호관리의 원칙** : 원가계산과 일반 회계, 그리고 각 요소별, 부분별, 제품별 계산 간에 유기적인 관계를 구성함으로써 상호관리가 가능하도록 되어야 한다.

## 2. 원가분석 및 계산

### (1) 원가의 3요소

① 재료비

- 제품의 제조를 위하여 소비되는 물품의 원가를 말하며 주재료, 보조재료, 부분품, 소모공구, 기구비품 등으로 구분한다.
- 단체급식에서의 재료비는 급식 재료비를 의미한다.
- 일정기간 동안 재료의 소비량에 단가를 곱하여 소비된 재료비를 계산한다.

② 노무비

- 제품의 제조를 위하여 소비되는 노동의 가치를 말한다.
- 임금, 급료, 잡급, 상여금 등이다.
- 임금은 직접노무비, 급료나 수당은 간접노무비로 분류한다.

③ 경비

- 제품의 제조를 위하여 소비되는 재료비와 노무비를 제외한 나머지 가치를 말한다.
- 감가상각비, 보험료, 외주가공비(직접경비), 수선비, 전력비, 가스비, 수도광열비 등이 포함된다.

### (2) 원가요소범위에 따른 분류

① 직접원가 = 직접제조비+직접노무비+직접경비

② 제조원가 = 직접원가+제조간접비

③ 총원가 = 제조원가+판매관리비

④ 판매원가 = 총원가+이익

| | | | | |
|---|---|---|---|---|
| | | | | 이익 |
| | | | 판매관리비 | 총원가 |
| | | 제조간접비 | 제조원가 | |
| 간접재료비 | 직접재료비 | 직접원가 | | |
| 간접노무비 | 직접노무비 | | | |
| 간접경비 | 직접경비 | | | |
| 재료간접비 | 직접원가 | 제조원가 | 총원가 | 판매가격 |

**Point** 식품원가율 = 원가÷식품판매가격이다.

### (3) 원가요소를 제품에 배분하는 절차에 따른 분류

① 직접비

- 특정 제품에 직접 부담시킬 수 있는 비용으로 직접원가라고도 한다.
- 직접재료비, 직접노무비, 직접경비 등으로 구분한다.

② 간접비

- 여러 제품에 공통적으로 또는 간접적으로 소비되는 비용이다.
- 각 제품에 제조 간접비, 일반관리비, 판매비 등을 적절히 배분한다.

### (4) 원가계산의 시점과 방법의 차이에 따른 분류

① 실제원가

- 제품을 제조한 후에 실제로 소비된 원가를 산출한 것이다.
- 사후 계산에 의하여 산출된 원가이므로, 확정원가 · 현실원가 · 보통원가라고도 한다.

② 예정원가

- 제품의 제조 이전에 제조에 소비될 것으로 예상되는 원가를 예상하여 산출한 것이다.
- 사전원가 · 견적원가 · 추정원가라고도 한다.

③ 표준원가

- 기업이 이상적으로 제조 활동을 할 경우에 예상되는 원가(경영능률을 최고로 올렸을 때의 최소원가)를 말한다.
- 장래에 발생할 실제원가에 대한 예정원가와는 차이가 있으며, 실제원가를 통제하는 기능을 가진다.

### (5) 생산량과 비용의 관계에 따른 분류

① **고정비** : 생산량 증가와 관계없이 고정적으로 발생하는 비용을 말한다(임대료, 인건비).

② **변동비** : 생산량에 따라 함께 증가하는 비용을 말한다(식재료비, 임금 등).

## 3. 원가계산의 구조

원가 계산의 단계는 다음과 같이 요소별, 부분별, 제품별 원가계산 순으로 구성되어 있다.

### (1) 요소별 원가계산

제품의 원가는 먼저 재료비 · 노무비 · 경비의 3가지 원가 요소를 몇 가지의 분류 방법에 따라 세분하여 각 원가 요소별로 계산한다.

### (2) 부분별 원가계산

① 전 단계에서 파악된 원가요소를 원가 부분별로 분류, 집계하는 계산 방법이다.

② 좁은 의미로는 원가가 발생한 장소를 말하며, 넓은 의미로는 원가가 발생한 직능에 따라 원가를 집계하고자 할 때 설정되는 계산상의 구분을 의미한다.

### (3) 제품별 원가계산

요소별 원가계산에서 파악된 직접비는 제품별로 직접 집계하고, 부분별 원가계산에서 파악된 부분비는 일정기준에 따라 제품별로 배분하여 최종적으로 각 제품의 제조원가를 계산하는 절차이다.

## 4. 원가관리

### (1) 원가관리의 정의

① 원가의 통제를 위하여 가능한 한 원가를 합리적으로 절감하려는 경영기법이다.

② 원가관리에 공헌할 수 있는 원가계산 방법으로 표준원가 계산법이 이용되고 있다.

### (2) 표준원가의 계산

① 표준원가의 설정

- 표준원가는 원가 요소별로 과학적, 통계적 조사에 의하여 능률의 척도가 되도록 예상가격 또는 정상가격으로 설정한다.
- 표준원가가 설정되면 실제원가와 비교하여 표준과 실제의 차이를 분석한다.

② 표준원가 차이 분석

- 표준원가와 실제원가와의 차액을 표준원가 차이라고 한다.
- 표준원가 차이 분석은 직접재료비 · 직접노무비 · 제조 간접비 차이를 구분하여 실시한다.

### (3) 손익계산

① 손익분석

- 원가, 조업도, 이익의 상호관계를 조사 · 분석하여 이론부터 경영계획을 수립하는 데 유용한 정보를 얻기 위하여 실시하는 기법이다.
- 손익분석은 보통 손익분기점 분석의 기법을 통하여 이루어지기 때문에 손익분기점의 동의어로 사용된다.

② 손익분기점

- 총수익과 총비용(고정비+변동비)이 일치하는 점을 말한다.
- 이익도, 손실도 발생하지 않는 경우이다.
- 매출이 손익분기점 이상으로 늘어나면 이익이 발생하고, 이하로 줄어들면 손실이 발생한다.

## 5. 감가상각

### (1) 감가상각의 정의

① 기업의 자산은 고정자산과 유동자산(현금, 예금, 원재료 등)으로 나눌 수 있다. 고정자산은 투자자산과 유 · 무형자산 등으로 나누어지는데, 이 중 유형자산(건물, 기계장치, 비품 등)은 대부분 사용과 시간의 경과에 따라서 가치가 감가된다.

② 감가상각은 고정자산의 감가를 일정한 내용연수에 일정한 비율로 할당하여 비용으로 계산하는 절차를 말한다.

③ 이때 감가된 비용을 '감가상각비'라고 한다.

**Point** 고정자산이란?

소득세법에서 용어의 범위는 부동산, 달러, 유가증권 등이 포함된 투자자산이나 건물, 기계장치, 비품 등이 포함된 유형자산과 지적 재산으로 이루어진 특허기술 등록, 상표등록 등이 포함된 무형자산 등이 포함되어 있다. 이 중 조리기능사의 수험서에서 주로 다루어지는 감가상각 부분은 넓은 의미에서는 고정자산이란 용어의 쓰임이 맞지만, 적용 범위가 주로 건물이나 기계장치, 비품 등을 지칭하는 경우가 많아 고정자산 또는 유형자산이란 용어도 적합할 것이다.

### (2) 감가상각의 계산요소

① **기초가격** : 취득원가(구입가격)이다.

② **내용년수** : 취득한 유형(고정)자산이 유효하게 사용될 수 있는 추산기간이다.

③ **잔존가격** : 유형자산이 내용연수에 도달했을 때 매각하여 얻을 수 있는 추정가격으로, 보통 구입가격의 0%이다.

**Point** 잔존가격이란?

시중에 판매되고 있는 대부분의 수험서에는 구입가격의 10%가 잔존가격이라고 하였으나, 법인세법(98.12.31 개정)과 소득세법(2010.2.18 개정)은 잔존가격을 "0"으로 변경하였다.

### (3) 감가상각의 계산방법

① 정액법

- 고정자산의 기초가액을 내용연수동안 균등하게 상각하는 방법이다.
- 매년의 감가상각액 = (기초가격－잔존가격) ÷ 내용년수

② 정률법

- 기초가격에서 감가상각비 누계를 차감한 미상각액에 대하여 매년 일정률을 곱하여 산출한 금액을 상각하는 방법이다.
- 초년도의 상각액이 제일 크며, 연도수가 경과함에 따라 상각액은 점점 줄어든다.

Chapter 03

# 예상문제

**01** 원가계산의 목적이 아닌 것은?

① 가격결정의 목적
② 원가관리의 목적
③ 예산편성의 목적
④ 기말재고량 측정의 목적

해설 원가계산의 목적은 예산편성, 원가관리, 가격결정, 재무제표 작성이다.

**02** 다음 중 원가계산의 원칙이 아닌 것은?

① 진실성의 원칙
② 확실성의 원칙
③ 발생기준의 원칙
④ 비정상성의 원칙

해설 원가 계산의 원칙에는 진실성, 발생기준, 계산경제성, 확실성, 정상성, 비교성, 상호관리의 원칙이 있다.

**03** 일정 기간 내에 기업의 경영활동으로 발생한 경제가치의 소비액을 의미하는 것은?

① 손익 ② 비용
③ 감가상각비 ④ 이익

해설 비용은 기업에서 생산을 위하여 소비하는 원료비, 기계 설비비, 빌린 자본의 이자 따위를 통틀어 이르는 말이다.

**04** 다음 자료에 의하여 제조원가를 산출하면?

- 직접재료비 : 60,000원
- 직접원가 소모품비 : 10,000원
- 판매원급료 : 50,0000원
- 직접임금 : 100,000원
- 제조간접 통신비 : 5,000원

① 175,000원 ② 210,000원
③ 215,000원 ④ 225,000원

해설 제조원가
= 직접원가+제조간접비
= 직접제조비+직접노무비+직접경비+제조간접비이다.
= 60,000+100,000+10,000+5,000 = 175,000원이다.

**05** 냉동식품에 대한 냉동 창고 보관료 비용이 아래와 같을 때 당월소비액은? (단, 당월선급액과 전월미지급액은 고려하지 않는다)

- 당월지급액 : 60,000원
- 당월미지급액 : 30,000원
- 전월선급액 : 10,000원

① 70,000원 ② 80,000원
③ 90,000원 ④ 100,000원

해설 당월소비액
= 전월선급액+당월지급액+당월미지급액
= 10,000 + 60,000 + 30,000 = 100,000원이다.

**06** 발생형태를 기준으로 했을 때의 원가 분류는?

① 개별비, 공통비
② 직접비, 간접비
③ 재료비, 노무비, 경비
④ 고정비, 변동비

해설 발생형태를 기준으로 했을 때의 원가 분류는 재료비, 노무비, 경비이다. 이 세 가지를 원가의 3요소라 한다.

정답 01 ④ 02 ④ 03 ② 04 ① 05 ④ 06 ③

## 07 식품원가율을 40%로 정하고 햄버거의 1인당 식품단가를 1,000원으로 할 때 햄버거의 판매 가격은?

① 4,000원 ② 2,500원
③ 2,250원 ④ 1,250원

**해설** 식품의 단가 = 판매가격×식품의 원가율
1,000 = 판매가격×40%
판매가격 = 1,000÷0.4 = 2,500원이다.

## 08 다음 중 원가의 구성으로 틀린 것은?

① 직접원가 = 직접재료비+직접노무비+직접경비
② 제조원가 = 직접원가+제조간접비
③ 총원가 = 제조원가+판매경비+일반관리비
④ 판매가격 = 총원가+판매경비

**해설** 판매가격
= 제조원가 + 판매비와 경비 + 판매이익이다.
= 판매원가 + 판매이익이다.

## 09 식당의 원가 요소 중 급식재료비에 속하는 것은?

① 급료
② 조리제 식품비
③ 수도 광열비
④ 연구 재료비

**해설** 재료비는 제품의 제조를 위하여 소비된 비용으로 단체급식 시설의 재료비는 급식재료비를 의미하며 조리제 식품비가 이에 속한다.

## 10 다음 원가요소에 따라 산출한 총 원가는?

| 직접재료비 | 250,000원 | 제조간접비 | 120,000원 |
|---|---|---|---|
| 직접노무비 | 100,000원 | 판매관리비 | 60,000원 |
| 직접경비 | 40,000원 | 이익 | 100,000원 |

① 390,000원 ② 510,000원
③ 570,000원 ④ 610,000원

**해설** 총원가 = 제조원가+판매관리비
= 250,000+100,000+40,000+120,000+60,000
= 570,000원이다.

## 11 어떤 음식의 직접원가는 500원, 제조원가는 800원, 총 원가는 1,000원이다. 이 음식의 판매관리비는?

① 200원 ② 300원
③ 400원 ④ 500원

**해설** • 총원가 = 제조원가+판매관리비
• 판매관리비 = 총원가−제조원가 = 1,000−800 = 200원이다.

## 12 수입소고기 두 근을 30,000원에 구입하여 50명의 식사를 공급하였다. 식단가격을 2,500원으로 정한다면 식품의 원가율은 몇 %인가?

① 83% ② 42%
③ 24% ④ 12%

**해설** • 1인 식사의 소고기 가격 = 30,000원÷50명 = 600원
• 식품원가율 = 원가÷식품판매가격 = 600÷2,500 = 0.24×100 = 24%이다.

## 13 급식부분의 원가요소 중 인건비는 어디에 해당하는가?

① 제조간접비 ② 직접재료비
③ 직접원가 ④ 간접원가

**해설** 직접원가는 직접재료비 + 직접노무비 + 직접경비로 직접노무비가 인건비에 해당한다.

정답 07 ② 08 ④ 09 ② 10 ③ 11 ① 12 ③ 13 ③

**14** 총 원가는 제조원가에 무엇을 더한 것인가?

① 제조간접비 ② 판매관리비
③ 이익 ④ 판매가격

해설 총 원가 = 제조원가 + 판매관리비이다.

**15** 제품의 제조를 위하여 소비된 노동의 가치를 말하며 임금, 수당, 복리후생비 등이 포함되는 것은?

① 노무비 ② 재료비
③ 경비 ④ 훈련비

해설 노무비는 제품의 제조를 위하여 소비되는 노동의 가치이다.

**16** 불고기를 만들어 파는 데 비용으로 1kg 기준으로 등심은 18,000원, 양념비는 3,500원이 소요되었다. 1인분에 200g을 사용하고 식재료 비율을 40%로 하려고 할 때 판매가격은?

① 9,000원 ② 8,600원
③ 17,750원 ④ 10,750원

해설 • 불고기 1kg 기준 식재료 비용 : 등심18,000+양념비 3,500 = 21,500원
• 불고기 1인분 200g 식재료 비용 : 4,300원
• 판매가격 = 식품단가÷식품원가율 = 4,300÷0.4이다.
* 식재료 비율 = 식품원가율이다.

**17** 원가의 종류가 바르게 설명된 것은?

① 직접원가 = 직접재료비, 직접노무비, 직접경비, 일반관리비
② 제조원가 = 직접원가, 제조간접비
③ 총원가 = 제조원가, 지급이자
④ 판매가격 = 총원가, 직접원가

해설 • 직접원가 = 직접재료비+직접노무비+직접경비
• 총원가 = 제조원가+판매관리비
• 판매가격 = 총원가+이익이다.

**18** 다음 중 고정비에 해당되는 것은?

① 노무비 ② 연료비
③ 수도비 ④ 광열비

해설 고정비는 생산량의 증감에 관계없이 고정적으로 발생하는 비용으로 노무비가 해당된다.

**19** 제품의 제조수량 증감에 관계없이 매월 일정액이 발생하는 원가는?

① 고정비 ② 비례비
③ 변동비 ④ 체감비

해설 고정비는 임대료, 인건비, 감가상각비 등이 있다.

**20** 다음 중 급식 부문의 간접원가에 속하지 않는 것은?

① 외주가공비 ② 보험료
③ 연구연수비 ④ 감가상각비

해설 외주가공비는 직접경비에 속한다.

**21** 가공식품, 반제품, 급식 원재료 및 조미료 등 급식에 소요되는 모든 재료에 대한 비용은?

① 관리비 ② 급식재료비
③ 소모품비 ④ 노무비

해설 급식재료비는 가공식품, 반제품, 급식 원재료 및 조미료 등 급식에 소요되는 모든 재료에 대한 비용이다.

14 ② 15 ① 16 ④ 17 ② 18 ① 19 ① 20 ① 21 ②

**22** 김치공장에서 포기김치를 만든 원가자료가 다음과 같다면 포기김치의 판매가격은 총 얼마인가?

| 구분 | 금액 | 구분 | 금액 |
|---|---|---|---|
| 직접 재료비 | 60,000원 | 직접 제조경비 | 20,000원 |
| 간접 재료비 | 19,000원 | 간접 제조경비 | 15,000원 |
| 직접 노무비 | 150,000원 | 판매비와 관리비 | 제조원가의 20% |
| 간접 노무비 | 25,000원 | 기대이익 | 판매원가의 20% |

① 289,000원 ② 346,800원
③ 416,160원 ④ 475,160원

해설 • 제조원가 = (직접제조비+직접노무비+직접경비)+(간접재료비+간접노무비+간접경비)
= (60,000+150,000+20,000)+(19,000+25,000+15,000)
= 289,000원
• 판매관리비 = 제조원가의 20% = 289,000×20% = 57,800원
• 총원가 = 제조원가+판매관리비 = 289,000+57,800 = 346,800원
• 기대이익 = 판매원가의 20% = 346,800×20% = 69,360원
• 판매가격 = 총원가+기대이익 = 346,800+69,360 = 416,160원이다.

**23** 유형자산의 가치가 감소하는 부분에 해당하는 비용으로 올바른 것은?

① 직접노무비 ② 판매경비
③ 제조간접비 ④ 감가상각비

해설 감가상각은 고정자산의 감가를 내용연수에 일정한 비율로 가치감소를 산정하여 그 액수를 자산의 금액에서 공제함과 동시에 비용으로 계산하는 절차로 이때 감가된 비용을 '감가상각비'라고 한다.

**24** 주방 냉장고를 200만 원에 구매하였다. 정액법에 따라 감가상각을 하려 한다. 매달 감가상각을 해야 할 금액은 얼마인가? (단, 내용연수는 5년으로 정함)

① 25,000원 ② 31,666원
③ 30,000원 ④ 33,333원

해설 • 정액법에 따른 매년의 감가상각액 = (기초가격–잔존가격)÷내용연수이다. 이때 잔존가격은 "0"으로 처리한다.
• 2,000,000÷60 = 33,333원이다.

**25** 흔히 고정자산이라 지칭하는 유형자산을 정액법에 따라 감가상각액을 계산하려 한다. 이때 필요하지 않은 것은?

① 추정가격 ② 잔존가액
③ 기초가격 ④ 내용연수

해설 정액법에 따른 매년의 감가상각액은(기초가격–잔존가격)÷내용연수이다.

**26** 감가상각의 대상은 고정자산인데, 다음 중 고정자산에 속하는 것은?

① 현금 ② 기계
③ 통장 ④ 예금

해설 고정자산에는 기계, 건물 등이 있다.

22 ③ 23 ④ 24 ④ 25 ① 26 ②

# Part 5

# 한식 기초 조리실무

Chapter 01

# 조리 준비

## 1. 조리의 정의 및 기본 조리조작

### (1) 조리의 정의

식재료를 다듬는 것부터 시작하여 씻고, 썰고, 조미하는 물리적 과정과 끓이고, 굽고, 찌고, 볶는 등의 화학적 조리과정을 거쳐 사람이 먹기에 알맞고 소화되기 쉽도록 하는 과정을 말한다.

### (2) 조리의 목적

① **기호성** : 식품의 외관을 좋게 하며, 조직감이나 풍미를 향상시켜 맛있게 하기 위함이다.
② **영양성** : 소화를 용이하게 하고, 영양 흡수율을 효율적으로 증진하기 위함이다.
③ **안전성** : 씻고 가열하는 등의 과정을 거치면서 위생상 안전한 음식을 만들기 위함이다.
④ **저장성** : 저장성을 높이기 위함이다.

### (3) 용어의 정의

① **표면장력** : 액체의 표면이 스스로 수축하여 가능한 한 작은 면적을 취하려는 힘으로 액체의 표면을 이루는 분자층에 의하여 생긴다.
② **가소성** : 고체가 외부에서 탄성한계 이상의 힘을 받아 형태가 바뀐 뒤 그 힘이 없어져도 본래의 모양으로 돌아가지 않는 성질이다
③ **점성** : 액체 내부에서 분자의 밀도가 커지면 분자 간에 충돌할 때 마찰을 일으키는 성질이다.
④ **탄성** : 탄성 물체가 밖으로부터 힘을 받아서 모양이 변할 때, 원래의 형태로 되돌아가려는 응력이 생기고, 생긴 응력에 의해서 탄성체가 다른 물체에 주는 힘을 말한다.
⑤ **점탄성** : 물체에 힘을 가했을 때 탄성 변형과 점성 유동이 동시에 나타나는 성질이다.
⑤ **겔(gel)** : 용액 속의 콜로이드 입자가 유동성을 잃고 약간의 탄성과 견고성을 가진 고체나 반고체의 상태로 굳어진 물질이다.
⑦ **졸(sol)** : 콜로이드(원자 또는 저분자보다는 커서 반투막을 통과할 수 없을 정도의 물질) 입자가 액체 속에 분산되어 유동성을 지닌 상태를 말한다.
⑧ **용해도** : 일정한 온도에서 일정한 양의 용매에 녹을 수 있는 용질의 농도를 말한다.
⑨ **산화** : 어떤 물질이 산소와 결합하거나 수소를 잃는 반응이다.
⑩ **용출** : 물질이 액체 속에서 균일하게 녹아 용액이 만들어지는 현상이다.
⑪ **삼투압** : 서로 농도 차이가 나는 용액을 반투막 사이에 두면 용매가 반투막을 통하여 고농도의 용액 쪽으로 옮겨가면서 반투성의 막이 받는 압력이다.

⑫ **비등점(끓는점)** : 액체 물질의 증기압이 외부 압력과 같아져 끓기 시작하는 온도이며, 순수한 물은 1기압일 때 100℃에서 끓는다는 것을 말한다.
⑬ **빙점(어는점)** : 순수한 물은 0℃에서 언다.
⑭ **비열** : 물질 1g의 온도를 1℃ 올리는 데 필요한 열량과 물 1g의 온도를 1℃ 올리는 데 필요한 열량과의 비율을 말한다.
⑮ **잠열** : 고체가 액체로, 액체가 기체로 변할 때, 온도 상승의 효과를 나타내지 않고 단순히 물질의 상태를 바꾸는 데 쓰는 열이다.
⑯ **기화열** : 액체가 기화할 때 외부로부터 흡수하는 열량으로 보통 일정한 온도에서 1g의 물질을 기화하는 데 필요한 열량이며, 100℃에서 물 1g의 기화열은 539.8cal이다.
⑰ **융해열** : 녹는점에서 고체를 액체로 녹이는 데 필요한 열량으로 물 1g당 8cal가 필요하다.
⑱ **전도** : 열이 물체 속을 이동하는 일이다.
⑲ **복사** : 열원으로부터 중간매체 없이 열이 직접 그 물체에 전해지는 현상이다.
⑳ **대류** : 기체나 액체에서 물질이 이동함으로써 열이 전달되는 현상으로, 기체나 액체가 부분적으로 가열되면 가열된 부분이 팽창하면서 밀도가 작아져 위로 올라가고 위에 있던 밀도가 큰 부분은 내려오게 되는데, 이런 과정이 되풀이되면서 기체나 액체의 전체가 고르게 가열된다.

### (4) 기본 조리 조작

조리하기 위한 전 단계에 해당하는 과정으로 전처리 과정을 말한다. 기본 조리 조작 과정에는 다듬기, 계량하기, 씻기, 침지하기, 썰기, 으깨기와 다지기, 섞기와 젓기, 압착과 갈기 및 여과, 냉동, 해동 등이 있다.

① **다듬기** : 섭취할 수 없는 부분을 다듬어 버리는 작업 순서로 폐기율과 가식부율을 알아야 한다.
② **계량** : 조리를 계획적, 합리적으로 하기 위해서는 계량을 정확히 하는 것이 대단히 중요하다.
③ **씻기** : 농약, 해충, 먼지, 흙 등을 제거하는 목적이 있다. 썰기 전에 씻어 수용성 영양소의 손실을 줄이고, 생으로 먹는 채소는 흐르는 물에 씻는 것이 가장 효과적이다.
④ **침수(담그기)** : 건조식품 불리기, 변색방지, 떫은맛 등을 우려내기, 조미료의 침투를 위한 과정이다. 약 1.5%의 소금물에 염장식품을 담그면 삼투압작용으로 염분을 제거할 수 있고, 조개류의 해감은 3%의 소금물을 이용한다.
⑤ **썰기** : 식재료를 메뉴의 목적에 알맞은 모양과 크기로 일정하게 썰어 조리하기 쉽게 한다.
⑤ **으깨기 · 다지기** : 감자와 달걀 등을 삶아서 으깨거나 마늘 등 양념류는 다진다.
⑦ **섞기 · 젓기** : 무침을 하거나 죽을 끓일 때 재료가 골고루 섞이고 균일하게 익히는 과정이다.
⑧ **압착 · 갈기 · 여과** : 물리적인 힘을 식품에 가하는 과정으로 녹즙, 믹서기에 갈기, 절인 오이 물기 짜기 등이 있다.

⑨ **냉동** : 식품을 동결시켜 미생물의 발육을 억제하고 저지하는 방법으로, −40℃ 이하로 급속 동결해야 물의 결정이 작아져 식재료의 조직 파괴가 적다.

⑩ **해동** : 사용할 식재료는 미리 완만 해동(냉장고에서 서서히 해동)과 급속 해동(동결 제품 상태로 가열하거나 전자파를 이용)한다.

**Point** 건조식품의 부피 변화

- 쌀로 떡을 만들 경우 : 1.4배
- 건조 콩을 삶을 경우 : 3배
- 밀가루로 빵을 만들 경우 : 1.3배
- 건조 미역을 물에 불릴 경우 : 8~12배

## 2. 기본조리법 및 대량 조리기술

열을 가하지 않아 조리 시간이 절약되는 비가열조리법과 열을 가하는 가열조리법이 있다.

### (1) 기본조리법

① 비가열조리

㉠ 열을 가하지 않아 조리시간이 가열조리보다 짧아 시간이 절약되고 식품 본래의 색과 향의 손실이 적어 풍미를 살릴 수 있으며, 열에 약한 무기질이나 비타민류의 손실을 막을 수 있다. 그러나 육류나 채소 등을 손질할 때 도마, 그릇 등을 통한 교차오염의 문제가 발생할 수 있다.

㉡ 요리의 종류

- 육류 요리 : 육회 등이 있다.
- 생선류 요리 : 생선회, 물회 등이 있다.
- 채소나 과일류 요리 : 생채류, 무침류, 샐러드 등이 있다.

② 가열조리

식품의 구매에서 조리될 때까지의 여러 과정을 통해 박테리아, 포자, 기생충 등에 오염된 것을 소멸시키고, 유독성분을 불활성화시킨다. 섬유소와 육류의 결합조직은 연화되어 식품의 질감을 증진시키며, 악취 성분을 제거한다.

가열조리법은 습열조리법과 복사열 등을 이용하는 건열조리법, 마이크로웨이브조리법, 복합조리법 등으로 분류할 수 있다.

㉠ 습열조리

• 삶기

– 재료가 충분히 잠길 정도의 물을 붓는다.

– 조직의 연화, 식품의 불순물 제거, 단백질의 응고, 맛의 증가 등을 위한 조리법이다.

– 건나물 · 두류 등은 조직의 연화를, 국수나 파스타 등의 면류와 곡류들은 삶으면 호화된다.

– 수용성 성분의 영양적 손실이 클 수 있어 조리시간에 주의해야 한다.

– 식품의 연화를 위해 조리과정에 중조를 넣으면 수용성 비타민이 파괴되므로, 주의해야 한다.

– 갑각류 : 2%의 소금물에 삶으면 적색으로 변한다(아스타잔틴).

• 끓이기

– 삶기와 유사하나 기본 손질이 된 재료를 물에 넣고 가열하는 조리법으로 조미와 온도 조절이 가능하다.

– 끓이는 과정에 식품 재료의 조직이 연화되고, 맛 성분이 추출된 국물을 그대로 이용할 수 있다.

– 단백질 응고와 맛의 융합, 결합조직 단백질인 콜라겐을 유도하여 젤라틴화 하여 소화 흡수를 도와준다.

– 조미의 순서에 따라 음식 맛이 달라진다. 분자량이 적은 소금은 분자량이 큰 설탕보다 빨리 식품 속으로 침투되어 조직을 경화시켜 설탕의 침입을 막는다.

– 분자량이 큰 설탕을 처음에 넣어서 충분히 설탕 맛이 침투된 다음 소금이나 간장을 넣는다.

– 비타민 C의 손실이 가장 크다.

**Point** 조미의 기본 순서 : 설탕 → 소금 → 간장 → 식초 순이다.

– 장점 : 한 번에 많은 음식을 조리할 수 있고, 식품의 재료가 눋거나 태울 염려가 적으며 골고루 익히는 데 용이하다.

– 단점 : 수용성 영양소가 손실될 염려가 많고 조리시간이 길다.

• 찌기

– 수증기의 기화열 또는 잠열을 이용하여 식품을 가열하는 방법으로 물이 100℃ 이상으로 끓을 때 발생하는 수증기의 기화열(약 540cal/g)을 이용하는 조리법이다.

– 요리 도중에 뚜껑을 열면 온도가 낮아져 잘 익지 않는다. 특히 떡은 쌀가루를 쪄서 호화시킨 음식이다. 가열 도중에 조미할 수 없으므로, 미리 간을 하여 찌거나 쪄낸 다음에 간을 해야 한다.

– 장점 : 식품에 직접 물을 첨가하지 않으므로, 식품 자체의 맛 성분이나 수용성 성분의 용출이 끓이기보다 적어 영양소 손실이 적고 온도가 골고루 분포된다. 식품의 모양을 그대로 유지할 수 있다.
– 단점 : 간접적인 가열이므로, 가열시간이 비교적 길고 연료도 많이 소비된다. 조리 중간에 조미하기 어렵다.

• 데치기
– 한식에서 숙채 나물을 조리할 때 가장 많이 사용하는 조리법 중 하나이다.
– 데치는 물의 양이 충분해야 온도변화를 최소한으로 할 수 있고 시간을 단축할 수 있다.
– 뚜껑을 열고 데쳐야 유기산이 채소의 변색을 일으키는 것을 방지할 수 있다.
– 1%의 소금물에 뚜껑을 열고 살짝 데쳐서 냉수에 바로 헹궈 열을 식힌다.
– 끓이기보다 시간을 짧게 처리하는 조리법으로 조직을 연하게 하고 효소작용을 불활성화시켜 변색을 억제하여 색을 더 좋게 하고, 특유의 향이나 불순물 등을 제거할 수 있다.

ⓛ 건열조리

• 굽기
– 구이는 불을 발견함과 동시에 시작된 가장 오래된 조리법이다.
– 다른 조리 방법보다 높은 온도에서 가열하는 방법으로 열의 이동은 복사, 대류 및 전도가 모두 포함된다.
– 생선을 구울 때는 2~3%의 소금으로 간을 한다.
– 석쇠를 사용하여 불 위에서 직접 굽는 직접구이와 열위에 철판이나 프라이팬을 올려놓고 굽는 간접구이가 있고, 오븐 안에 식품을 넣고 굽는 오븐구이가 있다.

| 직접구이(직화구이) | 석쇠 등의 금속망을 불 위에 놓고 그 위에 식품 재료를 굽는 방법이다. |
|---|---|
| 간접구이 | 금속판에 전달된 전도열에 의해 주로 구워진다. 철판이나 팬에 기름을 발라주어 식품이 달라붙지 않게 하고, 식품의 위 · 아래를 뒤집어 주어 가열 면을 바꾸어 고르게 익힌다. |

• 튀기기
– 기름을 고온으로 가열하면 대류작용으로 기름의 온도가 상승되고, 열이 식품에 전도되어 익혀지는 방법이다.
– 식재료에 기름 맛이 함유되어 풍미가 있고, 가열시간이 짧아 영양소의 손실이 적다.
– 튀기면서 조리하기 어려우므로 튀기기 전 · 후에 조미한다. 용기는 두꺼운 것을 사용한다.
– 장점 : 식품을 고온에서 단시간 조리하여 영양소(비타민 C)의 손실이 가장 적다.
– 튀김의 적온 : 160~180℃, 크로켓은 190℃에서 튀긴다.

- 튀김용 기름 : 콩기름, 면실유, 해바라기씨유, 옥수수유 등이 있으며, 발연점이 높은 식물성 기름을 사용하는 것이 좋다. 발연점이 가장 높은 식물성 기름은 해바라기씨유이다. 동물성 기름은 발연점이 낮아(융점이 높아) 튀김에 부적당하다.
- 튀김옷은 주로 박력분을 사용하며, 박력분이 없으면 중력분에 전분을 10~13% 정도 혼합하여 사용한다.

• 볶기
- 기름을 사용하여 100℃ 이상의 고온에서 단시간 조리하기 때문에 식품의 영양소 파괴가 적고, 색을 더 좋게 만든다.
- 지용성 영양소의 체내 흡수율을 높여준다.
- 장점 : 지용성 비타민(A, D, E, K)의 흡수에 좋으며, 고온 단시간의 처리로 비교적 식품의 비타민 손실이 적다.

• 지지기
- 튀김 팬에 기름을 조금 두르고 지져서 익히는 방법이다.
- 프라이팬에 닿는 부분이 열의 전도작용으로 빨리 익으나 위쪽은 열전달이 늦으므로 재료를 얇게 써는 것이 좋다.
- 팬을 달구어 소량의 기름을 두른 상태에서 재료 그대로 지지거나, 밀가루와 달걀물을 묻혀 지져낸다.

ⓒ 마이크로웨이브조리법

• 극초단파(Microwave)에서 얻어지는 에너지를 음식을 조리하는 열원으로 사용할 수 있도록 조리기구를 제조한 것이 바로 전자레인지(Electronic Range)이다.
• 조리시간이 짧고 영양소의 손실이 적지만, 수분 증발을 방지하기 위해 뚜껑이나 랩을 이용하는 것이 좋다.
• 사용 가능한 용기는 종이, 도자기, 유리, 내열성이 있는 플라스틱 등이 있고, 사용할 수 없는 용기는 금속류의 그릇, 알루미늄 포일 등은 스파크나 화재가 발생할 수 있어 주의해야 한다.

ⓓ 복합조리

• 조리기, 조림(Braising)은 프라이팬을 달구어 기름을 두르고 육류나 채소를 갈색으로 볶은 후 적은 양의 물을 넣어 주고 뚜껑을 덮어 조리하는 돼지갈비찜 등이 있다.
• 음식재료에 양념을 넣은 다음, 처음에는 센 불로 가열하여 끓기 시작하면 낮은 온도로 서서히 조리하는 방법으로 생선을 조리거나 육류 및 콩을 조릴 때 이용된다.

**Point** 영양소의 손실이 가장 낮은 조리방법 순서 : 튀김 〈 볶음 〈 구이 〈 조림 · 찜 〈 끓임 순이다.

### (2) 대량 조리기술

대량 조리는 급식시설의, 설비, 시간, 조리 담당자의 인원수 등 한정된 조건 속에서 식단 계획과 조리방법을 대량 조리의 과학에 기초하여 적정한 내용(영양, 맛, 기호 등)의 식사를 제공하는 것을 목적으로 한다.

① 대량 조리업장의 분류

- 학교 급식
- 병원 급식
- 산업체 급식
- 외식업체 판매 음식

② 대량 조리의 품질관리와 조리의 표준화

- 대량 조리에서 음식의 기준은 요리법(Recipe)에 표시된다.
- 음식 품질의 기준은 모양, 색, 굳기, 텍스처, 농도, 향, 온도 등이다.
- 식품의 종류, 양, 조미료, 지미료, 향신료, 썰기, 가열순서, 담는 양, 시간, 조리방법의 포인트 등을 기록한다.
- 음식의 품질을 일정한 수준으로 유지하기 위해서는 조리의 표준화(standardization)가 먼저 이루어져야 한다. 즉, 조리기기 기능의 표준화와 조리담당자 기술의 표준화가 이루어져야 한다.

③ 대량 조리의 준비

- 원가, 식재료, 시설용량, 경제성을 감안하여 메뉴를 구성한다.
- 계획된 식자재 사용을 위해 메뉴에 알맞은 정확한 요리법을 작성한다.
  - 메뉴의 요리법에 사용되는 정확한 명칭을 구분하여 작성한다.
  - 요리법에 사용되는 용어를 구분하여 작성한다.
- 식재료는 폐기율을 감안하여 발주한다.
- 식재료 계량은 저울을 이용하여 정확하게 하는 것이 매우 중요하다.
- 식재료를 다듬어, 씻고, 용도에 맞게 썰기를 하여 준비한다.
- 양념이 배어들어야 할 재료들은 밑간하여 준비한다.
- 요리 순서를 정확하게 인지하여 조리한다.

④ 대량 조리 시 주의할 점

- 폐기율 : 다량의 재료는 자르는 방법, 작업원의 칼 쓰는 기술 수준에 따라 폐기량이 다르다. 각각의 품목별 폐기율 표를 만들어둔다.
- 가열 시 수분 변화의 조미 : 조림의 양념은 전체 양의 80% 정도 넣고 나머지는 맛을 보면서 추가한다.
- 조리 시 온도관리 : 튀김을 할 때 냉동식품은 많은 양을 넣게 되면 온도가 낮아지므로, 1회

적정량을 조절하여 기름의 온도가 내려가지 않도록 주의한다.
- 감자, 당근 등은 온도 상승은 둔하지만, 보온이 좋아 너무 익어서 부스러질 수 있으므로 주의한다. 조리에서 불의 세기 조절이나 가열시간에 대한 메뉴얼화 등의 작업에 대한 연구가 필요하다.

⑤ 대량 조리방법

㉠ 밥 짓기 작업 : 계량, 세미, 침지, 취반의 순서로 작업한다. 밥의 중량은 약 2.3~2.4배가 된다.

㉡ 국 끓이기
- 토장국과 맑은국의 종류가 있지만, 단체급식소에서는 많은 사람이 토장국을 더 선호한다.
- 국의 건더기는 국물의 약 3분의 1이 적당하고, 1인당 60~100g이면 충분하다.
- 국이 결정되면 건더기는 어떤 모양으로 썰어 넣을 것인지를 결정해야 하고, 건더기의 종류와 양에 따라 끓이는 시간이 다르다.

㉢ 조림
- 물에 양념을 넣고 약한 불에서 서서히 가열하여 맛을 내는 조리법으로, 잘 부스러지는 단점이 있다.
- 생선은 국물이 끓을 때 넣어 조리면 생선살이 덜 부스러진다.
- 불 사용은 80% 정도만 사용하여 조린 후 불을 끄고 여열을 이용한다.

㉣ 찌기 : 수증기를 이용한 조리법으로 온도관리가 쉽고 물이 있는 한 타지 않아 편리하다.

㉤ 구이 : 식품을 고온에서 가열하는 요리법이다. 불 조절이 가장 중요하며 불이 너무 세거나 식재료가 너무 두꺼우면 겉만 익고 속이 익지 않으므로 주의한다.

㉥ 튀김 : 기름을 매체로 하는 요리법으로 식어도 맛의 변화가 적어 대량 조리방법에 많이 이용된다.

㉦ 볶음 : 대량 조리를 하기 위해서는 전처리로 5분 정도 삶아서 볶으면 쉽게 된다.

㉧ 찌개 : 건더기는 국물의 3분의 2가 적당하다. 센 불에서 조리를 시작하여 어느 정도 내용물이 익은 후에 불을 약하게 하여 약 20분 정도 푹 끓여준다.

㉨ 무침 : 물기를 충분히 제거하고, 배식 직전에 무치는 것이 중요하다. 대량 조리에서 이용도가 높은 조리법이며, 무치는 양념의 종류에 따라 다양한 맛을 낼 수 있다.

㉩ 샐러드 : 채소나 해조류 등에 드레싱을 뿌려 먹는 조리법이다.

⑤ 현대화된 기기를 이용한 대량 조리 방법

㉠ 진공포장 조리
- 차단성 필름으로 진공포장한 후 저온살균하는 공정으로 생산하고 있는데, 보통 재가열에 앞서 냉장저장, 저온살균, 진공포장을 포함한 가공에 의해 다양한 음식이 생산되고 있다.

- 재료를 진공포장하여 장시간 조리한 저온 조리 음식은 그 재료 고유의 맛이 빠져나오지 않아 다른 조리법보다 맛과 풍미가 훨씬 좋다.
- 삼투압작용을 강화시켜 재료의 질감이 더 부드러워지기도 한다.

ⓛ 쿡칠 시스템

- 식품의 저장을 위해 냉장방식을 이용함으로써 식품의 분배와 생산을 공간적, 시간적으로 분리시켜 여유시간이 생기도록 하는 조리법이다.
- 중앙 주방에서 급식을 준비하여 인근의 사업체, 학교, 병원, 양로원 등으로 분배할 수 있는 방식이다.
- 편의식품을 조리하거나 전통적인 방법으로 조리하여 바로 배식하는 것이 아니라 특별히 고안된 냉각기에서 급속냉각시켜 냉장고에 저장하는 방식이다.
- 음식의 온도가 70℃ 이상 유지되도록 하여 2분 이상 가열한 후 즉시 또는 최대 30분 이내에 냉각한다.
- 냉각기에서 90분 이내의 시간 안에 음식의 중심온도가 0~3℃ 이내로 도달하여야 한다. 음식을 저장한 냉장고에서 급식을 위해 출고 시에는 30분 이내 재가열하여야 한다.
- 재가열 시에는 음식의 중심온도가 70℃가 될 때까지 가열해야 한다.
- 저장기간에 대한 기준이나 지침은 각 나라마다 차이는 있지만, 쿡칠 시스템을 이용할 때 냉장고의 온도는 엄격한 관리와 통제가 이루어져야 한다.

## 3. 기본 칼 기술 습득

### (1) 칼의 구성 및 역할

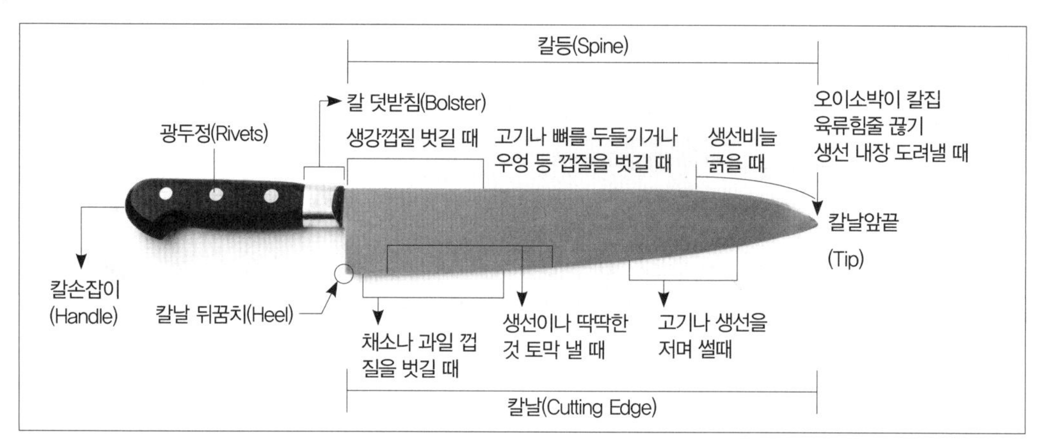

### (2) 칼의 종류와 사용용도

업장에서 한식을 조리하기 위해 필요한 칼은 일반적으로 약 30~35cm 길이의 순강철로 된 칼을 많이 사용한다. 가정에서 사용하는 일반적인 칼의 길이는 25cm 정도이고, 재질은 주로 스테인리스를 가장 많이 사용하며, 니켈과 크롬 등의 재질을 사용한 제품들도 많이 사용한다.

① **칼의 종류** : 일반적으로 칼은 칼끝의 모양에 따라 세 가지 정도로 나눈다.

| 구분 | 특징 |
|---|---|
| 다용도칼<br>(high tip) | • 칼날 길이를 기준으로 16cm 정도이며, 칼등이 곧게 뻗어 있고, 칼날은 둥글게 곡선 처리된 칼이다.<br>• 칼을 자유롭게 움직이면서 도마 위에서 롤링하며 뼈를 발라내기도 하는 다양한 작업을 할 때 사용한다. |
| 서구형<br>(center tip) | • 칼날 길이를 기준으로 20cm 정도이며, 칼등과 칼날이 곡선으로 처리되어 칼끝에서 한 점으로 만난다.<br>• 자르기에 편하며, 사용하는 데에 힘이 들지 않는다. 일반 부엌칼이나 회칼로도 많이 사용된다. |
| 아시아형<br>(low tip) | • 칼날 길이를 기준으로 18cm 정도이며, 칼등이 곡선 처리되어 있고, 칼날이 직선인 안정적인 모양이다.<br>• 칼이 부드럽고 똑바로 자르기에 좋다. 채썰기 등 동양요리에 적당하며, 우리나라와 일본 등 아시아에서 많이 사용되는 칼이다. |

② **칼의 용도에 따른 분류** : 한식 칼, 양식 칼, 회(사시미) 칼, 중식도, 육절도, 과도 및 조각도 등이다.

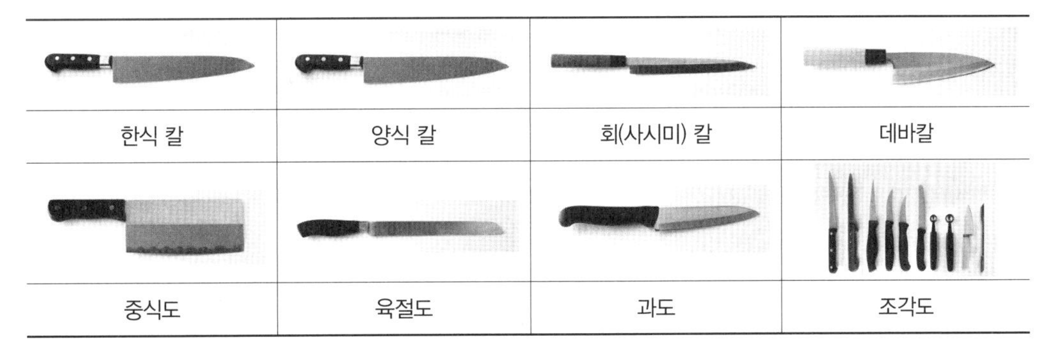

| 한식 칼 | 양식 칼 | 회(사시미) 칼 | 데바칼 |
|---|---|---|---|
| 중식도 | 육절도 | 과도 | 조각도 |

③ **칼날의 모양에 따른 분류**

- 양면칼 : 양손 사용
- 일면칼 : 좌수도(왼손 사용자에 적합), 우수도(오른손 사용자에 적합)

### (3) 기본 칼질법 익히기

① 칼 잡는 법

| 구분 | 특징 |
|---|---|
| 칼등 말아 잡기<br>(날의 양면을 잡는 방법) | • 일반적인 식재료 자르기와 슬라이스할 때 가장 많이 사용하는 방법이다.<br>• 날을 잡아주는 것은 칼날이 옆으로 젖혀지는 것을 방지할 수 있어 손잡이만 잡고 하는 방법보다 훨씬 안전하다.<br>• 칼날을 엄지와 검지로 잡는다.<br>• 칼을 손가락으로 잡았다고 생각될 정도로 가볍게 잡는다. |
| 검지 걸어 잡기 | • 후려썰기에 적당한 방법이다.<br>• 검지를 손잡이 끝에 걸고 새끼손가락으로만 잡았다고 생각하고 칼끝으로 도마를 살짝 누른다는 느낌을 가질 정도로 해서 잡는다.<br>• 나머지 손가락은 가볍게 대주기만 한다는 느낌으로 잡는다. |
| 손잡이 말아 잡기<br>(칼 손잡이만 잡는 방법) | • 칼의 손잡이만을 잡는 방법으로 힘을 가하지 않고 칼을 사용할 수 있다.<br>• 밀어썰기, 후려썰기할 때 사용하는 방법으로, 손잡이만 잡는 방법으로 많이 사용하기는 하지만 좋은 방법은 아니다. 썰다가 칼이 돌아가 다치는 경우도 있다.<br>• 손잡이에 손바닥을 댄다.<br>• 감싸듯이 잡는다. |
| 엄지 눌러 잡기<br>(칼등 쪽에 엄지를 얹고 잡는 방법) | • 힘이 많이 필요한 딱딱한 재료나 냉동되었던 재료를 썰 때, 뼈를 부러뜨릴 때 손목에 무리가 가지 않도록 잡는 방법이다.<br>• 힘을 가하는 방향을 칼날의 부위 가까이 이동한다.<br>• 써는 재료 위를 엄지로 눌러 썬다. |
| 검지 펴서 잡기<br>(칼등 쪽에 검지를 얹고 잡는 방법) | • 칼날의 끝쪽을 사용하여 정교한 작업을 할 때 잡는 방법이다.<br>• 일식에서 칼을 뉘어 포를 뜰 경우에 많이 사용하는 방법이다.<br>• 오른손 검지를 편다.<br>• 검지를 칼등 위쪽에 얹어 놓는다.<br>• 나머지 손가락으로 칼 손잡이를 잡는다. |
| 칼 바닥 잡기 | • 오징어나 한치 등에 칼집을 넣을 때 사용하는 방법이다.<br>• 칼을 45° 정도 눕힌다.<br>• 칼의 바닥을 잡는다. |

| 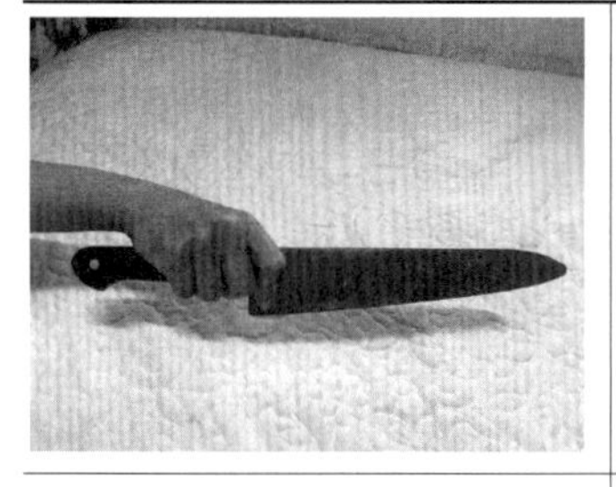 | 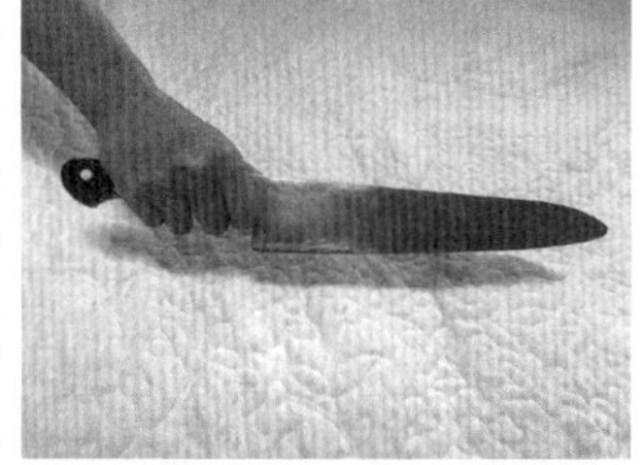 | 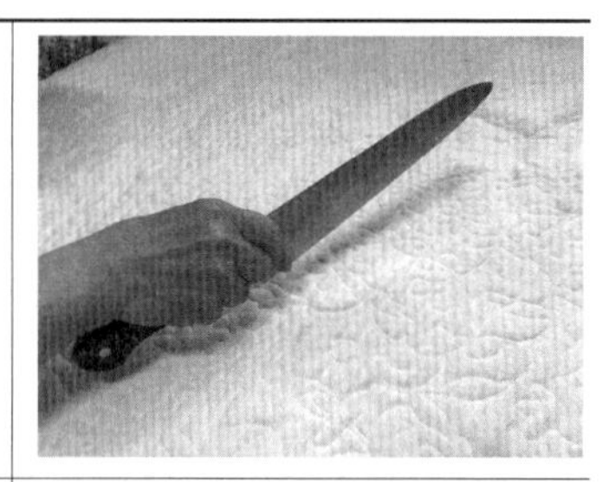 |
|---|---|---|
| 검지 걸어 잡기 | 손잡이 말아 잡기 | 칼등 말아 잡기 |

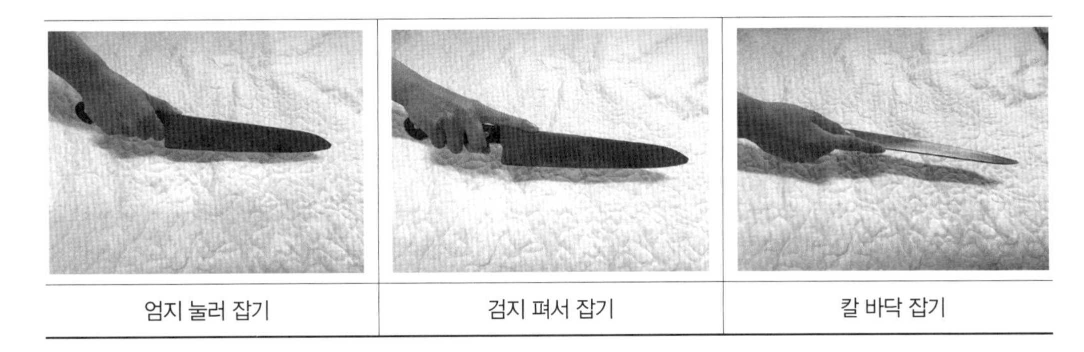

| 엄지 눌러 잡기 | 검지 펴서 잡기 | 칼 바닥 잡기 |
|---|---|---|

② **칼질하는 방법** : 칼을 잡을 때는 힘을 주지 말아야 한다. 힘을 주어 잡으면 유연성이 결여되어 손을 벨 염려가 있다.

| 구분 | 특징 |
|---|---|
| 밀어썰기 | • 모든 칼질의 기본이 되는 칼질법이다. 작업 시 피로도가 적고, 썰 때 소리가 적게 나서 가장 많이 사용하는 칼질법이다. 안전사고도 적다.<br>• 무, 양배추 및 오이 등을 채썰 때 사용한다. |
| 작두썰기<br>(칼끝 대고 눌러썰기) | • 배우기 쉬운 방법이며, 칼이 잘 들지 않을 때 활용하면 편하다. 칼의 길이가 27cm 이상 되는 칼로 사용하는 것이 좋다.<br>• 무나 당근 같이 두꺼운 재료를 썰기에는 부적당하다. |
| 칼끝 대고<br>밀어썰기 | • 밀어썰기와 작두썰기를 겸한 방법으로 썰 때 소리가 적게 나는 장점과 밀어썰기보다 쉽게 배울 수 있는 장점이 있다.<br>• 두꺼운 재료를 썰기에는 부적당하며, 양식 조리에 많이 사용한다.<br>• 고기처럼 질긴 것을 썰 때 힘이 분산되지 않고, 한 곳으로 집중해서 썰기에 좋다. |
| 후려썰기 | • 속도가 빠르고 손목의 스냅을 이용하기 때문에 힘도 적게 든다. 많은 양을 썰 때 적당하다.<br>• 정교함이 떨어지고 썰 때 소리가 크게 나는 단점이 있다.<br>• 칼날이 넓은 칼을 사용하여 안전사고에 유의한다. |
| 칼끝썰기 | • 양파를 곱게 썰거나 다질 때 양파가 흩어지지 않게 하기 위해 칼끝으로 양파의 뿌리 쪽을 그대로 두어 한쪽을 남기며 써는 방법이다.<br>• 한식에서 다질 때 많이 사용한다. |
| 당겨썰기 | 오징어 채 썰기나 파 채 썰기 등에 적당한 방법으로 칼끝을 도마에 대고 손잡이를 약간 들었다 당기며 눌러 써는 방법이다. |
| 당겨서 눌러썰기 | 내려치듯이 당겨서 그대로 살짝 눌러 썰기 하는 방법으로 초밥이나 김밥을 썰 때 칼에 물을 묻히고 내려치듯이 당겨 썰고, 그대로 살짝 눌러 김이 썰어지게 하는 방법이다. |
| 당겨서 밀어붙여썰기 | • 주로 회를 썰 때 많이 사용하는 칼질법이다. 발라낸 생선살을 일정한 간격으로 썰 때 적당하다.<br>• 칼을 당겨서 썰어 놓은 횟감을 차곡차곡 옆으로 밀어 붙여 겹쳐가며 써는 방법이다. |
| 당겨서 떠내어썰기 | 발라낸 생선살을 일정한 두께로 떠내는 방법으로 주로 회를 썰 때 많이 쓰는 칼질 법으로 탄력이 좋은 생선을 자를 때 많이 사용하는 방법이다. |

| 뉘어썰기 | 오징어 칼질을 넣을 때 칼을 45° 정도 눕혀 칼집을 넣을 때 사용하는 칼질 방법이다. |
|---|---|
| 밀어서 깎아썰기 | 우엉을 깎아썰거나 무를 모양 없이 썰 때 많이 사용하는 방법이다. |
| 톱질썰기 | 말아서 만든 것이나 잘 부서지는 것을 썰 때 부서지지 않게 하기 위해 톱질하는 것처럼 왔다 갔다 하며 써는 방법이다. |
| 돌려깎아썰기 | 엄지손가락에 칼날을 붙이고 일정한 간격으로 돌려가며 껍질을 까는 방법이다. |
| 손톱박아썰기 | 마늘처럼 작고 모양이 불규칙적이고 잡기가 나쁠 때 손톱 끝으로 재료를 고정시키고 써는 방법이다. |

### (4) 칼 다루기

① 무딘 칼을 사용하여 재료를 썰 때는 칼이 미끄러지거나 힘이 많이 들게 되어 더 크게 다칠 수 있다.

② 칼날을 세우기 위해서는 숫돌에 갈아서 날카롭게 만들어야 한다.

③ 숫돌을 이용하여 칼 갈기

- 숫돌 입자는 메시(mesh)로 표시되며, 입자의 크기를 입도라 한다. 메시의 입자 숫자가 클수록 고운숫돌이다.
- 숫돌 입도는 숫자로 표시한다.
- 단위 기호는 #(방), 번을 사용하며, 일반적으로 #(방)을 많이 사용한다.

④ 숫돌의 종류 : 숫돌의 종류는 입자가 굵은 숫돌에서부터 입자가 고운 숫돌까지 종류가 다양하다.

| 구분 | 특징 |
|---|---|
| 400#<br>(거친숫돌,<br>칼날 모양 조절용) | • 거친숫돌이다. 새 칼을 사용할 때 칼날의 모양을 조절하고 깨진 칼끝의 형태를 수정할 때 사용하기도 한다.<br>• 칼날이 두껍고 이가 많이 빠진 칼을 가는 데 사용한다.<br>• 굵은숫돌을 사용할 경우에 칼끝에 요철이 심하게 생기므로 중간 숫돌과 마무리 숫돌을 함께 사용하는 것이 좋다. |
| 1000#<br>(고운숫돌,<br>가장 많이 사용) | • 일반적인 칼갈이에 가장 많이 사용하는 고운숫돌이다.<br>• 1차로 400# 등의 굵은 숫돌로 갈아 거칠어져 있는 부분과 잘리는 칼의 면을 어느 정도 매끄럽게 하기 위해 사용한다. |
| 4000#~6000#<br>(마무리숫돌) | • 마무리숫돌로 어느 정도 부드럽게 손질된 칼날을 더욱더 윤기가 나고 광이 나게 갈아준다.<br>• 미세한 칼날을 잡아주어 칼날을 더욱 날카롭게 만든다. |

**Point**
- 칼을 갈 때는 먼저 거친숫돌인 400#에 갈아 칼의 틀을 잡은 후 1000# 숫돌에 갈아 칼날을 곱게 만들고, 마무리로 4000# 이상의 숫돌에 갈아 칼날을 세우고 칼 갈기를 마무리한다.
- 숫돌 사용 순서 : 400# → 1000# → 4000# → 6000#

⑤ 숫돌의 사용방법

- 숫돌의 전처리(숫돌 물 먹이기) : 숫돌은 사용하기 전에 물에 45분 이상 담가 충분히 물을 먹인 다음에 사용한다.
- 숫돌 수평 맞추어 사용 : 칼이 숫돌의 전체에 닿도록 사용한다. 중앙만 사용하게 되면 가운데만 움푹 파이게 된다.
  - 거친 시멘트 바닥 등에 물을 뿌려 놓는다.
  - 원을 그리며 숫돌의 면을 갈아준다.
  - 숫돌의 수평을 맞추어 평평하게 되도록 갈아준다.
- 숫돌 고정하기 : 숫돌을 사용할 때에는 미끄러짐을 방지하기 위하여 숫돌 밑에 천을 깔거나 숫돌 집에 고정시켜 사용한다.
  - 숫돌을 고정 틀 위에 올린다.
  - 숫돌 놓는 방향은 자신을 기준으로 수직이 되도록 놓는다.
- 숫돌에 칼을 갈 때는 숫돌에 수분을 유지시켜야 칼날이 잘 갈리기 때문에 수시로 물을 끼얹으면서 간다.

**Point** 칼의 파지법 : 칼을 가지고 이동 시에는 칼날에 안전 커버를 씌워서 날이 뒤쪽으로 향하게 해서 이동해야 다른 사람에게 피해를 주지 않고 스스로도 안전하다.

### (5) 식재료 썰기

조리에 사용되는 식재료는 요리에 적당한 모양과 크기로 균일하게 썰어서 사용해야 한다. 균일하지 못하게 썬 재료는 조리과정에서 가열할 때나 절임을 할 때 두께의 차이, 크기의 차이 등으로 각 재료에 전달되는 열이나 삼투압 등이 두께와 크기에 따라 달라지므로 모양이 망가지거나, 덜 익거나, 덜 절여지거나, 너무 절여지기도 한다.

① 썰기의 목적

- 식재료를 메뉴의 목적에 알맞은 모양과 크기로 일정하게 썰어 조리하기 쉽게 한다.
- 먹지 못하는 부분을 없앤다.
- 씹기를 편하게 하여 소화하기 쉽게 한다.
- 열전달이 쉽고, 양념의 침투를 좋게 한다.
- 식재료의 표면적을 증가시켜 열전달이나 절임 시 삼투압을 빠르게 한다.

② 썰기의 종류

썰기에는 편썰기, 채썰기, 다지기, 막대썰기, 골패썰기, 나박썰기, 깍둑썰기, 둥글려깎기, 반달썰기, 은행잎썰기, 통썰기, 어슷썰기, 깎아썰기, 저며썰기, 돌려깎기 및 솔방울썰기 등이 있다.

③ 썰기 방법

| 구분 | 특징 |
| --- | --- |
| 편썰기<br>(얄팍썰기) | • 마늘, 생강, 삶은 고기, 생밤 등을 모양 그대로 얇게 썰 때 이용하는 방법이다.<br>• 재료를 원하는 길이로 자른 후 얄팍하게 썰거나 원하는 두께로 고르게 얇게 썬다.<br>• 육회 둘레를 돌려 담을 때 사용하는 마늘 모양처럼 썬다. |
| 채썰기 | • 보통 생채, 구절판이나 생선회에 곁들이는 채소를 썰 때 쓰인다.<br>• 재료를 원하는 길이로 자른 후 얇게 편을 썰어 겹쳐 놓은 후 일정한 두께로 가늘게 무생채 모양처럼 썬다. |
| 다지기 | • 파, 마늘, 생강 및 양파 등을 일정하게 곱게 채썬다.<br>• 채 썬 것을 가지런히 모아서 잡은 후 직각으로 잘게 썰고, 크기는 일정하게 썬다.<br>• 양념간장 만들 때의 모양처럼 썬다. |
| 막대썰기 | • 재료를 원하는 길이로 일정하게 토막낸 후 적절한 굵기의 막대 모양으로 썬다.<br>• 무장과나 오이장과 만들 때의 모양처럼 썬다. |
| 골패썰기 | • 무 · 당근 등 둥근 재료의 가장자리를 잘라내어 직사각형으로 만든 후 겨자냉채 만들 때의 모양처럼 썬다. |
| 나박썰기 | • 가로, 세로가 비슷한 사각형으로 반듯하고 얇게 썬다.<br>• 나박김치 만들 때 모양처럼 썬다. |
| 깍둑썰기 | • 무나 감자 등을 막대썰기 한 후 일정한 크기로 주사위처럼 썬다.<br>• 깍두기, 찌개 및 조림 등에 이용된다. |
| 둥글려깎기 | • 모서리를 둥글게 만드는 방법으로, 오랫동안 끓이거나 졸여도 재료의 모양이 뭉그러지지 않아서 조리 후에 음식이 보기 좋게 된다.<br>• 감자, 당근, 무 등을 원하는 크기로 썬 후 각이 지게 썰어진 재료의 모서리를 얇게 도려내어 다듬는다.<br>• 갈비찜 만들 때의 모양처럼 썬다. |
| 반달썰기 | • 무, 감자, 당근 및 호박 등을 길이로 반을 가른 후 원하는 두께로 반달 모양으로 썬다.<br>• 통으로 썰기에 너무 큰 재료들을 길이로 반을 잘라 이용한다.<br>• 생선찌개 만들 때 애호박 모양처럼 썬다. |
| 은행잎썰기 | • 감자, 당근 및 무 등의 재료를 길이로 십자 모양으로 4등분을 하여 원하는 두께의 은행잎 모양으로 썬다.<br>• 주로 조림이나 찌개 등에 이용된다. |
| 통썰기 | • 모양이 둥근 오이, 당근, 연근 등을 통째로 둥글게 썬다.<br>• 두께는 재료와 음식에 따라 조절하여 썬다.<br>• 볶음, 절임 등에 이용된다.<br>• 애호박전을 만들 때 주로 쓴다. |
| 어슷썰기 | • 오이, 파, 당근 등의 가늘고 길쭉한 재료를 가지런하게 한 후 적당한 두께로 어슷하게 썬다.<br>• 볶음 · 찌개 등에 이용된다. |
| 깎아썰기 | • 재료를 칼날의 끝부분으로 연필 깎듯이 돌려가면서 얇게 썬다.<br>• 무같이 굵은 것은 칼집을 여러 번 넣은 다음 썬다.<br>• 우엉이나 무 등의 재료를 얇게 써는 방법이다. |

| | |
|---|---|
| 저며썰기 | • 재료의 끝을 한손으로 누른 후 칼몸을 눕혀서 재료를 안쪽으로 당기듯이 한 번에 썬다.<br>• 두꺼운 표고버섯, 고기 또는 생선포를 뜰 때 이용한다. |
| 마구썰기 | • 오이나 당근같이 비교적 가늘고 긴 재료를 한손으로 잡는다.<br>• 빙빙 돌려가며 한입 크기로 작고 각이 있게 썬다.<br>• 주로 채소의 조림에 이용된다. |
| 돌려깎기 | • 호박, 오이를 일정한 크기(5cm 정도)로 토막을 낸 후 껍질에 칼집을 넣어 칼을 위 · 아래로 움직이며 얇게 돌려 깎아낸다.<br>• 가늘게 채를 썬다. |
| 솔방울썰기 | • 갑오징어나 오징어의 내장과 껍질을 제거한 후에 안쪽을 빗금으로 칼집을 넣고, 이를 엇갈리게 다시 칼집을 넣어 한입 크기로 썬다.<br>• 끓는 물에 넣어 살짝 데치면 솔방울 모양이 된다.<br>• 양념에 볶거나 데쳐서 숙회로 낼 때 오징어에 모양을 내어 써는 방법이다. |

## 4. 조리기구의 종류와 용도

### (1) 조리기구의 종류와 용도

| 구분 | 용도 |
|---|---|
| 가스렌지 | • 조리온도는 음식의 품질을 좌우하는 중요한 요소이다. 따라서 조리법에 적절한 불 조절이 필요하다.<br>• 음식의 재료에 따라 불 조절(강, 중, 약)을 하여 음식을 만든다.<br>• 일반적으로 조리를 할 때 가열기구로 가장 많이 사용한다. |
| 튀김기 | • 튀김요리에 사용한다.<br>• 가스튀김기, 전기튀김기, 인덕션튀김기 등이 있다. |
| 온도계 | • 온도계는 조리온도를 측정하는 데 사용한다.<br>• 정확한 품질을 조리하기 위해 조리를 보조하는 꼭 필요한 물품이다.<br>• 주방용 온도계의 종류<br>– 적외선 온도계 : 비접촉식으로 표면온도를 잴 수 있다.<br>– 봉상 액체 온도계 : 기름이나 당액 같은 액체의 온도를 잴 때 사용한다.<br>– 육류용 온도계(탐침온도계) : 탐침하여 육류의 내부 온도를 측정할 수 있다. |
| 조리용 시계 | • 바쁜 주방 환경에 꼭 필요한 조리를 보조하는 물품이다.<br>• 조리시간을 특정할 때는 스톱워치(Stop Watch)나 타이머를 사용한다. |
| 냄비<br>(Pot) | • 다양한 국물 음식 등을 조리할 때 사용한다.<br>• 손잡이가 한쪽만 있는 것 : 편수냄비<br>• 손잡이가 양쪽에 있는 것 : 양수냄비<br>• 양쪽에 손잡이가 있고 높이가 낮은 것 : 전골냄비 등이 있다. |

| | |
|---|---|
| 음식 절단기<br>(Food Cutter) | • 각종 식재료를 필요한 형태로 얇게 썰 수 있는 장비이다.<br>• 슬라이스(Slicer) : 햄, 육류(육절기) 등을 일정하게 써는 기구이다.<br>• 베지터블 커터(Vegetable Cutter) : 채소를 여러 가지 형태로 썰어 주는 기구이다.<br>• 푸드차퍼(Food Chopper) : 식품을 다지는 기구이다.<br>• 민서기(Mincer) : 식재료를 곱게 으깨는 기구이다.<br>• 골절기(Fracture Machin) : 갈비 등을 자를 때 사용한다. |
| 진공 포장기<br>(Vacuum Package) | 음식의 저장성을 높이기 위해 공기를 제거하고, 음식을 포장하는 기계이다. |
| 저울(Scale) | 전자저울(Electronic Scale) : 식품 재료 등을 계량할 때 사용한다. |
| 스키너(Skinner) | 감자, 생선 등의 껍질을 제거하는 탈피기이다. |
| 제빙기 | 얼음을 만들어 내는 기계이다. |
| 식기세척기 | 각종 기물을 짧은 시간에 대량으로 세척이 가능하다. |
| 그리들(Griddle) | • 두꺼운 철판으로 만들어져 철판위에서 대량으로 구울 때 사용한다.<br>• 햄버거, 전, 부침 요리 등의 조리를 할 때 이용된다. |
| 필러(Peeler) | 무, 당근, 감자, 고구마 등 재료의 껍질을 벗기는 기구이다. |
| 블렌더(Blender) | 식품의 혼합과 교반 등에 사용된다. |
| 믹서(Mixer) | 여러 가지 재료를 곱게 분쇄할 수 있다. |
| 휘퍼(Whipper) | 달걀 거품을 낼 때, 마요네즈, 반죽 등의 조리를 할 때 이용된다. |
| 살라만더<br>(Salamander) | • 가스나 전기를 사용하여 음식 위에 윗불을 쬐는 직화방식의 기구이다.<br>• 생선구이나 닭구이, 육류 스테이크 등의 조리를 할 때 이용된다. |
| 브로일러<br>(Broiler) | • 복사열을 직접 또는 간접으로 이용하는 조리기구로 석쇠에 구운 모양을 나타내는 시각적 효과를 내며, 조리에 불 맛을 줄 수 있다.<br>• 스테이크, 가지구이 등의 조리를 할 때 이용된다. |
| 그릇류 | • 고객 입장의 가치와 편리함 측면과 제공자 입장의 측면에서 모두 고려하여 선택한다.<br>• 제공자 측면 : 가볍고, 설거지가 용이하며, 단단하여 쉽게 깨지지 않으며, 내열성이 강한 재질이 좋다.<br>• 고객 측면 : 위생적이고 가벼워 품질이 좋으며, 식욕을 돋우는 색깔과 모양의 디자인이 좋다. |
| 기타 | • 취반기(가스, 스팀, 전기, 인덕션), 전자렌지(음식을 데우거나 간단한 음식 조리기능), 온장고(음식의 온도를 유지하는 기능), 오븐(음식을 익히는 기능) 등이 있다.<br>• 냉장고, 냉동고, 살균소독기(칼, 도마류 살균기능), 소쿠리, 주걱, 국자, 젓가락, 수저, 도마, 칼, 계량컵, 계량스푼, 체, 프라이팬 등이 있다. |

## 5. 식재료 계량방법

### (1) 계량의 중요성

① 정확한 계량은 재료를 경제적으로 사용할 수 있다.

② 과학적이고 안정적인 조리를 할 수 있다.

③ 정확한 계량을 하면 조리원이 교체되어도 맛의 변화가 없다.

### (2) 계량을 위한 도구 종류

① 저울로 무게를 재는 것이 가장 정확하지만, 계량컵이나 계량스푼과 같은 기구로 부피를 재는 것이 더 편리하다. 식품의 밀도가 틀리기 때문에 정확한 계량기술과 표준화 된 기구를 사용하는 것이 중요하다.

② 계량을 위해 주방에 계량컵, 계량스푼, 전자저울, 계량바트, 온도계, 타이머 등을 이용하여 재료의 양, 조리시간, 조리온도 등을 확인해야 한다.

### (3) 계량 단위

| 구분 | 용도 |
|---|---|
| 1컵(C : Cup) | • 단위는 알파벳 대문자를 사용한다.<br>• 쿼트법 240cc(ml) = 8온스(oz) : 미국 등 외국 계량단위<br>• 미터법 200cc(ml) : 우리나라 계량단위<br>• 1C = 약 13큰술(Table spoon) = 물 1C = 약200g = 물 200ml |
| 1큰술 = 1테이블스푼<br>(TS ; Table Spoon) | • 15cc(ml) = 3작은술(ts)<br>• 1Ts = 물 1Ts = 약 15g = 물 15ml |
| 1작은술 = 1티스푼<br>(ts ; tea Spoon) | • 5cc(ml)<br>• 1ts = 물 5ml = 약 물 5g |
| 1홉 | 약180ml = 180cc = 0.1되 |
| 1되 | 약1.80L = 약1,803cc = 약60oz = 10홉 = 0.1말 = 0.48갤런(gal) |
| 1말 | 약 18L = 10되 = 100홉 |
| 1kg | 1,000g = 약1.67근 = 약35.27온스(oz) |
| 1리터(L) | 1,000ml = 1,000cc = 약33.8온스(oz) |
| 1온스(oz : ounce) | 30cc = 약 28.35g = 약 0.0625파운드(lb) |
| 1파운드(lb) | • 약 453.6g<br>• 16온스(oz) |
| 1쿼터(quart) | 32온스(oz) = 946.4ml |
| 1갤런(gal) | 미국은 약3.785L = 약3,785cc |
| 1cc | 1ml |

## (4) 계량도구를 이용한 계량방법

| 구분 | 주의사항 |
|---|---|
| 저울 | • 무게를 측정하는 기구로 단위는 g, kg으로 나타낸다.<br>• 저울을 사용할 때는 평평한 곳에 수평으로 놓고 지시침이 숫자 '0'에 놓여 있어야 한다.<br>• 전자저울도 평평한 곳에 수평으로 놓고, 숫자 '0'이 나오도록 맞춘 후 사용한다. 일반적으로 1g 단위의 전자저울을 이용하면 좀 더 정확한 계량을 할 수 있다. |
| 계량컵 | • 부피를 측정하는 데 사용된다.<br>• 미국 등 외국에서는 1컵을 240ml로 하고 있으나, 우리나의 경우 1C을 200ml로 적용하고 있다. |
| 계량스푼 | 계량스푼은 양념 등의 부피를 측정하는 데 사용되며, 큰술(Table Spoon; TS), 작은 술(tea spoon ; ts)로 구분한다. |
| 분말 식품<br>(밀가루, 설탕,<br>쌀가루 등) | • 가루를 계량할 때는 부피보다는 무게로 계량하는 것이 정확하나 저울이 없을 경우 편의상 부피로 계량한다.<br>• 밀가루를 계량할 경우<br>– 체에 친 밀가루는 스푼으로 가볍게 떠서 계량컵이나 계량스푼에 수북하게 넣어준다.<br>– 평평한 것으로 깎아낸다(평평하게 하기위해 흔들어서는 안 됨).<br>• 가루 상태의 식품은 입자가 작고 다져지는 성질이 있기 때문에 덩어리가 없는 상태에서 누르지 말고 수북하게 담아 평평한 것(스페츌러 등)으로 고르게 밀어 표면이 평면이 되도록 깎아서 계량한다. |
| 액체 식품<br>(물, 우유, 간장,<br>식초, 기름 등) | • 액체식품은 액체 계량컵이나 계량스푼에 가득 채워서 계량한다.<br>• 투명한 계량컵을 평평한 곳에 놓는다.<br>액체식품을 담은 눈금과 액체 표면의 아랫부분을 측정자의 눈과 같은 높이로 맞추어 읽어야 정확하다.<br>• 액체를 계량할 때는 표면장력 때문에 모세관현상(메니스커스, meniscus)이 발생하여 액체 표면의 낮은 부분을 읽는다. |
| 고체식품<br>(마가린, 버터, 쇼트닝) | 고체지방이나 다진 고기 등의 고체 식품은 계량컵이나 계량스푼에 빈 공간이 없도록 가득 채워서 표면을 평면이 되도록 깎아서 계량한다. |
| 농도가 된 식품<br>(고추장, 된장 등) | 농도가 된 식품은 계량컵이나 계량스푼에 꾹꾹 눌러 담아 평평한 것으로 고르게 밀어 표면이 평면이 되도록 깎아서 계량한다. |
| 입상형 식품<br>(쌀, 팥, 통후추, 깨, 소금) | 알갱이 상태의 식품은 계량컵이나 계량스푼에 가득 담아 살짝 흔들어서 공간을 메운 뒤 표면을 평면이 되도록 깎아서 계량한다. |
| 황설탕 · 흑설탕 | 컵이나 계량스푼의 모양이 유지될 정도로 계량컵에 꾹꾹 눌러담아 컵의 위를 평면으로 깎아 계량한다. |

**Point** 가루나 대부분의 식품 재료를 계량할 때는 부피보다는 무게로 계량하는 것이 조리할 때 훨씬 정확하나 저울이 없을 경우 편의상 부피로 계량한다.

## 6. 조리장의 시설 및 설비 관리

### (1) 조리장의 시설 조건

① 조리장의 3원칙

- 위생성 : 채광, 통풍, 환기 등이 잘 되고, 배수와 청소가 쉬운 구조로 시설하여 곰팡이 등으로부터 식품의 오염을 방지해야 한다.
- 능률성 : 공간 계획도에 따라 적당한 공간에 식재료의 입고에서 부터 검수, 저장, 조리대에 이르기까지 동선이 편리하고 기물과 기기 배치가 능률적이어야 한다.
- 경제성 : 내구성과 경제성을 갖추어야 한다.

② 조리장의 위치

- 조리장 선정에서 가장 먼저 고려할 사항으로 위생성, 능률성, 경제성 순이다.
- 채광과 통풍이 좋고 급수와 배수가 잘 되는 장소가 좋다.
- 악취, 분진, 소음, 화장실, 폐기물 처리시설, 동물 사육장 등 지하수가 오염될 우려가 있는 장소로부터 영향을 받지 않는 위치이어야 한다.
- 음식을 운반하기 용이한 위치가 좋다.
- 비상 시 통로 및 출입문에 방해 받지 않는 위치가 좋다.
- 조리장과 홀의 구분이 명확하고, 식품의 입고와 반출이 편리한 위치가 좋다.
- 종사자의 출입이 편리한 위치가 좋다.

③ 조리장의 면적

| 구분 | 조리장 기준면적 | 구분 | 조리장 기준면적 |
|---|---|---|---|
| 일반 급식소 | • 취식자 1인당식당의 면적 : 1㎡<br>• 조리장 면적은 음식점의 1/3이 기준 | 병원 급식소 | 침대 1개당 : 0.8~1.0㎡ |
| 학교 급식소 | 학생 1인당 : 0.3㎡ | 기숙사 | 1인당 : 0.3㎡ |

④ 1인당 급수량

| 구분 | 조리장 1인당 급수량 | 구분 | 조리장 1인당 급수량 |
|---|---|---|---|
| 일반 급식소 | 5~10L | 병원 급식소 | 10~20L |
| 공장 급식소 | 5~10L | 기숙사 급식소 | 7~15L |
| 학교 급식소 | 4~6L | | |

### (2) 조리장의 설비

① 조리장 건물과 바닥

- 건물은 내구력이 있으며, 객석과 조리장은 명확하게 구분되어야 한다.
- 배수관과 주방 바닥의 방수처리를 철저히 해야 한다.
- 바닥과 내벽의 1m 높이까지는 방수처리공사가 시행되어야 한다.
- 배수를 위한 물매는 1/100 이상으로 시공한다.
- 주방의 바닥은 미끄럼이 방지되고, 물 빠짐이 빠른 내수성 재질을 사용하여야 한다.

② 벽과 창문

- 창문은 밀폐가 되는 고정식으로 하고, 면적은 바닥의 20~30%가 적당하다.
- 벽의 마감재 : 타일, 금속판 등을 사용한다.

③ 조명

- 균등한 조도를 유지한다.
- 조명의 기준 : 조리실 50lux, 객석 · 단란주점 30lux, 유흥음식점 10lux

④ 급수시설

- 급수는 공공시험 기관에서 식수로 적합판정을 받은 수돗물, 지하수 등을 사용하며, 우물물 사용 시 화장실 위치로부터 20m, 하수관에서 3m 떨어지게 위치한 곳이 적당하다.
- 급탕
  - 중앙 급탕법, 개별식 급탕법이 있다.
  - 최근에는 선호하지 않는 온탕기기이지만 가스 온탕기는 반드시 환풍장치가 필요하다.

⑤ 배수

- 하수도의 악취와 쥐, 해충 등의 침입을 방지하기 위해 트랩을 설치하여야 한다.
- 바닥 청소 시 물이 배수구에 쉽게 흘러가도록 높낮이를 조절한 구배 공사가 필요하다.
- 배수구 공사 시 하수구 덮개를 설치한다.
- 트랩(trap)
  - 배수구와 배수관이 벽과 바닥에 연결된 배치 상태에 따라 S자, U자, P자 형태로 구부려 물을 채워 넣은 장치이다.
  - 그리스트랩(Grease Trap) : '그리스조집기(Grease Interceptor)'라고도 부르며 호텔, 레스토랑, 단체급식소, 외식업체 주방에서는 많은 양의 유지(油脂)가 배수되므로, 수질 환경의 개선을 위해 유지, 음식물 찌꺼기 등을 분리하는 그리스트랩 시설이 적합하다.

– 트랩(Trap)의 종류

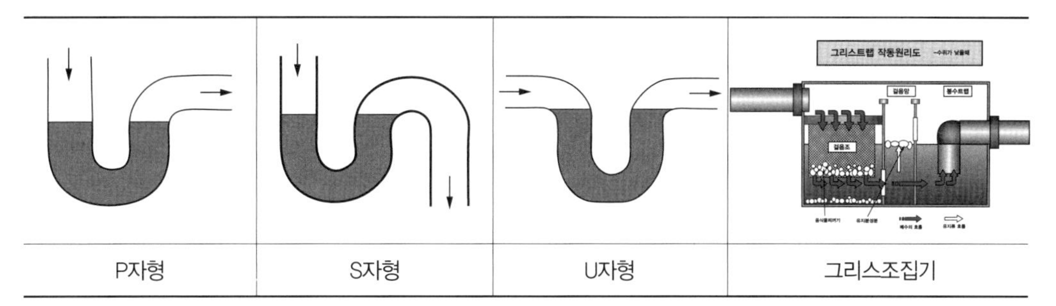


⑥ 작업대

• 작업대 분류

| 구분 | 특징 |
|---|---|
| 동선에 맞는 기물 배치 | 준비대, 개수대, 조리대, 가열대, 배선대 |
| 작업대의 적당한 높이 | 신장의 52% 정도(약 80~85cm) |
| 작업대의 적당한 넓이 | 55~60cm |
| 작업대와 선반의 간격 | 최소 150cm 이상 |
| 작업대 재질 | 탄탄한 재질 사용 : 작업 시 효율적 |

• 작업대의 배치 유형

| 구분 | 특징 |
|---|---|
| ㅁ자 모양의 아일랜드형 배치 | • 동선단축, 공간 활용이 용이하다.<br>• 조리기구 배치를 한 곳에 모아 놓은 구조, 환풍기나 후드 설치를 최소한으로 줄일 수 있어 효율적이다. |
| ㄴ자 모양형 배치 | 동선이 짧아 좁은 조리장에 적용한다. |
| ㄷ자 모양형 배치 | • 넓은 조리장에 적용한다.<br>• 같은 면적에서 동선이 가장 짧다. |
| 병렬형 배치 | 180° 회전하는 구조로 작업 시 에너지 소모가 크고 비효율적이다. |
| 일렬형 | 작업 동선이 길어 비능률적이지만 조리장이 굽은 경우 적용한다. |

⑦ **가스배관** : 가스배관 공사는 전문 업체에 의뢰해야 한다. 또한 가스배관 이음새, 가스안전장치, 가스밸브 등은 국가 검사필증이 있는 제품을 사용해야 하며, 정확한 위치에 잘 부착되어 마무리되었는지 확인한다.

⑧ **냉장 및 냉동고** : 냉장고의 표준온도는 5℃이며, 보존기간은 2~3일 정도이다. 냉동고 표준온도는 0℃ 이하이며, 장기저장 시 −40℃에서 급속 동결하여 −20℃를 유지하며 보관하는 것이

식품의 신선도 유지에 가장 좋다.

⑨ 환기

- 사방 개방형이 가장 효율적이며, 후드의 경사각은 30°이다.
- 가스나 전기 등의 가열기구의 설치 범위보다 더 넓게 설치하면 조리 시 배출되는 열을 효율적으로 배출시킬 수 있다.
- 환기는 배기용 환풍기(Hood), 송풍기(Fan), 자연환기 등으로 한다.

⑩ 에어컨과 온풍기

- 불을 사용하는 조리장은 여름에는 기온이 급격히 상승하므로, 가스 불에 영향을 주지 않는 직원 동선으로 냉방장치를 설치한다.
- 조리장의 상황에 따라 겨울철을 대비하여 온풍장치를 설치한다.

⑪ **방충 · 방서시설** : 출구, 창문, 배수구, 화장실 등 외부와 연결된 부분에는 해충이나 쥐 등의 침입을 막는 방충 · 방서설비를 해야 하며, 조리장에 설치하는 방충망은 30메시 이상을 설치하고 방서시설도 해야 한다.

- 메시(Mesh) : 1인치(inch)당 구멍 개수로 표시한다. 즉, 30메시란 가로×세로 1인치 크기의 방충망에 구멍이 30개가 들어 있다는 뜻이다.

⑫ 화장실

남 · 여를 구분한 시설과 세면대를 갖추어야 한다.

⑬ 기타

- 조리장 출입구에 신발을 소독할 수 있는 시설을 갖춘다.
- 조리사의 손을 소독할 수 있도록 손 소독기를 갖춘다.
- 종업원만 이용할 수 있는 수세시설을 설치해야 한다.

Chapter 01

# 예상문제

**01 식품 조리의 목적으로 부적합한 것은?**

① 영양소의 함량 증가
② 풍미 향상
③ 식욕 증진
④ 소화되기 쉬운 형태로 변화

해설 조리의 목적은 풍미 향상, 식욕 증진, 소화되기 쉬운 형태로 변화시켜 영양흡수율을 높이고, 안전성, 저장성을 높이기 위함이다.

**02 에너지 전달에 대한 설명으로 틀린 것은?**

① 물체가 열원에 직접적으로 접촉됨으로써 가열되는 것을 전도라고 한다.
② 대류에 의한 열의 전달은 매개체를 통해서 일어난다.
③ 대부분의 음식은 전도, 대류, 복사 등의 복합적 방법에 의해 에너지가 전달되어 조리된다.
④ 열의 전달 속도는 대류가 가장 빨라 복사, 전도보다 효율적이다.

해설 열의 전달 속도는 복사 〉 전도 〉 대류의 순이다.
- 복사 : 열원으로부터 중간매체 없이 열이 직접 그 물체에 전달되는 현상이다.
- 전도 : 열이 물체 속을 이동하는 일이다.
- 대류 : 기체나 액체에서, 물질이 이동함으로써 열이 전달되는 현상이다.

**03 가열조리 시 얻을 수 있는 효과가 아닌 것은?**

① 병원균 살균
② 소화흡수율 증가
③ 효소의 활성화
④ 풍미의 증가

해설 가열조리 시 효소는 불활성화된다.

**04 체감온도(감각온도)의 요소 중 올바르지 않은 것은?**

① 기류 ② 기압
③ 기온 ④ 기습

해설 감각온도의 3요소는 기온, 기류, 기습이다.

**05 기본 조리 조작 중 조리를 계획적이고 합리적으로 하기 위해 측정 도구들을 사용하는 조작방법으로 맞는 것은?**

① 침수 ② 계량
③ 썰기 ④ 섞기

해설 식재료의 정확한 계량은 조리의 구성에서부터 발주와 구매에 영향을 미치고 조리 시 식재료의 사용이 합리적이며 음식의 맛도 일정하다.

**06 물질 1g의 온도를 1℃ 올리는 데 필요한 열량과 물 1g의 온도를 1℃ 올리는 데 필요한 열량과의 비율을 설명하는 용어는?**

① 기화열 ② 잠열
③ 비열 ④ 비등점

해설 비열은 물질 1g의 온도를 1℃ 올리는 데 필요한 열량과 물 1그램의 온도를 1℃ 올리는 데 필요한 열량과의 비율을 말한다.

**07 조리 시 센 불로 가열한 후 약한 불로 세기를 조절하지 않는 것은?**

① 생선조림 ② 된장찌개
③ 밥 ④ 새우튀김

해설 튀김은 일정한 온도로 튀겨야 식품이 기름을 많이 흡수하지 않는다.

정답 01 ① 02 ④ 03 ③ 04 ② 05 ② 06 ③ 07 ④

**08** 생선을 프라이팬이나 석쇠에 구울 때 들러붙지 않도록 하는 방법으로 옳지 않은 것은?

① 낮은 온도에서 서서히 굽는다.
② 기구의 금속면을 테프론(Teflon)으로 처리한 것을 사용한다.
③ 기구의 표면에 기름을 칠하여 막을 만들어준다.
④ 기구를 먼저 달구어서 사용한다.

해설 구이는 고온으로 구워야 표면이 응고되며, 육즙이 흘러나오지 않는다.

**09** 튀김음식을 할 때 고려할 사항과 가장 거리가 먼 것은?

① 튀길 식품의 양이 많은 경우 동시에 모두 넣어 1회에 똑같은 조건에서 튀긴다.
② 수분이 많은 식품은 미리 어느 정도 수분을 제거한다.
③ 이물질을 제거하면서 튀긴다.
④ 튀긴 후 과도하게 흡수된 기름은 종이를 사용하여 제거한다.

해설 튀길 식품을 한꺼번에 많이 넣어 튀기면 기름의 온도가 내려가서 음식의 맛과 질이 떨어진다.
튀김조리법은 식어도 맛의 변화가 적어 대량 조리에 많이 이용된다.

**10** 국이 짜게 되었을 때 국물의 짠맛을 감소시킬 수 있는 방법으로 타당한 것은?

① 달걀흰자를 거품 내어 끓을 때 넣어준다.
② 잘 저은 젤라틴 용액을 끓을 때 넣어준다.
③ 2% 설탕용액이나 술을 넣어준다.
④ 건조된 월계수 잎을 끓을 때 넣어준다.

해설 국물이 짤 때 달걀흰자를 거품 내어 넣으면 흰자의 단백질이 국물에 있는 염분을 흡수하여 짠맛을 감소시킨다.

**11** 구이에 의한 식품의 변화 중 틀린 것은?

① 살이 단단해진다.
② 기름이 녹아 나온다.
③ 수용성 성분의 유출이 매우 크다.
④ 식욕을 돋우는 맛있는 냄새가 난다.

해설 구이는 건열조리법으로 센 불에서 직접 또는 간접으로 구워 수용성 영양성분의 유출이 적은 조리법으로 불고기 등이 있다. 수용성 성분 유출이 많은 조리법은 습열조리법의 끓이기 이다. 습열조리법으로 삶기, 찜, 조림, 데치기, 끓이기 등이 있다.

**12** 끓이는 조리법의 단점은?

① 식품의 중심부까지 열이 전도되기 어려워 조직이 단단한 식품의 가열이 어렵다.
② 영양분의 손실이 비교적 많고 식품의 모양이 변형되기 쉽다.
③ 식품의 수용성 성분이 국물 속으로 유출되지 않는다.
④ 가열 중 식품재료에 조미료의 충분한 침투가 어렵다.

해설 끓이는 조리법의 단점은 국물과 같이 오래 가열하기 때문에 수용성 영양성분이 녹아나오고 식품의 모양이 변형되기 쉽다.

**13** 학교급식소에서 조리장의 급수 설비 시 학생 1인당 급수량을 얼마로 환산하여 시공하여야 하는가?

① 5~10리터 ② 4~6리터
③ 7~15리터 ④ 10~20리터

해설 일반급식 : 5~10리터, 기숙사급식 : 7~15리터, 병원급식 : 10~20리터, 공장급식 : 5~10리터이다.

정답 08 ① 09 ① 10 ① 11 ③ 12 ② 13 ②

**14** **튀김요리 시 튀김냄비 내의 기름 온도를 측정하려고 할 때 온도계를 꽂는 위치로 가장 적합한 것은?**

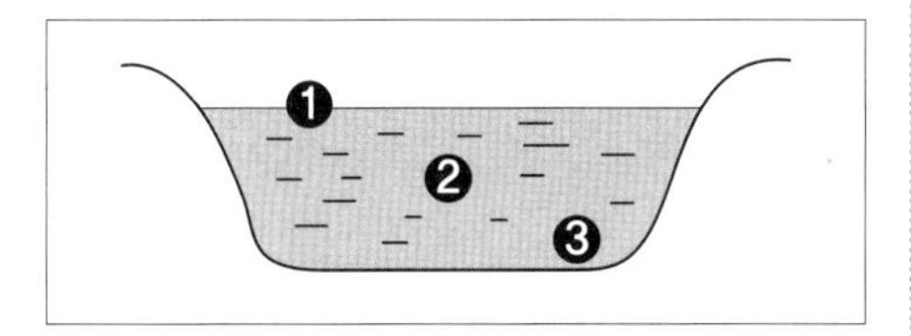


① ①의 위치
② ②의 위치
③ ③의 위치
④ 어느 곳이든 좋다.

**해설** • 튀김 기름의 온도 측정은 온도계를 기름의 중간 부분에 넣어 측정해야 한다.
• 영양소의 손실이 가장 적은 조리방법 순서 : 튀김 〈 볶음 〈 구이 〈 조림 · 찜 순이다.

**15** **조리장의 바닥조건으로 맞는 것은?**

① 산이나 알칼리에 약하고 습기, 열에 강해야 한다.
② 바닥 전체의 물매는 1/20이 적당하다.
③ 조리장 바닥을 드라이 시스템화 할 경우의 물매는 1/100 정도가 적당하다.
④ 고무타일, 합성수지타일 등이 잘 미끄러지지 않으므로 적당하다.

**해설** 주방 바닥 재질은 산과 알칼리에 강해야 하고 물매는 1/100 이상이어야 한다.

**16** **침수 조리에 대한 설명으로 틀린 것은?**

① 곡류, 두류 등은 조리 전에 충분히 침수시켜 조미료의 침투를 용이하게 하고 조리시간을 단축시킨다.
② 불필요한 성분을 용출시킬 수 있다.
③ 간장, 술, 식초, 조미액, 기름 등에 담가 필요한 성분을 침투시켜 맛을 좋게 해준다.
④ 당장법, 염장법 등은 보존성을 높일 수 있고, 식품을 장시간 담가둘수록 영양성분이 많이 침투되어 좋다.

**해설** 식품을 물에 장시간 담가두면 영양성분이 용출되어 영양소 손실이 많아진다.

**17** **튀김옷에 대한 설명으로 잘못된 것은?**

① 글루텐의 함량이 많은 강력분을 사용하면 튀김 내부에서 수분이 증발되지 못하므로 바삭하게 튀겨지지 않는다.
② 달걀을 넣으면 달걀 단백질이 열응고됨으로써 수분을 방출하게 되어 튀김이 바삭하게 튀겨진다.
③ 중조를 소량 넣으면 가열 중 이산화탄소를 발생함과 동시에 수분도 방출되어 튀김이 바삭해진다.
④ 튀김옷에 사용하는 물의 온도는 30℃ 전후로 해야 튀김옷의 점도를 높여 내용물을 잘 감싸고 바삭해진다.

**해설** 튀김옷으로는 박력분이며, 글루텐의 형성을 억제시켜 바삭한 튀김을 만들기 위해 찬물로 반죽한다.

**18** **열원의 사용방법에 따라 직접구이와 간접구이로 분류할 때 직접구이에 속하는 것은?**

① 오븐을 사용하는 방법
② 프라이팬에 기름을 두르고 굽는 방법
③ 숯불 위에서 굽는 방법
④ 철판을 이용하여 굽는 방법

**해설** 직접구이는 직화구이라고도 하며 석쇠구이, 그릴구이 등이며, 간접구이는 팬이나 철판 등이 있다.

**14** ② **15** ④ **16** ④ **17** ④ **18** ③

**19** 찜 요리의 장점에 대한 설명 중 옳지 않은 것은?

① 수용성 성분 손실이 끓이기보다 적다
② 풍미 유지가 잘 된다.
③ 간접 가열이어서 가열 시간이 비교적 길다.
④ 모양이 그대로 유지된다.

해설 찜 조리법의 단점은 간접 가열이어서 가열 시간이 비교적 길다.

**20** 조리장의 냄새나 증기를 배출시키기 위한 환기 시설은?

① 트랩 ② 트랜치
③ 후드 ④ 컨베이어

해설 후드 시설은 가열조리의 열원보다 조금 더 여유로운 면적으로 시공한다.

**21** 전골이나 국 등의 국물 맛을 감칠맛 나게 해주는 조개류의 맛 성분은?

① 젖산 ② 구연산
③ 호박산 ④ 주석산

해설 조개류에 포함된 '호박산'은 국물 맛에 감칠맛을 내게 한다.

**22** 대량 조리 시 일정한 수준의 품질유지를 위해 선행되어야 할 내용으로 가장 올바른 것은?

① 원가관리를 철저히 하여야 한다.
② 식재료의 검수관리를 철저히 하여야 한다.
③ 기본 썰기를 용도에 맞게 잘해야 한다.
④ 조리의 표준화가 이루어져야 한다.

해설 대량 조리 시 일정한 수준의 품질유지를 위해 선행되어야 할 내용은 조리의 표준화(Standardization)가 이루어져야 한다.

**23** 국의 건더기 비율은 국물의 어느 정도가 적당한가?

① 3분의 1 ② 2분의 1
③ 2분의 2 ④ 3분의 2

해설 국의 건더기 비율은 3분의 1이 적당하다.

**24** 물 1 tea spoon은 몇 cc인가?

① 5cc ② 15cc
③ 10cc ④ 20cc

해설 • 1 작은술 = 1ts = 5ml = 5g = 5cc,
• 1 큰술 = 1Ts = 약 15g = 15ml = 15cc,
• 1 컵 = 1C = 약 13큰술(Ts) = 200g = 200ml이다.

**25** 계량 단위 중 1되는 약 몇 리터인가?

① 100리터 ② 1리터
③ 5리터 ④ 1.8리터

해설 1되는 약 1.8L = 1,800cc = 60oz = 10홉 = 0.1말 = 0.48갤런(gal)이 된다.

**26** 1oz에 대한 설명으로 틀린 것은?

① 30cc ② 약 28g
③ 약 30g ④ 0.0625lb

해설 1oz는 30cc = 약 28.35g = 약 0.0625파운드(lb)이다.

**27** 1홉은 약 몇 ml인가?

① 200ml ② 150ml
③ 120ml ④ 180ml

해설 1홉은 약180ml = 180cc = 0.1되이다.

정답 19 ③ 20 ③ 21 ③ 22 ④ 23 ① 24 ① 25 ④ 26 ③ 27 ④

**28** 1말에 대한 설명으로 옳지 않은 것은?

① 8되 ② 100홉
③ 10되 ④ 18리터

해설 1말은 약 18L = 10되 = 100홉이다.

**29** 건식품을 불렸을 때 불어나는 비율에 대한 설명이다. 옳지 않은 것은?

① 콩 2~3배 ② 당면 6배
③ 거피한 녹두 2배 ④ 미역 5배

해설 식재료의 건조방법에 따라 차이는 있으나 일반적으로 콩은 2~3배, 당면은 6배, 커피 녹두는 2배, 미역은 건조 조건에 따라 7~17배 정도까지 차이가 난다.

**30** 숫돌의 사용법으로 올바르지 않은 것은?

① 숫돌은 사용하기 전에 물에 45분 이상 담가 충분히 물을 먹인 다음에 사용한다.
② 숫돌을 사용할 때에는 미끄러짐을 방지하기 위하여 숫돌 밑에 천을 깔거나 바닥에 내려놓고 사용한다.
③ 칼이 숫돌의 전면을 고루고루 닿도록 사용한다.
④ 수시로 숫돌에 물을 끼얹으면서 칼을 간다.

해설 숫돌 사용 시 미끄러짐을 방지하기 위하여 숫돌 밑에 천을 깔거나 숫돌 집에 고정시켜 사용한다.

**31** 칼이 잘 갈린 상태를 확인하는 방법으로 잘못된 것은?

① 손으로 밀어서 확인하기
② 빛의 반사로 확인하기
③ 손톱으로 확인하기
④ 육안으로 확인하기

해설 칼날이 잘 갈렸는지 여부는 육안으로 확인하여서는 정확히 알기 어렵다.

**32** 썰기의 목적으로 옳지 않은 것은?

① 조리하기 쉽게 한다.
② 씹기를 편하게 하여 소화하기 쉽게 한다.
③ 열전달을 골고루 빠르게 한다.
④ 양념의 침투를 막을 수 있다.

해설 일정하게 썬 식재료는 양념의 침투를 빠르게 한다.

**33** 칼의 종류에 대한 설명으로 다음에 해당하는 것은 무엇인가?

- 칼날 길이를 기준으로 18cm 정도이며, 칼등이 곡선 처리되어 있고 칼날이 직선인 안정적인 모양이다.
- 칼이 부드럽고 똑바로 자르기에 좋다. 채 썰기 등 동양요리에 적당하다.

① 다용도 칼
② 서구형 칼
③ 아시아형 칼
④ 동양 요리형 칼

해설
- 서구형 칼 : 칼날 길이가 20cm 정도로 칼등과 칼날이 곡선처리되어 자르기에 편하며, 부엌칼이나 회칼로도 만히 사용된다.
- 다용도 칼 : 칼날 길이가 16cm 정도로 칼등이 곧고, 칼날은 곡선처리되어 다양한 작업을 할 때 사용한다.

**34** 조리용 온도계 중 탐침하여 육류의 내부온도를 측정하는 온도계는 무엇인가?

① 적외선 온도계
② 탐침 온도계
③ 알코올 온도계
④ 액체 봉상 온도계

해설 탐침 온도계는 탐침하여 육류의 내부 온도를 측정할 수 있는 온도계이다.

28 ① 29 ④ 30 ② 31 ④ 32 ④ 33 ③ 34 ②

**35** 칼질법의 종류에 대한 설명으로 다음에 해당하는 것은 무엇인가?

> • 칼날을 다른 쪽 검지 둘째 마디에 대고 대각선으로 비빈다는 느낌으로 한다.
> • 칼이 도마에 닿는 순간에 콕콕 소리가 날 정도로 눌러 왕복하며 썰어 준다.
> • 칼을 끝 쪽으로 밀듯이 가볍게 움직이며 높이 들지 않고 반복하여 썰어준다.

① 작두썰기
② 칼끝 대고 밀어썰기
③ 밀어썰기
④ 후려썰기

**해설** 밀어썰기는 가장 기본 썰기로 칼을 끝쪽으로 밀듯이 써는 방법이다.

**36** 식품을 조리할 때 염도를 측정하기 위해 사용하는 기구는?

① 산도계 ② 당도계
③ 온도계 ④ 염도계

**해설** 식품의 염도를 측정하는 것은 염도계, 당성분은 당도계, 산성분은 산도계로 측정한다.

**37** 조리장의 바닥 설비로 옳지 않은 것은?

① 주방의 바닥은 미끄럼이 방지되고 물 빠짐이 빠른 내수성 재질을 사용하여야 한다.
② 배수관과 주방바닥의 방수처리를 철저히 하여야 한다.
③ 바닥과 내벽의 1m 높이까지는 방수 처리 공사가 시행되어야 한다.
④ 산이나 알칼리에 약하고 습기와 열에 강해야 한다.

**해설** 조리장 바닥은 산이나 알칼리에 강해야 한다.

35 ③ 36 ④ 37 ④

Chapter 02

# 식품의 조리원리

## 1. 농산물의 조리 및 가공·저장

### (1) 전분의 조리

① **전분의 구조** : 대부분의 전분 입자는 약 20%의 아밀로오스와 약 80%의 아밀로펙틴으로 구성되어 있다. 찰곡류의 전분입자는 아밀로오스가 전혀 없거나 소량 함유되어 있고, 입자의 크기는 쌀 전분이 가장 작고, 감자 전분이 크다.

- 아밀로오스
  - 포도당이 직쇄상으로 α-1, 4 결합과 나선상의 분자형태를 이룬다.
  - 나선 구조 속에서 요오드와의 복합체를 만들어 청색을 띤다.
  - 호화 · 노화가 쉽게 일어난다.
- 아밀로펙틴
  - 포도당의 α-1, 4 결합에 α-1, 6 결합이 혼합된 망상분자형태를 이룬다.
  - 적갈색을 띠고, 전체 전분 입자로는 요오드와의 반응에서 청자색을 띤다.
  - 호화 · 노화는 어렵게 이루어진다.

**Point** 멥쌀(아밀로오스 20%+아밀로펙틴 80%), 찹쌀(아밀로펙틴 100%)이다.

② **전분의 호화**

- 호화란 전분에 물을 넣고 55~60℃로 가열하면 전분입자가 물을 흡수하여 팽창하며, 반투명의 콜로이드 상태로 된다.
- 베타(β)전분이 가열되어 알파(α)전분이 된 것을 호화전분이라고 하며, 소화효소의 작용을 받아 소화가 잘된다.
- 호화를 촉진시키는 요인 : 온도가 높을수록, 전분의 입자가 클수록, 아밀로오스 함량이 많을수록, 수분 함량이 많을수록, 소금함량이 적절할수록 호화가 잘 된다.
- 노화를 지연시키는 요인 : 아밀로펙틴 함량이 많을수록, 소금량이 많을수록, 설탕량이 많을수록 노화를 지연시킨다. 또한 산은 전분겔의 점성을 낮추고 겔을 형성하는 능력을 감소시킨다.

• 전분의 호화온도

| 구분 | 호화시작 온도(℃) | 호화완료 온도(℃) | 구분 | 호화시작 온도(℃) | 호화완료 온도(℃) |
|---|---|---|---|---|---|
| 밥 | 68 | 78 | 메옥수수 | 62 | 70 |
| 감자 | 58 | 77 | 찰옥수수 | 63 | 72 |
| 밀 | 59.5 | 64 | 보리 | 51.5 | 59.5 |

③ 전분의 노화

• 노화 속도에 영향을 주는 인자 : 온도, 호화된 전분의 수분함량, 전분 분자의 크기와 모양이다.
• 호화된 전분이 실온이나 냉장온도에 오래 방치되면 원래의 결정 상태로 되돌아가 부분적으로 결정화되는 현상이다.
• 노화된 전분은 맛과 질감이 저하된다.
• 노화 촉진인자
  – 아밀로오스 함량이 많을수록 노화가 빨리 일어난다.
  – 온도가 0℃일 때 가장 쉽게 일어난다(밥, 떡, 빵 등이 겨울철에 빨리 굳는 이유).
  – 수분 함량이 30~70%일 때 빨리 노화된다.
• 노화 억제법
  – 수분 함량 15% 이하로 떨어지면 잘 일어나지 않는다(쿠키, 크래커, 비스킷 등).
  – 설탕을 첨가하거나 유화제를 첨가한다(양갱, 케이크).
  – 보관 온도를 0℃ 이하이거나 60℃ 이상으로 저장한다(냉동 떡과 보온밥솥의 밥).
  – 호화된 전분을 80℃ 이상(크래커, 비스킷 등)이나 0℃이하에서 급속 건조(이유식용 전분)시킨다.

**Point** 전분의 호화과정
β전분(생전분) → 호화(물과 함께 가열) → α전분(호화된 전분) → 노화(실온 · 냉장) → β전분으로 된다.

④ 전분의 호정화(덱스트린화)

• 전분에 물을 가하지 않고 160℃ 이상의 고온으로 가열하면 가용성 전분을 거쳐 다양한 길이의 덱스트린으로 분해된다.
• 덱스트린은 황갈색이며, 물에 잘 용해되고 점성이 약하다. 전분보다 분자량이 적은 덱스트린으로 분해되어 효소 작용을 받기 쉽고, 소화가 잘된다.
• 팽화식품(뻥튀기), 약과, 매작과, 팝콘, 미숫가루, 토스트, 볶은 밀가루 등이 있다.

⑤ 전분의 당화

- 전분에 산을 첨가하여 가열하거나 효소를 가지고 있는 엿기름 같은 물질을 이용하여 최적 온도를 맞추어 주면 전분이 서서히 가수분해되어 당화된다.
- 가수분해에 이용되는 효소 : 발아 중인 식품의 종자 등에 들어있으며(엿기름), 최적온도는 50~60℃이고, 식혜 · 엿 · 콘 시럽 등이 있다.

### (2) 쌀의 조리

① 나락의 구조

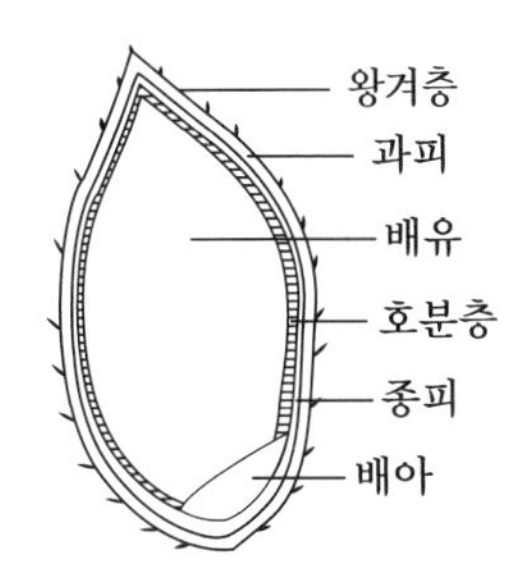


- 나락은 속껍질과 겉껍질이 서로 포개져 있고, 도정에 의해 껍질이 벗겨진 쌀알이 현미, 껍질을 왕겨라 한다.
- 쌀겨층 : 단백질, 지방 함유량이 높아 영양이 풍부하나, 섬유소가 많고 단단하여 소화가 잘 되지 않는다.
- 배유 : 현미의 대부분이 배유로 구성되어 있고, 섬유소가 적고 전분이 많아 쌀겨층에 비해 소화흡수율이 높다.
- 배아 : 지방과 비타민이 많고, 특히 비타민 $B_1$ 함유량이 높다.

② 쌀의 도정

- 도정(정미)
  - 도정은 쌀겨층을 제거하는 과정을 말한다.
  - 도정의 목적은 소화를 좋게 하고, 기호에 알맞게 하여 식품가치를 높이는 것이다.
- 현미 : 나락에서 왕겨만 제거한 것으로 쌀겨층 5~6%, 배유 92%, 배아 2~3%로 현미의 대부분은 배유로 구성되어 있고 과피, 종피, 호분층, 배유, 배아로 구성되어 있다.
- 백미 : 현미의 호분층을 제거하여 소화율이 좋다.

③ 백미의 분도

- 현미 100에서 백미를 정백한 양을 말한다.
- 도정에 의하여 겨층을 많이 깎아 내어 정백의 비율이 커질수록 단백질, 지방, 섬유, 비타민 $B_1$이 감소 되며, 분도 수가 높을수록 쌀이 많이 깎인다.

• 도정도와 소화흡수율

| 구분 | 도정률(%) | 소화흡수율(%) | 구분 | 도정률(%) | 소화흡수율(%) |
|---|---|---|---|---|---|
| 현미 | 100 | 90 | 7분도미 | 94 | 95.5 |
| 5분도미 | 96 | 94 | 백미 | 92 | 98 |

④ 밥맛의 구성요소

• 밥물은 pH 7~8 정도가 가장 밥맛이 좋고, 산도가 높을수록 밥맛이 떨어진다.
• 묵은쌀로 밥을 할 때에는 햅쌀보다 물의 양을 더 많이 하여야 한다.
• 너무 오래된 쌀은 수분이 증발하고 지나치게 건조되어 밥맛이 나쁘다.
• 약간의 소금(0.03%)을 첨가하면 밥맛이 더 좋아진다.
• 밥맛이 좋은 쌀은 유리아미노산[(글루탐산(Glutamic acid), 아스파라긴산(Asparagine acid), 아르기닌(Arginine)]의 함량이 높다.
• 밥맛이 좋지 않은 쌀은 트레오닌(Threonine)과 프롤린(Proline)의 함량이 높다.
• 벼의 품종과 재배지역의 토질과 일조량에 따라 밥맛은 달라진다.

⑤ 쌀의 가공

• 강화미 : 쌀에 부족한 영양성분을 첨가하거나 먹기 편리하고, 저장성이 좋게 만든 가공한 쌀이다.

| 구분 | 특징 |
|---|---|
| 파보일드 라이스(Parboiled Rice) | 벼를 물에 담근 후 건져서 물을 빼고 쪄서 말린 다음에 도정한 쌀 |
| 컨버티드 라이스(Converted Rice) | 미국에서 파보일드라이스의 원리를 이용하여 제조한 쌀 |
| 피복쌀(Premix Rice) | 백미에 비타민 $B_1$, 비타민 $B_2$, 무기질 용액을 뿌려서 말린 쌀<br>(1일 필요한 비타민을 섭취 가능) |
| α쌀(Alpha Rice) | 먹기 전 같은 부피의 끓는 물을 가하면 원래의 밥맛과 같다. |
| 팽화쌀(Puffed Rice) | 팽화 중에 상당량이 호정화되어 소화가 용이한 쌀(뻥튀기) |
| 인조미 | 고구마 전분, 밀가루, 도정미 등을 혼합하여 만든 쌀 |

⑥ 쌀의 저장

• 약품에 의한 저장 : 병충해, 미생물, 특히 곰팡이 등에 의한 변질을 막는 데 이용된다.
• 저온저장 : 15℃ 이하의 저온, 수분활성도 0.75 이하, 상대습도 70~80% 조건에서 저장한다.
• CA저장(가스저장) : 곡류의 호흡 억제, 미생물의 증식을 차단을 위해 이용된다.

⑦ 좋은 쌀의 감별법

• 수분함량 15% 정도로 잘 건조된 것이 좋다.

- 투명하고 빛깔이 맑고 윤기가 나는 것이 좋다.
- 도정한지 오래되지 않고, 쌀알에 흰 골이 생기지 않아야 한다.
- 곰팡이 냄새가 나지 않아야 한다.
- 싸라기가 적고 쌀알이 고르며, 돌이나 뉘 등의 이물질이 없어야 한다.
- 타원형 모양으로, 깨물었을 때 '딱'하고 맑은 소리가 나는 것이 좋다.

### (3) 보리의 조리

① 보리의 도정(정맥)

- 정맥 : 보리는 배 부분에 고랑이 있어 껍질 제거가 어려워 가공 공정 중에 물을 가하여 도정한다.
- 할맥 : 1차 도정 후 골을 따라 절단하고, 다시 도정하여 두 개의 작은 보리쌀이 되도록 한 것이다.

② 보리의 가공

- 보리 플레이크 : 보리쌀을 물에 불려 건조기에서 압착, 건조시켜 기름에 튀기거나 팽화시켜 제조한다.
- 맥아(엿기름) : 보리, 밀 등의 곡류를 발아시켜 싹을 틔운것으로 전분을 당화시켜 맥주나 식혜, 조청 등을 제조할 때 사용한다.
- 압맥 : 보리쌀을 가열하고 눌러 만든 것으로 조직이 파괴되어 밥하기가 용이하며, 소화율이 높다.
- 기타 보리를 이용한 가공 형태에는 볶은 보리와 보릿가루 등이 있다.

**Point**
- 단맥아 : 보리를 고온에서 발효시켜 싹이 보리 길이보다 짧으며, 맥주나 양조용에 사용한다.
- 장맥아 : 보리에 물을 주며 저온에서 길러 싹을 틔우며, 싹이 보리 길이보다 2배 정도 길고, 엿기름이라고도 부른다. 식혜나 물엿 제조에 사용된다.

### (4) 밀가루의 조리

밀은 분쇄하여 밀가루를 만들어 사용하고, 라이신(lysine), 트립토판(tryptophan), 트레오닌(threonine)과 같은 필수 아미노산이 결핍되어 있다.

① 밀가루를 제분하는 이유

- 밀의 홈은 정맥하여도 제거되지 않는다.
- 밀의 외피는 단단하지만, 배유부가 유연하여 부서지기 쉽다.
- 밀은 다른 곡류에 없는 단백질 성분인 글루텐이 함유되어 있다.
- 정맥밀의 소화율은 90%이나 밀가루는 98%의 소화율이 된다.

② 글루텐(gluten) : 글루텐은 밀가루 단백질의 주성분으로 글리아딘(gliadin)과 글루테닌(glutenin)으로 물을 넣고 반죽하면 형성되는 점탄성을 가진 단백질이다.

| 구분 | 주성분 | 특징 |
|---|---|---|
| 글루텐 | 글리아딘(gliadin) | 점성을 준다. |
| | 글루테닌(glutenin) | 탄력성을 준다. |

③ 글루텐 함량에 따른 밀가루의 종류

| 구분 | 글루텐 함량 | 적용 부분 |
|---|---|---|
| 강력분 | 13% 이상 | 식빵, 바게트, 단팥빵, 마카로니, 스파게티 등이다. |
| 중력분 | 10~13% | 국수, 만두피, 우동 등이다. |
| 박력분 | 10% 이하 | 튀김, 케이크, 카스테라, 쿠키 등이다. |

④ 글루텐 형성의 촉진요인

| 구분 | 특징 |
|---|---|
| 달걀 | 가열 전 반죽을 부드럽고 매끈하게 만들며, 가열 후에는 글루텐의 구조 형성을 도와준다. |
| 수분 | 물을 소량씩 여러 번 나누어 넣게 되면 글루텐이 더 많이 형성된다. |
| 소금 | 글리아딘의 점성을 증가시키고, 글루텐의 망상구조를 치밀하게 한다. |

⑤ 글루텐 형성의 억제요인

| 구분 | 특징 |
|---|---|
| 지방 | 글루텐 단백질의 표면을 둘러싸서 글루텐이 성장하지 못하게 하여 반죽을 부드럽게 한다. |
| 설탕 | 단백질 수화에 필요한 수분을 설탕이 흡수하여 글루텐의 형성을 억제한다. |

⑥ **밀가루 개량제** : 과산화벤조일, 과황산암모늄, 이산화염소, 과붕산나트륨, 브롬산칼륨 등이다.

⑦ **밀가루 팽창제** : 팽창제를 사용하는 음식으로 빵, 퀵 브레드, 쿠키, 케이크 등이 있다.

㉠ 공기 : 반죽과정에서 공기가 혼합되어 가열하면 팽창하여 용적을 증가시킨다.

㉡ 물 또는 증기 : 밀가루 반죽을 굽거나 찔 때 열에 의해 수분이 증발하여 수증기가 되면서 팽창한다.

㉢ 이산화탄소 : 밀가루 반죽내에서 이산화탄소를 발생시키는 팽창제에는 생리적 팽창제와 화학적 팽창제로 분류된다.

- 생리적 팽창제
  - 이스트(효모) : 대표적 제빵 효모로 사카로마이시스 세러비사에(saccharomyces

cerevisiae)가 있다. 이스트 세포가 당을 이용하여 생긴 이산화탄소가 빵 반죽을 부풀린다.

| 구분 | 적정 온도 |
|---|---|
| 이스트의 최적온도 | 24~35℃ |
| 빵 반죽의 최적온도 | 25~28℃ |
| 이스트의 사멸온도 | 54.4℃ |
| 이스트의 적정량 | 밀가루의 1~3% |

- 화학적 팽창제
  - 중조(탄산나트륨) : 알칼리성 물질로 비타민 $B_1$, $B_2$의 손실이 발생하고, 밀가루의 백색 색소인 플라본을 황색으로 변화시켜 음식 맛을 저하시키는 단점이 있다. 조리 시 젖산을 함유하는 버터밀크나 유기산을 함유하는 꿀, 우유 등을 중조와 같이 밀가루 반죽에 넣으면 음식의 색과 맛이 좋아진다.
  - 베이킹파우더 : 중탄산나트륨에 중화시킬 산을 첨가하여 만든 것이다. 일반적으로 밀가루 1C에 1ts을 사용한다.

⑧ 제면

- 중력분을 선택하여 국수, 메밀국수, 당면, 마카로니 등을 만든다.
- 소금을 첨가한다.
- 식용유를 첨가하면 면이 서로 들러붙는 것을 방지한다.

### (5) 서류의 조리

① 감자

- 감자는 지방과 단백질 함량이 낮은 전분식품으로, 고구마보다 수분함량이 약간 높은 약 80%를 함유하며, 칼륨, 인, 비타민 C, $B_1$이 많이 함유한 알칼리성 식품이다. 고구마보다 덜 달고 담백하여 주식으로 이용한다.

| 구분 | 특성 |
|---|---|
| 감자 싹의 독성 | 솔라닌 : 싹이 난 감자의 독성물질이다. |
| 감자의 갈변 | 클로로제닉산과 티로신이 폴리페놀 옥시다아제의 효소작용을 받아 갈변되는데, 물에 담그면 갈변을 방지한다. |
| 감자의 단백질 | 튜베린(Tuberin) : 껍질 가까운 부분에 많다. |

- 종류
  - 분질감자 : 전분 함량이 높고 수분이 적어 조리 시 잘 부서지고, 익으면 보슬보슬해진다. 햇감자보다는 충분히 숙성된 감자는 '메시드 포테이토' 요리에 적합하며, 삶은 감자를 으

깰 때는 뜨거울 때 으깨거나 약한 불 위에 솥을 올려놓고 으깨는 것이 좋다.

– 점질감자 : 전분 함량이 낮고 수분이 많아 촉촉하며, 조리 시 잘 부서지지 않아 조림이나 샐러드요리에 적합하다.

② 고구마

• 전분 입자는 곡류보다 크고 두류보다는 작다. 주성분은 전분이며 소량의 포도당, 서당 등이 있다. 활성이 강한 β–아밀라아제에 의하여 고구마를 가열하면 전분이 맥아당으로 변하여 단맛이 증가한다.

• 고구마에 함유된 안토시아닌 색소가 중조를 첨가한 튀김옷이나 찐빵에 들어가게 되면 녹색으로 변한다.

| 구분 | 특징 |
| --- | --- |
| 고구마의 단백질 | 수분 60~70%이다. |
| 고구마의 점성물질과 갈변 | 얄라핀 : 공기에 노출 시 흑변한다. |
| 육질이 노란 고구마 | 카로티노이드 색소를 함유한다. |
| 고구마의 단백질 | 이포마인을 약 70% 함유하고 있다. |

③ 토란

• 주성분은 전분이며, 미끌거리는 점성 물질은 '갈락탄(galactan)'이라는 다당류이다.

• 껍질에 수산칼슘이 많이 함유되어 있어 피부 가려움증을 유발하며, 조리 시 조금 두껍게 껍질을 벗겨야 한다.

• 토란 줄기는 껍질을 벗겨 삶아 건나물로 사용한다.

④ 참마

• 점성 물질은 글로불린계 단백질과 '만난(manan)'이라는 다당류가 약하게 결합한 것으로 가열 시 점성은 없어지고, 날것을 강판에 갈면 점성을 나타낸다.

• 점성이 강하여 결착제나 즙으로 이용한다.

### (6) 두류의 조리

① 두류의 특징

• 콩은 조직이 단단하며, 불소화성 당류가 들어있어 장내에서 가스를 일으키기 쉽다.

• 단백질과 지방 함량이 높고 칼륨, 인 등의 무기질과 비타민 B군의 함량이 높다.

| 구분 | 특징 |
| --- | --- |
| 대두 단백질 | • 수용성이며, 마쇄하여 물에 담그면 90% 용출된다.<br>• 글리시닌 80%, 소량의 레규멜린이 구성 성분이다. |
| 곡류에 부족한 성분 | 라이신과 트립토판 함량이 높다. |

| 검정콩의 색 | • 안토시아닌계의 크리산테민 색소를 무쇠솥에 조리면 빛깔 좋은 콩조림이 된다.<br>• 알칼리 용액에서는 적자색으로 변한다. |
|---|---|
| 단백질 소화 저해 물질 | 안티트립신이 가열에 의해 파괴된다. |
| 대두의 지방 | 반건성유로 필수지방산이 풍부하다. |

② 두류의 분류

- 단백질 · 지방 함량이 높은 것 : 식용유, 두부, 된장으로 이용한다(대두, 땅콩 등).
- 단백질 · 전분 함량이 높은 것 : 전분이 비교적 많아 가열하면 쉽게 물러 떡고물이나, 과자의 속으로 사용한다(팥, 녹두, 강낭콩, 동부 등).
- 채소적 성질을 띤 것 : 비타민 C의 함량이 비교적 높아 채소로 취급된다(풋콩, 완두콩).

③ 가열에 의한 변화

- 대두와 팥 : 기포성, 용혈 독성분 사포닌을 함유하고 있으나, 가열 시 파괴된다.
- 안티트립신은 단백질의 소화액인 트립신의 분비를 억제하고, 가열 시 파괴된다.
- 글리시닌 단백질은 물에는 녹지 않으나, 약염기(pH 7) 상태에서는 수용성이 되어 녹는다. 중조를 첨가하여 콩을 삶으면 콩이 빨리 연화되지만 비타민 $B_1$(티아민)이 파괴된다.

④ 두류의 연화 방법

- 콩을 불릴 때 물에 5시간 정도 담가두면 콩 본래 무게의 90~100%의 물을 흡수한다. 팥은 물의 흡수시간이 길다.
- 1% 정도의 식염수에서 가열하거나 연수 사용 시 콩이 빨리 연화된다.
- 두류의 수분 흡수율은 흰콩 〉 검은콩 〉 강낭콩 〉 팥 순이다.

⑤ 두류의 가공

㉠ 두부

- 콩 단백질의 글리시닌을 두부응고제와 70℃ 정도의 열을 이용하여 응고시킨 것이다.
- 두부 응고제 : 황산칼슘($CaSO_4$), 염화마그네슘($MgCl_2$), 염화칼슘($CaCl_2$), 황산마그네슘($MgSO_4$) 등이 있다.
- 두부의 제조 과정
  - 콩은 물에 충분히 불려서 습식 분쇄한다.
  - 콩 무게의 2~3배의 물을 첨가하여 가열, 여과(두유와 비지)한다.
  - 두유의 온도를 65~70℃로 유지하면서 간수(단백질 응고제)를 첨가한다.
  - 응고된 순두부를 착즙하거나 굳혀서 두부를 완성한다.

㉡ 간장, 고추장, 된장, 청국장 등이 있다.

### (7) 채소류의 조리

① 채소류의 특징

- 섬유소, 헤미셀룰로오스, 펙틴질이 0.5~2% 함유하여 소화와 정장작용을 돕는다.
- 비타민 C와 무기질이 풍부하고, 특히 칼륨 함량이 높다. 푸른잎 채소에는 칼슘, 녹황색 채소에는 카로티노이드 색소가 다량 함유되어 비타민 A를 공급한다.
- 칼슘은 식물의 산성을 중화시켜 알칼리성을 유지시키는 조절작용을 한다.
- 93~98% 정도의 수분을 함유하며, 1~3%의 단백질과 과일류에 비해 엽록소 함유량이 높다.
- 특수 독특한 향 성분을 함유하고 있어 향신료로도 이용된다.

② 채소류의 분류

- 엽채류(푸른 잎 사용) : 시금치, 배추, 상추, 쑥갓, 아욱, 양배추, 갓, 근대 등이 있다.
- 근채류(뿌리 사용) : 무, 우엉, 당근, 연근, 토란, 감자, 고구마 등 당질 함량이 채소 중 가장 많다.
- 경채류(줄기 사용) : 셀러리, 미나리, 아스파라거스 등이다.
- 과채류(열매 사용) : 고추, 오이, 호박, 가지, 참외, 토마토 등으로 비타민 C, 카로틴 함량이 많다.
- 화채류(꽃 사용) : 컬리플라워, 브로콜리, 아티초크 등이다.

③ 채소류의 조리방법

- 조리 방법으로는 삶기, 굽기, 찌기, 볶기, 튀기기, 지지기 등이 있다.
- 물에 중성세제 0.2%를 넣은 용액으로 씻은 후 흐르는 물에 깨끗이 헹군다. 물로만 씻을 경우 흐르는 물에 5회 이상 씻도록 하고, 씻은 후 썰어야 비타민 C 등의 손실을 줄일 수 있다.
- 녹황색으로 변화시키는 클로로필라아제(chlorophyllase) 효소의 최적 온도는 75~80℃이며, 끓는 물에 채소를 넣어 반드시 뚜껑을 열고 데쳐야 하며, 최적의 물 양은 채소 무게의 5배를 넣어야 푸른색을 가장 잘 유지하고 비타민 C의 파괴도 줄일 수 있다.
- 아스코르비나아제(ascorbinase)는 데치면 파괴되지만, 자가분해에 의해 비타민 C가 파괴될 수 있어 데친 채소는 신속히 냉수에 헹궈야 한다.
- 1%의 식염수를 사용하면 색이 선명해지고 조직이 파괴되지 않아 물러지지 않으며, 비타민 C의 산화도 억제해준다.
- 수산(옥살산)은 몸속에서 칼슘의 흡수를 방해하여 신장에 결석이 생길 수 있기 때문에 뚜껑을 반드시 열고 데쳐야 제거된다.
- 중조를 넣으면 색을 선명하게 할 수는 있지만, 비타민 C의 파괴가 크고 조직이 너무 물러진다.
- 채소를 데쳐서 냉동시키는 이유는 효소의 불활성화, 산화반응 억제, 부피의 감소, 미생물 번식의 억제, 살균효과 등이 있기 때문이다.

④ 갈변방지

- 감자는 껍질을 벗겨 물에 담그고 우엉, 연근 등은 껍질을 벗긴 후 식초물에 담그면 갈변을 방지한다.
- 식초는 먹기 직전에 재료에 첨가한다.
- 열처리를 하여 효소의 활성을 파괴하고, 진공처리 하여 산소와의 접촉을 차단한다.

### (8) 과일류의 조리

과일은 수분 함유량이 많아 저장성은 낮으나, 비타민이 풍부해 영양면에서 매우 중요하다. 방향 성분인 에스테르류를 함유하여 향이 좋으며 유기산, 당분, 당알코올 등을 함유하고 있어 상쾌한 맛도 있다. 또한 펙틴 함량도 높아 잼으로 가공하여 보관기간을 늘릴 수 있다. 수확한 후에도 호흡작용이 계속 일어나므로 저장할 때는 인공적으로 호흡작용을 조절하여야 품질이 좋아진다(바나나, 키위, 파인애플, 아보카도, 사과 등).

① 과일류의 조리방법

- 기본적인 조리법 : 물이나 시럽에 넣고 끓이며, 적당한 농도는 설탕 1 : 물 2의 비율이다.
- 과육이 연한 과일은 적은 양의 물로 천천히 가열하여 모양을 유지시키고, 사과는 껍질째 조리한다.
- 사과, 배, 바나나 등은 굽기도 하며, 말린 과일은 약 80℃의 물에 불려 조리시간을 단축시킨다.

② 과일류의 가공 종류

| 구분 | 특징 |
|---|---|
| 젤리 | • 과일주스에 설탕 첨가 후 가열하면 농축되어 젤라틴화가 일어난다.<br>• 젤리화의 3요소(젤리가 되기 위한 조건) : 펙틴, 유기산, 당분이다.<br>• 펙틴과 산이 많은 과일(사과, 딸기, 포도, 감귤 등)을 사용한다.<br>• 젤리점 결정법 종류 : 컵 테스트법, 스푼 테스트법, 당도계법(65%), 온도계법(104℃) |
| 잼 | 과육의 펙틴 성분은 설탕을 첨가하여 가열하여 농축하면 펙틴과 설탕, 과일 속의 유기산이 상호작용을 일으켜 젤리화가 일어난다. |
| 마멀레이드 | 젤리 속에 과일의 과육이나 과피의 조각을 섞어 가열, 농축한 것이다. |
| 프리저브 | 과일 전체를 시럽에 그대로 넣어 조려 연하고 투명하게 만든 것이다. |

③ 과일류의 저장

- 피막제 저장 : 아세트산 비닐수지, 몰포린 지방산염, 왁스류 등을 피막제로 사용하여 과일의 수분증발을 억제하는 방법으로 출하 후 소비자에게 이르기까지 신선도를 유지하며, 상품의 외관상 가치를 높인다.
- 가스저장법(CA저장) : 과채류의 호흡을 억제하는 저장법이다.

• 과일류의 저장방법은 채소류의 저장과 동일한 방법을 사용할 수 있다.
  – 저온 저장에서 저온에 대한 감수성이 큰 바나나와 같은 열대산 · 아열대산 과일은 저온 장애를 받아 색이 변하게 된다.

## 2. 축산물의 조리 및 가공·저장

### (1) 육류의 조리

우리나라에서 주로 식용하는 육류에는 소고기, 돼지고기, 닭고기 등이 있다.

① 육류의 일반성분

| 구분 | 특징 |
|---|---|
| 수분 | 70~75% 정도 함유, 수분의 함량은 육류의 맛, 보수성, 가공성, 저장성, 색 등에 영향을 미친다. |
| 단백질 | • 근육의 단백질 함량 : 약 20%(전체 고형분 중의 80%)이다.<br>• 근장(수용성) 단백질 : 미오젠, 글로불린, 미오글로빈 등이다.<br>• 근원섬유(염용성) 단백질 : 미오신, 액틴, 액토미오신 등이다.<br>• 육기질(불용성) 단백질 : 콜라겐, 엘라스틴 등이다. |
| 지방 | • 고기의 종류, 부위, 연령에 따라 함량 변동이 크다.<br>• 상강육 : 작은 지방이 고기 근육 사이에 눈꽃이나, 대리석 무늬처럼 퍼져 있는 것으로 안심, 등심에 많이 있다. |

② 사후강직 · 숙성(자기소화) · 부패

• 사후강직 : 동물은 도살 후 시간이 경과함에 따라 근육은 유연성을 잃고 뻣뻣해지는데, 이와 같은 현상을 사후경직(Rigor Mortis)이라 한다. 사후 경직기를 지나 자체의 효소에 의해 분해되는 자기소화 현상이 일어나 식육은 다시 연해지고 맛이 좋아져서 식용에 적합하게 된다.
  – 사후강직 상태 식육은 질기고 단단하여 맛이 없으며, 가열해도 쉽게 연해지지 않는다.
  – 식육의 도살 후 변화 순서 : 사후경직 → 숙성(자기소화과정) → 부패 순이다.
• 숙성 : 사후강직 후 식육은 자기소화에 의하여 각종 아미노산 등의 수용성 질소 화합물이 증가하여 근육이 연해지고 육즙이 증가하여 맛이 좋아진다.
• 부패 : pH 5.6~6.2에서 부패가 시작되고, pH 6.2 이상이면 부패취가 난다.

③ 육류의 연화

| 구분 | 성분 |
|---|---|
| 단백질 분해 효소 | 파파야(파파인), 파인애플(브로멜라인), 무화과(휘신), 배(프로테아제), 키위(액티니딘) 등이다. |

| 가열조리법 | 물에서 장시간 끓이면 콜라겐이 젤라틴화 되어 연해진다. |
|---|---|
| 물리적 방법 | 결의 반대 방향으로 썰기, 갈기, 두드리기, 칼집 등을 넣어주면 연해진다. |
| 첨가제 | 설탕을 먼저 넣은 후 조리하면 연화 작용이 증대된다. |
| 동결 | 용적팽창에 따라 조직 파괴로 조금 연해진다. |

④ 가열에 의한 변화

- 색의 변화
  - 미오글로빈은 공기 중의 산소와 결합하면 옥시미오글로빈으로 변하여 선명한 붉은색이 된다.
  - 공기 중에 오래 노출되거나 가열 시에 '메트미오글로빈'으로 변하여 갈색을 띤다.
  - 미오글로빈 → 옥시미오글로빈 → 메트미오글로빈 순으로 변화한다.

⑤ 식육의 가열 온도에 따른 분류와 특징

| 구 분 | 내부온도 | 특징 |
|---|---|---|
| Rare | 55~65℃ | 육류의 표면을 살짝 굽는 방법으로, 고기 내부는 생고기처럼 육즙이 그대로 남아 있다. |
| Medium | 65~70℃ | 육류를 중간 정도로 익히는 방법으로 표면은 회갈색 정도이며, 내부는 촉촉하면서 부드럽고 선홍색의 육즙이 약간 있다. |
| Well-done | 70~80℃ | 육류 표면과 내부 모두 완전히 익히는 방법으로, 갈색 정도로 구우며 육즙이 거의 없다. |

⑥ 소고기의 부위별 특징과 조리 용도

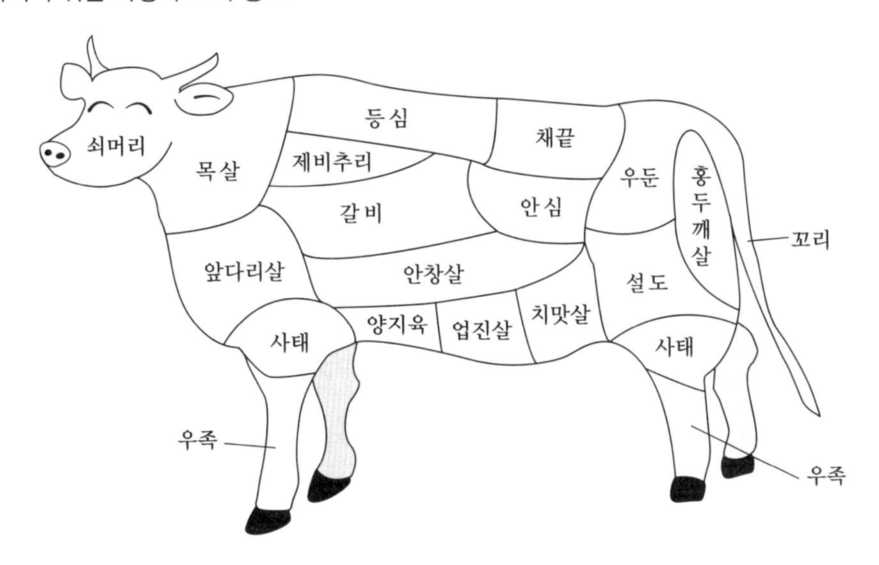

| 구분 | 특징 | 조리 예시 |
|---|---|---|
| 소머리 | 지방이 많고 풍미가 좋다. | 편육, 찜 |
| 목살(장정육) | 지방이 적고 육질이 질기다. | 구이, 스테이크 |
| 앞다리살 | 약간 질기다. | 탕, 육회, 장조림 |
| 사태육 | 지방이 적고 힘줄이 많아 질기다. | 국, 찌개, 찜 |
| 등심 | 육질이 연하고 풍미가 좋다. | 구이, 스테이크 |
| 갈비 | 약간 질기고 풍미가 좋다. | 구이, 탕, 찜 |
| 양지육 | 섬유질이 있어 질기다. | 장조림, 편육, 장국 |
| 채끝 | 지방이 적고 육질이 연하다. | 지짐, 구이, 찌개 |
| 안심 | 지방이 적고 풍미가 좋다. | 스테이크, 전골 |
| 설도 | 지방이 적고 질기다. | 육회, 육포, 불고기 |
| 업진살 | 지방이 많고 풍미가 좋다. | 구이, 편육, 탕, 조림 |
| 우둔살 | 지방이 적고 육질이 연하다. | 육회, 육포, 조림 |
| 꼬리 | 지방이 적고 질기다. | 탕 |
| 홍두깨살 | 지방이 적고 맛과 풍미가 좋다. | 조림, 산적, 완자탕 |
| 우족 | 지방이 많고 풍미가 좋다. | 족편, 탕 |

⑦ 소고기 특징 부위

| 구분 | 특징 |
|---|---|
| 꽃등심 | • 소의 등심에 눈꽃처럼 지방이 대리석 무늬(Marbling) 모양이다.<br>• 구이용으로 많이 이용한다. |
| 안창살 | • 안심 옆에 T자 모양의 폭 7cm 정도의 살, 모양이 창문 안쪽의 커튼 윗부분 주름살처럼 생긴 모양이다.<br>• 질기지만 씹는 식감과 육즙향이 매우 좋아 구이용으로 많이 이용한다. |
| 제비추리 | • 안창살과 비슷하나 등쪽의 1번 갈비와 6번 갈비 안쪽에 붙어 있는 부위이다.<br>• 소 1마리 당 약 250g 정도 2개가 추출되어 희소성이 높다.<br>• 구이용으로 많이 이용한다. |
| 차돌박이 | • 고기의 결이 거칠고 질겨서 스테이크와 같은 두께로 구우면 씹기가 쉽지 않기 때문에 냉동한 후 아주 얇게 썰어 구이로 이용한다.<br>• 국물을 끓이면 가장 구수한 맛이 나는 부위이다. |
| 치맛살 | • 갈비 7번 뒤쪽 하단부의 업진육과 연결되어 있다.<br>• 모양이 주름치마와 비슷하다. 결이 일정하고 기름층과 살이 교차로 있어 육즙 맛이 좋아 국물요리에 이용하면 좋다. |

| 연령별 | • 머튼 : 2살 이상의 양고기<br>• 램 : 1살 미만의 양고기<br>• 빌 : 2살 미만의 송아지고기 |
|---|---|

⑧ 돼지고기의 부위별 특징과 조리 용도

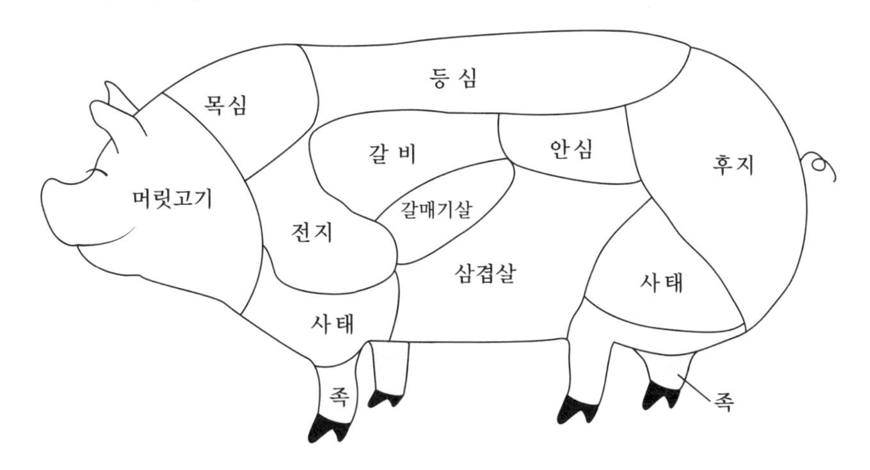


| 구 분 | 특 징 | 조리 예시 |
|---|---|---|
| 목살 | 지방이 적당하고 풍미가 좋다. | 보쌈, 구이 |
| 앞다리살(전지) | 지방이 적고 육질이 섬세하다. | 불고기, 찌개, 수육 |
| 등심 | 육질이 부드럽고 지방 적다. | 튀김, 구이 |
| 갈비 | 육질이 쫄깃하고 풍미가 좋다. | 구이, 찜, 조림, 탕 |
| 안심 | 지방이 적당하고 육질이 연하다. | 돈가스, 장조림 |
| 삼겹살 | 지방이 많고 풍미가 좋다. | 구이, 보쌈 |
| 뒷다리살(후지) | 지방이 적고 육질이 섬세하다. | 다짐육, 구이 |
| 사태 | 지방이 적고 질기다. | 국, 찌개, 햄 |
| 갈매기살 | 지방이 적고 쫄깃하다. | 구이 |
| 머릿고기 | 지방이 많고 쫄깃하다. | 편육 |
| 족 | 육질이 쫄깃하다. | 족편, 탕 |

⑨ 닭고기의 부위별 특징과 조리용도

| 구분 | 특징 | 조리 예시 |
|---|---|---|
| 가슴살 | 흰살, 육질이 부드럽고 담백한 맛 | 찜, 튀김, 무침 |
| 다릿살 | 붉은살, 육질이 쫄깃한 맛 | 구이, 튀김, 조림, 찜 |
| 날개살 | 흰살, 육질이 부드럽고 담백한 맛 | 튀김, 조림 |

⑩ 육류의 감별법

- 소고기
  - 선홍색을 띠며 수분이 충분히 함유되어 있고 탄력이 있어야 하며, 지방색은 유백색이어야 좋다.
  - 식육의 색이 너무 빨간 것은 도축한지 오래되었거나 노동을 많이 한 고기 일 수 있어 품질이 좋지 않다.
- 돼지고기
  - 수분이 충분히 함유되어 있고, 색깔이 선명한 것이 좋다.
  - 윤기가 있는 담홍색으로 기름지고 살코기가 두꺼운 것이 좋다. 너무 붉은색은 늙은 돼지이다.
  - 암컷보다 수컷은 고기가 거칠고 질겨서 좋지 않다.
  - 지방이 많아 소고기보다 부패가 빨리 진행되므로 구입 시 냄새와 색, 탄력도 등을 보고 신선한 것을 구매한다.
- 닭고기
  - 고기색은 담황색이며, 육질은 탄력과 수분 함량이 많고 윤기가 나는 것이 좋다.
  - 가슴 아래의 부위가 연하면 고기도 연하다.
  - 껍질에 주름이 있거나 축 늘어진 것은 좋지 않다.

### (2) 달걀의 조리

달걀은 영양이 우수하여 단백가 100으로 단백가의 표준이 된다. 용도로 팽창제(엔젤케이크, 머랭), 유화제(마요네즈), 농후제(알찜, 커스터드, 푸딩), 결합제(만두 속, 전, 크로켓) 등으로 사용된다.

① 달걀의 구조와 성분

- 난황(노른자) : 수분 약 50%, 유화성이 있는 레시틴과 세파린 등의 인지질 및 콜레스테롤, 단백질과 철분, 각종 비타민과 비타민 A 등을 함유하고 있으며, 비타민 C는 거의 없다.
- 난백(흰자) : 수분 약 90%, 그 외 단백질 성분인 오보알부민, 오보글로불린, 오보뮤신, 콘알부민, 오보뮤코이드, 아비딘 등으로 이루어져 있다. 농후한 흰자(내수양 난백)와 물 같은 흰자(외수양 난백)가 있다.
- 난각(껍질), 기실(공기구멍), 알끈(칼라자), 배아(난황의 중심 부분), 난각막 등으로 구성되어 있다.

② 난백의 기포성

㉠ 난백을 휘저으면 오보글로불린, 콘알부민, 오보뮤신 등의 기포성에 관여하는 단백질이 공기를 에워싸기 때문에 생성된다.

ⓛ 거품은 가열 시 응고되어 고정되는데, 이러한 성질을 기포성이라 한다. 기포성을 이용하여 스펀지 케이크, 머랭, 튀김, 케이크장식 등의 요리에 응용된다.

ⓒ 기포성에 관여하는 요인

- 온도 : 난백은 30℃쯤에서 거품이 잘 일어나며, 냉장 온도보다 실온 보관 달걀이 점도가 낮고 표면장력이 작아져 거품이 잘 생긴다. 냉장고에서 바로 꺼낸 달걀로 거품을 만들 때는 달걀의 온도를 높여 거품을 내는 것이 좋다.
- 신선도 : 신선한 달걀은 거품이 더디게 일어나지만 안정성이 높은 농후난백이 많고 수양난백이 적으며, 오래된 달걀은 수양난백이 많아 거품은 쉽게 형성되나 안정성은 낮다.
- 첨가물
  - 우유, 기름은 거품(기포)을 저해한다.
  - 설탕은 거품을 충분히 낸 마지막 단계에 넣어주면 거품을 안정화시킨다.
  - pH(산) : 식초, 레몬즙 등의 산을 난백에 첨가하면 오브알부민의 등전점인 pH 4.6~5.8 가까이 되므로 점도가 낮아져 거품(기포현상)이 더 잘 일어난다.

    ※ 등전점 : 산과 알칼리의 힘이 같아질 때의 pH이다.
  - 기포형성을 저해하는 크기의 순서 : 기름 〉 설탕 〉 소금 순이다.
- 흰자를 담아 거품을 내는 그릇의 모양은 밑은 좁고 둥근 바닥을 가진 것이 평평하고 넓적한 용기보다 좋으며, 젓는 속도는 빠를수록 기포력이 좋아진다.

③ 달걀의 열 응고성

㉠ 달걀의 응고 온도는 난황은 65~70℃, 난백은 60~65℃에서 응고된다.

ⓛ 열 응고성에 관여하는 요인

- 달걀용액의 농도 : 달걀을 물로 희석시키면 응고온도가 높아진다.
- 가열온도와 시간 : 가열온도가 높을수록 단단하게 응고되고, 가열온도가 낮으면 부드럽고 연한 응고물이 된다. 난황은 완전히 응고 시 광택이 없는 입상이 되어 부스러지기 쉽게 된다.
- 가열속도 : 커스터드(custard)는 강한 불에서 급하게 가열하면 높은 온도에서 익기 시작하여 급격히 완성되고, 약한 불에서 서서히 가열하면 낮은 온도에서 익기 시작하여 낮은 온도에서 완성된다.
- 첨가물 : 설탕을 넣으면 응고온도가 높아지고, 소금과 식초를 넣으면 응고온도가 낮아진다.

• 달걀의 소화시간과 익히는 시간

| 구분 | 소화시간 | 삶는 시간 |
|---|---|---|
| 반숙 | 1시간 30분 | 물이 끓은 뒤 7분 |
| 완숙 | 2시간 30분 | 물이 끓은 뒤 12~13분(녹변현상 : 15분 이상일 때) |
| 생달걀 | 2시간 45분 | |
| 달걀 프라이 | 3시간 15분 | |

④ 난황의 유화성

- 난황의 레시틴 성분은, 유화를 안정화시킨다.
- 난황에 액체유를 넣고 저으면 유화성을 이용한 수중유적형의 마요네즈를 만들 수 있다.

⑤ 가열에 의한 변화(녹변현상)

- 달걀을 껍질째 오래 삶으면 난백의 황화수소($H_2S$)와 난황의 철(Fe)이 결합하여 황화제1철(FeS)을 생성하여 난황표면이 검푸른 색으로 변한다.
- 황화제1철(FeS)은 삶는 시간이 길어질수록, 높은 온도에서 가열할수록, 달걀의 신선도가 떨어질수록 많이 생성된다.
- 삶은 달걀을 열을 식히지 않고 그대로 두면 검푸른 녹변 현상이 많이 생성되며, 냉수에 바로 담궈 열을 신속히 식혀주면 적게 생긴다.

⑥ 난황계수 · 난백계수 : 신선하지 않은 달걀일수록 난백계수와 난황계수는 작아진다.

- 달걀을 깨뜨려 측정하는 방법으로 신선도가 떨어질수록 수치가 낮다.
- 난황계수=난황의 높이÷난황의 직경(난황계수는 0.36~0.44 이상이면 신선)이다.
- 난백계수=농후난백의 높이÷농후난백의 직경(난백계수는 0.14~0.17이상이면 신선)이다.

⑦ 신선한 달걀의 감별법

껍질은 까칠까칠하고 두꺼워야 하고, 빛에 비추었을 때 공기집의 크기가 작고, 난황계수의 수치가 큰 것(0.36~0.44 이상), 흔들었을 때 내용물이 흔들리지 않아야 하며, 깨뜨렸을 때 노른자위가 볼록하고 흰자의 점도가 높아야 하며, 산란 직후 달걀의 비중은 1.04 정도이며, 난각(껍질)의 두께에 따라 좌우되기는 하지만 비중 1.028에서 떠오르는 것은 오래된 것으로 판정한다.

※비중법 : 6% 식염수(물 1C, 소금 1Ts)에 가라앉으면 신선한 것이고, 떠오르면 오래된 달걀이다.

⑧ 달걀 크기에 따른 분류

| 구분 | 무게(g) | 구분 | 무게(g) |
|---|---|---|---|
| 왕란(1등급) | 70 이상 | 중란(4등급) | 55~60 |
| 특란(2등급) | 65~70 | 소란(5등급) | 50~55 |
| 대란(3등급) | 60~65 | 경란(6등급) | 45~50 |

### (3) 우유의 조리

우유는 칼슘과 단백질이 주성분이다.

① 우유의 성분

단백질 : 카세인(casein)은 레닌(rennin)과 산(acid) 의해 응고되는 성질을 이용하여 치즈를 제조한다. 유청단백질(락토알부민, 락토글로불린)은 65.5℃ 전 · 후의 온도에서 응고된다.

② 우유를 이용한 조리법

- 음식의 색을 희게 해주며, 가열 시 피막이 형성된다.
- 락토오스와 단백질은 열에 의해 '캐러멜화(마이야르반응)'된다. 따라서 케이크, 과자류, 단팥빵 등의 표면을 식욕을 돋우는 갈색으로 만들 때 이용한다. 우유를 데울 때는 이중 냄비에 중탕으로 저어가며 가열한다.
- 단백질은 열에 의해 응고되는데, 겔(gel)의 강도를 높여주는 효과가 있어 커스터드푸딩을 만들 때 이용된다.
- 우유에 함유된 콜로이드 입자는 음식에 윤활감을 주어 기호성을 높이고, 냄새를 흡착하여 제거한다. 따라서 육류나 생선류를 조리하기 전에 우유에 담가두면 냄새를 제거할 수 있다.
- 밀가루, 커피, 코코아, 홍차, 설탕 등의 식품과 혼합이 잘되는 유동성을 가지고 있다.

③ 카세인의 응고

- 산에 의한 응고 : 산이 함유된 토마토를 이용하여 크림스프를 만들 때 처음부터 우유와 토마토를 함께 넣고 끓이면 '카제인'이 응고되어 덩어리가 생긴다. 토마토는 먹기 직전에 넣거나 토마토를 충분히 볶아 산을 휘발시킨 후 우유를 넣어 조리한다.
- 레닌에 의한 응고 : 레닌에 의한 적합한 응고 온도는 40℃이며, 소화를 돕는다.
- 염류에 의한 응고 : 고온에서 더 잘 응고된다.
- 폴리페놀화합물에 의한 응고 : 타닌의 폴리페놀화합물은 우유 단백질이 탈수되어 응고된다. 아스파라거스 크림수프나 '스캘롭드 포테이토'가 덩어리지는 것은 폴리페놀릭 물질이 들어있기 때문이다.

④ 우유의 살균처리

- 저온장시간살균법(LTLT법) : 61~65℃에서 30분 동안 가열한다(영양소 파괴가 가장 적다).

- 고온단시간살균법(HTST법) : 70~75℃에서 15~30초 동안 가열한다.
- 초고온순간살균법(UHT법) : 130~140℃에서 0.5~5초 동안 가열한다.

⑤ 우유 가공품의 종류

| 종류 | 특징 |
|---|---|
| 버터 | • 우유의 유지방을 응고시켜 만든 유중수적형의 유가공 식품<br>• 80% 이상의 지방을 함유, 비타민 A, D 풍부, 소화 흡수율이 좋음 |
| 크림 | • 우유를 원심분리하였을 때 위로 뜨는 지방 함량이 높은 부분<br>• 지방함유율 : 커피 크림 18~20%, 휘핑크림 36%, 양생과자용 40~50% |
| 치즈 | • 자연치즈 : 카제인에 효소인 레닌을 첨가하여 응고시켜 만든 발효식품<br>• 가공치즈 : 자연치즈에 유화제 첨가. 발효가 더 이상 일어나지 않아 저장성이 높음 |
| 연유 | • 무당연유 : 우유의 수분을 증발시켜 농축시킨 것<br>• 가당연유 : 설탕을 첨가하여 농축 |
| 분유 | • 전지분유, 탈지분유, 가당분유, 조제분유 등<br>• 수분 5% 이하로 건조, 분말화 하여 보존성이 높음 |
| 발효유 | 우유에 유산균을 넣고 발효시킨 것 |
| 아이스크림 | 크림에 연유, 탈지분유, 설탕, 유화제, 안정제, 향료 등을 넣어 교반하여 냉동한 것 |
| 샤워크림 | 생크림(유지방)을 발효한 것 |

## 3. 수산물의 조리 및 가공·저장

### (1) 어패류

① 어류의 특징

- 어류의 근육조직은 육류보다 근섬유의 길이가 짧고, 결합조직도 훨씬 적어 소고기보다 육질이 연하다.
- 어류는 서식 장소에 따라 담수어와 해수어로 크게 나눈다.
  - 담수어는 해수어보다 낮은 온도에서 자기소화가 일어난다.
  - 해수면과 가까운 곳에 사는 어류는 등쪽이 푸르스름하고 배쪽은 은백색, 황백색이다.
  - 중간 깊은 곳에 서식하는 어류는 황색, 갈색, 적색이 많다.
  - 아주 깊은 곳에 서식하는 어류는 선홍색, 흑색, 흑자색이 많다.
  - 해변 가까이 서식하는 어류는 얼룩무늬와 아름다운 색채를 가진다.
- 산란기 직전 살이 찌고 지방이 많아 가장 맛이 좋고, 산란 후에는 지방이 적어 맛이 떨어진다.

- 어류의 사후경직
  - 어류는 사후강직 시기에 맛이 좋고, 시간이 경과되면 자기소화가 진행되어 부패된다.
  - 어류는 크기가 작아 사후 1~4시간 동안에 최대 강직상태가 된다.
  - 붉은살 생선이 흰살생선 보다 사후강직이 빨리 시작된다.
  - 자기소화가 일어나면 풍미가 저하된다.
  - 담수어는 자체 내 효소의 작용으로 해수어보다 부패 속도가 빠르다.
- 백색어류(생태, 가자미, 도미, 광어 등)는 지방분이 적고 살코기가 희며, 적색어류(고등어, 꽁치, 청어)는 지방이 많고 살코기가 적색이다.

② **생선의 성분** : 섬유상 단백질과 구상 단백질이 모여 어육을 구성한다.

- 단백질
  - 섬유상 단백질(구조단백질) : 생선에는 근섬유의 주체를 형성하는 단백질로서 미오신, 액틴, 트로포미오신, 액토미오신으로 구성되어 있고, 전체 단백질의 70% 정도를 차지하는데 소금에 녹는 성질이 있어 어묵제조에 이용한다.
  - 생선의 품질에 영향을 주는 소금의 농도

| 구분 | 소금 농도에 따른 어류 단백질의 특징 |
|---|---|
| 1% 이하 소금물 | 미오겐이 용해되고 용출량이 적어 투명하고 점도가 낮은 용액을 형성한다. |
| 2% 이상 소금농도 | 단백질 용출량이 급격하게 증가해서 점도가 높아진다. |
| 2~6% 소금농도 | 미오신, 액틴이 용출되어 액토미오신을 형성하는 점도가 높은 졸이 겔로 되어 굳는다(어묵제조에 소금은 필요불가결한 물질). |

- 지방
  - 불포화지방산이 80%, 포화지방산이 20%로 되어 있다.
  - 불포화지방산은 공기 중의 산소와 결합하면 불포화지방이 산화되어 어류의 산패와 단백질의 변패가 일어나기 쉽다.
- 지미성분 : 뉴클레오티드와 유기산의 함량에 따라 달라지는데, 참다랑어는 배쪽 살이 기름져 맛이 좋다. 또한 부위에 따라 맛이 달라서 어류의 맛은 볼의 살을 먼저 먹어보면 알 수 있다.

③ **어취 제거 방법** : 어취는 생선 내에 있는 감미성분 '트리메틸아민옥시드(TMAO)'가 세균에 의해 환원되어 '트리메탈아민(TMA)'으로 되어 나는 냄새이다.

- 물로 씻기 : '트리메틸아민(TMA)'은 수용성이므로 물에 씻어 비린내를 제거할 수 있다.
- 산의 첨가 : 산(레몬즙, 유자즙, 식초)을 넣으면 트리메틸아민과 결합하여 냄새가 없는 물질을 생성한다.
- 마늘 · 생강 · 파 · 양파의 첨가 : 황(S) 성분과 맵고 냄새가 강한 성분을 가지고 있어 비린내를 감소시키고, 비린내를 감지하는 능력을 약화시킨다.

- 고추와 겨자 : 매운맛은 '미뢰(味蕾)'를 마비시켜 비린내 억제효과를 낸다.
- 고추장 · 된장 · 간장 : 비린내 성분을 흡착, 용출시켜 비린내 억제효과를 낸다.
- 알코올 : 생선의 비린내를 없애고, 맛의 향상에 도움을 준다.
- 우유를 첨가 : 우유의 단백질이 트리메탈아민을 흡착하여 비린내를 제거한다.
- 통후추 · 피망 · 셀러리 · 파슬리 · 당근의 첨가 : 통후추는 조리 마지막에 넣는다.

④ 어류의 조리

- 탕과 찌개 및 조림
  - 처음 가열할 때 뚜껑을 열어 비린내를 휘발시킨다.
  - 물이 끓은 다음에 생선을 넣으면 생선살이 풀어지지 않아 국물이 맑다.
  - 생강은 생선이 익은 후(단백질이 변성)에 넣어야 탈취효과가 있다.
  - 가열시간이 너무 길면 어육에서 탈수 작용이 일어나 맛이 없어진다.
  - 신선도가 낮은 생선은 양념을 진하게 하고 뚜껑을 열고 끓인다.
  - 가시가 많은 생선은 식초를 첨가하여 약한 불에서 조림을 하면 뼈째 먹을 수 있다.
- 어묵
  - 미오신 함량이 높은 어육을 3% 정도의 소금과 함께 갈아 교반하고 가열하면 액토미오신이 서로 뒤엉켜서 입체적 망상구조를 형성하고 겔 상태로 굳는다.
  - 전분을 첨가하여 생선묵의 점탄성을 부여한다.
- 구이
  - 지방 함량이 높은 생선이 풍미와 지미가 더 좋다.
  - 석쇠가 달구어지면 기름을 바른 후에 생선을 구우면 석쇠에 생선이 덜 달라붙어 모양을 유지 할 수 있다.
  - 소금구이를 할 때 소금은 생선 중량의 2~3% 정도가 적당하며, 어육을 수축시켜 탈수현상을 방지할 수 있다.
- 튀김 : 박력분을 사용하여 튀김옷을 만들고, 180℃에서 2~3분간 튀기는 것이 좋다.
- 전유어 : 흰살생선을 이용해야 담백하고, 비린내 제거에는 생강즙이 효과적이다.

⑤ 어류의 신선도 감별법

| 구분 | 특징 |
|---|---|
| 신선한 생선 | • 육질이 단단하고 탄력이 있으며, 비늘이 고르게 밀착되어 있다.<br>• 내부살이 투명하고 선명하며, 광택이 있으면서 아가미는 암적색으로 점액이 있다.<br>• 안구가 튀어나오고 투명하며, 물에 가라앉는다.<br>• 근육이 뼈에 탄탄하게 밀착되어 잘 떨어지지 않아야 하고, 생선 특유의 냄새가 나야 한다. |
| 신선도 낮은 생선 | • 아가미색이 갈색, 점액이 없으면 신선도가 떨어진 것이다.<br>• 부패된 것은 물 위로 뜬다. |

### (2) 해조류의 조리

① 해조류의 특징

- 알칼리성 식품으로 요오드나 칼륨 등 무기질과 비타민이 풍부하고, 수용성 식이섬유가 많다.
- 당질로는 한천, 카라기난, 만니톨 등의 다당류가 함유되어 있다.

② 해조류의 종류

- 홍조류 : 깊은 바다에서 서식한다(우뭇가사리, 김 등).
- 갈조류 : 중간 바다에서 서식한다(미역, 다시마, 모자반, 톳 등).
- 녹조류 : 얕은 바다에서 서식한다(파래, 청각, 청태 등).

③ 해조류의 조리

- 김 : 주로 구워 먹으며, 구울 때의 청록색으로 변하는 것은 붉은색의 '피코에리트로빈'이 청색의 '피코시아닌'으로 바뀌기 때문이다. 김이 저장 중에 색소가 변색되는 것은 피코시아닌이 피코에리트린으로 되기 때문이며, 햇빛에 영향을 많이 받는다.
- 미역
  - 갑상선호르몬의 주성분인 요오드(아이오딘)와 칼슘을 많이 함유하고 있어 산모의 노폐물 제거와 청소년기 성장발달에 좋다.
  - 몸에 해로운 중금속을 점질물인 알긴산에 의해 몸 밖으로 배설시킨다.
  - 색소는 카로티노이드계의 '푸코잔틴(fucoxanthin)'이다.
  - 카로티노이드 색소에 둘러싸인 엽록소가 녹아 나와 데치면 녹색으로 변한다.
- 다시마
  - 두껍고 거무스름한 색을 띠는 것이 좋으며, 점질물질은 알긴산이다.
  - 혈압강하 작용을 하는 라미나린, 칼슘, 요오드(아이오딘), 철 함량이 풍부하다.
  - 표면의 하얀 가루는 감미 성분인 만니톨이며, 맛난 성분인 글루탐산을 다량 함유하여 국물 내기에 이용한다.

## 4. 유지 및 유지 가공품

### (1) 유지

유지는 일반적으로 식물의 종자에서 추출한 기름은 실온에서 액체이므로 식물성 유(油)라 칭하고, 동물의 조직에서 추출한 고체 기름을 동물성 지(脂)라고 한다. 식용유지에 가장 많이 함유된 지방산은 스테아르산(stearic acid), 팔미트산(palmitic acid), 올레산(oleic acid)이다. 지방은 리파아제(lipase)에 의해 분해되어 글리세린과 지방산으로 된다.

① 유지의 특징

㉠ 열전달 매개체

- 물보다 온도가 고온으로 올라가기 때문에 짧은 시간에 조리가 가능하다.
- 식물성 기름이 발연점이 높아 가열 조리에 적합하다.

㉡ 음식 맛의 증진제 : 특유의 향미 성분은 음식의 향미를 돋운다(버터, 참기름 등).

㉢ 유지미의 부가 : 튀김 음식은 식품에 기름이 흡수되어 튀김 특유의 맛과 향기를 준다.

㉣ 연화(쇼트닝화)

- 밀가루 반죽에 유지를 넣으면 유지가 글루텐이 서로 연결하지 못하게 작은 방울로 흩어지거나 얇은 막을 형성하여 글루텐 형성을 방해하기 때문에 연하고 부드러워지는 것을 말한다. 지방을 너무 많이 첨가하면 굽거나 튀길 때 부서지기 쉽다.
- 크래커, 페이스트리, 비스킷 등의 바삭한 맛과 케이크 등의 부드러운 맛 등이 있다.
- 마요네즈가 분리되는 현상
  - 유화제에 비해 기름의 양이 너무 많았을 때
  - 기름을 너무 빨리 많이 넣었을 때
  - 초기의 유화액 형성이 불완전할 때
  - 젓는 속도를 천천히 하며 기름을 첨가했을 때
  - 기름의 온도가 너무 낮을 때
  - 달걀의 신선도가 너무 떨어질 때

㉤ 가소성

- 외부에서 힘을 주었다 멈추었을 때 원상태로 회복되지 않는 성질을 말한다.
- 버터를 식빵 표면에 얇게 펴 바른 후 멈추었을 때 원상태로 돌아가지 않는 현상 등이다.

② **유지의 발연점** : 유지를 가열할 때 표면에서 푸른 연기가 발생하는 시점의 온도를 말한다.

- 아크롤레인의 생성 : 발연점에서는 발암물질인 아크롤레인이 생성되어 자극적인 냄새가 나는 무색의 휘발성 액체 성분으로 식품의 품질을 저하시킨다.
- 식용유지의 발연점 : 튀김을 할 때는 발연점이 높을수록 좋다.

| 구 분 | 발연점 | 구 분 | 발연점 |
|---|---|---|---|
| 옥수수유 | 280℃, | 라아드 | 190℃ |
| 포도씨유 | 250℃ | 올리브유 | 180℃ |
| 대두유 | 240℃ | 버터 | 208℃ |
| 면실유 | 230℃ | 낙화생유 | 160℃ |

- 발연점에 영향을 주는 인자 : 유리지방산이 많고, 기름에 이물질, 여러 번 반복 사용한 기름, 튀김용기의 표면적이 넓을수록 발연점이 낮아진다.

③ 유지의 산패

- 산패의 정의 : 유지나 유지함량이 많은 식품은 장기간 저장하거나 가열을 반복하면 공기 중의 효소, 광선, 미생물, 온도, 수분, 금속 등의 작용을 받아 신맛과 불쾌한 냄새가 발생하고 착색과 악취를 내는데, 이러한 유지의 품질저하 현상을 산패라고 한다.
- 산패의 영향 인자 : 온도가 높을수록, 광선 및 자외선, 금속류, 수분이 많을수록, 지방분해효소가 많을수록, 불포화도가 높을수록 유지의 산패를 촉진한다.

## 5. 냉동식품의 조리

### (1) 냉동식품

① 식품의 냉동

- 냉동식품의 정의 : 제조, 가공, 조리한 식품을 장기적인 보관을 목적으로 냉동하는 것으로서 포장이나, 용기에 넣은 식품을 말한다.
- 냉동
  - 0℃ 이하로 동결시켜 저장하는 방법이다.
  - 중온균이나 고온균이 생육할 수 없고, 효소의 활성도가 크게 낮아져 오랫동안 저장이 가능하다.
  - −5℃ 이하에서 미생물은 증식하지 못하지만, 균이 사멸하는 것은 아니다.
  - 냉동식품의 저장 방법은 −18℃ 이하의 저온에서 주로 수산물과 축산물의 장기 저장에 이용된다. 축산물은 −1~−5℃인 최대결정생성대를 되도록 약 30분 내에 통과시켜서 −50℃에서 동결시키는 급속 냉각법을 이용하면 좋다.
  - 채소류는 데치고, 어 · 육류는 다듬은 후 냉동한다.
  - 1회 사용할 양으로 소포장해서 냉동 보관하고, 한 번 해동한 식품은 다시 냉동하지 않는다.
- 냉장
  - 0~4℃의 저온에서 저장하여 효소작용, 부패세균을 억제하여 식품을 보존하는 방법이다.
  - 냉장 온도에서는 미생물의 생육이 가능하여 장기보관에는 적합하지 않다.

② 냉동식품의 해동

- 냉동식품의 얼음을 녹게 하고, 식용이나 가공할 수 있는 상태로 전환시키는 작업을 말한다.
- 해동 방법의 종류
  - 저온 해동 : 냉장온도에서 해동하는 방법으로 2~4℃에서 시간을 두고 천천히 해동하는 방법이다(어 · 육류 등).

– 실온 해동 : 자연 해동으로 저온 해동보다는 빠르게 해동시키는 방법이다.
– 수중 해동 : 공기보다 물이 열전도가 좋아서 실온해동보다 빠르다.
– 전자렌지 해동 : 간편하고 빠르게 해동할 수 있는 장점이 있다.
– 가열 해동 : 가열과 해동을 동시에 한다.

③ 식품의 해동 조리 방법

- 채소류 : 가열처리된 냉동 채소는 폴리프로필렌, 플라스틱 필름으로 포장한 것은 찬물, 냉장 온도에서 해동하고 단시간에 조리한다.
- 육류 · 어류 : 육류나 어류의 해동은 동결할 때보다 효소적 변화가 더 많이 진행된다. 액즙의 손실 즉, 드립(drip)이 발생되지 않도록 높은 온도에서의 해동보다는 필름에 포장된 상태로 냉수나 시간적 여유가 있다면 냉장고에서 해동하는 것이 가장 좋다.
- 튀김류 : 미리 튀겨져 동결상태인 제품이나 빵가루가 입혀진 동결상태 식품은 적정 온도에서 냉동된 상태에서 바로 튀겨 내거나, 제품에 따라서 오븐에서 굽거나 데운다.
- 조리된 냉동식품 : 알루미늄에 포장된 식품은 오븐에서 15~20분간 데워내고, 플라스틱 필름으로 포장된 제품은 전자레인지나 끓는 물에 그대로 넣어 끓인다.
- 빵 및 과자류 : 실온에서 자연 해동시키거나 오븐을 이용하여 데운다.
- 과일류 : 먹기 직전에 해동하며 냉장고에서 포장된 채로 해동하거나 흐르는 물에서 해동하며 가열은 하지 않는다. 주스류로 사용할 경우 동결된 상태 그대로 믹서에서 갈거나 가공하며, 생식용은 반쯤 해동된 상태로 먹는다.

## 6. 조미료와 향신료

### (1) 조미료

기본적인 조미료에는 일반적으로 식염과 식초, 설탕 등이고, 음식의 맛을 증가시키는 물질이다.

① 조미료의 종류

- 지미료(맛난맛) : 멸치, 화학조미료, 다시마, 된장 등이다.
- 감미료(단맛) : 인공감미료(아스파탐, 사카린 등), 설탕, 꿀 등이다.
- 함미료(짠맛) : 소금, 간장, 젓갈 등이 있으며, 특히 단맛과 함께 사용 시 단맛을 강화한다.
- 산미료(신맛) : 식초, 레몬즙, 구연산 등이다.
- 고미료(쓴맛) : 맥주의 쓴맛 성분으로 홉, 고수, 방아잎 등이다.
- 아린맛(떫은맛+쓴맛) : 감자, 죽순, 가지 등이다.
- 신미료(매운맛) : 고추, 후추, 겨자 등이다.

② 화학조미료

- MSG의 특징
  - 주성분은 L-글루탐산나트륨이며, 다시마의 감칠맛을 갖는 아미노산계 조미료이다.
  - pH가 낮은 식품에는 정미력이 떨어진다.
  - 신맛과 쓴맛을 완화시키고, 단맛에 감칠맛을 부여한다.

③ 조미료의 사용 순서 : 설탕 → 소금 → 간장 → 식초 → 된장 · 고추장 → 화학조미료 순이다.

### (2) 향신료

① 향신료의 종류

- 마늘 : 살균과 강장작용이 있으며, 혈액순환을 촉진시키고 효소에 의해 소화를 돕는다(알리신).
- 파 : 생선의 비린내, 육류의 누린내, 채소의 풋내 등을 제거해준다(황화아릴).
- 생강 : 육류의 누린내와 생선의 비린내를 없애는 데 효과적이다(진저롤, 쇼가올).
- 겨자 : 겨자의 매운맛 성분인 시니그린은 '미로시나아제' 효소가 40~45℃에서 가장 활발하기 때문에 따뜻한 물을 섞어 발효시킨다.
- 후추 : 육류의 누린내와 생선의 비린내를 없애는 데 효과적이다(차비신).
- 고추 : 혈액순환, 식욕을 촉진해 주고 소화를 돕는다(캡사이신).
- 기타 향신료 : 시나몬(계피), 타임(백리향), 아니스(회향), 클로브(정향), 너트메그(육두구) 등이다.

## 7. 기타 식품

### (1) 한천 및 젤라틴

① 한천 : 우무를 잘라서 동결건조시킨 것이다. 분말 한천은 점액을 분무 건조시킬 때 얻을 수 있다.

- 우뭇가사리와 같은 홍조류를 삶아서 얻은 액을 냉각시켜 굳힌 것이 우무이다. 주성분은 '아가로오스'와 '아가로펙틴'이다.
- 한천을 물에 담그면 흡수, 팽윤하여 부피가 약 20배 정도 불어나고, 섭취 시 장을 자극하여 변비를 예방하는 데 효과가 있다. 팽윤된 한천의 용해온도는 80~100℃이고, 응고 온도는 35℃ 이하이다.
- 한번 겔화되면 80~85℃에서도 잘 녹지 않는다.
- 식품에 0.5~1.5% 정도 사용하며, 농도가 진할수록 빨리 응고되어 단단한 겔이 형성된다. 응고제와 미생물 배양제로도 이용된다.

- 한천에 점성, 탄력성, 투명도를 증가하기 위해 설탕을 첨가하며, 설탕의 농도가 높을수록 겔의 강도가 증가된다. 우유와 산은 겔의 강도를 약하게 한다.
- 한천을 첨가한 음식 : 양갱이나 과자 등의 저열량식이다.

② 젤라틴

- 동물의 가죽, 뼈에 다량 존재하는 콜라겐을 가수분해하여 얻는 동물성 단백질이다.
- 물에 담그면 흡수, 팽윤하여 부피가 약 6~10배 정도 불어난다.
- 팽윤된 젤라틴은 35℃ 이상으로 가열하면 녹는다.
- 3~15℃에서 응고되며, 온도가 낮을수록 빨리 응고된다.
- 식품에 2~4% 정도 사용하며, 농도가 진할수록 빨리 응고되며 단단한 젤이 형성된다.
- 설탕은 젤라틴 젤의 강도를 약화시킨다. 설탕 첨가량이 많을수록 부드러운 젤을 형성한다.
- 산을 첨가하면 젤라틴 젤이 부드러워지고, 알칼리를 첨가하면 단단해진다.
- 족편, 젤리, 아이스크림, 마시멜로, 푸딩 등을 만들 때 응고제, 유화제, 안정제로 사용된다.

Chapter 02

# 예상문제

**01** **호화전분이 노화를 일으키기 어려운 조건은?**

① 온도가 0~4℃일 때
② 수분함량이 15% 이하일 때
③ 수분함량이 30~60%일 때
④ 전분의 아밀로오스 함량이 높을 때

해설 수분함량이 15% 이하일 때 노화가 잘 일어나지 않으며 쿠키, 크래커 등이 있다.

**02** **떡의 노화를 방지할 수 있는 방법이 아닌 것은?**

① 찹쌀가루의 함량을 높인다.
② 설탕의 첨가량을 늘린다.
③ 급속 냉동시켜 보관한다.
④ 수분 함량을 30~60%로 유지한다.

해설 수분 함량이 30~60%일 때 노화가 빨리 일어난다.

**03** **전분에 물을 붓고 열을 가하여 70~75℃ 정도가 되면 전분입자는 크게 팽창하여 점성이 높은 반투명의 콜로이드 상태가 되는 현상은?**

① 전분의 호화
② 전분의 노화
③ 전분의 호정화
④ 전분의 결정

해설 전분의 호화란 β(베타)전분이 α(알파)전분으로 변화되는 현상으로, 전분에 물을 넣고 가열하면 전분 입자가 물을 흡수하여 팽창하며, 전분의 미셀구조가 파괴되어 점도가 높은 반투명의 콜로이드 상태가 되며 온도가 높을수록 호화속도가 빠르다.

**04** **노화가 잘 일어나는 전분은 다음 중 어느 성분의 함량이 높은가?**

① 아밀로오스(Amylose)
② 아밀로펙틴(Amylopectin)
③ 글리코겐(Glycogen)
④ 한천(Agar)

해설 아밀로오스 함량이 높고 아밀로펙틴 함량이 낮으면 노화가 더 빨리 일어난다.

**05** **전분에 효소를 작용시키면 가수분해되어 단맛이 증가하여 식혜, 조청, 물엿이 만들어지는 과정은?**

① 호화 ② 노화
③ 호정화 ④ 당화

해설 전분의 당화는 효소를 이용하여 가수분해되며 단맛이 증가한다. 식혜 만들 때 당화온도는 50~60℃에서 아밀라아제의 작용이 활발히 일어난다.

**06** **쌀 전분을 빨리 α-화하려고 할 때 조치사항은?**

① 아밀로펙틴 함량이 많은 전분을 사용한다.
② 수침시간을 짧게 한다.
③ 가열온도를 높인다.
④ 산성의 물을 사용한다.

해설 수분함량이 많을수록, 온도가 높을수록, 아밀로오스 함량이 많을수록 호화가 더 빨리 일어난다.

정답 01 ② 02 ④ 03 ① 04 ① 05 ④ 06 ③

**07** α-amylase에 대한 설명으로 틀린 것은?

① 전분의 α-1,4결합을 가수분해한다.
② 전분으로부터 덱스트린을 형성한다.
③ 발아중인 곡류의 종자에 많이 있다.
④ 당화 효소라고 한다.

해설 α-amylase는 액화효소, β-amylase는 당화효소라고 한다.

**08** 묵에 대한 설명으로 틀린 것은?

① 전분의 겔(gel)화를 이용한 우리나라 전통음식이다.
② 가루의 10배 정도의 물을 가하여 쑨다.
③ 전분의 농도는 묵의 질에 영향을 준다.
④ 메밀, 녹두, 도토리 등의 가루를 이용하여 만든다.

해설 묵을 쑬 때는 물을 전분의 5~6배 정도로 한다.

**09** 곡류의 특성에 관한 설명으로 틀린 것은?

① 곡류의 호분층에는 단백질, 지질, 비타민, 무기질, 효소 등이 풍부하다.
② 멥쌀의 아밀로오스와 아밀로펙틴의 비율은 보통 80 : 20이다.
③ 밀가루로 면을 만들었을 때 잘 늘어나는 이유는 글루텐성분의 특성 때문이다.
④ 맥아는 보리의 싹을 틔운 것으로서 맥주 제조에 이용된다.

해설 멥쌀의 아밀로오스와 아밀로펙틴의 비율은 20 : 80이다.

**10** 먹다 남은 찹쌀떡을 보관하려고 할 때 노화가 가장 빨리 일어나는 보관 방법은?

① 상온보관 ② 온장고 보관
③ 냉동고 보관 ④ 냉장고 보관

해설 전분의 노화는 온도가 0℃일 때 가장 잘 일어난다.

**11** 아미노카르보닐화 반응, 캐러멜화 반응, 전분의 호정화가 일어나는 온도의 범위는?

① 20~50℃ ② 50~100℃
③ 100~200℃ ④ 200~300℃

해설 아미노카르보닐화 반응은 100~120℃, 캐러멜화 반응은 180~200℃, 전분의 호정화는 160℃ 이상에서 잘 일어난다.

**12** 전분의 호화와 점성에 대한 설명 중 옳은 것은?

① 곡류는 서류보다 호화온도가 낮다.
② 전분의 입자가 클수록 빨리 호화된다.
③ 소금은 전분의 호화와 점도를 촉진시킨다.
④ 산 첨가는 가수분해를 일으켜 호화를 촉진시킨다.

해설 전분의 입자가 클수록 빨리 호화된다.

**13** 다음 중 쌀 가공식품이 아닌 것은?

① 현미 ② 강화미
③ 팽화미 ④ α-화미

해설 쌀 가공식품이란 쌀에 영양성분을 첨가하거나 먹기 편하고 저장성이 좋게 만든 것이며, 현미는 가공식품이 아니고 벼에서 왕겨층을 벗겨낸 것이다.

**14** 강화미란 주로 어떤 성분을 보충한 쌀인가?

① 비타민 A ② 비타민 B
③ 비타민 D ④ 비타민 C

해설 강화미는 도정할 때 비타민 B군이 많은 배아부분과 왕겨부분을 제거하기 때문에 정백미에 비타민 $B_1$, $B_2$ 등을 첨가한 쌀이다.

정답 07 ④ 08 ② 09 ② 10 ④ 11 ③ 12 ② 13 ① 14 ②

**15** 일반적으로 맛있게 지어진 밥은 쌀 무게의 약 몇 배 정도의 물을 흡수하는가?

① 1.2~1.4배 ② 2.2~2.4배
③ 3.2~4.4배 ④ 4.2~5.4배

해설 일반미로 도정된 백미를 기준으로 물의 흡수량은 쌀 무게의 1.2~1.4배이다.

**16** 보리쌀을 할맥 도정하는 이유가 아닌 것은?

① 소화율을 증가시키기 위해
② 조리를 간편하게 하기 위해
③ 부스러짐을 방지하기 위해
④ 수분 흡수를 빠르게 하기 위해

해설 보리쌀은 단단하여 잘 부서지지 않는다.

**17** 밀가루로 빵을 만들 때 첨가하는 다음 물질 중 글루텐(Gluten) 형성을 도와주는 것은?

① 설탕 ② 지방
③ 중조 ④ 달걀

해설 글루텐은 글리아딘 단백질에 물과 밀가루의 1~2% 소금을 사용하여 반죽 할수록 증가하며, 강력분이 글루텐 함량이 가장 높다. 달걀을 가열하면 단백질이 응고되면서 글루텐 형성이 탄탄하게 유지될 수 있도록 도와주며, 설탕, 지방, 중조는 글루텐 형성을 저해한다.

**18** 다음 중 빵 반죽의 발효 시 가장 적합한 온도는?

① 15~20℃ ② 25~30℃
③ 45~50℃ ④ 55~60℃

해설 빵 반죽 시 효모(이스트)의 발효온도는 25~30℃이다. 팽창제로 달걀, 이스트, 베이킹파우더 등이 있다.

**19** 밀가루 반죽 시 지방의 연화작용에 대한 설명으로 틀린 것은?

① 포화지방산으로 구성된 지방이 불포화지방산보다 효과적이다.
② 기름의 온도가 높을수록 쇼트닝 효과가 커진다.
③ 반죽횟수 및 시간과 반비례한다.
④ 난황이 많을수록 쇼트닝 작용이 감소된다.

해설 지방의 연화작용은 밀가루 반죽 횟수 및 시간과 비례한다. 쇼트닝, 버터, 마가린 등의 유지는 연화작용과 팽화작용을 돕는다. 밀의 주 단백질은 알부민, 글리아딘, 글루테닌이다.

**20** 식소다(Baking Soda)를 넣어 만든 빵의 색깔이 누렇게 되는 이유는?

① 밀가루의 플라본 색소가 산에 의해서 변색된다.
② 밀가루의 플라본 색소가 알칼리에 의해서 변색된다.
③ 밀가루의 안토시아닌 색소가 가열에 의해서 변색된다.
④ 밀가루의 안토시아닌 색소가 시간이 지나면서 퇴색된다.

해설 플라보노이드 색소가 있는 밀가루에 알칼리성인 중조(탄산수소나트륨)을 첨가하면 황색으로 변색된다.

15 ① 16 ③ 17 ④ 18 ② 19 ③ 20 ②

**21** **식품의 풍미를 증진시키는 방법으로 적합하지 않은 것은?**

① 부드러운 채소 조리 시 그 맛을 제대로 유지하려면 조리시간을 단축해야 한다.
② 빵을 갈색이 나게 잘 구우려면 건열로 갈색반응이 일어날 때까지 충분히 구워야 한다.
③ 사태나 양지머리와 같은 질긴 고기의 국물을 맛있게 맛을 내기 위해서는 약한 불에 서서히 끓인다.
④ 빵은 증기로 찌거나 전자오븐으로 시간을 단축시켜 조리한다.

해설 빵을 증기로 찌거나 전자 오븐으로 만들 때 시간을 단축하면 맛과 풍미가 떨어진다.

**22** **곡류에 관한 설명으로 옳은 것은?**

① 강력분은 글루텐의 함량이 1.3% 이상으로 케이크 제조에 알맞다.
② 박력분은 글루텐의 함량이 10% 이하로 과자, 비스킷 제조에 알맞다.
③ 보리의 고유한 단백질은 오르제닌(oryzenin)이다.
④ 압맥 · 할맥은 소화율을 저하시킨다.

해설 • 박력분은 케이크 제조에 사용되고, 강력분은 빵 · 마카로니 제조에 사용된다.
• 보리 단백질은 호르데인, 쌀 단백질은 오르제닌이다.

**23** **머랭을 만들고자 할 때 설탕 첨가는 어느 단계에 하는 것이 가장 효과적인가?**

① 처음 젓기 시작할 때
② 거품이 생기려고 할 때
③ 충분히 거품이 생겼을 때
④ 거품이 없어졌을 때

해설 설탕은 처음부터 넣으면 기포성 발생을 저해하므로 거품이 충분히 생긴 후에 넣어야 한다.

**24** **우유의 살균처리 방법 중 다음과 같은 살균 처리 방법은?**

| 71.1~75℃로 15초간 가열처리하는 방법 |
|---|

① 저온살균법
② 초저온살균법
③ 고온단시간살균법
④ 초고온살균법

해설 우유의 가열 살균법
• 저온살균법 : 62~65℃에서 30분간 가열처리하는 방법
• 고온단시간살균법 : 72~75℃에서 15~20초간 가열처리하는 방법
• 초고온살균법 : 130~150℃에서 2초간 가열처리하는 방법

**25** **고구마 등의 전분으로 만든 얇고 부드러운 전분피로 냉채 등에 이용되는 것은?**

① 양장피 ② 해파리
③ 한천 ④ 무

해설 양장피는 고구마 전분을 이용하여 동결건조법으로 가공한 얇고 부드러운 전분피이고, 고구마를 가열하면 β-amylase의 활성도가 높아져 전분을 맥아당으로 분해하여 감미를 높여준다.

**26** **날콩에 함유된 성분으로 트립신의 분비를 저해하는 것은?**

① 펩신 ② 트립신
③ 글로불린 ④ 안티트립신

해설 안티트립신은 날콩에 함유된 효소이며, 단백질의 소화액인 트립신의 분비를 억제하여 소화가 잘 안되지만 가열 시 파괴된다.

정답 21 ④ 22 ② 23 ③ 24 ③ 25 ① 26 ④

**27** 대표적인 콩 단백질인 글로불린(globulin)이 가장 많이 함유하고 있는 성분은?

① 글리시닌(Glycinin)
② 알부민(Albumin)
③ 글루텐(Gluten)
④ 제인(Zein)

해설 대표적인 콩 단백질인 글로불린은 80% 정도의 글리시닌을 함유하고 있다.

**28** 두부를 만들 때 콩 단백질을 응고시키는 재료와 거리가 먼 것은?

① 염화마그네슘($MgCl_2$)
② 염화칼슘($CaCl_2$)
③ 황산칼슘($CaSO_4$)
④ 황산($H_2SO_4$)

해설 대두의 단백질을 응고시키는 응고제로는 황산칼슘($CaSO_4$), 염화마그네슘($MgCl_2$), 염화칼슘($CaCl_2$) 등의 무기염류가 있으며, 보수성과 탄력성을 높여주는 황산칼슘을 가장 많이 사용한다.

**29** 된장의 발효 숙성 시 나타나는 변화가 아닌 것은?

① 당화작용
② 단백질 분해
③ 지방산화
④ 유기산 생성

해설 된장은 발효 숙성 과정에서 당화, 대두 단백질의 분해, 알코올 발효, 유기산 생성 등의 변화가 일어난다.

**30** 두류의 조리 시 두류를 연화시키는 방법으로 틀린 것은?

① 1% 정도의 식염용액에 담갔다가 그 용액으로 가열한다.
② 초산용액에 담근 후 칼슘, 마그네슘 이온을 첨가한다.
③ 약알칼리성의 중조수에 담갔다가 그 용액으로 가열한다.
④ 습열조리 시 연수를 사용한다.

해설 대두의 단백질인 글리시닌은 칼슘, 마그네슘 등의 무기염류에 응고되는 성질이 있다.

**31** 채소와 과일의 가스저장(CA저장) 시 필수 요건이 아닌 것은?

① pH 조절
② 기체의 조절
③ 냉장온도 유지
④ 습도유지

해설 과일이나 채소를 장기 보관하는 방법으로 사용하는 가스저장법은 공기 중의 이산화탄소와 산소의 농도를 조절하여 저장하는 방법이다. 그 외 과일과 채소류 보관법으로 피막제이용법, IFC(Ice Film Coating)저장법 등이 있다.

**32** 시금치의 녹색을 최대한 유지하면서 데치려고 할 때 가장 좋은 방법은?

① 100℃ 다량의 조리 수에서 뚜껑을 열고 단시간에 데쳐 재빨리 헹군다.
② 100℃ 다량의 조리 수에서 뚜껑을 닫고 단시간에 데쳐 재빨리 헹군다.
③ 100℃ 소량의 조리 수에서 뚜껑을 열고 단시간에 데쳐 재빨리 헹군다.
④ 100℃ 소량의 조리 수에서 뚜껑을 닫고 단시간에 데쳐 재빨리 헹군다.

해설 물이 끓을 때 뚜껑을 열고 재빠르게 데쳐 찬물에 헹구어야 녹색을 선명하게 유지할 수 있다. 채소 무게의 5배의 물을 이용하는 것이 최소한의 영양성분 손실과 색소의 파괴를 줄이는 가장 좋은 방법이다.

27 ①　28 ④　29 ③　30 ②　31 ①　32 ①

## 33 채소류를 취급하는 방법으로 맞는 것은?

① 쑥은 소금에 절여 물기를 꼭 짜낸 후 냉장 보관한다.
② 샐러드용 채소는 냉수에 담갔다가 사용한다.
③ 도라지의 쓴맛을 빼내기 위해 1% 설탕물로만 담근다.
④ 배추나 셀러리, 파 등은 옆으로 뉘어서 보관한다.

해설 쑥은 데쳐서 냉동 보관하고, 도라지의 쓴맛을 제거하기 위해 1%의 소금물에 담그며, 배추, 셀러리, 파는 세워서 보관한다.

## 34 콩이나 콩나물을 삶을 때 뚜껑을 닫으면 콩 비린내 생성을 방지할 수 있다. 그 이유는?

① 건조를 방지해서
② 산소를 차단해서
③ 색의 변화를 차단해서
④ 오래 삶을 수 있어서

해설 콩이나 콩나물을 삶을 때 뚜껑을 닫고 삶으면 산소를 차단해서 비린내 생성을 방지할 수 있다.

## 35 양배추를 삶았을 때 증가되는 단맛의 성분은?

① 아크로레인(Acrolein)
② 트리메틸아민(Trimethylamine)
③ 디메틸 설파이드(Dimethyl Sulfide)
④ 프로필 메르캅탄(Propyl Mercaptan)

해설 양배추, 양파를 가열하면 황화합물이 '프로필메르캅탄'으로 변하면서 단맛이 증가된다.

## 36 생강을 식초에 절이면 적색으로 변하는데 이 현상에 관계되는 물질은?

① 안토시안 ② 세사몰
③ 진저론 ④ 아밀라아제

해설 생강은 안토시아닌 색소를 함유하여 산성에서 적색을 띠게 된다.

## 37 감자의 효소적 갈변 억제 방법이 아닌 것은?

① 아스코르빈산 첨가
② 아황산 첨가
③ 질소 첨가
④ 물에 침지

해설 과일이나 채소의 호흡을 조절하여 저장기간을 연장시키는데 질소가 사용된다.

## 38 일반적인 잼의 설탕 함량은?

① 15~25% ② 35~45%
③ 60~70% ④ 90~100%

해설 잼은 당 60~70%, 펙틴 1~1.5%, pH 3.0~3.5에서 만들어진다.

## 39 산과 당이 존재하면 특징적인 겔(gel)을 형성하는 것은?

① 섬유소(cellulose)
② 펙틴(pectin)
③ 전분(starch)
④ 글리코겐(glycogen)

해설 펙틴은 산과 당이 있는 조건에서 가열하면 겔을 형성한다.

## 40 육류 조리방법에 대한 설명으로 옳은 것은?

① 돼지고기찜에 토마토를 넣으려면 처음부터 함께 넣는다.
② 편육은 끓는 물에 넣어 삶는다.
③ 탕을 끓일 때는 끓는 물에 소금을 약간 넣은 후 고기를 넣는다.
④ 장조림을 할 때는 먼저 간장을 넣고 끓여야 한다.

정답 33 ② 34 ② 35 ④ 36 ① 37 ③ 38 ③ 39 ② 40 ②

해설 찜에 토마토는 무르지 않게 나중에 넣고, 탕은 찬물에 고기를 넣어 끓이며, 편육을 만들 때는 끓는 물에 고기를 넣어 삶는다. 장조림에는 간장을 미리 넣으면 고기가 질겨지므로 나중에 넣는다.

**41** 고기의 질긴 결합조직 부위를 물과 함께 장시간 끓였을 때 연해지는 이유는?

①엘라스틴이 알부민으로 변화되어 용출되어서
② 엘라스틴이 젤라틴으로 변화되어 용출되어서
③ 콜라겐이 알부민으로 변화되어 용출되어서
④ 콜라겐이 젤라틴으로 변화되어 용출되어서

해설 고기의 결합조직(소꼬리 등)에 물과 열을 가하여 장시간 끓이면 콜라겐이 젤라틴으로 변화하여 조직이 부드러워진다.

**42** 소고기의 부위 중 탕, 스튜, 찜 조리에 가장 적합한 부위는?

① 목심 ② 설도
③ 양지 ④ 사태

해설 결합조직이 많은 사태는 질기므로 탕, 스튜, 편육, 찜 등의 습열 조리법이 적합하다.

**43** 육류의 사후경직을 설명한 것 중 틀린 것은?

① 근육에서 호기성 해당과정에 의해 산이 증가된다.
② 해당과정으로 생성된 산에 의해 pH가 낮아진다.
③ 경직 속도는 도살 전의 동물의 상태에 따라 다르다.
④ 근육의 글리코겐은 젖산으로 된다.

해설 육류는 도살 후에 근육단백질인 미오신과 액틴이 결합하여 액토미오신이 되어 근육을 수축시켜 일어나는 사후강직→자기소화→부패의 과정을 거치며, 글리코겐이라는 동물성 전분이 혐기성 해당과정에 의해 젖산을 만들어 근육의 산도를 높게 한다.

**44** 고기를 연화시키기 위해 첨가하는 식품과 단백질 분해효소가 맞게 연결된 것은?

① 배 : 파파인(papain)
② 키위 : 피신(ficin)
③ 무화과 : 액티니딘(actinidin)
④ 파인애플 : 브로멜린(bromelin)

해설 식육의 단백질 분해효소: 배(프로테아제), 키위(액티니딘), 무화과(피신), 파파야(파파인), 파인애플(브로멜라인)이다

**45** 훈연에 대한 설명으로 틀린 것은?

① 햄, 베이컨, 소시지가 훈연제품이다.
② 훈연 목적은 육제품의 풍미와 외관 향상이다.
③ 훈연재료는 침엽수인 소나무가 좋다.
④ 훈연하면 보존성이 좋아진다.

해설 훈연재료로 적당한 나무는 벚나무, 떡갈나무, 호두나무, 밤나무, 매화나무, 단풍나무 등이며, 왕겨, 옥수수속이 쓰이기도 한다. 원료육의 미오글로빈에 발색제를 넣었을 때 니트로소미오글로빈이 나타나며, 선홍색의 물질로 햄 등에 고정된 육색을 나타낸다.

41 ④ 42 ④ 43 ① 44 ④ 45 ③

## 46 식품 구입 시의 감별방법으로 틀린 것은?

① 육류 가공품인 소시지의 색은 담홍색이며 탄력성이 없는 것
② 밀가루는 잘 건조되고 덩어리가 없으며 냄새가 없는 것
③ 감자는 굵고 상처가 없으며 발아되지 않은 것
④ 생선은 탄력이 있으며 아가미는 선홍색이고 눈알이 맑은 것

**해설** 소시지는 탄력성이 없는 것은 신선하지 못한 것이다. 눌렀을 때 탄력이 있고, 잘랐을 때는 담황색이며 향이 원재료와 조화를 이루는 것을 골라야 한다.

## 47 소고기를 가열하였을 때 생성되는 근육색소는?

① 헤모글로빈(hemoglobin)
② 미오글로빈(myoglobin)
③ 옥시헤모글로빈(oxyhemoglobin)
④ 메트미오글로빈(metmyoglobin)

**해설** 소고기 근육색소는 미오글로빈으로 공기 중의 산소와 결합하면 옥시미오글리빈이 되고, 가열하면 메트미오글로빈이 된다. 즉 미오글로빈 → 옥시미오글로빈 → 메트미오글로빈 → 헤마틴 순으로 변화한다.

## 48 달걀의 신선도를 판정하는 올바른 방법이 아닌 것은?

① 껍질이 까칠까칠한 것
② 달걀은 흔들어보아 소리가 들리지 않는 것
③ 3~4% 소금물에 담그면 위로 뜨는 것
④ 달걀을 깨어보아 난황계수가 0.36~0.44인 것

**해설** 신선한 달걀은 6~10%의 소금물에 담그면 뜨지 않는다.

## 49 달걀 삶기에 대한 설명 중 틀린 것은?

① 달걀을 완숙하려면 98~100℃의 온도에서 12분 정도 삶아야 한다.
② 삶은 달걀을 냉수에 즉시 담그면 부피가 수축하여 난각과의 공간이 생기므로 껍질이 잘 벗겨진다.
③ 달걀을 오래 삶으면 난황 주위에 생기는 황화수소는 녹색이며 이로 인해 녹변이 된다.
④ 달걀은 70℃ 이상의 온도에서 난황과 난백이 모두 응고한다.

**해설** 달걀의 녹변현상은 난백의 황화수소가 난황의 철과 결합하면 황화제일철을 만들어 생기는 현상이다. 삶은 직후 찬물에 넣어 식히면 난백의 황화수소가 난각을 통하여 외부로 배출되므로 녹변현상이 줄어든다.

## 50 신선한 달걀의 난황계수(yolk index)는 얼마 정도인가?

① 0.14~0.17
② 0.25~0.30
③ 0.36~0.44
④ 0.55~0.66

**해설** 난황계수 = 난황의 높이÷난황의 직경(난황계수는 0.36~0.44 이상이면 신선)이다.
난백계수 = 농후난백의 높이÷농후난백의 직경(난백계수는 0.14~0.17이상이면 신선)이다.

## 51 50g의 달걀을 접시에 깨뜨려 놓았더니 난황 높이 1.5cm, 난황 직경 4cm였다. 달걀의 난황계수는?

① 0.1888 ② 0.232
③ 0.336 ④ 0.375

**해설** 난황계수 공식은 난황의 높이÷난황의 직경으로 1.5÷4 = 0.375이다.

정답 46 ① 47 ④ 48 ③ 49 ③ 50 ③ 51 ④

## 52 마요네즈에 대한 설명으로 틀린 것은?

① 식초는 산미를 주고, 방부성을 부여한다.
② 마요네즈를 만들 때 너무 빨리 저어주면 분리되므로 주의한다.
③ 사용되는 기름은 냄새가 없고, 고도로 분리정제가 된 것을 사용한다.
④ 새로운 난황에 분리된 마요네즈를 조금씩 넣으면서 저어주면, 마요네즈 재생이 가능하다.

**해설** 마요네즈의 주재료는 달걀, 식용유, 식초, 소금이며, 제조 과정에서 빠르게 저어야 분리되지 않고 혼합이 잘 된다. 난황의 레시틴(lecithin)은 수중유적형인 마요네즈 제조 시 유화제 역할을 한다.

## 53 달걀의 기포성을 이용한 것은?

① 달걀찜
② 푸딩(Pudding)
③ 머랭(Meringue)
④ 마요네즈(Mayonnaise)

**해설** 머랭은 달걀 난백의 기포성을 이용한 것으로 휘저으면 공기가 들어가 거품이 일어나는데, 잠시 동안 그대로 있고 가열하면 응고되어 고정된다.

## 54 우유의 균질화(Homogenization)에 대한 설명으로 옳은 것은?

① 우유의 성분을 일정하게 하는 과정을 말한다.
② 우유의 색을 일정하게 하기 위한 과정이다.
③ 우유의 단백질 입자의 크기를 미세하게 하기 위한 과정이다.
④ 우유의 지방의 입자의 크기를 미세하게 하기 위한 과정이다.

**해설** 균질화는 우유의 지방 입자를 미세하게 하는 과정으로 지방의 소화흡수율을 높여주고, 지방의 분리를 막아 준다.

## 55 우유 100ml에 칼슘이 180mg 정도 들어있다면 우유 250ml에는 칼슘이 약 몇 mg 정도 들어있는가?

① 450mg ② 540mg
③ 595mg ④ 650mg

**해설** 100 : 180 = 250 : 100 = 180×250
= 45,000÷100
= 450mg이다.

## 56 우유의 가공에 관한 설명으로 틀린 것은?

① 크림의 주성분은 우유의 지방성분이다.
② 분유는 전유, 탈지유, 반탈지유 등을 건조시켜 분말화한 것이다.
③ 저온 살균법은 61.5~65.6℃에서 30분간 가열하는 것이다.
④ 무당 연유는 살균과정을 거치지 않고, 유당연유만 살균과정을 거친다.

**해설** 무당연유는 고온가열하고 살균과정을 거치며 주로 공업용으로 사용하고, 유당연유는 당분의 방부력을 이용하여 보관하므로 살균과정을 거치지 않는다.

## 57 다음 중 단백질 함량이 가장 높은 것은?

① 치즈 ② 연유
③ 버터 ④ 요구르트

**해설** 100g 기준으로 단백질 함량은 치즈 29.8g, 연유 8.0g, 버터 0.5g, 요구르트 3.5g이 함유되어 있다. 요구르트는 우유 단백질의 산에 의한 응고성을 이용하여 젖산 발효시킨 것으로 정장 작용을 한다.

52 ② 53 ③ 54 ④ 55 ① 56 ④ 57 ①

**58** **다음 중 우유에 첨가하면 응고현상을 나타낼 수 있는 것으로만 짝지어진 것은?**

① 설탕 – 레닌(rennin) – 토마토
② 레닌(rennin) –설탕 – 소금
③ 식초 – 레닌(rennin) – 페놀(phenol) 화합물
④ 소금 – 설탕 – 카제인(casein)

해설 우유 단백질 카제인은 산, 레닌, 염류, 페놀 화합물에 의해 응고된다.
• 락토글로불린과 락토알부민은 열에 의해 응고된다. 우유를 응고시킨 가공품은 버터, 치즈, 액상발효유 등이 있다.

**59** **우유를 데울 때 가장 좋은 방법은?**

① 냄비에 담고 끓기 시작할 때까지 강한 불로 데운다.
② 이중냄비에 넣고 젓지 않고 데운다.
③ 냄비에 담고 약한 불에서 젓지 않고 데운다.
④ 이중냄비에 넣고 저으면서 데운다.

해설 우유는 이중냄비에서 중탕으로 저으면서 데운다.

**60** **어육연제품의 결착제로 사용되는 것은?**

① 소금, 한천　　② 설탕, MSG
③ 전분, 달걀　　④ 소르비톨, 물

해설 어육연제품의 결착제로 전분이나 달걀을 첨가하여 결착성과 점탄성을 높여 풍미와 식감을 좋게 한다.

**61** **생선튀김의 조리법으로 가장 알맞은 것은?**

① 180℃에서 2~3분간 튀긴다.
② 150℃에서 4~5분간 튀긴다.
③ 130℃에서 5~6분간 튀긴다.
④ 200℃에서 7~8분간 튀긴다.

해설 생선튀김은 튀김옷으로 박력분을 사용하여 180℃에서 2~3분간 튀긴다.

**62** **생선 육질이 소고기 육질보다 연한 것은 주로 어떤 성분의 차이에 의한 것인가?**

① 글리코겐(Gllcogen)
② 헤모글로빈(Hemoglobin)
③ 포도당(Glucose)
④ 콜라겐(Collagen)

해설 생선 육질이 소고기 육질보다 연한 이유는 콜라겐과 엘라스틴이 4 : 1 비율로 육류에 비해 함량이 적기 때문이다.

**63** **어류의 신선도에 관한 설명으로 틀린 것은?**

① 어류는 사후경직 전 또는 경직 중이 신선하다.
② 경직이 풀려야 탄력이 있어 신선하다.
③ 신선한 어류는 살이 단단하고 비린내가 적다.
④ 신선도가 떨어지면 조림이나 튀김조리가 좋다.

해설 어류는 사후경직이 끝나 자기소화가 일어나면 부패가 일어나 신선도가 떨어진다.

**64** **생선조림에 대해서 잘못 설명한 것은?**

① 생선을 빨리 익히기 위해서 냄비뚜껑은 처음부터 닫아야 한다.
② 생강이나 마늘은 비린내를 없애는 데 좋다.
③ 가열시간이 너무 길면 어육에서 탈수작용이 일어나 맛이 없다.
④ 가시가 많은 생선을 조릴 때 식초를 약간 넣어 약한 불에서 조리면 뼈째 먹을 수 있다.

정답 58 ③ 59 ④ 60 ③ 61 ① 62 ④ 63 ② 64 ①

해설 생선 조림을 할 때 생선의 비린내 제거를 위해 처음에는 뚜껑을 열고 끓여 어취를 휘발시킨 후 뚜껑을 닫고 끓인다. 생선의 비린내는 트리메틸아민 옥사이드(trimethylamine oxide)가 세균에 의해 환원되어 트리메틸아민(trimethylamine)으로 되어 나는 냄새이다.

**65** 생선을 껍질이 있는 상태로 구울 때 껍질이 수축되는 주원인물질과 그 처리방법은?

① 생선살의 색소 단백질, 소금에 절이기
② 생선살의 염용성 단백질, 소금에 절이기
③ 생선 껍질의 지방, 껍질에 칼집 넣기
④ 생선 껍질의 콜라겐, 껍질에 칼집 넣기

해설 생선 껍질에 함유된 콜라겐이 가열에 의해 수축되어 일어나는 현상이므로 굽기 전에 껍질에 칼집을 넣어 구우면 수축을 줄일 수 있다.

**66** 어패류에 소금을 넣고 발효 숙성시켜 원료 자체 내 효소의 작용으로 풍미를 내는 식품은?

① 어육소시지 ② 어묵
③ 통조림 ④ 젓갈

해설 젓갈은 어패류에 20~30%의 소금을 넣고 발효 숙성시켜 원료 자체 내 효소의 작용으로 풍미를 내는 식품이다.

**67** 미역에 대한 설명으로 틀린 것은?

① 칼슘과 요오드(아이오딘)가 많이 함유되어 있다.
② 알칼리성 식품이다.
③ 갈조류 식물이다.
④ 점액 물질인 알긴산은 중요한 열량급원이다.

해설 아이오딘은 요오드라고도 부르며, 알긴산(alginic acid)은 끈끈한 성질의 식이섬유이며, 해조류의 20~30%를 차지하고 있다.

**68** 건조된 갈조류 표면의 흰 가루 성분으로 단맛을 나타내는 것은?

① 만니톨 ② 알긴산
③ 클로로필 ④ 피코시안

해설 다시마의 흰 가루는 만니톨이며 단맛을 내는 성분이다.

**69** 참기름이 다른 유지류보다 산패에 대하여 비교적 안정성이 큰 이유는 어떤 성분 때문인가?

① 레시틴(Lecithin)
② 세사몰(Sesamol)
③ 고시폴(Gossypol)
④ 인지질(Phospholipid)

해설 참깨에 함유된 세사몰성분은 천연항산화물질로 다른 유지류보다 산패에 비교적 안정적이다.

**70** 유지를 가열하면 점차 점도가 증가하게 되는데, 이것은 유지 분자들의 어떤 반응 때문인가?

① 산화반응 ② 열분해반응
③ 중합반응 ④ 가수분해반응

해설 유지를 가열하면 중합반응으로 점도가 증가하는데, 중합반응은 작은 분자가 연속적으로 결합하여 큰 분자 하나를 만드는 반응이다.

**71** 튀김유의 보관방법으로 옳지 않은 것은?

① 갈색병에 담아 서늘한 곳에 보관한다.
② 직경이 넓은 팬에 담아 서늘한 곳에 보관한다.
③ 이물질을 걸러서 광선의 접촉을 피해 보관한다.
④ 철제 팬에 튀긴 기름은 다른 그릇에 옮겨서 보관한다.

해설 튀김유를 보관할 때는 지름이 좁은 갈색병에 담아 밀봉하여 산소와의 접촉을 최소화하기 위해 서늘한 곳에 보관한다.

65 ④ 66 ④ 67 ④ 68 ① 69 ② 70 ③ 71 ②

**72** 유지를 가열할 때 유지 표면에서 엷은 푸른 연기가 나기 시작할 때의 온도는?

① 팽창점　② 연화점
③ 용해점　④ 발연점

**해설** 기름을 가열하면 푸른 연기가 나기 시작하는데, 이것은 발암물질인 '아크롤레인'이 생성되어 자극적인 냄새와 좋지 않은 맛을 낸다. 발연점이 높은 지방의 조건은 유리지방산의 함량이 낮고, 노출된 유지의 표면적이 적고, 불순물이 적어야 한다.

**73** 냉동식품의 해동에 관한 설명으로 틀린 것은?

① 비닐봉지에 넣어 50℃ 이상의 물속에서 빨리 해동시키는 것이 이상적인 방법이다.
② 생선의 냉동품은 반 정도 해동하여 조리하는 것이 안전하다.
③ 냉동식품을 완전해동하지 않고 직접 가열하면 효소나 미생물에 의한 변질의 염려가 적다.
④ 일단 해동된 식품은 더 쉽게 변질되므로 필요한 양만큼만 해동하여 사용한다.

**해설** 냉동식품을 고온에서 급속해동하면 drip(드립)이 생겨 품질이 저하되므로, 냉장실이나 비닐봉지에 넣어 흐르는 물에서 해동시키는 것이 좋다.

**74** 냉동보관에 대한 설명으로 틀린 것은?

① 냉동된 닭을 조리할 때 뼈가 검게 변하기 쉽다.
② 떡의 장시간 노화방지를 위해서는 냉동보관하는 것이 좋다.
③ 급속 냉동 시 얼음 결정이 크게 형성되어 식품의 조직 파괴가 크다.
④ 서서히 동결하면 해동 시 드립현상을 초래하여 식품의 질을 저하시킨다.

**해설** 급속냉동의 장점은 식품내의 수분 이동을 작게 하여 얼음 결정이 작게 형성되기 때문에 식품의 조직 손상은 적다.

**75** 각 식품을 냉장고에서 보관할 때 나타나는 현상의 연결이 틀린 것은?

① 바나나 : 껍질이 검게 변한다.
② 고구마 : 전분이 변해서 맛이 없어진다.
③ 식빵 : 딱딱해진다.
④ 감자 : 솔라닌이 생성된다.

**해설** 감자의 싹에서 나오는 독성물질이 솔라닌이다.

**76** 다음 중 간장의 지미성분은?

① 포도당(glucose)
② 전분(starch)
③ 글루탐산(glutamic acid)
④ 아스코르빈산(ascorbic acid)

**해설** 지미성분은 감칠맛 성분으로 '글루탐산'은 간장의 지미성분이며 표고버섯 등이 있다.

**77** 염화마그네슘을 함유하고 있으며 김치나 생선 절임용으로 주로 사용하는 소금은?

① 호염　② 정제염
③ 식탁염　④ 가공염

**해설** 호염 또는 굵은소금으로 불리는 천일염은 정제가 되지 않아 불순물이 많으며, 염화마그네슘을 함유하고 있다.

**78** 간장이나 된장을 만들 때 누룩곰팡이에 의해서 가수분해되는 주된 물질은?

① 무기질　② 단백질
③ 지방질　④ 비타민

**해설** 간장, 된장의 주성분은 콩의 단백질이며, 누룩곰팡이에 의해 가수분해된다.

정답 72 ④　73 ①　74 ③　75 ④　76 ③　77 ①　78 ②

**79** 다음에서 설명하는 조미료는?

> • 수란을 뜰 때 끓는 물에 이것을 넣고 달걀을 넣으면 난백의 응고를 돕는다.
> • 작은 생선을 사용할 때 이것을 소량 가하면 뼈가 부드러워진다.
> • 기름기 많은 재료에 이것을 사용하면 맛이 부드럽고 산뜻해진다.

① 설탕　② 후추
③ 식초　④ 소금

해설 달걀은 산(식초)에 의해 쉽게 응고되고, 생선 조리 시 뼈를 연하게 한다.

**80** 다음 중 화학조미료는?

① 구연산
② HAP
③ 글루타민산나트륨
④ 효모

해설 화학조미료인 글루타민산나트륨은 MSG(Mono Sodium Glutamate)라는 약칭으로 표시된다.

**81** 조미의 기본 순서로 가장 옳은 것은?

① 설탕 → 소금 → 간장 → 식초
② 설탕 → 식초 → 간장 → 소금
③ 소금 → 식초 → 간장 → 설탕
④ 간장 → 설탕 → 식초 → 소금

해설 조미료를 음식에 넣는 기본 순서는 입자가 큰 재료부터 설탕 → 소금 → 간장 → 식초 순서로 하고, 식초는 휘발성이 있어 조리 마지막에 넣어야 한다.

**82** 향신료의 매운맛 성분 연결이 틀린 것은?

① 고추-캡사이신
② 겨자-차비신
③ 울금(Curry분)-커큐민(Curcumin)
④ 생강-진저롤(Hingerol)

해설 겨자의 매운맛 성분은 시니그린이며, 차비신은 후추의 매운맛 성분이다.

**83** 겨자를 갤 때 매운맛을 가장 강하게 느낄 수 있는 온도는?

① 20~25℃　② 30~35℃
③ 40~45℃　④ 50~55℃

해설 시니그린은 겨자의 매운맛 성분이며, 시니그린을 분해시키는 '미로시나아제' 효소는 40~45℃ 정도의 더운물에서 가장 활동성이 강하다.

**84** 한천의 용도가 아닌 것은?

① 훈연제품의 산화방지제
② 푸딩, 양갱의 겔화제
③ 유제품, 청량음료 등의 안정제
④ 곰팡이, 세균 등의 배지

해설 한천은 홍조류에서 추출한 다당류로 안정제, 겔화제, 노화방지제, 증점제, 미생물의 배지, 조직 배양, 의약품 시약 등에 이용된다. 또한 30℃에서 응고되어 양갱 제조에도 사용된다.

79 ③　80 ③　81 ①　82 ②　83 ③　84 ①

Chapter 03

# 식생활 문화

## 1. 한국의 음식문화와 배경

우리나라는 아시아주 동부에 위치한 반도로서, 삼면이 모두 바다이기 때문에 해양 문화가 일찍이 발달하였으며, 전 국토의 70% 이상이 산으로 되어 있다.
기후는 냉온대 기후에 속하며, 겨울에는 한랭 건조한 한대성 기후와 여름에는 고온 다습한 열대성 기후로 사계절이 뚜렷하고 기온과 습도가 적절하기 때문에 곡류, 어류, 육류, 채소류가 매우 다양하게 생산되고 이에 따른 저장법이 발달했으며, 이로 인해 김치, 장류, 젓갈 같은 발효식품이 발달하였다.
한국의 자연 지리학적 조건은 지형과 기후 때문에 한강을 중심으로 문화권을 남북으로 구분해 볼 수 있고 북, 중, 남으로도 문화권을 구분할 수 있다. 또한 백두대간을 중심으로 하여 태백준령을 좌우로 구분할 수도 있는데, 북부와 동부는 높은 산맥이 많아 주로 밭농사를 많이 하고 남부와 서부는 낮은 평지로 되어 있어 쌀농사를 주로 한다. 이러한 지리학적 조건 속에서 오랜 생활을 영위하면서 다양한 생활 습성을 형성하였다.

## 2. 한국 음식의 분류

### (1) 주식류

① 밥

밥은 우리의 대표적인 주식으로 우리 선조들은 무쇠솥이나 곱돌솥, 놋쇠솥 등으로 은근히 뜸을 들이고, 또 누룽지가 생겨 고소한 맛이 밥 속으로 스며들도록 조리했다.
주로 흰밥을 많이 먹었지만, 그 외 보리, 찹쌀, 조, 콩, 팥, 수수, 밤, 녹두 등을 섞어 잡곡밥을 만들어 먹기도 하였다. 또 밥 위에 다양한 채소나 육류를 얹어 조리한 비빔밥과 각종 채소류나 버섯, 해산물 등을 섞어 지은 밥도 있다. 밥은 주로 '사발(주발)'에 담아서 먹었는데, 같은 방법으로 조리하였다고 해도 먹는 사람의 신분에 따라 하층민은 끼니, 일반 백성은 밥, 양반은 진지, 왕은 '수라'라고 불렀다.

② 죽 · 미음 · 응이

죽, 미음, 응이는 모두 곡물로 만든 유동식이다. 죽은 곡물의 6~8배의 물을 부어 오랫동안 가열하므로 완전히 호화되어 부드럽게 된 상태의 주식으로써 노인, 유아, 환자들의 보양식으로

많이 쓰이며 재료에 따라 흰죽, 두태죽, 장국죽, 어패류죽, 비단죽 등이 있다.

쌀 분량의 10배의 물을 넣어 끓인 미음과 녹두, 갈근, 연근 등의 녹말을 물에 풀어 멍울이 생기지 않게 저어가며 투명하게 끓인 응이가 있다. 또한 곡식이나 밤의 가루로 묽게 쑨 암죽은 모유가 부족할 때 어린아이에게 젖 대신 먹이던 죽이다.

③ 면과 만두

주식인 밥의 대용식이 되었던 식품으로 면과 만두를 들 수 있다. 국수는 잔치 때 손님 접대하기 위해 특별상으로 차려졌다. 국수의 종류는 곡물이나 전분 재료에 따라 밀 국수, 메밀국수, 녹말 국수, 칡국수 등이 있다. 만두는 계절에 따라, 겨울에는 메밀로 만든 생치만두, 김치만두, 봄에는 준치 만두, 여름에는 편수, 규아상 등을 먹었다. 또 정초(正礎)에는 절식인 흰 떡국, 조랭이떡국, 생 떡국 등도 만들어 먹었다.

### (2) 부식류

① 국

국은 거의 빠지지 않고 끼니때마다 밥상에 오르는 기본적인 부식류로 국에 이용되는 재료는 육류, 어패류, 채소류, 해조류 등 다양한 재료를 이용해 만든다. 국의 종류는 크게 맑은장국, 토장국, 곰국, 냉국으로 나눌 수 있다.

- 맑은장국 : 물이나 양지머리 국물에 여러 가지 건더기를 넣고 맑은 집 간장으로 간을 맞추어 끓인 국이다.
- 토장국 : 쌀뜨물에 여러 가지 건더기를 넣고 된장으로 간을 맞추어 끓인 국이다.
- 곰국 : 소고기의 여러 부위를 푹 고아 소금으로 간을 맞춘 국이다.
- 냉국 : 끓여서 차게 식힌 물에 맑은 집 간장으로 간을 맞추어, 날로 먹을 수 있는 건더기를 넣어 차게 해서 먹는 국이다.

② 조치

국에 비해서 건더기가 많고, 국물을 적게 조리한 음식으로 조치란 궁중에서 찌개를 일컫는 말이고, 감정은 고추장으로 조미한 찌개를 말한다. 재료에 따라 생선찌개, 두부찌개, 젓국찌개 등으로 나눈다.

또 간을 한 식품에 따라 고추장찌개, 된장찌개, 맑은 찌개로 나누어지며 찌개는 밥상 차림의 필수 음식으로 돌냄비, 뚝배기에 끓인 찌개가 별미이다.

③ 전골

육류와 채소를 밑간하여 여러 가지 재료들을 전골틀에 색을 맞추어 올려 담고, 육수에 간을 하면서 즉석에서 끓여 먹는 국물 요리를 말한다. 전골은 반상이나 주안상에 곁상으로 따로 들이는 중요한 음식이며, 전골의 종류에는 신선로, 소고기 전골, 생선 전골, 낙지 전골, 두부전골, 각색 전골 등이 있다.

④ 찜 · 선

육류, 채소류를 국물과 함께 끓여서 익히는 것과 생선, 새우, 조개 등을 주재료로 하고 채소, 버섯, 달걀 등을 부재료로 하여 증기를 올려서 찌거나 중탕으로 익히기도 하고 즙이 남을 정도로 삶아서 익히는 방법도 있다.

⑤ 조림과 초(炒)

- 조림 : 반상에 오르는 반찬거리로 육류, 어패류, 채소류로 만든다. 일반적으로 담백한 맛을 내는 흰살생선은 간장으로 조리고, 붉은살 생선이나 비린내가 많이 나는 생선류는 고춧가루, 생강, 후춧가루, 고추장, 술을 넣어 비린 냄새가 나지 않게 조린다.
- 초(炒) : 원래 볶는다는 뜻이 있으나 우리나라 조리법에서는 조림처럼 조리하다가 나중에 녹말을 풀어 넣어 국물이 엉기게 하며 간은 세지 않고 달게 한다. 종류는 전복초, 해삼초, 홍합초 등이 있다.

⑤ 전유어(煎油魚)

육류, 어패류, 채소류 등의 재료를 얇게 저미거나 다져서 반대기를 지어 달걀을 씌워 지지는 조리법으로, 전유화(煎油花), 전유아, 전냐, 전야, 전 등으로 부른다.

⑦ 구이 · 적

- 구이 : 가장 기본적인 가열조리 방법으로 직접 불에 닿게 굽는 직접구이와 간접구이가 있으며, 조리법에 따라 소금구이, 간장구이, 양념 고추장구이, 초구이, 기름구이 등이 있다. 구이는 주로 육류와 어패류가 주재료이며 채소는 부재료로 쓰이는 경우가 많다.
- 적 : 여러 가지 재료를 썰어서 갖은양념을 한 다음, 꼬챙이에 꿰서 양념장을 발라가며 구운 음식을 말하는 것으로 조리 방법에 따라 산적과 누르미로 나뉜다. 산적은 날 재료를 양념하여 꼬챙이에 끼워 구운 음식이며, 누름적은 채소, 고기 등을 양념하여 꼬챙이에 색을 맞추어 꿰고 밀가루, 달걀을 씌워 번철에 전을 부치듯이 지진 음식이다.

⑧ 편육 · 족편

고기를 덩어리째로 삶은 것이 수육이고, 수육을 베 보자기에 싸서 무거운 것으로 누른 다음 얇게 저며 썬 것을 편육이라 하며, 양념장이나 새우젓에 찍어 먹는다.

## 3. 한국 음식의 특징 및 용어

### (1) 한국 음식의 특징

① 곡물을 이용한 조리법이 다양하게 발달하였다.

② 곡류 중심의 식생활로 인해 주식과 부식의 구분이 뚜렷하다.

③ 구이, 조림, 볶음, 전, 생채, 숙채, 젓갈, 장아찌 등 조리 방법이 다양하다.

④ 장류, 김치, 젓갈과 같은 발효음식을 많이 먹는다.

⑤ 음식 재료는 잘게 자르거나 다지는 등의 방법을 사용하여 조리한다.

⑤ 향신료, 조미료, 고명을 이용하여 섬세하다.

⑦ 약식동원(藥食同源)의 조리법이 우수하다.

⑧ 유교의 영향으로 상차림이나 식사 예절이 엄격하다.

⑨ 명절식(名節食), 시식(時食)의 풍습이 있다.

⑩ 우리나라 식사는 준비된 음식을 모두 한 상에 차려놓고 먹는다.

⑪ 궁중음식과 반가 음식, 서민 음식을 비롯하여 향토 음식의 조리법이 발달되었다.

### (2) 용어

① 가락국수

국수. 굵은 국수를 끓는 물에 삶아 찬물에 헹군 후 건져서 맑은 국수물을 따로 만들어 파, 쑥갓, 버섯 등을 넣어 만든 국수이다.

② 갈분죽

쌀가루 또는 쌀무리에 칡뿌리를 찧어 물에 담가 녹말을 가라앉혀 갈분을 섞어 쑨 죽이다.

③ 굴린 만두

평안도의 겨울철 향토 음식으로 만두피를 만들지 않고 만두의 속만 만들어 완자를 빚어서 밀가루에 굴려 밀가루막을 만들어 장국을 끓이는 것이다.

④ 규아상(미만두)

푸른 담쟁이잎과 함께 즐기는 여름철 만두로, 빚어 놓은 모양이 마치 해삼 등에 뾰쪽뾰쪽 나온 모양을 본떴다고 하여 '미'(해삼의 옛말)자가 붙고, 해삼 만두라고도 한다.

⑤ 되비지탕

메주콩을 불려서 간 뒤 잘게 썬 돼지고기와 배추 우거지를 넣고 푹 끓인 빽빽한 찌개 형태로 구수하고 깊은 맛이 잘 어우러져 환상을 이룬다.

⑥ 두부선

으깬 두부에 간을 하고, 양념한 소고기를 섞어 널빤지 모양으로 만들어 표고 채, 석이 채, 황 · 백 달걀지단, 실고추, 파채 등을 고명으로 올려서 찐 것.

⑦ 타락죽

우유에 쌀을 갈아 만든 무리를 넣고 끓인 죽으로 우유죽이라고 한다.

⑧ 편수

물 위에 조각이 떠 있는 모양이라고 하여 붙여진 이름으로 여름에 차게 해서 먹는 네모진 만두이다. 쪄서 초간장에 찍어 먹기도 하고 차게 한 장국을 부어 먹기도 한다.

⑨ 평양온반(원반)

쌀밥을 그릇에 담고, 녹두지짐, 양념한 닭고기, 볶은 버섯을 얹은 다음 뜨거운 닭 국물을 붓고 채 썬 파, 실고추, 지단으로 고명을 올린 후 양념간장을 곁들여 내는 평안도 음식이다.

⑩ 행인죽

살구씨를 끓는 물에 데쳐 속껍질을 벗겨 멥쌀과 절반씩 섞어 물에 담갔다가 맷돌에 갈아 체에 걸러서 쑨 죽으로 꿀을 타서 먹는다. 기침과 천식에 효능이 있다.

⑪ 호박범벅

호박, 팥, 고구마, 옥수수 등을 섞어서 풀처럼 쑨 농도가 된 죽을 말한다. 경상도와 강원도에서 가을과 겨울철에 자주 만들어 먹는 음식이다.

⑫ 간납

소간이나 처녑, 그리고 소고기와 생선들을 얇게 저미거나 곱게 다져서 밀가루를 입히고 달걀을 씌워서 기름에 부친 '저냐'이다.

⑬ 구절판

아홉 칸으로 나뉜 목기에 채소와 고기류 등의 여덟 가지 음식을 둘레에 담고, 가운데에 담은 밀전병에 싸면서 먹는 음식이다. 보기에도 아름답고 맛도 좋으며, 영양적으로도 균형이 잘 잡힌 최고의 웰빙음식이다.

⑭ 신선로

쇠로 된 화통이 달린 냄비에 불을 지펴 끓이면서 먹는 가장 호화로운 탕의 일종이다. 일명 열구자탕(悅口子湯)이라 하여 '먹으며 즐거움을 주는 탕', '입에 맞는 탕'이라는 뜻이다. 여러 가지 맛과 영양소를 한 번에 섭취할 수 있는 음식이기도 하고, 색다른 형태와 맛 그리고 높은 영양가로서 한식의 진수를 보여주는 음식이다.

⑮ 비늘김치

무에 비늘 모양으로 칼집을 넣어 그사이에 소를 채운 김치이다.

⑯ 섞박지

절인 배추와 무를 큼직하게 썰어 다른 채소와 섞어 김치 양념과 젓갈에 버무려 담근 김치이다.

⑰ 송송이

깍두기의 궁중 용어로 무를 일반 깍두기보다 더 작게 썰어 잣, 굴, 젓국, 파, 마늘, 생강, 고춧가루를 얹어 버무려 담은 깍두기이다.

⑱ 애탕

데친 쑥을 다져 소고기와 섞어 완자같이 만들어 달걀물에 넣어 담갔다가 간장을 탄 물에 넣고 끓인 국이다.

⑲ 움파 산적

겨울철 움파가 있을 때, 소고기를 움파와 같은 길이로 썰어 갖은 양념을 하여 꼬챙이에 번갈아 꿴 후 구운 산적이다. 움파는 겨울철 움 속에서 자라 빛이 누런 파이다.

⑳ 월과채

궁중음식의 하나로 애호박에 양념한 고기와 버섯, 찰부꾸미를 섞어 만든 잡채형 나물의 일종으로 반찬으로 쓰이지만, 술안주로 잘 어울리는 전통음식이다. '월과'란 조선호박을 말하는 것이다.

㉑ 행적

대꼬치에 배추김치, 돼지고기, 고사리, 실파를 나란히 꿰어 밀가루, 달걀물을 묻혀 기름에 지져낸 황해도 음식이다.

㉒ 병시

밀가루에 달걀물을 넣어 반죽하여 껍질을 만들고 소고기, 돼지고기, 꿩고기 등을 다져 양념하고 데친 숙주와 표고, 송이 등을 다지고 잣을 넣어 소를 만들어 반달 모양으로 맞붙여 끓는 장국에 넣어 붙지 않도록 익힌 만두이다.

㉓ 장똑똑이

소고기를 채 썰어 갖은양념을 하여 볶은 전통요리로 '똑똑이 자반'이라고도 한다.

㉔ 사슬적

생선과 소고기를 도톰한 막대로 썰어 양념하여 꼬치에 꿰어 밀가루를 고루 묻힌 뒤 양념한 소고기를 생선 사이사이에 채워서 붙여서 번철에 지진 적이다.

㉕ 석류탕

석류 모양이 되게 빚어 만든 만둣국으로 궁중에서만 만들어 먹던 음식이다.

㉖ 양동구리

양을 손질하여 곱게 다진 후 소금으로 간을 하여 달걀, 녹말가루를 넣어 잘 섞어 조금씩 떠서 동글게 지진 전으로 소화가 잘 안되는 사람에게 좋은 보양식이다.

㉗ 용봉탕

잉어나 자라를 묵은 닭과 함께 고아 만든 탕으로 잉어나 자라를 용(龍), 묵은 닭을 봉에 비유하여 용봉탕이라는 이름을 붙였다. 잉어나 자라는 옛날부터 자양 강장 식품이다.

㉘ 임자수탕

궁중의 보신 냉국으로 닭 국물과 깻 국물을 같이 쓰므로 영양적으로 손색이 없는 훌륭한 냉(冷)보신 음식이라고 할 수 있다. 알지단, 미나리초대, 닭고기살 등을 고명으로 올린다.

㉙ 장산적

소고기를 곱게 다져서 양념하여 구운 다음 간장에 조린 음식으로 저장성 반찬이다. 상에 차려낼 때에는 짠 반찬이니 작은 그릇에 조금만 담아 그 위에 잣가루를 뿌려 낸다.

㉚ 초계탕

닭 육수를 차게 식혀 식초와 겨자로 간을 한 다음 살코기를 잘게 찢어서 넣어 먹는 전통음식으로 평안도와 함경도 지방에서 추운 겨울에 먹던 별미로써 요즘에는 여름철 보양식으로 즐겨 먹는다.

㉛ 황복이탕

소고기를 납작하게 썰어 양념에 재어 놓고, 냄비에 물이 끓을 때 고기를 넣어 끓이다가 달걀을 풀어 줄알을 쳐서 끓인 탕이다.

㉜ 가자미식해

가자미에 조밥과 고춧가루, 무채, 엿기름을 버무려 삭힌 것으로 새콤하면서도 매운맛이 독특하다.

㉝ 게감정

게 등딱지를 떼고, 게살과 게장을 꺼낸 후, 게딱지에 밀가루를 살짝 뿌려 게살, 소고기, 두부, 데친 숙주 등을 섞어 양념하여 게딱지 속에 채운 다음 밀가루를 살짝 뿌려 달걀을 입혀 번철에 지져서 된장이나 고추장으로 끓인 찌개이다.

㉞ 곤포탕

다시마를 잘 게 썰어 파, 움파 등과 같이 끓인 국이다.

㉟ 곽탕(藿湯), 감곽탕(甘藿湯)

미역을 넣어 끓인 국으로, 칼슘과 요오드가 풍부하게 들어 있어서 성장기 어린이와 산모, 수유부 등에 특히 좋다.

㊱ 낙지호롱

낙지를 통째로 대나무 젓가락이나 짚묶음에 끼워 돌돌 감은 다음 고추장 양념을 골고루 발라 구운 것이다.

㊲ 매듭자반

다시마를 긴 끈 모양으로 잘라 매듭을 묶어 잣과 통후추를 매듭 사이에 넣고 빠지지 않게 당겨 식용유에 튀겨낸 후 설탕을 고루 묻힌 것이다.

㊳ 백하젓

눈같이 하얀 새우를 소금에 싱겁게 절여 삭힌 젓갈이다.

㊴ 토하젓

민물 새우로 담근 젓갈인데, 소금과 고춧가루에 죽을 삭여 담그거나 풋고추, 마늘, 파, 통깨 등을 넣어 양념하기도 한다.

㊵ 감동젓

푹 삭힌 곤쟁이젓이다.

㊶ 비웃구이

비웃(청어)에 갖은 양념을 하여 구운 음식이다.

㊷ 삼합장과

소고기 양념한 것과 전복, 홍합, 당근, 양파를 어슷썰기로 하여 물과 양념장에 끓여 조린 것이다.

㊸ 어글탕

소고기를 다져 양념한 것과 숙주, 두부를 섞어 북어 껍질 안쪽에 얇게 펴서 바르고, 돌돌 말아 장국에 넣어 끓인 탕이다.

㊹ 어선

민어, 대구 등의 흰살생선을 얇게 포를 떠서 소고기, 표고버섯, 오이, 당근 등의 채 썬 재료들을 볶아 그 속에 넣고 녹말가루를 묻혀 쪄서 만든 것이다.

㊺ 몸국

제주 지역에서 돼지고기 삶은 육수에 불린 모자반을 넣어 만든 국으로, 몸국이 가지는 의미는 나눔의 문화에 있다. 제주에서는 혼례나 상례 등 한 집안의 행사 때 온 마을 사람들이 십시일반 거드는 풍습이 있다. 이런 행사에서는 주로 돼지를 잡았는데, 생선이나 어패류 이외의 동물성 지방과 단백질을 섭취하기 힘들었던 제주 사람들이 귀한 돼지고기를 온 마을 사람들이 알뜰하게 나눠 먹는 가장 확실한 방법으로 몸국을 만들어 이용했던 것이다.

## 4. 한국음식의 상차림

### (1) 식사와 상차림의 특징

① 외상 차림이 원칙이다.

② 상차림과 식사의 예법이 있다.

③ 공간 전개형의 상차림이다.

### (2) 상차림의 구분

① 목적 및 주식에 따른 분류

| 구분 | 내용 |
|---|---|
| 반상 | • 밥을 주식으로 하고 찬품을 부식으로 차린다.<br>• 밥, 국, 김치, 장류, 찌개, 찜, 전골 등의 기본이 되는 음식을 제외하고, 뚜껑이 있는 찬을 담는 작은 그릇인 쟁첩에 담긴 찬품의 수이다.<br>• 3첩, 5첩, 7첩, 9첩, 12첩으로 구분한다. |
| 죽상 | • 초조반으로 내거나 간단히 차리는 죽상으로 죽, 응이, 미음 등이다. |
| 장국상 | • 평상시의 점심식사 또는 잔치 때 손님에게 밥 대신 대접했던 것이다.<br>• 회갑, 혼례 등의 경사 때 차린다. |
| 주안상 | • 술을 대접하기 위해 술안주가 되는 음식을 고루 차린 상이다. |
| 큰상<br>(고임상) | • 회갑, 혼례, 희년, 회혼례 등의 경사스러움을 축하하는 의미로 주인공에게 차려주는 가장 풍성하고 화려하게 차려지는 상차림이다.<br>• 과정류, 생실과, 전류 등을 높이 괴어 2~3열로 배열하고, 주인공 앞쪽으로는 그 자리서 먹을 수 있는 장국상을 차린다. |

| | |
|---|---|
| 교자상 | • 명절날, 축하연, 회식 등 많은 사람이 함께 식사를 할 때 차리는 상이다.<br>• 술과 안주를 주로 하는 건교자상, 여러 가지 반찬과 면, 떡, 과일 등을 골고루 차린 식교자상이 있다.<br>• 식교자와 건교자를 섞어서 차린 얼교자상이 있다. |
| 입맷상 | • 잔치 때 큰상을 받기 전에 먼저 간단히 차려 대접하는 음식상이다.<br>• 조과, 유과, 생과 등을 골고루 조금씩 담고 온면, 신선로 등 몇 가지 음식을 차린다. |
| 다과상<br>(다담상) | • 차와 과자류를 차려 놓은 소반 또는 이러한 상차림을 일컫는다.<br>• 계절이나 지방, 풍습 등에 따라 상에 올리는 음식이 다르다.<br>• 약반, 생률, 곶감, 대추, 잣, 호두, 수정과, 화채, 배숙 등이다. |

② 반상(첩수에 따른 구분)

- 쟁첩에 담는 찬품의 가짓수에 따라 3첩 반상, 5첩 반상, 7첩 반상으로 구분한다.
- 궁중에서는 12첩 반상을 차리고 민가에서는 9첩까지로 제한하였다.
- 기본으로 놓는 것은 밥, 국, 김치, 간장이고, 5첩 반상은 찌개를 놓으며, 7첩 반상에는 찜을 놓는다.
- 반상차림의 구성법

<table>
<tr><th rowspan="2">구분</th><th colspan="7">기본 음식</th><th colspan="10">나물쟁첩에 담는 찬품</th></tr>
<tr><th>밥</th><th>국</th><th>김치</th><th>장류</th><th>찌개</th><th>찜</th><th>전골</th><th>생채</th><th>나물</th><th>구이</th><th>조림</th><th>전</th><th>장과</th><th>마른찬</th><th>젓갈</th><th>회</th><th>편육</th></tr>
<tr><td>3첩</td><td>1</td><td>1</td><td>1</td><td>1</td><td>×</td><td>×</td><td>×</td><td colspan="2">택 1</td><td colspan="3">택 1</td><td colspan="3">택 1</td><td>×</td><td>×</td></tr>
<tr><td>5첩</td><td>1</td><td>1</td><td>2</td><td>2</td><td>1</td><td>×</td><td>×</td><td colspan="2">택 1</td><td>1</td><td>1</td><td>1</td><td colspan="3">택 1</td><td>×</td><td>×</td></tr>
<tr><td>7첩</td><td>1</td><td>1</td><td>2</td><td>3</td><td>1</td><td>×</td><td>×</td><td>1</td><td>1</td><td>1</td><td>1</td><td>1</td><td colspan="3">택 1</td><td colspan="2">택 1</td></tr>
<tr><td>9첩</td><td>1</td><td>1</td><td>3</td><td>3</td><td>2</td><td>1</td><td>1</td><td>1</td><td>1</td><td>1</td><td>1</td><td>1</td><td>1</td><td>1</td><td>1</td><td colspan="2">택 1</td></tr>
</table>

③ 3첩 반상 식단의 예

| 조리법 \ 계절 | | 봄 | 여름 | 가을 | 겨울 |
|---|---|---|---|---|---|
| 기본 음식 | 밥 | 콩밥 | 완두콩밥 | 팥밥 | 흰밥 |
| | 국 | 조개시금치국 | 감자국 | 곰국 | 갈비탕 |
| | 장류 | 청장 | 청장 | 청장 | 청장 |
| | 김치 | 연 배추김치 | 열무김치 | 깍두기 | 총각김치 |
| 찬품 | 생채 또는 숙채 | 햇 취나물 | 가지나물 | 노각생채 | 느타리버섯나물 |
| | 구이 또는 조림 | 더덕구이 | 섭산적 | 생선조림 | 김구이 |
| | 장과 또는 젓갈 | 소고기장조림 | 깻잎장과 | 미나리장과 | 무숙장과 |

④ 5첩 반상 식단의 예

| 조리법 \ 계절 | | 봄 | 여름 | 가을 | 겨울 |
|---|---|---|---|---|---|
| 기본음식 | 밥 | 보리밥 | 흰밥 | 흰밥 | 팥밥 |
| | 국 | 애탕 | 조기맑은국 | 미역국 | 무국 |
| | 장류 | 청장, 초장 | 청장, 초장 | 청장, 초장 | 청장, 초장 |
| | 김치 | 배추김치<br>나박김치 | 오이소박이<br>열무물김치 | 깍두기<br>나박김치 | 배추김치<br>동치미 |
| | 찌개 | 달래된장찌개 | 호박젓국찌개 | 순두부찌개 | 된장찌개 |
| 찬품 | 생채 또는 숙채 | 두릅나물 | 도라지생채 | 쑥갓나물 | 삼색나물 |
| | 구이 또는 조림 | 병어조림 | 너비아니구이 | 제육구이 | 소고기산적 |
| | 전유어 | 고기완자전 | 감자전 | 풋고추전 | 표고버섯전 |
| | 장과 | 달래장과 | 풋고추장과 | 마늘장과 | 무말랭이장과 |
| | 마른찬 또는젓갈 | 김자반 | 조개젓 | 북어무침 | 명란젓 |

### (3) 식기의 종류 및 구분

① 식기 : 계절에 따라 유기, 은, 스테인리스 등의 금속으로 만든 식기와 흙을 빚어 구운 토기, 도자기, 유리그릇, 대나무로 만든 죽제품과 나무로 만든 목기가 있다.

② 식기의 종류

㉠ 주발 : 유기나 사기, 은기로 된 밥그릇으로 주로 남성용이며, 사기 주발은 사발이라 한다.

㉡ 바리 : 유기로 된 여성용 밥그릇으로 주발보다 밑이 좁고 배가 부르고 위쪽은 좁아들고 뚜껑에 꼭지가 있다.

㉢ 탕기 : 국을 담는 그릇으로 주발보다 밑이 좁고, 배가 부르면서, 위쪽은 좁아들고 뚜껑에 꼭지가 있다.

㉣ 대접 : 위가 넓고 운두가 낮은 그릇으로 숭늉이나 면, 국수를 담는 그릇으로 국대접으로 사용한다.

㉤ 조치보 : 찌개를 담는 그릇으로 주발과 같은 모양으로 탕기보다 한 치수 작은 크기이다.

㉥ 보시기 : 김치류를 담는 그릇으로 쟁첩보다 약간 크고 조치보보다는 운두가 낮다.

㉦ 쟁첩

- 전, 구이, 나물, 장아찌 등 대부분의 찬을 담는 그릇으로 작고 납작하며 뚜껑이 있다.
- 반상기의 그릇 중에 가장 많은 수를 차지하며, 반상의 첩수에 따라 한상에 올리는 숫자가 정해진다.
- 5첩 반상이면 쟁첩에 담은 찬을 5가지 놓고, 9첩이면 9가지를 놓는다.

ⓞ 종지 : 간장, 초장, 초고추장 등의 장류와 꿀을 담는 그릇으로 주발의 모양과 같고 기명(器皿) 중에 크기가 제일 작다.

ⓩ 합 : 밑이 넓고 평평하며 위로 갈수로 직선으로 차츰 좁혀지고, 뚜껑의 위가 평평한 모양으로 유기나 은기가 많다. 작은 합은 밥그릇으로 쓰이고, 큰 합은 떡, 약식, 면, 찜 등을 담는다.

ⓧ 조반기 : 대접처럼 운두가 낮고, 위가 넓은 모양으로 꼭지가 달리고 뚜껑이 있다. 떡국, 면, 약식 등을 담는다.

ⓚ 반병두리 : 위는 넓고 아래는 조금 평평한 양푼 모양의 유기나 은기의 대접으로 면, 떡국, 떡, 약식 등을 담는다.

ⓣ 접시 : 운두가 낮고 납작한 그릇으로 찬, 과실, 떡 등을 담는다.

ⓟ 옴파리 : 사기로 만든 입이 작고 오목한 바리이다.

ⓗ 밥소라 : 놋쇠로 된 식기이다.

### (4) 담음새

그릇에 음식이 담겨 있는 모양, 상태, 정도의 뜻으로 해석할 수 있다. 담음새의 조화 요소는 색감, 형태, 담는 방법, 담는 양으로 구분한다.

① 색감

- 고명색, 식재료 고유의 색, 숙성된 색, 양념색 등으로 나타낼 수 있다.
- 한식에 어울리는 식기 색깔은 백색이다.

② 담는 방법

| 구분 | 내용 | 특징 |
|---|---|---|
| 좌우대칭 | | • 가장 균형적인 구성형식으로 중앙을 지나는 선을 중심으로 대칭으로 담는다.<br>• 고급스러워 보이며 안정감이 느껴지나 단순화되기 쉽다.<br>• 재미있고 매력적인 배열이 될 수 있다. |
| 대축대칭 | | • 원형접시가 대축 · 대칭하기 쉽다.<br>• 통일에 의한 안정감, 화려함, 높은 완성도를 나타낸다.<br>• 클래식한 스타일의 담기로 많이 이용된다. |
| 회전대칭 | | • 대칭의 안정감, 차분한 가운데서도 움직임, 리듬과 흐름을 느낄 수 있다.<br>• 격정적이고 경쾌하며 중심이 강조된다. |

| | | |
|---|---|---|
| 비대칭 |  | • 불균형이지만 시각적으로 정돈되어 균형이 잡혀 있는 배열이다.<br>• 새로운 창의적 요리를 시도해 보고 싶을 때 사용된다. |

③ 담는 양

- 음식의 예술성 부여를 통한 고부가가치를 창출한다.
- 식욕촉진 및 이미지를 좌우하며, 전체적인 음식의 품질 평가에 결정적 영향을 미친다.
- 많은 양보다는 적당한 양의 정갈한 모습을 원하는 추세이다.
- 시각적인 면을 중요시한다.

## 5. 절식(節食)과 시식(時食)

절식은 명절을 맞아 그 뜻을 기리면서 만들어 먹는 전통음식이며, 시식은 그 계절에 특별히 있는 음식 또는 그 시절에 알맞은 음식이다. 제철 식재료를 사용해 요리하거나, 음식을 계절에 맞추어서 만들어 먹는다.

| 월 | 분류 | 음식 |
|---|---|---|
| 정월 | 설날 | 떡국, 떡만둣국, 떡찜, 갈비찜, 생선찜, 겨자채, 엿강정, 수정과 등이다. |
| | 대보름 | 오곡밥, 묵은 나물, 부럼, 귀밝이술, 원소병, 약식, 복쌈 등이다. |
| | 입춘 | 탕평채, 승검초산적, 죽순나물, 죽순찜, 달래나물, 냉이나물 등이다. |
| 이월 | 중화절 | 노비송편, 곡식을 볶아 풍년이 드는 곡식 점을 치기도 한다. |
| 삼월 | 삼짇날 | 화전, 두견화주, 육포, 절편, 녹말편, 조기면, 화면 등이다. |
| | 곡우 | 증편, 개피떡, 화전, 어채, 어만두, 복어, 도미, 조기 등이다. |
| | 한식 | 제물 : 술, 과일, 포, 식혜, 떡, 국수, 탕, 적 등이다.<br>민가 : 쑥탕과 쑥떡 등이다. |
| 사월 | 초파일 | 느티떡, 삶은 콩, 미나리강회 등이다. |
| 오월 | 단오 | 수리취떡, 앵두화채, 준치국, 제호탕, 앵두편, 준치만두 등이다. |
| 유월 | 유두절 | 유두면, 편수, 밀쌈, 구절판, 어채, 복분자 화채, 떡수단, 기주떡 등이다. |
| | 삼복 | 계삼탕, 개장국(보신탕), 닭죽, 육개장, 임자수탕, 민어탕 등이다. |
| 칠월 | 칠석 | 밀전병, 증편, 육개장, 게전, 잉어구이, 잉어회, 오이김치, 과일화채 등이다. |

| 팔월 | 추석 | 오려송편, 토란탕, 송이구이, 화양적, 누르미적, 배숙 등이다. |
|---|---|---|
| 구월 | 중양절 | 국화주, 감국전, 국화전, 국화화채, 밤단자, 유자화채, 생실과 등이다. |
| 시월 | 무오일 | 무시루떡, 만둣국, 신선로(열구자탕), 연포탕, 밀단고, 강정 등이다. |
| 동짓달 | 동지 | 팥죽, 조선조 궁중에서는 타락죽, 전약 등이다. |
| 섣달 | 그믐날 | 비빔밥(골동반), 인절미, 족편, 돼지고기 찜, 내장전, 설렁탕 등이다. |

## 6. 향토음식

향토음식이란 그 고장이 갖는 기후, 지형 등 자연환경에 순응하면서 독특하게 개발된 음식이며, 그 고장 사람들이 일상적으로 먹는 음식으로써 다른 지역의 음식과는 비교할 수 없는 특성을 지닌 음식이다.

[지역에 따른 구분]

| 지역 | 특징 | 주요 음식 |
|---|---|---|
| 서울 | • 사치스런 음식을 만들었다.<br>• 모양을 예쁘고 작게 만들어 멋을 많이 낸다.<br>• 분량은 적으나 가짓수를 많이 만든다. | 설렁탕, 장국밥, 편수, 만둣국, 추어탕, 각색편, 약식, 각색 강정 등이다. |
| 경기도 | • 수수한 음식이 많다.<br>• 간이 세지도 약하지도 않다.<br>• 양념을 많이 쓰는 편이 아니다. | 개성편수, 조랭이 떡국, 감동젓찌개, 개성경단, 여주산병, 순무김치 등이다. |
| 충청도 | • 담백하고 구수하면서 소박하다.<br>• 꾸밈이 별로 없다.<br>• 양념을 많이 사용하지 않는다. | 보리밥, 칼국수, 호박지찌개, 청국장찌개, 쇠머리떡, 꽃산병, 도토리떡 등이다. |
| 강원도 | • 해안지방에서는 멸치나 조개로 맛을 낸다.<br>• 극히 소박하며 먹음직스럽다.<br>• 감자, 옥수수, 메밀을 이용한 음식이 많다. | 강냉이밥, 메밀막국수, 감자수제비, 감자범벅, 올챙이묵, 삼시기탕 등이다. |
| 전라도 | • 음식에 정성이 유별나며 사치스러운 편이다.<br>• 풍류와 맛의 고장이다.<br>• 음식의 가짓수를 많이 하는 습관이 있다. | 전주비빔밥, 콩나물국밥, 양애적, 홍어어시욱, 홍어회, 차조기떡, 전주경단, 동아정과 등이다. |
| 경상도 | • 음식의 맛은 대체로 맵고 간이 센 편이다.<br>• 음식의 멋을 내거나 사치스럽지 않다.<br>• 날콩가루를 넣어 만든 칼국수를 즐긴다. | 진주비빔밥, 재첩국, 따로국밥, 아귀찜, 상어구이, 콩잎장아찌, 모시잎 송편, 안동식혜, 만경떡, 쑥굴레 등이다. |
| 제주도 | • 음식의 간은 센 편이고 회를 많이 먹는다.<br>• 재료의 특성을 살리는 게 특색이다.<br>• 날씨가 따뜻하여 김장이 필요치 않다. | 전복죽, 옥돔죽, 고사리국, 양애무침, 돼지고기육개장, 오메기떡, 차좁쌀떡, 닭엿, 보리엿, 물망회 등이다. |

| 황해도 | • 음식에 기교를 부리지 않고 구수하다.<br>• 송편이나 만두도 큼직하게 빚는다.<br>• 충청도 음식과 비슷하다. | 김치밥, 수수죽, 되비지탕 김치순두부, 연안식해, 오쟁이떡, 닭알떡 등이다. |
|---|---|---|
| 평안도 | • 음식을 먹음직스럽고 크게 만들어 먹는다.<br>• 콩과 녹두로 만든 음식이 많다.<br>• 간은 심심하고 맵지도 짜지도 않다. | 온반, 김치말이, 어복쟁반, 온면, 녹두지짐, 송기떡, 노티떡, 골미떡 등이다. |
| 함경도 | • 고춧가루와 마늘 양념을 강하게 사용한다.<br>• 음식의 모양은 큼직하여 대륙적이다.<br>• 다대기라는 것도 이 고장에서 나온말이다. | 가자미식해, 도루묵식해, 동태순대, 오그랑떡, 언 감자떡, 얼린 콩죽 등이다. |

## 7. 양념

### (1) 양념의 기능

'양념'이란 한자로 약념(藥念)으로 표기하는데, "먹어서 몸에 약처럼 이롭기를 바라는 마음으로 여러 가지를 고루 넣어 만든다"라는 뜻이 깃들어 있다. 비린내와 누린내 등의 좋지 못한 냄새는 감소시키면서 재료의 맛과 풍미를 더욱 향상시키며 마늘, 생강 등에 항균 작용이 있어 음식의 저장기간을 연장하기도 한다.

### (2) 양념의 종류

조미료와 향신료로 나누며, 조미료의 기본양념은 짠맛, 단맛, 신맛, 매운맛, 쓴맛 등의 5가지 기본 맛을 낸다. 음식에 따라 조미료들을 적당히 혼합하여 알맞은 맛을 내는 것으로 소금, 간장, 고추장, 된장, 식초, 설탕 등이 있다. 향신료는 그 자체로 좋은 향을 내거나 매운맛, 쓴맛, 고소한 맛 등을 내는 것으로 생강, 겨자, 후추, 고추, 참기름, 들기름, 깨소금, 파, 마늘, 천초 등이 있다.

[맛을 내는 양념]

| 맛 | | | 식품 |
|---|---|---|---|
| 오미 | 짠맛<br>단맛<br>신맛<br>매운맛<br>쓴맛 | 함(唅)<br>감(甘)<br>산(酸)<br>신(辛)<br>고(苦) | 소금, 간장, 된장, 고추장, 새우젓, 액젓, 설탕, 꿀, 조청, 엿, 식초, 감귤류의 즙, 고추, 겨자, 산초, 후추, 파, 마늘, 생강, 생강 |
| 고소한맛 | | | 참기름, 들기름, 깨소금 |

### 1) 짠맛

음식의 가장 기본 맛은 '짜다' 또는 '싱겁다'라는 간으로 염도로 나타낼 수 있다. 음식에 따라 가장 맛있게 느끼는 간은 농도가 각각 다르다. 맑은국의 염도는 1% 정도가 적당하고, 맛이 진한 토장국이나 건지가 많은 찌개는 간이 더 세야 하며, 찜이나 조림 등 고형물의 간은 더욱 강해야 맛있게 느낀다.

① 소금

- 특징
  - 짠맛을 내는 기본적인 조미료이다.
  - 신맛을 약하게 느끼게 하고, 단맛은 더욱 달게 느끼게 하는 맛의 상승작용이 있다.
- 종류
  - 호렴(천일염, 굵은 소금) : 입자가 굵고 회백색이 난다. 주로 김치나 장아찌, 장을 담글 때 사용하고, 채소, 생선을 절일 때도 사용한다.
  - 자염 : 바닷물의 염도를 높인 뒤에 끓여서 석출하는 소금이다.
  - 재염(꽃소금) : 거칠게 만든 천일염을 물에 녹여서 잡물을 거르고, 다시 고아서 깨끗하게 만든 소금이다.
  - 식탁염 : 입자가 고운 것으로 죽염, 구운 소금, 맛소금 등이며, 식탁에서 간을 맞추거나 김을 구울 때 사용된다.
  - 맛소금 : 정제염에 '글루탐산나트륨(MSG)'을 배합한 것. 천일염과는 다른 감칠맛이 뛰어나 요리에 사용되고 있다.
  - 기능성 소금 : 특별한 기능이 있거나 보강한 것으로 와인, 버섯, 허브, 솔잎 소금 등 종류가 다양하다.

② 장류

㉠ 간장

- 특징
  - 우리 고유의 발효식품으로 음식의 맛을 내는 중요한 조미료이다.
  - 궁중에서는 간장을 농도에 따라 분류하였다.
- 종류
  - 청장(묽은 간장) : 담근 지 1~2년 정도 되는 맑고, 색이 연하여 국을 끓이는 데 사용한다.
  - 중장(중간장) : 담근 지 3~4년 정도 된 장으로 찌개나 나물을 무치는 데 사용한다.
  - 진장(진간장) : 담근 지 5년 이상 되어 맛이 달고 진하여 약식, 전복초 등을 만드는 데 사용한다.
  - 양조간장 : 콩이나 탈지대두 또는 이에 쌀, 보리, 밀 등의 전분을 섞어 누룩 곰팡이균을 넣어 발효 숙성시킨 뒤 가공한 간장이다. 6개월에서 1년 이상 서서히 발효시켜 만들므로

간장 고유의 감칠맛과 향이 풍부하다.

– 향신 간장 : 양조간장에 대파, 마늘, 양파, 다시마, 생강, 통후추, 건표고, 건고추 등을 넣어 끓인 후 걸러 요리에 사용하는 간장이다.

– 산분해간장 : 단백질 또는 단백질이 들어있는 원료를 염산으로 가수분해하여 얻는 아미노산으로 만든 간장, 주로 탈지 콩 또는 글루텐을 염산으로 가수 분해하고 알카리로 중화한 아미노산액에 향미와 색깔을 간장과 같게 하기 위하여 소금, 물엿, 캐러멜 따위를 넣어 만든다.

㉡ 된장

- 메주로 소금물에 담근 후 간장을 떠내고 남은 건더기에 소금 간을 한 것이다.
- 조미료뿐만 아니라 단백질 급원식품 역할까지도 하였다.
- 찌개, 토장국 등에 사용하고, 상추쌈이나 호박잎쌈에 곁들이는 쌈장과 장떡의 재료가 된다.

㉢ 고추장

- 매운맛을 지닌 복합 발효 조미료이다.
- 탄수화물의 가수분해로 생긴 단맛과 콩 단백질에서 나오는 아미노산의 감칠맛, 고추의 매운맛, 소금의 짠맛이 잘 조화를 이룬 양념으로 조미료인 동시에 기호식품이다.
- 된장과 마찬가지로 토장국이나 고추장찌개의 맛을 내고 생채나 숙채, 조림, 구이 등의 조미료로 쓰인다.

③ 젓갈류

- 새우젓
  - 작은 새우를 소금에 절여 만든 젓갈로써 김치에 가장 많이 쓰인다.
  - 소금 대신에 국, 찌개, 나물 등의 간을 맞추는 조미료로 쓰이는데, 소금간보다 감칠맛이 난다.
  - 돼지고기 편육에는 새우젓국에 식초, 파, 고춧가루 등을 섞어 초젓국을 만들어 반드시 곁들여 낸다.
- 멸치액젓
  - 멸치젓을 담그면 위로 뜨는 맑은 젓국을 '멸장'이라 하여 섬에서 간장 대신 쓰였다.
  - 남도 지방에서 쓰이다가 1900년대 후반부터 전국적으로 김치와 음식에 많이 사용하게 되었다.
  - 최근에는 멸치뿐 아니라 까나리로 만든 액젓도 많이 사용하고 있다.

### 2) 단맛

우리나라에 설탕은 고려시대에 들어왔으나, 고가(高價)이어서 일반인들이 사용하지 못했다. 꿀과 조청이 감미료로 많이 쓰였으며, 설탕은 1960년대부터 일반적으로 널리 사용되었다.

① 조청

- 곡류를 엿기름으로 당화시켜 오래 고아서 걸쭉하게 만든 묽은 엿이다.
- 한과류와 밑반찬용의 조림에 많이 쓰인다.
- 엿은 조청을 더 오래 고아서 되직한 것을 식히면 딱딱하게 굳는 식품으로 간식이나 기호품으로 즐긴다.

② 꿀

- 꿀벌이 꽃의 꿀과 꽃가루를 모아서 만든 천여 감미료로 인류가 구석기시대부터 사용한 가장 오래된 감미료이다.
- 약 80%가 과당과 포도당이어서 단맛이 강하고 흡습성이 있어 음식의 건조를 막아준다.
- 예전에는 죽이나 떡을 상에 낼 때 종지에 담아 함께 내었으며, '백청(白淸)' 또는 '청(淸)'이라 하였다.

③ 설탕

- 사탕수수나 사탕무의 즙을 농축시켜 만드는데, 순도가 높을수록 단맛이 산뜻해진다.
- 당밀 분을 많이 포함한 흑설탕과 황설탕보다 정제도가 높은 흰 설탕이 단맛이 가볍다.
- 같은 흰 설탕이라도 결정이 큰 것이 순도가 높으므로 산뜻하게 느낀다.
- 당도는 흑설탕, 황설탕, 흰 설탕, 그래뉴당, 얼음설탕의 순으로 차츰 강하게 느낀다.

### 3) 신맛

한국음식은 대개 생채와 겨자채, 냉국 등 차가운 음식에 식초를 넣어 신맛을 낸다. 식초는 녹색의 엽록소를 누렇게 변색시키므로 푸른색 나물이나 채소에는 먹기 직전에 넣고 무쳐야 한다.

① 식초

- 특징 : 신맛은 음식에 청량감을 주고 생리적으로 식욕을 증가시키며, 소화액의 분비를 촉진시켜 소화 흡수도 돕는다.
- 종류
  - 양조식초 : 곡물이나 과실을 원료로 하여 발효시켜 만든 것으로 원료에 따라 쌀초, 술지게미초, 엿기름초, 현미초, 포도주초, 사과초, 주정초, 소맥초 등이 있다. 각종 유기산과 아미노산이 함유된 건강식품이다.
  - 합성식초 : 석유로부터 '에틸렌'을 만들고, 이를 합성하여 빙초산을 만들어 물과 희석하여 식초산이 3~4%가 되도록 한다. 이는 양조식초와 같이 온화하고 조화를 이룬 감칠맛이 없다.
  - 혼성식초 : 합성 식초와 양조 식초를 혼합한 것이다.

### 4) 매운맛

'통각(痛覺)'을 느낄 정도의 자극성이 있는 맛이다. 식욕을 증진시키기도 하고, 이취를 막기도 하

며, 자극에 의해 미각을 바꾸기도 하는 효과가 있다.

① 후추

- 특징
  - '매운맛(차비신)'을 내는 향신료로써 열대 지방에서 나는 다년생 나무로 열매로 가장 널리 쓰인다.
  - 생선이나 육류의 비린내를 제거하고, 음식의 맛과 향을 좋게 하여, 식욕을 증진시킨다.
- 종류
  - 검은후추 : '니그름'이라는 넝쿨에서 완전히 익기 전의 열매를 수확하여 햇볕에 말린 것이다. 향이 강하고 색이 검으므로 육류와 색이 진한 음식의 조미에 적당하다.
  - 흰후추 : 완숙된 열매의 껍질을 벗긴 것으로 부드러운 향과 색이 연하여 흰살생선이나 채소의 조미에 적당하다.
  - 통후추 : 육류를 삶거나 육수를 만들 때 넣고, 배숙 등 음료에 쓰인다.

② 고추

- 특징
  - 매운맛은 품종이나 산지에 따라 차이가 크다.
  - 완전히 성숙하기 전의 풋고추나 홍고추로도 사용한다.
- 종류
  - 굵은 고춧가루 : 굵은 고춧가루는 김치, 깍두기에 적당하다.
  - 고운 고추가루 : 일반 조미용과 고추장으로 적당하다.
  - 실고추 : 나박김치, 조림 등의 고명으로 사용된다.

③ 산초

- 산초나무는 열매와 잎은 독특한 향과 매운맛을 내며 '천초' 또는 '분디'라고 한다.
- 요즈음은 많이 사용하지 않지만, 고추가 전래하기 이전에 매운맛 조미료로 주로 사용했다. 완숙한 열매의 껍질은 가루로 만들어 '추어탕'이나 '개장국' 등에 쓰인다.
- 미숙한 녹색 열매는 간장을 부어 장아찌를 만든다.

④ 겨자

- 겨잣가루는 물로 개어 '매운맛(시니그린)'이 난 후에 식초, 설탕, 소금 등으로 조미하여 겨자즙을 만든다.
- 겨자채나 냉채에 넣을 때 항상 차가운 액체와 섞어야 한다. 뜨거운 액체와 섞으면 휘발성의 매운맛이 사라진다.

⑤ 계피

- 녹나무와 녹나무속 식물의 껍질을 벗겨서 만든 향신료이다.
- 스리랑카의 옛 지명인 실론과 인도 남부가 원산지인 계피는 '시나몬'이고, 중국 남부와 베트

남이 원산지인 계피를 '카시아'라고 한다.

### 5) 고소한 맛

① 참기름

- 참깨를 볶아 짠 참기름은 고소한 향과 맛을 낸다.
- 나물에 많이 넣으며 고기양념 등 거의 모든 음식에 넣는다.
- 약과, 약식에 많이 쓰인다.
- 불포화 지방산이 많고 발연점이 낮아 튀김용으로 쓰지 않는다.

② 들기름

- 들깨를 볶아 짠 들기름은 독특한 향이 나는데 쉽게 산패되므로 짜서 바로 사용해야 한다.
- 여러 음식에 사용되며, 특히 김에 발라 구울 때 많이 사용한다.
- 볶은 들깨를 가루로 만들어 나물에 넣거나 국에 넣기도 한다.

③ 콩기름

- 전유어나 지짐, 볶음 등 조리용으로 가장 많이 쓰인다.
- 예전에는 기름을 반찬에 사용하는 것보다 유과나 유밀과를 지질 때 많이 사용했다.
- 대두유 외에 채종유, 면실유, 옥수수유 등을 두루 사용한다.

④ 깨소금

- 참깨에 물을 부어 비벼 씻어서 볶아 반쯤 부서지게 빻아서 사용한다.
- 실깨는 겉껍질을 말끔히 없애고 뽀얗게 볶은 것이다.
- 깨알이 익어서 통통하게 되고, 손끝으로 비벼서 으깨질 수 있을 정도로 볶아야 알맞다.

### 6) 향신채소

파, 마늘, 생강은 매운맛과 쓴맛을 약간 갖고 있으면서 자극적인 향을 지니고 있는데, 우리음식에 다지거나 채 썰어 꼭 들어가는 향신채소를 말한다.

① 파

- 특징
  - 대파의 매운맛은 '유화아릴' 성분이 비타민 $B_1$의 흡수를 높여주고, 체내의 소화액을 촉진시켜 식욕을 도와준다.
  - 몸을 따뜻하게 해주고 열을 나게 해서 땀을 나도록 도와주어 감기 증상을 완화시킨다.
  - 육류의 누린내와 생선의 비린내를 제거한다.

② 마늘

- 특징
  - 우리 음식에 대부분 사용되며, '매운맛(알리신)'을 함유한다.
  - 살균, 구충, 강장작용으로 강한 살균 작용한다.

- 용도
  - 육수를 낼 때 사용한다.
  - 고기의 누린내를 제거하고, 생선의 비린내를 제거한다.
  - 김치, 찌개, 생채, 나물, 찜, 조림 등의 양념으로 사용된다.

③ 생강

- 쓴맛과 '매운맛(진저롤)'이 육류의 누린내와 생선의 비린내를 제거한다.
- 나물, 김치, 탕, 전골 등에 즙을 넣거나 다지거나 채 썰어 넣는다. 음료나 한과에도 많이 쓰인다.

## 8. 고명

'고명'이란 음식을 보고 아름답게 느껴져 먹고 싶은 마음을 갖도록 음식의 맛보다 모양과 색을 좋게 하기 위해 장식하는 것을 하며, '웃기'라고도 한다. 색깔은 오행설에 바탕을 두어 붉은색, 녹색, 황색 흰색, 검은색이 기본이다.

### (1) 멋을 내는 고명

| 고명의 종류 | | 식품 | 모양 |
|---|---|---|---|
| 채소와 달걀 | 붉은색(赤) | 건고추, 실고추, 홍고추, 당근, 대추 | • 채소와 달걀지단은 공통으로 가는 채, 굵은 채, 골패형(장방형), 완자형(마름모꼴)<br>• 달걀은 지단 외 알쌈, 줄알 |
| | 초록색(綠) | 미나리, 실파, 호박, 오이, 풋고추, 쑥, 취 | |
| | 노란색(黃) | 달걀노른자, 황화채 | |
| | 흰색(白) | 달걀흰자 | |
| | 검은색(黑) | 석이버섯, 표고버섯 | |
| 종실류 | 흰색 | 흰깨, 밤 | 거피하여 통실깨 또는 가루 |
| | | 잣 | 탈피하여 원형, 가루, 비늘잣 |
| | | 호두 | 탈피하여 원형 |
| | 초록색 | 은행 | 탈피하여 원형 |
| | 검은색 | 흑임자 | 검은깨 또는 흑임자 |
| 고기 | 고기완자 | 소고기 | 소고기로 완자형 |
| | 고기채 | 소고기 | 소고기로 가는 채 |

### (2) 고명의 종류

① 달걀지단

달걀은 식품 중에 흰색과 노란색이 선명하여 고명으로 널리 쓰인다.

| 구분 | 용도 |
|---|---|
| 채썬 지단 | 나물이나 잡채 등에 사용한다. |
| 마름모꼴 지단 | 찜, 탕, 전골 등에 사용한다. |
| 줄알 | 장국, 국수, 만둣국, 떡국 등에 사용한다. |

② 미나리 초대

- 미나리의 줄기 부분만 다듬어 꼬치에 끼워 밀가루를 묻힌 후 달걀흰자 또는 노른자를 입혀 지져서 사용한다.
- 전골, 만둣국, 신선로 등에 사용한다.

③ 고기

㉠ 고기완자

- 소고기를 곱게 다지고 두부를 섞어 양념한 후, 지름 1~2cm 둥글게 빚어 밀가루를 묻히고 풀어놓은 달걀물에 담가서 번철에 지진다. 궁중에서는 완자를 '봉오리'라고 한다.
- 국수나 전골, 신선로 등에 사용한다.

㉡ 고기 고명

- 소고기를 곱게 다지거나 채썰어 양념하여 볶아서 사용한다.
- 떡국, 국수장국, 비빔국수, 비빔밥의 고명으로 사용한다.

④ 버섯

㉠ 표고버섯 : 마른 표고버섯을 불려서 채 썰어 양념하여 볶아 고기 고명처럼 사용한다.

㉡ 석이버섯

- 더운물에 불려서 잘 비빈 다음, 안쪽에 있는 이끼를 말끔히 벗겨낸다.
- 석이채는 여러 개를 겹쳐 말아서 채썰어 보쌈김치, 국수, 잡채 등의 고명으로 사용하고 다져서 달걀흰자에 섞어 석이지단을 부친다.

㉢ 목이버섯 : 물에 불려 가운데 딱딱한 부분을 떼어내고, 3~4등분으로 찢어서 사용한다.

⑤ 고추

㉠ 실고추 : 씨를 제거한 건 고추를 채썰어 국수, 나물, 밑반찬, 김치 등에 많이 사용한다.

㉡ 풋 · 홍고추

- 반을 갈라서 씨를 제거하여 채를 썰거나 '골패형'으로 썰어 고명으로 사용한다.
- 익은 음식에는 끓는 물에 살짝 데쳐서 사용하고, 잡채나 국수의 고명으로 사용한다.

⑤ 실파 · 미나리

가는 실파나 미나리 줄기를 데쳐서 약 3~4cm 길이로 썰어 찜, 전골이나 국수의 고명으로 사용한다. 넉넉한 물에 소금을 약간 넣고 데쳐서 찬물에 헹궈서 사용하면 색이 아주 곱다.

⑦ 통깨

참깨를 잘 일어서 씻은 다음, 볶아서 빻지 않고 그대로 나물, 잡채, 적, 구이 등의 고명으로 사용한다. 잣가루는 통깨 대신 고명으로 두루 사용한다.

⑧ 견과류

㉠ 잣 : 뾰족한 쪽의 고깔을 뗀 후 통째로 사용하거나, 길이로 반을 가른 비늘 잣, 다져서 잣가루로 만들어 사용한다.

| 구분 | 용도 |
|---|---|
| 통 잣 | 전골, 찜, 신선로, 화채 등에 사용한다. |
| 비늘 잣 | 육포, 만두소, 쌀강정, 편 등에 사용한다. |
| 잣가루 | 완성된 음식에 뿌려서 모양을 내며 초간장에도 넣는다. |

㉡ 은행

- 겉껍질을 벗기고 팬에 기름, 소금을 약간 넣어 볶은 후 키친타월에 비벼서 속껍질을 벗겨 사용한다.
- 끓는 물에 소금을 넣어 삶아서 속껍질을 벗기기도 한다.
- 신선로, 전골, 찜 등의 고명으로 사용한다.

㉢ 호두 : 딱딱한 겉껍질을 벗겨서 더운물에 잠시 담갔다가 대꼬치 등으로 속껍질을 완전히 벗겨 찜이나 신선로, 전골 등의 고명으로 사용한다.

㉣ 밤

- 겉껍질을 벗기고 속껍질(보늬)까지 말끔히 벗겨 채로 썰거나 납작하게 썰어 보쌈김치, 겨자채, 냉채 등에 넣는다. 떡, 한과에 고물이나 고명으로 많이 쓰인다.
- 밤을 쪄서 체에 내려 고명으로 사용하기도 한다.

㉤ 대추

- 건 대추는 찬물에 씻어 물기를 제거하고 돌려깎기한다.
- 찜에는 크게 썰어 넣고 보쌈김치, 백김치, 식혜, 차에도 채썰어 띄우는 등 떡이나 과자류에 많이 쓰인다.

Chapter 02

# 예상문제

**01 정월 대보름의 절식 중 묵은 나물의 뜻을 가진 것이 아닌 것은?**

① 묵나물
② 진채
③ 진채식
④ 소채류

해설 진채(陣菜), 진채식(陣菜食), 묵나물은 음력 정월 대보름날, 여름에 더위를 이겨 내기 위하여 먹는 묵은 나물로 박나물, 말린 버섯, 무, 가지 고지, 시래기 등을 무쳐 먹는다.

**02 다음 중 '보늬'를 뜻하는 것이 아닌 것은?**

① 순우리말이다.
② 나무 열매 속에 있는 껍질이다.
③ 밤이나 도토리 따위의 속껍질이다.
④ 산에서만 자라는 나무 열매의 속껍질이다.

해설 단단한 껍데기나 깍정이에 싸여 있는 모든 열매의 속껍질을 칭한다.

**03 맑은 간장으로 국이나 찌개, 나물 등을 조리할 때 사용하는 간장은?**

① 청장
② 진장
③ 양조간장
④ 산분해간장

해설 청장은 맑은 간장으로 담근 햇수가 1~2년 정도 되어 맑고 색이 연하여 국을 끓이는 데 주로 쓰인다.

**04 탕평채의 유래에 대한 설명으로 틀린 것은?**

① 녹두묵에 고기볶음, 미나리, 김 등을 섞어 만든 묵무침이다.
② 인조 때 여러 당파가 잘 협력하자는 탕평책을 논하는 자리의 음식상에 등장하였다는 데서 유래되었다.
③ 오방색(황 · 청 · 백 · 적 · 흑)을 완벽하게 구현한 음식이다.
④ 봄과 여름철의 별미로 입속의 감촉도 매끄럽고 새콤한 맛이 식욕을 돋게 한다.

해설 조선 21대 왕 영조는 탕평책을 써서 당쟁 제거에 힘썼다.

**05 신선로에 대한 설명으로 틀린 것은?**

① 쇠로 된 화통이 달린 냄비에 불을 지펴 끓이면서 먹는 가장 호화로운 탕의 일종이다.
② 먹으면서 즐거움을 주는 일명 열구자탕이다.
③ 간단한 어육과 채소가 아니라 가지각색의 재료를 보기 좋게 담고 끓여 먹는 것이다.
④ 중국음식 훠궈르 보다 간단하다.

해설 신선로는 중국에 뿌리를 두고 있지만, 우리만의 음식으로 재창조하여 한국의 대표적인 맛을 만들어낸 훌륭한 작품이며, 훠궈르 보다 복잡하다.

정답 01 ④ 02 ④ 03 ① 04 ② 05 ④

**06** 부식류 중 젓갈에 대한 설명으로 틀린 것은?

① 우리나라는 지형적으로 삼면이 바다이기에 젓갈이 다양하게 개발되었다.
② 생선의 살, 알, 창자 등을 소금에 짜게 절여 발효시킨 음식이다.
③ 종류나 채취하는 시기에 따라 달라지는데 특히 새우젓은 육젓, 오젓, 추젓, 뎃데기젓, 자젓, 곤쟁이젓 등이 있다.
④ 추젓은 색깔이 희고 살이 통통하며, 맛이 고소하여 김치 양념으로 사용한다.

해설 가장 좋은 상품은 6월에 잡아 담근 육젓으로 색깔이 희고, 통통하며 맛이 고소하여 김치양념으로 주로 사용한다.

**07** 음력 섣달그믐날의 절식은?

① 육개장
② 편수
③ 골동반
④ 무시루떡

해설 집안에 남은 음식들을 해를 넘기지 말자며 이것저것 모아 한 그릇에 담아 비벼 먹은 음식이 골동반이다.

**08** 식해(食醢)에 대한 설명으로 적절하지 않은 것은?

① 생선을 토막 낸 다음 소금을 뿌리고 쌀이나 곡류 등으로 조밥을 하여 고춧가루, 무 등을 넣고 버무려 삭힌 음식이다.
② 함경도 가자미식해, 북어식해, 경상도 마른고기 식해 등이 있다.
③ 기본 재료는 엿기름, 소금, 생선, 좁쌀, 고추, 마늘, 파 무, 생강 등이다.
④ 만드는 방법이 지방마다 차이가 전혀 없다.

해설 식해는 한국, 중국, 일본 등 아시아권 전역에 고루 분포하는 음식으로 지방마다 약간의 차이가 있다.

**09** 제사를 지내는 제물로 피하는 음식이 아닌 것은?

① 복숭아는 귀신을 쫓는다고 하여 제사상에 올리면 조상이 찾아오지 못한다고 하여 무덤 주위에도 복숭아나무를 심지 않는다.
② 진한 향이 나는 향료나 나물은 제사상에 올리지 않는다.
③ 고추, 마늘, 파를 사용해도 무방하다.
④ 이름의 끝 자가 '치'로 끝나는 생선류는 흔하고 천하다고 생각하여 제사상에 올리지 않는다.

해설 불교음식에서도 진한 향이 나는 마늘, 파, 고추, 부추, 미나리 등은 제물로 쓰지 않는 데 이러한 영향으로 제례음식에는 고추, 마늘, 파를 양념으로 사용하지 않는다.

**10** 안동식혜에 대한 설명으로 옳은 것은?

① 찹쌀에 간장, 설탕, 대추를 넣고 찐 것이다.
② 밀가루, 참기름, 꿀, 술로 반죽하여 여러 모양으로 만들어 지진 다음 집청을 바른 것이다.
③ 찹쌀 고두밥에 고운 고춧가루, 밤채, 생강채를 넣고 골고루 섞어 엿기름물을 따라 붓고 따뜻한 곳에서 발효시켜 만든 음료로 무 식혜라고도 한다.
④ 쑥에 멥쌀가루를 섞어 찐 것이다.

해설 쑥버무리는 쑥에 멥쌀가루를 섞어 찐 떡이고, 약식은 불린 찹쌀에 간장, 설탕으로 간을 맞추어 찐 것이다. 밀가루, 참기름, 꿀, 술로 반죽하여 여러 모양으로 만들어 지진 다음 집청한 것은 유밀과이다.

06 ④ 07 ③ 08 ④ 09 ③ 10 ③

**11** 데친 쑥을 다져 소고기와 섞어 완자같이 만들어 달걀물에 넣어 담갔다가 장국에 넣고 끓인 국의 이름으로 옳은 것은?

① 유밀과
② 애탕
③ 숙김치
④ 똑똑이 자반

해설 숙김치는 배추와 무를 썰어 살짝 데쳐 건져서 김치 양념으로 버무린 것으로 노인 음식으로 좋으며 경기도 김치이다. 똑똑이 자반은 소고기를 얇게 저며 간장, 참기름, 설탕, 후춧가루, 양념을 넣어 조린 것이다. 장똑똑이와 다른 점은 고기를 얇게 저미고 장똑똑이는 가늘게 채 썰어 간장을 부어 조린다는 점이다.

**12** 소금에 절인 오이, 소고기, 표고, 파 등을 볶아 넣고 해삼 모양으로 만두 같이 빚어 찐 후 초간장에 찍어 먹는 만두는?

① 편수
② 교자상
③ 규아상
④ 굴림만두

해설 편수는 개성지방의 향토음식으로 겨울철의 만두와 다른 점은 모양을 네모로 만들고 소고기에 오이 · 호박 · 버섯 · 달걀지단 · 실백 등을 섞어서 담백하게 만든 것이다.

**13** 초계탕의 설명으로 틀린 것은?

① 닭으로 만든 요리이다.
② 석이, 표고, 목이버섯 볶은 것과 알고명, 실백을 넣어 끓인 탕이다.
③ 초란으로 만든 요리이다.
④ 오이를 썰어 절여 국물을 제거하고 넣은 국이다.

해설 어미닭이 처음 낳은 달걀로 닭이 알을 낳는 개수가 늘어날수록 알의 크기가 커지고 색깔이 옅어지며 껍데기가 얇아진다.

**14** 일명 다시맛국으로 불리며 파, 움파 등과 다시마를 잘 게 썰어 같이 끓인 국의 이름으로 옳은 것은?

① 곤포탕
② 황볶이탕
③ 곽탕
④ 매듭자반

해설 황볶이탕은 소고기를 간장에 양념하여 끓는 물에 넣어 푹 끓인 음식이다. 곽탕은 미역을 넣어 끓인 국이고, 매듭자반은 다시마를 적당히 썰어서 속에 잣과 통후추가 떨어지지 않도록 매듭을 지어 기름에 튀긴 것이다.

**15** 청어의 고유어로 옳은 것은?

① 비웃
② 명태
③ 코다리
④ 북어

해설 명태를 반건조로 말린 것을 코다리라 하며, 완전히 건조시킨 것을 북어라고 한다.

**16** 제사가 아닌데도 제사 지낸 것 같이 쌀밥 위에 나물, 소고기, 고등어, 두부, 달걀 등을 얹어 만들어 먹었던 안동지역의 향토 음식은?

① 찰밥
② 헛제사 밥
③ 잡곡밥
④ 백반

해설 헛제삿밥은 고추장이 아닌 간장에 비벼 먹고, 나물도 실제 제사상에 올리듯 마늘, 고춧가루 등의 양념을 하지 않고 참기름과 소금, 깨소금, 간장으로 비벼 삼삼하다.

정답 11 ② 12 ③ 13 ③ 14 ① 15 ① 16 ②

**17** 아래와 같은 음식으로 차린 상차림은 몇 첩 반상인가?

팥밥, 아욱국, 열무김치, 고등어구이, 콩나물, 무숙 장아찌

① 3첩 반상
② 7첩 반상
③ 5첩 반상
④ 9첩 반상

해설 밥, 국, 김치, 장류, 찌개, 전골은 첩 수에 들어가지 않는 기본 상차림으로 3첩 반상이다.

**18** 한식의 장식용 고명에 해당되지 않는 것은?

① 미나리초대
② 계피가루
③ 은행
④ 달걀지단

해설 계피가루는 기호식품에 주로 사용되는 식재료이다.

**19** 궁중 잔치의 큰상(고임상)에 놓였던 떡은?

① 각색병 ② 약편
③ 석탄병 ④ 상화병

해설 각색병은 백미(멥쌀), 점미병(찹쌀), 삭병(쇠머리떡), 밀설기, 석이병, 각색 절병(절편) 등으로 궁중잔치 때 고임상으로 사용되었다.

**20** 계수나무의 껍질이며, 겉은 회갈색으로 방향과 약간의 감미가 있는 향신료가 아닌 것은?

① 계피 ② 시나몬
③ 카시아 ④ 바닐라

해설 계피, 시나몬, 카시아 등은 수정과의 재료인 계피를 뜻한다.

**21** 우리나라의 절식인 동지는 양력 12월 22, 23일 경이며, 1년 중 밤이 가장 길며, 작은 설이라고도 하는데 이날 해 먹는 음식은?

① 팥죽
② 신선로
③ 국화전
④ 무시루떡

해설 동지(冬至)는 24절기 가운데 스물 두 번째 절기로 팥죽을 쑤어먹는 명절이다.

**22** 우리나라 향토 음식 중 경상도 음식이 아닌 것은?

① 진주비빔밥
② 제첩국
③ 돼지국밥
④ 닭죽

해설 경상도의 진주에는 진주비빔밥, 하동 제첩국, 밀양지방의 돼지국밥 등이 있다.

**23** 음력 정월 대보름날은 1년의 첫 보름이라는 의미에서 특히 중요시되고 있는데 그 절식으로 맞지 않는 음식은?

① 묵은 나물 ② 부럼
③ 귀밝이술 ④ 냉이 나물

해설 냉이 나물은 봄나물이다.

**24** 명절이나 잔치, 또는 많은 사람이 함께 모여 식사를 할 경우 차리는 상으로 어울리는 상차림은?

① 교자상 ② 다과상
③ 주안상 ④ 면상

해설 교자상은 명절, 축하연, 회식 등 많은 사람이 함께 모여 식사를 할 때 차리는 상차림이다.

17 ① 18 ② 19 ① 20 ④ 21 ① 22 ④ 23 ④ 24 ①

**25** 반상에서 수라상 차림은 몇 첩인가?

① 3첩　　② 5첩
③ 7첩　　④ 12첩

해설 반상은 밥을 주식으로 하여 반찬과 함께 차리는 상차림으로 반찬수에 따라 3, 5, 7, 9첩 반상으로 나눈다. 수라상은 12첩 반상, 사대부집 또는 양반집은 9첩 반상을 최고의 상차림으로 한다.

**26** 시절음식의 특징 중 오월 '단오'에 더위를 이기기 위해 먹던 음식은?

① 화전　　② 제호탕
③ 화전　　④ 밤단자

해설 단오 절식으로는 수리취 절편, 제호탕이다.

**27** 향신료에서 산초는 열매와 잎사귀 전부를 향신료로 사용한다. 방향이 좋아 열매를 건조시켜 가루로 만들어 비린내 제거를 위해 사용하는 대표적인 음식은?

① 곰탕　　② 추어탕
③ 육개장　　④ 설렁탕

해설 산초는 특유의 독특한 향기로 식욕을 돋워주며, 호흡기 질환과 위장병, 세균성질환 치료에 도움이 된다. 말린 산초는 절구에 찧어서 체에 걸러 추어탕 등에 가루로 사용한다.

**28** 정향, 육두구, 계피, 후추 등은 아주 귀한 재료로 주로 소화를 돕는 약재를 사용하여 '약(藥)'을 생각하며 쓴다는 데서 유래한 용어는?

① 청장　　② 양념
③ 약고추장　　④ 장똑똑이

해설 양념이라는 것은 '약(藥)'을 생각하며 쓴다고 하여 양념이라 불리게 되었다.

**29** 한국음식의 특징으로 바르지 않는 것은?

① 주식과 부식의 구분이 뚜렷하다.
② 농경민족으로 곡물음식이 다양하게 발달하였다.
③ 음식에 있어서 약식동원의 사상을 중시한다.
④ 일상식과 의례음식의 구분이 없다.

해설 일상식과 의례음식이 뚜렷하게 구분되어 있다.

**30** 참기름에 들어있는 산패를 막는 기능을 하는 것은?

① 티아민　　② 토코페롤
③ 리그닌　　④ 철분

해설 참기름에 들어있는 리그닌이 산패를 막는 기능을 하므로 직사광선을 피해 상온에서 보관한다.

**31** 성인이 평균 1일 필요한 소금의 양은?

① 5g　　② 8g
③ 15g　　④ 30g

해설 WHO(세계보건기구)의 성인 1일 나트륨 섭취 권장량은 5g(2,000mg)이다.

**32** 식염의 과잉증은?

① 대장이 나빠진다.
② 산성 체질이 된다.
③ 소화 흡수가 감소하고 신장이 나빠진다.
④ 식욕이 감퇴한다.

해설 소금 섭취량이 늘어나면 소화흡수가 감소하고 신장이 나빠지면서 각종 성인병을 유발한다.

정답 25 ④　26 ②　27 ②　28 ②　29 ④　30 ③　31 ①　32 ③

**33** 한식의 상차림에서 7첩 반상에 포함되는 것은?

① 숙채 ② 국
③ 김치 ④ 밥

해설 첩수를 구분할 때는 반찬의 수에 따라 정하는데 밥, 국, 김치는 3첩 반상인 기본반상에 포함된다.

**34** 채소의 무기질이나 비타민의 손실을 줄일 수 있는 조리방법은?

① 데치기 ② 끓이기
③ 삶기 ④ 볶기

해설 음식을 볶는 방식은 조작이 간편하여 재빨리 조리하므로 비타민 등의 영양성분 손실이 적으며, 기름을 두르면 지용성 비타민의 흡수를 도울 수 있다.

33 ① 34 ④

# Part 6

## 한식 조리

Chapter 01

# 밥 조리

우리의 식생활은 주식(主食)과 찬품(饌品)으로 크게 나눌 수 있다. 주식에는 밥, 죽, 국수 등이 있고, 찬품에는 국, 찌개, 전골, 볶음, 찜. 생선, 생채, 나물, 조림, 초, 전유어, 구이, 적, 회, 쌈, 편육, 족편, 튀각, 부각, 포, 장아찌, 김치, 젓갈 등이 있다.

우리의 주식은 주로 쌀로 지은 흰밥이고 보리, 조, 수수, 콩, 팥 등을 섞은 잡곡밥도 즐겨 먹는다. 어떤 곡식을 사용하느냐에 따라 그 이름이 달라지며, 다양한 밥의 종류를 살펴보면 그곳에서 생산되는 식품과 연관된 향토음식을 엿볼 수 있다.

## 1. 밥(飯)의 재료 준비 및 종류

### (1) 재료의 특징

① 쌀의 종류와 특징

- 형태에 따라 '인디카형', '자포니카형' 및 '자바니카형'으로 분류된다.
- 세계 생산량의 90%를 차지한다.
- '아밀로오스' 20%, 아밀로펙틴 80%인 멥쌀과 '아밀로펙틴' 100%의 찹쌀로 나누어진다.
- 도정도에 따라 '왕겨층'을 벗겨낸 현미와 배유로 구성된 백미가 있다.

② 보리의 종류와 특징

- 이삭의 알갱이 배열에 따라 여섯 줄로 구성된 6조종(티벳) 보리와 2조종(중동) 보리가 있다.
- 겉보리와 쌀보리가 있다.
- 주성분은 전분이며, 탄수화물이 70% 정도, 단백질, 비타민류 등이며, 도정해도 손실이 적다.
- 'β-글루칸'이 함유되어 있어 혈중 지질 수치 저하 및 변비 예방에 도움이 된다.

③ 두류의 종류와 특징

- 식물성 단백질이 풍부한 식품으로 종피가 단단하여 장기 저장이 가능하다.
- 사포닌, 트립신 등 생두에 독성물질이 있다.
- 대두, 팥, 완두콩 등이 있다.

### (2) 밥 재료 계량

레시피를 기준으로 곡류, 채소류, 육류, 어패류의 필요한 양을 계량한다.

### (3) 밥 재료 세척 및 침지

① 곡류 세척

- 곡류 세척은 맑은 물이 나올 때까지 세척한다.
- 쌀을 씻을 때는 백미의 전분, 수용성 단백질, 지방, 섬유소 등이 0.5~1%가 손실되며, 비타민 $B_1$(티아민)은 20~60%가 소실된다.

② 곡류 세척 시 유의사항

- 헹구는 작업을 3~5회 반복하여 유해물질이 잔류되지 않도록 한다.
- 수용성 물질인 수용성 단백질, 향미물질 등의 손실을 최소화하기 위해 큰 체로 씻는다.
- 단시간에 흐르는 물에 씻는다.

③ 침지

- 쌀의 침지는 쌀 전분의 호화에 소요되는 수분을 가열하기 전에 쌀알의 내부까지 충분히 수분을 흡수시키기 위한 작업이다.
- 보통 취반 전에 실온에서 30~60분간 한다.
- 쌀을 침지할 때의 수분 흡수 속도는 품종, 저장시간, 침지온도와 시간, 쌀알의 길이와 폭의 비등과 관계가 있다.
- 만일 내부까지 물을 흡수시키지 않고 가열을 하면 미립 표층부에 호층이 생기고, 이 호층에 의해 내부로의 열전도를 막기 때문에 밥의 표면이 물컹해지고 내부는 딱딱해진다.

### (4) 밥의 종류

① **비빔밥** : 최근 한식 세계화에 가장 먼저 알려져 외국 사람들한테도 호평을 받고 있는 우리의 비빔밥 종류는 다음과 같다.

- 골동반(骨董飯)
  - 궁중의 비빔밥으로 볶은 고기와 제철에 나는 다양한 나물을 양념하고, 고추장볶음을 함께 내어 비벼 먹도록 만든 것이다.
  - 골동반에는 익히지 않은 생 채소는 쓰지 않고, 다시마튀각을 만들어 부수어서 꼭 넣는다.
  - 소고기를 채썬 것 외에도 작은 완자(봉오리)를 만들어 돌려 담은 색색의 나물 중앙에 몇 개씩 얹어 담았다.
  - 맑은 탕이나 콩나물국을 곁들여 냈다.
- 전주비빔밥
  - 가장 유명한 비빔밥으로 밥을 돌솥에 담아 뜨겁게 달구어 내는 것이지만 전주에서는 유기대접에 밥을 담고, 그 위에 다양한 색깔의 계절나물과 육회나 익힌 고기를 얹어 간장과 고추장, 참기름 등을 넣어 비벼 먹는다.
  - 통통하고 짧은 콩나물로 끓인 맑은국을 곁들이는 것이 특징이다.

- 진주비빔밥
  - 일곱 보석을 얹은 꽃밥이라 하여 '칠보화반'이라고도 부른다.
  - 국내산 소고기 육회를 사용한다.
  - 7가지의 신선한 계절나물 고명은 소화를 돕기 위해 잘게 썰어 데치거나 볶아서 식힌 후 주물러 간을 하는 방법으로 시간과 정성이 들어간다.
  - 무와 고기를 넣어 끓인 걸쭉한 선짓국이 곁들여진다.
- 헛 제사밥
  - 제사도 없는데 제사음식을 만든다고 하여, 가짜라는 의미의 '헛'이라는 글자가 붙었다.
  - 제사상에 올리는 것처럼 마늘, 파, 고춧가루 등의 양념을 넣지 않고 소금, 간장 깨소금, 참기름만 넣는다.
  - 적을 만들 때에는 상어살을 도톰하게 썰어 꼬치에 꿰어 굽거나, 고등어 산적을 준비한다.
  - 고기와 무를 넣고 끓이고 산적, 전유어, 두부부침, 돔배기 산적 등과 각색 나물을 함께 낸다.
  - 일반적인 비빔밥처럼 고추장이 아니라 간장에 비벼 먹는다.
- 통영비빔밥
  - 바다 향기가 가득한 톳, 청각, 돌미역, 파래, 조갯살, 홍합 등이 고명으로 올라간다.
  - 미역과 파래, 두부를 넣고 끓인 국이나 무와 고기를 넣고 합장, 멸장으로 간을 한 국을 곁들인다. '합장'은 한 해 전에 담근 장을 사용하여 맛이 더 진하게 담근 장이다.
- 해주비빔밥
  - 황해도의 진미로 전주, 진주, 해주비빔밥을 전국 3대 비빔밥이라고 불렀다.
  - '해주 교반'이라고도 하며, 맨밥 대신 기름에 볶아 소금으로 간을 한 밥에 즉석에서 익힌 콩나물과 가늘게 찢은 닭고기, 나물과 함께 내는 것이 특징이다.
  - 밥을 볶을 때는 돼지비계 기름을 사용하여 먹는 사람으로 하여금 황해도의 혹독한 추위를 이길 수 있도록 하였다.
- 함경도 닭비빔밥
  - 온면과 닮은 음식으로, 무친 닭고기를 얹은 밥에 뜨거운 국물을 부어 먹는다.
  - 미리 육수를 부어 놓지 않으며, 식사할 때 조금씩 끼얹어 먹는다.
  - 함경도 음식은 간이 세지 않는 대신 마늘이나 고추 등 양념을 강하게 쓴다.
- 평양비빔밥
  - 쌀밥에 소고기 또는 돼지고기를 넣는 것이 특징이며 숙주나물, 미나리, 고사리, 도라지, 달걀, 잘게 부순 김 등 갖은 양념을 넣어 만든다.
  - 고기 절반은 채썰어 양념하여 볶고, 나머지는 다져서 양념하여 따로 볶아 고추장과 곁들여낸다.
  - 곁들이는 맑은장국에는 잘게 썬 지단을 띄운다.

- 해초비빔밥
  - 남해안의 섬 일대에서 즐겨 먹는 비빔밥이다.
  - 재료를 기름에 볶거나 무치지 않아 열량이 낮다.
  - 비빔밥 한 그릇에 녹조류, 갈조류, 홍조류라는 세 가지 해초류가 다양하게 들어가서 한 번에 여러 가지 양양소를 섭취할 수 있다는 장점이 있다.
- 산채비빔밥
  - 산으로 둘러싸인 지방에서 먹는 비빔밥이다.
  - 산에서 나는 여러 가지 산나물과 채소를 이용하여 맛있게 무친 나물을 밥에 얹어서 먹는다.
  - 충청도에서 주로 먹는 음식으로 '사찰음식'으로 손꼽히는 비빔밥이다.

② 그 외의 밥 종류

- 잡곡밥 외의 쌀에 무, 송이, 콩나물, 죽순, 산나물 등의 채소를 넣거나 굴, 조개, 홍합 등의 어패류를 넣어 짓는 밥이 있다.
- 비빔밥은 밥을 지어서 위에 여러 가지 나물과 소고기, 청포묵, 달걀 등을 얹어서 그릇에 담고, 먹을 때 고루 섞어서 먹는다.
- 장국밥은 소고기와 내장으로 장국을 만들어서 밥을 말아 먹는 탕반으로, 주식으로 즐겨 먹는다.

## 2. 밥 조리하기

### (1) 흰밥

① 밥물의 분량

- 밥물의 양은 쌀의 중량, 죽 부피의 1.2배 정도가 적당하고 중량으로는 1.5배가 적당하다.
- 쌀의 건조도에 따라 밥물의 양을 조절하는데, 햅쌀의 경우는 쌀의 1.1배가 알맞고, 묵은 쌀이면 1.5배가 적당하다.
- 밥을 지으면 분량이 쌀의 약 2.5~2.7배가 된다.

### (2) 잡곡밥

① 쌀에 넣어 함께 밥을 짓는 곡식은 보리, 팥, 콩, 찹쌀, 차조, 기장, 수수, 옥수수 등이 있고 밤, 감자, 고구마 등의 전분질 식품을 넣어서도 밥을 짓는다.

② 곡물을 쌀과 함께 밥을 지으려면 함께 익을 수 있도록 미리 익힌다.

### (3) 밥 짓기

① 냄비에 쌀과 물을 한 곳에 담아 중불에 올려서 약 10분 정도 끓인다.
② 끓어 넘치지 않도록 불을 약간 줄여서 끓이기를 4~5분 정도 한다.
③ 중불에서 5분 정도 더 끓이고, 약한 불에서 10분 정도 더 끓인다.
④ 쌀알이 충분히 익었으면 마지막에 약 5초 정도 불을 세게 하여 여분의 수분을 증발시킨다.

### (4) 뜸 들이기와 가열시간 조절

① 가열시간 조절 및 경도
- 가수량이 증가되면 취반시간이 증가하게 되므로 밥의 경도는 감소한다.
- 가수량이 1.5배 높아지면 두류는 잘 익고, 가수량이 2.5배 높아지면 잡곡밥은 과도하게 익어 질척거리는 느낌이 난다.

② 뜸 들이기
- 고온을 일정 시간 그대로 유지하게 하는 것이다.
- 15분 정도의 뜸 들이는 시간은 밥 냄새와 향미가 좋다.
- 뜸 들이는 시간이 너무 길면 수증기가 밥알 표면에서 응축되어 밥맛이 떨어진다.
- 뜸 들이는 도중에 밥을 가볍게 뒤섞어서 물의 응축을 막도록 한다.

## 3. 밥 담기

① 고슬고슬하게 지은 밥을 주걱을 이용하여 위 · 아래를 잘 섞어 그릇에 담는다.
② 밥을 따뜻하게 해서 담아낸다.
③ 밥 종류에 따라 고명을 얹거나 양념장을 곁들일 수 있다.

Chapter 01

# 예상문제

**01** 쌀에 비교적 많이 함유한 무기질은?

① Ca이 많고 P이 적다.
② K가 많고 P가 적다.
③ P이 많고 Na가 적다.
④ P가 많고 Ca이 적다.

해설 쌀에는 인이 많고 칼슘이 적다

**02** 다음 전분 중 아밀로펙틴 함량의 비율이 가장 높은 것은?

① 쌀 ② 찰옥수수
③ 보리 ④ 고구마

해설 찹쌀과 찰옥수수는 아밀로펙틴 100%이다.

**03** 전분을 180℃ 이상으로 열처리하여 얻어진 것은?

① 젤라틴 ② 노화전분
③ 알파전분 ④ 덱스트린

해설 덱스트린은 녹말을 산 · 열 · 효소 등으로 가수분해시킬 때 녹말에서 말토스에 이르는 중간단계에서 생기는 여러 가지 가수분해 산물이다.

**04** 다음 설명 중 맞는 것은?

① 밥을 지은 후 저장 중 쉬는 것은 미생물 등의 작용 때문이다.
② 햅쌀은 묵은 쌀보다 밥물량을 더 많이 필요로 한다.
③ 밥을 하기 전에 미리 쌀을 불리면 전분 입자가 파괴되므로, 밥짓기에 바람직하지 못하다.
④ 잘 된 밥은 수분 흡수로 쌀 중량의 5배로 증가한다.

해설 밥이 쉬는 것은 미생물의 작용이다.

**05** 다음 중 찹쌀밥의 노화지연에 가장 관계가 깊은 것은?

① 아밀로오스 ② 아밀로펙틴
③ 글리코겐 ④ 글루코오스

해설 찹쌀은 아밀로펙틴 100%라 노화가 더디 일어난다.

**06** 콩밥은 영양소의 보완이 잘된 밥이다. 특히 어떤 영양소의 보완이 좋은가?

① 단백질 ② 당질
③ 지방 ④ 비타민

해설 콩에는 식물성 단백질이 풍부하다.

**07** 전분의 호화온도는?

① 30~40℃ ② 60~70℃
③ 80~85℃ ④ 95~100℃

해설 전분의 호화온도는 60~70℃이다.

**08** 쌀과 같이 당질을 지나치게 많이 먹는 식습관을 가진 한국인에게 강조해야 하는 비타민은?

① 비타민 $B_1$ ② 비타민 B
③ 비타민 A ④ 비타민 D

해설 백미를 주식으로 하던 동남아시아 지역의 일부 마을에서는 비타민 $B_1$ 결핍으로 발생하는 각기병이 흔히 관찰되었다.

정답 01 ④ 02 ② 03 ④ 04 ① 05 ② 06 ① 07 ② 08 ①

**09** 밥 1공기(쌀 100g)에 발생하는 열량은 약 몇 kcal인가?(단, 밥 1공기 : 당질 77g, 단백질 6.54g)

① 250kcal ② 283kcal
③ 334kcal ④ 564kcal

해설 당질과 단백질은 1g당 4kcal의 열량을 내므로, (77×4)+(6.5×4)=334kcal이다.

**10** 다음 중 오곡에 속하지 않는 것은?

① 쌀 ② 보리
③ 기장 ④ 팥

해설 오곡은 쌀, 보리, 조, 콩, 기장 이다.

**11** 밥맛에 영향을 주는 요인으로 거리가 먼 것은?

① 0.03%의 소금을 첨가하면 밥맛이 좋다.
② 밥물의 pH가 7~8인 것을 사용하면 밥맛이 좋다.
③ 쌀의 저장기간이 짧을수록 밥맛이 좋다.
④ 뜸들이기는 10분 이하로 하는 세 밥 냄새와 향미가 가장 좋다.

해설 뜸들이기는 15분 정도일 때 밥 냄새와 향미가 가장 좋다.

**12** 곡물의 저장 과정에서의 변화에 대한 설명으로 옳은 것은?

① 곡류는 저장 시 호흡작용을 하지 않는다.
② 곡물 저장 시 벌레에 의한 피해는 거의 없다.
③ 쌀의 변질에 가장 관계가 깊은 것은 곰팡이이다.
④ 수분과 온도는 저장에 큰 영향을 주지 못한다.

해설 황변미 중독처럼 페니실리움속 푸른곰팡이가 저장 중인 쌀에 번식하여 누렇게 변질시켜 인체에 신장독이나 신경독 등을 일으킬 수 있다.

**13** 일반적으로 맛있게 지어진 밥은 쌀 무게의 약 몇 배 정도 물을 흡수하는가?

① 1.2 ~ 1.4배
② 2.2 ~ 2.4배
③ 3.2 ~ 4.4배
④ 4.2 ~ 5.4배

해설 잘 된 밥은 수분의 함량이 65% 정도로 쌀 중량의 약 2.3배가량이 되는데, 이것은 쌀 무게의 약 1.3배가량이다.

**14** 쌀 전분을 빨리 알파화 하려고 할 때 조치사항은?

① 아밀로펙틴 함량이 많은 전분을 사용한다.
② 수침 시간을 짧게 한다.
③ 가열 온도를 높인다.
④ 산성의 물을 사용한다.

해설 가열온도가 높을수록, 전분의 입자가 클수록 호화 속도가 빨라진다.
※ 전분에 산을 가하면 호화가 잘 안 된다.

**15** 현미는 나락의 어느 부위를 벗겨낸 것인가?

① 과피와 종피
② 겨층
③ 겨층과 배아
④ 왕겨층

해설 현미는 나락의 왕겨를 벗겨낸 것이다. 백미는 8% 쌀겨(과피, 종피, 외배유, 호분층, 배아)를 제거한 쌀로 정백률 92%이다.

정답 09 ③ 10 ④ 11 ④ 12 ③ 13 ① 14 ③ 15 ④

Chapter 02

# 죽 조리

현재의 죽 조리방식은 육류 위주의 식생활에서 곡류 위주의 식생활로 전환되면서 정착생활을 하게 되고, 다량의 곡물 수확이 가능해진 후 조리기구인 토기문화가 도입되면서 시작되었다고 볼 수 있다. 곡류가 식생활의 대표적인 재료로 자리 잡기 시작하면서 죽 조리 방식이 토착화되었다.

## 1. 죽의 종류와 재료 준비하기

우리나라는 곡물 음식이 매우 발달하였는데, 특히 유동식인 죽의 종류가 매우 많다. 죽은 만드는 법이나 들어가는 재료에 따라 여러 가지로 나눌 수 있다.

### (1) 죽의 종류

① 만드는 방법에 따른 분류

- 옹근죽 : 쌀알을 으깨거나 갈지 않고 통으로 쑤는 죽이다.
- 원미죽 : 쌀알을 굵게 갈아서 쑤는 죽이다.
- 무리죽(비단죽) : 완전히 곱게 갈아서 매끄럽게 쑤는 죽이다.
- 암죽 : 곡식의 마른 가루에 물을 넣어 끓인 묽은 죽으로 아기의 이유식, 환자나 노인의 유동식으로 많이 쓰인다.
- 떡암죽 : 쌀가루로 백설기를 만들어 말렸다가 물을 넣어 끓이는 죽이다.
- 쌀암죽 : 쌀을 쪄서 말려 가루로 하여 쑤는 죽이다.
- 밤암죽 : 밤을 넣어 끓인 죽이다.

② 재료에 따른 분류

우리나라에서는 죽에 곡물뿐 아니라 부재료로 채소, 육류, 어패류, 견과류, 종실류 등을 넣는다. 또한 병약자의 병인식(病因食)이나 아기의 이유식으로 적합하고 건강한 사람들도 일상의 별미식으로 좋다. 대추, 인삼, 황률, 잣, 깨 등의 한약재나 영양분이 많은 견과류를 넣어 만들어 몸을 보해주는 보양식으로 먹는 경우가 많다.

- 곡물류 죽 : 흰죽, 양원죽, 콩죽, 팥죽, 녹두죽, 흑임자죽, 보리죽, 조(좁쌀)죽, 율무죽, 암죽, 들깨죽, 타락죽(우유죽) 등이다.
- 견과류 죽 : 잣죽, 밤죽, 낙화생죽, 호두죽, 은행죽, 도토리죽 등이다.
- 채소류 죽 : 아욱죽, 근대죽, 김치죽, 애호박죽, 무죽, 호박죽, 죽순죽, 콩나물죽, 버섯죽, 차조기죽, 방풍죽, 미역죽, 시래기죽, 부추죽 등이다.

- 어패류 죽 : 어죽, 전복죽, 옥돔죽, 북어죽, 게살죽, 낙지죽, 문어죽, 홍합죽, 대합죽, 바지락죽, 생굴죽 등이다.
- 약이성 죽 : 갈분죽, 강분죽, 복령죽, 문동죽, 산약죽, 송엽죽, 송피죽, 연자죽, 인삼죽, 대추죽, 죽엽죽, 차잎죽, 행인죽이다.

### (2) 죽 재료 준비 및 특성

① **쌀** : 현미의 쌀겨 부분에 비타민 $B_1$, $B_2$, 니코틴산이 많이 함유되어 있어 도정을 적게 할수록 좋다.

② **두류** : 대두에 존재하는 탄수화물은 소화가 잘 안 되는 다당류이고, 주 단백질은 '글리신'으로 완전 단백질이다. 대두에는 '비타민 B'군이 다량 함유되어 있으며 무기질로는 칼륨과 인이 많다.

③ **채소류**

- 양파
  - 양파 껍질에 있는 '케르세틴(Quercetin)'은 은 황색색소인 지질의 산패를 방지한다.
  - 신진대사를 높여 혈액순환을 좋게 하며, LDL(저밀도 콜레스테롤)수치를 저하시킨다.
  - 익혔을 때 설탕의 50~60배의 단맛을 내는 '프로필메르캅탄'이 형성된다.
- 당근
  - 체내에서 'β-카로틴'이 비타민 A로 전환되며, 비타민 A 함량이 높다.
  - α-카로틴이 많아 항산화제로 노화 방지 및 항암효과가 있고, 면역 기능 강화 및 피부 건강에 좋다.
  - 지용성으로 기름에 조리해야 흡수율을 높인다.
- 도라지
  - 도라지의 쓴맛 '사포닌(saponin)'은 여러 가지 식물에서 얻을 수 있는 배당체로 비누처럼 거품이 나므로 세제 등으로 사용된다.
  - 쓴맛 제거를 위해 소금물에 담갔다가 잘 주물러 씻어내야 한다.
  - 함유된 사포닌 성분은 가래를 삭히고 진통 · 소염 작용이 있으며, 기관지 점막을 튼튼히 하여 폐의 기능을 향상시킨다.
- 시금치
  - 칼슘의 흡수를 저해하는 수산(옥살산)은 끓는 물에 데치면 거의 제거된다.
  - 엽산, 비타민 A, C 등이 다량 함유되어 있어 위장 정화, 빈혈, 치매예방에 도움이 된다.
  - 시금치는 채취하여 하루만 지나도 반 이상의 영양분이 감소하는 단점이 있다.
- 고사리
  - 아린 맛인 프타킬로사이드와 브라켄톡신이 있으나 물에 담가 삶으면 제거된다.

– 잎에는 타닌 성분이 있고, 어린 싹에는 유리아미노산이 1.4%, 글루타민산, 페닐알라닌의 함량이 높아 잎을 달여 마시면 해열효과가 있다.
– 생 고사리에는 비타민 $B_1$(티아민)을 파괴하는 효소인 '티아미나제'가 있어 삶아 먹어야 한다.

• 호박
– 'β–카로틴'이 풍부한 호박은 전신부종, 임신부종, 천식으로 인한 부종 등에 사용하며 당뇨병, 전립선 비대에 효과가 있다.
– 호박씨는 불포화지방산인 '리놀레산'이 혈중 LDL 콜레스테롤을 낮추어 고혈압, 동맥경화 예방, 노화방지 등에 효과가 있다.

④ **육류** : 소고기를 썬 직후에는 암적색을 나타내며, 공기 중에 노출되면 '미오글로빈'이 산소와 결합하여 선홍색이 되고, 시간이 오래될수록 갈색으로 변한다. 돼지고기에는 비타민 $B_1$ 함량이 높다.

• 소고기
– 주성분은 단백질(20%)과 지질이며, 지질 함량과 수분 함량은 반비례한다. 어린 소의 육질은 수분이 많고 지방이 적다.
– 무기질은 1% 정도로 칼륨, 인, 황 등이 많다.

• 닭고기
– 닭고기의 맛 성분인 이노신산, 글루탐산은 좋은 맛과 짠맛에 영향을 주고, 칼륨은 단맛에 영향을 준다.
– 닭고기의 맛을 형성하는 숙성은 보통 1일 정도이며, 숙성에 의하여 맛이 더 좋아지고 '글루탐산' 함유량도 많아진다.

⑤ **어패류** : 어패류는 단백질의 품질이 우수하며, 결합 조직량이 적고 근섬유가 짧아 소화하기 좋다. 반면에 불포화지방산 함량이 높아 산패되기 쉽고 미생물 번식에 의해 품질이 저하되기 쉬우므로 위생적으로 취급해야 한다.

• 전복
– 전복의 맛은 글루탐산과 아데닐산에 의한 감칠맛과 아르기닌, 글리신, 베타카로틴의 단맛, 글리코겐이 어우러져 깊은 맛을 낸다.
– 생전복은 콜라겐과 엘라스틴과 같은 단단한 단백질이 많아서 살이 오독오독한 질감을 준다.

• 새우
– 보리새우는 글리신, 아르기닌 및 타우린의 함량이 높아 단맛이 나며, 비타민 E와 나이아신이 풍부하고 자연산 대하는 양식에 비해 수염의 길이가 2배 정도 길다.
– 젓새우는 몸이 분홍색이나 흰색을 띠며 암컷이 수컷보다 크다.

- 참치
  - 참치의 적색육 부위는 지질이 1% 정도로 낮아서 다이어트에 좋다.
  - 머리와 배 같은 지방육 부위는 지질이 25~40% 수준으로 높다.
  - 철 함량은 소고기와 유사한 수준으로 높으며, 셀레늄이 많아 항산화 작용과 발암 억제 작용을 한다.

### (3) 죽 재료를 계량, 세척, 손질한다.

### (4) 사용할 도구를 선택하고 준비한다.

① 조리도구 : 솥, 냄비, 팬, 주걱, 국자, 뒤집개, 앞치마 등이다.

② 식사도구 : 그릇, 용기, 쟁반, 수저 등이다.

### (5) 주재료를 분쇄한다.

① 죽 재료의 분쇄 목적

- 조직의 파괴로 유용성분의 추출과 분리를 쉽게 한다.
- 일정한 입자의 형태로 만들어 이용가치와 제품의 품질을 향상시킨다.
- 원료의 표면적을 증가시켜 화학반응 시 효소의 작용을 받기 쉽게 하며, 열 전달물질의 이동을 촉진시켜 건조, 추출, 용해, 증자 등의 처리시간을 단축시킬 수 있다.
- 분말 형태로 하여 다른 재료와 혼합 또는 조합시킬 경우 균일한 제품을 얻을 수 있다.

## 2. 죽·미음·응이의 조리하기

### (1) 죽 조리하기

쌀로 밥을 지으면 부피가 약 2.7배 정도 늘어나지만 죽은 5배 이상이 되며, 물의 양은 쌀 부피의 6배 정도가 적당하다.

① 주된 곡물은 물에 담가서 충분히 수분을 흡수시켜야 한다.

② 물을 계량하여 처음부터 전부 넣어서 끓인다. 도중에 부족하여 물을 보충하면 죽 전체가 부드럽게 어우러지지 않는다.

③ 냄비나 솥은 두꺼운 재질의 것으로 간이 배어 있지 않는 돌이나 옹기로 된 것이 열을 부드럽게 전하므로 오래 끓이기에 적합하다.

④ 간을 맞출 때는 곡물이 완전히 호화되어 부드럽게 퍼진 후에 한다. 간은 아주 약하게 하여 먹는 사람이 기호에 따라 간장, 소금, 설탕, 꿀 등으로 맞추도록 한다.

### (2) 미음 조리하기

곡물을 알맹이째 푹 무르도록 퍼질 때까지 끓여서 고운 체에 밭친 것으로 쌀, 차조, 메조 등으로 쑨다.

### (3) 응이 조리하기

① 죽보다 더욱 묽은 상태로 마실 수 있는 정도이다.

② 응이는 율무를 뜻하는 '의이(薏苡)'가 변한 말이다.

③ 율무를 갈아서 생긴 앙금을 물에 풀어 묽게 쑨 것을 가리켰으나 지금은 녹두, 수수, 칡 등 다른 곡물의 전분으로 만든 것도 '응이'라고 한다.

[죽상 차리기]

| 구분 | 음식명 |
|---|---|
| 응이상 | 응이, 동치미, 꿀, 소금 |
| 미음상 | 미음, 동치미 또는 나박김치, 마른 찬, 간장 또는 소금, 꿀 |
| 죽상 | 잣죽, 동치미 또는 나박김치, 마른 찬, 자반, 맑은 찌개, 간장 또는 소금, 꿀 |

### (4) 가열시간 조절하기

① 온도 상승기

- 20~25%의 수분을 흡수한 쌀의 입자는 온도가 상승하기 시작하면 더 많은 수분을 흡수하여 팽윤한다.
- 60~65℃에서 호화가 시작되어 70℃에서 진행되며, 강한 화력에서 10~15분 정도 끓인다.

② 비등기

- 쌀의 팽윤이 계속되면 호화가 진행되어 점성이 높아져서 점차 움직이지 않게 된다.
- 이때 내부온도는 100℃ 정도이다.
- 화력은 중불 정도로 하여 5분 정도 유지한다.

③ 증자기

- 쌀 입자가 수증기에 의해 쪄지는 상태이다.
- 이때 내부 온도는 98~100℃가 유지되도록 한다.
- 쌀 입자의 내부가 호화 · 팽윤하도록 화력을 약하게 해서 보온이 되도록 한다.
- 이 상태를 15~20분 정도 유지하고, 유리된 물이 거의 없어졌을 때 불을 끈다.

④ 뜸 들이기

- 고온 중에 일정 시간 그대로 유지하게 하는 것이다.
- 쌀알 중심부의 전분이 호화되어 맛있는 죽이 된다.

- 뜸 들이는 시간이 너무 길면 수증기가 밥알 표면에서 응축되어 죽 맛이 떨어진다.
- 뜸 들이는 도중에 죽을 가볍게 섞어서 물의 응축을 막도록 한다.

## 3. 죽 담기

① 죽 그릇은 죽의 종류와 양에 따라 선정하여 적당한 양을 담아 고명을 올린다.

② 간을 할 수 있는 것(간장, 소금)을 함께 담아낸다.

③ 동치미, 나박김치, 육포, 북어무침, 매듭자반 등의 마른 찬이나 장조림, 장산적 등을 곁들인다.

Chapter 02

# 예상문제

**01** **유동식은 곡류를 이용하여 물의 양을 늘려주거나 묽게 곤 것으로 그 종류가 아닌 것은?**

① 미음　② 응이
③ 암죽　④ 구이

해설 미음은 곡물을 껍질만 남을 정도로 푹 고아서 체로 걸러낸 음식, 응이는 녹말에 물을 가하여 쑨 죽, 암죽은 곡식가루나 채소 · 어패류 · 해초 등을 가루 내어 섞어서 묽게 쑨 죽이다.

**02** **쌀알을 굵게 갈아서 쑤는 죽은?**

① 옹근죽　② 원미죽
③ 무리죽　④ 암죽

해설 원미죽은 쌀을 갈아 싸라기로만 쑨 죽에 설탕 · 약소주를 타고 얼음으로 차게 식힌 죽이다. 시의전서(是議全書)』에 장국원미법과 소주원미법이 기록되어 있다.

**03** **죽 조리 방법으로 옳지 않은 것은?**

① 처음부터 약불로 끓인다.
② 곡물은 3시간 정도 충분히 불려 수분을 흡수시킨다.
③ 죽 끓일 때의 물의 양은 5~6배 정도가 적당하다.
④ 간을 미리 하면 죽이 삭으므로 장을 곁들인다.

해설 센불에서 끓이다 끓으면 약불로 줄여 끓인다.

**04** **부종에 좋아 주로 부인과 질환을 다스리는 죽은?**

① 잣죽　② 호박풀떼기죽
③ 암죽　④ 전복죽

해설 호박풀떼기죽은 누런 호박을 삶아 체에 거른 후 고구마, 팥, 콩, 밀가루를 섞어 끓인 죽이다. 범벅보다 묽고, 죽보다 되다.

**05** **죽 재료의 분쇄 목적이 아닌 것은?**

① 조직의 파괴로 유용성분의 추출과 분리를 쉽게 한다.
② 일정한 입자의 형태로 만들어 이용가치와 제품의 품질을 향상시킨다.
③ 원료의 표면적을 감소시켜 화학반응 시 효소의 작용을 받기 쉽게한다.
④ 열전달물질의 이동을 촉진시켜 건조, 추출, 용해, 증자 등의 처리시간을 단축시킬 수 있다.

해설 원료의 표면적을 증가시켜 화학반응 시 효소의 작용을 받기 쉽게 한다.

**06** **단팥죽을 만들 때 단맛을 세게 느끼려고 설탕과 소량의 소금을 넣어 주었다면 무엇을 이용한 것인가?**

① 대비현상　② 변조현상
③ 소실현상　④ 미맹현상

해설 대비현상이란 서로 다른 성질의 것을 나란히 놓았을 때 그 차이가 현저하게 드러나는 현상이다.

**07** **모유가 부족할 때 아기를 키우기 위해 대용식으로 이용되었던 죽은?**

① 암죽　② 원미죽
③ 잣죽　④ 전복죽

해설 곡식이나 밤의 가루로 묽게 쑨 죽으로 어린아이에게 젖 대신 먹였다.

정답 01 ④　02 ②　03 ①　04 ②　05 ③　06 ①　07 ①

Chapter 03

# 국·탕(湯) 조리

우리의 일상식에는 거의 매 끼니마다 국이 따른다. 국을 한자로는 탕(湯) 또는 갱(羹)이라고 하나 요즈음은 제사상에 놓는 국만을 가리켜 갱이라고 한다. 국의 종류는 맑은국, 토장국, 곰국, 냉국으로 크게 구분하고, 육류는 물론 어패류, 채소류, 해조류 등 거의 모든 재료로 만든다. 특히, 육류 중에는 소고기의 양지머리, 사태, 우둔살 등의 살코기와 갈비, 꼬리, 사골 등의 뼈와 양, 곱창 등의 내장류, 그리고 선지까지도 탕재료로 쓰인다. 국의 맛을 내는 재료로는 맑은장국, 곰국, 냉국에는 소금, 청장이 쓰이고, 토장국에는 된장, 고추장이 쓰인다. 국의 1인 분량은 대개 1컵 반(300cc)이면 적당하므로 국물을 지나치게 많이 잡지 않도록 한다.

## 1. 국·탕의 재료 준비

### (1) 국 · 탕 육수 만들기

① 소고기

- 맑은 육수에는 양지머리, 사태육, 업진육 등의 질긴 부위의 소고기가 적당하다. 소의 사골, 도가니, 잡뼈 등을 섞어서 끓이면 맛은 더 진해지나 육수가 탁해진다.
- 소머리나 꼬리, 갈비 등은 뼈와 고기가 같이 있어서 육수를 끓이면 아주 맛이 진하고 좋다.
- 내장류는 특유의 냄새가 나므로, 곰국 이외에는 다른 육류와 함께 사용하지 않는 것이 좋다.
- 육수를 내려면 우선 고기 덩어리는 찬물에 깨끗이 씻고, 뼈가 붙은 것은 찬물에 담가 핏물을 빼서 건진다.
- 소의 양을 육수에 함께 넣을 때는 반드시 끓는 물에 살짝 데쳐서 검은 막을 긁어내고 사용하도록 한다.

② 닭고기 육수

- 닭은 찬물에 담가 냄새와 핏물을 제거하고 끓는 물에 한 번 튀긴다.
- 냄비에 모든 재료를 넣고 센 불에서 1시간 정도 끓이다가 끓어오르면 거품을 걷어내고, 약한 불에서 20분 정도 끓인다.
- 끓인 육수에 청주를 넣어 다시 한소끔(10분 정도) 끓이면 냄새가 날아간다.
- 면포에 건더기를 거른 후 식혀서 냉장고에 넣었다가 위에 응고된 기름을 제거제거하고, 차게 보관하여 사용한다.

③ 멸치 다시마 국물

- 멸치(다포리)의 내장을 제거하고, 기름을 두르지 않은 팬에 살짝 볶아 수분과 비린내를 제거한다.
- 젖은 면포로 다시마의 하얀 가루를 닦아내고 가위집을 낸다.
- 냄비에 물을 붓고 다시마, 마늘, 무를 넣고 10분 정도 끓이다가 손질한 멸치(다포리)를 넣고 10분 정도 더 끓인다. 노랗게 물이 우러나면 가라앉혔다가 국물을 따라내서 사용한다.

④ 해물 국물

- 모시조개는 3% 소금물에 담가 해감시킨다.
- 물 6C을 넣고 조개의 입이 다 벌어질 때까지 끓인 후 건지고 국물은 면포에 거른다.
- 물 1C에 조개와 다시마를 제외한 모든 재료를 넣고 끓어오르면 중불에서 15분 정도 끓인 후 불을 끄고 다시마를 넣는다.
- 5분 정도 두었다가 면포에 걸러 차게 식힌 후 먼저 끓은 조갯국물에 섞어 냉동 보관한다.

⑤ 다시마 국물

- 젖은 면포로 다시마를 문질러 닦고, 가위집을 낸다.
- 찬물에 넣어 약불에 서서히 끓인다.

⑥ **채소 국물** : 모든 재료를 물에 넣고 약 20분간 끓인 후 면포에 거른다.

### (2) 국의 종류

맑은국, 토장국, 냉국, 곰국으로 크게 구분한다.

① **맑은국** : 맑은국은 보통 육수를 기본으로 하여 건더기는 적은 편이다. 국을 많이 만들 때는 소고기 덩어리를 오래 삶은 육수로 하고, 적은 양을 만들 때는 고기를 잘게 썰어서 양념하여 일단 볶은 후에 물을 부어서 육수를 만든다. 육수를 쓰지 않는 맑은국으로는 대합탕이나 콩나물국 등이 있다. 이는 주재료가 지닌 맛을 충분히 우려내어 그 맛을 즐기는 음식으로 무국, 미역국, 대합탕, 콩나물국, 조기 맑은국, 북어탕, 완자탕, 어알탕, 송이탕, 애탕 등이 있다.

② **토장국** : 국물에 된장을 풀어서 간을 맞춘 국으로 육류가 많이 들어가지 않아도 된장의 감칠맛으로 진한 맛이 난다. 매운맛을 내려면 고추장 또는 고춧가루를 사용한다. 고추장을 많이 넣고 오래 끓이면 텁텁한 맛이 나므로 고춧가루를 섞는 편이 맛이 개운하며 시금치국, 냉이국, 아욱국, 배추 속대국, 민어 매운탕 등이 있다.

③ **냉국** : 더운 여름철에는 오이, 미역 등으로 약간 신맛을 내는 차가운 냉국을 만들어 산뜻하게 입맛을 돋운다. 닭 국물로 깨를 갈아서 만드는 임자수탕은 여름철 냉국으로 영양소가 아주 풍부하다.

④ **곰국** : 소고기의 질긴 부위나 뼈 등을 오래 고아서 재료의 맛을 충분히 우려낸 국이다. 곰국류는 간을 소금이나 청장으로 미리 하는 경우도 있으나, 설렁탕이나 영계백숙처럼 먹을 때 소금을 따로 상에 내어 먹는 사람이 간을 맞춰 먹기도 한다. 곰탕, 설렁탕, 토란국, 갈비탕, 꼬리곰탕, 육개장, 영계백숙, 닭곰탕 등이 있다.

## 2. 국·탕 조리하기

### (1) 국탕 계량및 재료준비하기

① 재료를 계량한다.

② 계량컵과 계량스푼으로 부피를 측정한다.

③ 조리 도구와 재료를 준비한다.

### (2) 육수 끓이기

① 육류에 물을 부어 오랜 시간 가열하여 고기 성분을 우려내어 장국으로 사용한다.

② 장시간 끓이므로 수분의 증발을 되도록 적게 하여야 한다.

③ 두꺼운 냄비가 좋으며, 깊이가 깊숙한 것이 증발량이 적고 온도를 일정하게 유지하기에 알맞다.

### (3) 가열할 때 화력의 세기와 시간

① 많은 양의 육수를 만들 때는 미리 솥이나 냄비에 물을 끓이다가 고기를 덩어리째 넣는다. 고기를 넣은 후에 다시 끓어오를 때까지는 센 불이 적당하다.

② 끓어오르면 약불에서 끓인다. 불이 세면 위·아래가 마구 뒤섞여 육수가 흐려지고, 너무 약하면 고기의 성분이 충분히 우러나지 않는다.

③ 뚜껑을 열고 끓여야 탁하지 않다.

④ 설렁탕, 곰탕 전문점에서는 하루종일 고아서 다음 날에 쓰는 경우가 많다.

⑤ 끓이는 도중에 파 잎, 마늘을 통째로 넣어서 함께 끓이면 고기의 누린내를 없애주고, 육수를 맛있게 한다.

⑥ 끓이는 도중에 떠오르는 거품, 기름 등은 말끔히 걷어내야 맑고 깔끔한 맛의 육수가 된다.

## 3. 국·탕 그릇 선택 및 담기

### (1) 국 · 탕 그릇 선택

① 탕기 : 국을 담는 그릇으로 주발과 같은 모양이다. 주발 안에 들어가며 국이나 탕을 담는다.

② 대접

- 국이나 숭늉을 담는 그릇으로 밥그릇보다 조금 작은 크기이다.
- 큰 것은 200~240cc 정도로 연령에 따른 국 1인분의 양을 담을 수 있다.

③ 뚝배기

- 상에 오를 수 있는 유일한 토기로 오지(도기)로 구운 것이며, 불에서 끓이다가 상에 올려도 한동안 식지 않아 찌개를 담는 데 애용되어 왔다.
- 설렁탕, 장국밥 등도 담는다.

④ 질그릇 : 잿물을 입히지 않고 진흙만으로 구워 만든 그릇으로, 겉면에 윤기가 없는 것이 특징이다.

⑤ 오지그릇

- 붉은 진흙으로 만들에 볕에 말리거나 약간 구운 다음에 오짓물(유약)을 입혀 다시 구운 질그릇이다.
- 광택이 적고 섬세하지 못하여 잘 구워지지 않은 것처럼 보이나 일상생활에 많이 사용한다.

### (2) 국 · 탕 담기

① 국 · 탕 재료의 특징을 파악한다.

② 분량과 인원수를 고려한다.

③ 제공 온도를 고려한다.

④ 국물과 건더기의 비율 고려

- 국은 국물과 건더기의 비율이 6 : 4 또는 7 : 3으로 구성된다.
- 찌개는 국물과 건더기의 비율이 4 : 6 정도이며 건더기를 주로 먹기 위한 음식이다.
- 국은 각자의 그릇에 분배되어 나오지만, 찌개는 같은 그릇에서 음식을 요리한 후 식사할 때 덜어서 먹는 음식이다.

⑤ 달걀지단, 미나리 초대, 미나리, 고기완자, 홍고추 등의 고명을 올린다.

Chapter 03

# 예상문제

**01** 소고기의 부위 중 탕, 스튜, 찜, 조리에 가장 적합한 부위는?

① 목심 ② 설도
③ 양지 ④ 사태

해설 사태는 결합조직이 많아 질기므로 탕, 스튜, 찜, 편육 등 습열조리법이 적당하다.

**02** 육류를 끓여 국물을 만들 때 설명으로 맞는 것은?

① 육류를 오래 끓이면 근육조직인 젤라틴이 콜라겐으로 용출되어 맛있는 국물을 만든다.
② 육류를 찬물에 넣어 끓이면 맛성분의 용출이 잘되어 맛있는 국물을 만든다.
③ 육류를 끓는 물에 넣고 설탕을 넣어 끓이면 맛성분의 용출이 잘되어 맛있는 국물을 만든다.
④ 육류를 오래 끓이면 질긴 지방조직인 콜라겐이 젤라틴화되어 맛있는 국물을 만든다.

해설 양지나 사태를 찬물에 넣고 콜라겐이 젤라틴으로 최대한 변할 수 있도록 오랫동안 충분히 끓이면 맛있는 육수가 만들어진다.

**03** 국이 짜게 되었을 때 국물의 짠맛을 감소시킬 수 있는 방법으로 타당한 것은?

① 달걀흰자를 거품내어 끓을 때 넣어 준다.
② 잘 저은 젤라틴 용액을 끓을 때 넣어 준다.
③ 2% 설탕용액이나 술을 넣어준다.
④ 건조된 월계수잎을 끓을 때 넣어 준다.

해설 국물이 짤 때 달걀의 흰자를 거품 내어 넣으면 흰자 단백질이 국물의 염분을 빨아들여 짠맛을 감소시킨다.

**04** 곰국이나 스톡을 조리하는 방법으로 은근하게 오랫동안 끓이는 조리법은?

① 포우칭(poaching)
② 스티밍(steaming)
③ 블렌칭blanching)
④ 시모링(simmering)

해설 포우칭(가볍게 데친다), 스티밍(찜통에서 증기로 찐다), 블렌칭(끓인 물이나 증기로 데친다)

**05** 된장의 발효 숙성 시 나타나는 변화가 아닌 것은?

① 당화작용 ② 단백질 분해
③ 지방산화 ④ 유기산 생성

해설 된장의 발효 숙성 시 지방의 산화는 일어나지 않는다.

**06** 두부를 새우젓국에 끓이게 되면 물에 끓이는 것보다 어떤 특징을 갖게 되는가?

① 단단해진다.
② 부드러워진다.
③ 구멍이 많이 생긴다.
④ 색깔이 하얗게 된다.

해설 두부 조리 시 물에 소금을 넣고 두부를 끓이면 단단해지거나 수축되지 않아 두부가 부드럽다.

**07** 다음 중 습열조리법이 아닌 것은?

① 설렁탕 ② 갈비찜
③ 불고기 ④ 버섯전골

해설 습열에 의한 조리는 삶기, 찌기, 끓이기 등이며, 불고기는 건열조리에 속한다.

정답 01 ④ 02 ② 03 ① 04 ④ 05 ③ 06 ② 07 ③

Chapter 04

# 찌개 조리

찌개의 비슷한 말로 조치, 지짐이, 감정 등이 있는데, 모두 건지가 국물보다 많고 간은 센 편으로 밥에 따르는 찬품이다. 조치란 궁중에서 찌개를 일컫는 말이고, 감정은 고추장으로 끓인 찌개로 조미 재료에 따라 된장찌개, 고추장찌개, 맑은 찌개로 나눈다.

## 1. 찌개의 특징 및 재료 준비

[국물의 양과 명칭에 따른 분류]

| 구분 | 내용 |
|---|---|
| 국 | • 찌개보다는 국물이 많다.<br>• 건더기는 국물의 1/3 정도가 좋다. |
| 탕 | • 건더기는 국물의 1/2 정도가 좋다.<br>• 고기, 생선 같은 재료에 양념을 넣어 오래 끓인다. |
| 찌개 | • 국보다 건더기가 많다.<br>• 건더기는 국물의 2/3 정도가 좋다. |
| 조치 | • 궁중에서 찌개를 일컫는 말이다.<br>• 건더기는 국물의 2/3 정도가 좋다. |
| 감정 | • 국물이 적고 고추장으로 간을 한 찌개이다.<br>• 호박감정, 오이감정, 조기감정, 병어감정, 게감정 등이 있다. |
| 지짐이 | 국보다 국물을 조금 넣어 짜게 끓인다. |
| 전골 | 찌개와 국물 양은 같으나 재료를 가지런히 놓고 화로 등을 준비하여 즉석에서 끓인다. |

### (1) 찌개 재료 준비

① 육수 만들기

- 소고기
  - 육류 부위에 따라 지방함량, 맛, 질감이 다르므로 용도에 따라 식재료를 선택하여 조리법에 따른 손질을 해야 한다.
  - 결합조직이 많은 사태나 양지머리를 선택하여 찬물에 담가 핏물을 완전히 제거하고 사용한다.
- 닭고기 : 내장을 제거하고 끓는 물에 한 번 데쳐낸다.

• 곱창 : 기름기를 제거하고 곱창을 둘러싼 막을 제거한 후 소금이나 밀가루를 넣고 주물러서 깨끗하게 씻는다.

② 어패류 및 해조류의 전처리

• 생선

– 생선 비린내의 주성분인 '트리메틸아민(trimethylamine)'과 민물생선의 비린내 성분인 '피페리딘(piperidine)'은 표피 부분에 많으며, 수용성이다.

– 표피, 아가미, 내장 순으로 흐르는 물에 손으로 살살 문지르면서 씻는다.

– 씻을 때 소금물은 호염성 장염비브리오균이 번식하기 쉽다.

– 물기를 제거하고, 생선을 용도에 맞게 자른 뒤에는 미오겐이나 이노신산과 같은 맛 성분이 유실되지 않도록 물로 씻지 않아야 한다.

• 조개 : 싱싱한 것을 구입하여 껍질을 깨끗하게 씻은 후 3%의 소금물에 담가 해감시킨다.

• 낙지

– 머리에 칼집을 내서 먹물을 제거한다.

– 밀가루로 주물러 깨끗하게 씻는다.

• 꽃게

– 스폰지로 깨끗하게 닦은 후 배 딱지를 제거하고, 껍질을 분리시킨다.

– 몸통에 붙어있는 모래주머니와 아가미를 제거하고, 발끝은 가위로 잘라낸다.

• 새우 : 뿔, 수염, 뾰족한 꼬리 부분을 가위로 잘라주고, 내장도 제거한다.

## 2. 찌개의 종류 및 조리하기

### (1) 찌개의 종류

토장이란 대개는 된장을 말하는데, 찌개에 쓰이는 보통 된장 외에 막장, 청국장, 고추장, 담뿍장 등이 있다. 된장찌개의 국물은 토장국과 마찬가지로 물보다는 쌀뜨물로 끓이면 더 맛이 있고, 우리나라 사람들이 가장 좋아하는 토속적인 음식으로 된장에 따라 맛이 다르다. 뚝배기나 두꺼운 냄비에 담아 뭉근한 불에서 서서히 오래 끓여야 맛이 있으며, 건더기는 두부, 풋고추, 호박, 소고기 등을 주로 많이 넣는다. 충청도 지방에서는 겨울철에 청국장찌개를 즐겨 먹는다. 생선을 주재료로 하고 대개 고추장으로 조미하여 매운맛을 낸다. 매운 찌개를 요즈음은 그냥 매운탕이라 부르므로 매운맛을 낸 국과 혼동을 하게 되었다.

① **토장찌개** : 두부된장찌개, 절미된장조치, 청국장찌개, 조기 고추장찌개, 꽃게찌개, 병어감정, 민어찌개 등이다.

② **맑은찌개** : 애호박젓국찌개, 명란젓찌개, 굴 두부조치 등이다.

③ 기타 : 순두부찌개, 알찌개, 콩비지찌개 등이 있다.

④ 전골

- 전골이란 본래는 특유의 채소를 밑간하여 그릇에 담아 준비하고, 상 옆에서 화로 위에 전골 틀을 올려놓고 즉석에서 만들어 먹던 음식이다. 원래는 재료를 굽거나 볶는 국물이 적은 구이전골이었으나, 차츰 국물을 부어서 함께 끓이는 냄비전골이 생겼다. 전골 틀 중에는 쇠로 만든 것은 '벙거짓골'이라 하여 '벙거지'를 뒤집어 놓은 것처럼 생겼고, 돌로 만든 전골 틀은 굽이 낮고 평평하다. '벙거짓골'은 가운데에 국물이 고이도록 깊게 패여 있고, 가장자리에는 넓은 전이 붙어 있어 여러 가지 재료를 얹어 볶으면서 먹을 수 있다.
- 전골의 종류 : 근래에는 전골의 의미가 바뀌어서 여러 가지 재료에 국물을 넉넉히 부어서 즉석에서 끓이는 찌개가 전골 형태로 이용되고 있다. 대표적으로 소고기전골, 낙지전골, 송이전골, 버섯전골, 두부전골, 각색전골, 도미면 등이 있다.

⑤ 지짐이 : 지짐이는 탕이나 찌개보다 물을 적게 넣어 끓이는 음식을 말한다. 지짐이는 오이, 무, 호박, 우거지, 김치와 마른 생선, 암치, 대구, 갈치, 고등어, 방어 등 제철생선을 조미료와 향신 채소에 같이 건더기가 무르게 익히는 조리법으로 고기를 넣을 수도 있고 없이도 만들며, 고명을 화려하게 꾸미지 않으나 실용적인 찬으로 이용할 수 있는 조리법이다. 이것은 일반적인 서민음식으로 '전유어'를 뜻하기도 하나, 그와는 만드는 방법이 다르다. 찌개보다는 간을 적게 하고 탕보다는 물을 적게 넣어 심심하다고 할 정도로 끓이는 것으로, 음식을 쉽게 익히는 조리방법이다.

- 종류 : 오이 지짐이, 무지짐이, 호박지짐이, 우거지 지짐이, 생선지짐이 등이다.
- 특징 : 서민음식이 대부분이며, 뚜렷한 특징이 없다.

### (2) 찌개 조리하기

① 찌개 육수 조리하기

- 육수 : 고기를 삶아낸 물이라는 의미로 찌개나 전골의 맛을 결정하는 중요한 요인 중의 하나이다. 맑은육수를 만들기 위해서는 고기나 뼈에 있는 지방을 제거하고, 약불로 가열하는 동안 거품과 지방을 제거한다.
- 끓이기 : 물속에서 가열하는 조리법으로 식품에 함유된 맛 성분을 우려내어 국물까지 이용하므로 영양소의 손실은 비교적 적고 조직의 연화, 전분의 호화, 단백질의 응고 콜라겐의 '젤라틴화' 등이 소화흡수를 돕는다.

② 채소류 중 단단한 재료는 데치거나 삶아서 사용한다.

③ 조리법에 따라 재료는 양념하여 밑간을 한다.

④ 찌개의 양념장을 만든다.

⑤ 찌개육수에 재료와 양념의 첨가 시점을 잘 조절해서 넣는다.

## 3. 찌개 담기

### (1) 찌개 그릇

찌개는 종류에 따라 그릇이 달라야 한다.

① **냄비** : 음식을 끓이는 데 사용하는 조리기구로 솥에 비해 운두가 낮고 손잡이는 고정되어 있으며, 바닥이 평평하다. 우리말로는 '쟁개비'라고 한다.

② **뚝배기** : 가장 토속적인 그릇의 하나로, 찌개를 끓이거나 조림을 할 때 사용되었다. 크기는 큰 뚝배기에서 아주 작은 알뚝배기가 있다.

③ **오지 남비** : 찌개나 지짐이를 끓이거나 조림을 할 때 사용하는 기구로 솥 모양이다.

### (2) 식기

찌개를 담는 그릇은 조치보라고 하며, 주발과 같은 모양으로 탕기보다 약간 작은 크기이다.

### (3) 찌개 담기

① 조리의 종류를 고려하여 그릇을 선택한다.

② 조리의 형태를 고려하여 그릇을 선택한다.

③ 조리 특성에 맞추어 건더기와 국물의 양을 조절한다.

Chapter 04

# 예상문제

**01** **청국장의 끈끈한 점질물과 특유한 냄새를 내는 미생물에 해당하는 것은?**

① 효모 ② 초산균
③ 납두균 ④ 푸른 곰팡이

해설 대두에 납두균을 생육시키면 대두 단백질이 적당하게 분해되고, 또한 점질물 및 납두의 독특한 풍미가 형성된다.

**02** **일반적으로 소금 1g에 해당하는 염미를 내려면 된장과 간장을 각각 약 몇 g씩 사용해야 하는가?**

① 10g, 6g ② 1g, 6g
③ 10g, 10g ④ 1g, 1g

해설 소금 1g의 염미를 내려면 간장 10g, 된장 10g이 필요하다.

**03** **멸치 국물을 낼 때의 설명으로 틀린 것은?**

① 멸치는 머리와 뼈에 영양이 많으므로 통째로 사용한다.
② 멸치를 마른 팬에 살짝 볶아 비린내를 제거하고 찬물을 부어 끓인다.
③ 끓기 시작하면 거품을 걷어내고 5분 정도 끓인 후 불을 끄고, 10~15분 정도 우려낸 후 체에 걸러 사용한다.
④ 뚜껑을 열고 끓여야 비린내가 나지 않는다.

해설 멸치는 머리와 내장을 제거하여 팬에 볶아서 사용해야 비린내와 쓴맛이 나지 않고 맑은 육수를 낼 수 있다.

**04** **다음 중 고추장으로 간을 한 찌개의 명칭은?**

① 조치 ② 감정
③ 전골 ④ 지짐이

해설 감정은 장류(醬類)를 넣고 걸쭉하게 끓여낸 국물음식의 명칭으로 소개되고, 민가에서 지짐이라고 불리는 음식을 궁중에서 감정이라 하며, 국과 찌개의 중간쯤 되는 음식이라 설명하고 있다.

**05** **다음 중 국물의 양이 다른 것은?**

① 감정 ② 찌개
③ 국 ④ 조치

해설 국은 건더기가 국물의 1/3 정도이다.

**06** **국이나 전골 등의 국물맛을 독특하게 내는 조개류의 성분은?**

① 요오드 ② 주석산
③ 구연산 ④ 호박산

해설 조개류의 주요 맛 성분은 호박산이다.

**07** **다음 중 끓이는 조리법의 단점은 무엇인가?**

① 식품의 중심부까지 열이 전도되기 어려워 조직이 단단한 식품의 가열이 어렵다.
② 영양분의 손실이 비교적 많고, 식품의 모양이 변형되기 쉽다.
③ 식품의 수용성분이 국물 속으로 유출되지 않는다.
④ 가열 중 재료식품에 조미료의 충분한 침투가 어렵다.

해설 영양분의 손실이 많고, 모양이 변형되기 쉽다.

정답 01 ③ 02 ③ 03 ① 04 ② 05 ③ 06 ④ 07 ②

Chapter 05

# 전 · 적 조리

## 1. 전·적 종류 및 재료 준비

### (1) 전(煎) · 적(炙)의 종류

우리나라 음식 중 기름 섭취를 가장 많이 할 수 있는 방법으로 기름을 두르고 지졌다는 뜻으로 궁중에서는 '전유화'로 불리기도 하였다. 육류, 가금류, 어패류, 채소류 등을 지지기 좋은 크기로 만들어 저미거나 채 썰기 또는 다져서 소금, 후추로 조미한 다음, 밀가루와 달걀물을 입혀 번철에 기름을 두르고 지진 것을 말한다.

지짐은 빈대떡이나 파전처럼 재료들을 밀가루 푼 것에 섞어서 직접 기름에 지져 내는 음식이다.

**Point**
- 궁중에서는 전유어, 전유아, 저냐, 전으로 불리었다.
- 제사에 쓰이는 전은 간남, 납, 간랍이라고 하였다.

① 전의 종류

- 육류전 : 전에 쓰이는 육류는 소고기를 비롯하여 천엽 · 간 · 양 · 부아 등의 내장육을 이용하여 전을 만든다. 소고기는 얇게 떠서 그대로 육전을 부치기도 하고, 곱게 다져서 두부와 합하여 완자로 빚어서 지지기도 한다. 천엽전, 간전, 부아전, 양동구리, 완자전, 알쌈 등이 있다.
- 민어전 : 민어는 여름철에 맛이 좋은 고급 생선이다. 흰살생선 중에 광어 · 대구 · 동태 · 가자미 등도 전유어로 많이 쓰인다.
- 연근전 : 달걀물 대신에 밀가루 즙을 묻혀 지진다.

② 적의 종류 : 고기를 비롯한 여러 가지 재료를 꼬치에 꿰어서 불에 구워 조리하는 것으로 석쇠에 굽는 직화구이와 번철에 굽는 간접구이로 구분하며 대표적인 음식으로 산적, 누름적이 있다. 재료를 꼬치에 꿸 때는 반드시 꼬치에 꿰인 처음 재료와 마지막 재료가 같아야 하는데, 그 재료에 따라 산적에 대한 이름을 붙이기 때문이다.

| 구분 | 특징 | 주요 음식 |
|---|---|---|
| 산적 | 날것의 재료를 양념하여 꼬챙이에 꿴 다음 양념장을 발라가며 석쇠에 구운 것이다. | 두릅산적, 소고기산적, 닭산적, 송이산적, 움파산적, 떡산적, 어산적, 해물산적 등 |
| 누름적 | • '누르미'라고도 한다.<br>• 양념하여 익힌 고기와 채소를 꼬챙이에 번갈아 꿰어 구운 음식으로 누름적, 화양적이 있다.<br>• 누름적을 낼 때는 꼬챙이를 빼도 상관없으며, 초간장을 곁들여 낸다. | 화양적 |

| 지짐누름적 | 꼬챙이에 재료를 꿴 다음 전을 부치듯 밀가루, 달걀을 차례로 묻혀 번철에 지지는 누름적이다. | 김치적, 두릅적 |
|---|---|---|

### (2) 전 · 적 재료 준비

① 전 · 적의 주재료

- 육류
  - 결이 곱고 윤기가 나며, 육질에 탄력이 있는 것이 좋다.
  - 소고기는 적색, 돼지고기는 선홍색인 것이 좋다.
  - 익으면서 길이가 줄어들기 때문에 길이를 넉넉하게 자른다.
- 어패류
  - 살이 탱탱하여 탄력이 있고, 눈은 투명하며 돌출되어 있으면서, 아가미는 선홍색을 띠는 것이 좋다.
  - 물속에 넣었을 때 가라앉는 것이 좋으며, 냄새가 나지 않는 것이 좋다.
  - 전 · 적은 흰살생선을 주로 사용한다.
  - 패류는 봄철이 산란 시기라서 맛이 없어 주로 겨울철이 좋고, 하루 전에 구입하는 것이 좋다.
- 가금류
  - 신선한 광택이 있고 이취가 없는 것이 좋다.
  - 닭고기는 담황색이고 윤기나는 것이 좋으며, 생후 1년 이내의 것이 육질과 맛이 좋다.
- 채소 · 버섯류
  - 병충해, 외상, 발아 등이 없는 것, 형태가 바르고 겉껍질이 깨끗한 것이 좋다.
  - 버섯은 봉오리가 활짝 피지 않고, 줄기가 단단한 것으로 준비한다.

② 전 · 적의 부재료

- 밀가루 : 글루텐(Gluten)의 함량에 따라 구분하며, 중력분을 사용한다.
- 유지류 : 전 · 적 요리에는 발연점이 높고 무취인 기름이 적합하고, 가열에 안정성이 있는 것이 좋다.
- 달걀
  - 표면이 까칠까칠하고 광택이 없는 것으로 햇빛에 투시해 보았을 때 난황의 모양이 선명한 것이 좋다.
  - 난황의 부위가 농후하며 흔들리지 않는 것이 좋고, 6~7%의 소금물에 담갔을 때 가라앉는 것이 좋다.
- 양념류 : 제품 유통기한 내의 것으로 이취가 없는 것을 선택한다.

## 2. 전·적 조리하기

### (1) 전 · 적의 전처리

① 전처리식품의 정의

| 구분 | 특징 | 종류 |
|---|---|---|
| 좁은 의미 | 세척, 탈피, 절단 등 과정을 거쳐 가열 조리 전의 준비과정을 마친 식품이다. | 세척당근, 껍질 벗긴 감자, 내장을 제거한 생선 |
| 넓은 의미 | 식품 원료에 물리 · 화학적 또는 미생물학적 처리기간을 연장, 영양가를 높이며, 기호에 맞는 식생활에 적합하도록 만든 식품이다. | 냉동조리식품, 편의식품, 즉석식품 |

② 전처리식품의 장 · 단점

| 장점 | 단점 |
|---|---|
| • 조리시간 단축<br>• 인력 부족에 대한 대책안<br>• 쓰레기 처리가 용이하고 비용 절감<br>• 음식 재고 관리의 편리성<br>• 작업 공간의 협소함에 따른 작업 공정의 편리성 | • 생산, 처리, 저장, 가공과정에서 살충제, 살균제, 쥐약 같은 화학적 물질 유입이 있다.<br>• 세척 · 소독 과정에서 잔류물이 남을 수 있음<br>• 공정과정에서 주의하고, 화학제 사용에 대한 철저한 관리가 필요하다.<br>• 가공되지 않은 농산물과 사람 사이에서 발생하는 미생물적 병원균에 의해 생물학적 위해 요소가 발생한다. |

### (2) 전 · 적 반죽

① 전 · 적 반죽 재료준비

- 밀가루, 멥쌀가루, 찹쌀가루를 사용해야 하는 경우 : 반죽이 너무 묽어서 전의 모양이 만들어지지 않거나 뒤집을 때 어려움이 있을 때이다.
- 달걀흰자와 전분을 사용해야 하는 경우
  - 전을 도톰하게 만들 때 딱딱하지 않고 부드럽게 하고자 할 때이다.
  - 흰색을 유지하고자 할 경우이다.
- 달걀과 밀가루, 멥쌀가루, 찹쌀가루를 혼합하여 사용해야 하는 경우
  - 전의 모양을 만들 때 사용한다.
  - 점성을 높이고자 할 때 사용한다.
- 속재료를 더 넣어야 하는 경우 : 전이 넓게 처지게 될 때 달걀이나 밀가루를 추가하면 전이 딱딱해지기 때문에 속재료를 더 준비하여 사용한다.

### (3) 전 · 적류 조리 시 기름의 종류, 양과 온도 조절

① 전을 부칠 때 사용하는 기름은 콩기름, 옥수수기름 등과 같은 발연점이 높은 기름을 사용한다.
② 번철에 기름을 두르고 양면을 익힌다.
③ 불의 세기는 재료를 팬에 올려놓기 전까지는 센 불로 달구고, 재료를 올릴 때부터는 중불보다 약하게 하여 재료의 속까지 천천히 익히고 자주 뒤집지 않아야 한다.
④ 번철에 기름도 적당량을 골고루 둘러야 전의 옷이 똑같은 색깔로 곱게 부쳐진다.
⑤ 곡류전은 기름을 넉넉히 둘러야 흡유량이 많아 바삭한 전을 만들 수 있다.
⑥ 육류, 생선, 채소전은 기름을 적게 사용해야 한다. 기름이 많으면 색이 쉽게 누렇게 되고, 반죽 옷도 쉽게 벗겨지기 때문이다.

### (4) 전 · 적류 조리 시 주의사항

① 신선한 재료를 사용한다.
② 한입 크기가 좋으며, 크게 지져낸 전은 썰어낸다.
③ 소금간은 2%가 적당하나 약하게 하고, 초간장을 곁들여낸다.
④ 달걀물에 소금 간이 짜면 전 옷이 벗겨진다.
⑤ 전 만들기 중 접착제 역할을 하는 밀가루는 물기가 없어지는 5% 정도만 사용한다.

## 3. 전·적 담기

① 재질, 색, 모양, 그리고 재료의 크기와 양을 고려하여 선택한다.
② 도자기, 스테인리스, 유리, 목기, 대나무, 채반 등을 사용할 수 있다.
③ 그릇의 색은 요리와 배색이 잘 되는 것을 선택하여 효과적으로 표현한다.
④ 그릇의 모양은 넓고 평평한 접시 형태로 선택한다.

**Point** 완성된 음식의 외형을 결정하는 요소

- 음식의 크기 : 음식 자체의 적정 크기, 그릇 크기와의 조화, 1인 섭취량 및 경제성
- 음식의 형태 : 전체적인 조화, 식재료의 미적 형태, 특성을 살린 모양
- 음식의 색 : 각 식재료의 고유의 색, 전체적인 색의 조화, 식욕을 돋우는 색

Chapter 05

# 예상문제

**01** 전류 조리의 특징이 아닌 것은?

① 달걀이나 곡물에 씌워 기름에 지지는 방법으로 영양소의 상호보완 작용을 한다.
② 재료의 제약을 받는다.
③ 전골이나 신선로에 넣어서도 사용한다.
④ 생선요리 시 어취 해소에 좋다.

해설 전 조리는 재료에 구애 받지 않고 여러 가지 재료를 사용하여 만들 수 있다.

**02** 다음 중 전 반죽 할 때 올바른 것은?

① 전을 도톰하게 만들거나 부드럽게 하고자 할 때 달걀노른자나 전분을 사용한다.
② 전이 넓게 처지게 될 때는 속재료를 더 넣는다.
③ 전의 모양을 형성하기도 하고 점성을 높이고자 할 때는 달걀만 사용한다.
④ 전의 모양이 형성되지 않고 뒤집기 어려움이 있을 때는 달걀, 밀가루, 쌀가루 양을 함께 늘린다.

해설 속재료를 더 넣어야 하는 경우는 전이 넓게 처지게 될 때 사용된다.

**03** 육류나 어패류 또는 채소류 등의 재료를 얇게 저미거나 다져서 반대기를 지어 달걀을 씌워 부친 음식을 무엇이라 부르는가?

① 무침　② 회
③ 저냐　④ 튀김

해설 전은 궁중에서는 전유화라고 쓰고 전유어라 읽으며, '저냐, 전, 지짐개'라고 한다.

**04** 다음 중 달걀의 저장 중에 일어나는 변화로 옳은 것은?

① pH 저하
② 중량 감소
③ 난황계수 증가
④ 수양난백 감소

해설 달걀의 저장기간이 길어지면 pH가 높아지고 중량이 감소하며, 농후난백 양이 감소한다. 난황계수는 달걀을 깨뜨렸을 때 난황의 최고부 높이를 최대 지름으로 나눈 값으로, 저장 중에도 감소한다. 신선한 달걀의 난황계수는 0.36~0.44 정도이다.

**05** 다음 중 어류를 가열조리할 때 일어나는 변화와 거리가 먼 것은?

① 결합조직 단백질인 콜라겐의 수축 및 용해
② 근육섬유 단백질의 응고 및 수축
③ 열응착성 약화
④ 지방의 용출

해설 생선을 프라이팬이나 석쇠로 조리할 때 붙는 현상을 열응착성이라고 하며, 약 50℃에서부터 일어나서 온도가 높아질수록 강해진다.

정답 01 ② 02 ② 03 ③ 04 ② 05 ③

**06** 사슬적의 설명으로 옳은 것은?

① 생선적에 소고기를 양념하여 한편에 붙이고 이것을 달걀 푼 것을 씌워 번철에 지진다.

② 소고기를 곱게 다져서 양념하여 얇고 네모난 반대기를 지어 구운 것이다.

③ 소고기 우둔 부위를 얇게 저며 간장, 후춧가루, 설탕 등으로 양념하여 말린 것이다.

④ 도톰하고 넓적하게 저민 소고기를 잔칼질하여 부드럽게 한 후 갖은양념을 하여 번철에 굽기만 하거나 다시 간장양념하여 조린 것이다.

**해설** 섭산적은 소고기를 곱게 다져서 양념하여 얇고 네모난 반대기를 지어 구운 것이다. 육포는 소고기우둔 부위를 얇게 저며 간장, 후춧가루, 설탕 등으로 양념하여 말린 것이고 장산적은 도톰하고 넓적하게 저민 소고기를 잔칼질하여 보드랍게 한 후 갖은양념을 하여 번철에 굽기만 하거나 다시 간장양념하여 조린 것이다.

**06** ①

Chapter 06

# 생채 · 회 조리

## 1. 생채·회 정의 및 재료준비

### (1) 정의

① **생채** : 생채는 익히지 않고 날로 무친 나물을 의미하며, 계절마다 나오는 싱싱한 채소들을 익히지 않고 초고추장, 겨자즙 등으로 무친 일반적인 반찬이다.

② **회** : 회는 육류, 어패류, 채소류를 썰어 날 것으로 초간장, 초고추장, 소금, 참기름 등에 찍어 먹는 조리법이다.

### (2) 생채의 특징

① 자연의 색, 향, 맛을 그대로 느낄 수 있다.

② 씹을 때 아삭아삭한 촉감과 신선한 맛을 느끼게 한다.

③ 가열조리 한 것에 비해 영양소의 손실이 적고, 비타민이 풍부하다.

④ 식초와 설탕을 사용하여 새콤달콤한 맛이 나게 한다.

### (3) 회의 종류

① **육류회** : 소고기의 연한 살코기를 먹는 육회와 간 · 천엽 · 양 등을 이용한 내장육회가 있다.

② **어패류회** : 신선한 재료를 사용해야 하고, 정갈하게 다루어야 한다. 민어, 광어, 굴, 해삼, 멍게 등이 있다.

③ **숙회** : 저민 흰살생선에 녹말을 발라 끓는 물에 살짝 익혀내는 '어채'를 비롯하여 오징어, 낙지, 새우 등도 익혀 숙회로 먹는다. 채소로는 미나리, 오이, 실파, 두릅, 표고버섯 등이 쓰인다.

### (4) 생채 재료의 신선도 선별방법

① 오이

- 종류 : 취청오이, 다대기 오이, 가시오이 등이 있다.
- 꼭지가 마르지 않고 색깔이 선명하며, 시든 꽃이 붙어 있는 것이 좋다.
- 육질이 단단하면서 연하고 씨가 적은 오이가 좋다.
- 수분함량이 많아서 시원한 맛이 강하며, 처음과 끝의 굵기가 일정한 오이가 싱싱하다,
- 짓무른 곳이 없고 육질이 단단하며 표면에 울퉁불퉁한 돌기가 있고, 가시를 만져 보아 손바닥이 아픈 것이 좋다.
- 오이의 역할 : 수분과 비타민 공급, 칼륨의 함량이 높아 체내 노폐물을 밖으로 배출하는 역할을 한다.

- 오이의 쓴맛 : 꼭지 부분에 함유된 '쿠쿠르비타신(cucurbitacin)' A, B, C, D는 항산화 작용을 통해 암세포의 성장을 억제하고 간기능 보호, 염증 억제, 심혈관질환 예방 등에도 효과가 있다.

② 고추
- 종류 : 꽈리고추, 홍고추, 청양고추, 풋고추, 단고추(파프리카), 오이고추(아삭이고추)가 있다.
- 고추는 색이 진하고 윤기가 있으며, 꼭지가 시들지 않고 탄력이 있는 것이 좋다.

③ 당근
- 선홍색이 선명하면서 표면이 매끈하고 단단하며, 곧은 것이 좋다.
- 머리 부분은 검은 테두리가 작고 가운데 심이 없으며, 끝부분이 통통한 것이 좋다.
- 껍질이 얇은 것일수록 맛이 좋고 '비타민 A'도 풍부하다.
- 흰 육질이 많이 박힌 것은 맛도 없지만, 수분이 적어 좋지 않다.

④ 도라지
- 뿌리가 곧고 굵으며, 잔뿌리가 거의 없이 매끄러워야 한다.
- 색깔은 하얗고 단단한 것이 좋다.

⑤ 무 : 조선무, 동치미무, 총각무, 초롱무, 무말랭이 등이 있다.
- 조선무
  - 흠이 없으면서 육질이 단단하고, 치밀해야 한다.
  - 뿌리 부분이 시들지 않은 것이 좋다.
  - 무청이 푸른빛을 띠어야 한다.
  - 잘랐을 때 바람이 들지 않았고, 속살이 단단하며, 검은 심줄이 있으면 안 된다.
- 동치미무 : 크기가 작고 동그랗게 생긴 것은 바람이 들지 않은 것이다.
- 총각무 : 무 허리가 잘록하고 너무 크지 않아야 한다.
- 무 잎에 흠이 없이 깨끗하고 억세지 않아야 한다.
- 초롱무
  - 뿌리의 흙이 제거되고, 썩은 것이 없어야 한다.
  - 매운맛이 적고 잎은 흠 없이 싱싱하며, 억세지 않는 것이어야 한다.
- 무말랭이 : 만졌을 때 부드럽고 깨끗해야 하며, 베이지색에 가까운 흰색이어야 한다.

⑥ 깻잎
- 깻잎은 짙은 녹색을 띠면서 크기가 일정하고 싱싱하며, 향이 좋아야 한다.
- 벌레 먹은 흔적이 없어야 하고, 잎이 넓고 큰 것은 품질이 떨어지는 것이다.

⑦ 미나리
- 줄기가 매끄럽고 진한 녹색으로 연갈색의 착색이 되지 않으며, 줄기가 너무 굵거나 가늘지

않고 질기지 않아야 한다.
- 잎은 신선하고 줄기를 부러뜨렸을 때 쉽게 부러져야 한다.

⑧ 배추
- 잎의 두께가 얇고, 잎맥도 얇아 부드러워야 한다.
- 줄기의 흰 부분을 눌렀을 때 단단하고, 수분이 많아 싱싱해야 한다.
- 잘랐을 때 속이 꽉 차 있고, 심이 적어 결구 내부가 노란색이어야 한다.
- 잎은 반점이 없어야 하며, 뿌리 부분에 검은테가 있는 것은 줄기가 썩을 가능성이 높다.

## 2. 생채·회 조리하기

### (1) 생채 조리 시 유의사항

① 물이 생기지 않아야 한다.
② 양념이 잘 배이게 하려면 고추장이나 고춧가루로 미리 버무려 둔다.
③ 참기름이나 들기름을 사용하지 않는다.

## 3. 생채·회 담기

① 먹기 직전에 무쳐 내야 물이 생기지 않는다.
② 완성 그릇에 이물질이나 물기, 지문이 묻지 않도록 한다.
③ 화려하지 않고 음식의 색을 살리는 단색 그릇에 담는 것이 좋다.

Chapter 06

# 예상문제

**01** **채소류 중 무는 대부분이 수분으로 이루어져 있으며 기타 영양 성분은 매우 적으나 비타민 C가 많다. 적절한 소화효소 성분은?**

① 트립토판 ② 디아스타아제
③ 아밀로펙틴 ④ 라이코펜

해설 디아스타아제는 아밀라아제와 같은 말로 녹말을 엿당, 소량의 '덱스트린', 포도당으로 가수 분해하는 효소를 통틀어 이르는 말이다.

**02** **재료를 익히지 않고 바로 무친 나물을 의미하는 조리는?**

① 무침 ② 숙채
③ 생채 ④ 샐러드

해설 생채는 계절에 나오는 싱싱한 재료를 익히지 않고 바로 무친 조리방법을 말한다.

**03** **오이의 쓴맛 성분은?**

① 타우린 ② 글루탐산
③ 쿠쿠르비타신 ④ 알리신

해설 오징어 먹물 : 타우린, 어패류의 감칠맛 : 글루탐산, 마늘의 매운맛 : 알리신이다.

**04** **생채 · 회 조리의 특징이 아닌 것은?**

① 자연의 색, 향, 맛을 그대로 느낄 수 있다.
② 씹을 때의 아삭아삭한 촉감과 신선한 맛을 느낄 수 있다.
③ 가열 조리한 것에 비해 영양소 손실이 적다.
④ 단백질이 풍부해 우리 몸을 구성하는 구성영양소이다.

해설 생채 · 회는 비타민과 무기질이 풍부한 조절 영양소이다.

**05** **다음 중 생채에 대한 설명으로 옳은 것은?**

① 생채 조리 시 물이 생기지 않게 음식이 나가기 직전에 버무린다.
② 생채 조리 시 고춧가루는 나가기 직전에 버무려야 양념이 잘 밴다.
③ 생채 조리 시 양념을 고루 버무린 후 마지막에 참기름을 듬뿍 넣는 것이 좋다.
④ 생채 조리 시 살짝 데쳐 찬물에 헹궈 양념하는 것이 좋다.

해설 고춧가루는 미리 버무려 두는 것이 양념이 잘 스며들며, 참기름은 사용하지 않는다. 데쳐 버무리는 것은 숙회의 특징이다.

**06** **무의 종류에 대한 특징으로 틀린 것은?**

① 초롱무는 매운맛이 강하고 흠이 없고 싱싱한 것
② 동치미무는 조선무보다 크기가 작고 동그랗게 생긴 것
③ 조선무는 몸이 쭉 고르고 육질이 단단하고 치밀한 것
④ 총각무는 무 허리가 잘록하고 너무 크지 않은 것

해설 초롱무는 매운맛이 적고 잎에 흠이 없이 깨끗하고 억세지 않은 것이 좋다.

정답 01 ② 02 ③ 03 ③ 04 ④ 05 ① 06 ①

Chapter 07

# 조림 · 초 조리

## 1. 조림·초 재료 준비

### (1) 조림

① 재료를 큼직하게 썬 다음 간을 하고, 처음에는 센 불에서 가열하다가 중불에서 은근히 속까지 간이 배이도록 조리고 약불에서 오래 익히는 조리 방법이다.

**Point** 조림의 특징
- 궁중에서는 '조리개'라고 하였다.
- 고기, 생선, 감자, 두부 등을 간장으로 조린 음식이다.
- 흰살생선은 간장으로 조리고, 붉은살생선이나 비린내가 나는 생선은 고춧가루나 고추장으로 조린다.
- 염절임 효과와 수분활성도가 저하되고, 당도가 상승되어 저장성이 높아진다.

② 조림의 종류 : 갈치조림, 소고기 장조림, 달걀조림, 두부조림, 풋고추조림 등이 있다.

### (2) 초(炒)

① 원래 뜻은 '볶는다'이며, 국물이 없도록 조린 음식을 말한다. 초는 찜보다 국물이 약간 있는 것이며, 녹말물을 넣어 윤기나게 만들기도 한다.

② 초의 종류
- 전복초 : 전복을 삶아 칼집을 내어 양념한 뒤에 소고기와 함께 조린 음식이다.
- 홍합초 : 홍합을 데쳐 소고기와 함께 양념하여 조린 음식이다.
- 삼합초 : 홍합, 전복, 해삼에 양념한 소고기를 모두 합쳐 조린 음식이다.

### (3) 조림 · 초의 주재료

① 장조림 재료

| 구분 | 부위 | 특징 |
|---|---|---|
| 소 | 사태 | • 앞 · 뒷다리 사골을 감싸고 있는 부위로 활동량이 많아 색상이 진한 반면, 근육다발이 모여 있어 쫄깃한 맛을 낸다.<br>• 물을 넣어 장시간 가열하면 연해진다.<br>• 기름기가 없어 담백하면서도 깊은 맛을 낸다.<br>• 소분할 명칭 : 앞사태, 뒷사태, 뭉치사태, 아롱사태, 상박살 |
| | 우둔살 | • 지방이 적고 살코기가 많다.<br>• 우둔살은 고기의 결이 약간 굵으나 근육막이 적어 연하며, 홍두깨살은 결이 거칠고 단단하다.<br>• 소분할 명칭 : 우둔살, 홍두깨살 |

| 닭 | 가슴살 | • 지방이 매우 적어 맛이 담백하고 근육섬유로만 되어 있다.<br>• 회복기 환자 및 어린이 영양 간식에 적합하며, 특히 칼로리 섭취를 줄이고도 영양 균형을 이룰 수 있다.<br>• 닭 분할 명칭 : 안심살 |
|---|---|---|
| 돼지 | 뒷다리 | • 볼기 부위의 고기로서 살집이 두터우며 지방이 적다.<br>• 돼지 분할 명칭 : 뒷다리 |

### (4) 조림 · 초의 부재료

① 메추리알

- 영양성분은 달걀과 거의 같고 비타민 A, $B_1$, $B_2$가 많으며 맛이 좋다.
- 껍질이 깨끗하고, 금이 가지 않아야 한다.
- 윤기가 있고 반점이 크며 껍질이 거칠고, 크기에 비해 무게가 있는 것이 좋다.
- 달걀보다 유통이 느리기 때문에 선도에 주의해야 한다.

② 꽈리고추

- 고추의 변이종으로 풋고추에 속하지만, 일반 고추와 달리 표면이 쭈글쭈글하고 크기가 작은 편이다.
- 저장하는 적당한 온도는 5~7℃이고, 모양이 곧고 탄력이 있는 것이 좋다.
- 비타민 C가 풍부하다.

## 2. 조림·초 조리하기

### (1) 조림 · 초의 불 조절

① 불 조절

| 구분 | 내용 |
|---|---|
| 센불 | 센불은 구이, 볶음, 찜처럼 처음에 재료를 익히거나 국물을 팔팔 끓일 때 사용한다. |
| 중불 | 국물요리에서 한번 끓어 오른 뒤 끓는 상태를 유지할 때 사용한다. |
| 약불 | 오랫동안 끓이는 조림 요리나 뭉근히 끓이는 국물요리에 사용한다.<br>조림의 경우 처음에는 센불, 중불, 약불로 사용한다. |

② 조림 용기 : 큰 냄비를 사용하여 바닥면이 넓어야 재료가 균일하게 익으며, 조림장이 골고루 배어들어 조림 맛이 좋아진다.

③ 초 조리 시 주의사항

- 재료의 크기와 모양을 일정하게 썬다.
- 양념은 너무 세지 않게 하여 식재료의 본연의 맛을 살린다.
- 삶거나 데치는 시간에 유의하고, 익힌 후 재빨리 식혀 색을 선명하게 한다.
- 초 조리 시 불 조절 단계는 강불, 중불, 약불 순으로 불조절을 한다.
- 남은 국물은 10% 이내로 하고, 녹말물로 농도를 맞춘다.
- 조미료는 설탕, 소금, 간장, 식초 순으로 넣는다.
- 생선 조림은 양념장이 끓을 때 생선을 넣어야 부서지지 않는다.

## 3. 조림·초 담기

① 국물을 담을 수 있는 오목 한 그릇을 준비한다.

② 주재료와 부재료의 모양과 그릇이 조화를 이루게 한다.

③ 표면이 말라 보이지 않게 국물을 끼얹어 주면서 자작하게 담는다.

Chapter 07

# 예상문제

**01** 생선 조림 시 생강을 넣는 시점으로 옳은 것은?

① 생선과 함께 처음부터
② 단백질이 응고된 이후
③ 조림 중간
④ 요리 끝내기 직전

해설 생선 조림 시 비린내 제거를 위해 생강을 넣는 시점은 생선의 단백질이 응고된 이후이다.

**02** 우엉의 조리에 관련된 내용으로 틀린 것은?

① 우엉을 삶을 때 청색을 띠는 것은 독성 물질 때문이다.
② 껍질을 벗겨 공기 중에 노출되면 갈변된다.
③ 갈변현상을 막기 위해서는 물이나 1% 정도의 소금물에 담근다.
④ 우엉의 떫은맛은 타닌, 클로로겐산 등의 페놀 성분이 함유되어 있기 때문이다.

해설 우엉을 삶을 때 청색을 띠는 것은 우엉 속의 칼륨, 나트륨, 칼슘, 마그네슘 등의 무기질이 녹아나와 우엉의 안토시안색소가 반응해서 변색되기 때문인데, 이는 인체에 해로운 것은 아니다.

**03** 생선 조리 시 식초를 적당량 넣었을 때 장점이 아닌 것은?

① 생선의 가시를 연하게 해준다.
② 어취를 제거한다.
③ 살을 연하게 하여 맛을 좋게 한다.
④ 살균효과가 있다.

해설 생선 조리 시 식초를 적당량 사용하면 생선살은 탄력이 생긴다. 소금으로 수분을 제거하고 단백질을 용출시켜 젤화시킨 후 식초를 넣으면 효과가 더 크다.

**04** 어취제거 방법에 대한 설명으로 틀린 것은?

① 식초와 레몬즙을 이용하여 어취를 약화시킨다.
② 된장, 고추장의 흡착성은 어취제거 효과가 있다.
③ 술을 넣으면 알코올에 의하여 어취가 더 심해진다.
④ 우유에 미리 담가두면 어취가 약화된다.

해설 알코올음료에는 호박산이 있어서 어취를 제거하고, 생선의 맛을 향상시킨다. 알코올이 휘발될 때 어취도 함께 휘발시키므로 어취제거에 효과적이다.

**05** 다음 중 육류를 가공할 때 일어나는 변화로 틀린 것은?

① 중량 증가
② 풍미의 생성
③ 비타민의 손실
④ 단백질의 응고

해설 육류 가열 시 온도가 높고 가열시간이 길수록 근육섬유가 수축되면서 수분이 많이 유출되어 중량이 감소한다.

정답 01 ② 02 ① 03 ③ 04 ③ 05 ①

Chapter 08

# 구이 조리

## 1. 구이 재료 준비

### (1) 구이

재료를 꼬치에 꿰거나 석쇠에 얹어서 직접 불을 쬐여서 굽는 직접구이와 번철을 달구어서 굽는 간접구이, 밀폐된 용기에 넣어 덥혀진 공기로 굽는 건열구이, 즉 오븐구이 등이 있다.

우리나라에서는 상고 시대로부터 고기를 미리 양념장에 재워서 굽는 '맥적(貊炙)'이 있어 불고기의 원조 음식이 되었다. 구이의 조미는 소금으로 간을 하는 소금구이, 양념간장을 발라서 굽는 양념간장구이, 고추장 양념구이의 세 가지로 나눌 수 있다. 양념이 많이 들어가면 구울 때에 쉽게 타므로 처음에는 간장과 기름만을 섞어 발라서 굽고 다시 양념을 넣은 장을 바르는 것이 타지 않는다.

### (2) 재료 준비 및 계량하기

① 표준조리법에 따라 재료를 선별하여 계량한다.

② 주재료에 따라 양념장 재료를 선별하여 계량한다.

③ 전처리를 한다.

④ 전처리 기구의 청결상태를 확인한다.

## 2. 구이의 종류와 조리하기

### (1) 구이의 종류

① 육류

- 방자구이
  - 소고기를 미리 양념장에 재웠다가 굽는 것이 아니라 얇게 썰은 고기를 즉석에서 석쇠나 철판에 구우면서 소금과 후추를 뿌려서 간을 한다.
  - 등심구이 또는 소금구이라 하여 파와 상추, 생채를 곁들여서 싸서 먹는다.
  - 옛날에 양반의 심부름을 하는 남자 하인인 방자가 마당에서 양반을 기다리는 동안에 부엌에서 고기점을 얻어 양념을 제대로 하지 못하고 아궁이나 모닥불에 구워 소금만 뿌려서 먹었다 하여 붙여진 음식이라고 한다.

- 염통구이 : 소의 염통을 얇게 저며서 간장으로 양념하여 구운 것으로 단백질과 무기질이 풍부하다.
- 콩팥구이 : 소의 콩팥을 얇게 저며서 간장으로 양념하여 구운 것으로 단백질과 무기질이 풍부하다.
- 소갈비구이 : 소갈비의 살을 얇게 떠서 양념간장에 재웠다가 구운 음식으로 우리나라 사람들이 가장 좋아하는 고기 음식이다.
- 제육구이 : 돼지고기를 얇게 저며서 고추장으로 양념하여 매운맛을 낸 구이이다.

② 어패류

- 민어 소금구이, 대합구이, 오징어구이, 조기 양념장구이, 북어구이, 장어구이, 병어고추장구이, 뱅어포구이, 김구이 등이 있다.

### (2) 구이 조리하기

① 건열에 의한 조리방법

㉠ 직접구이 : 석쇠나 망을 이용하여 직접 불 위에 식재료를 굽는 방법이다.

㉡ 간접구이 : 지방이 많은 육류나 어류처럼 직접구이를 하면 손실이 많은 것 또는 곡류처럼 직접 구울 수 없는 것에 사용한다.

- 그릴링(Griling) : 가스 · 전기 · 숯 또는 나무와 같은 열원 위에 석쇠를 올리고 식재료를 올려 조리하는 것으로 비교적 빨리 조리할 수 있는 연한 식재료를 조리하는 건열 조리방법이다. 어 · 육류는 150~250℃에서 조리한다.
- 그리들링(Gridling) : 두껍고 평평한 철판 위에서 식재료를 구워내는 방법으로, 가스 또는 전기를 열원으로 사용한다.

② 굽는 방법

㉠ 재료의 연화

- 단백질 가수분해 효소 첨가(연육제)
- 수소이온농도(pH)
- 염의 첨가
- 설탕의 첨가
- 기계적 방법

㉡ 양념하기

- 재어두는 시간 : 양념 후 30분 정도가 좋으며, 간을 하여 오래 두면 육즙이 빠져 질겨지므로 부드럽지 않는 구이가 된다.

㉢ 가열방법 : 구이는 재료 자체의 맛을 즐길 수 있도록 해야 하는데, 프라이팬을 이용해 구이를 할 경우 충분히 달궈진 후 식재료를 놓아야 육즙이 빠져 나가지 않고, 맛있는 구이 조리를 할 수 있다.

– 초벌구이 : 유장을 발라 초벌구이를 할 때는 살짝 익힌다.

– 재벌구이 : 유장을 발라 초벌구이를 한 후에는 양념을 2번으로 나누어 사용하며, 타지 않게 주의하여 굽는다.

③ 굽기

- 구이 도구를 준비한다.
- 석쇠 및 프라이팬을 예열한다.
- 석쇠에 굽는다.
- 초벌구이를 한다.
- 양념을 바른 후 구워낸다.
- 중심 온도계를 체크한다.

## 3. 구이 담기

① 색, 형태, 인원수, 분량 등을 고려하여 그릇을 선택한다.

② 조리한 음식이 부서지지 않게 담는다.

③ 따뜻한 온도로 유지하여 담는다.

④ 고명으로 장식한다.

⑤ 생선의 머리가 왼쪽, 배쪽이 앞으로 향하도록 담는다.

Chapter 08

# 예상문제

**01** 구이용 재료로 알맞지 않은 것은?

① 양지
② 안심
③ 안창
④ 제비추리살

해설 양지는 소 몸통의 앞가슴부터 복부 아래쪽 부위의 살코기 부분으로 지방과 결합 조직이 많은 편이고 육질이 질기므로 오랜 시간 끓이는 조리를 하면 국물이 진하게 우러나와 맛이 좋다.

**02** 지방이 많은 식재료를 구이로 조리할 때는 유지가 불 위에 떨어져서 발생하는 연기의 좋지 않은 성분은?

① 아크롤레인
② 트리메틸아민
③ 티아민
④ 암모니아

해설 지방이 많은 식재료는 구이 시 아크롤레인이 발생하므로 직화구이를 하지 않는 것이 좋다.

**03** 간접 조리방법(grilling) 설명 중 틀린 것은?

① 곡류처럼 직접 구울 수 없을 때 사용한다.
② 열원과 식품과의 거리는 8~10cm이다.
③ 전도열로 구이를 진행하는 조리방법이다.
④ 석쇠가 아주 뜨거워야 고기가 잘 들러붙지 않는다.

해설 열원과 식품과의 거리가 8~9cm는 직접조리방법(브로일링)이다.

**04** 구이에 의한 식품의 변화 중 틀린 것은?

① 살이 단단해진다.
② 기름이 녹아나온다.
③ 수용성 성분의 유출이 매우 크다.
④ 식욕을 돋우는 맛있는 냄새가 난다.

해설 수용성 성분의 유출이 큰 것은 끓이는 조리법의 단점이다.

**05** 소고기 부위 중 결합조직이 많아 구이에 가장 부적합한 것은?

① 등심
② 갈비
③ 사태
④ 채끝

해설 사태는 지방이 적고 질긴 부위로 조림, 편, 찜 요리에 적당하며, 구이로는 부적당하다.

**06** 생선이 껍질이 있는 상태로 구울 때 껍질이 수축되는 주요 원인물질과 그 처리방법은?

① 생선살의 색소 단백질, 소금에 절이기
② 생선살의 염용성 단백질, 소금에 절이기
③ 생선껍질의 지방, 껍질에 칼집 넣기
④ 생선껍질의 콜라겐, 껍질에 칼집 넣기

해설 생선껍질의 진피층을 구성하고 있는 콜라겐이 가열에 의해 수축하게 되는데, 생선을 구울 때 모양을 좋게 유지하려면 생선에 칼집을 여러 군데 넣어준다.

정답 01 ① 02 ① 03 ② 04 ③ 05 ③ 06 ④

## 07 고기를 요리할 때 사용되는 연화제는?

① 소금
② 참기름
③ 파파인(Papain)
④ 염화칼슘

해설 파파야의 파파인, 파인애플의 브로멜린, 무화과의 피신, 배와 무의 프로테아제, 키위의 액티니딘은 고기의 연화에 도움을 준다.

## 08 생선을 씻을 때 주의사항으로 틀린 것은?

① 물에 소금을 10% 정도 타서 씻는다.
② 냉수를 사용한다.
③ 체 표면에 점액을 잘 씻도록 한다.
④ 어체에 칼집을 낸 후에는 씻지 않는다.

해설 생선을 씻을 때는 물이나 1% 이하의 소금물에 씻는다.

## 09 육류의 연화 방법으로 바람직하지 않는 것은?

① 근섬유와 결합조직을 두들겨주거나 잘라준다.
② 배즙 음료, 파인애플 통조림으로 고기를 재워 놓는다.
③ 간장이나 소금(1.3~1.5%)을 적당량 사용하여 단백질의 수화를 증가시킨다.
④ 토마토, 식초, 포도주 등으로 수분 보유율을 높인다.

해설 배즙 음료는 단백질 분해효소가 매우 낮다.

## 10 탈수가 일어나지 않으면서 간이 맞도록 생선을 구우려면 일반적으로 생선 중량 대비 소금의 양은 얼마가 가장 적당한가?

① 0.1% ② 2%
③ 16% ④ 20%

해설 생선구이 시 소금구이의 경우 생선 중량의 2~3%를 뿌리면 탈수도 일어나지 않고, 간도 적절하다.

## 11 다음 중 맥적에 대한 설명으로 올바르지 않은 것은?

① 돼지고기를 된장 양념에 재워서 구워먹던 전통 고기요리이다.
② 고구려에서 유래된 음식으로 전해지고 있다.
③ 맥적의 적은 꼬챙이에 꿰어 구운 고기를 의미한다.
④ 소고기를 고추장 양념에 재워서 구운 전통 고기요리이다.

해설 맥적은 돼지고기를 된장 양념에 재워서 구워먹던 중국의 동북지방에 거주하던 고구려 민족의 전통 고기요리이다.

## 12 직화구이를 할 때 재료와 불 사이가 가장 적당한 거리는?

① 2~4cm
② 7~10cm
③ 15~19cm
④ 20~25cm

해설 직화구이를 할 때 재료와 불 사이의 거리는 7~10cm 정도가 적당하다.

정답 07 ③ 08 ① 09 ② 10 ② 11 ④ 12 ②

Chapter 09

# 숙채 조리

## 1. 숙채의 정의 및 재료 준비

### (1) 채소류의 정의

국어사전에는 모든 푸성귀, 남새로 적고 있다. '푸성귀란 사람이 가꾸어 기르거나 저절로 난 온갖 나물'을 일컬으며, 남새는 심어서 가꾸는 나물로 '채마(采麻)'라고 한다.

### (2) 이용 부위에 따른 분류

채소는 식용으로 이용하는 부위를 기준으로 잎줄기채소, 뿌리채소, 열매를 이용하는 채소식물의 꽃봉오리, 꽃잎, 꽃받침을 이용하는 꽃채소로 구분한다.

① 잎줄기채소

- 주로 잎, 줄기를 식용으로 하는 채소로 배추, 시금치 등이 있다.
- 엽채류(葉菜類)라고 하며, '십자화과' 채소인 배추는 김치의 주재료일 뿐 아니라 단맛과 아삭한 질감이 좋다.
- 나물, 쌈, 생채, 샐러드, 전, 국, 찌개, 전골 등 여러 음식에 이용된다.

② 뿌리채소

- 무는 뿌리를 식용하며 국, 생채, 나물, 떡, 김치, 찜 조림 등 다양한 요리에 사용한다. 섬유소와 철분이 함유되어 있다.
- 무속의 비타민 U로 알려진 '함황 성분((S-methyl methionine)'은 항균, 항암, 기침감기에 효과가 있다.

③ 열매채소

- 생식기관인 열매를 식용하는 채소들로 오이, 호박 등의 박과(科)채소, 고추, 토마토, 가지 등의 가지과 채소, 그 밖의 채소들이 있다.
- 비타민 A가 풍부하고 항산화작용, 고혈압, 동맥경화증을 예방한다.
- 떡, 나물, 전, 국, 찌개, 찜, 선, 죽, 수프, 파이, 케이크 등에 이용한다.

④ 기타

- 버섯은 엽록소를 가지지 않고 광합성으로 이루어진 채소류로 능이, 표고, 송이, 느타리, 석이, 팽이버섯 등 종류가 다양하다.
- 국, 찌개, 잡채, 구이, 적, 전, 조림, 튀김, 나물 등의 주재료나 샐러드, 볶음, 김치 등 활용도가 높다.

### (3) 숙채나물의 종류

두릅나물, 취나물, 무나물, 콩나물, 숙주나물, 숙주나물, 애호박나물, 오이나물, 도라지나물, 고사리나물, 시금치나물 등이 있다.

### (4) 기타

채소 음식 중에는 익은 것을 무치거나 볶은 구절판, 잡채, 탕평채, 죽순채, 겨자채 등이 있다.

## 2. 숙채 조리하기

### (1) 숙채 조리법의 특징

숙채는 습열조리 음식으로 고기국, 장조림, 편육 등이 있다.

① 끓이기와 삶기(습열조리) : 넉넉한 양의 물에 식품을 넣고 가열하여 익히며, 조리시간이 긴 조리법이다.

② 데치기(습열조리)
- 녹색채소는 끓는 물에 소금을 넣고 살짝 데쳐 비타민 C 손실이 적도록 한다.
- 데친 채소를 찬물에 넣으면 온도를 급격히 저하시켜 비타민 C의 자가분해를 방지할 수 있다.

③ 찌기(습열조리)
- 가열된 수증기로 식품을 익히며, 식품 모양이 그대로 유지된다.
- 끓이기나 삶기보다 수용성 영양소의 손실이 적다.
- 녹색채소 조리법으로는 부적당하다.

④ 볶기(건열조리)
- 냄비나 프라이팬에 기름을 두르고, 식품이 타지 않게 뒤적인다.
- 재료를 가늘게 썰어 센 불에서 조리하며, 지용성 비타민의 흡수를 돕고 수용성 비타민의 손실이 적다.

## 3. 숙채 담기

① 완성그릇에 조리된 음식의 형태, 맛, 색을 디자인하여 담아낸다.

② 주재료와 부재료의 양과 종류에 따라 그릇을 선택하여 담아낸다.

③ 음식의 양에 따라 조화롭게 담고, 고명을 올린다.

Chapter 09

# 예상문제

**01** **회는 육류, 어패류, 채소류를 날로 먹는 날(生)회와 살짝 데쳐 먹는 숙회가 있는데, 숙회 중 녹말을 묻혀 데치는 것을 무엇이라 하는가?**

① 어채
② 어선
③ 생선전
④ 신선육

해설 어채는 흰살생선을 포 떠서 녹말가루를 묻힌 뒤 끓는 물에 살짝 데쳐서 먹는 숙회이다.

**02** **다음 중 월과채의 재료로 맞지 않는 것은?**

① 청포묵 ② 애호박
③ 찹쌀가루 ④ 홍고추

해설 궁중요리의 하나인 월과채는 잡채의 일종으로 당면 대신 찰부꾸미를 넣어 만든다.
- '월과'는 조선호박을 일컫는데, 구하기 어렵기 때문에 애호박을 사용해도 좋다.
- '눈썹나물'이라고도 불렀다고 한다.

**03** **채소를 냉동하기 전 블렌칭(Blanching)하는 이유로 틀린 것은?**

① 효소의 불활성화
② 미생물번식의 억제
③ 산화반응 억제
④ 수분감소 방지

해설 채소를 블렌칭(데치기)함으로써 수분을 감소하여 미생물번식의 억제와 효소의 불활성화, 산화반응 억제의 효과를 가져와 저장성을 높일 수 있다.

**04** **식품을 삶는 방법에 대한 설명으로 틀린 것은?**

① 연근을 옅은 식초물에 삶으면 하얗게 삶아진다.
② 가지를 백반이나 철분이 녹아 있는 물에 삶으면 색이 안정된다.
③ 완두콩은 황산구리를 적당량 넣은 물에 삶으면 푸른빛이 고정된다.
④ 시금치를 저온에서 오래 삶으면 비타민 C의 손실이 적다.

해설 시금치를 데칠 때 비타민 C의 손실을 줄이기 위해서는 고온에서 재빨리 데쳐낸다.

**05** **녹색채소를 데칠 때 색을 선명하게 하기 위한 조리 방법으로 부적합한 것은?**

① 휘발성 유기산을 휘발시키기 위해 뚜껑을 열고 끓는 물에 데친다.
② 산을 희석시키기 위해 조리수를 다량 사용하여 데친다.
③ 섬유소가 알맞게 연해지면 가열을 중지하고 냉수에 헹군다.
④ 조리수의 양을 최소로 하여 색소의 유출을 막는다.

해설 녹색채소를 데칠 때 조리수의 양은 최대로 하여야 색소의 유출을 막을 수 있다.

정답 01 ① 02 ① 03 ④ 04 ④ 05 ④

Chapter 10

# 볶음 조리

## 1. 볶음의 특징 및 재료 준비

### (1) 볶음의 특징

① 식품을 손질하여 먹기 좋은 크기로 잘라 간을 맞추고, 적은 양의 기름에 볶아서 쟁첩이나 접시에 담아낸 것이다.

② 잔멸치나 썬 마른오징어, 연한 육류, 갖은 열매채소 등을 식용유, 참기름 등을 이용하여 번철에 볶아낸다.

③ 탕이나 찌개처럼 국물이 많지는 않다.

### (2) 볶음 조리도구

볶음을 할 때 작은 냄비보다는 큰 냄비를 사용하여 바닥에 닿은 면이 넓어야 재료가 균일하게 익으며, 양념장이 골고루 배어들어 볶음의 맛이 좋아진다.

### (3) 볶음의 종류

① 볶음은 소량의 기름을 이용해 팬에서 익히는 방법이다.

② 팬을 달군 후 소량의 기름을 넣어 높은 온도에서 단시간에 익혀야 원하는 질감, 색과 향을 얻을 수 있다.

### (4) 볶음 재료

① 호박

- 특징
  - 박과의 한해살이 넝쿨식물로 열대 및 남아메리카가 원산지이며 동양계, 서양계, 퍼포계 호박으로 나누어진다.
  - 동양계 호박은 미숙 상태의 애호박을 많이 이용하며, 완숙 후 늙은호박이 차지하는 비율은 약 20%이다.
  - 서양계 호박은 단호박으로 페루, 볼리비아, 칠레 북부에서 주로 재배된다.
  - 퍼포계 호박은 멕시코 북부와 북아메리카가 주산지인 주키니가 있다.
  - 호박오가리는 늙은 호박을 건조시킨 것이며, 호박고지는 애호박을 건조시킨 것이다.
- 성분 및 효능
  - 품종과 성숙도에 따라 영양 성분이 다르다.
  - 수분이 약 90%를 차지하고, 잘 익을수록 단맛이 증가하여 당질이 5~13%이며, 채소 중

전분의 양이 많다.
- 단백질, 지방, 식이섬유, 무기질, 베타카로틴, 잔토필, 비타민 $B_1$, 비타민 C, 시트룰린 등이 함유되어 있다.
- 베타카로틴이 많아 항산화, 항암작용을 하며, 기름과 함께 조리하면 흡수율이 높아진다.

• 주요리
- 애호박은 나물, 전, 호박고지를 만들고, 맷돌호박(청둥호박)은 엿, 떡, 부침, 볶음, 찜 등에 사용한다.
- 단호박은 수프, 찜, 죽, 떡, 케이크 등에 다양하게 쓰인다.

② 고사리

• 특징
- 생고사리에 '프타퀼로사이드(ptaquiloside)'라는 독성 물질이 있지만, 익히면 안전하다.
- 대표적인 산나물로 삶아서 쓴맛과 떫은맛을 우려낸 후 나물이나 각종 요리의 부재료로 사용한다.
- 생채일 때는 녹색이나 익히면 갈색으로 변한다.
- 시너지 효과를 내는 식재료는 마늘과 대파이다.
- 비타민 B1이 풍부한 고사리에 알리신이 많은 파와 마늘이 영양적 균형을 맞춰주며, 비릿한 냄새도 제거해 준다.
- 줄기는 통통하고, 잎은 아기의 주먹 쥔 손처럼 말려있다.
- '산에서 나는 소고기'라고 불릴 만큼 영양소가 풍부하다.

• 성분 및 효능
- 100g당 19kcal의 열량을 내는 저열량 식품으로 식이섬유가 풍부하여 변비 해소에 도움이 된다.
- 칼륨과 인이 풍부한 데 말리면 각종 무기질이 더 풍부해진다.
- 머리를 맑게 해주는 효과가 있고, 치아와 뼈를 튼튼하게 만든다.
- 빈혈 및 골다공증 예방을 해서 어린이와 임산부 및 노인 건강에 좋다.
- 신진대사를 원활하게 하고, 몸속 노폐물 배출에 효과적이다.
- 면역 기능을 증가시키고 콜레스테롤 수치 감소와 동맥경화 예방에도 효능이 있다.

• 주요리
- 고사리나물, 고사리 들깨 볶음, 고사리 소고기볶음 등 볶음요리에 쓰인다.
- 육개장, 들깨 고사리탕, 고사리 조기찌개 등 탕, 찌개, 전골 요리에 활용할 수 있다.
- 고사리 김치전, 고사리 녹두전, 고사리 튀김 등 튀김 요리에 쓰인다.

## 2. 볶음 조리하기

### (1) 재료 준비와 양념장 만들기

① 볶음고추장 양념장을 만든다.

- 볶음 냄비에 간장, 설탕, 청주를 넣고 설탕이 잘 녹도록 골고루 섞는다.
- 고추장, 고춧가루를 넣고 섞는다.
- 준비한 다진 마늘과 참기름을 첨가하여 잘 섞는다.
- 약불로 재료가 골고루 잘 섞이도록 저어준다.
- 양념장이 완성되면 식은 후 사용한다.

② 간장 양념장

- 배합비에 따른 정확한 계량은 일정한 품질의 제품을 생산하고 재료의 손실을 줄일 수 있다.
- 제조된 양념장을 바로 사용할 경우는 상온에서 2~4시간 숙성한 다음 사용한다.
- 보관할 경우는 상온보다 8~12℃ 더 낮은 온도에서 보관하며 사용한다.

③ 볶음간장 양념장을 만든다.

- 볶음 냄비에 간장, 설탕, 물을 넣고 설탕이 잘 녹도록 골고루 섞어준다.
- 다진 마늘, 물엿, 참기름, 후춧가루를 넣어준다.
- 냄비에 모든 재료를 넣어 약불에 올려 끓기 바로 전 불에서 내려준다.

④ 볶음 재료를 계량한다.

- '목측량'에 제시한 재료 크기는 일상적으로 가정에서 쉽게 구할 수 있는 중간 크기를 말한다.
- 조리할 때마다 적용하여 익숙해지면 조리 분량을 계산하는 데 매우 편리하다.

### (2) 재료에 따른 불 조절

① 색깔이 있는 구절판 재료(당근, 오이)는 소금에 절이지 말고 중간 불에 볶으면서 소금을 넣는다.
② 기름을 많이 넣으면 색이 누렇게 변한다.
③ 오이 또는 당근이 볶는 과정에서 수분이 침출되는데 그대로 흡수될 정도로 볶아준다.
④ 건 표고버섯을 볶을 때는 약간의 물을 넣어주면서 기본적인 간을 한다.
⑤ 일반버섯은 물이 생기므로 센불에서 재빨리 볶거나 소금에 살짝 절여서 볶는다.

### (3) 불조절에 따른 조리법

① 볶음을 할 때 강한 불로 시작하여 끓기 시작하면 중불로 줄여 단시간에 조리해야 한다. 볶음의 맛을 결정하는 데 불 조절은 중요한 역할을 한다.
② 중식 팬에 기름을 넣고 기름의 연기가 비춰질 정도로 뜨거워지면 육류를 넣고 색을 낸다.
③ 육류는 낮은 온도에서 조리하면 육즙이 유출되어 퍽퍽해지고 질겨진다.
④ 손잡이를 위로하여 불꽃을 팬 안쪽에 끌어 들여 훈제 향을 유도하면 특유의 볶음요리가 된다.

## 3. 볶음 담기

① 조리의 종류 색, 형태를 고려하여 그릇을 선택한다.

② 선택한 그릇에 양념장을 골고루 잘 섞어 윤기나게 담는다.

③ 통깨를 뿌리면 지저분해 보이므로 윗부분에 모아서 담는다.

Chapter 09

# 예상문제

**01** **볶음 요리에 대한 설명이 틀린 것은?**

① 파, 마늘, 양파, 생강 등을 미리 볶다가 수분이 유출될 수 있는 부재료를 먼저 볶은 뒤 주재료를 양념과 함께 볶아 수분 없이 재빠르게 볶는 방법이다.
② 재료 특유의 맛을 느낄 수 있는 조리방법이다.
③ 단시간에 조리되므로 영양소의 파괴가 적어 술안주나 덮밥용으로 많이 조리된다.
④ 문헌에 최초로 기록된 볶음 기법은 「시의전서」이다.

해설 문헌에 최초로 기록은 볶음 기법은 「음식디미방」이다.

**02** **문헌에 기록된 볶음 요리가 아닌 것은?**

① 양숙
② 가제육
③ 저냐
④ 장볶이(고추장)

해설 져나는 전을 궁중용어로 전유어, 또는 저냐라고 한다.

**03** **볶음의 재료로 많이 사용되지 않는 재료는?**

① 고기
② 내장
③ 갈치
④ 오징어

해설 갈치는 주로 조림이나 구이로 사용된다.

**04** **다음 중 볶음 조리에 대한 설명 중 적절하지 않은 것은?**

① 볶음을 할 때 작은 냄비보다는 큰 냄비를 사용하여 바닥에 닿는 면이 넓어야 재료가 균일하게 익으며 양념장이 골고루 배어들어 볶음의 맛이 좋아진다.
② 대량의 지방을 이용해 뜨거운 팬에서 음식을 익히는 방법이다.
③ 소량의 기름을 넣어 높은 온도에서 단시간에 볶아 익혀야 원하는 질감, 색과 향을 얻을 수 있다.
④ 채소, 고기, 수산물, 가공식품 등 다양한 재료로 볶음을 할 수 있다.

해설 소량의 지방을 이용해 뜨거운 팬에서 음식을 익히는 방법이다.

**05** **볶음조리에 대한 설명이 옳지 않는 것은?**

① 육류는 프라이팬에 기름을 넣고 기름의 연기가 비춰질 정도로 뜨거워지면 육류를 넣고 색을 낸다.
② 육류는 낮은 온도에서 조리하면 육즙이 유출되어 부드러워진다.
③ 손잡이를 위로하고 불꽃을 팬 안쪽에서 끌어들여 훈제되는 향을 유도하면 특유의 볶음 요리가 된다.
④ 당근은 볶는 과정에서 즙이 침출되는데 그대로 흡수될 정도로 볶아준다.

해설 육류는 낮은 온도에서 조리하면 퍽퍽해지고 질겨진다.

정답 01 ④ 02 ③ 03 ③ 04 ② 05 ②

**06** **채소류 볶음 조리에 대한 설명으로 적절하지 않은 것은?**

① 색깔이 있는 당근, 오이는 소금에 절이지 말고 중간 불에 볶으면서 소금을 넣는다.

② 기름을 많이 넣어 볶으면 채소 고유의 색을 낼 수 있다.

③ 버섯은 물기가 많이 나오므로 센 불에서 재빨리 볶거나 소금에 절인 후 볶는다.

④ 낙지볶음에 넣는 채소는 연기가 날 정도로 센 불에서 먼저 볶은 다음 낙지를 넣고 다시 볶은 후 마지막에 양념한다.

해설 볶음을 할 때 기름을 많이 넣으면 색이 누레진다.

**07** **볶음을 할 때 불 조절에 대한 설명으로 적절한 것은?**

① 중불로 시작하여 끓기 시작하면 센 불에서 조리한다.

② 장시간에 조리한다.

③ 볶음의 맛을 결정하는 데 불 조절은 중요한 역할을 한다.

④ 센 불은 구이를 할 때만 사용한다.

해설 볶음요리는 센 불에서 조리하고 단시간에 마무리해야 한다.

**08** **볶음을 담을 때 그릇에 대한 설명으로 적절하지 않은 것은?**

① 그릇의 형태에 따라 다양하게 연출할 이미지 구도를 설정하여 담는다.

② 조리 종류와 색, 형태, 인원수, 분량 등을 고려하여 그릇을 선택하여 담는다.

③ 음식을 접하는 사람들에게 다양한 이미지를 제공하도록 노력한다.

④ 한식에 가장 어울리는 그릇 모양은 사각형이다.

해설 원형은 가장 기본적인 형태로 편안함과 고전적인 느낌을 주지만, 부드러움으로 인해 진부한 느낌을 줄 수 있으나 테두리의 무늬와 색상에 따라 다양한 이미지를 연출할 수 있다.

06 ② 07 ② 08 ④

Chapter 11

# 김치 조리

## 1. 김치의 특징 및 재료 준비

### (1) 김치의 특징

① 무, 배추, 오이 등과 같은 채소를 소금이나 장류에 절여 고추, 파, 마늘, 생강, 젓갈 등 여러 가지 양념에 버무려 숙성시켜 저장성을 갖는 발효식품을 만들 수 있다.

② 김치의 역사는 정착 농경 생활을 시작한 삼국 형성기 이전부터 시작되었으며, 소금의 발견과 더불어 동절기 영양 섭취의 수단이었다.

③ 김치의 종류 : 김치를 담그는 주재료는 배추와 무이지만 거의 모든 종류의 채소로 김치를 담글 수 있다. 김치의 종류는 아주 많아서 1800년대 『임원경제십육지』에 소금 절임, 식해 김치, 양념 김치, 침채 등으로 구분하여, 총 92종 김치가 기록되어 있다. 최근에는 더욱 다양해져 김치의 종류가 150여 종에 달한다.

④ 김치의 효능

- 항균작용

  김치는 숙성 발효됨에 따라 항균 작용이 증가한다. 숙성과정 중에 유산균이 생육 번성하여 김치 내의 유해 미생물의 번식을 억제시켜 새콤한 신맛을 내어 김치의 맛을 더해준다.

- 중화 작용

  김치에 사용되는 주재료들은 알칼리성 식품이므로 육류나 산성 식품을 광이 섭취 시 혈액의 산성화를 막아주고, 산중독증을 예방해 준다.

- 다이어트 효과

  김치는 수분이 많아 칼로리가 매우 낮고, 식이섬유소가 다량 함유되어 다이어트 효과가 있다. 또한 고추에서 추출되는 무색의 휘발성 화합 물질인 캡사이신(capsaicin)은 매운맛을 내는 성분인데 에너지 대사 작용을 활발하게 하여 체지방을 연소시키는 작용을 하여 체내 지방 축적을 막아준다. 고추씨에 가장 많이 들어있으며, 껍질에도 들어있다.

- 항암작용

  김치의 주재료로 사용되는 배추 등의 채소에는 대장암을 예방해 주고, 양념에 꼭 들어가는 마늘은 위암을 예방해 준다. 뿐만아니라 김치에는 베타카로틴(Beta Carotene)의 함량이 비교적 높기 때문에 폐암도 예방할 수 있다. 고추의 캡사이신 성분이 엔돌핀을 비롯한 유사물질의 분비를 촉진시켜 폐 표면에 붙어 있는 니코틴을 제거해 주며, 면역력도 증강시켜준다.

• 항산화 · 항노화 작용
김치는 지방질의 과산화 방지 또는 활성산소종(불안정한 산소를 포함하는 화학물질들)이나 각종 유리 라디칼의 제거 능력을 갖는 항산화물질(유리라디칼 소거 물질)이 존재하고 있다. 대표적인 항산화물질로는 카로틴, 플라보노이드, 안토시안을 포함하는 폴리페놀과 비타민C, 비타민E, 클로로필 등의 성분들이 있다.

• 동맥경화, 혈전증 예방 작용
혈청 지방질 중 콜레스테롤은 동맥경화를 일으키는 위험 인자이다. 김치의 섭취는 혈중 중성지질, 콜레스테롤, 인지질 함량을 감소시켜 지질대사에 좋은 효과를 나타내어 동맥경화 예방에 도움을 준다. 마늘은 혈전을 억제하여 심혈관질환 예방에 효과적이다.

### (2) 재료 준비

① 정선(精選) 및 절단하기
- 배추를 반으로 가른다.
- 뿌리 중앙에 2cm 간격으로 2차례 3cm 깊이의 칼집을 낸다.
- 줄기가 두껍고 파란 것은 우거지로 사용(배추 무게의 6% 내외)

② 절임 조건
- 투염량
  - 소금물 : 양(배추 무게의 50%), 농도(3.0%)
  - 직접투염 : 동절기(배추 무게의 7.0%), 하절기(배추 무게의 4.0%)
- 시간, 온도 : 4℃, 17시간(저온절임)
- 상온(18∽20℃)에서는 8시간(저온 절임보다는 좋지 않음)

③ 절이기
- 절단면을 위로하여 소금물을 뿌린다.
- 반 포기당 약 70g의 소금(한 웅큼)을 배추 뿌리, 줄기 부위에 뿌린다.
- 배추를 손질 후 칼집 낸 뿌리 부위에 약 30g의 소금을 뿌린다.

④ 마무리
- 모두 절인 후 우거지로 배추를 덮는다.
- 남은 소금물과 소금을 우거지에 뿌린다.
- 무겁고 평평한 물건으로 올려 눌러준다.

⑤ 절인 배추를 4회 세척 후 4시간 탈수한다.

## 2. 김치 조리하기

① 소 만들기

- 고춧가루를 무채에 고루 입혀준다.
- 천일염, 새우젓, 마늘, 생강, 설탕을 넣고 간이 배게 버무린다.
- 물기가 생길 즈음 찹쌀죽, 미나리, 갓을 넣고 버무린다.
- 육수, 생새우, 배 채를 넣고 버무린다.
- 쪽파, 굴을 넣고 살짝만 버무린다.

② 김치소 넣기

- 절인 배추를 켜켜이, 줄기 부위에는 골고루 김치소를 넣고, 잎 부위에는 양념을 살짝 발라준다.
- 김치소가 흐르지 않게 배춧잎으로 감싼다.
- 절단면을 위로하여 김칫독에 넣는다.
- 사이사이 크게 자른 무를 넣는다.
- 우거지와 비닐로 덮고, 염농도 3%의 소금물을 붓는다(김치 무게의 약 4% 정도)
- 3kg 무게의 돌로 눌러준 후 뚜껑을 덮어 마무리한다.

※ 우거지, 소금물, 돌의 사용으로 김치가 항상 국물에 잠기게 되어 혐기성 젖산균이 잘 자랄 수 있는 조건을 만들어 준다.

## 3. 김치 담기

① 김치를 상에 낼 때는 김치를 썰어 그릇에 담고, 국물을 끼얹어 간이 골고루 배고, 먹기 좋게 해서 담는다.

② 김치의 양에 따라 조화롭게 담는다.

Chapter 11

# 예상문제

**01 대표적인 무 김치인 깍두기의 보관법이 틀린 것은?**

① 깍두기는 담근 후 밀봉해 공기와의 접촉을 차단하여야 한다.

② 바로 냉장고에 넣을 경우 양념과 무가 제대로 섞이지 않아 맛있게 숙성되지 않는다.

③ 오늘 담갔다면 바로 냉장고에 넣어 저온에서 서서히 숙성시킨다.

④ 양념에 버무린 후 서늘한 곳에 약 12시간 정도 둔 다음 냉장 보관한다.

해설 서늘한 곳에서 하루 정도 두었다가 냉장 보관한다.

**02 다음은 염전 바닥에 따른 천일염의 종류이다. 관계가 없는 것은?**

① 토판염

② 장판염

③ 타일염

④ 제제염

해설 제제염은 흔히 사용하는 꽃소금을 말한다.

**03 다음 중 장김치에 대한 설명 중 틀린 것은?**

① 정성으로 담근 간장으로 간을 해서 맛이 깔끔하다.

② 옛날 궁중에서 담갔다는 즉석김치로 소금과 젓갈을 사용하지 않는다.

③ 오랫동안 숙성이 잘 될수록 깊은 맛이 난다.

④ 떡국상에 잘 어울리고 담백한 김치이다.

해설 장김치는 옛날 궁중에서 즉석 김치로 소금과 젓갈을 사용하지 않고, 간장만으로 담가 개운하면서도 달큼한 맛을 낸다.

**04 배추겉절이의 특징이 아닌 것은?**

① 배추보다 절이는 시간을 짧게 한다.

② 숙성이 되지 않은 김치지만 위와 장에 자극을 주지는 않는다.

③ 잣가루나 참기름 등을 넣어 위장을 보호해주면 좋다.

④ 유산균이 없다.

해설 배추겉절이는 숙성이 되지 않아서 위와 장에 자극을 줄 수 있다.

**05 동치미를 잘 익히는 방법으로 적절하지 않은 것은?**

① 대나뭇잎을 덮으면 골마지가 끼지 않는다.

② 항아리에 김장용 투명 비닐을 깔고 그 안에 손질한 재료를 넣은 다음 돌로 누르고 국물을 붓는다.

③ 비닐 주머니를 꽁꽁 묶어 공기가 통하지 않도록 차단한다.

④ 항아리에 익히는 것보다 김치냉장고의 전용 김치통에 익히는 것이 더 맛있게 익는다.

해설 김치냉장고 사용이 보편화되면서 거의 모든 김치를 전용 김치통에 넣어 익히지만, 동치미만큼은 항아리에 넣어 익힌 맛을 따라잡을 수가 없다.

정답 01 ③ 02 ④ 03 ③ 04 ② 05 ④

**06** **김장김치를 담글 때 넣으면 좋은 마른 청각에 대한 설명 중 적절하지 않은 것은?**

① 사슴뿔처럼 생겼으며, 찬 성질 때문에 김치 양념에 넣으면 시원한 맛이 난다.
② 빨리 물러지지 않는다.
③ 마른 청각은 사용하기 전에 오래 불리면 좋다.
④ 비타민과 무기질이 풍부하여 성인병과 비만을 예방해 주는 식품이다.

해설 마른 청각은 사용하기 전에 찬물에서 20~30분 정도 불려서 모래, 잡티 등 이물질을 제거하고 사용한다.

**07** **문헌에서 분석한 김치 종류는 약 171종이 넘지만 주로 먹는 김치 중의 하나인 섞박지에 대한 설명으로 적절한 것은?**

① 배추와 무, 오이를 절여 넓적하게 썬 다음, 여러 가지 고명에 젓국을 쳐서 버무려 담은 뒤 조기젓 국물을 약간 부어서 익힌 김치이다.
② 북한어는 교침채(交沈菜)이다.
③ 동아, 호박, 순무 등으로도 많이 만든다.
④ 깍두기와 써는 방법이 똑같다.

해설 깍두기는 정방향으로 모나게 썰고, 섞박지는 넓적하게 썬다.

**08** **신김치(익은 김치)는 오래 끓여도 쉽게 연해지지 않는 이유는?**

① 김치에 존재하는 소금에 의해 섬유가 단단해지기 때문이다.
② 김치에 존재하는 소금에 의해 팽압이 유지되기 때문이다.
③ 김치에 존재하는 산에 의해 섬유소가 단단해지기 때문이다.
④ 김치에 존재하는 산에 의해 팽압이 유지되기 때문이다.

해설 신김치는 김치에 존재하는 산에 의해 섬유소가 단단해지기 때문에 오래 끓여도 쉽게 연해지지 않는다.

정답 06 ③ 07 ④ 08 ③

# Part 7

## 부록

제 1 회

# 기출복원문제

**01** 주류 발효 과정에서 존재하면 포도주, 사과주 등에 메탄올이 생성되어 함유될 수 있으며, 중독증상은 구토, 복통, 설사 및 심하면 실명하게 되는 성분은?

① 펙틴 ② 구연산
③ 지방산 ④ 아미노산

**02** 식품첨가물의 사용목적이 아닌 것은?

① 변질, 부패방지
② 관능개선
③ 질병예방
④ 품질개량, 유지

**03** 집단감염이 잘 되며 항문부위의 소양증을 유발하는 기생충은?

① 회충 ② 구충
③ 요충 ④ 간흡충

**04** 식물과 그 유독성분이 잘못 연결된 것은?

① 감자 – 솔라닌(Solanine)
② 청매 – 프시로신(Psilocin)
③ 피마자 – 리신(Ricin)
④ 독미나리 – 시큐톡신(Cicutoxin)

**05** 편육을 할 때 가장 적합한 삶기 방법은?

① 끓는 물에 고기를 덩어리째 넣고 삶는다.
② 끓는 물에 고기를 잘게 썰어 넣고 삶는다.
③ 찬물에서부터 고기를 넣고 삶는다.
④ 찬물에서부터 고기와 생강을 넣고 삶는다.

**06** 식품위생법상 집단급식소는 상시 1회 몇 인에게 식사를 제공하는 급식소인가?

① 20명 이상
② 40명 이상
③ 50명 이상
④ 100명 이상

**07** 영업허가를 받아야 할 업종이 아닌 것은?

① 단란주점영업
② 유흥주점영업
③ 식품조사처리업
④ 일반음식점영업

**08** 다음 중 다당류에 속하는 탄수화물은?

① 전분 ② 포도당
③ 과당 ④ 갈락토오스

**09** 단체급식의 특징으로 옳은 것은?

① 불특정 다수인을 대상으로 급식한다.
② 영리를 목적으로 하는 상업시설을 포함한다.
③ 특정 다수인에게 계속적으로 식사를 제공하는 것이다.
④ 대중음식점의 급식시설을 뜻한다.

**10** 곰팡이 독으로서 간장에 증상을 일으키는 것은?

① 시트리닌 ② 파툴린
③ 아플라톡신 ④ 솔라렌

**11** 전분에 물을 가하지 않고 160℃ 이상으로 가열하면 가용성 전분을 거쳐 덱스트린으로 분해되는 반응은 무엇이며, 그 예로 바르게 짝지어진 것은?

① 호화 – 식빵
② 호화 – 미숫가루
③ 호정화 – 찐빵
④ 호정화 – 뻥튀기

**12** 우유 가공품이 아닌 것은?

① 치즈
② 버터
③ 마요네즈
④ 액상 발효유

**13** 다음 중 결합수의 특징이 아닌 것은?

① 용질에 대해 용매로 작용하지 않는다.
② 자유수보다 밀도가 크다.
③ 식품에서 미생물의 번식과 발아에 이용되지 못한다.
④ 대기 중에서 100℃로 가열하면 쉽게 수증기가 된다.

**14** 식품취급자의 화농성 질환에 의해 감염되는 식중독은?

① 살모넬라 식중독
② 황색포도상구균 식중독
③ 장염비브리오 식중독
④ 병원성대장균 식중독

**15** 우리나라 식품위생법의 목적과 거리가 먼 것은?

① 식품으로 인한 위생상의 위해 방지
② 식품영양의 질적 향상 도모
③ 국민보건의 증진에 이바지
④ 부정식품 제조에 대한 가중 처벌

**16** 신선한 달걀을 감별하는 방법이다. 다음 중 신선하지 않은 것은?

① 해(전등)에 비출 때 공기집의 크기가 작다.
② 흔들 때 내용물이 흔들리지 않는다.
③ 6% 소금물에 넣어서 떠오른다.
④ 깨뜨려 접시에 놓으면 노른자가 볼록하고 흰자의 점도가 높다.

**17** 주방의 바닥 조건으로 맞는 것은?

① 산이나 알칼리에 약하고 습기, 열에 강해야 한다.
② 바닥 전체의 물매는 1/20이 적당한다.
③ 조리작업을 드라이 시스템화 할 경우의 물매는 1/100 정도가 적당하다.
④ 고무타일, 합성수지타일 등이 잘 미끄러지지 않으므로 적합하다.

**18** 젤라틴과 관계가 없는 것은?

① 양갱　② 족편
③ 아이스크림　④ 젤리

**19** 다음은 간장의 재고대장이다. 간장의 재고가 10병일 때 선입선출법에 의한 간장의 재고자산은 얼마인가?

| 입고일자 | 수량 | 단가 |
|---|---|---|
| 5일 | 5병 | 3,500원 |
| 12일 | 10병 | 3,000원 |
| 20일 | 8병 | 3,000원 |
| 27일 | 3병 | 3,500원 |

① 25,500원 ② 26,000원
③ 31,500원 ④ 35,000원

**20** 육류의 사후경직과 숙성에 대한 설명으로 틀린 것은?

① 사후경직은 근섬유가 미오글로빈(Myoglobin)을 형성하여 근육이 수축되는 상태이다.
② 도살 후 글리코겐이 혐기적 상태에서 젖산을 생성하여 pH가 저하된다.
③ 사후경직 시기에는 보수성이 저하되고 육즙이 많이 유출된다.
④ 자가분해효소인 카텝신(Cathepsin)에 의해 연해지고 맛이 좋아진다.

**21** 다수인이 밀집한 실내 공기가 물리 · 화학적 조성의 변화로 불쾌감, 두통, 권태, 현기증 등을 일으키는 것은?

① 자연독 ② 진균독
③ 산소중독 ④ 군집독

**22** 감자 150g을 고구마로 대치하려면 고구마 약 몇 g이 있어야 하는가?(단, 당질의 함량은 100g당 감자 15g, 고구마 32g이다)

① 21g ② 44g
③ 66g ④ 70g

**23** 다음 중 돼지고기에만 존재하는 부위명은?

① 안심살 ② 갈매기살
③ 채끝살 ④ 사태살

**24** 다음 중 치즈 제품을 굳기에 따라 구분할 때 일반적으로 경도가 가장 높은 것은?

① 체다치즈(Cheddar Cheese)
② 블루치즈(Blue Cheese)
③ 카망베르치즈(Camembert Cheese)
④ 크림치즈(Cream Cheese)

**25** 색소를 함유하고 있지는 않지만, 식품 중의 성분과 결합하여 색을 안정화시키면서 선명하게 하는 식품첨가물은?

① 착색료 ② 보존료
③ 발색제 ④ 산화방지제

**26** 효소적 갈변반응에 의해 색을 나타내는 식품은?

① 분말오렌지 ② 간장
③ 캐러멜 ④ 홍차

**27** 녹색 채소 조리 시 중조($NaHCO_3$)를 가할 때 나타나는 결과에 대한 설명으로 틀린 것은?

① 비타민 C가 파괴된다.
② 진한 녹색으로 변한다.
③ 페오피틴(Pheophytin)이 생성된다.
④ 조직이 연화된다.

**28** 크기가 가장 작고 세균 여과기를 통과하며 생체 내에서만 증식이 가능한 미생물은?

① 곰팡이 ② 효모
③ 원충 ④ 바이러스

**29** 식품첨가물을 사용하는 목적으로 적당하지 않은 것은?

① 식품의 품질 개량
② 가격을 높이기 위하여
③ 보존성 · 기호성 향상
④ 품질적 가치 증진

**30** 한국인의 일상적인 밥상은 몇 첩인가?

① 3첩 ② 5첩
③ 7첩 ④ 12첩

**31** 익히지 않은 재료를 꼬치에 꿰어서 지지거나 구운 것은?

① 지짐누름적 ② 산적
③ 누름적 ④ 빈대떡

**32** 생선 전유어에 대한 설명으로 잘못된 것은?

① 강한 불에 서서히 굽는 것이 좋다.
② 소량의 기름으로 조리가 가능하다.
③ 어취 해소에 좋은 조리법이다.
④ 흰살생선이 좋다.

**33** 우유 조리 시에 일어나는 변화에 대한 설명으로 틀린 것은?

① 밀가루로 만든 과자에 우유를 넣으면 노릇노릇한 색이 들기 쉽다.
② 우유의 피막형성은 냄비의 뚜껑을 닫거나 거품을 내어 데우거나 마시멜로 같은 물질을 띄움으로써 방지할 수 있다.
③ 우유의 가열취는 우유단백질 중의 ß-lactoglobulin이나 지방구 피막단백질의 열변성에 의한-RH에서 생겨난 것이다.
④ 우유를 끓이면 신선할 때에 비해 맛이 달라지는데, 주된 원인은 가열에 의해서 유지방이 산화되기 때문이다.

**34** 명절이나 생일잔치에 손님 접대용 교자상차림의 하나로 주로 점심때 먹었던 음식은?

① 잡채 ② 국수
③ 죽 ④ 오곡밥

**35** 김장용 배추포기김치 46kg을 담그려는데, 배추 구입에 필요한 비용은 얼마인가? [단, 배추 5포기(13kg)의 값은 13,260원 폐기율 8%]

① 23,930원 ② 38,934원
③ 46,000원 ④ 51,000원

**36** 우리나라에서 허가되어 있는 발색제가 아닌 것은?

① 질산칼륨 ② 질산나트륨
③ 아질산나트륨 ④ 삼염화질소

**37** 다음 중 유구조충, 선모충은 어떤 동물에 의해 감염될 수 있는 기생충인가?

① 소 ② 돼지
③ 닭고기 ④ 고양

**38** 식품의 갈변에 대한 설명 중 잘못된 것은?

① 감자는 물에 담가 갈변을 억제할 수 있다.
② 사과는 설탕물에 담가 갈변을 억제할 수 있다.
③ 냉동 채소의 전처리로 블렌칭을 하여 갈변을 억제할 수 있다.
④ 복숭아, 오렌지 등은 갈변원인 물질이 없기 때문에 미리 껍질을 벗겨 두어도 변색하지 않는다.

**39** 식혜를 당화시켜 끓일 때 설탕과 함께 소금을 조금 넣어 단맛이 강하게 느껴지는 현상은?

① 미맹현상
② 소실현상
③ 대비현상
④ 변조현상

**40** 다음 중 건성유에 해당하는 것은?

① 들기름
② 땅콩기름
③ 대두유
④ 옥수수기름

**41** 소포제를 사용하는 재료는?

① 버터 ② 두부
③ 묵 ④ 마가린

**42** 수라상의 찬품 가짓수는?

① 5첩 ② 7첩
③ 9첩 ④ 12첩

**43** 개인 안전사고 예방을 위한 안전교육의 목적으로 바르지 않는 것은?

① 인간생명의 존엄성을 인식시킨다.
② 개인의 안정성만을 최고로 발달시킨다.
③ 안전한 생활을 영위할 수 있는 습관을 형성시키는 것이다.
④ 상해, 사망 또는 재산 피해를 불러일으키는 불의의 사고를 예방하는 것이다.

**44** 죽의 조리법으로 옳지 않은 것은?

① 죽에 사용하는 곡물은 물에 충분히 담갔다가 사용한다.
② 장국죽의 간은 소금으로만 한다.
③ 물의 사용량은 일반적으로 쌀 용량의 5~6배가 적당하다.
④ 죽을 저을 때는 나무주걱을 사용한다.

**45** 조리사 면허 취소에 해당하지 않는 것은?

① 식중독이나 그 밖에 위생과 관련한 중대한 사고 발생에 직무상의 책임이 있는 경우
② 면허를 타인에게 대여하여 사용하게 한 경우
③ 조리사가 마약이나 그 밖의 약물에 중독된 경우
④ 조리사 면허의 취소처분을 받고 그 취소된 날부터 2년이 지나지 않은 경우

**46** 이타이이타이병과 관계있는 중금속 물질은?

① 수은(Hg) ② 카드뮴(Cd)
③ 크롬(Cr) ④ 납(Pb)

**47** 근채류 중 생식하는 것보다 기름에 볶는 조리법을 적용하는 것이 좋은 식품은?

① 무 ② 고구마
③ 토란 ④ 당근

**48** 질병의 3요소가 아닌 것은 어느 것인가?

① 숙주
② 환경
③ 병원체
④ 면역성이 있는 사람

**49** 다음 중 사람이 중간 숙주 구실을 하는 것은 어떤 기생충인가?

① 십이지장충
② 말라리아
③ 페디스토마
④ 무구조충

**50** 다음 중 단맛을 가지고 있어 감미료로도 사용되며, 포도당과 이성체(Isomer) 관계인 것은?

① 한천 ② 펙틴
③ 과당 ④ 전분

**51** 작업장의 조명 불량으로 발생 될 수 있는 질환이 아닌 것은?

① 결막염 ② 안정피로
③ 안구진탕증 ④ 근시

**52** 식품 감별법 중 옳은 것은?

① 양배추는 무겁고 광택이 있는 것이 좋다.
② 토란은 겉이 마르지 않고 잘랐을 때 점액질이 없는 것이 좋다.
③ 우엉은 굽고 수염뿌리가 있는 것으로 외피가 딱딱한 것이 좋다.
④ 오이는 가시가 있고 가벼운 느낌이 나며 절단했을 때 씨가 있는 것이 좋다.

**53** 전이나 회 등의 음식에 함께 내는 간장, 초장, 초고추장을 담는 그릇을 무엇이라 하는가?

① 바리 ② 종지
③ 보시기 ④ 대접

**54** 제조 과정 중 단백질 변성에 의한 응고작용이 일어나지 않는 것은?

① 치즈 가공
② 두부 제조
③ 달걀 삶기
④ 딸기잼 제조

**55** 칼질법의 종류 중 칼끝이 손목의 스냅을 이용해 들어 올라가고 손잡이는 빠르게 내려가는 방법으로 손목을 틀어 후린다는 느낌으로 써는 방법은?

① 작두썰기
② 칼끝 대고 밀어썰기
③ 후려썰기
④ 뉘어썰기

**56** 연제품 제조에서 탄력성을 주기 위해 꼭 첨가해야 하는 것은?

① 소금
② 설탕
③ 펙틴
④ 글루타민산소다

**57** 숙채의 분류 중 볶은 나물에 속하지 않는 것은?

① 도라지나물 ② 무나물
③ 버섯나물 ④ 머위나물

**58** 쓰레기 처리법 중 미생물까지 사멸할 수 있으나 대기오염의 원인이 되는 것은?

① 소각법
② 투기법
③ 매립법
④ 재활용법

**59** 다음 중 골패썰기 방법인 것은?

① 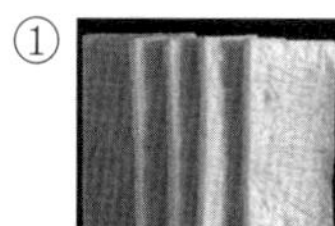 

② 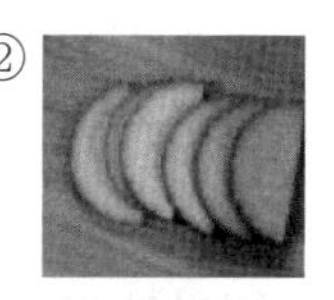

③ 

④ 

**60** 국가의 보건 수준 평가를 위하여 가장 많이 사용하고 있는 지표는?

① 조사망률

② 성인병 발생률

③ 결핵 이환율

④ 영아사망률

제 1 회

# 정답 및 해설

| 01 | ① | 02 | ③ | 03 | ③ | 04 | ② | 05 | ① | 06 | ③ | 07 | ④ | 08 | ① | 09 | ③ | 10 | ③ |
|---|---|---|---|---|---|---|---|---|---|---|---|---|---|---|---|---|---|---|---|
| 11 | ④ | 12 | ③ | 13 | ④ | 14 | ② | 15 | ④ | 16 | ③ | 17 | ④ | 18 | ① | 19 | ③ | 20 | ① |
| 21 | ④ | 22 | ④ | 23 | ② | 24 | ① | 25 | ③ | 26 | ④ | 27 | ③ | 28 | ④ | 29 | ② | 30 | ① |
| 31 | ② | 32 | ① | 33 | ④ | 34 | ② | 35 | ④ | 36 | ④ | 37 | ② | 38 | ④ | 39 | ③ | 40 | ① |
| 41 | ② | 42 | ④ | 43 | ② | 44 | ② | 45 | ④ | 46 | ② | 47 | ④ | 48 | ④ | 49 | ② | 50 | ③ |
| 51 | ① | 52 | ① | 53 | ② | 54 | ④ | 55 | ③ | 56 | ① | 57 | ④ | 58 | ① | 59 | ① | 60 | ④ |

**01** 알코올 발효 시에 펙틴으로부터 메탄올이 생성된다. 개인차가 있으나 중독량은 5~10mL이고, 치사량은 30~100mL이다. 구토, 복통, 실명 외에 호흡장애, 심장마비도 유발할 수 있다.

**02** 식품첨가물은 식품을 조리, 가공 또는 제조하는 과정에서 식품가치의 향상, 식욕증진, 보존성, 영양강화 및 위생적 가치를 향상시킬 목적으로 식품에 첨가되는 화학적 합성품을 말한다.

**03** 항문 주위에 산란하며, 경구감염이 되는 기생충은 요충이다.

**04** 청매의 독성분은 아미그달린이다.

**05** 편육을 할 때는 끓는 물에 고기를 덩어리째 넣어 삶고, 탕을 할 때는 냉수에 고기를 넣고 조리한다.

**06** 집단급식소의 범위(식품위생법 시행령 제2조)
집단급식소는 1회 50명 이상에게 식사를 제공하는 급식소를 말한다.

**07** 허가를 받아야 하는 영업 및 허가 관청(식품위생법 시행령 제23조)
- 식품조사처리업 : 식품의약품안전처장
- 단란주점영업과 유흥주점영업 : 특별자치시장, 특별자치도지사 또는 시장, 군수, 구청장

**08**
- 다당류 : 전분, 덱스트린, 글리코겐, 셀룰로스, 펙틴 등이다.
- 단당류 : 포도당, 과당, 갈락토오스 등이다.

**09** 정의(식품위생법 제2조 제12호)
"집단급식소"란 영리를 목적으로 하지 아니하면서 특정 다수인에게 계속하여 음식물을 공급하는 기숙사, 학교, 병원, 사회복지시설, 산업체, 공공기관, 그 밖의 후생기관 등의 어느 하나에 해당하는 곳의 급식시설로서 대통령령으로 정하는 시설을 말한다.

**10** 곡류와 콩류에 서식하는 아플라톡신이라는 곰팡이가 만들어낸 독이 간암을 유발한다.

**11** 전분에 물을 가하지 않고 160~180℃ 이상으로 가열하면 가용성 전분을 거쳐 다양한 길이의 덱스트린이 되는데, 이러한 변화를 호정화라고 한다. 그 예로는 쌀이나 옥수수를 튀겨 뻥튀기를 만들 때, 식빵을 토스터에 구울 때, 기름에 밀가루 음식이나 빵가루를 입힌 음식을 튀길 때, 쌀 등 곡류를 볶아 미숫가루를 만들 때이다.

**12** 마요네즈는 식물성 오일과 달걀노른자, 식초, 약간의 소금과 후추를 넣어 만든 것이다. 상온에서 반고체 상태를 형성하며 콩기름, 옥수수유 등의 식물성 기름을 사용한다.

**13** 결합수는 수증기압이 보통의 물보다 낮으므로 대기 중에서 100℃ 이상으로 가열하여도 제거되지 않는다.

**14** 황색포도상구균은 인체에서 화농성 질환을 일으키는 균이기 때문에 피부에 외상을 입거나 각종 장기 등에 고름이 생기는 경우 식품을 다뤄서는 안 된다.

**15** 목적(식품위생법 제1조)
식품으로 인하여 생기는 위생상의 위해를 방지하고 식품 영양의 질적 향상을 도모하며, 식품에 관한 올바른 정보를 제공하여 국민 보건의 증진에 이바지함을 목적으로 한다.

**16** 소금물에 넣었을 때 바로 가라앉으면 신선한 달걀이고 떠오르면 신선함이 떨어진 달걀이다.

**17** 좋은 주방의 조건
- 미끄러지지 않는 자재를 사용한다.
- 턱이 지지 않게 평평한 바닥을 만든다.
- 배수관 입구의 크기와 직경의 크기를 확인한다.

**18** 젤라틴은 동물의 가죽, 껍질 등의 동물성 콜라겐으로 족편, 아이스크림, 젤리, 마시멜로 등에 사용되며, 양갱은 홍조류의 우뭇가사리인 한천으로 이루어져 있다.

**19** 선입선출법 : 재료의 구입순서에 따라 먼저 구입한 재료를 먼저 소비한다는 가정 아래 재료의 소비가격을 계산하는 방법이다.
(3,000×7)+(3,500×3) = 31,500원

**20** 사후경직은 근섬유가 액토미오신(Actomyosin)을 형성하여 근육이 수축되는 상태이다.

**21** 군집독의 예방방법으로는 환기가 가장 좋은 방법이다.

**22** 대체 식품량(원래 식품량×원래 식품 함량)÷대체식품 함량이다.
∴ 150×15÷32 = 약 70.3g

**23** 갈매기살은 돼지 한 마리에 약 300~400g 정도 나오는데 갈비뼈 안쪽의 가슴뼈 끝에서 허리뼈까지 갈비뼈 윗면을 가로지르는 얇고 평평한 횡격막근을 분리하여 정형한 것이다.

**24** 치즈는 경도(딱딱한 정도)에 따라 경질치즈와 연질치즈로 나눈다. 연질치즈는 수분 함량이 대체로 많은 코티지, 모차렐라, 리코타치즈 등이 있고, 경질치즈는 수분 함량이 대체로 적은 체다 또는 고다치즈 등이 있다.

**25**
- 착색료 : 식품의 가공 공정에서 퇴색되는 색을 복원하거나 외관을 보기 좋게 하기 위해 첨가하는 물질이다.
- 보존료 : 식품 저장 중 미생물의 증식에 의해 일어나는 부패나 변질을 방지하기 위해 사용되는 방부제이다.
- 산화방지제 : 항산화제라고도 하며, 유지의 산패 및 식품의 변색이나 퇴색을 방지하기 위해 사용하는 첨가물이다.

**26** 효소적 갈변
- 정의 : 과실과 채소류 등을 파쇄하거나 껍질을 벗길 때 일어나는 현상이다.
- 원인 : 과실과 채소류의 상처받은 조직이 공기 중에 노출되면 페놀화합물이 갈색 색소인 멜라닌으로 전환하기 때문이다.
- 갈변현상이 일어나는 식품 : 사과, 배, 가지, 감자, 고구마, 밤, 바나나, 홍차 등이다.

**27** 페오피틴은 클로로필이 산과 만나서 녹갈색을 띠는데 시금치 같은 녹색 채소를 데칠 때 누렇게 되는 이유가 바로 그것이다. 따라서 중조 같은 알칼리 성분을 넣어 조리하게 되면 클로로필린이라는 성분이 되어 녹색을 유지할 수 있다. 하지만 섬유소를 파괴하므로 조직이 연화된다.

**28** 바이러스는 여과성 병원체라고도 하며, 극히 작고 전자현미경으로만 모양을 볼 수 있는 것으로 천연두, 인플루엔자, 일본뇌염, 광견병 등이 이 병원체에 속한다.

**29** 식품의 외관 · 향미 · 조직 저장성을 향상시키기 위해 식품에 소량 첨가하는 비영양성 물질이다.

**30** 밥, 국, 조치, 김치, 장을 제외한 반찬의 가짓수를 첩이라고 한다. 9첩은 사대부집이나 양반집, 12첩 반상은 왕과 왕비의 평상시의 밥상이다.

**31**
- 지짐누름적 : 재료를 하나하나 익혀 꼬치에 끼운 후 밀가루와 달걀물을 씌워 팬에 지진 것
- 누름적 : 재료를 익혀 꼬치에 끼우기만 한 것

**32** 흰살생선을 이용하여 밀가루, 달걀물을 입혀 약한 불에 서서히 기름에 지져내는데, 어취해소에 좋은 조리법이다.

**33** 가열 시 우유의 맛이 달라지는 이유는 우유 속에 있던 탄산가스와 산소가 휘발하기 때문이다.

**34** 국수는 무병장수를 상징하는 의미를 담고 있어 특히 명절이나 혼인잔치 때 면상을 차리는 풍습이 있다.

**35**
- 필요비용 = 필요량×(100÷가식부율)×1kg당의 단가
- 가식부율 = 100–폐기율 = 100–8 = 92%
- 필요비용 = 46×(100÷92)×(13,260÷13) = 51,000원

**36** 육류 발색제는 아질산나트륨, 질산나트륨, 질산칼륨으로 식육제품, 어육 소시지, 어육 햄 등에 사용한다.

**37** 돼지고기에 의해 감염되는 기생충은 선모충과 유구조충이다.

**38** 복숭아의 껍질을 벗겨 공기 중에 놓으면 폴리페놀옥시다아제에 의해 산화되어 갈색의 멜라닌으로 전환된다.

**39** 맛의 대비(강화) 현상
서로 다른 두 가지의 맛이 작용하면 주된 맛 성분이 강해지는 현상으로, 설탕 용액에 약간의 소금을 첨가하면 단맛이 증가한다.

**40** • 불건성유 : 동백기름, 올리브유, 피마자유 등이다.
• 건성유(불포화도가 높다) : 아마인유, 호두기름, 잣기름, 들기름 등이다.
• 반건성유 : 대두유, 참기름, 해바라기씨유, 면실유 등이다.

**41** 단백질이 많은 콩물은 끓일수록 많은 거품이 발생하기 때문에 거품제거를 위해 소포제를 사용한다.

**42** 고려말과 조선시대에 왕에게 올린 밥을 경어로 이른 궁중 용어이다. 수라상의 반찬은 12가지로 정해져 있으며, 그 내용은 계절에 따라 달라진다.

**43** 개인과 집단의 안전성을 최고로 발달시키는 교육은 안전교육의 목적이 아니다.

**44** 장국죽의 간은 국간장으로 한다.

**45** 조리사 또는 영양사 면허의 취소처분을 받고 그 취소된 날부터 1년이 지나지 않으면 면허를 받을 수 없다.

**46** 이타이이타이병은 일본 도야마현 진즈강 하류에서 발생한 카드뮴에 의한 공해병이다.

**47** 당근은 비타민 A의 함유량이 높은데, 비타민 A는 지용성 비타민이므로 기름에 볶아 섭취를 하면 체내 흡수량이 높아진다.

**48** 감염원(병원체), 감염경로(환경), 감수성(숙주)을 질병 또는 감염병 발생의 3대 요인이라 한다.

**49** 말라리아는 사람이 중간숙주 구실을 한다.

**50** 과당(Fructose)
• 과일과 꽃 등에 유리상태로 존재한다.
• 벌꿀에 특히 많이 함유되어 있다.
• 단맛은 포도당의 2배 정도로 가장 강하다.

**51** 작업장의 부적당한 조명으로 가성근시, 안정피로, 안구진탕증, 백내장 등이 있다.

**52** 토란은 점액질이 있는 것이 좋고 우엉은 곧은 것, 오이는 씨가 없는 것이 좋다.

**53** 바리는 유기로 된 여성용 밥그릇, 대접은 숭늉, 면, 국수를, 보시기는 김치를 담는 그릇이다.

**54** 딸기잼은 펙틴, 설탕, 산에 의해 겔화가 일어나는 원리에 의한 제조 방법이다.

**55** 손목을 들어 후린다는 느낌으로 써는 방법이 후려썰기이다.

**56** 연제품은 생선에 소금을 넣고 부순 뒤 설탕, 조미료, 난백, 탄력증강제, pH 조정제 등의 부재료를 넣고 갈아서 만든 고기풀(연육)을 가열하여 겔(gel)화 시킨 제품이다.

**57** • 무침나물 : 콩나물, 숙주나물 시금치나물, 머위나물 등
• 볶은나물 : 도라지나물, 고사리나물, 무나물, 박나물, 버섯나물 등
• 기타 나물 : 구절판, 잡채, 탕평채, 죽순채, 월과채 등

**58** 소각법은 가장 위생적인 방법이긴 하나 대기오염에 원인이 된다.

**59** ② 반달썰기, ③ 마름모썰기, ④ 채썰기

**60** 영아기는 비위생적인 환경에 예민한 시기이므로 국가보건 수준의 지표로 사용된다.

제 2 회

# 기출복원문제

**01** 식품취급자가 손을 씻는 방법으로 적합하지 않는 것은?

① 살균효과를 증대시키기 위해 역성비누액에 일반비누액을 섞어 사용한다.
② 팔에서 손으로 씻어 내려온다.
③ 손을 씻은 후 비눗물을 흐르는 물에 충분히 씻는다.
④ 역성비누 원액을 몇 방울 손에 받아 30초 이상 문지르고 흐르는 물로 씻는다.

**02** 구충의 감염예방과 관계가 없는 것은?

① 분변 비료 사용금지
② 밭에서 맨발 작업금지
③ 청정채소의 장려
④ 모기에 물리지 않도록 주의

**03** 다음 중 대장균의 최적증식온도 범위는?

① 0~5℃
② 5~10℃
③ 30~40℃
④ 55~75℃

**04** 식품안전관리인증기준(HACCP)을 수행하는 단계에 있어서 가장 먼저 실시하는 것은?

① 중점관리점 규명
② 관리기준의 설정
③ 기록유지 방법의 설정
④ 식품의 위해요소를 분석

**05** [예비처리 → 본처리 → 오니처리]의 순서로 진행되는 것은?

① 하수처리
② 쓰레기처리
③ 상수도처리
④ 지하수처리

**06** 단체급식소에 근무하는 영양사의 직무가 아닌 것은?

① 종업원에 대한 식품위생교육
② 식단 작성 · 검식 및 배식관리
③ 조리사의 보수교육
④ 급식시설의 위생적 관리

**07** 다음 중 식품 등의 표시기준에 의해 표시해야 되는 성분이 아닌 것은?(단, 강조표시를 하고자 하는 영양성분은 제외)

① 나트륨 ② 지방
③ 열량 ④ 칼슘

**08** 호염성의 성질을 가지고 있는 식중독 세균은?

① 황색포도상구균(Staphylococcus Aureus)
② 병원성대장균(E. coli 0-157, H-7)
③ 장염비브리오(Vibrio Parahaemolyticus)
④ 리스테리아 모노사이토제네스(Listeria Monocytogenes)

**09** 식육 및 어육 등 가공육제품의 육색을 안정하게 유지하기 위하여 사용하는 식품첨가물은?

① 아황산나트륨
② 질산나트륨
③ 몰식자산프로필
④ 이산화염소

**10** 인공능동면역에 의한 면역력이 강하게 형성되는 감염병은?

① 이질 ② 말라리아
③ 폴리오 ④ 폐렴

**11** 군집독의 가장 큰 원인은?

① 실내공기의 이화학적 조성의 변화 때문이다.
② 실내의 생물화학적 변화 때문이다.
③ 실내공기 중 산소의 부족 때문이다.
④ 실내기온이 증가하여 너무 덥기 때문이다.

**12** 다음 중 고온균(Thermophile Bacteria) 증식의 체적온도로 맞는 것은?

① 10~12℃
② 25~37℃
③ 35~40℃
④ 55~60℃

**13** 비말감염이 가장 잘 이루어질 수 있는 조건은?

① 군집
② 영양 결핍
③ 피로
④ 매개곤충의 서식

**14** 식품위생법상의 각 용어에 대한 정의로 옳은 것은?

① 기구 : 식품 또는 식품첨가물을 넣거나 싸는 물품
② 식품첨가물 : 화학적 수단으로 원소 또는 화합물에 분해반응 외의 화학반응을 일으켜 얻는 물질
③ 표시 : 식품, 식품첨가물, 기구 또는 용기 · 포장에 적는 문자, 숫자 또는 도형
④ 집단 급식소 : 영리를 목적으로 불특정 다수인에게 음식물 공급하는 대형음식점

**15** 생육이 가능한 최저 수분활성도가 가장 높은 것은?

① 내건성 포자 ② 세균
③ 곰팡이 ④ 효모

**16** 불포화지방산을 포화지방산으로 변화시키는 경화유에는 어떤 물질이 첨가되는가?

① 산소 ② 수소
③ 질소 ④ 칼슘

**17** 녹색 채소의 색소 고정에 관계하는 무기질은?

① 알루미늄(Al) ② 염소(Cl)
③ 구리(Cu) ④ 코발트(Co)

**18** 우유 100g 중에 당질 5g, 단백질 3.5g, 지방 3.7g 이 들어 있다면 우유 170g은 몇 kcal를 내는가?

① 114.4kcal
② 167.3kcal
③ 174.3kcal
④ 182.3kcal

**19** 사과의 갈변촉진현상에 영향을 주는 효소는?

① 아밀라제(Amylase)
② 리파제(Lipase)
③ 아스코비나아제(Ascorbinase)
④ 폴리페놀 옥시다아제(Polyphenol Oxidase)

**20** 햇볕에 말린 생선이나 버섯에 특히 많은 비타민은?

① 비타민 C ② 비타민 K
③ 비타민 D ④ 비타민 E

**21** 삼치구이를 하려고 한다. 정미중량 60g을 조리하고자 할 때 1인당 발주량은 약 얼마인가? (단 삼치의 폐기율은 34%)

① 43g ② 67g
③ 91g ④ 110g

**22** 해조류에서 추출한 성분으로 식품에서 안정제, 유화제로 널리 이용되는 것은?

① 알긴산(Alginic acid)
② 펙틴(Pectin)
③ 젤라틴(Gelatin)
④ 이눌린(Inulin)

**23** 다음 중 비타민 $D_2$의 전구물질로 프로비타민 D로 불리는 것은?

① 프로게스테론(Progesterone)
② 에르고스테롤(Ergosterol)
③ 시토스테롤(Sitosterol)
④ 스티그마스테롤(Stigmasterol)

**24** 식품의 갈변현상을 억제하기 위한 방법과 거리가 먼 것은?

① 효소의 활성화
② 염류 또는 당 첨가
③ 아황산 첨가
④ 열처리

**25** 육류나 어류의 구수한 맛을 내는 성분은?

① 이노신산 ② 호박산
③ 알리신 ④ 나린진

**26** 식품의 변화에 관한 설명 중 옳은 것은?

① 일부 유지가 외부로부터 냄새를 흡수하지 않아도 이취현상을 갖는 것은 호정화이다.
② 천연의 단백질이 물리, 화학적 작용을 받아 고유의 구조가 변하는 것은 변향이다.
③ 당질을 180~200℃의 고온으로 가열했을 때 갈색이 되는 것은 효소적 갈변이다.
④ 마이야르 반응, 캐러멜화 반응은 비효소적 갈변이다.

**27** 신체의 근육이나 혈액을 합성하는 구성영양소는?

① 단백질 ② 무기질
③ 물 ④ 비타민

**28** 규폐증에 대한 설명으로 틀린 것은?

① 먼지입자의 크기가 0.5~5.0Um일 때 잘 발생한다.
② 대표적인 진폐증이다.
③ 암석가공법, 도자기공업, 유리제조업의 근로자들이 주로 발생한다.
④ 일반적으로 위험요인에 노출된 근무경력이 1년 이후부터 자각증상이 발생한다.

**29** 다음 중 열량을 내지 않는 영양소로만 짝지어진 것은?

① 단백질, 당질　② 당질, 지질
③ 비타민, 무기질　④ 지질, 비타민

**30** 두부 50g을 돼지고기로 대치할 때 필요한 돼지고기의 양은? (단, 100g당 두부 단백질 함량 15g, 돼지고기 단백질 함량 18g이다)

① 39.45g　② 40.52g
③ 41.67g　④ 42.81g

**31** 시설위생을 위한 사항으로 적합하지 않는 것은?

① 냄비는 세척 후 열처리를 해둔다.
② 주방의 천장, 바닥, 벽면도 주기적으로 청소한다.
③ 나무도마는 사용 후 깨끗이 하고, 일광소독을 하도록 한다.
④ Deep Fryer의 경우 기름은 매주 뽑아내고 걸러 찌꺼기가 남아 있는 일이 없도록 한다.

**32** 전이나 적을 만들 때 좋은 생선은?

① 붉은살생선　② 기름진 생선
③ 흰살생선　④ 참치

**33** 전처리에 해당하지 않는 것은?

① 자르기　② 다듬기
③ 볶기　④ 수분 제거하기

**34** 전을 부칠 때 사용하는 기름으로 적절하지 않은 것은?

① 콩기름　② 들기름
③ 카놀라유　④ 옥수수기름

**35** 전유화, 저냐, 납, 간랍으로 불리는 음식의 명칭은?

① 적　② 빈대떡
③ 전　④ 지짐

**36** 구매시장의 예측이 매우 중요한 이유 중 틀린 것은?

① 폐기율
② 가격변동과 수급현황
③ 신자재의 개발
④ 공급업자와 업계의 동향을 파악하기 위해

**37** 가식부율이 80%인 식품의 출고계수는?

① 1.25　② 2.5
③ 4　④ 5

**38** 다음의 내용에 해당하는 것은 무엇인가?

> 납품된 식품의 품질, 모양, 수량 등이 구매명세서의 내용과 일치하는지 세밀하게 검수하고, 계약이 저렴하게 되었어도 식품의 품질이 낮거나, 수량이 부족하지 않은지 철저히 검수한다.

① 거래명세서　② 구매명세서
③ 식품의 발주　④ 식품의 검수

**39** 칼의 몸체 부분으로 주로 자르는 데 사용하는 부분은 칼은 어느 부분인가?

① 칼등 ② 칼날끝
③ 칼덧받침 ④ 칼날

**40** 대량 조리 방법 중 유지를 이용하여 식어도 맛의 변화가 적은 조리법은?

① 찜 ② 구이
③ 튀김 ④ 끓이기

**41** 다음은 한 급식소에서 한 달 동안 참기름을 구입한 내역이며, 월말의 재고는 7개이다. 선입선출법에 의하여 재고자산을 평가하면 얼마인가?

| 입고일자 | 수량 | 단가 |
|---|---|---|
| 11월 1일 | 10 | 5,300 |
| 11월 10일 | 15 | 5,700 |
| 11월 20일 | 5 | 5,500 |
| 11월 30일 | 5 | 5,000 |

① 32,000원 ② 34,000원
③ 36,000원 ④ 38,000원

**42** 새 칼을 사용하거나 칼날의 모양을 조절하고, 깨진 칼끝의 형태를 수정할 때 사용하는 숫돌의 종류는?

① 400# ② 1000#
③ 2500# ④ 4000#

**43** 썰기에 대한 설명으로 다음에 해당하는 것은 무엇인가?

- 보통 생채, 구절판이나 생선회에 곁들이는 채소를 썰 때 쓰인다.
- 재료를 원하는 길이로 자른 후 얇게 편을 썰어 겹쳐 놓은 후 일정한 두께로 가늘게 무생채 모양처럼 썬다.

① 채썰기 ② 나박썰기
③ 편썰기 ④ 어슷썰기

**44** 대량조리 시설의 작업장별 관리에 대한 설명으로 잘못된 것은?

① 개수대는 생선용과 채소용을 구분하는 것이 식중독균의 교차 오염을 방지하는 데 효과적이다.
② 가열 조리하는 곳에서 환기장치가 필요하다.
③ 식품 보관 창고에 식품을 보관 시 바닥과 벽에 식품이 직접 닿지 않게 하여 오염을 방지한다.
④ 자외선 등은 모든 기구와 식품 내부의 완전 살균에 매우 효과적이다.

**45** 밀가루를 반죽할 때 연화(쇼트닝)작용과 팽화작용의 효과를 얻기 위해 넣는 것은?

① 소금 ② 지방
③ 달걀 ④ 이스트

**46** 음식을 제공할 때 온도를 고려해야 하는데, 다음 중 맛있게 느끼는 식품의 온도가 가장 높은 것은?

① 전골 ② 국
③ 커피 ④ 밥

**47** 가스나 전기를 사용하여 음식 위에 윗불을 쬐는 직화방식의 기구는?

① 살라만더
② 필러
③ 휘퍼
④ 브로일러

**48** 전자레인지의 주된 조리 원리는?

① 복사 ② 전도
③ 대류 ④ 초단파

**49** 습열 조리법이 아닌 것은?

① 설렁탕 ② 갈비찜
③ 불고기 ④ 버섯전골

**50** 계량 단위 중 1되는 약 몇 리터인가?

① 100리터 ② 1리터
③ 5리터 ④ 1.8리터

**51** 조리장의 작업대에 대한 설명 중 올바르지 않은 것은?

① 작업대의 높이는 신장의 52%가 적당하다.
② 작업대의 넓이는 55~60cm가 적당하다.
③ 작업대와 선반의 간격은 최소 150cm 이상이 적당하다.
④ 조리장의 기물 배치 순서는 준비대 → 개수대 → 가열대 → 조리대 → 배선대이다.

**52** 고기를 연화시키기 위해 첨가하는 식품과 단백질 분해효소가 맞게 연결된 것은?

① 배 : 파파인(papain)
② 키위 : 피신(ficin)
③ 무화과 : 액티니딘(actinidine)
④ 파인애플 : 브로멜린(bromelin)

**53** 육류 사후강직의 원인물질은?

① 액토미오신(actomyosin)
② 젤라틴(gelatin)
③ 엘라스틴(elastin)
④ 콜라겐(collagen)

**54** 50g의 달걀을 접시에 깨뜨려 놓았더니 난황 높이 1.5cm, 난황 직경 4cm이었다. 달걀의 난황계수는?

① 0.1888 ② 0.232
③ 0.336 ④ 0.375

**55** 냉동 육류를 해동시키는 방법 중 영양소 파괴가 가장 적은 것은?

① 실온에서 해동한다.
② 40℃의 미지근한 물에 담근다.
③ 냉장고에서 해동한다.
④ 비닐봉지에 싸서 물속에 담근다.

**56** 청국장의 끈끈한 점질물과 특유한 냄새를 내는 미생물에 해당하는 것은?

① 효모 ② 초산균
③ 납두균 ④ 푸른곰팡이

**57** 냄새 제거를 위한 향신료가 아닌 것은?

① 육두구(Nutmeg)
② 월계수잎(Alloro Bay Leaf)
③ 마늘(Garlic)
④ 세이지(Sage)

**58** 젤라틴에 대한 설명으로 옳은 것은?

① 과일젤리나 양갱의 제조에 이용한다.
② 해조류로부터 얻은 다당류의 한 성분이다.
③ 산을 아무리 첨가해도 젤 강도가 저하되지 않는 특징이 있다.
④ 3~10℃에서 젤화 되며, 온도가 낮을수록 빨리 응고한다.

**59** 식혜에 대한 설명으로 틀린 것은?

① 전분이 아밀라아제에 의해 가수분해 되어 맥아당과 포도당을 생성한다.
② 80℃ 온도가 유지되어야 효소반응이 잘 일어나 밥알이 뜨기 시작한다.
③ 밥을 지은 후 엿기름을 부어 효소반응이 잘 일어나도록 한다.
④ 식혜 물에 뜨기 시작한 밥알을 건져내 냉수에 헹구어 놓았다가 차게 식힌 식혜에 띄워낸다.

**60** 다음 중 고추장으로 간을 한 찌개의 명칭은?

① 조치 ② 감정
③ 전골 ④ 지짐이

제 2 회

# 정답 및 해설

| 01 | ① | 02 | ④ | 03 | ③ | 04 | ④ | 05 | ① | 06 | ③ | 07 | ④ | 08 | ③ | 09 | ② | 10 | ③ |
|---|---|---|---|---|---|---|---|---|---|---|---|---|---|---|---|---|---|---|---|
| 11 | ① | 12 | ④ | 13 | ① | 14 | ③ | 15 | ② | 16 | ② | 17 | ③ | 18 | ① | 19 | ④ | 20 | ③ |
| 21 | ③ | 22 | ① | 23 | ② | 24 | ① | 25 | ① | 26 | ④ | 27 | ① | 28 | ④ | 29 | ③ | 30 | ③ |
| 31 | ④ | 32 | ③ | 33 | ③ | 34 | ② | 35 | ③ | 36 | ① | 37 | ① | 38 | ④ | 39 | ④ | 40 | ③ |
| 41 | ③ | 42 | ① | 43 | ① | 44 | ④ | 45 | ② | 46 | ① | 47 | ① | 48 | ④ | 49 | ③ | 50 | ④ |
| 51 | ④ | 52 | ④ | 53 | ① | 54 | ④ | 55 | ③ | 56 | ③ | 57 | ① | 58 | ④ | 59 | ② | 60 | ② |

**01** 역성비누를 보통비누와 함께 사용하거나, 유기물이 존재하면 살균효과가 떨어지므로 세재로 씻은 후 사용한다.

**02** 모기와 구충은 아무런 상관이 없다.

**03** 대장균의 최적증식온도는 37℃ 전후이다.

**04** 식품안전관리기준(HACCP)수행의 7원칙
- 위해요소 분석
- 중요관리점 결정
- 한계기준 설정
- 모니터링 체계 확립
- 개선조치 방법 수립
- 검증절차 및 방법 수립
- 문서화 및 기록유지 방법 설정

**05** 하수처리 과정 : 예비처리 → 본처리 → 오니처리

**06** 영양사의 직무
- 식단 작성, 검식 및 배식관리
- 구매식품의 검수관리
- 급식시설의 위생적 관리
- 집단급식소의 운영일지 작성
- 종업원에 대한 영양지도 및 식품위생교육

**07** 열량, 나트륨, 탄수화물(당류), 지방(트랜스, 포화), 콜레스테롤, 단백질, 그 밖에 영양표시나 영양강조표시를 하고자 하는 1일 영양성분 기준치의 영양성분이다.

**08** 장염비브리오는 3~4% 식염 농도에서도 잘 자라는 호염성 세균이다.

**09** 육류발색제는 아질산나트륨, 질산나트륨, 질산칼륨 등이 있다.

**10** 인공능동면역은 생균백신과 같이 1회 접종으로, 폴리오·홍역·결핵·황열·탄저병·두창·광견병 등은 장기간 면역이 된다.

**11** 군집독이란 다수인이 밀집한 곳의 실내공기가 화학적 조성이나 물리적 조성의 변화로 인하여 불쾌감, 두통, 권태, 현기증, 구토 등의 생리적 이상을 일으키는 현상을 말한다.

**12** 균의 증식온도 : 저온균 15~20℃, 중온균 25~37℃, 고온균 55~60℃이다.

**13** 비말감염은 기침, 재채기, 담화 때 튀어나오는 타액에 의한 감염으로 호흡기계 감염병이다.

**14** '표시'란 식품, 첨가물, 기구 또는 용기·포장에 기재하는 문자, 숫자 또는 도형을 말한다.

**15** 생육에 필요한 수분량의 순서 : 세균>효모>곰팡이

**16** 경화는 액체 상태의 기름에 수소( $H_2$)를 첨가하고 니켈(Ni), 백금(Pt)을 넣어 고체형의 기름으로 만드는 것을 말한다(마가린, 쇼트닝 등).

**17** 녹색채소의 클로로필 분자의 마그네슘 이온을 구리 양이온으로 치환하면 안정된 청록색이 될 수 있으며 구리는 헤모글로빈 형성의 촉매작용과 체내 철의 이용에도 도움을 준다.

**18**
- 우유 100g = (5g x 4kcal) + (3.5g x 4kcal) + (3.7g x 9kcal) = 67.3kcal
- 우유 170g = 67.3kcal x 1.7 = 114.4kcal

**19** 폴리페놀옥시다아제는 효소적 갈변의 일종으로 사과 외에 배, 가지 등에도 영향을 준다.

**20** • 비타민 C : 채소, 과일, 감자
• 비타민 K : 녹황색 채소, 동물의 간, 양배추
• 비타민 E : 곡식의 배아, 식물성 기름

**21** 34%를 폐기하고 60g이 남아야 하므로 60/0.66 ≒ 90.9g이다.

**22** 알긴산은 미역이나 다시마 같은 갈조류의 세포막을 구성하고 있는 고분자 복합다당류로, 아이스크림 제조 때 사용되어 아이스크림 속에 큰 결정이 생기는 것을 방지하고 푸딩이나 젤을 만드는 데 사용하고 있다.

**23** 비타민 $D_2$의 전구물질은 에르고스테롤 $D_3$의 전구물질인 콜레스탄올이 생리적으로 중요하다.

**24** 갈변을 억제하기 위해서는 가열처리로 효소를 불활성화시키거나 효소 저해제를 이용하여 효소 및 기질을 제거한다.

**25** • 이노신산: 가다랭이의 감칠맛 성분 / 호박산 : 청주와 조개류의 신맛 성분 / 알리신 : 마늘
• 나린진 : 정미료의 일종으로 쓴맛을 내는 조미료로 사용

**26** • 호정화 : 전분에 물을 가하지 않고 160℃ 이상으로 가열하면 여러 단계의 가용성 전분을 거쳐 분해되는 현상
• 단백질의 변성 : 단백질이 물리 · 화학적 작용을 받아 고유의 구조가 변하는 것
• 비효소적 갈변 : 당질을 180~200℃의 고온으로 가열했을 때 갈색이 되는 것

**27** 단백질의 역할 : 효소, 호르몬, 혈장, 단백질의 형성, 수분 평형의 조절, 항체 구성 성분 등이 있다.

**28** 규폐증은 일반적으로 위험요인에 노출된 근무경력이 3년 이상에서 발병이 시작되는데, 서서히 장애의식 없이 폐의 기능장애를 가져온다.

**29** 열량영양소 : 탄수화물, 단백질, 지방이다.

**30** 두부 50g의 단백질 함량은 7.5g이다. 돼지고기의 단백질 함량은 100g에 18g이므로 돼지고기의 단백질 함량이 7.5g이려면 7.5 x 100÷18 = 41.67g이다.

**31** 튀김기름은 사용 후 매일 고운체를 사용하여 걸러 음식 부스러기가 없도록 처리해야 한다.

**32** 전이나 적을 만들 때에는 흰살생선을 사용한다.

**33** 볶기는 조리 과정에 해당한다.

**34** 들기름은 발연점이 낮아 전을 부칠 때 적절하지 않다.

**35** 전은 궁중에서는 전유화, 제사상에는 간랍으로 불리었다.

**36** 폐기율은 식품의 구입량을 계획하기 위해 사용된다.

**37** 출고계수 = 100÷가식부율 = 100÷80 = 1.25이다.

**38** 구매관리에서 중요한 검수에 해당되는 내용이다.

**39** 칼의 구성
• 칼날끝 : 날카롭고 예리한 부분으로 세밀한 부분이나 오이소박이에 칼집을 넣거나 고기의 힘줄을 끊어 주기 등에 많이 사용한다.
• 칼날 : 칼의 몸체 부분으로 주로 자르는 데 사용한다.

**40** 튀김 조리법은 기름을 이용하는 조리법으로 식어도 맛의 변화가 적어 대량 조리 방법에 많이 이용된다.

**41** 선입선출법에 따라 먼저 구입한 재료를 소비하고 마지막으로 남은 참기름 7병을 계산하고, 30일부터 20일로 거슬러 올라가면서 7병 가격을 계산하면 남은 참기름의 재고자산이 나온다. 즉, 30일 5병+20일 2병=(5,000×5)+(5,500×2)=36,000원이다.

**42** 400#은 거친 숫돌이며, 새 칼을 사용할 때나 깨진 칼끝의 형태 수정이나 이가 많이 빠진 칼을 가는 데 사용한다.

**43** 무생채는 채 썰기를 하여 만든다.

**44** 자외선은 기구나 식품의 표면만 살균되며, 식품 내부의 살균은 어렵다.

**45** 밀가루 반죽에 사용하는 쇼트닝, 버터, 마가린 등의 유지는 연화작용과 팽화작용을 돕는다.

**46** • 음식의 적온 : 전골(95~98℃), 국 · 커피 · 달걀찜(70~75℃), 밥 · 우유(40℃), 청량음료(2~5℃) 맥주 · 냉수(7~10℃) 내외에서 가장 맛있게 느낀다.
• 적정 발효온도 : 빵 발효(25~30℃), 겨자 · 종국발효(40~45℃), 식혜 · 술 발효(55~60℃)

**47** 가스나 전기를 사용하여 음식 위에 윗불을 쬐는 직화방식의 기구는 살라만더이다.

**48** 전자레인지는 초단파(Microwave)를 이용한다.

**49** 습열 조리법은 데치기, 삶기, 끓이기, 찌기가 있으며, 불고기는 건열조리법이다.

**50** 1되는 약1.8L = 1,800cc = 60oz = 10홉 = 0.1말 = 0.48갤런(gal)이 된다.

**51** 효율적인 동선을 위한 기물 배치는 준비대 → 개수대 → 조리대 → 가열대 → 배선대이다. 또한 오른손잡이 조리사를 기준으로 할 때 준비대는 좌측에서부터 우측으로 배치하면 작업과 동선이 훨씬 능률적이다.

**52** 식육의 단백질 분해효소
배(프로테아제), 키위(액티니딘), 무화과(피신), 파파야(파파인) 파인애플(브로멜린)이다.

**53** 육류의 도살 후 조직에 산소 공급이 중단되면 근육의 주요 구성 단백질인 미오신(yosin)이 액틴(actin)과 결합하여 액토미오신을 형성하여 사후강직이 일어난다.

**54** 난황계수 = 난황의 높이 ÷ 난황의 직경이다. 난황계수 = 1.5÷4 = 0.375

**55** 냉동 육류의 가장 좋은 해동 방법은 냉장고에서 서서히 해동하는 것이다.

**56** 대두에 납두균을 생육시키면 대두단백질이 적당하게 분해되고, 또한 점질물 및 납두의 독특한 풍미가 형성된다.

**57** 육두구는 말려서 방향성 건위제나 강장제 등으로 사용되며, 서양에서는 향미료로 사용한다.

**58** 과일젤리나 양갱의 제조에는 한천이 사용되며, 젤라틴은 동물의 결합조직에서 얻어진다. 젤라틴에 산을 첨가하면 서서히 가수분해가 일어나 응고를 방해하게 된다.

**59** 식혜는 60~65℃(전기밥솥 보온 정도)에서 효소반응이 잘 일어난다.

**60** 감정은 장류(醬類)를 넣고 걸쭉하게 끓여낸 국물음식의 명칭으로 소개되고, 민가에서 지짐이라고 불리는 음식을 궁중에서 감정이라 하며, 국과 찌개의 중간쯤 되는 음식이라 설명하고 있다.

제 3 회

# 기출복원문제

**01** 식품취급자의 개인 위생관리에 해당되는 내용으로 가장 적절한 것은?

① 건강관리
② 머리와 모발
③ 복장과 장신구
④ 손, 모발, 복장, 건강관리, 정기검진

**02** 기생충과 인체감염원인 식품의 연결이 틀린 것은?

① 유구조충 – 돼지고기
② 무구조충 – 소고기
③ 동양모양선충 – 민물고기
④ 아니사키스 – 바다생선

**03** 폐흡충증의 제2중간숙주는?

① 잉어 ② 연어
③ 게 ④ 송어

**04** 미생물학적으로 식품 1g당 세균수가 얼마일 때 초기 부패 단계로 판정하는가?

① $10^3$~$10^4$
② $10^4$~$10^5$
③ $10^7$~$10^8$
④ $10^{12}$~$10^{13}$

**05** 식품첨가물에 대한 설명으로 잘못된 것은?

① 식품 본래의 성분 이외의 것을 말한다.
② 식품의 조리, 가공 시 첨가하는 물질이다.
③ 천연물질과 화학적 합성품을 포함한다.
④ 우발적으로 혼입되는 비의도적 식품첨가물도 포함한다.

**06** 열무김치가 시어졌을 때 클로로필이 변색되는 이유는 익어감에 따라 어떤 성분이 증가하기 때문인가?

① 단백질 ② 탄수화물
③ 칼슘 ④ 유기산

**07** 미생물의 발육을 억제하여 식품의 부패나 변질을 방지할 목적으로 사용되는 것은?

① 안식향산나트륨 ② 호박산나트륨
③ 글루타민나트륨 ④ 실리콘수지

**08** 우리나라에서 허가된 발색제가 아닌 것은?

① 아질산나트륨
② 황산제일철
③ 질산칼륨
④ 아질산칼륨

**09** 식품의 조리, 가공 시 거품이 발생하여 작업에 지장을 주는 경우 사용하는 식품첨가물은?

① 규소수지(Silicone resin)
② N–헥산(N–hexane)
③ 유동파라핀(Liquid paraffin)
④ 몰포린지방산염

**10** 반죽 시 효모와 함께 물에 녹여 사용하면 효모의 작용을 약화시키는 식품첨가물은?

① 프로피온산 칼슘(Calcium propionate)
② 이초산나트륨(Sodium diaconate)
③ 파라옥시안식향산 에스테르(Parahydr oxybenzoic acid ester)
④ 소르빈산(Sorbic acid)

**11** 다음 중 국내에서 허가된 인공감미료는?

① 둘신(Dulcin)
② 사카린나트륨(Sodium saccharin)
③ 사이클라민산나트륨(Sodium cyclamate)
④ 에틸렌글리콜(Ethylene glycol)

**12** 빵을 구울 때 달라붙지 않고 분할이 쉽도록 하기 위하여 사용하는 첨가물은?

① 조미료 ② 유화제
③ 피막제 ④ 이형제

**13** 식품의 제조공정 중 발생하는 거품을 제거하기 위해 사용되는 식품첨가물은?

① 소포제 ② 발색제
③ 살균제 ④ 표백제

**14** 위해요소중점관리기준(HACCP)의 7원칙이 아닌 것은?

① 우수제조기준 ② 위해분석 수행
③ CCP 결정 ④ 개선조치 설정

**15** 다음 중 끓이는 조리법의 단점은 무엇인가?

① 식품의 중심부까지 열이 전달되기 어려워 조직이 단단한 식품의 가열이 어렵다.
② 영양분의 손실이 비교적 많고, 식품의 모양이 변형되기 쉽다.
③ 식품의 수용 성분이 국물 속으로 유출되지 않는다.
④ 가열 중 재료 식품에 조미료의 충분한 침투가 어렵다.

**16** 엔테로톡신(enterotoxin)이 원인이 되는 식중독은?

① 살모넬라 식중독
② 장염비브리오 식중독
③ 병원성대장균 식중독
④ 황색포도상구균 식중독

**17** 다음 중 이타이이타이병의 유발물질은?

① 수은 ② 납
③ 칼슘 ④ 카드뮴

**18** 굴을 먹고 식중독에 걸렸을 때 관계되는 독성물질은?

① 시큐톡신(Cicitoxin)
② 베네루핀(Venerupin)
③ 테트라민(Tetramine)
④ 테물린(Temuline)

**19** 식품위생법의 정의에 따른 "기구"에 해당하지 않는 것은?

① 식품 섭취에 사용되는 기구
② 식품 또는 식품첨가물에 직접 닿는 기구
③ 농산물 채취에 사용되는 기구
④ 식품 운반에 사용되는 기구

**20** 일반음식점의 영업신고는 누구한테 하는가?

① 동사무소장
② 시장, 군수, 구청장
③ 식품의약품안전처장
④ 보건소장

**21** 다음 중 시장 조사의 목적으로 올바르지 않은 것은?

① 구매 예정가격의 결정
② 합리적인 구매 계획의 수립
③ 구매시장 예측
④ 신제품의 설계

**22** 식빵에 버터를 펴서 바를 때처럼 버터에 힘을 가한 후 그 힘을 제거해도 원래 상태로 돌아오지 않고 변형된 상태로 유지하는 성질은?

① 유화성 ② 가소성
③ 쇼트닝성 ④ 크리밍성

**23** 대량 조리시설의 작업장별 관리에 대한 설명으로 잘못된 것은?

① 개수대는 생선용과 채소용을 구분하는 것이 식중독균의 교차오염을 방지하는 데 효과적이다.
② 가열 조리하는 곳에서 환기장치가 필요하다.
③ 식품 보관창고에 식품을 보관 시 바닥과 벽에 식품이 직접 닿지 않게 하여 오염을 방지한다.
④ 자외선 등은 모든 기구와 식품 내부의 완전 살균에 매우 효과적이다.

**24** 다음의 식품 구매절차 중 알맞게 들어갈 내용은 무엇인가?

> 수요예측 → 구매량, 품질 검토 후 구매 필요성 → 수량, 품질 결정 후 물품 구매 결정 → 구매청구서 구매부로 송부(필요부서) → 재고량 조사 후 발주량 결정 → (　　) → 구매발주서 작성 → 공급업체 선정 → 발주 및 확인전화 → 구매명세서 기준 검수 → 입 · 출고 및 재고관리 → 문서보관 → 납품대금 지불

① 구매명세서 작성(구매담당자)
② 재고조사
③ 문서기록
④ 재고량 확인

**25** 많은 양의 유지분이 배수되는 호텔이나 대량조리 급식소의 트랩 설치 시 가장 올바른 유형의 트랩 선택은?

① P자형 트랩
② 그리스 트랩
③ S자형 트랩
④ U자형 트랩

**26** 잔치국수 100그릇을 만드는 재료내역이 다음의 표와 같을 때 한 그릇의 재료비는 얼마인가? (단, 폐기율은 0%로 가정하고 총 양념비는 100그릇에 필요한 양념의 총액을 의미한다)

| 구분 | 100그릇의 양(g) | 100g당 가격(원) |
|---|---|---|
| 건국수 | 8,000 | 200 |
| 소고기 | 5,000 | 1,400 |
| 애호박 | 5,000 | 80 |
| 달걀 | 7,000 | 90 |
| 총양념비 | – | 7,000(100그릇) |

① 1,000원 ② 1,125원
③ 1,033원 ④ 1,200원

**27** 흰색 채소의 색을 그대로 유지할 수 있는 조리 방법으로 올바른 것은?

① 삶을 때 약간의 소금을 넣는다.
② 삶을 때 약간의 중조를 넣는다.
③ 삶을 때 약간의 식초를 넣는다.
④ 삶은 후 냉수에 담가 열기를 뺀다.

**28** 주로 파, 마늘, 생강 등을 이용하여 양념간장을 만들 때 많이 사용하는 썰기 방법은?

① 골패썰기 ② 다지기
③ 막대썰기 ④ 채썰기

**29** 칼질법의 종류 중 모든 칼질법의 기본이 되는 칼질법은?

① 당겨썰기 ② 칼끝 대고 썰기
③ 작두썰기 ④ 밀어썰기

**30** 총비용과 총수익(판매액)이 일치하여 이익도 손실도 발생되지 않는 기점은?

① 매상선점 ② 가격결정점
③ 손익분기점 ④ 한계이익점

**31** 조리대 배치 형태 중 환풍기와 후드의 수를 최소화할 수 있는 것은?

① 일렬형 ② 병렬형
③ ㄷ자형 ④ 아일랜드형

**32** 다음 중 영양소의 손실이 가장 큰 조리법은?

① 바삭바삭한 튀김을 위해 튀김옷에 중조를 첨가한다.
② 푸른 채소를 데칠 때 약간의 소금을 첨가한다.
③ 감자를 껍질째 삶은 후 절단한다.
④ 쌀을 담가놓았던 물을 밥물로 사용한다.

**33** 계량기구를 이용한 표준용량 중 틀린 것은? (한국 기준)

① 물 1C은 200ml이다.
② 물 1tea spoon은 5ml이다.
③ 물 1Table spoon은 3tea spoon이다.
④ 물 1C은 240ml이다.

**34** 조도가 가장 높게 설치되어야 할 장소는?

① 객석 ② 유흥음식점
③ 조리장 ④ 단란주점

**35** (  )에 알맞은 용어가 순서대로 나열된 것은?

> 당면은 감자, 고구마, 녹두가루에 첨가물을 혼합·성형하여 (  )한 후 건조 및 냉각하여 (  )시킨 것으로 반드시 열을 가해 (  )하여 먹는다.

① α화 – β화 – α화
② α화 – α화 – β화
③ β화 – β화 – α화
④ β화 – α화 – β화

**36** 육류를 저온숙성(Aging)할 때 적합한 습도와 온도범위는?

① 습도 85~90%, 온도 1~3℃
② 습도 70~85%, 온도 10~15℃
③ 습도 65~70%, 온도 10~15℃
④ 습도 55~60%, 온도 15~21℃

**37** 동물성 식품의 시간에 따른 변화 경로는?

① 사후강직 → 자기소화 → 부패
② 자기소화 → 사후강직 → 부패
③ 사후강직 → 부패 → 자기소화
④ 자기소화 → 부패 → 사후강직

**38** 난백에 기포가 생기는 것에 영향을 주는 것은?

① 난백에 거품을 낼 때 식초를 조금 넣으면 거품이 잘 생긴다.
② 난백에 거품을 낼 때 녹인 버터를 1큰술 넣으면 거품이 잘 생긴다.
③ 머랭을 만들 때 설탕은 맨 처음에 넣는다.
④ 난백은 0℃에서 가장 안정적이고 기포가 잘 생긴다.

**39** 생선의 신선도를 판별하는 방법으로 틀린 것은?

① 생선의 육질이 단단하고 탄력성이 있는 것이 신선하다.
② 눈의 수정체가 투명하지 않고 아가미색이 어두운 것은 신선하지 않다.
③ 어체의 특유한 빛을 띠는 것이 신선하다.
④ 트리메틸아민(TMA)이 많이 생성된 것이 신선하다.

**40** 다음의 냉동 방법 중 얼음 결정이 미세하여 조직의 파괴와 단백질 변성이 적어 원상 유지가 가능하며, 물리적 화학적 품질변화가 적은 것은?

① 침지동결법　② 급속동결법
③ 접촉동결법　④ 공기동결법

**41** 못처럼 생겨서 정향이라고 하며, 양고기 · 피클 · 청어 절임 · 마리네이드 절임 등에 이용되는 향신료는?

① 클로브
② 코리엔더
③ 캐러웨이
④ 아니스

**42** 조리 작업 시 발생할 수 있는 안전사고의 위험요인과 원인의 연결이 바르지 않는 것은?

① 화재발생 – 끓는 식용유 취급 시
② 전기감전 – 오븐, 전자제품 등의 기구와 접촉 시
③ 베임, 절단 – 다듬기 작업, 깨진 그릇 취급
④ 미끄러짐 – 부적절한 조명 사용 시

**43** 강화식품에 대한 설명으로 틀린 것은?

① 식품에 원래 적게 들어 있는 영양소를 보충한다.
② 식품의 가공 중 손실되기 쉬운 영양소를 보충한다.
③ 강화영양소로 비타민 A, 비타민 B, 칼슘(Ca) 등을 이용한다.
④ α화 쌀은 대표적인 강화식품이다.

**44** 다음 중 소금에 절이면 저장성이 좋아지는 이유는 무엇인가?

① pH가 낮아져 미생물이 살아갈 수 없는 환경이 조성된다.
② pH가 높아져 미생물이 살아갈 수 없는 환경이 조성된다.
③ 고삼투압성에 의한 탈수효과로 미생물의 생육이 억제된다.
④ 저삼투압성에 의한 탈수효과로 미생물의 생육이 억제된다.

**45** 카제인(Casein)은 어떤 단백질에 속하는가?

① 당단백질　② 지단백질
③ 유도단백질　④ 인단백질

**46** 유지를 가열할 때 생기는 변화에 대한 설명으로 틀린 것은?

① 유리지방산의 함량이 높아지므로 발연점이 낮아진다.
② 연기성분으로 알데히드(Aldehyde), 케톤(Ketone) 등이 생성된다.
③ 요오드값이 높아진다.
④ 중합반응에 의해 점도가 증가한다.

**47** 아미노산, 단백질 등이 당류와 반응하여 갈색 물질을 생성하는 반응은?

① 폴리페놀 옥시다아제(Polyphenol oxidase)
② 마이야르(Maillard) 반응
③ 캐러멜화(Caramelization) 반응
④ 티로시아나아제(Tyrosinase) 반응

**48** 하루 필요 열량이 2,500kcal일 경우 이 중의 18%에 해당하는 열량을 단백질에서 얻으려 한다면 필요한 단백질의 양은 얼마인가?

① 50.0g ② 112.5g
③ 121.5g ④ 171.3g

**49** 알칼리성 식품에 해당하는 것은?

① 호박 ② 보리
③ 달걀 ④ 소고기

**50** 탄수화물 식품의 노화를 억제하는 방법과 가장 거리가 먼 것은?

① 항산화제의 사용
② 수분 함량 조절
③ 설탕의 첨가
④ 유화제의 사용

**51** 동물성 식품의 냄새 성분과 거리가 먼 것은?

① 아민류
② 암모니아류
③ 카르보닐 화합물
④ 시니그린

**52** 비타민에 대한 설명 중 틀린 것은?

① 카로틴은 프로비타민 A이다.
② 비타민 E는 토코페롤이라고도 한다.
③ 비타민 $B_{12}$는 망간(Mn)을 함유한다.
④ 비타민 C가 결핍되면 괴혈병이 발생한다.

**53** 새우나 게 등의 갑각류에 함유되어 있으며, 사후 가열되면 적색을 띠는 색소는?

① 안토시아닌(Anthocyanin)
② 아스타잔틴(Astaxanthin)
③ 클로로필(Chlorophyll)
④ 멜라닌(Melanine)

**54** 어취 해소를 위하여 가장 옳은 조리법은?

① 생선구이 ② 생선전
③ 생선찜 ④ 생선조림

**55** 콩나물의 가장 맛있는 길이는?

① 7~8cm ② 10~15cm
③ 15~20cm ④ 20cm 이상

**56** 신선한 가지의 특징이 아닌 것은?

① 무거울수록 부드럽고 맛이 좋다.
② 구부러지지 않고 바른 모양이 좋다.
③ 흑자색의 선명하고 광택이 있는 것이 좋다.
④ 표면에 주름이 없어 싱싱하고 탄력이 있는 것이 좋다.

**57** 같은 양의 칼로리를 섭취했을 때 단백질의 절약 작용을 하는 영양소는 무엇인가?

① 탄수화물 ② 지방
③ 비타민 ④ 무기질

**58** 장조림의 부위로 적절하지 않은 것은?

① 아롱사태 ② 홍두깨살
③ 우둔살 ④ 꽃등심

**59** 음식의 색을 강조할 때는 어떤 접시를 선택해야 하는가?

① 흰색 접시
② 오랜지색 접시
③ 어두운 색의 접시
④ 꽃무늬 접시

**60** 회의 곁들임 소스로 적절하지 않은 것은?

① 초간장 ② 마요네즈
③ 초고추장 ④ 겨자초장

제 3 회

# 정답 및 해설

| 01 | ④ | 02 | ③ | 03 | ③ | 04 | ③ | 05 | ④ | 06 | ④ | 07 | ① | 08 | ④ | 09 | ① | 10 | ① |
|---|---|---|---|---|---|---|---|---|---|---|---|---|---|---|---|---|---|---|---|
| 11 | ② | 12 | ④ | 13 | ① | 14 | ① | 15 | ② | 16 | ④ | 17 | ④ | 18 | ② | 19 | ③ | 20 | ② |
| 21 | ③ | 22 | ② | 23 | ④ | 24 | ① | 25 | ② | 26 | ③ | 27 | ③ | 28 | ② | 29 | ④ | 30 | ③ |
| 31 | ④ | 32 | ① | 33 | ④ | 34 | ③ | 35 | ① | 36 | ① | 37 | ① | 38 | ① | 39 | ④ | 40 | ② |
| 41 | ① | 42 | ② | 43 | ④ | 44 | ③ | 45 | ④ | 46 | ③ | 47 | ② | 48 | ② | 49 | ① | 50 | ① |
| 51 | ④ | 52 | ③ | 53 | ② | 54 | ② | 55 | ① | 56 | ① | 57 | ① | 58 | ④ | 59 | ③ | 60 | ② |

**01** 식품취급자는 신체검사와 정기검진, 손 관리와 손 씻기, 머리와 모발관리, 복장과 장신구 관리 등과 더불어 평소의 개인 위생관리에 힘써야 한다.

**02** 동양모양선충은 내열성이 강하고 절인 채소류를 통해 감염된다.

**03** 폐흡충증(폐디스토마) : 제1중간숙주(다슬기), 제2중간숙주(게, 가재)이다.

**04** 식품 1g당 일반세균수 $10^7$~$10^8$일 때 초기부패로 판정한다.

**05** 식품첨가물은 식품의 기호성과 상품성을 높이는 첨가제로 우발적 오염물은 식품첨가물이 아니다.

**06** 클로로필은 식품의 녹색 색소로 푸른 잎채소류에 포함되어 있는데, 김치가 익어감에 따라 유기산이 증가하여 클로로필이 변색된다.

**07** 안식향산나트륨은 청량음료, 간장, 식초, 마가린, 마요네즈, 잼에 사용되는 보존료이다.

**08** 허가된 발색제는 아질산나트륨, 질산나트륨, 질산칼륨, 황산제일철, 황산제이철 등이 있다.

**09** 소포제는 식품의 거품생성 방지에 사용하며, 첨가물은 규소수지이다.

**10** 프로피온산 칼슘은 보존료로, 효모 등 미생물의 활성을 약화시켜 식물의 부패와 변질을 방지하는 식품첨가물이다.

**11** 사카린나트륨은 김치류, 젓갈류, 음료 등에 사용되는 인공감미료이다.

**12** 이형제는 빵을 만들 때 형태를 손상시키지 않고 빵틀로부터 쉽게 분리하기 위해 사용하는 식품첨가물이다.

**13** 식품의 제조공정 중 발생하는 거품을 제거하는 식품첨가물은 소포제이며, 규소수지가 대표적이다.

**14** 위해분석 설정, 중요관리점 결정, 관기기준 설정, 감시방법, 개선조치 설정, 검증방법 설정, 기록의 유지관리방법 설정이다.

**15** 끓이는 조리법의 단점은 영양소의 손실이 비교적 많고 식품의 모양이 변형되기 쉽다는 것이다.

**16** 엔테로톡신은 황색포도상구균 식중독의 원인독소이며, 120℃에서 30분간 가열하여도 파괴되지 않는 등 열에 매우 강하다.

**17** 카드뮴(Cd) 중독은 이타이이타이병의 원인물질로 골연화증, 단백뇨 등의 증세가 있다.

**18** 베네루핀은 모시조개 · 굴 · 바지락의 원인독소로 구토, 복통, 변비 등의 증상이 나타난다.

**19** 식품위생법의 정의에 따른 "기구"란 농업과 수산업에서 식품을 채취하는 데에 사용되는 기계 · 기구와 그 밖의 물건은 제외한다.

**20** 일반음식점의 영업신고는 시장 · 군수 · 구청장에게 한다.

**21** 구매시장 예측은 시장조사의 의의이다.

**22** 가소성이란 외부의 힘에 의해 형태가 변한 물체가 그 힘을 제거해도 본래의 모양으로 돌아가지 않는 성질을 말한다.

**23** 자외선은 기구나 식품의 표면만 살균되며 식품 내부의 살균은 어렵다.

**24** 재고량 조사 후 발주량을 결정한 다음은 구매명세서를 작성하는 것이다.

**25** 그리스트랩(Grease trap) : 그리스포집기(Grease interceptor)라고도 부르며 호텔, 레스토랑, 단체급식소, 외식업체 주방에서는 많은 양의 유지분이 배수되므로 수질환경을 유지하기 위하여 유지분, 음식물찌꺼기 등을 분리하는 그리스트랩 시설이 적합하다.

**26** 100그릇의 양을 1그릇의 양으로 만든 후 계산한다.
- 각 재료 1그릇의 양은 건국수 80g, 소고기 50g, 애호박 50g, 달걀 70g
- 각 재료 1g당 가격은 건국수 2원, 소고기 14원, 애호박 0.8원, 달걀 0.9원, 총 양념비 70원

∴1그릇의 양 = (80×2) + (50×14) + (50×0.8) + (70×0.9) + 70 = 1,033원

**27**
- 백색 채소 중 안토크산틴, 타닌과 같은 폴리페놀 물질을 함유한 연근, 우엉, 감자, 고구마 등은 공기 중에 노출되면 갈변이 일어난다. 그러나 산성 성분에서 백색을 유지하고 알칼리성 성분에서는 황색으로 변한다.
- 우엉, 연근 등의 채소는 껍질을 벗긴 후 곧바로 식초물에 담그면 색의 갈변을 방지할 수 있다. 반대로 알칼리성 물질에 닿으면 황색 또는 갈색으로 변하는데 흰밀가루에 식소다를 넣은 찐빵이 대표적이다.

**28** 파, 마늘, 생강으로 양념간장을 만들 때는 곱게 다지기를 한다.

**29** 밀어썰기는 칼질의 기본이다. 피로도와 소리가 작아 가장 많이 사용하며, 안전사고도 적어 무, 양배추 및 오이 등을 채썰 때 사용한다.

**30** 손익분기점이란 총수익(판매액)과 총비용이 일치하여 만나는 기점으로 이익도 손실도 발생되지 않는 기점을 뜻한다.

**31** ㅁ자 모양의 아일랜드 형은 환풍기와 후드의 수를 최소화할 수 있는 형태이다.

**32** 중조는 알칼리성분으로 튀김을 바삭하게 만들지만 비타민이 파괴된다.

**33** 한국은 1C 기준이 200ml이고, 미국은 240ml이다.

**34** 조도는 조리실 50lux, 객석, 단란주점 30lux, 유흥음식점 10lux이다.

**35** α화된 전분은 열과 물을 가하여 익힌 전분이고, β화된 전분은 α화된 전분을 실온에 방치하여 건조되어 노화된 전분이다.

**36** 육류의 저온숙성 조건은 습도 85~90%, 온도 1~3℃일 때 가장 좋다.

**37** 동물성 식품은 도살 후 시간에 따라 사후강직 → 자기소화 → 부패 과정을 거친다.

**38** 난백의 기포 생성에 영향을 주는 요인으로 오래된 달걀, 상온, 산(식초, 레몬즙) 등은 난백의 기포성을 높인다. 기름, 식염, 설탕 등은 기포성을 저하시킨다.

**39** 트리메틸아민(TMA)은 생선이 신선하지 않을 때 많이 생성된다.

**40** 조직에 함유된 수분을 최대결정생성대를 되도록 약 30분 내에 통과시켜서 −40℃ 이하에서 급속동결시키면 식품의 물리적화학적 품질 변화가 낮다.

**41** 클로브(Clove)는 정향나무의 꽃봉오리를 말하는데, 형태가 못처럼 생기고 향이 있어서 '정향'이라 하며, 피클과 마리네이드 절임 등에 이용한다.

**42** 오븐, 전자제품 등의 기구와 접촉 시에는 화상, 데임의 위험요인이 있다.

**43** 알파미는 밥을 지은 후 감압으로 급속하게 탈수하여 수분을 5% 정도로 건조하여 쌀 속의 전분을 호화상태로 유지하는 것으로, 물을 가하면 밥이 되는데 강화식품이라기보다는 인스턴트 밥, 휴대식 등에 이용된다.

**44** 삼투압현상이 일어난 절임배추 속의 수분은 줄어들게 되어 많은 유해한 미생물이 억제된다.

**45**
- 당단백질 : 난백 중 오보뮤코이드
- 지단백질 : 난황 중 리보비테린
- 유도단백질 : 우유 + 레닌(효소) = 치즈
- 인단백질 : 우유의 카제인, 난황의 비테린

**46** 요오드가는 유지를 가열하면 감소한다.

**47** 아미노산과 환원당이 작용하여 갈색의 중합체인 멜라노이딘을 만드는 것을 마이야르반응이라 한다. 대부분의 식재료는 조리과정을 통해 갈색으로 변하는데 가열화에 의한 갈색화의 원인은 캐러멜화 반응 때문이다.

**48** 2500×0.18 = 450, 단백질은 g당 4kcal를 내므로 450÷4 = 112.5g이다.

**49** 알칼리성 식품
나트륨, 칼륨, 마그네슘의 성분이 많이 함유되어 있는 식품으로 우유, 채소, 과일 등이 있다.

50 항산화제란 지방식품의 산패를 억제할 때 사용된다.

51 시니그린은 겨자의 매운맛 성분이다.

52 비타민 $B_{12}$는 코발트를 함유하고 있다.

53 가열하면 적색을 띠는 색소는 아스타잔틴 색소이다.

54 어취는 생선표면에 많이 모여 있어 껍질을 사용하지 않는 것이 좋다.

55 콩나물은 10cm 미만이 가장 맛있다.

56 가지는 가벼울수록 부드럽고 맛이 좋다.

57 당질을 섭취함으로써 단백질의 절약작용이 된다.

58 꽃등심은 구이용으로 적절하다.

59 음식의 색을 강조할 때는 어두운색의 접시를 선택해야만 색이 강조된다.

60 회는 초간장, 초고추장, 참기름장, 소금, 후추 등에 찍어 먹는다.

제 4 회

# 기출복원문제

**01** 개인위생의 범위에 해당되지 않는 것은?

① 신체부위 ② 식품기구
③ 습관 ④ 장신구

**02** 다음 중 접촉감염지수가 가장 높은 질병은?

① 유행성이하선염
② 홍역
③ 성홍열
④ 디프테리아

**03** 간흡충증의 제2중간숙주는?

① 잉어 ② 쇠우렁이
③ 물벼룩 ④ 다슬기

**04** 식품 등의 표시기준상 영양 성분에 대한 설명으로 틀린 것은?

① 한 번에 먹을 수 있도록 포장, 판매되는 제품은 총 내용량을 1회 제공량으로 한다.
② 영양 성분 함량은 식물의 씨앗, 동물의 뼈와 같은 비가식부위도 포함하여 산출한다.
③ 열량의 단위는 킬로칼로리(Kcal)로 표시한다.
④ 탄수화물에는 당류를 구분하여 표시하여야 한다.

**05** 식품위생법상 식품첨가물이 식품에 사용되는 방법이 아닌 것은?

① 침윤 ② 반응
③ 첨가 ④ 혼합

**06** 중조를 넣어 콩을 삶을 때 가장 문제가 되는 것은?

① 비타민 $B_1$의 파괴가 촉진됨
② 콩이 잘 무르지 않은
③ 조리수가 많이 필요함
④ 조리시간이 길어짐

**07** 빵을 만들 때 사용하는 보존료는?

① 프로피온산
② 아세토초산에틸
③ 안식향산
④ 구아닐산

**08** 훈연 시 발생하는 연기 성분에 해당하지 않는 것은?

① 페놀(Phenol)
② 포름알데히드(Formaldehyde)
③ 폼산(Formic acid)
④ 사포닌(Saponin)

**09** 수확 후 호흡작용이 상승되어 미리 수확하여 저장하면서 호흡작용을 인공적으로 조절할 수 있는 과일류와 가장 거리가 먼 것은?

① 아보카도 ② 망고
③ 바나나 ④ 레몬

**10** 밀가루의 용도별 분류는 어느 성분을 기준으로 하는가?

① 글리아딘
② 글로불린
③ 글루타민
④ 글루텐

**11** 아질산염과 아민류가 산성조건 하에서 반응하여 생성하는 물질로 강한 발암성을 갖는 물질은?

① N-Nitrosamine
② Benzopyrene
③ Formaldehyde
④ Poly Chlorinated Biphenyl

**12** 만성감염병과 비교할 때 급성감염병의 역학적 특성은?

① 발생률은 낮고, 유병률은 높다.
② 발생률은 높고, 유병률은 낮다.
③ 발생률과 유병률이 모두 높다.
④ 발생률과 유병률이 모두 낮다.

**13** 모기가 매개하는 감염병이 아닌 것은?

① 황열　② 뎅기열
③ 디프테리아　④ 사상충증

**14** 찹쌀떡이 멥쌀떡보다 더 늦게 굳는 이유는?

① pH가 낮기 때문에
② 수분 함량이 적기 때문에
③ 아밀로오스 함량이 많기 때문에
④ 아밀로펙틴의 함량이 많기 때문에

**15** 집단급식소 운영자의 준수사항으로 틀린 것은?

① 실험 등의 용도로 사용하고 남은 물을 처리하여 조리해서는 안 된다.
② 지하수를 먹는 물로 사용하는 경우 수질검사의 모든 항목 검사는 1년마다 하여야 한다.
③ 식중독이 발생한 경우 원인규명을 위한 행위를 방해하여서는 아니 된다.
④ 동일 건물에서 동일 수원을 사용하는 경우 타업소의 수질검사 결과로 갈음할 수 있다.

**16** 주방 내 미끄럼사고 원인이 아닌 것은?

① 바닥이 젖은 상태
② 기름이 있는 바닥
③ 매트가 주름진 경우
④ 높은 조도로 인하여

**17** 조리작업에 사용되는 설비기능 이상 여부와 보호구 성능 유지 등에 대한 정기점검은 최소 매년 몇회 이상 실시해야 하는가?

① 1회　② 2회
③ 3회　④ 4회

**18** 작업장에서 안전사고가 발생했을 때 가장 먼저 해야 하는 것은?

① 작업을 중단하고 즉시 관리자에게 보고한다.
② 환자는 조리장소에서 관리자를 기다린다.
③ 출혈이 있는 경우 상처부위를 눌러 지혈한다.
④ 경미한 상처는 소독액으로 소독한다.

**19** 자유수와 결합수의 설명으로 맞는 것은?

① 결합수는 용매로서 작용한다.
② 자유수는 4℃에서 비중이 제일 크다.
③ 자유수는 표면장력과 점성이 작다.
④ 결합수는 자유수보다 밀도가 작다.

**20** 사과, 바나나, 파인애플 등의 주요 향미 성분은?

① 에스테르(Ester)류
② 고급지방산류
③ 유황화합물류
④ 퓨란(Furan)류

**21** 유화와 관련이 적은 식품은?

① 버터 ② 마요네즈
③ 두부 ④ 우유

**22** 조리용 소도구의 용도가 옳은 것은?

① 믹서(Mixer) – 재료를 다질 때 사용
② 휘퍼(Whipper) – 감자 껍질을 벗길 때 사용
③ 필러(Peeler) – 골고루 섞거나 반죽할 때 사용
④ 그라인더(Grinder) – 소고기 갈 때 사용

**23** 두부의 응고제 중 간수의 주성분은?

① KOH
② KCl
③ NaOH
④ $MgCl_2$

**24** 오이피클 제조 시 오이의 녹색이 녹갈색으로 변하는 이유는?

① 클로로필리드가 생겨서
② 클로로필린이 생겨서
③ 페오피틴이 생겨서
④ 잔토필이 생겨서

**25** 비타민 E에 대한 설명으로 옳은 것은?

① 물에 용해되지 않는다.
② 항산화작용이 있어 비타민 A나 유지 등의 산화를 억제해준다.
③ 버섯 등에 에르고스테롤(Ergosterol)로 존재한다.
④ 알파–토코페롤(α–tocopherol)이 가장 효력이 강하다.

**26** 기초대사량에 대한 설명으로 옳은 것은?

① 단위체표면적에 비례한다.
② 정상 시보다 영양 상태가 불량할 때 더 크다.
③ 근육조직의 비율이 낮을수록 더 크다.
④ 여자가 남자보다 대사량이 더 크다.

**27** 한국인의 영양섭취기준에 의한 성인의 탄수화물 섭취량은 전체 열량의 몇 % 정도인가?

① 20~35% ② 55~70%
③ 75~90% ④ 90~100%

**28** 식미에 긴장감을 주고 식욕을 증진시키며, 살균작용을 돕는 매운맛 성분의 연결이 틀린 것은?

① 마늘 : 알리신(Allicin)
② 생강 : 진저롤(Gingerol)
③ 산초 : 석신산(Succinic acid)
④ 고추 : 캡사이신(Capsaicin)

**29** 메주용 대두를 단시간 내에 연하고 색이 곱도록 삶는 방법이 아닌 것은?

① 소금물에 담갔다가 그 물로 삶아준다.
② 콩을 불릴 때 연수를 사용한다.
③ 설탕물을 섞어 주면서 삶아준다.
④ $NaHCO_3$ 등 알칼리성 물질을 섞어서 삶아준다.

**30** 토마토의 붉은색을 나타내는 색소는?

① 카로티노이드 ② 클로로필
③ 안토시아닌 ④ 타닌

**31** 사과나 딸기 등이 잼에 이용되는 가장 중요한 이유는?

① 과숙이 잘되어 좋은 질감을 형성하므로
② 펙틴과 유기산이 함유되어 잼 제조에 적합하므로
③ 색이 아름다워 잼의 상품가치를 높이므로
④ 새콤한 맛 성분이 잼 맛에 적합하므로

**32** 클로로필(Chlorophyll)에 관한 설명으로 틀린 것은?

① 포르피린환(Porphyrin Ring)에 구리(Cu)가 결합되어 있다.
② 김치의 녹색이 갈변하는 것은 발효 중 생성되는 젖산 때문이다.
③ 산성식품과 같이 끓이면 갈색이 된다.
④ 알칼리 용액에서는 청록색을 유지한다.

**33** 조림에 대한 설명으로 옳은 것은?

① 국물맛과 재료의 맛을 들게 하는 조리 방법이다.
② 궁중에서는 조림을 조리개라고도 하였다.
③ 다른 조리법보다 간이 약하다.
④ 재료는 작게 썰어 오래 조린 음식을 말한다.

**34** 전 · 적 · 지짐에 대한 설명으로 옳은 것은?

① 재료 하나하나를 익혀 꼬치에 끼운 후 밀가루와 달걀물을 씌워 팬에 지지는 것은 화양적이다.
② 적을 만들 때는 꼬치에 처음 꿰인 재료와 마지막 재료가 같아야 한다.
③ 전이나 적을 할 때는 붉은살생선이 좋다.
④ 전을 부칠 때 사용하는 기름은 들기름이 좋다.

**35** 다음 중 한천을 이용하여 젤리를 만든 후 시간이 지나면서 내부의 수분이 표면으로 빠져나오는 현상으로 맞는 것은?

① 삼투현상
② 노화현상
③ 시너지현상
④ 이장현상

**36** 구매를 위해 필요한 내용으로 다음에 해당하는 것은 무엇인가?

| 채소의 껍질이나 생선의 뼈, 머리, 내장과 같이 식품 중에서 실제로 먹지 않고 버리는 부분이 전체 식품에서 차지하는 비율을 말한다. |
|---|

① 가식부율 ② 폐기율
③ 정미율 ④ 정미량

**37** 단체급식소에서 식수인원 400명의 풋고추조림을 할 때 풋고추의 총 발주량은 약 얼마인가? (단, 풋고추 1인분 30g, 풋고추의 폐기율 6%)

① 12kg ② 13kg
③ 15kg ④ 16kg

**38** 숫돌의 사용 순서로 바르게 짝지어진 것은?

① 1000# → 400# → 6000# → 4000#
② 6000# → 4000#→ 1000# → 400#
③ 400# → 1000# → 4000# → 6000#
④ 400# → 4000# → 6000# → 1000#

**39** 다음과 같은 조건일 때 2월의 재고회전율은 약 얼마인가?

- 2월 초 초기 재고액 : 550,000원
- 2월 말 마감 재고액 : 50,000원
- 2월 한 달 동안의 소요 식품비 : 2,300,000원

① 4.66 ② 5.66
③ 6.66 ④ 7.66

**40** 조리장의 작업대 배치 방법으로 ㄷ자 모양에 대한 설명으로 옳은 것은?

① 조리기구 배치를 한 곳에 모아 놓은 구조이다.
② 좁은 조리장에 적용한다.
③ 넓은 조리장에 적용하며 같은 면적에서 동선이 가장 짧다.
④ 회전하는 구조로 작업 시 에너지 소모가 크다.

**41** 솔방울썰기에 대한 설명으로 옳지 않은 것은?

① 재료에 사선으로 칼집을 넣은 후 다시 엇갈려 비스듬히 칼집을 넣는다.
② 갑오징어나 오징어를 볶거나 데쳐서 회로 낼 때 오징어 안쪽에 큼직하게 모양을 내어 써는 방법이다.
③ 끓는 물에 넣어 살짝 데쳐서 모양을 낸다.
④ 재료에 사선으로 칼집을 넣은 후 찬물에 살짝 헹군다.

**42** 조리기구 중 복사열을 직접 또는 간접으로 이용하며, 석쇠에 구운 모양을 나타내는 시각적 효과도 줄 수 있는 조리기구는?

① 살라만더
② 진공포장기
③ 그리들
④ 브로일러

**43** 간장이나 된장을 만들 때 누룩곰팡이에 의해서 가수분해되는 주된 물질은?

① 무기질 ② 단백질
③ 지방질 ④ 비타민

**44** 매월 고정적으로 포함해야 하는 경비는?

① 지급운임 ② 감가상각비
③ 복리후생비 ④ 수당

**45** 조리장의 면적 중 일반 급식소의 취식자 1인당 주방면적으로 옳은 것은?

① 0.1㎡ ② 0.3㎡
③ 0.8㎡ ④ 1㎡

**46** 육류 조리에 대한 설명으로 틀린 것은?

① 탕 조리 시 찬물에 고기를 넣고 끓여야 추출물이 최대한 용출된다.
② 장조림 조리 시 간장을 처음부터 넣으면 고기가 단단해지고, 잘 찢어지지 않는다.
③ 편육 조리 시 찬물에 넣고 끓여야 잘 익고, 고기맛이 좋다.
④ 불고기용으로는 결합조직이 되도록 적은 것이 좋다.

**47** 다음 조리법 중 비타민 C 파괴율이 가장 적은 것은?

① 시금치국 ② 무생채
③ 고사리 무침 ④ 오이지

**48** 가열 조리 중 건열 조리에 속하는 조리법은?

① 찜 ② 구이
③ 삶기 ④ 조림

**49** 1홉은 약 몇 ml인가?

① 200ml ② 150ml
③ 120ml ④ 180ml

**50** 배수구와 배수관이 벽과 바닥에 연결된 배치 상태에 따라 S자, U자, P자 등의 형태로 구부려 물을 채워 넣은 장치로 악취방지를 위해 설치하는 것은?

① 트랩 ② 배관
③ 급탕 ④ 배수

**51** 조리장의 3원칙으로 옳지 않은 것은?

① 위생성 ② 능률성
③ 기능성 ④ 경제성

**52** 전분의 노화억제 방법이 아닌 것은?

① 설탕 첨가
② 유화제 첨가
③ 수분 함량을 10% 이하로 유지
④ 0℃에서 보존

**53** 육류 조리 과정 중 색소의 변화 단계가 바르게 연결된 것은?

① 미오글로빈 – 메트미오글로빈 – 옥시미오글로빈 – 헤마틴
② 메트미오글로빈 – 옥시미오글로빈 – 미오글로빈 – 헤마틴
③ 미오글로빈 – 옥시미오글로빈 – 메트미오글로빈 – 헤마틴
④ 옥시미오글로빈 – 메트미오글로빈 – 미오글로빈 – 헤마틴

**54** 연제품 제조에서 어육단백질을 용해하며, 탄력성을 주기 위해 꼭 첨가해야 하는 물질은?

① 소금 ② 설탕
③ 펙틴 ④ 글로타민소다

**55** 기름을 여러 번 재가열할 때 일어나는 변화에 대한 설명으로 맞는 것은?

> ㉠ 풍미가 좋아진다.
> ㉡ 색이 진해지고, 거품현상이 생긴다.
> ㉢ 산화중합반응으로 점성이 높아진다.
> ㉣ 가열분해로 황산화물질이 생겨 산패를 억제한다.

① ㉠, ㉡ ② ㉠, ㉢
③ ㉡, ㉢ ④ ㉢, ㉣

**56** 탈수가 일어나지 않으면서 간이 맞도록 생선을 구우려면 일반적으로 생선 중량 대비 소금의 양은 얼마가 가장 적당한가?

① 0.1%　　② 2%
③ 16%　　④ 20%

**57** 약과를 반죽할 때 필요 이상으로 기름과 설탕을 많이 넣으면 어떤 현상이 일어나는가?

① 매끈하고 모양이 좋아진다.
② 튀길 때 둥글게 부푼다.
③ 튀길 때 모양이 풀어진다.
④ 켜가 좋게 생긴다.

**58** 고추장에 대한 설명 중 틀린 것은?

① 고추장은 곡류, 메주가루, 소금, 고춧가루, 물을 원료로 제조한다.
② 고추장의 구수한 맛은 단백질이 분해하여 생긴 맛이다.
③ 고추장은 된장보다 단맛이 더 약하다.
④ 고추장의 전분 원료로 찹쌀가루, 보리가루, 밀가루를 사용한다.

**59** 다음 식품의 분류 중 곡류에 속하지 않는 것은?

① 보리　　② 조
③ 완두　　④ 수수

**60** 조개류가 국에서 독특한 맛을 내는 것은 어떤 성분인가?

① 호박산　　② 크레아틴
③ 글루타민산　　④ 이노신산

제 4 회

# 정답 및 해설

| 01 | ② | 02 | ② | 03 | ① | 04 | ② | 05 | ② | 06 | ① | 07 | ① | 08 | ④ | 09 | ④ | 10 | ④ |
|---|---|---|---|---|---|---|---|---|---|---|---|---|---|---|---|---|---|---|---|
| 11 | ① | 12 | ② | 13 | ③ | 14 | ④ | 15 | ② | 16 | ④ | 17 | ① | 18 | ① | 19 | ② | 20 | ① |
| 21 | ③ | 22 | ④ | 23 | ④ | 24 | ③ | 25 | ③ | 26 | ① | 27 | ② | 28 | ③ | 29 | ③ | 30 | ① |
| 31 | ② | 32 | ① | 33 | ② | 34 | ② | 35 | ④ | 36 | ② | 37 | ② | 38 | ③ | 39 | ④ | 40 | ③ |
| 41 | ④ | 42 | ④ | 43 | ② | 44 | ② | 45 | ④ | 46 | ③ | 47 | ② | 48 | ② | 49 | ④ | 50 | ① |
| 51 | ③ | 52 | ④ | 53 | ③ | 54 | ① | 55 | ③ | 56 | ② | 57 | ③ | 58 | ③ | 59 | ③ | 60 | ① |

**01** 개인 위생이란 식품취급자의 개인적인 청결함(신체, 의복, 습관 등) 유지와 위생 관련 실천행위를 의미하며, 주위의 직업환경의 위생과 밀접하게 결부되어 있다. 개인위생의 범위에는 신체부위, 복장, 습관, 장신구, 건강관리와 건강진단 등이 포함된다.

**02** 접촉감염지수 : 홍역(95%)>천연두 95%>백일해 60~80%>성홍열 40%>디프테리아 10%>소아마비 0.1%순이다.

**03** 간흡충증(간디스토마) : 제1중간숙주(왜우렁이), 제2중간숙주(붕어, 잉어)

**04** 영양 성분 함량은 비가식부위는 제외하고, 실제 섭취하는 가식부위를 기준으로 산출한다.

**05** 식품첨가물은 식품을 제조 · 가공 또는 보존함에 있어 식품에 첨가 · 혼합 · 침윤 · 기타의 방법으로 사용되는 물질을 말한다.

**06** 콩을 삶을 때 중조를 넣으면 콩이 잘 무르고 조리시간이 단축되지만, 비타민 $B_1$ 파괴가 촉진된다.

**07** 빵이나 생과자를 만들 때 사용하는 보존료는 프로피온산(나트륨 2.5g/kg 이하)이다.

**08** 훈연 중의 성분에는 포름알데히드, 페놀, 개미산, 고급유기산, 케톤류 등이 연기 성분에 함유되어 있다.

**09** 수확 후 호흡상승률이 낮은 것은 숙성 후 수확하여 판매하는 것이 좋은데, 레몬 · 파인애플 · 딸기 · 포도가 대표적이다.

**10** 밀가루는 글루텐 함량에 따라 강력분, 중력분, 박력분으로 구분한다.

**11** 육류 발색제인 아질산염도 산성 조건에서 식품 성분과 반응하여 '니트로사민'이라는 발암성 물질을 생성한다.

**12** 만성감염병에 비해 급성감염병이 발생률은 높고, 유병률은 낮다.

**13** 모기에 의해 전파되는 감염성질환은 말라리아, 사상충증, 일본뇌염, 황열, 뎅기열이다.

**14** 찹쌀을 100% 아밀로펙틴으로 이루어져 있다. 아밀로오스의 함량이 높을수록 전분의 노화가 빠르다.

**15** 집단급식소의 설치, 운영자의 준수사항 중 지하수를 먹는 물로 사용하는 경우 일부 항목 검사는 1년마다 하며, 모든 항목 검사는 2년마다 해야 한다.

**16** 낮은 조도로 인해 어두운 경우 주방 내 미끄럼사고 원인이 된다.

**17** 매년 1회 이상 정기적으로 점검을 실시한다.

**18** 작업을 중단하고 관리자에게 보고를 가장 먼저 한다.

**19** 자유수는 4℃에서 비중이 제일 크다.

**20** 과일의 향미 성분은 과일에 존재하는 Esterase가 생합성 조절에 의해 생성되는 Ester에 기인한다.

**21** 유화식품에는 버터, 마가린, 마요네즈, 아이스크림 등이 있다. 두부는 응고제에 의해 굳어진다.

**22**
- 믹서 : 식품의 혼합, 교반 등에 사용한다.
- 휘퍼 : 달걀흰자 거품을 낼 때 사용한다.
- 필러 : 감자, 무, 당근 등의 껍질을 벗길 때 사용한다.

**23** 두부응고제는 염화마그네슘($MgCl_2$), 염화칼슘($CaCl_2$), 황산마그네슘($MgSO_4$), 황산칼슘($CaSO_4$)의 4종류가 사용된다. 이중 간수의 성분은 염화마그네슘이다.

**24** 클로로필은 식물체의 녹색채소로, 산으로 처리하면 클로로필의 포르피린 고리에 결합된 마그네슘이 수소이온과 치환되어 갈색인 페오피틴(Pheophytin)이 생성된다.

**25** 버섯 등에 에르고스테롤로 존재하는 것은 비타민 $D_2$에 대한 설명이다.

**26** 체표면적이 클수록, 근육질일수록, 발열이 있을수록, 기온이 낮을수록, 남자가 여자보다 소요열량이 크다.

**27** 전체 열량 중 탄수화물 65%, 지방 20%, 단백질 15% 정도를 권장한다.

**28** 산초의 매운맛 성분은 산스홀(Sanxhool)이다.

**29** 메주를 단시간에 연하고 색이 곱도록 삶는 방법으로 소금에 담갔던 물에 삶고, 콩을 불릴 때 연수를 사용하고, 설탕물을 섞어주면서 삶으면 된다.

**30** 토마토, 당근 등의 붉은색을 나타내는 색소는 카로티노이드이다.

**31** 잼을 만들기에 적당한 과일의 조건은 충분한 양의 펙틴과 산을 가지고 있어야 하는데 사과, 포도, 머루, 자두 등도 잼 이용에 적당한 과일이다.

**32** 포르피린환(고리)의 중심에 마그네슘(Mg)을 가지고 있다.

**33** 조림은 반상에 오르는 찬품으로, 궁중에서는 조림을 조리개라고 하였다.

**34** 꼬치에 처음 꿰인 재료와 마지막 재료는 같아야 한다.

**35** 이장현상은 gel이 시간이 경과하면서 망상구조를 형성하고 있는 분산질의 흡수성이 악화되어 액체의 일부가 분리되는 현상이다.
※ 건조 한천이 물을 흡수하여 부피가 커지는 현상을 팽윤이라 한다.

**36** 먹지 못하고 버리는 부분은 폐기율이다.

**37** 발주량
= 출고계수×정미중량×식수인원
= [100÷(100−폐기율)]×정미중량×식수인원
= 100÷(100−6)×30×400 = 약 12.766kg

**38** 숫돌 사용 순서는 거친 숫돌을 사용하여 모양을 잡고 고운 숫돌로 날을 다듬고 마무리숫돌(아주고운숫돌)로 칼날을 세워 마무리한다.
• 400#(거친숫돌) → 1000#(400#보다 고운숫돌) → 4000#(1000#보다 더 고운숫돌) 순이다.

**39** 식재료 재고 회전율
= 당기 식재료비총액÷평균재고가액
= 당기식재료비총액÷[(기초재고가액+기말재고가액)÷2]
= 2,300,000÷[(550,000+50,000)÷2] = 7.66이다.

**40** ①은 ㅁ자 배치 ②는 ㄴ자 배치 ④는 병렬형 배치 방법이다.

**41** 재료에 사선으로 칼집을 넣은 후 다시 엇갈려 비스듬히 칼집을 넣은 다음 끓는 물에 살짝 데쳐서 모양을 낸다.

**42** 브로일러는 조리에 불맛을 줄 수 있는 조리법이며, 살라만더는 불꽃이 위에서 아래로 내려와서 식품을 익히고, 진공포장기는 음식에 공기를 차단하는 포장방법이며, 그리들은 부침 요리 등에 사용된다.

**43** 간장, 된장의 주성분은 콩의 단백질이다. 단백질이 누룩곰팡이에 의해 가수분해 된다.

**44** 감가상각비는 고정자산의 가치를 모두 상각하기 전까지는 매월 부담하여야 하는 고정비이다.

**45** 학교 급식소와 기숙사는 학생 1인당 : 0.3㎡, 병원급식소는 침대 1개당 : 0.8~1.0㎡이다.

**46** 편육을 삶을 때는 물이 끓을 때 고기를 넣고 끓여야 단백질이 응고되면서 육즙이 빠져나가지 않아 맛이 좋아진다.

**47** 열에 약한 비타민 C는 가열 조리 시 많이 파괴된다.

**48** 삶기, 찜, 조림 등은 습열 조리 방법이다.

**49** 1홉은 180.39㎖=180cc=0.1되이다.

**50** 트랩은 하수구에서 악취와 해충 등의 침입을 방지하기 위해 설치한다.

**51** 조리장의 3원칙은 위생성, 능률성, 경제성이다.

**52** 전분은 0℃에서 노화가 가장 잘 일어난다.

**53** 육류의 헤마틴 성분은 헤모글로빈을 산화시켜 얻은 메트헤모글로빈의 색소성분이다.

**54** 미오신 함량이 높은 어육을 3% 정도의 소금과 함께 갈아 가열하면 액토미오신이 서로 뒤엉켜 입체적 망상구조를 형성하고 겔 상태로 굳는다.

**55** 기름을 여러 번 재사용하면 유리지방산과 카르보닐화합물이 생성되어 점도가 증가하고 색은 진해지며, 발연점이 낮아지고 거품도 생긴다.

**56** 생선구이 시 소금구이의 경우 생선 중량의 2~3% 소금을 뿌리면 탈수도 일어나지 않고 간도 적절하다.

**57** 약과 반죽 시 참기름을 필요 이상 넣으면 튀길 때 모양이 풀어진다.

**58** 고추장에는 엿기름을 사용하기 때문에 된장에 비해 단맛이 더 있다.

**59** 곡류가 아닌 것은 완두이다.

**60** 조개류에는 백합, 모시조개, 바지락, 제첩 등이 있고, 감칠맛을 내는 조개의 호박산 성분이 다량 함유되어 있어 시원하고 담백한 맛을 낸다.

제 5 회

# 기출복원문제

**01** 쌀의 도정도가 증가할 때 나타나는 현상은?

① 빛깔이 좋아진다.
② 조리시간이 증가한다.
③ 소화율이 낮아진다.
④ 영양분이 증가한다.

**02** 밀가루를 계량하는 방법으로 올바른 것은?

① 체에 친 후 스푼으로 수북이 담은 뒤 주걱(Spatula)으로 싹 깎아서 측정한다.
② 계량컵에 넣고 눌러주어 쏟았을 때 컵의 형태가 나타나도록 하여 측정한다.
③ 체에 친 후 계량컵을 평평하게 되도록 흔들어 준 다음 측정한다.
④ 계량컵에 담고 살짝 흔들어 수평이 되게 한 다음 측정한다.

**03** 수증기의 잠열을 이용하여 식품을 가열하는 조리법은?

① 졸이기(조림)
② 찌기(찜)
③ 볶기
④ 데치기

**04** 단체급식의 식품 구입에 대한 설명으로 잘못된 것은?

① 폐기율을 고려한다.
② 값이 싼 대체식품을 구입한다.
③ 곡류나 공산품은 1년 단위로 구입한다.
④ 제철식품을 구입하도록 한다.

**05** 다음 중 내인성 위해식품은?

① 지나치게 구운 생선
② 푸른곰팡이에 오염된 쌀
③ 싹이 튼 감자
④ 농약을 많이 뿌린 채소

**06** 다음 냄새 성분 중 어류와 관계가 먼 것은?

① 트리메틸아민(Trimethylamine)
② 암모니아(Ammonia)
③ 피페리딘(Piperidine)
④ 디아세틸(Diacetyl)

**07** 다음 중 주로 통조림이나 진공 포장된 식품을 통해 중독되며, 뉴로톡신이라는 신경독소가 되는 균은?

① 보툴리누스균
② 장염비브리오균
③ 포도상구균
④ 세레우스균

**08** 식품을 끓여서 섭취하였는데도 세균성 식중독이 발생했다면 그 원인균으로 추정할 수 있는 것은?

① 포도상구균
② 보툴리누스균
③ 장염비브리오균
④ 살모넬라균

**09** 미생물의 생육에 필요한 수분활성도의 크기로 옳은 것은?

① 세균>효모>곰팡이
② 곰팡이>세균>효모
③ 효모>곰팡이>세균
④ 세균>곰팡이>효모

**10** 오염된 토양에서 맨발로 작업할 경우 감염될 수 있는 기생충은?

① 회충
② 간흡충
③ 폐흡충
④ 구충

**11** 필수 아미노산으로 짝지어진 것은?

① 류신, 알라닌
② 라이신, 글루타민산
③ 트립토판, 글리신
④ 트립토판, 메티오닌

**12** 다음 식품 중 아이소사이오사이아네이트(Isothiocyanates) 화합물에 의해 매운맛을 내는 것은?

① 겨자
② 고추
③ 후추
④ 양파

**13** 다음 중 납(Pb) 중독 증상이 아닌 것은?

① 구토
② 시력장애
③ 지각상실
④ 골다공증

**14** 주방시설 중 바닥설비에 관하여 바르지 않는 것은?

① 바닥재는 흡수성과 미끄러짐이 없어야 한다.
② 바닥에는 틈, 깨진 곳이 없어야 한다.
③ 바닥과 벽 사이의 각진 코너 부분이나 틈은 일직선이 되게 하고, 틈새를 막아 청소하기 쉽게 하여야 한다.
④ 바닥에는 이은자국이 없어야 한다.

**15** 다음 중 영업허가를 받아야 할 업종이 아닌 것은?

① 단란주점영업
② 유흥주점영업
③ 식품제조 · 가공업
④ 식품조사처리업

**16** 식품위생 수준 및 자질 향상을 위하여 조리사 및 영양사에게 교육받을 것을 명할 수 있는 자는?

① 보건소장
② 시장 · 군수 · 구청장
③ 식품의약품안전처장
④ 보건복지부장관

**17** 밀가루 반죽에 소다를 넣고 빵을 찌면 빵 색깔이 진한 황색으로 변한다. 이는 무엇과 관련이 깊은가?

① 클로로필
② 플라보노이드
③ 안토시안
④ 카로티노이드

**18** 식품위생 감시원의 직무가 아닌 것은?

① 식품 등의 위생적 취급기준의 이행지도
② 수입 · 판매 또는 사용 등이 금지된 식품 등의 취급여부에 관한 단속
③ 시설기준의 적합여부의 확인 · 검사
④ 식품 등의 기준 및 규격에 관한 사항 작성

**19** 감자의 영양소 파괴를 최소화 하는 조리법으로 맞는 것은?

① 감자를 깎아서 삶는다.
② 감자를 깎지 않고 찐다.
③ 감자를 깎지 않고 잘라서 찐다.
④ 감자를 깎아서 잘라서 삶는다.

**20** 다음 중 촛불을 입으로 불어 가연성 증기를 순간적으로 날려 보내는 소화방법은 무엇인가?

① 질식소화
② 냉각소화
③ 제거소화
④ 억제소화

**21** 마멀레이드(Marmalade)에 대하여 바르게 설명한 것은?

① 과일즙에 설탕을 넣고 가열 · 농축한 후 냉각시킨 것이다.
② 과일의 과육을 전부 이용하여 점성을 띠게 농축한 것이다.
③ 과일즙에 설탕, 과일의 껍질, 과육의 얇은 조각이 섞여 가열, 농축된 것이다.
④ 과일을 설탕시럽과 같이 가열하여 과일이 연하고 투명한 상태로 된 것이다.

**22** 죽을 조리하는 방법으로 틀린 것은?

① 주재로 곡물을 충분히 물에 담갔다가 사용한다.
② 물을 나누어 넣어 죽 전체가 잘 어우러지게 한다.
③ 일반적인 죽의 분량은 쌀 용량의 5~6배이다.
④ 죽을 쑤는 동안 너무 자주 젓지 않도록 한다.

**23** 설탕을 포도당과 과당으로 분해하여 전화당을 만드는 효소는?

① 아밀라아제(Amylase)
② 인버타제(Invertase)
③ 리파아제(Lipase)
④ 피타아제(Phytase)

**24** 식품의 가공 · 저장 시 일어나는 마일라드(Maillard) 갈변반응은 어떤 성분의 작용에 의한 것인가?

① 당류와 지방
② 당류와 단백질
③ 수분과 단백질
④ 지방과 단백질

**25** 흔히 불고기라고 하며, 궁중음식으로 소고기를 저며 양념장에 재워 두었다가 굽는 음식의 명칭은?

① 갈비구이
② 너비아니구이
③ 장포육
④ 생치구이

**26** 다음 설명하는 음식은 무엇인가?

- 편육은 식은 후 면포로 모양을 잡아준다.
- 채소, 황 · 백 지단, 고기는 일정한 크기로 잘라 데쳐낸 미나리로 꼬치를 이용하여 매듭을 고정한다.
- 초고추장을 곁들여낸다.

① 미나리 생채무침
② 미나리나물
③ 미나리강회
④ 미나리 초무침

**27** 지용성 비타민의 결핍증이 틀린 것은?

① 비타민 A – 안구건조증, 안염, 각막연화증
② 비타민 K – 불임증, 근육 위축증
③ 비타민 D – 골연화증, 유아발육 부족
④ 비타민 F – 피부염, 성장정지

**28** 임신 · 분만 · 산욕과 연관된 질병 또는 이로 인한 합병증 때문에 일어나는 사망률은?

① 영아사망률
② 모성사망률
③ 비례사망지수
④ 사인별 사망률

**29** 생선을 조리하는 방법으로 잘못된 것은?

① 탕을 끓일 경우 찬물에 생선을 넣고 끓여야 국물이 맑고 생선살이 풀어지지 않고, 비린내가 덜 난다.
② 생선구이 조리 시 생선 중량의 2~3%에 해당하는 소금을 뿌린다.
③ 처음 가열할 때 수분간은 뚜껑을 열어 비린내를 휘발한다.
④ 선도가 약간 저하된 생선은 조미를 비교적 강하게 하여 뚜껑을 열고 짧은 시간 내에 끓이는 것이 좋다.

**30** 자유수와 결합수의 설명으로 맞는 것은?

① 결합수는 용매로서 작용한다.
② 자유수는 4℃에서 비중이 제일 크다.
③ 자유수는 표면장력과 점성이 작다.
④ 결합수는 자유수보다 밀도가 작다.

**31** 단체급식소에서 식수인원 300명의 풋고추조림을 할 때 풋고추의 총 발주량은 약 얼마인가?(단 풋고추의 1인분 30g, 풋고추의 폐기율 6%)

① 9.6kg ② 13kg
③ 15kg ④ 16kg

**32** 배추김치를 만드는 데 배추 50kg이 필요하다. 배추 1k의 값은 1,000원이고, 가식부율은 90%일 때 배추 구입비용은 약 얼마인가?

① 67,600원
② 75,000원
③ 55,500원
④ 83,400원

**33** 다음 중 갈변현상이 다른 것은?

① 껍질을 제거한 감자
② 간장
③ 껍질을 제거한 사과
④ 홍차

**34** 찹쌀떡이 멥쌀떡보다 더 늦게 굳는 이유는?

① pH가 낮기 때문에
② 수분 함량이 적기 때문에
③ 아밀로오스의 함량이 많기 때문에
④ 아밀로펙틴의 함량이 많기 때문에

**35** 생닭을 냉동시키는 방법으로 옳은 것은?

① 닭을 깨끗이 씻은 후 내장을 제거하지 않고 통으로 보관한다.
② 닭을 깨끗이 씻은 후 내장을 제거하여 통으로 냉동 보관한다.
③ 닭을 깨끗이 씻은 후 내장을 제거하여 절단하고, 소분하여 냉동 보관한다.
④ 닭을 씻지 않고 통으로 냉동 보관한다.

**36** 신선한 달걀의 감별법으로 설명이 잘못된 것은?

① 햇빛(전등)에 비출 때 공기집의 크기가 작다.
② 흔들 때 내용물이 잘 흔들린다.
③ 6% 소금물에 넣으면 가라앉는다.
④ 깨뜨려 접시에 놓으면 노른자가 볼록하고, 흰자의 점도가 높다.

**37** 다음 중 치즈 제조에 사용되는 우유단백질을 응고시키는 효소는?

① 프로테아제(Protease)
② 레닌(Rennin)
③ 아밀라아제(Amylase)
④ 말타아제(Maltase)

**38** 냄새 제거를 위한 향신료가 아닌 것은?

① 육두구(Nutmeg, 넛멕)
② 월계수잎(Bag Leaf)
③ 마늘(Gatlic)
④ 세이지(Sage)

**39** 환자나 보균자의 분뇨에 의해서 감염될 수 있는 경구감염병은?

① 장티푸스
② 결핵
③ 인플루엔자
④ 디프테리아

**40** 전자레인지의 주된 원리는?

① 복사 ② 전자
③ 대류 ④ 극초단파

**41** 중온균(Mesophilic Bacteria) 증식의 최적온도는?

① 10~12℃
② 25~37℃
③ 55~60℃
④ 65~75℃

**42** 육류의 가열변화에 의한 설명으로 틀린 것은?

① 생식할 때보다 풍미와 소화성이 향상된다.
② 근섬유와 콜라겐은 45℃에서 수축하기 시작한다.
③ 가열한 고기의 색은 메트미오글로빈(Metmyoglobin)이다.
④ 고기의 지방은 근수축과 수분손실을 적게 한다.

**43** 중간숙주 없이 감염이 가능한 기생충은?

① 아니사키스 ② 회충
③ 폐흡충 ④ 간흡충

**44** 잠함병의 발생과 가장 밀접한 관계를 갖고 있는 환경 요소는?

① 고압과 질소
② 저압과 산소
③ 고온과 이산화탄소
④ 저온과 일산화탄소

**45** 생선묵의 점탄성을 부여하기 위해 첨가하는 물질은?

① 소금　② 전분
③ 설탕　④ 술

**46** 곰팡이의 대사산물에 의해 질병이나 생리작용에 이상을 일으키는 원인이 아닌 것은?

① 청매 중독
② 아플라톡신 중독
③ 황변미 중독
④ 오크라톡신 중독

**47** 호화와 노화에 관한 설명 중 틀린 것은?

① 전분의 가열온도가 높을수록 호화시간이 빠르며, 점도는 낮아진다.
② 전분 입자가 크고, 지질 함량이 많을수록 빨리 호화된다.
③ 수분 함량이 30~60%, 온도가 0~4℃일 때 전분의 노화는 쉽게 일어난다.
④ 60℃ 이상에서는 노화가 잘 일어나지 않는다.

**48** 생선을 껍질이 있는 상태로 구울 때 껍질이 수축되는 주원인 물질과 그 처리방법은?

① 생선살의 색소단백질, 소금에 절이기
② 생선살의 염용성 단백질, 소금에 절이기
③ 생선껍질의 지방, 껍질에 칼집 넣기
④ 생선껍질의 콜라겐, 껍질에 칼집 넣기

**49** 날콩에 함유된 단백질의 체내 이용을 저해하는 것은?

① 펩신　② 트립신
③ 글로불린　④ 안티트립신

**50** 이산화탄소를($CO_2$)를 실내공기의 오탁지표로 사용하는 가장 주된 이유는?

① 유독성이 강하므로
② 실내공기 조성의 전반적인 상태를 알 수 있으므로
③ 일산화탄소로 변화되므로
④ 항상 산소량과 반비례하므로

**51** 튀김옷의 재료에 관한 설명으로 틀린 것은?

① 중조를 넣으면 탄산가스가 발생하면서 수분도 증발되어 바삭하게 된다.
② 달걀을 넣으면 달걀 단백질의 응고로 수분 흡수가 방해되어 바삭하게 된다.
③ 글루텐 함량이 높은 밀가루가 오랫동안 바삭한 상태를 유지한다.
④ 얼음물에 반죽을 하면 점도를 낮게 유지하여 바삭하게 된다.

**52** 신맛 성분과 주요 소재 식품의 연결이 틀린 것은?

① 구연산(Ccitric acid) – 감귤류
② 젖산(Lactic acid) – 김치류
③ 호박산(Succinic acid) – 늙은호박
④ 주석산(Tartaric acid) – 포도

**53** 조리대 배치 형태 중 환풍기와 후드의 수를 최소화할 수 있는 것은?

① 일렬형
② 병렬형
③ ㄷ형
④ 아일랜드형

**54** 사람이 평생 동안 매일 섭취하여도 아무런 장애가 일어나지 않는 최대량으로 1일 체중 kg당 mg수로 표시하는 것은?

① 최대무작용량(NOEL)
② 1일 섭취허용량(ADI)
③ 50% 치사량(LD50)
④ 50% 유효량(ED50)

**55** 다음 중 식품안전관리인증기준(HACCP)을 수행하는 단계에 있어서 가장 먼저 실시하는 것은?

① 중점관리점 규명
② 관리기준의 설정
③ 기록유지방법의 설정
④ 식품의 위해요소를 분석

**56** 25g의 버터(지방 80%, 수분 20%)가 내는 열량은?

① 36kcal ② 100kcal
③ 180kcal ④ 225kcal

**57** 알칼로이드성 물질로 커피의 자극성을 나타내고, 쓴맛에도 영향을 미치는 성분은?

① 주석산(Tartaric acid)
② 카페인(Caffeine)
③ 타닌(Tannin)
④ 개미산(Formic acid)

**58** 에너지 전달에 대한 설명으로 틀린 것은?

① 물체가 열원에 직접적으로 접촉됨으로써 가열되는 것을 전도라고 한다.
② 대류에 의한 열의 전달은 매개체를 통해서 일어난다.
③ 대부분의 음식은 전도, 대류, 복사 등 복합적 방법에 의해 에너지가 전달되어 조리된다.
④ 열의 전달속도는 대류가 가장 빨라 복사, 전도보다 효율적이다.

**59** 사용목적별 식품첨가물의 연결이 틀린 것은?

① 착색료 : 철클로로필린나트륨
② 소포제 : 초산비닐수지
③ 표백제 : 메타중아황산칼륨
④ 감미료 : 사카린나트륨

**60** 젓갈의 숙성에 대한 설명으로 틀린 것은?

① 농도가 묽으면 부패하기 쉽다.
② 새우젓의 소금 사용량은 60% 정도가 적당하다.
③ 자기소화 효소작용에 의한 것이다.
④ 호염균의 작용이 일어날 수 있다.

제5회

# 정답 및 해설

| 01 | ① | 02 | ① | 03 | ② | 04 | ③ | 05 | ② | 06 | ④ | 07 | ① | 08 | ① | 09 | ① | 10 | ④ |
|---|---|---|---|---|---|---|---|---|---|---|---|---|---|---|---|---|---|---|---|
| 11 | ④ | 12 | ① | 13 | ④ | 14 | ③ | 15 | ③ | 16 | ③ | 17 | ② | 18 | ④ | 19 | ② | 20 | ③ |
| 21 | ③ | 22 | ② | 23 | ② | 24 | ② | 25 | ② | 26 | ③ | 27 | ② | 28 | ② | 29 | ① | 30 | ② |
| 31 | ① | 32 | ③ | 33 | ② | 34 | ④ | 35 | ③ | 36 | ② | 37 | ② | 38 | ① | 39 | ① | 40 | ④ |
| 41 | ② | 42 | ② | 43 | ② | 44 | ① | 45 | ② | 46 | ① | 47 | ① | 48 | ④ | 49 | ④ | 50 | ② |
| 51 | ③ | 52 | ③ | 53 | ④ | 54 | ② | 55 | ④ | 56 | ③ | 57 | ② | 58 | ④ | 59 | ② | 60 | ② |

**01** 도정도가 높을수록 영양소는 적어지지만 소화율은 높아진다. 도정이 이루어지는 동안 곡립 사이의 마찰력에 의해 곡립면이 매끈하게 되고, 빛깔이 생기며 알맹이가 고르게 된다.

**02** 밀가루는 체에 친 후 스푼으로 수북이 담아 주걱(Spatula)으로 위를 평평하게 깎아서 측정한다.

**03** 찌기는 수증기의 잠재열(1g당 539kcal)을 이용하여 식품을 가열하는 조리법이다. 시간은 걸리지만 영양소의 손실이 적고, 온도의 분포도 골고루 되므로 모양이 변형될 염려가 없다.

**04** 건어물, 공산품, 곡류 등 쉽게 상하지 않는 식품은 1개월분을 한꺼번에 구입한다.

**05** 식중독의 원인 분류
- 내인성 : 식품 중의 유독 · 유해 성분이나 물질 섭취
- 외인성 : 취급 과정 등에서 식중독균 등의 의도적, 비의도적 혼합
- 유기성 : 조리 · 가열 과정에서 인체 위해물질 생성

**06** 디아세틸(Diacetyl)은 세균의 작용에 의해 생성되는 신선한 버터의 향 성분이다.

**07** 보툴리누스균은 A, B, E, F형이 있고, 뉴로톡신이라는 신경독소가 있다.

**08** 포도상구균이 생성하는 장독소는 엔테로톡신으로 열에 약한 균과 달리 120℃에 20분간 처리해도 파괴되지 않는다.

**09** 미생물의 생육에 필요한 최저 수분활성도(Aw)는 세균(0.90~0.95) > 효모(0.88) > 곰팡이(0.65~0.80)의 순이다.

**10** 구충은 분변을 통해 오염된 토양이나 하수로부터 경피감염, 경구감염이 되므로 맨발 작업을 금한다.

**11** 필수아미노산은 트레오닌, 발린, 트립토판, 이소루이신, 류신, 페닐알라닌, 메티오닌, 아르기닌, 히스티딘, 리신이다.

**12** 겨잣가루를 물로 반죽하면 시니그린(Sinigrin), 시날빈(Sinalbin)이라는 물질과 미로시나아제(Myrosinase)라는 효소의 작용으로 분해되어 알릴 아이소사이오사이아네이트(Allyl isothiocyanate), 파라히드록시 벤질 이소티오시아네이트(Parahydroxy Benzyl isothiocyanate)가 생성되어 매운맛과 자극성을 준다.

**13** 납(Pb)중독
- 급성중독 : 구토, 구역질, 복통, 사지마비 등이다.
- 만성중독 : 잇몸에 납 무늬가 나타남, 피로, 소화기장애, 지각상실, 시력장애, 체중감소 등이다.

**14** 바닥과 벽 사이의 각진 코너 부분이나 틈은 굴곡지게 하여야 틈을 막아 청소하기가 쉽다.

**15** 영업허가를 받아야 하는 업종은 단란주점, 유흥주점, 식품 조사처리업이다.

**16** 식품의약품안전처장은 조리사 및 영양사에게 교육받을 것을 명할 수 있다.

**17** 플라보노이드는 수용성의 채소색소로 옥수수, 밀가루, 양파 등에 함유되어 있으며, 알칼리를 첨가하면 진한 황색이 된다.

**18** 식품 등의 기준 및 규격에 관한 사항 작성은 식품위생심의위원회의 직무이다.

**19** 감자는 껍질째 쪄야만 영양소 파괴를 최소화 할 수 있다.

**20** 소화방법

① 제거소화 : 연소반응에 관계된 가연물이나 그 주위의 가연물을 제거
- 가스밸브의 폐쇄
- 가연물 직접제거 및 파괴
- 촛불을 입으로 불어 가연성 증기를 순간적으로 날려 보내는 방법
- 산불 시 화재 진행 방향의 나무제거

② 질식소화 : 산소공급원을 차단하여 소화하는 방법(공기 중 산소농도를 15% 이하로 억제)
- 불연성 기체로 연소물을 덮는 방법
- 불연성 포말로 연소물을 덮는 방법
- 불연성 고체로 연소물을 덮는 방법

③ 냉각소화 : 연소하고 있는 가연물로부터 열을 빼어 연소물을 착화온도 이하로 내리는 방법
- 주수에 의한 냉각작용
- 이산화탄소($CO_2$) 소화약재에 의한 냉각작용

④ 억제소화 : 산화반응(연쇄반응)을 약화시켜 소화하는 방법(화학적 작용에 의한 소화)
- 할로겐화합물, 정정소화약제에 의한 억제(부촉매) 작용
- 분말소화약제에 의한 억제(부촉매)작용

**21** 마멀레이드는 감귤류의 껍질과 과육에 설탕을 넣어 조린 젤리 모양의 잼이다.

**22** 죽에 넣을 물을 계량하여 처음부터 전부 넣어서 끓인다. 도중에 물을 보충하면 죽 전체가 잘 어우러지지 않는다.

**23** 아밀라아제는 탄수화물 분해효소, 리파아제는 지방분해효소, 피타아제는 피틴을 분해해서 인산을 유리하는 효소이다.

**24** 당류의 카보닐기와 단백질의 아미노기가 가열에 의해 갈색 물질을 생성하는 반응을 마일라드 갈변반응이라고 한다.

**25** 고기를 얇게 저며 썬 후 갖은 양념에 재웠다가 굽는 것은 너비아니구이이다.

**26** 미나리로 만든 강회의 설명이다.

**27** 비타민 E : 불임증, 근육 위축증 등이다.

**28** 임신, 분만, 산욕과 관련 있는 사망률은 모성사망률이다.

**29** 탕을 끓일 경우는 국물을 먼저 끓인 후 생선을 넣어야 단백질 응고작용으로 국물이 맑고 생선살이 풀어지지 않으며, 비린내가 나지 않는다.

**30** 결합수는 용매로 작용하지 못하며, 자유수는 표면장력과 점성, 밀도가 크다.

**31** 발주량 = 출고계수×정미중량×식수인원 = [100÷(100 − 폐기율)]×정미중량×인원수
= 100÷(100g−6)×30×300 = 약 9.6kg이다.

**32** 필요비용 = 필요량×(100÷가식부율)×1kg당의 단가
= 50×(100÷90)×1,000 = 약 55,555원이다.

**33** 간장은 비효소적 갈변이고, 나머지는 효소적 갈변이다.

**34** 찹쌀은 아밀로펙틴이 100%이기 때문에 서서히 굳는다.

**35** 닭은 씻은 후 내장을 제거하여 절단하고, 냉동 보관한다.

**36** 신선한 달걀은 흔들어 봤을 때 흔들림이 거의 없다.

**37** 레닌은 프로테아제의 일종으로 치즈의 제조 과정에서 우유를 응고시키는 중요한 역할을 한다. 카세인과 지방을 응고시켜 커드(Curd)를 만든다.

**38** 인도네시아가 원산지인 육두구는 음식의 맛을 더하는 데 사용하는 향미료이다. 영어 이름인 넛맥은 사향 향기가 나는 호두라는 뜻이다.

**39** 경구감염병은 장티푸스, 콜레라, 이질, 폴리오이며, 분뇨의 위생적 처리로 질병 발생을 감소시킬 수 있다.

**40** 극초단파(마이크로파)의 성질을 이용하여 식품을 가열하는 조리기구이며, 고주파 전기장 안에서 분자가 심하게 진동하여 발열하는 현상을 이용한다.

**41** 저온균 15~20℃, 중온균 25~37℃, 고온균 50~60℃이다.

**42** 육류의 근섬유를 50℃ 이상으로 가열하면 단백질이 변성을 일으키기 시작하며, 65℃에서 콜라겐의 3중나선 분해가 시작되어 80℃에서는 질긴 콜라겐이 부드러운 젤라틴으로 쉽게 변하게 된다.

**43** 중간숙주가 없는 것은 회충, 구충, 편충, 요충이다.

**44** 잠함병이란 고압의 물속에서 체내에 축적된 질소가 완전 배출되지 않고 혈관이나 몸속에 기포를 만들어 생기는 병으로, 우리나라에서는 해녀들의 직업병이라고 해서 '해녀병'이라고도 한다.

**45** 점탄성은 변형이 일어날 때 점성 및 탄성이 모두 나타나는 현상으로, 전분은 생선묵의 점탄성을 부여하기 위하여 첨가하는 물질이다.

**46** 청매 중독은 아미그달린이라는 청산 배당체가 함유되어 있어 덜 익은 푸른 매실을 섭취할 때 나타나는 중독 증상이다.

**47**
- 호화 : 가열온도가 높을수록 점도가 높아지며, 전분 입자가 크고 지질 함량이 많을수록, 도정도가 높을수록 호화가 잘 된다.
- 노화 : 수분 함량이 30~60%, 온도가 0~4℃, pH가 산성일 때, 아밀로오스 함량이 많을수록 노화가 잘 일어난다.

**48** 생선껍질의 진피층을 구성하는 콜라겐이 근육섬유와 직각으로 교차하여 근육을 고정시키고 있다가 가열에 의해 수축됨으로써 일어나는 현상으로, 껍질에 칼집을 넣어 구우면 수축을 줄일 수 있다.

**49** 안티트립신은 신진대사 장애물질 가운데 하나로, 단백질의 체내 이용을 저해하므로 가열해서 먹으면 흡수가 용이하다.

**50** 이산화탄소는 탄소가 완전연소를 할 때 생기는 무색 기체로, 농도가 증가하면 호흡에 필요한 산소의 양이 부족하게 되어 인체에 유해하다.

**51**
- 글루텐은 점탄성을 갖고 있으므로, 글루텐 함량이 적은 박력분을 사용한다.
- 달걀의 단백질 응고로 수분이 배출된다.
- 식소다를 약간 사용하면 이산화탄소가 발생함과 동시에 수분이 배출된다.
- 얼음물의 사용으로 점도를 낮춘다.
- 젓는 횟수를 최소한으로 줄여 글루텐 형성을 최소화함으로써 바삭한 튀김옷을 만들 수 있다.

**52** 호박산은 조개나 사과, 청주 등에 들어 있고, 신맛보다는 시원한 감칠맛을 가지고 있다.

**53** 아일랜드형은 환풍기와 후드의 수를 최소화할 수 있다.

**54** 1일 섭취허용량(ADI)은 인간이 평생 매일 섭취하더라도 장해가 인정되지 않는다고 생각되는 화학물질의 1일 섭취량(mg/kg 체중/1일)을 의미하며, 식품첨가물과 농약 등에 사용한다.

**55** HACCP의 7원칙 수행절차
위해요소 분석 → 중요관리점 결정 → CCP 한계기준 설정 → CCP 모니터링 체계 확립 → 개선조치방법 수립 → 검증절차 및 방법 수립 → 문서화 기록유지방법 설정

**56** 지방은 1g당 9kal의 열량을 내며, 버터 25g 중 지방은 80%(20g)이므로 $20 \times 9 = 180$kcal가 된다.

**57** 주석산은 포도의 신맛, 카페인은 커피의 쓴맛, 타닌은 식물의 떫은맛, 개미산(포름산)은 쐐기풀의 신맛이다.

**58** 열의 전달속도는 전도>복사>대류의 순이다.

**59** 소포제는 식품의 제조공정 중에 거품이 발생할 때 사용하는 첨가물로, 규소수지가 있으며, 초산비닐수지는 피막제와 껌 기초제로 사용된다.

**60** 새우젓의 소금 사용량은 35~40% 정도가 적당하다.

MEMO

# 한식
# 조리기능사
# 실기편

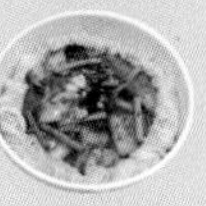

# 1 기초 실무 조리

※ 주어진 재료를 사용하여 다음과 같이 재료 썰기를 하시오.

가. 무, 오이, 당근, 달걀지단을 썰기 하여 전량 제출하시오(단, 재료별 써는 방법이 틀렸을 경우 실격).

나. 무는 채썰기, 오이는 돌려깎기하여 채썰기, 당근은 골패 썰기를 하시오.

다. 달걀은 흰자와 노른자를 분리하여 알끈과 거품을 제거하고 지단을 부쳐 완자(마름모꼴) 모양으로 각 10개를 썰고, 나머지는 채썰기를 하시오.

라. 1) 채썰기 – 0.2×0.2×5cm
  2) 골패썰기 – 0.2×1.5×5cm
  3) 마름모형 썰기 – 한 면의 길이가 1.5cm

| 번호 | 재료명 | 규격 | 단위 | 수량 |
|---|---|---|---|---|
| 1 | 무 | | g | 100 |
| 2 | 오이 | 길이 25cm 정도 | 개 | 1/2 |
| 3 | 당근 | 길이 6cm | 토막 | 1 |
| 4 | 달걀 | | 개 | 3 |
| 5 | 식용유 | | ml | 20 |
| 6 | 소금 | | g | 10 |

재료 확인 ➡ 재료 손질 ➡ 무 채썰기 ➡ 오이 돌려깎기하여 채썰기 ➡ 당근 골패썰기 ➡ 황 · 백지단 부치기 ➡ 마름모형 썰기 ➡ 채썰기 ➡ 담기

| | |
|---|---|
| 손질하기 | ① 무와 당근은 깨끗이 씻은 후 칼로 껍질을 벗겨준다.<br>② 오이는 소금으로 문질러 깨끗하게 씻는다. |
| 무 · 오이 · 당근 썰기 | ③ 무는 길이 5cm로 자른 후 두께와 폭은 0.2cm로 일정하게 채를 썬다.<br>④ 오이는 길이 5cm로 자른 후 돌려깎기하여 두께와 폭을 0.2cm로 일정하게 채를 썬다.<br>⑤ 당근은 길이 5cm로 자른 후 두께 0.2cm, 폭 1.5cm로 골패썰기를 한다. |
| 황 · 백지단 썰기 | ⑥ 달걀은 흰자와 노른자를 분리하여 알끈을 제거한 다음 황 · 백지단을 부친다.<br>⑦ 황 · 백 지단은 각각 1.5cm 폭으로 자른다. 이를 겹쳐 다시 1.5cm 간격의 마름모형으로 썰어 10개씩 준비한다.<br>⑧ 나머지 황 · 백지단은 0.2×0.2×5cm로 모두 채를 썬다. |
| 완성하기 | ⑨ 그릇에 가지런히 담아 제출한다. |

중간
과정

달걀에 소금 넣고 체(또는 면포)에 내리기

지단 부치기(노른자 먼저)

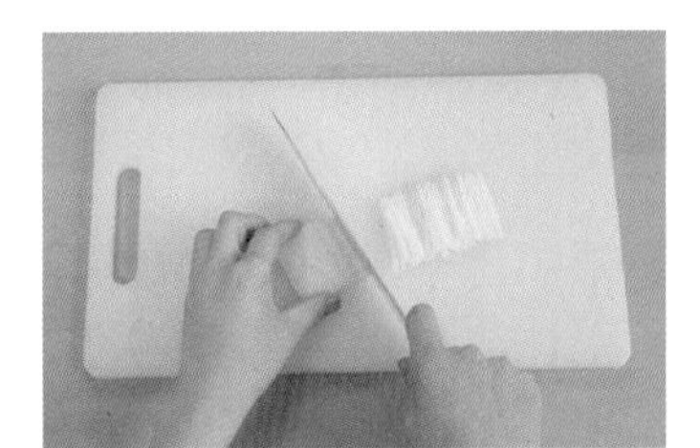
무 채썰기

오이 돌려깎기 해서 채썰기

당근 골패썰기

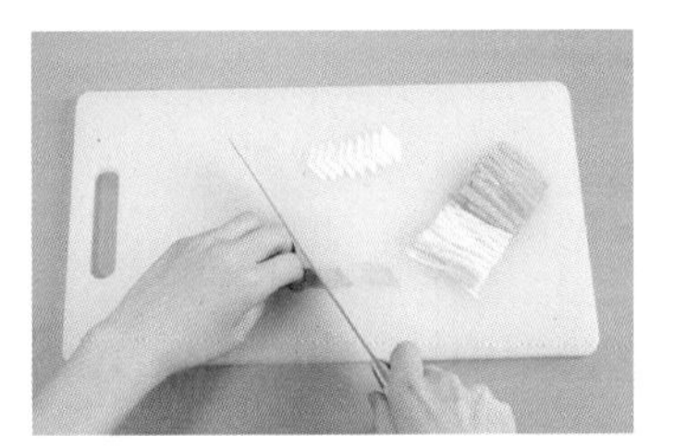
지단 채, 마름모형 썰기

● **Point**

① 지단을 부칠 때는 기포를 제거하고, 프라이팬 온도에 유의한다.
② 재료별 써는 방법에 유의한다.

● 밥(飯) 조리 ●

# 콩나물밥

※ 주어진 재료를 사용하여 다음과 같이 콩나물밥을 만드시오.

가. 콩나물은 꼬리를 다듬고, 소고기는 채 썰어 간장양념을 하시오.

나. 밥을 지어 전량 제출하시오.

| 번호 | 재료명 | 규격 | 단위 | 수량 |
|---|---|---|---|---|
| 1 | 쌀 | 30분 정도 물에 불린 쌀 | g | 150 |
| 2 | 콩나물 | | g | 60 |
| 3 | 소고기 | 살코기 | g | 30 |
| 4 | 대파 | 흰 부분(4cm 정도) | 토막 | 1/2 |
| 5 | 마늘 | 중(깐 것) | 쪽 | 1 |
| 6 | 진간장 | | ml | 5 |
| 7 | 참기름 | | ml | 5 |

재료 확인 ➡ 재료 손질 ➡ 콩나물 다듬기 ➡ 소고기 채썰어 양념하기 ➡ 밥 짓기 ➡ 밥 고루섞기 ➡ 담기

| | |
|---|---|
| 쌀 손질하기 | ① 불린 쌀은 물기를 제거한다. |
| 재료 손질하기 | ② 콩나물은 껍질과 꼬리를 제거한다.<br>③ 파와 마늘은 곱게 다진다.<br>④ 소고기는 핏물을 제거하고 곱게 채썰어 간장, 다진 파, 다진 마늘, 참기름에 양념한다. |
| 밥 짓기 | ⑤ 냄비에 불린 쌀 1C을 먼저 넣고, 물 1C을 넣어 양념한 소고기와 콩나물을 얹어 뚜껑을 덮고 밥을 짓는다. |
| 밥 뜸들이기 | ⑥ 끓어오르면 약불로 줄여서 뜸을 들인다.<br>⑦ 뜸 들인 밥을 주걱으로 골고루 섞는다. |
| 완성하기 | ⑧ 그릇에 전량 담아 제출한다. |

불린 쌀 물기 제거

콩나물 다듬기

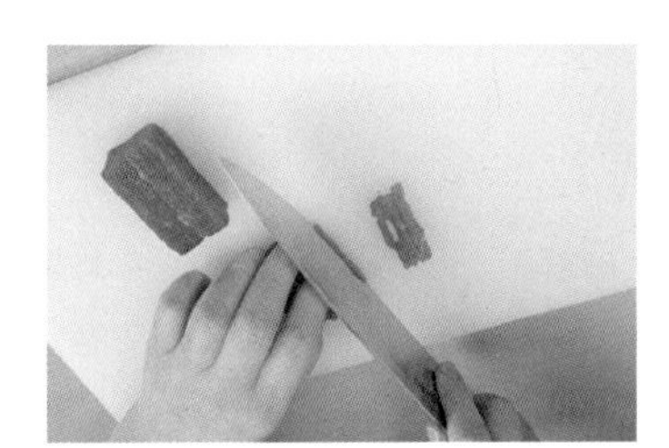

소고기 썰기

소고기 양념하기

밥 짓기

밥 골고루 섞어 담기

**● Point**

① 소고기를 양념할 때 설탕, 후춧가루, 깨소금을 넣지 않도록 유의한다.
② 콩나물이 익기 전에 뚜껑을 열면 콩 비린내가 나므로, 끓기 전에 열지 않도록 유의한다.

● 밥(飯) 조리 ●

# 비빔밥

※ 주어진 재료를 사용하여 다음과 같이 비빔밥을 만드시오.

가. 채소, 소고기, 황 · 백지단의 크기는 0.3×0.3×5cm로 써시오.

나. 호박은 돌려깎기하여 0.3×0.3×5cm로 써시오.

다. 청포묵의 크기는 0.5×0.5×5cm로 써시오

라. 소고기는 고추장 볶음과 고명에 사용하시오.

마. 담은 밥 위에 준비된 재료들을 색 맞추어 돌려 담으시오.

바. 볶은고추장은 완성된 밥 위에 얹어 내시오.

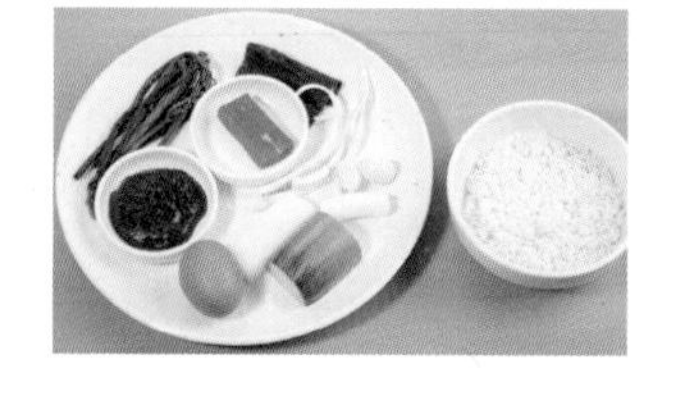

| 번호 | 재료명 | 규격 | 단위 | 수량 | 번호 | 재료명 | 규격 | 단위 | 수량 |
|---|---|---|---|---|---|---|---|---|---|
| 1 | 쌀 | 30분 정도 물에 불린 쌀 | g | 150 | 10 | 식용유 | | ml | 30 |
| 2 | 애호박 | 중(길이 6cm) | g | 60 | 11 | 대파 | 흰 부분(4cm 정도) | 토막 | 1 |
| 3 | 도라지 | 찢은 것 | g | 20 | 12 | 마늘 | | 쪽 | 2 |
| 4 | 고사리 | 불린 것 | g | 30 | 13 | 진간장 | | ml | 15 |
| 5 | 청포묵 | 중(길이 6cm) | g | 40 | 14 | 흰설탕 | | g | 15 |
| 6 | 소고기 | 살코기 | g | 30 | 15 | 깨소금 | | g | 5 |
| 7 | 달걀 | | 개 | 1 | 16 | 검은 후춧가루 | | g | 1 |
| 8 | 건다시마 | 5×5cm | 장 | 1 | 17 | 참기름 | | ml | 5 |
| 9 | 고추장 | | g | 40 | 18 | 소금 | 정제염 | g | 10 |

조리 과정

재료 확인 ➡ 재료 손질 ➡ 청포묵 데쳐서 양념하기 ➡ 소고기(채, 다지기) 양념 후 볶기 ➡ 채소 손질 후 볶기 ➡ 다시마 튀기기 ➡ 볶은고추장 만들기 ➡ 밥 담기 ➡ 색 맞추어 돌려담기

| | |
|---|---|
| 밥 짓기 | ① 불린 쌀에 1.2배의 물을 붓고 센불에서 끓이다가 끓어 오르면 약불로 줄여서 뜸을 들인다. |
| 재료 손질하기 | ② 청포묵은 0.5×0.5×5cm로 썰어서 끓는 물에 데쳐 소금, 참기름으로 밑간한다.<br>③ 도라지는 0.3×0.3×5cm로 채썰어서 소금에 문질러 씻은 후 물기를 제거한다.<br>④ 애호박은 돌려깎기하여 0.3×0.3×5cm로 채썰어서 소금에 절여 물기를 제거한다.<br>⑤ 고사리는 5cm로 썰어서 간장양념을 한다.<br>⑥ 소고기 일부는 다져서 볶음고추장에 사용하고, 나머지는 채썰어 간장 1작은술, 설탕 1/2작은술, 다진 파, 다진 마늘, 깨소금, 참기름, 후춧가루를 넣어 양념한다. |
| 재료 볶기 | ⑦ 프라이팬에 식용유를 두르고 황 · 백지단을 부쳐 채썰고 도라지, 애호박, 고사리, 소고기 순으로 볶은 다음 다시마를 튀겨서 잘게 부순다. |
| 볶은고추장 만들기 | ⑧ 프라이팬에 다진 소고기를 볶다가 고추장, 설탕, 물(1:1:1)을 넣어 볶아서 볶은고추장을 만든다. |
| 완성하기 | ⑨ 그릇에 밥을 담고 그 위에 볶은 재료들을 색이 겹치지 않게 돌려 담은 뒤 볶은 고추장, 튀긴 다시마를 얹어 제출한다. |

중간 과정

밥짓기

황백 지단 부치기

재료 썰어 양념하기

다시마 튀기기

볶은고추장 만들기

돌려 담기

**● Point**

① 볶은고추장을 만들 때는 농도를 잘 맞추어야 한다.
② 다시마를 튀길 때 식용유의 온도에 유의한다.
③ 밥물이 끓어 넘치지 않게 불 조절에 유의한다.

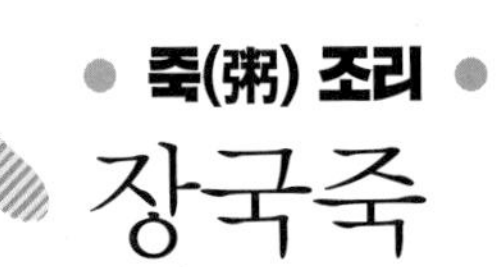


● 죽(粥) 조리 ●

# 장국죽

※ 주어진 재료를 사용하여 다음과 같이 장국죽을 만드시오.

가. 불린 쌀을 반 정도로 싸라기를 만들어 죽을 쑤시오.

나. 소고기는 다지고, 불린 표고는 3cm 정도의 길이로 채써시오.

| 번호 | 재료명 | 규격 | 단위 | 수량 |
|---|---|---|---|---|
| 1 | 쌀 | 30분 정도 물에 불린 쌀 | g | 100 |
| 2 | 소고기 | 살코기 | g | 20 |
| 3 | 건 표고버섯 | 지름 5cm 정도, 물에 불린 것(부서지지 않은 것) | 개 | 1 |
| 4 | 대파 | 흰 부분(4cm 정도) | 토막 | 1 |
| 5 | 마늘 | 중(깐 것) | 쪽 | 1 |
| 6 | 진간장 | | ml | 10 |
| 7 | 깨소금 | | g | 5 |
| 8 | 검은 후춧가루 | | g | 1 |
| 9 | 참기름 | | ml | 10 |
| 10 | 국간장 | | ml | 10 |

재료 확인 ➡ 재료 손질 ➡ 싸라기 만들기 ➡ 소고기 · 표고버섯 썰어 양념하기 ➡ 볶기 ➡ 물 붓기 ➡ 죽 끓이기 ➡ 담기

재료 손질하기

① 불린 쌀은 대접에 넣고, 방망이를 이용해서 싸라기를 만든다.
② 불린 표고버섯은 두꺼우면 포를 뜬 후 3cm 길이로 채 썰고, 소고기는 다져서 진간장, 다진 파, 다진 마늘, 후춧가루, 깨소금, 참기름으로 양념한다.

죽 끓이기

③ 냄비에 참기름을 둘러 소고기, 표고버섯을 볶다가 싸라기를 넣고, 투명해질 때까지 충분히 볶는다.
④ 불린 쌀의 6배의 물을 붓고, 끓이면서 저어준다.
⑤ 싸라기가 충분히 퍼지도록 끓이면서 농도를 조절하고, 국간장으로 색과 간을 맞춘다.

완성하기

⑥ 그릇에 담아 제출한다.

불린 쌀 체에 밭치기

싸라기 만들기

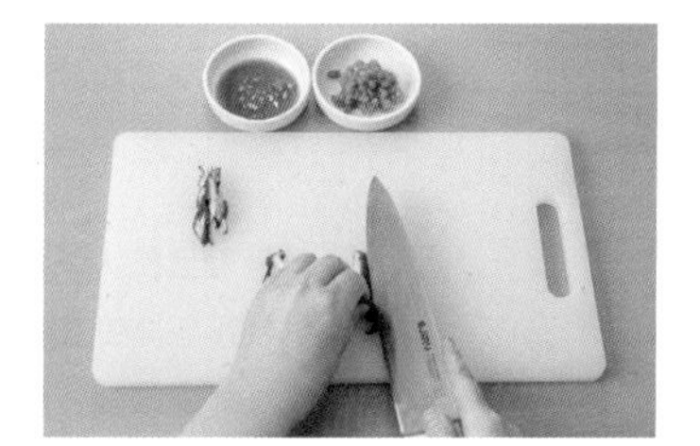
소고기, 표고버섯 썰어 양념하기

소고기, 표고 볶기

싸라기 넣어 볶기

물 넣어 끓이기

● **Point**

① 소고기 양념할 때 설탕을 넣지 않도록 유의한다.
② 시간이 경과할수록 되직해지므로 농도와 색에 유의한다.
③ 죽이 되직하여 물을 첨가할 경우, 반드시 한 번 더 끓여야만 겉물을 방지할 수 있다.
④ 간은 마지막에 해야 죽이 삭지 않는다.

● 적(炙) 조리 ●

# 5 섭산적

※주어진 재료를 사용하여 다음과 같이 섭산적을 만드시오.

가. 고기와 두부의 비율은 3 : 1 정도로 하시오

나. 다져서 양념한 소고기는 크게 반대기를 지어 석쇠에 구우시오.

다. 완성된 섭산적은 0.7×2×2cm로 9개 이상 제출하시오.

라. 잣가루를 고명으로 얹으시오.

| 번호 | 재료명 | 규격 | 단위 | 수량 |
|---|---|---|---|---|
| 1 | 소고기 | 살코기 | g | 80 |
| 2 | 두부 | | g | 30 |
| 3 | 대파 | 흰 부분(4cm 정도) | 토막 | 1 |
| 4 | 마늘 | 중(깐 것) | 쪽 | 1 |
| 5 | 소금 | 정제염 | g | 5 |
| 6 | 흰설탕 | | g | 10 |
| 7 | 깨소금 | | g | 5 |
| 8 | 참기름 | | ml | 5 |
| 9 | 검은 후춧가루 | | g | 2 |
| 10 | 잣 | 깐 것 | 개 | 10 |
| 11 | 식용유 | | ml | 30 |

재료 확인 ➡ 재료 손질 ➡ 두부 으깨기 ➡ 소고기 다지기 ➡ 양념하여 치대기 ➡ 반대기 빚기 ➡ 석쇠에 굽기 ➡ 잣 다지기 ➡ 담기 ➡ 잣가루 얹기

| | |
|---|---|
| 재료 손질하기 | ① 두부는 면포에 물기를 꼭 짠 후 칼등으로 으깨어 준다.<br>② 소고기는 핏물을 제거한 후 곱게 다진다. |
| 양념하기 | ③ 다진 소고기와 으깬 두부에 소금 1/4작은술, 설탕 1/6작은술, 다진 파, 다진 마늘, 후춧가루, 깨소금, 참기름, 설탕으로 만든 양념을 넣어 끈기가 나도록 충분히 치댄다. |
| 반대기 빚기 | ④ 반대기는 0.7×8×8cm가 되도록 빚은 뒤 가로세로 잔칼집을 넣는다. |
| 석쇠에 굽기 | ⑤ 달궈진 석쇠에 식용유를 바르고, 반대기가 흐트러지지 않게 올려 약불에서 석쇠를 움직여가며 앞뒤로 타지 않게 구워서 식혀둔다. |
| 잣 다지기 | ⑥ 잣은 고깔을 제거하고, 곱게 다진다. |
| 완성하기 | ⑦ 가장자리를 정리한 뒤 2×2cm로 9개 썰어 그릇에 담고, 각각의 중앙에 잣가루를 얹어 제출한다. |

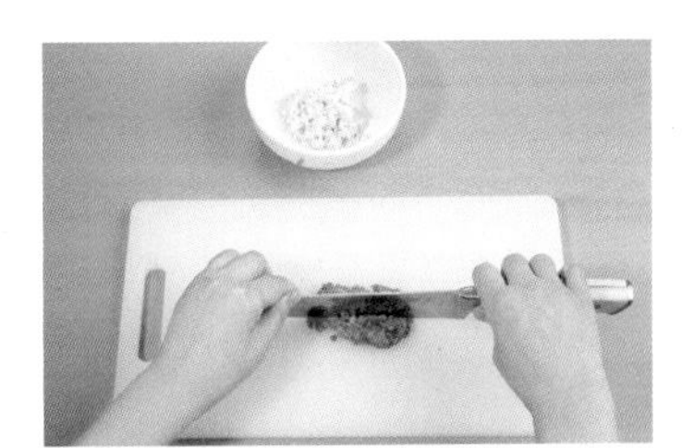
두부 으깨고, 소고기 다지기

양념하여 치대기

반대기 만들기

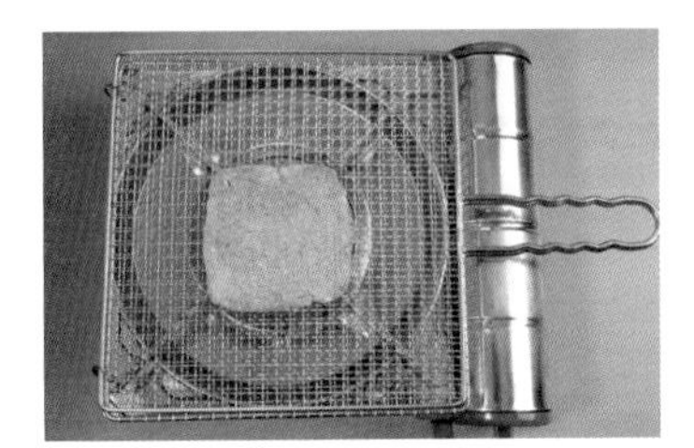
석쇠에 굽기

잣 다지기

잣가루 올리기

### ● Point

① 소고기와 두부는 곱게 다져서, 많이 치대야 표면이 매끈하고 부서지지 않는다.
② 석쇠를 미리 달군 다음 식혀서 기름을 발라 구워야 들러붙지 않고 잘 떨어진다.
③ 구운 반대기는 완전히 식은 다음 썰어야 모양이 부서지지 않는다.
④ 도마 위에 비닐을 깔고 반대기를 만들면 쉽게 떼어낼 수 있다.

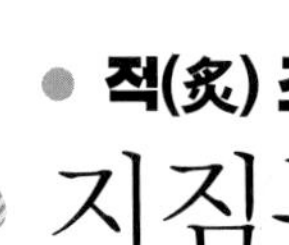

● 적(炙) 조리 ●

# 지짐누름적

※ 주어진 재료를 사용하여 다음과 같이 지짐누름적을 만드시오.

가. 각 재료는 0.6×1×6cm로 하시오.

나. 누름적의 수량은 2개를 제출하고, 꼬치는 빼서 제출하시오.

| 번호 | 재료명 | 규격 | 단위 | 수량 | 번호 | 재료명 | 규격 | 단위 | 수량 |
|---|---|---|---|---|---|---|---|---|---|
| 1 | 소고기 | 살코기(길이 7cm) | g | 50 | 10 | 식용유 | | ml | 30 |
| 2 | 건 표고버섯 | 지름 5cm 정도, 물에 불린 것 | 개 | 1 | 11 | 소금 | 정제염 | g | 5 |
| 3 | 당근 | 길이 7cm 정도 (곧은 것) | g | 50 | 12 | 진간장 | | ml | 10 |
| 4 | 쪽파 | 중 | 뿌리 | 2 | 13 | 흰설탕 | | g | 5 |
| 5 | 통도라지 | 껍질 있는 것, 길이 20cm 정도 | 개 | 1 | 14 | 대파 | 흰 부분 (4cm 정도) | 토막 | 1 |
| 6 | 밀가루 | 중력분 | g | 20 | 15 | 마늘 | 중(깐 것) | 쪽 | 1 |
| 7 | 달걀 | | 개 | 1 | 16 | 검은 후춧가루 | | g | 2 |
| 8 | 참기름 | | ml | 5 | 17 | 깨소금 | | g | 5 |
| 9 | 산적꼬치 | 길이 8~9cm 정도 | 개 | 2 | | | | | |

※ 건 표고버섯은 부서지지 않은 것

재료 확인 ➡ 재료 손질 ➡ 당근, 도라지 데치기 ➡ 양념하여 볶기 ➡ 꼬치에 끼우기 ➡ 밀가루 묻히기 ➡ 달걀옷 입히기 ➡ 지지기 ➡ 꼬치 빼기 ➡ 담기

| | |
|---|---|
| 재료 손질하기 | ① 통도라지는 뇌두를 제거하고 껍질을 벗겨 0.6×1×6cm로 썬 다음 소금물에 담가 쓴맛을 제거한다.<br>② 당근은 껍질을 벗기고 0.6×1×6cm로 썬다.<br>③ 도라지와 당근을 끓는 물에 소금을 넣고 살짝 데친다.<br>④ 달걀은 알끈을 제거하고, 소금을 약간 넣은 후 잘 저어 체에 내린다. |
| 재료 양념하기 | ⑤ 쪽파는 6cm로 잘라서 소금과 참기름으로 양념한다. 표고버섯은 폭 1cm, 길이 6cm로 썰고, 소고기는 0.4×1.2×8cm로 썰어서 잔 칼집을 넣어 간장양념을 한다. |
| 재료 볶기 | ⑥ 프라이팬에 식용유를 두르고 도라지, 당근을 볶으면서 소금으로 간을 하고 소고기와 표고버섯도 볶는다. |
| 꼬치에 꿰어 굽기 | ⑦ 볶은 재료는 산적 꼬치에 색을 맞춰 끼운 후 길이에 맞춰 자르고, 밀가루를 묻힌 후 달걀물을 입혀 프라이팬에서 약불로 지진다. |
| 완성하기 | ⑧ 꼬치를 돌리면서 빼낸 후, 그릇에 담아 제출한다. |

당근, 도라지 썰어 데치기

소고기, 표고버섯 양념하기

쪽파 소금, 참기름에 양념하기

재료 볶아 꼬치 끼우기

밀가루, 달걀물 입히기

프라이팬에 지지기

### ● Point

① 쪽파는 뿌리 부분에 잎 부분을 번갈아 끼워서 단단하게 만든다.
② 지질 때 뒷면은 밀가루를 듬뿍 묻히고, 앞면은 살짝 묻혀 달걀노른자 푼 것에 적셔 살짝 누르면서 지져야 꼬치를 빼도 모양이 흐트러지지 않는다.

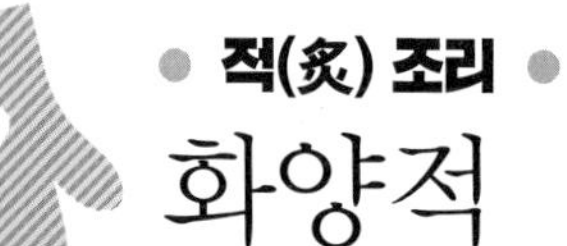


● 적(炙) 조리 ●

# 화양적

※ 주어진 재료를 사용하여 다음과 같이 화양적을 만드시오.

가. 화양적은 0.6×6×6cm로 만드시오.

나. 달걀노른자로 지단을 만들어 사용하시오.
(단, 달걀흰자 지단을 사용하는 경우 실격 처리)

다. 화양적은 2꼬치를 만들고 잣가루를 고명으로 얹으시오.

| 번호 | 재료명 | 규격 | 단위 | 수량 | 번호 | 재료명 | 규격 | 단위 | 수량 |
|---|---|---|---|---|---|---|---|---|---|
| 1 | 소고기 | 살코기(길이 7cm) | g | 50 | 10 | 소금 | 정제염 | g | 5 |
| 2 | 건 표고버섯 | 지름 5cm 정도, 물에 불린 것 | 개 | 1 | 11 | 흰설탕 | | g | 5 |
| 3 | 당근 | 길이 7cm 정도 (곧은 것) | g | 50 | 12 | 깨소금 | | g | 5 |
| 4 | 오이 | 가늘고 곧은 것 (20cm 정도) | 개 | 1/2 | 13 | 참기름 | | ml | 5 |
| 5 | 통도라지 | 껍질 있는 것 (길이 20cm 정도) | 개 | 1 | 14 | 검은 후춧가루 | | g | 2 |
| 6 | 산적꼬치 | 길이 8~9cm 정도 | 개 | 2 | 15 | 잣 | 깐 것 | 개 | 10 |
| 7 | 진간장 | | ml | 5 | 16 | 달걀 | | 개 | 2 |
| 8 | 대파 | 흰 부분(4cm 정도) | 토막 | 1 | 17 | 식용유 | | ml | 30 |
| 9 | 마늘 | 중(깐 것) | 쪽 | 1 | | | | | |

재료 확인 ➡ 재료 손질 ➡ 당근, 도라지 데치기 ➡ 양념하여 볶기 ➡ 꼬치에 끼우기 ➡ 잣 다지기 ➡ 담기 ➡ 잣가루 얹기

재료 손질하기

① 통도라지는 뇌두를 제거하고 껍질을 벗겨 0.6×1×6cm로 썬 다음 소금물에 담가 쓴맛을 제거한다.
② 당근은 껍질을 벗기고 0.6×1×6cm로 썬다.
③ 도라지와 당근을 끓는 물에 소금을 넣고 살짝 데친다.

양념하기

④ 오이는 6cm로 토막내어 삼발래(세 갈래)썰기로 씨 부분을 제거한 후 도라지와 당근 크기로 썰어 소금에 절인다. 표고버섯은 폭 1cm, 길이 6cm로 썰고, 소고기는 0.4×1.2×8cm로 썰어서 잔 칼집을 넣고 간장양념을 한다.

재료 볶기

⑤ 프라이팬에 식용유를 두른 후 달걀노른자로 황색 지단을 만들어 0.6×1×6cm 크기로 자르고, 도라지와 오이를 볶은 후 당근, 소고기, 표고버섯 순으로 볶는다.

꼬치에 꿰기

⑥ 잣은 고깔을 제거하고, 곱게 다진다.
⑦ 산적꼬치에 색을 맞춰 끼우고, 양 끝이 1cm가 남도록 자른다.

완성하기

⑧ 그릇에 담고, 잣가루를 고명으로 얹어 제출한다.

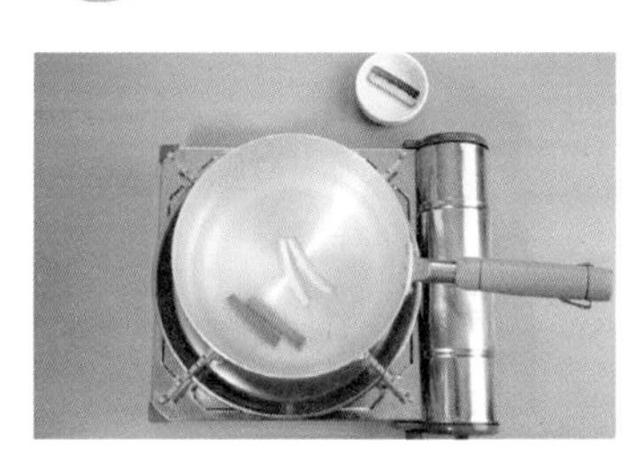
당근, 도라지 데치고, 오이 절이기

황색 지단 만들기

소고기, 표고버섯 양념하기

채소, 소고기 볶기

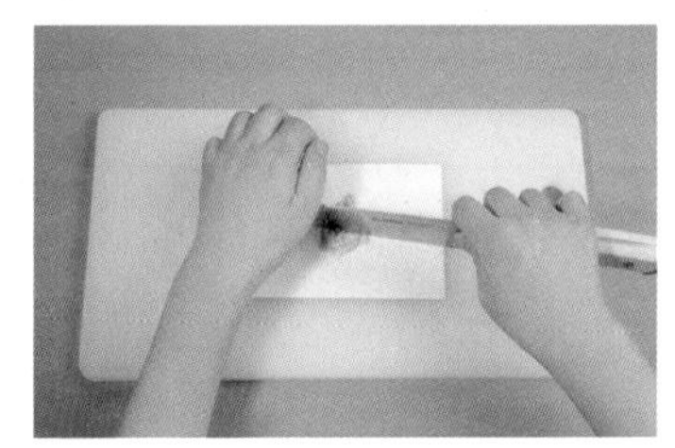
잣 다지기

꼬치 끼우기

● **Point**

① 볶는 순서는 깨끗하고 밝은색 재료부터 먼저 볶는다.
② 소고기는 익으면 길이가 줄어들므로, 다른 재료보다 길이를 길게 자르고 잔 칼집을 많이 넣어준다.
③ 각 재료는 크기와 두께를 일정하게 하고, 재료의 색이 선명하도록 살짝 볶는다.

● 숙채(熟菜) 조리 ●

# 8 칠절판

※ 주어진 재료를 사용하여 다음과 같이 칠절판을 만드시오.

가. 밀전병은 직경 8cm 되도록 6개를 만드시오.

나. 채소와 황 · 백 지단, 소고기 0.2×0.2×5cm 정도로 써시오.

다. 석이버섯은 곱게 채를 써시오.

| 번호 | 재료 목록 | 규격 | 단위 | 수량 | 번호 | 재료 목록 | 규격 | 단위 | 수량 |
|---|---|---|---|---|---|---|---|---|---|
| 1 | 소고기 | 살코기 | g | 50 | 9 | 대파 | 흰 부분 (4cm 정도) | 토막 | 1 |
| 2 | 오이 | 가늘고 곧은 것 (20cm 정도) | 개 | 1/2 | 10 | 검은 후춧가루 | | g | 1 |
| 3 | 당근 | 길이 7cm 정도 (곧은 것) | g | 50 | 11 | 참기름 | | mL | 10 |
| 4 | 달걀 | | 개 | 1 | 12 | 흰설탕 | | g | 10 |
| 5 | 석이버섯 | 부서지지 않은 것 (마른 것) | g | 5 | 13 | 깨소금 | | g | 5 |
| 6 | 밀가루 | 중력분 | g | 50 | 14 | 식용유 | | mL | 30 |
| 7 | 진간장 | | mL | 20 | 15 | 소금 | 정제염 | g | 10 |
| 8 | 마늘 | 중(깐 것) | 쪽 | 2 | | | | | |

재료 확인 ➡ 재료 손질 ➡ 밀전병 반죽하기 ➡ 소고기, 석이버섯 채썰어 양념하기 ➡ 밀전병 만들기 ➡ 채소, 소고기, 버섯 볶기 ➡ 담기

| | |
|---|---|
| 밀전병 반죽하기 | ① 밀가루 6큰술, 물 6큰술, 소금 약간을 넣어 반죽 후 체에 내린다. |
| 석이불리기 | ② 석이버섯은 미지근한 물에 불린 후 손으로 비벼 이끼를 제거하여 깨끗하게 씻은 다음 돌기를 제거하고, 곱게 채 썰어 소금, 참기름으로 양념한다. |
| 황 · 백지단 | ③ 달걀은 흰자와 노른자(흰자 1큰술 추가)를 분리하여 소금을 넣고 잘 풀어 황 · 백지단을 부쳐 채썬다. |
| 재료 손질하기 | ④ 오이는 5cm로 토막 낸 다음, 돌려깎기하고 채썰어서 소금에 절인다.<br>⑤ 당근도 채썰고, 소고기는 결대로 곱게 채썰어 간장 1작은술, 설탕 1/3 작은술, 다진 파, 다진 마늘, 후춧가루, 깨소금, 참기름으로 양념한다. |
| 밀전병 만들기 | ⑥ 달군 프라이팬에 식용유를 두르고, 키친타월로 닦아낸 후 약불에서 반죽을 2/3 큰술 떠서 밀전병을 얇게 부친다. |
| 재료 볶기 | ⑦ 오이, 당근, 소고기, 석이버섯 순으로 볶는다. |
| 완성하기 | ⑧ 그릇 중앙에 밀전병을 놓고, 볶은 채소들을 가지런히 담아 제출한다. |

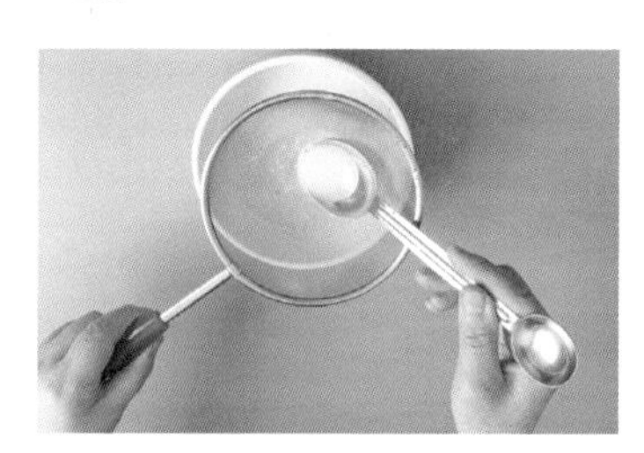

밀전병  반죽 후 체에 내리기

오이 채썰어 절이고, 당근 채썰기

소고기, 석이버섯 채썰기

소고기 썰어 양념하기

밀전병 부치기

채소, 소고기, 석이버섯 볶기

● **Point**

① 밀전병 반죽은 밀가루와 물을 1:1로 혼합하여 소금으로 간을 하고 체에 내려두면 거품이 없어지고 결이 곱게 된다.
② 모든 재료는 최대한 곱게 채썰어야 소복하게 담을 수 있다.
③ 밀전병을 부칠 때는 기름을 적게 넣고 부쳐 서로 붙지 않도록 펼쳐서 식힌다.

● 생채(生菜) 조리 ●

# 더덕생채

※ 주어진 재료를 사용하여 다음과 같이 더덕생채를 만드시오.

가. 더덕은 5cm로 썰어 두들겨 편 후 찢어서 쓴맛을 제거하여 사용하시오.

나. 고춧가루로 양념하고, 전량 제출하시오.

| 번호 | 재료명 | 규격 | 단위 | 수량 |
|---|---|---|---|---|
| 1 | 통더덕 | 껍질 있는 것, 길이 10~15cm 정도 | 개 | 2 |
| 2 | 대파 | 흰 부분(4cm 정도) | 토막 | 1 |
| 3 | 마늘 | 중(깐 것) | 쪽 | 1 |
| 4 | 흰설탕 | | g | 5 |
| 5 | 식초 | | ml | 5 |
| 6 | 소금 | 정제염 | g | 5 |
| 7 | 깨소금 | | g | 5 |
| 8 | 고춧가루 | | g | 20 |

조리 과정

재료 확인 ➡ 재료 손질 ➡ 더덕 손질 후 가늘게 찢기 ➡ 고춧가루 물들이기 ➡ 무치기 ➡ 담기

재료 준비 · 손질하기
① 통더덕은 깨끗이 씻은 후 뇌두를 제거하고, 칼을 돌려가면서 껍질을 벗긴다.
② 껍질을 벗긴 더덕은 5cm로 잘라 편으로 썰어서 소금물(물 1C, 소금 1/2작은술)에 담가 쓴맛을 우려낸다.
③ 파, 마늘은 곱게 다진다.
④ 건져서 물기를 제거하고, 방망이로 밀어 가늘고 길게 찢는다.

고춧가루 물들이기
⑤ 찢은 더덕은 고운 체에 내린 고춧가루로 색이 나도록 한다.

양념하여 무치기
⑥ 고춧가루 물을 들인 더덕에 소금, 식초, 설탕으로 밑간하고 다진 파, 다진마늘, 깨소금을 넣어 무친다.

완성하기
⑦ 그릇에 소복하게 담아 제출한다.

중간 과정

더덕 껍질 벗기기

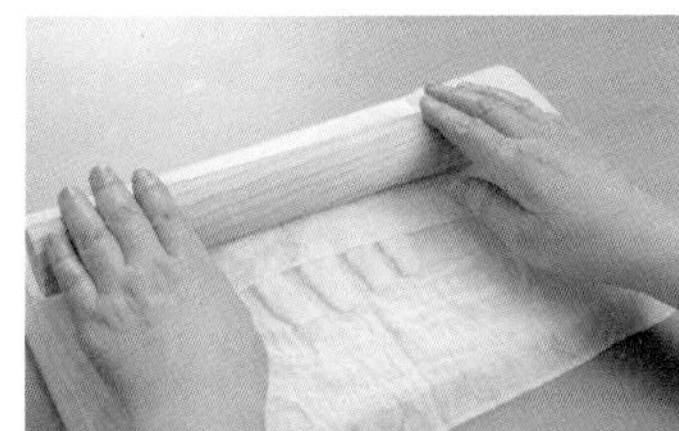
방망이로 밀기

소금물에 담가 쓴맛 제거하기

가늘게 손으로 찢기

고춧가루 물들이기

양념에 가볍게 무치기

● **Point**

① 더덕 손질 시 부서지지 않도록 유의하면서 가늘게 찢는다.
② 고춧가루가 뭉치지 않도록 고운 체에 내리고, 소금양념을 잘 섞어 살살 무친다.
③ 참기름이 지급되지 않으므로 사용하지 않도록 한다.

● 생채(生菜) 조리 ●

# 10 도라지생채

※ 주어진 재료를 사용하여 다음과 같이 도라지생채를 만드시오.

가. 도라지는 0.3×0.3×6cm로 써시오.

나. 생채는 고추장과 고춧가루 양념으로 무쳐 제출하시오.

| 번호 | 재료명 | 규격 | 단위 | 수량 |
|---|---|---|---|---|
| 1 | 통도라지 | 껍질 있는 것 | 개 | 3 |
| 2 | 소금 | 정제염 | g | 5 |
| 3 | 고추장 | | g | 20 |
| 4 | 흰설탕 | | g | 10 |
| 5 | 대파 | 흰 부분(4cm 정도) | 토막 | 1 |
| 6 | 마늘 | 중(깐 것) | 쪽 | 1 |
| 7 | 식초 | | ml | 15 |
| 8 | 깨소금 | | g | 5 |
| 9 | 고춧가루 | | g | 10 |

재료 확인 ➡ 재료 손질 ➡ 도라지 채썰기 ➡ 쓴맛 제거 ➡ 물기 제거하기 ➡ 고추장양념 만들기 ➡ 무치기 ➡ 담기

재료 손질하기

① 통도라지는 깨끗이 씻은 후 뇌두를 제거하고, 칼을 돌려가면서 껍질을 벗긴다.
② 손질한 도라지는 굵기를 일정하게 썰어 소금에 주물러 씻어 쓴맛을 제거하고, 면포에 물기를 제거한다.
③ 파, 마늘은 곱게 다진다.
④ 고춧가루는 고운 체에 내린다.

양념장 만들기

⑤ 고추장 1큰술, 고춧가루 1작은술, 설탕 2작은술, 식초 2작은술, 다진 파, 다진 마늘, 깨소금을 넣어 초고추장양념을 만든다

무치기

⑥ 손질한 도라지에 초고추장양념을 조금씩 넣으면서 살살 무친다.

완성하기

⑦ 그릇에 소복이 담아서 제출한다.

중간 과정

도라지 씻은 후 껍질 제거

도라지 채썰기

소금에 주물러 쓴맛 제거하기

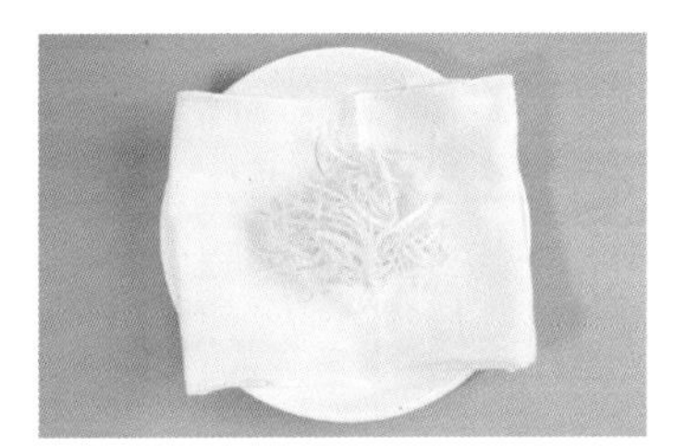

면포에 물기 제거하기

초고추장양념 만들기

초고추장양념에 무치기

● **Point**

① 도라지 껍질을 제거한 후 일정한 굵기와 길이로 채썬다.
② 참기름이 지급되지 않으므로 사용하지 않도록 한다.
③ 물기가 생기지 않게 제출하기 직전에 양념장으로 무쳐낸다.

● 생채(生菜) 조리 ●

# 무생채

※ 주어진 재료를 사용하여 다음과 같이 무생채를 만드시오.

가. 무는 0.2×0.2×6cm로 써시오.

나. 생채는 고춧가루를 사용하시오.

다. 무생채는 70g 이상 제출하시오.

| 번호 | 재료명 | 규격 | 단위 | 수량 |
|---|---|---|---|---|
| 1 | 무 | 길이 7cm | g | 120 |
| 2 | 대파 | 흰 부분(4cm 정도) | 토막 | 1 |
| 3 | 마늘 | 중(깐 것) | 쪽 | 1 |
| 4 | 생강 | | g | 5 |
| 5 | 고춧가루 | | g | 10 |
| 6 | 흰설탕 | | g | 10 |
| 7 | 소금 | 정제염 | g | 5 |
| 8 | 식초 | | ml | 5 |
| 9 | 깨소금 | | g | 5 |

재료 확인 ➡ 재료 손질 ➡ 무 채썰기 ➡ 고춧가루 물들이기 ➡ 소금양념 만들기 ➡ 무치기 ➡ 담기

| | |
|---|---|
| 재료 손질하기 | ① 무는 껍질을 제거하고, 0.2×0.2×6cm로 썰어 놓는다.<br>② 파, 마늘, 생강은 곱게 다진다. |
| 고춧가루 물들이기 | ③ 고춧가루는 고운 체에 내린다.<br>④ 채썬 무에 고운 고춧가루를 넣어 물들인다. |
| 소금양념 만들기 | ⑤ 식초 2작은술, 설탕 1작은술, 소금 1/5작은술, 다진 파, 다진 마늘, 다진 생강, 깨소금으로 소금양념을 만든다. |
| 무치기 | ⑥ 고춧가루 물을 들인 무에 소금양념을 넣고 살살 무친다. |
| 완성하기 | ⑦ 그릇에 소복하게 담아 제출한다. |

무 채썰기

마늘, 파, 생강 다지기

고춧가루 체에 내리기

고춧가루 물들이기

소금양념 넣기

소금양념에 무치기

● **Point**

① 무는 결대로 채썰어 무쳐야 색이 곱다.
② 참기름이 지급되지 않으므로, 사용하지 않도록 한다.
③ 무는 고춧가루 물만 들인 후 제출하기 직전에 소금양념을 넣고 무쳐야 싱싱하고 물이 생기지 않는다.

● 탕(湯) 조리 ●

# 12 완자탕

※ 주어진 재료를 사용하여 다음과 같이 완자탕을 만드시오.

가. 완자는 직경 3cm 정도로 6개를 만들고, 국물의 양은 200ml 이상 제출하시오.

나. 달걀은 지단과 완자용으로 사용하시오.

다. 고명으로 황 · 백지단(마름모꼴)을 각 2개씩 띄우시오.

| 번호 | 재료명 | 규격 | 단위 | 수량 | 번호 | 재료명 | 규격 | 단위 | 수량 |
|---|---|---|---|---|---|---|---|---|---|
| 1 | 소고기 | 살코기 | g | 50 | 9 | 검은 후춧가루 | | g | 2 |
| 2 | 소고기 | 사태부위 | g | 20 | 10 | 두부 | | g | 15 |
| 3 | 달걀 | | 개 | 1 | 11 | 키친타월 | 주방용<br>(소 18×20cm) | 장 | 1 |
| 4 | 대파 | 흰 부분(4cm 정도) | 토막 | 1/2 | 12 | 국간장 | | ml | 5 |
| 5 | 밀가루 | 중력분 | g | 10 | 13 | 참기름 | | ml | 5 |
| 6 | 마늘 | 중(깐 것) | 쪽 | 2 | 14 | 깨소금 | | g | 5 |
| 7 | 식용유 | | ml | 20 | 15 | 흰설탕 | | g | 5 |
| 8 | 소금 | 정제염 | g | 10 | | | | | |

재료 확인 ➡ 재료 손질 ➡ 육수 만들기 ➡ 소고기 다지기 ➡ 두부 으깨기 ➡ 양념하여 완자 빚기 ➡ 황 · 백 지단 부치기 ➡ 완자 지지기 ➡ 끓이기 ➡ 담기 ➡ 고명 얹기

육수 만들기

① 소고기(사태)는 핏물을 제거하고 물 3C, 파, 마늘을 넣고 푹 끓인 후 면포에 걸러서, 국간장과 소금으로 간을 한다.

완자 양념하기

② 소고기(살코기)는 핏물 제거 후 곱게 다지고, 두부는 물기를 제거하여 곱게 으깬 후, 소고기와 같이 섞어 다진 파, 다진 마늘, 소금, 설탕, 후춧가루, 깨소금, 참기름을 넣고 양념한다.

③ 소고기와 두부는 끈기가 나도록 치대서 직경 3cm의 완자를 빚는다.

지단 부치기

④ 달걀은 흰자, 노른자를 분리해서 소금을 넣고 저어서 각각 1/3분량을 덜어내서 기름 두른 프라이팬에 황 · 백 지단을 부친 후 1.5×1.5cm의 마름모꼴 모양으로 2장씩 썬다.

완자 지지기

⑤ 완자에 밀가루, 달걀물을 묻혀서 기름 두른 프라이팬에 굴리면서 지져서 여분의 기름을 제거한다.

끓이기

⑥ 육수를 끓인 후 지진 완자를 넣고, 국물 위로 떠오르도록 끓인다.

완성하기

⑦ 그릇에 완자를 담아서 200ml 이상의 국물을 붓고, 그대로 황 · 백 지단을 띄어서 제출한다.

육수내기

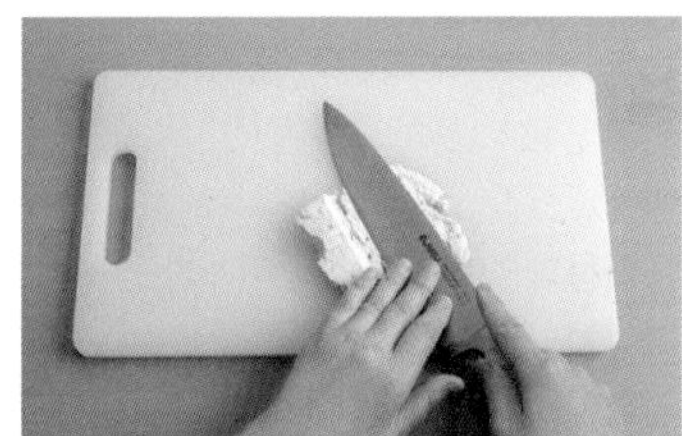

두부 물기 제거 후 으깨기

소고기, 두부 소금양념하기

밀가루, 달걀물 입히기

프라이팬에 지지기

냄비에 끓이기

**● Point**

① 완자를 지질 때 기름을 조금만 넣고 굴려가며 지져야 달걀옷이 벗겨지지 않는다.
② 완자를 넣고 오래 끓이면 국물이 탁해지고 달걀옷이 벗겨진다.

● 찌개 조리 ●

# 두부젓국찌개

※ 주어진 재료를 사용하여 다음과 같이 두부젓국찌개를 만드시오.

가. 두부는 2×3×1cm로 써시오.

나. 홍고추는 0.5×3cm, 실파는 3cm 길이로 써시오.

다. 소금과 다진 새우젓의 국물로 간하고, 국물을 맑게 만드시오.

라. 찌개의 국물은 200ml 이상 제출하시오.

| 번호 | 재료 목록 | 규격 | 단위 | 수량 |
|---|---|---|---|---|
| 1 | 두부 | | g | 100 |
| 2 | 생굴 | 껍질 벗긴 것 | g | 30 |
| 3 | 실파 | 1뿌리 | g | 20 |
| 4 | 홍고추(생) | | 개 | 1/2 |
| 5 | 새우젓 | | g | 10 |
| 6 | 마늘 | 중(깐 것) | 쪽 | 1 |
| 7 | 참기름 | | ml | 5 |
| 8 | 소금 | 정제염 | g | 5 |

재료 확인 ➡ 재료 손질 ➡ 두부 썰기 ➡ 채소 썰기 ➡ 새우젓 국물 준비하기 ➡ 끓이기 ➡ 담기

재료 손질하기

① 굴은 연한 소금물(물 1/2C, 소금 1/6작은술)에 씻는다.
② 두부는 2×3×1cm로 썰어 물에서 헹군 뒤 물기를 제거한다.
③ 홍고추는 길이로 반을 갈라 씨와 태좌를 제거한 뒤 0.5×3cm로 썰고, 실파는 3cm 길이로 썬다.
④ 마늘은 곱게 다지고, 새우젓도 다져서 면포에 짠 후 국물만 준비한다.

간하고 끓이기

⑤ 냄비에 물 1.5C을 붓고 새우젓 국물과 소금으로 간을 한다. 국물이 끓으면 두부, 굴, 다진 마늘, 홍고추를 넣고 잠시 끓이다 불을 끈다.

완성하기

⑥ 실파, 참기름을 넣고 그릇에 담아 제출한다.

굴 소금물에 씻어 체에 받치기

두부 썰기

채소 썰기(홍고추, 실파, 마늘)

새우젓 다져 면포에 국물내기

냄비에 끓이기

실파, 참기름 넣기

● **Point**

① 두부를 찬물에 담갔다가 건지면 두부 부스러기가 덜 생긴다.
② 끓이면서 거품을 계속 제거해야 국물이 맑게 나온다.
③ 홍고추, 실파를 넣고 오래 끓이면 국물색이 변한다.

● 찌개 조리 ●

# 14 생선찌개

※ 주어진 재료를 사용하여 다음과 같이 생선찌개를 만드시오.

가. 생선은 4~5cm 정도의 토막으로 자르시오.

나. 무, 두부는 2.5×3.5×0.8cm로 써시오.

다. 호박은 0.5cm 반달형, 고추는 통 어슷썰기, 쑥갓과 파는 4cm로 써시오.

라. 고추장, 고춧가루를 사용하여 만드시오.

마. 각 재료는 익는 순서에 따라 조리하고, 생선살이 부서지지 않도록 하시오.

바. 생선머리를 포함하여 전량 제출하시오.

| 번호 | 재료명 | 규격 | 단위 | 수량 | 번호 | 재료명 | 규격 | 단위 | 수량 |
|---|---|---|---|---|---|---|---|---|---|
| 1 | 동태 | 300g 정도 | 마리 | 1 | 8 | 마늘 | 중(깐 것) | 쪽 | 2 |
| 2 | 무 | | g | 60 | 9 | 생강 | | g | 10 |
| 3 | 애호박 | | g | 30 | 10 | 실파 | 2뿌리 | g | 40 |
| 4 | 두부 | | g | 60 | 11 | 고추장 | | g | 30 |
| 5 | 풋고추 | 길이 5cm 이상 | 개 | 1 | 12 | 소금 | 정제염 | g | 10 |
| 6 | 홍고추(생) | | 개 | 1 | 13 | 고춧가루 | | g | 10 |
| 7 | 쑥갓 | | g | 10 | | | | | |

재료 확인 ➡ 재료 손질 ➡ 물 끓이기 ➡ 무 넣고 끓이기 ➡ 고추장, 소금간 하기 ➡ 손질한 생선 넣기 ➡ 채소 넣기 ➡ 담기

| | |
|---|---|
| 재료 손질하기 | ① 마늘과 생강은 곱게 다진다.<br>④ 생선은 비늘을 긁고 지느러미를 제거한 후 4~5cm로 토막을 내고 내장을 분리한다.<br>② 무와 두부는 2.5×3.5×0.8cm로 썰고, 애호박은 0.5cm 두께의 반달 모양으로 썬다.<br>③ 풋고추와 홍고추는 어슷썰어 씨를 제거하고, 실파와 쑥갓은 4cm 길이로 썬다. |
| 끓이기 | ⑤ 냄비에 물 3C과 무를 넣고, 고추장(2큰술)을 풀어 끓인다. 고춧가루(1작은술), 애호박, 두부, 홍고추, 생강, 마늘 순으로 넣고 소금으로 간을 한다. |
| 완성하기 | ⑥ 끓이면서 거품을 걷어내고, 풋고추, 실파, 쑥갓을 넣고 불을 끈다.<br>⑦ 국물과 건더기를 3 : 2 비율로 하여 그릇에 담아 제출한다. |

중간 과정

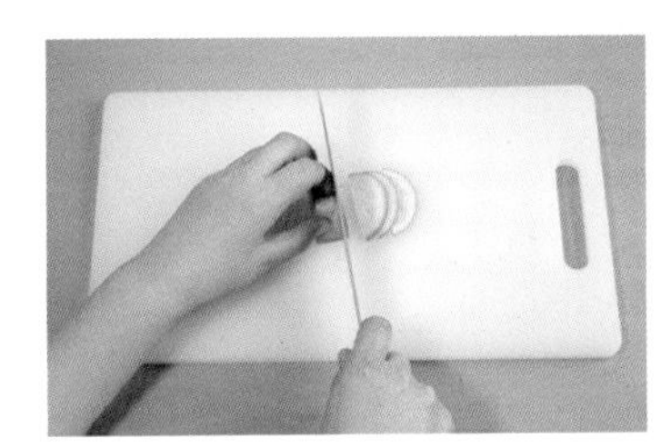
애호박 썰기

무, 풋 · 홍고추, 실파 썰기

생선 비늘 긁고, 지느러미 제거하기

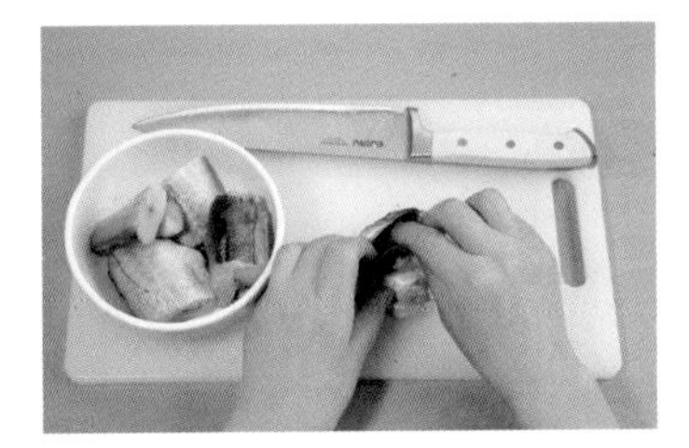
토막내어 아가미 제거하기

무, 생선 넣고 끓이기

채소 넣고 끓이기

**● Point**

① 비늘은 꼬리에서 머리 방향으로 긁어낸다.
② 끓이면서 거품을 계속 제거해야 국물이 깔끔하다.

• 구이 조리 •

# 15 너비아니구이

※ 주어진 재료를 사용하여 다음과 같이 너비아니구이를 만드시오.

가. 완성된 너비아니는 0.5×4×5cm로 하시오.

나. 석쇠를 사용하여 굽고, 6쪽 제출하시오.

다. 잣가루를 고명으로 얹으시오.

| 번호 | 재료 목록 | 규격 | 단위 | 수량 |
|---|---|---|---|---|
| 1 | 소고기 | 안심 또는 등심(덩어리로) | | 100 |
| 2 | 진간장 | | mL | 50 |
| 3 | 대파 | 흰 부분(4cm 정도) | 토막 | 1 |
| 4 | 마늘 | 중(깐 것) | 쪽 | 2 |
| 5 | 검은 후춧가루 | | g | 2 |
| 6 | 흰설탕 | | g | 10 |
| 7 | 깨소금 | | g | 5 |
| 8 | 참기름 | | mL | 10 |
| 9 | 배 | 50g 정도 지급 | 개 | 1/8 |
| 10 | 식용유 | | mL | 10 |
| 11 | 잣 | 깐 것 | 개 | 5 |

재료 확인 ➡ 재료 손질 ➡ 배즙 내기 ➡ 양념장 만들기 ➡ 소고기 재우기 ➡ 굽기 ➡ 잣 다지기 ➡ 담기 ➡ 잣가루 얹기

| | |
|---|---|
| 소고기 손질하기 | ① 소고기는 핏물, 기름기를 제거 후 0.4×5×6cm로 썰어 칼등으로 자근자근 두드리고, 칼끝으로 힘줄을 끊는다. |
| 배즙 만들기 | ② 배는 껍질을 벗겨서 면포에 밭쳐 배즙을 준비한다. |
| 양념장 만들기 | ③ 간장 1큰술, 배즙 1큰술, 설탕 1/2큰술, 다진 파, 다진 마늘, 후춧가루, 깨소금, 참기름으로 양념장을 만든다. |
| 소고기 재우기 | ④ 손질해 놓은 소고기를 양념장에 한 장씩 담가 간이 배게 재운다. |
| 잣 다지기 | ⑤ 잣은 고깔을 제거하고, 곱게 다진다. |
| 굽기 | ⑥ 달궈진 석쇠에 식용유를 바르고, 가장자리가 타지 않도록 소고기의 가장자리를 약간씩 겹치게 석쇠에 올려 센불에서 육즙이 빠져나오지 않게 구운 다음 약불에서 앞 · 뒤로 윤기나게 굽는다. |
| 완성하기 | ⑦ 그릇에 6개 이상 담은 후 잣가루를 얹어 제출한다. |

중간
과정

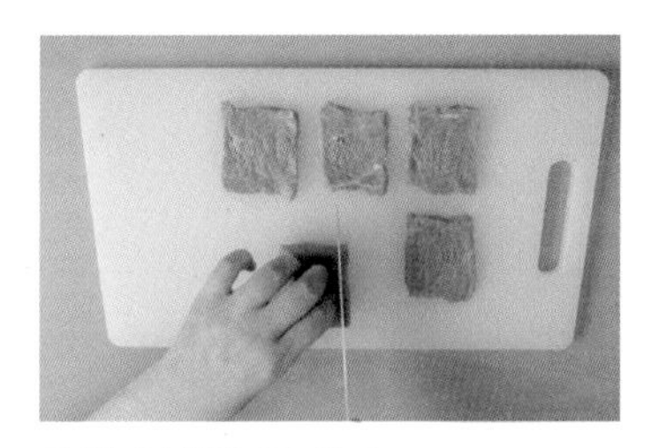
결 반대 방향으로 썰기

힘줄 끊고, 칼등으로 두드리기

배즙 만들기

양념장에 재우기

석쇠에 굽기

잣가루 얹기

● **Point**

① 소고기는 익으면 줄어들기 때문에 손질할 때 완성 규격보다 1cm 정도 크게 만든다.
② 파, 마늘은 곱게 다져서 양념장에 넣어야 구울 때 덜 탄다.
③ 구울 때 처음에는 센 불에서 구워 표면을 응고시키고 불을 낮추어 양념장을 조금씩 발라가며 구우면 타지 않는다.

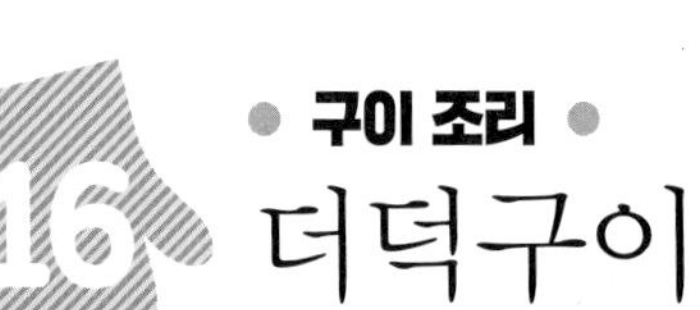


● 구이 조리 ●

# 더덕구이

※ 주어진 재료를 사용하여 다음과 같이 더덕구이를 만드시오.

가. 더덕은 껍질을 벗겨 사용하시오.

나. 유장으로 초벌구이 하고, 고추장 양념으로 석쇠에 구우시오.

다. 완성품은 전량 제출하시오.

| 번호 | 재료 목록 | 규격 | 단위 | 수량 |
|---|---|---|---|---|
| 1 | 통더덕 | 껍질 있는 것,<br>길이 10~15cm 정도 | 개 | 3 |
| 2 | 진간장 | | mL | 10 |
| 3 | 대파 | 흰 부분(4cm 정도) | 토막 | 1 |
| 4 | 마늘 | 중(깐 것) | 쪽 | 1 |
| 5 | 고추장 | | g | 30 |
| 6 | 흰설탕 | | g | 5 |
| 7 | 깨소금 | | g | 5 |
| 8 | 참기름 | | mL | 10 |
| 9 | 소금 | 정제염 | g | 10 |
| 10 | 식용유 | | mL | 10 |

재료 확인 ➡ 재료 손질 ➡ 더덕 소금물에 담그기 ➡ 더덕 밀기 ➡ 유장 처리하기 ➡ 초벌구이 하기 ➡ 고추장 양념 발라 굽기 ➡ 담기

| | |
|---|---|
| 더덕 손질하기 | ① 통더덕은 깨끗이 씻은 후 뇌두를 제거하고, 칼을 돌려가면서 껍질을 벗긴다.<br>② 껍질을 벗긴 더덕은 5cm로 잘라 반으로 가르거나 저며썰기하여 소금물에 담갔다가 물기를 제거한 후 젖은 면포로 덮어 방망이로 밀거나 자근자근 두들긴다. |
| 유장 만들기 | ③ 유장(참기름 : 간장 = 3 : 1)을 만든 후 손질한 더덕에 발라 달궈진 석쇠에 식용유를 바르고 가지런히 올려 초벌구이한다. |
| 양념장 만들기 | ④ 고추장 2큰술, 설탕 1.5큰술, 다진 파, 다진 마늘, 깨소금, 참기름을 넣어 양념장을 만든다. |
| 굽기 | ⑤ 초벌구이한 더덕에 고추장양념을 발라 굽는다. |
| 완성하기 | ⑥ 그릇에 전량 담아서 제출한다. |

중간 과정

더덕 껍질 벗기기

저며 썬 후 소금물에 담그기

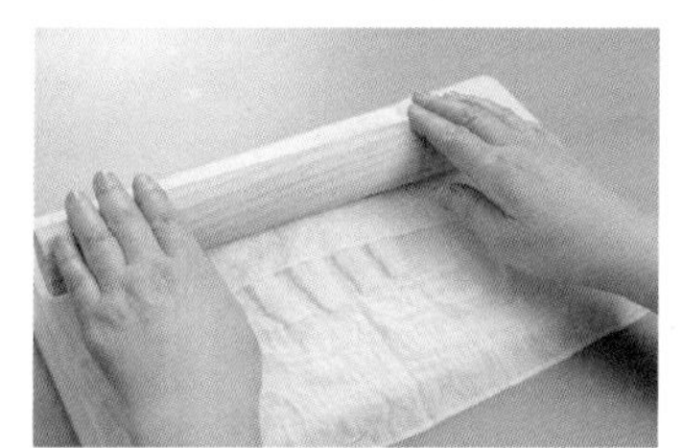
방망이로 밀거나 두드리기

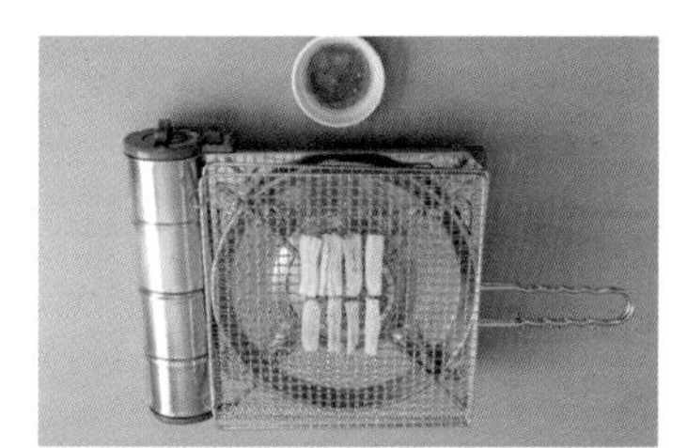
초벌구이 하기

고추장양념 바르기

석쇠에 굽기

● **Point**

① 양념장을 만들 때 농도가 묽어지지 않도록 유의하며, 구울 때는 가장자리가 잘 타므로 불 조절에 유의한다.
② 더덕 손질 시 부서지지 않도록 유의한다.
③ 유장을 많이 바르면 양념장이 잘 흡수되지 않고, 색감도 좋지 않다.

20분

● 구이 조리 ●

# 17 북어구이

요구사항

※ 주어진 재료를 사용하여 다음과 같이 북어구이를 만드시오.

가. 구워진 북어의 길이는 5cm로 하시오.

나. 유장으로 초벌구이 하고, 고추장 양념으로 석쇠에 구우시오.

다. 완성품은 3개 제출하시오(단, 세로로 잘라 3/6토막 제출할 경우 수량부족으로 실격 처리).

지급재료

| 번호 | 재료 목록 | 규격 | 단위 | 수량 |
|---|---|---|---|---|
| 1 | 북어포 | 반을 갈라 말린 껍질이 있는 것(40g) | 마리 | 1 |
| 2 | 진간장 | | mL | 20 |
| 3 | 대파 | 흰 부분(4cm 정도) | 토막 | 1 |
| 4 | 마늘 | 중(깐 것) | 쪽 | 2 |
| 5 | 고추장 | | g | 40 |
| 6 | 흰설탕 | | g | 10 |
| 7 | 깨소금 | | g | 5 |
| 8 | 참기름 | | mL | 15 |
| 9 | 검은 후춧가루 | | g | 2 |
| 10 | 식용유 | | mL | 10 |

재료 확인 ➡ 재료 손질 ➡ 북어포 불리기 ➡ 유장 처리하기 ➡ 초벌구이 하기 ➡ 고추장양념에 재우기 ➡ 굽기 ➡ 담기

| | |
|---|---|
| 북어 손질하기 | ① 북어포는 물에 충분히 적신 후 젖은 면포에 싸서 불린다.<br>② 불린 북어포는 물기 제거 후 머리, 지느러미, 꼬리, 뼈, 잔가시를 제거한다.<br>③ 북어포의 껍질 쪽에 칼집을 촘촘히 넣은 후, 6cm로 3토막을 낸다.<br>④ 달궈진 석쇠에 식용유를 바른다. |
| 유장 만들기 | ⑤ 참기름 1큰술, 간장 1작은술로 유장을 만들어 북어포에 발라 석쇠에 초벌구이를 한다. |
| 양념장 만들기 | ⑥ 고추장 2큰술, 설탕 1큰술, 다진 파, 다진 마늘, 깨소금, 참기름, 후춧가루, 물 1큰술을 넣어 양념장을 만든다. |
| 굽기 | ⑦ 초벌구이한 북어포에 고추장양념에 적당히 재워 타지 않게 굽는다. |
| 완성하기 | ⑧ 그릇에 담아 제출한다. |

중간 과정

북어머리 자르기

지느러미, 꼬리, 뼈, 잔가시 제거

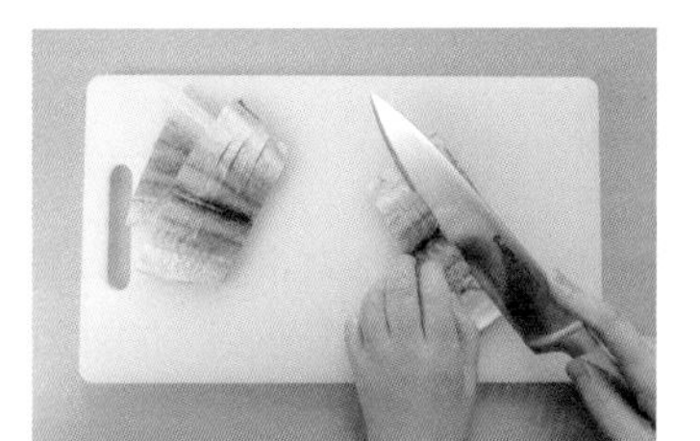
껍질 쪽에 잔칼집 넣기

초벌구이 하기

고추장양념에 재우기

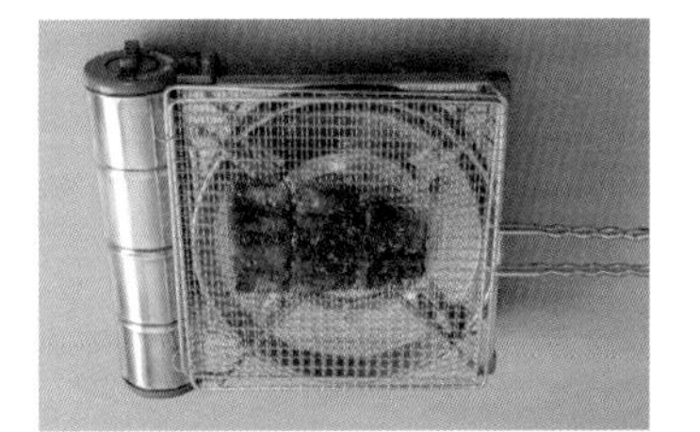
고추장양념 발라 굽기

● **Point**

① 구이를 할 경우에는 물기가 증발하기 때문에 고추장양념에 물을 약간 넣어 농도를 조절하여 촉촉하게 굽는다.
② 북어 껍질 쪽에 잔칼집을 넣어 오그라들지 않도록 한다.
③ 유장처리 한 상태에서 거의 익힌 후 고추장을 발라 구워야 양념이 타지 않는다.

● 구이 조리 ●

# 생선양념구이

※ 주어진 재료를 사용하여 다음과 같이 생선양념구이를 만드시오.

가. 생선은 머리와 꼬리를 포함하여 통째로 사용하고 내장은 아가미 쪽으로 제거하시오.

나. 칼집 넣은 생선을 유장으로 초벌구이하고, 고추장 양념으로 석쇠에 구우시오.

다. 생선구이는 머리 왼쪽, 배 앞쪽 방향으로 담아내시오.

| 번호 | 재료 목록 | 규격 | 단위 | 수량 |
|---|---|---|---|---|
| 1 | 조기 | 100g~120g 정도 | 마리 | 1 |
| 2 | 진간장 | | mL | 20 |
| 3 | 대파 | 흰 부분(4cm 정도) | 토막 | 1 |
| 4 | 마늘 | 중(깐 것) | 쪽 | 1 |
| 5 | 고추장 | | g | 40 |
| 6 | 흰설탕 | | g | 5 |
| 7 | 깨소금 | | g | 5 |
| 8 | 참기름 | | mL | 5 |
| 9 | 소금 | 정제염 | g | 20 |
| 10 | 검은 후춧가루 | | g | 2 |
| 11 | 식용유 | | mL | 10 |

재료 확인 ➡ 재료 손질 ➡ 생선 손질하기 ➡ 유장 처리하기 ➡ 초벌구이 하기 ➡ 고추장양념 발라 굽기 ➡ 담기

생선 손질하기

① 생선은 비늘과 지느러미를 제거한다.
② 아가미와 내장을 깨끗이 제거한 후 씻어서 물기를 제거하고, 칼집을 어슷하게 3~4번 넣은 후 소금을 뿌린다.

유장 처리하기

③ 참기름 1큰술, 간장 1작은술로 유장을 만들어 생선에 재운다.
④ 달궈진 석쇠에 식용유를 바르고, 유장에 재운 생선을 석쇠에 올려 초벌구이한다.

양념장 만들기

⑤ 고추장 2큰술, 설탕 1큰술, 물, 다진 파, 다진 마늘, 깨소금, 참기름, 후춧가루를 넣어 고추장양념을 만든다.

굽기

⑥ 초벌구이한 생선에 고추장양념을 발라 타지 않게 굽는다.

완성하기

⑦ 그릇에 머리는 왼쪽, 배쪽이 앞으로 오게 담아 제출한다.

중간 과정

아가미 제거하기

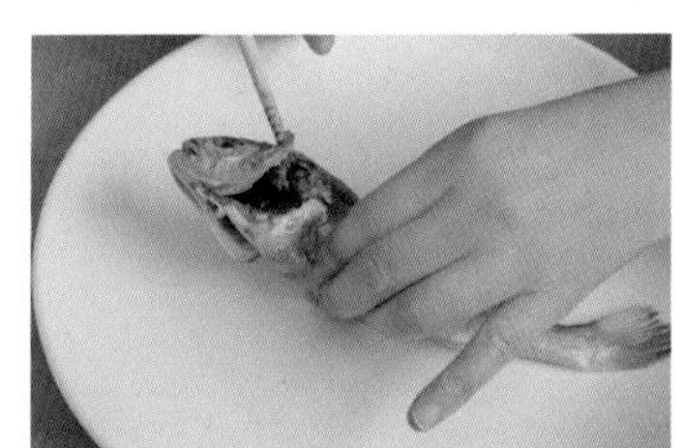
내장 제거하기

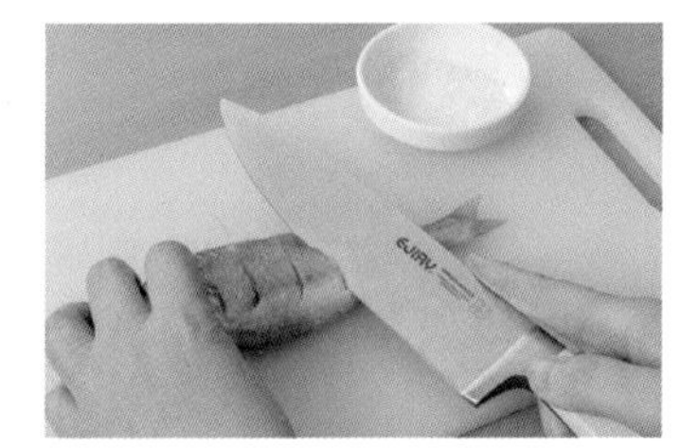
칼집 넣기

초벌구이 하기

고추장양념 바르기

고추장양념 발라 굽기

● **Point**

① 손질한 생선은 초벌구이에서 80% 정도 익힌다.
② 내장과 물기를 완전히 제거하지 않으면, 양념장을 발라 구울 때 물기가 생긴다.
③ 생선 손질 시 배쪽이 터지지 않게 아가미 쪽으로 나무젓가락을 넣어 돌리면서 내장을 빼낸다.
④ 덜 익거나 타지 않게 주의한다.

● 구이 조리 ●

# 제육구이

※ 주어진 재료를 사용하여 다음과 같이 제육구이를 만드시오.

가. 완성된 제육은 0.4×4×5cm 정도로 하시오.

나. 고추장 양념하여 석쇠에 구우시오.

다. 제육구이는 전량 제출하시오.

| 번호 | 재료 목록 | 규격 | 단위 | 수량 |
|---|---|---|---|---|
| 1 | 돼지고기 | 등심 또는 볼깃살 | g | 150 |
| 2 | 고추장 | | g | 40 |
| 3 | 진간장 | | mL | 10 |
| 4 | 대파 | 흰 부분(4cm 정도) | 토막 | 1 |
| 5 | 마늘 | 중(깐 것) | 쪽 | 2 |
| 6 | 검은 후춧가루 | | g | 2 |
| 7 | 흰설탕 | | g | 15 |
| 8 | 깨소금 | | g | 5 |
| 9 | 참기름 | | mL | 5 |
| 10 | 생강 | | g | 10 |
| 11 | 식용유 | | mL | 10 |

재료 확인 ➡ 재료 손질 ➡ 돼지고기 썰기 ➡ 고추장양념에 재우기 ➡ 굽기 ➡ 담기

| | |
|---|---|
| 재료 손질하기 | ① 돼지고기는 핏물, 기름기를 제거하여 0.4×5×6cm로 썰고, 칼집을 넣어 수축이 덜 되게 한다. |
| 양념장 만들기 | ② 고추장 2큰술, 설탕 1큰술, 다진 파, 다진 마늘, 다진 생강, 깨소금, 참기름, 후춧가루를 넣고 고추장양념 만든다. |
| 고기 재우기 | ③ 손질해 놓은 돼지고기에 양념장을 발라 재운다. |
| 굽기 | ④ 달궈진 석쇠에 식용유를 바르고, 고추장양념에 재운 돼지고기를 올려 타지 않게 골고루 익히면서 굽는다. |
| 완성하기 | ⑤ 그릇에 가지런히 담아 제출한다. |

돼지고기 기름기 제거 후 썰기

칼집 넣기

고추장양념 만들기

고추장양념에 재우기

석쇠 손질하기

석쇠에 굽기

**● Point**

① 양념한 돼지고기를 구울 때 불이 세면 양념은 타고, 속은 익지 않기 때문에 중불에서 골고루 익히면서 타지 않게 굽는다.
② 고추장 양념에 간장을 많이 넣으면 색이 선명하지 않고, 농도가 묽어지므로 아주 소량만 넣는다.
③ 고기가 완전히 익어야 하므로 양념장을 덧바르면서 서서히 굽는다.

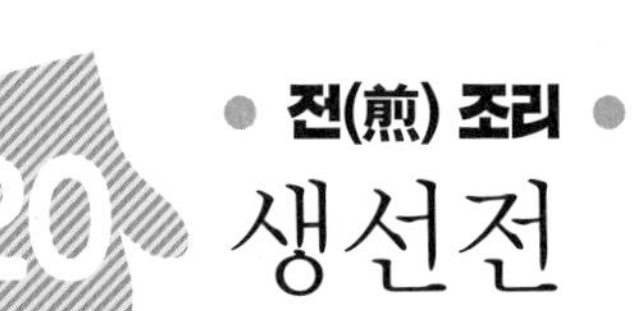


● 전(煎) 조리 ●

# 생선전

※ 주어진 재료를 사용하여 다음과 같이 생선전을 만드시오.

가. 생선은 세장뜨기하여 껍질을 벗겨 포를 뜨시오.

나. 생선전은 0.5cm×5cm×4cm로 만드시오.

다. 달걀은 흰자, 노른자를 혼합하여 사용하시오.

라. 생선전은 8개 제출하시오.

| 번호 | 재료명 | 규격 | 단위 | 수량 |
|---|---|---|---|---|
| 1 | 동태 | 400g 정도 | 마리 | 1 |
| 2 | 밀가루 | 중력분 | g | 30 |
| 3 | 달걀 | | 개 | 1 |
| 4 | 소금 | 정제염 | g | 10 |
| 5 | 흰 후춧가루 | | g | 2 |
| 6 | 식용유 | | ml | 50 |

재료 확인 ➡ 재료 손질 ➡ 생선 손질하기 ➡ 세장 뜨기 ➡ 포 뜨기 ➡ 달걀물 묻히기 ➡ 지지기 ➡ 담기

| | |
|---|---|
| 동태 손질하기 | ① 달걀은 알끈을 제거하고, 소금을 넣어 잘 저어서 체에 내린다. |
| 껍질 벗기기 | ② 생선은 머리, 비늘, 지느러미를 제거하고, 깨끗이 씻어 물기를 제거한 다음, 세장 뜨기를 한다. |
| 포 뜨기 | ③ 껍질 쪽이 바닥으로 가도록 두고, 꼬리 쪽에 칼을 넣어 조금 떠서 벗겨진 껍질을 왼손에 잡고 칼을 밀면서 껍질을 벗겨 낸다. |
| 지지기 | ④ 껍질 벗긴 생선은 0.5×5.5×4.5cm로 포를 뜨고, 칼등으로 두들겨 두께를 일정하게 한 뒤 소금, 흰 후춧가루로 밑간을 한다.<br>⑤ 생선살의 물기를 제거한 후 밀가루, 달걀물을 묻혀 달군 프라이팬에 기름을 두르고 앞뒤로 지져낸다. |
| 완성하기 | ⑥ 그릇에 껍질 쪽이 아래로 가도록 8개를 가지런히 담아 제출한다. |

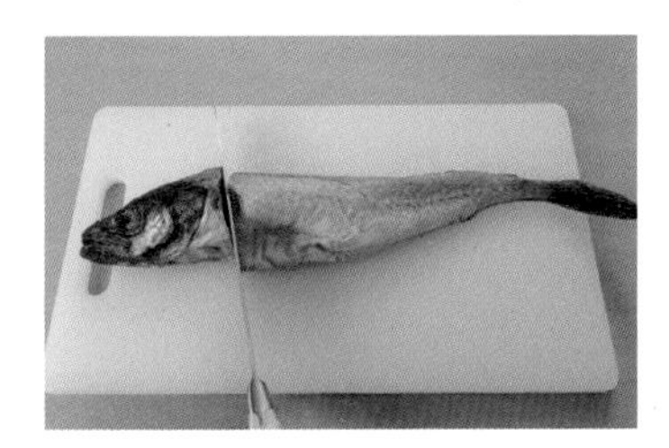

생선머리 자르기

세장 뜨기

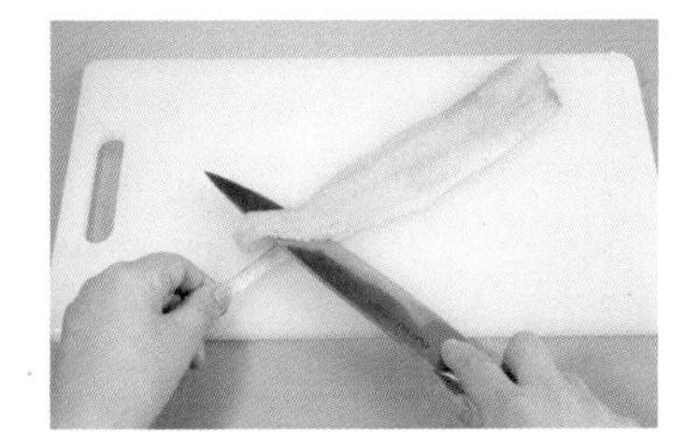

껍질 벗기기

밑간하기

밀가루, 달걀물 묻히기

프라이팬에 지지기

● **Point**

① 생선은 손질 후 도마 위의 물기를 닦고 포를 뜬다.
② 뼈 붙은 쪽을 바닥으로 하여 프라이팬에 굽는 것이 색이 곱다.
③ 밀가루를 고루 묻혀 털어내고, 노른자를 많이 넣어 지져야 색깔이 곱고 전의 표면이 매끄럽다.
④ 굽고 난 뒤에는 칼로 크기를 정리하지 않는다.

● 전(煎) 조리 ●

# 21 육원전

※ 주어진 재료를 사용하여 다음과 같이 육원전을 만드시오.

가. 육원전은 지름 4cm, 두께 0.7cm 정도가 되도록 하시오.

나. 달걀은 흰자, 노른자를 혼합하여 사용하시오.

다. 육원전은 6개를 제출하시오

| 번호 | 재료명 | 규 격 | 단위 | 수량 |
|---|---|---|---|---|
| 1 | 소고기 | 살코기 | g | 70 |
| 2 | 두부 | | g | 30 |
| 3 | 밀가루 | 중력분 | g | 20 |
| 4 | 달걀 | | 개 | 1 |
| 5 | 대파 | 흰 부분(4cm 정도) | 토막 | 1 |
| 6 | 마늘 | 중(깐 것) | 쪽 | 1 |
| 7 | 검은 후춧가루 | | g | 2 |
| 8 | 참기름 | | ml | 5 |
| 9 | 소금 | 정제염 | g | 5 |
| 10 | 식용유 | | ml | 30 |
| 11 | 깨소금 | | g | 5 |
| 12 | 흰설탕 | | g | 5 |

재료 확인 ➡ 재료 손질 ➡ 두부 으깨기 ➡ 소고기 다지기 ➡ 양념하여 치대기 ➡ 완자 빚기 ➡ 지지기 ➡ 담기

| | |
|---|---|
| 재료 손질하기 | ① 두부는 면포에 짜서 물기 제거 후 칼등으로 곱게 으깨고, 소고기는 핏물을 제거한 뒤 곱게 다진다. |
| 양념하여 치대기 | ② 다진 소고기, 으깬 두부에 소금 1/4작은술, 설탕 1/6작은술, 다진 파, 다진 마늘, 후춧가루, 깨소금, 참기름으로 양념하여 끈기가 나도록 충분히 치댄다.<br>③ 달걀은 알끈을 제거하고, 소금을 넣어 잘 저어서 체에 내린다. |
| 완자 빚기 | ④ 완자는 4.5×0.6cm로 동글 납작하게 빚어 가운데를 약간 눌러준다. |
| 지지기 | ⑤ 빚은 완자에 밀가루, 달걀물을 묻혀 달궈진 프라이팬에 기름을 두르고 약불에서 익기 전에 모양을 잡아가면서 지진다. |
| 완성하기 | ⑥ 그릇에 6개의 육원전을 담아 제출한다. |

중간 과정

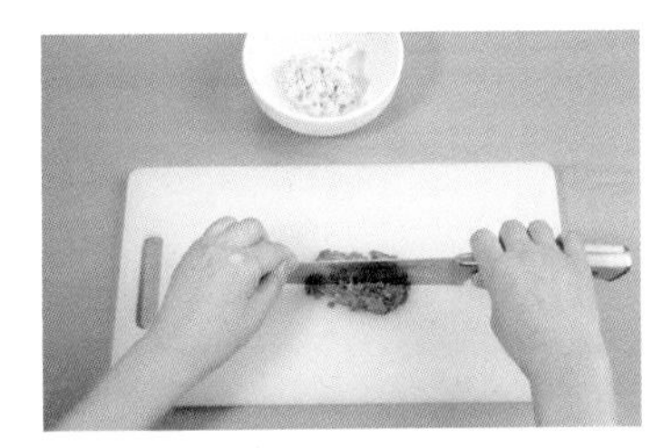

두부 으깨고, 소고기 다지기

갖은 양념하기

양념하여 끈기 나게 치대기

모양 잡기

밀가루, 달걀물 묻히기

굴려가면서 지지기

**● Point**

① 소고기는 곱게 다지고, 두부는 물기 제거 후 으깨어 끈기가 나도록 치대야 가장자리가 갈라지지 않고 익혔을 때 표면이 매끄럽다.
② 달걀은 노른자에 흰자를 약간 혼합하여 사용한다.
③ 만들 때 손에 기름을 바르고 빚으면 붙지 않는다.
④ 지질 때 팬에 기름을 넉넉히 두르고, 불을 약하게 해야 타지 않고 속까지 골고루 익는다.

● 전(煎) 조리 ●

# 표고전

※ 주어진 재료를 사용하여 다음과 같이 표고전을 만드시오.

가. 표고버섯과 속은 각각 양념하여 사용하시오.

나. 표고전은 5개를 제출하시오.

| 번호 | 재료명 | 규격 | 단위 | 수량 | 번호 | 재료명 | 규격 | 단위 | 수량 |
|---|---|---|---|---|---|---|---|---|---|
| 1 | 건표고버섯 | 지름 2.5~4cm 정도<br>(부서지지 않은 것을 불려서 지급) | 개 | 5 | 8 | 검은 후춧가루 | | g | 1 |
| 2 | 소고기 | 살코기 | g | 30 | 9 | 참기름 | | ml | 5 |
| 3 | 두부 | | g | 15 | 10 | 소금 | 정제염 | g | 5 |
| 4 | 밀가루 | 중력분 | g | 20 | 11 | 깨소금 | | g | 5 |
| 5 | 달걀 | | 개 | 1 | 12 | 식용유 | | ml | 20 |
| 6 | 대파 | 흰 부분(4cm 정도) | 토막 | 1 | 13 | 진간장 | | ml | 5 |
| 7 | 마늘 | 중(깐 것) | 쪽 | 1 | 14 | 흰설탕 | | g | 5 |

재료 확인 ➡ 재료 손질 ➡ 표고 밑간하기 ➡ 두부 으깨기 ➡ 소고기 다지기 ➡ 소 양념하여 치대기 ➡ 소 넣기 ➡ 지지기 ➡ 담기

| | |
|---|---|
| 재료 손질하기 | ① 불린 표고버섯은 기둥을 떼고 물기를 제거하여 참기름 1작은술, 간장 1/3작은술, 설탕을 약간 넣어 양념한다.<br>② 두부는 면포를 이용하여 물기 제거 후 칼등으로 으깬다.<br>③ 소고기는 핏물을 제거한 후 곱게 다진다.<br>④ 파와 마늘은 곱게 다진다.<br>⑤ 달걀은 알끈을 제거하고, 소금을 넣어 잘 저어서 체에 내린다. |
| 양념하기 | ⑥ 다진 소고기와 으깬 두부는 소금 1/5작은술, 설탕 1/8작은술, 후춧가루, 깨소금, 참기름, 다진 파, 다진 마늘을 넣고 양념하여 끈기가 나도록 충분히 치댄다. |
| 소 넣기 | ⑦ 표고버섯 안쪽에 밀가루를 묻히고 양념한 소를 평평하게 채운 후 가운데를 살짝 눌러준다. |
| 밀가루, 달걀물 묻히기 | ⑧ 달걀은 흰자와 노른자를 분리하여 노른자에 흰자 1큰술 정도 섞어 달걀물을 준비한 후 소를 채운 부분에만 밀가루, 달걀물 순으로 묻힌다. |
| 팬에 지지기 | ⑨ 프라이팬에 식용유를 두르고, 약불에서 서서히 속까지 익힌다. |
| 완성하기 | ⑩ 그릇에 5개를 담아 제출한다. |

표고버섯 양념하기

소 만들기

밀가루 뿌리기

소 넣고 밀가루 묻히기

달걀물 묻히기

프라이팬에 지지기

● **Point**

① 소를 평평하게 채워야 달걀물이 골고루 묻어 색이 선명하게 난다.
② 불린 표고버섯은 물기를 완전히 제거하고 밑간을 해야 잘 지져진다.
③ 밀가루를 너무 많이 묻히면 옷이 벗겨지므로 여분의 밀가루는 털어낸다.
④ 기름의 양과 불 조절을 잘 하여 색이 선명하고, 속이 잘 익도록 한다.

● 전(煎) 조리 ●

# 풋고추전

※ 주어진 재료를 사용하여 다음과 같이 풋고추전을 만드시오.

가. 풋고추는 5cm 길이로, 소를 넣어 지져 내시오.

나. 풋고추는 잘라 데쳐서 사용하며, 완성된 풋고추전은 8개를 제출하시오.

| 번호 | 재료 목록 | 규격 | 단위 | 수량 | 번호 | 재료 목록 | 규격 | 단위 | 수량 |
|---|---|---|---|---|---|---|---|---|---|
| 1 | 풋고추 | 길이 11cm 이상 | 개 | 2 | 8 | 참기름 | | ml | 5 |
| 2 | 소고기 | 살코기 | g | 30 | 9 | 소금 | 정제염 | g | 5 |
| 3 | 두부 | | g | 15 | 10 | 깨소금 | | g | 5 |
| 4 | 밀가루 | 중력분 | g | 15 | 11 | 마늘 | 중(깐 것) | 쪽 | 1 |
| 5 | 달걀 | | 개 | 1 | 12 | 식용유 | | ml | 20 |
| 6 | 대파 | 흰 부분 (4cm 정도) | 토막 | 1 | 13 | 흰설탕 | | g | 5 |
| 7 | 검은 후춧가루 | | g | 1 | | | | | |

재료 확인 ➡ 재료 손질 ➡ 두부 으깨기 ➡ 소고기 다지기 ➡ 소 양념하여 치대기 ➡ 소 넣기 ➡ 지지기 ➡ 담기

재료 손질하기

① 풋고추 데칠 물을 끓인다.
② 풋고추는 손질하여 길이대로 반을 가른 후, 씨와 태좌를 제거하고 5cm 길이로 토막을 낸다.
③ 끓는 물에 소금을 넣고 풋고추를 살짝 데친 후 찬물에 헹구어 물기를 제거한다.
④ 달걀은 알끈을 제거하고, 소금을 넣어 잘 저어서 체에 내린다.

소 만들기

⑤ 소고기는 핏물을 제거한 후 곱게 다지고, 두부도 물기를 제거하여 곱게 으깬다.
⑥ 다진 소고기와 으깬 두부는 다진 파, 다진 마늘, 소금, 설탕, 깨소금, 후추, 참기름으로 양념한다.

풋고추 소 넣기

⑦ 고추 안쪽에 밀가루를 바른 후, 다진 소를 평평하게 채워서 밀가루, 달걀물을 묻힌다.

지지기

⑧ 약불로 줄여 프라이팬에서 서서히 익힌다.

완성하기

⑨ 그릇에 가지런히 담아서 제출한다.

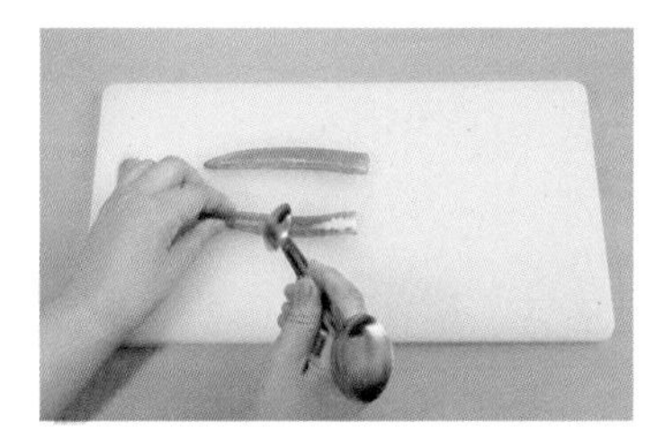

반 갈라 고추씨, 태좌 제거하기

풋고추 데치기

소고기, 두부 소금양념하기

고추 안쪽에 밀가루, 소 넣기

밀가루, 달걀물 묻히기

프라이팬에서 익히기

● **Point**

① 소고기와 두부는 물기를 충분히 제거해 주지 않으면 프라이팬에서 지질 때 물기가 나와 고추와 소가 분리된다.
② 소를 넣을 때 너무 많이 넣지 말고 약불에서 살짝 눌러서 지진다.

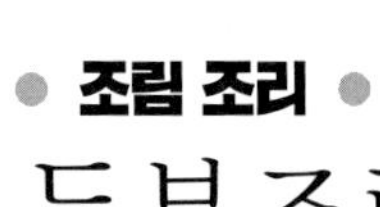

## 24 두부조림

※ 주어진 재료를 사용하여 다음과 같이 두부조림을 만드시오.

가. 두부는 0.8×3×4.5cm로 잘라 지져서 사용하시오.

나. 8쪽을 제출하고, 촉촉하게 보이도록 국물을 약간 끼얹어 제출하시오.

다. 실고추와 파채를 고명으로 얹으시오.

| 번호 | 재료 목록 | 규격 | 단위 | 수량 |
|---|---|---|---|---|
| 1 | 두부 | | g | 200 |
| 2 | 대파 | 흰 부분(4cm 정도) | 토막 | 1 |
| 3 | 실고추 | | g | 1 |
| 4 | 검은 후추가루 | | g | 1 |
| 5 | 참기름 | | mL | 5 |
| 6 | 소금 | 정제염 | g | 5 |
| 7 | 마늘 | 중(깐 것) | 쪽 | 1 |
| 8 | 식용유 | | mL | 30 |
| 9 | 진간장 | | mL | 15 |
| 10 | 깨소금 | | g | 5 |
| 11 | 흰설탕 | | g | 5 |

재료 확인 ➡ 재료 손질 ➡ 두부 썰어 지지기 ➡ 양념장 만들기 ➡ 조리기 ➡ 고명 얹기 ➡ 담기 ➡ 국물 끼얹기

| | |
|---|---|
| 두부 손질하기 | ① 두부는 0.8×3×4.5cm로 8쪽으로 썰어 소금을 약간 뿌려두었다가 물기를 제거한다. |
| 재료 손질하기 | ② 파의 일부는 다져서 양념으로 사용하고, 나머지는 1.5cm로 채썰어 찬물에 헹궈 물기를 제거한다. |
| | ③ 마늘은 곱게 다지고, 실고추는 1.5cm 길이로 자른다. |
| 두부 지지기 | ④ 프라이팬을 달군 후 식용유를 두르고, 손질한 두부를 노릇하게 앞뒤로 지진다. |
| 양념장 만들기 | ⑤ 간장 1큰술, 설탕 2/3큰술, 다진 파, 다진 마늘, 후춧가루, 깨소금, 참기름을 넣어 양념하여 넣는다. |
| 조리기 | ⑥ 냄비에 지진 두부를 넣어 양념장을 골고루 올리고, 물 1/2C을 넣은 다음, 은근한 불에서 국물을 끼얹어 가며 천천히 조린다. |
| 고명 얹기 | ⑦ 두부조림이 다 되어갈 무렵에 실고추, 파채를 얹고, 두껑을 덮어 잠시 뜸을 들인다. |
| 완성하기 | ⑧ 완성한 두부조림 8쪽을 그릇에 담고, 남은 국물을 끼얹어 촉촉하게 해서 제출한다. |

두부 썰기

두부 소금간 하기

두부 지지기

대파, 실고추 고명 준비하기

양념장 만들기

조린 후 고명 얹기

● **Point**

① 두부는 일정한 크기로 썰어 소금을 뿌린 후 물기를 닦고 앞뒤를 노릇하게 지져야 색이 일정하며 자연스럽게 색이 난다.
② 양이 적은 경우 타기 쉬우므로 주의하며, 국물을 끼얹어 가며 조린다.

● 초(炒) 조리 ●

# 25 홍합초

※ 주어진 재료를 사용하여 다음과 같이 홍합초를 만드시오.

가. 마늘과 생강은 편으로, 파는 2cm로 써시오.

나. 홍합은 데쳐서 전량 사용하고, 촉촉하게 보이도록 국물을 끼얹어 제출하시오.

다. 잣가루를 고명으로 얹으시오.

| 번호 | 재료 목록 | 규격 | 단위 | 수량 |
|---|---|---|---|---|
| 1 | 생홍합 | 굵고 싱싱한 것, 껍질 벗긴 것으로 지급 | g | 100 |
| 2 | 대파 | 흰 부분(4cm 정도) | 토막 | 1 |
| 3 | 검은 후춧가루 | | g | 2 |
| 4 | 참기름 | | mL | 5 |
| 5 | 마늘 | 중(깐 것) | 쪽 | 2 |
| 6 | 진간장 | | mL | 40 |
| 7 | 생강 | | g | 15 |
| 8 | 흰설탕 | | g | 10 |
| 9 | 잣 | 깐 것 | 개 | 5 |

조리 과정

재료 확인 ➡ 재료 손질 ➡ 홍합 데치기 ➡ 조림장 만들기 ➡ 조리기 ➡ 채소 썰기 ➡ 잣 다지기 ➡ 담기 ➡ 잣가루 얹기

홍합 손질하기

① 홍합은 가위로 족사(수염)와 이물질을 제거하고, 소금물에 씻어서 끓는 물에 살짝 데친다.

재료 손질하기

② 대파는 2cm 길이로 썬다.
③ 마늘과 생강은 0.3cm 편썰기한다.
④ 잣은 고깔을 제거하고, 곱게 다진다.

조림장 만들기

⑤ 냄비에 물 4큰술, 간장 1큰술, 설탕 1큰술, 후춧가루를 넣고 조림장을 만든다.

조리기

⑥ 조림장이 끓으면 데친 홍합을 넣어 조림장을 끼얹어가며 중불에서 조린다.
⑦ 거의 조려졌을 때 마늘, 생강, 대파를 넣어 살짝 익힌다.
⑧ 국물이 2큰술 정도 남으면 참기름 1~2방울을 넣어 고루 섞어 윤기나게 조린다.

완성하기

⑨ 그릇에 담고 남은 국물을 끼얹은 후 잣가루를 얹어 제출한다.

중간 과정

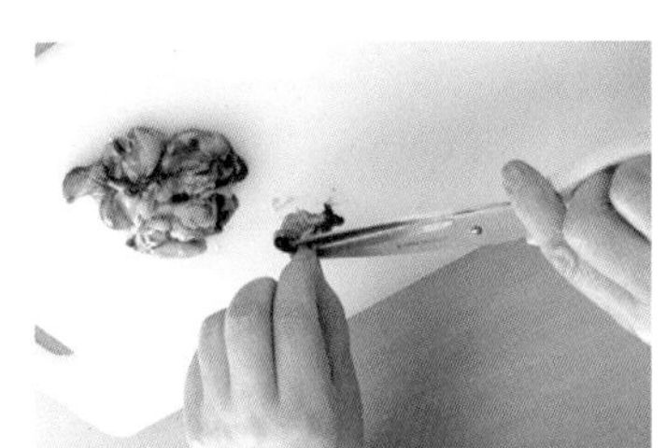

홍합 족사(수염) 제거하기

끓는 물에 데치기

대파, 마늘, 생강 편 썰기

잣 다지기

조림장에 조리기

잣가루 올리기

● **Point**

① 홍합량이 적어 태우기 쉬우므로 뚜껑을 열고 조린다.
② 중불에서 양념장을 끼얹어가며, 은근히 조려야 색깔이 선명하고 윤기나게 조려진다.
③ 양념장에 깨를 넣지 않도록 주의한다.

● 생회(生膾) 조리 ●

# 26 육회

※ 주어진 재료를 사용하여 다음과 같이 육회를 만드시오.

가. 소고기는 0.3×0.3×6cm로 썰어 소금 양념으로 하시오.

나. 배는 0.3cm × 0.3cm × 5cm로 변색되지 않게 하여 가장자리에 돌려 담으시오.

다. 마늘은 편으로 썰어 장식하고 잣가루를 고명으로 얹으시오.

라. 70g 이상의 완성된 육회를 제출하시오.

| 번호 | 재료명 | 규격 | 단위 | 수량 |
|---|---|---|---|---|
| 1 | 소고기 | 살코기 | g | 90 |
| 2 | 배 | 중(100g 정도 지급) | 개 | 1/4 |
| 3 | 잣 | 깐 것 | 개 | 5 |
| 4 | 대파 | 흰 부분(4cm 정도) | 토막 | 2 |
| 5 | 마늘 | 중(깐 것) | 쪽 | 3 |
| 6 | 소금 | 정제염 | g | 5 |
| 7 | 검은 후춧가루 | | g | 2 |
| 8 | 참기름 | | ml | 10 |
| 9 | 흰설탕 | | g | 30 |
| 10 | 깨소금 | | g | 5 |

조리 과정

재료 확인 ➡ 재료 손질 ➡ 배, 마늘 썰기 ➡ 소고기 채썰어 양념하기 ➡ 담기 ➡ 잣가루 올리기

| | |
|---|---|
| 재료 손질하기 | ① 배는 껍질을 벗긴 후 0.3cm×0.3cm×5cm로 썰어 설탕물(물 1/2C, 설탕 1큰술)에 담가 놓는다.<br>② 마늘의 일부는 양념으로 곱게 다지고, 나머지는 0.2cm 두께의 얇은 편으로 썬다.<br>③ 잣은 고깔을 제거하고, 곱게 다진다.<br>④ 소고기는 핏물, 기름기를 제거하고, 0.3×0.3×6cm로 결 반대 방향으로 채썬다. |
| 양념하기 | ⑤ 소금 1/4작은술, 설탕 1/3작은술, 참기름 1작은술, 후춧가루, 깨소금, 다진 파, 다진 마늘을 넣어 고기에 양념을 한다. |
| 배 돌려 담기 | ⑥ 설탕물에 담가둔 배는 면포로 물기를 제거한 뒤 접시 가장자리에 돌려 담는다.<br>⑦ 양념한 소고기를 동그랗게 뭉쳐서 중앙에 담고, 편 썬 마늘을 돌려 담는다. |
| 완성하기 | ⑧ 준비해 둔 잣가루를 고명으로 얹어 제출한다. |

중간 과정

배 썰어 설탕물에 담그기

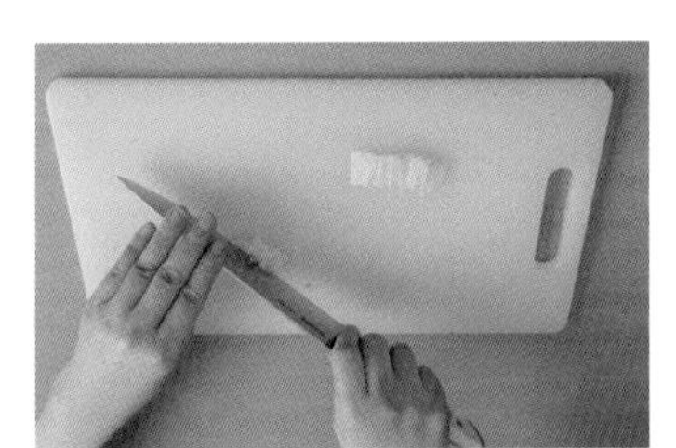

마늘 편썰기, 다지기

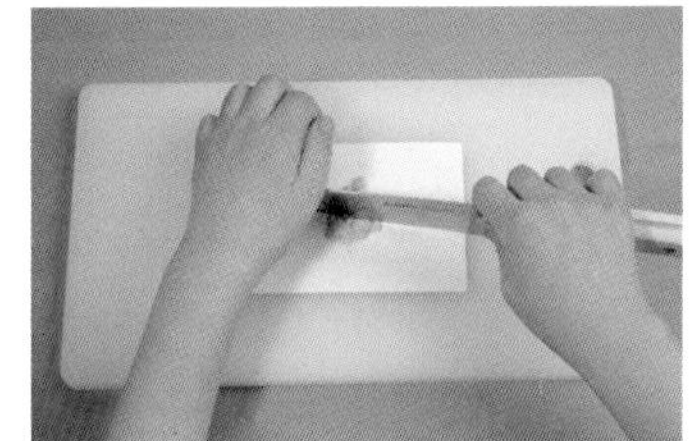

잣 다지기

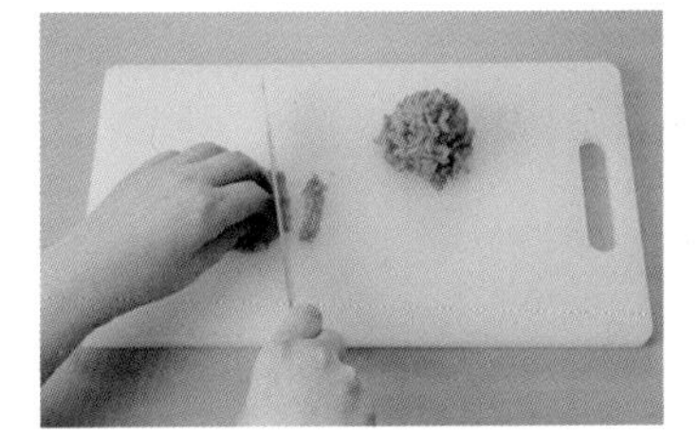

소고기 채썰기

소고기 양념하기

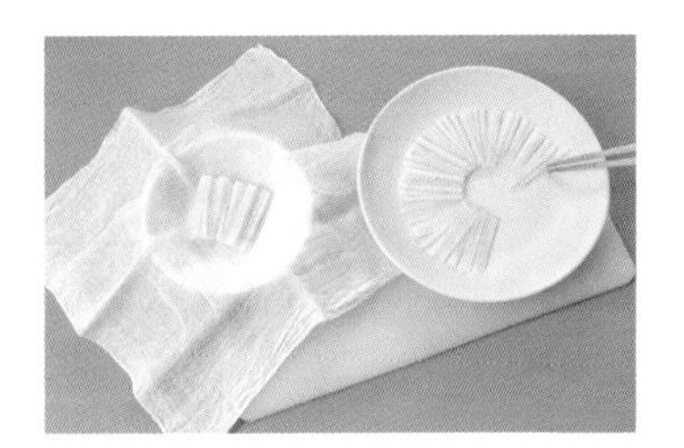

배 물기 제거 후 돌려담기

● **Point**

① 소고기의 핏물을 충분히 제거하고 사용한다.
② 육회 손질 시는 조리 도구를 더욱 청결히 해야 한다.
③ 육회 양념은 보통 소고기 양념보다 마늘과 참기름, 설탕을 많이 쓴다.

● 숙회(熟膾) 조리 ●

# 미나리강회

※ 주어진 재료를 사용하여 다음과 같이 미나리강회를 만드시오.

가. 강회의 폭은 1.5cm, 길이는 5cm 정도로 하시오.

나. 붉은 고추의 폭은 0.5cm, 길이는 4cm 정도로 하시오.

다. 달걀은 황 · 백지단으로 사용하시오.

라. 강회는 8개 만들어 초고추장과 함께 제출하시오.

| 번호 | 재료명 | 규격 | 단위 | 수량 |
|---|---|---|---|---|
| 1 | 소고기 | 살코기(길이 7cm) | g | 80 |
| 2 | 미나리 | 줄기 부분 | g | 30 |
| 3 | 홍고추(생) | | 개 | 1 |
| 4 | 달걀 | | 개 | 2 |
| 5 | 고추장 | | g | 15 |
| 6 | 식초 | | ml | 5 |
| 7 | 흰설탕 | | g | 5 |
| 8 | 소금 | 정제염 | g | 5 |
| 9 | 식용유 | | ml | 10 |

재료 확인 ➡ 재료 손질 ➡ 미나리 데치기 ➡ 소고기 삶기 ➡ 편육, 홍고추 썰기 ➡ 지단 부쳐서 썰기 ➡ 포갠 재료 미나리로 감기 ➡ 초고추장 만들기 ➡ 담기

| | |
|---|---|
| 재료 손질하기 | ① 미나리는 뿌리와 잎을 제거하고, 줄기가 굵으면 반으로 가른 다음, 끓는 물에 소금을 넣고 데친 후 찬물에 헹구어 식힌다.<br>② 소고기는 끓는 물에 덩어리째 삶아 식으면 1.5×5cm 정도로 썰어 놓는다.<br>③ 홍고추는 손질하여 길이대로 반을 가른 후 태좌를 제거하고, 0.5×4cm로 썬다. |
| 황 · 백 지단 부치기 | ④ 달걀은 흰자와 노른자를 분리하여 소금을 넣고 도톰하게 부친 후 썰어 놓는다. |
| 강회 만들기 | ⑤ 편육, 백지단, 황지단, 홍고추를 함께 잡아 데친 미나리로 길이의 1/3~2/3 정도 말아서 마무리한다. |
| 초고추장 만들기 | ⑥ 고추장 2작은술, 설탕 1.5작은술, 식초 2작은술, 물 1작은술로 초고추장을 만든다. |
| 완성하기 | ⑦ 그릇에 미나리강회 8개를 담고, 초고추장을 곁들여 제출한다. |

미나리 잎 제거 후 데치기

소고기 삶기

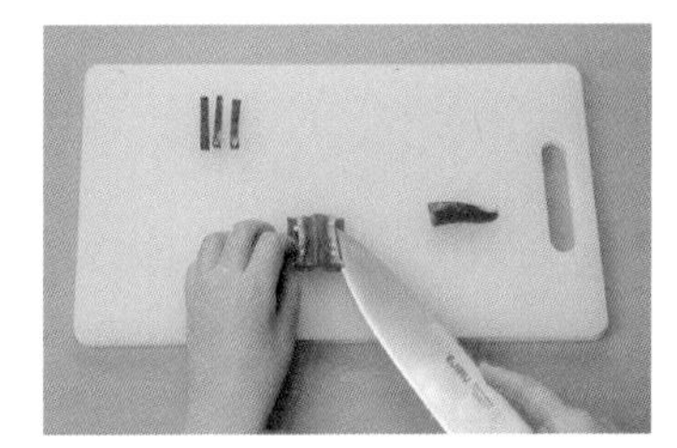

홍고추 썰기

편육, 지단 썰기

데친 미나리로 감기

초고추장 만들기

● **Point**

① 달걀지단을 부칠 때 노른자에 흰자를 조금 섞어 부친다(노른자만 사용 시 8개 안 나올 수 있다).
② 편육은 충분히 익히고, 완전히 식은 후에 썰어야 부서지지 않는다.
③ 완성할 때 포개는 순서에 유의한다.

● 볶음 조리 ●

# 28 오징어볶음

※ 주어진 재료를 사용하여 다음과 같이 오징어 볶음을 만드시오.

가. 오징어는 0.3cm 폭으로 어슷하게 칼집을 넣고, 크기는 4×1.5cm 정도로 써시오.
(단, 오징어 다리는 4cm 길이로 자른다)

나. 고추, 파는 어슷썰기, 양파는 폭 1cm로 써시오.

| 번호 | 재료 목록 | 규격 | 단위 | 수량 | 번호 | 재료 목록 | 규격 | 단위 | 수량 |
|---|---|---|---|---|---|---|---|---|---|
| 1 | 물오징어 | 250g 정도 | 마리 | 1 | 9 | 양파 | 중(150g 정도) | 개 | 1/3 |
| 2 | 소금 | 정제염 | g | 5 | 10 | 마늘 | 중(깐 것) | 쪽 | 2 |
| 3 | 진간장 | | mL | 10 | 11 | 대파 | 흰 부분 (4cm 정도) | 토막 | 1 |
| 4 | 흰설탕 | | g | 20 | 12 | 생강 | | g | 5 |
| 5 | 참기름 | | mL | 10 | 13 | 고춧가루 | | g | 15 |
| 6 | 깨소금 | | g | 5 | 14 | 고추장 | | g | 50 |
| 7 | 풋고추 | 길이 5cm 이상 | 개 | 1 | 15 | 검은 후춧가루 | | g | 2 |
| 8 | 홍고추(생) | | 개 | 1 | 16 | 식용유 | | mL | 30 |

재료 확인 ➡ 재료 손질 ➡ 오징어 껍질 벗겨 칼집 넣기 ➡ 고추장양념 만들기 ➡ 채소, 오징어 볶기 ➡ 담기

| | |
|---|---|
| 채소 썰기 | ① 풋고추, 홍고추는 어슷썰기 한 후 씨를 제거하고, 대파도 어슷썰기한다.<br>② 양파는 길이 4cm, 폭 1cm 두께로 썬다. |
| 오징어 손질하기 | ③ 오징어는 배쪽을 갈라 내장을 빼내고 껍질을 벗겨 씻은 다음, 몸통 안쪽에 0.3cm 간격으로 가로세로 어슷하게 칼집을 넣어 4×1.5cm로 썰고, 다리도 4cm로 썬다. |
| 양념장 만들기 | ④ 고추장 2큰술, 고춧가루 2작은술, 설탕 1큰술, 간장 1작은술, 다진 파 2작은술, 다진 마늘 1작은술, 다진 생강 1/4작은술, 후춧가루, 깨소금을 넣고 고추장양념을 만든다. |
| 볶기 | ⑤ 프라이팬에 식용유를 두른 후 양파, 고추, 대파를 볶다가 오징어를 넣고 볶으면서 고추장양념을 넣어 살짝 볶는다.<br>⑥ 참기름, 통깨를 넣고 마무리한다. |
| 완성하기 | ⑦ 그릇에 전 재료가 보이도록 담아 제출한다. |

재료 썰기

내장제거 후 껍질 벗기기

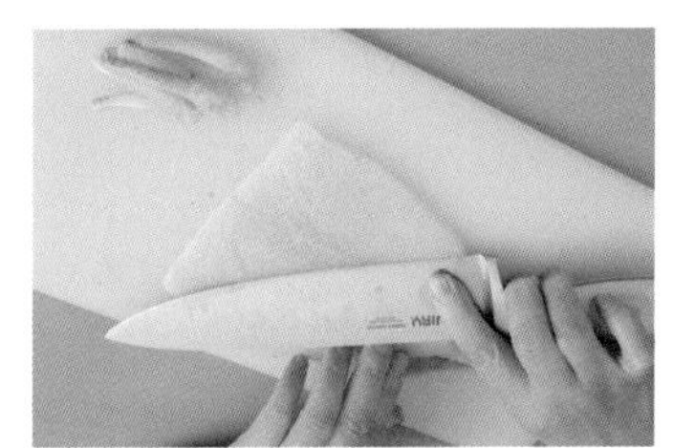

오징어 칼집 넣기

고추장양념 만들기

채소, 오징어 순서대로 볶기

고추장양념 넣고 볶기

● **Point**

① 오징어는 가로, 세로 사선으로 칼집을 일정하게 넣고, 가로로 잘라야 말리지 않는다.
② 식용유를 너무 많이 넣고 볶으면 양념장과 기름이 분리된다.
③ 고추장 양념을 넣고 재빨리 볶아야 타지 않고 색도 선명하며, 물이 생기지 않는다.

● 무침 조리 ●

# 겨자채

※ 주어진 재료를 사용하여 다음과 같이 겨자채를 만드시오.

가. 채소, 편육, 황 · 백지단, 배는 0.3×1×4cm로 써시오.

나. 밤은 모양대로 납작하게 써시오.

다. 겨자는 발효시켜 매운맛이 나도록 하여 간을 맞춘 후 재료를 무쳐서 담고, 통잣을 고명으로 올리시오.

| 번호 | 재료 목록 | 규격 | 단위 | 수량 | 번호 | 재료 목록 | 규격 | 단위 | 수량 |
|---|---|---|---|---|---|---|---|---|---|
| 1 | 양배추 | 길이 5cm | g | 50 | 8 | 흰설탕 | | g | 20 |
| 2 | 오이 | 가늘고 곧은 것 20cm 정도 | 개 | 1/3 | 9 | 잣 | 깐 것 | 개 | 5 |
| 3 | 당근 | 길이 7cm 정도 곧은 것 | g | 50 | 10 | 소금 | 정제염 | g | 5 |
| 4 | 소고기 | 살코기(길이 5cm) | g | 50 | 11 | 식초 | | ml | 10 |
| 5 | 밤 | 중(생 것), 껍질 깐 것 | 개 | 2 | 12 | 진간장 | | ml | 5 |
| 6 | 달걀 | | 개 | 1 | 13 | 겨잣가루 | | g | 5 |
| 7 | 배 | 중(길이로 등분), 50g 정도 지급 | 개 | 1/8 | 14 | 식용유 | | ml | 10 |

재료 확인 ➡ 재료 손질 ➡ 소고기 삶기 ➡ 겨자 발효하기 ➡ 채소 썰어 물에 담그기 ➡ 황·백지단 부쳐 썰기 ➡ 겨자즙 만들기 ➡ 물기 제거하기 ➡ 무치기 ➡ 담기 ➡ 통잣 올리기

| | |
|---|---|
| 소고기 삶기 | ① 소고기는 핏물을 제거하고, 끓는 물에 덩어리째 삶아 식힌 후 썬다. |
| 겨자 발효하기 | ② 겨잣가루는 따뜻한 물(40℃)로 되직하게 개어서 10분 정도 발효시킨다. |
| 재료 준비하기 | ③ 양배추는 줄기를 제거하고, 오이와 당근과 같이 0.3×1×4cm로 썰어서 찬물에 담가 싱싱하게 해 놓는다.<br>④ 오이는 삼발래(세 갈래)로 썰어 씨 부분을 제거한 뒤, 같은 크기로 썰어 찬물에 담근다.<br>⑤ 배는 껍질을 벗기고, 채소와 같은 크기로 썰어 설탕물에 담근다.<br>⑥ 밤은 0.3cm로 납작하게 썰어 물에 담근다.<br>⑦ 달걀은 흰자와 노른자를 분리하여 소금을 넣고, 지단을 도톰하게 부쳐 썬다. |
| 겨자즙 만들기 | ⑧ 겨자(발효한 것) 1큰술, 소금 1/2작은술, 설탕 1큰술, 식초 1큰술, 간장 1/6작은술, 물(육수)를 넣어 겨자즙을 만들어 체에 내린다. |
| 완성하기 | ⑨ 물에 담근 채소를 건져서 면포에 물기를 제거한 후 양배추, 오이, 당근, 배, 밤, 편육을 겨자즙에 무치고, 황·백지단을 넣어 한 번 더 무쳐 그릇에 담고, 통잣을 올려 제출한다. |

소고기 삶기

겨자 발효하기

채소 썰기

채소의 물기 제거하기

지단 부치기

겨자즙에 무치기

**● Point**

① 양배추가 두꺼우면 줄기를 저며 썰고, 오이는 껍질 쪽만을 사용한다.
② 편육은 삶아서 완전히 식힌 후에 썰어야 부스러지지 않는다.
③ 겨잣가루는 따뜻한 물로 되직하게 개어서 냄비 뚜껑 위에 엎어 발효시켜야 매콤한 맛이 빨리 난다.
④ 채소를 무칠 때 겨자즙이 덩어리지지 않게 버무려야 한다.

● 무침 조리 ●

# 잡채

※ 주어진 재료를 사용하여 다음과 같이 잡채를 만드시오.

가. 소고기, 양파, 오이, 당근, 도라지 표고버섯은 0.3×0.3×6cm 정도로 썰어 사용하시오.

나. 숙주는 데치고, 목이버섯은 찢어서 사용하시오.

다. 당면은 삶아서 유장처리하여 볶으시오.

라. 황 · 백 지단은 0.2×0.2×4cm로 썰어 고명으로 얹으시오.

| 번호 | 재료명 | 규격 | 단위 | 수량 | 번호 | 재료명 | 규격 | 단위 | 수량 |
|---|---|---|---|---|---|---|---|---|---|
| 1 | 당면 | | g | 20 | 11 | 대파 | 흰 부분 (4cm 정도) | 토막 | 1 |
| 2 | 소고기 | 살코기 | g | 30 | 12 | 마늘 | 중(깐 것) | 쪽 | 2 |
| 3 | 건 표고버섯 | 지름 5cm 정도(물에 불린 것) | 개 | 1 | 13 | 진간장 | | mL | 20 |
| 4 | 건 목이버섯 | 지름 5cm 정도(물에 불린 것) | 개 | 2 | 14 | 식용유 | | mL | 50 |
| 5 | 양파 | 중(150g 정도) | 개 | 1/3 | 15 | 깨소금 | | g | 5 |
| 6 | 오이 | 가늘고 곧은 것(20cm 정도) | 개 | 1/3 | 16 | 검은 후춧가루 | | g | 1 |
| 7 | 당근 | 길이 7cm 정도(곧은 것) | g | 50 | 17 | 참기름 | | mL | 5 |
| 8 | 통도라지 | 껍질 있는 것(길이 20cm 정도) | 개 | 1 | 18 | 소금 | 정제염 | g | 10 |
| 9 | 숙주 | 생 것 | g | 20 | 19 | 달걀 | | 개 | 1 |
| 10 | 흰설탕 | | g | 10 | 20 | | | | |

재료 확인 ➡ 재료 손질 ➡ 당면, 목이버섯 불리기 ➡ 당면 삶기 ➡ 소고기, 버섯 양념하여 볶기 ➡ 무치기 ➡ 담기 ➡ 고명 얹기

재료 손질하기

① 당면은 10cm 정도로 자른 후 미지근한 물에 담그고, 목이버섯도 미지근한 물에 불린다.
② 오이는 돌려깎기하여 채썰고, 소금에 절인 후 물기를 제거한다.
③ 숙주는 거두절미하여 데쳐서 찬물에 헹군 다음, 소금과 참기름으로 밑간을 한다.
④ 통도라지는 손질 후 채썰어 소금을 넣고 주물러 씻어 쓴맛을 제거한다.
⑤ 달걀은 흰자와 노른자를 분리하여 소금을 넣고 지단을 부쳐 채썰고, 당근 · 양파 · 표고버섯도 채썬다. 소고기는 결대로 채썬다.
⑥ 목이버섯은 한입 크기로 찢어서 양념한다.

양념하기

⑦ 간장 2작은술, 설탕 1작은술, 후추, 깨소금, 참기름, 다진 파, 다진 마늘을 넣어 소고기, 표고버섯, 목이버섯 양념을 한다.

당면 삶기

⑧ 불린 당면은 끓는 물에 소금을 넣고 삶아 찬물에 헹군 후 물기를 제거하고, 간장 2작은술, 설탕 1작은술, 참기름 1작은술을 넣어 양념한다.

재료 볶기

⑨ 프라이팬에 식용유를 두르고 양파, 도라지, 오이, 당근, 표고버섯, 목이버섯, 소고기, 당면 순으로 볶는다.

무치기

⑩ 당면에 볶아 놓은 재료, 깨소금, 참기름을 넣어 무친다.

완성하기

⑪ 무친 잡채를 그릇에 담고 황 · 백 지단을 고명으로 얹어 제출한다.

재료 손질하기

숙주 데치고, 당면 삶기

당면 양념하기

재료 볶기

양념한 당면 볶기

무치기

● **Point**

① 채소, 버섯, 소고기, 당면들은 따로 볶아 함께 무쳐야 한다.
② 당면 삶는 데 유의하고, 간장으로 색을 내고 나머지 간은 소금으로 한다.

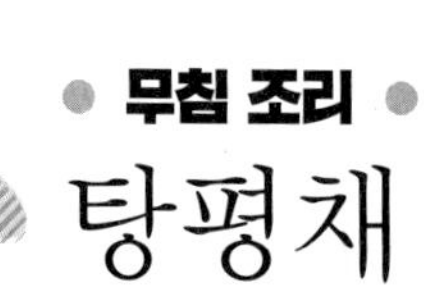


# 31 탕평채

※ 주어진 재료를 사용하여 다음과 같이 탕평채를 만드시오.

가. 청포묵은 0.4×0.4×6cm로 썰어 데쳐서 사용하시오.

나. 모든 부재료의 길이는 4~5cm로 써시오.

다. 소고기, 미나리, 거두절미한 숙주는 각각 조리하여 청포묵과 함께 초간장으로 무쳐 담아내시오.

라. 황 · 백 지단은 4cm 길이로 채 썰고, 김은 구워 부셔서 고명으로 얹으시오.

| 번호 | 재료 목록 | 규격 | 단위 | 수량 | 번호 | 재료 목록 | 규격 | 단위 | 수량 |
|---|---|---|---|---|---|---|---|---|---|
| 1 | 청포묵 | 중(길이 6cm) | g | 150 | 9 | 대파 | 흰 부분(4cm 정도) | 토막 | 1 |
| 2 | 소고기 | 살코기 | g | 20 | 10 | 검은 후춧가루 | | g | 1 |
| 3 | 숙주 | 생 것 | g | 20 | 11 | 참기름 | | mL | 5 |
| 4 | 미나리 | 줄기 부분 | g | 10 | 12 | 흰설탕 | | g | 5 |
| 5 | 달걀 | | 개 | 1 | 13 | 깨소금 | | g | 5 |
| 6 | 김 | | 장 | 1/4 | 14 | 식초 | | mL | 5 |
| 7 | 진간장 | | mL | 20 | 15 | 소금 | 정제염 | g | 5 |
| 8 | 마늘 | 중(깐 것) | 쪽 | 2 | 16 | 식용유 | | mL | 10 |

재료 확인 ➡ 재료 손질 ➡ 청포묵 데치기 ➡ 소고기 채 썰어 양념하기 ➡ 황 · 백지단 만들기 ➡ 소고기 볶기 ➡ 김 굽기 ➡ 초간장 만들기 ➡ 담기 ➡ 고명 얹기

재료손질 하기

① 청포묵은 0.4×0.4×6cm로 썰어서 끓는 물에 넣어 부드럽게 한다.

② 숙주는 거두절미한 후 끓는 물에 데쳐서 찬물에 헹구고, 파와 마늘은 곱게 다진다.

③ 미나리는 잎을 제거 후 끓는 물에 소금을 넣고 살짝 데쳐 찬물에 헹군 다음, 물기를 제거하고 4cm로 썬다.

④ 소고기는 채썰어서 간장 1/2작은술, 설탕 1/4작은술, 다진 파, 다진 마늘, 후춧가루, 깨소금, 참기름을 넣어 양념한다.

황 · 백지단 부치기

⑤ 달걀은 흰자와 노른자를 분리하여 소금을 넣고, 지단을 각각 부쳐 채썬다.

볶기

⑥ 프라이팬을 달구어 양념한 소고기를 물기 없이 볶은 후 식힌다.

초간장 만들기

⑦ 간장 2작은술, 식초 1작은술, 설탕 1작은술을 섞어 초간장을 만든다.

김 굽기

⑧ 김은 구운 후 비닐봉지에 넣고 잘게 부순다.

무치기

⑨ 제출하기 직전에 준비해 놓은 소고기, 숙주나물, 미나리, 청포묵에 초간장을 넣고 무친다.

완성하기

⑩ 그릇에 담고 황 · 백 지단, 김 부순 것을 얹어 제출한다.

청포묵 썰어 데치기

미나리 줄기 데치기

지단 부치기

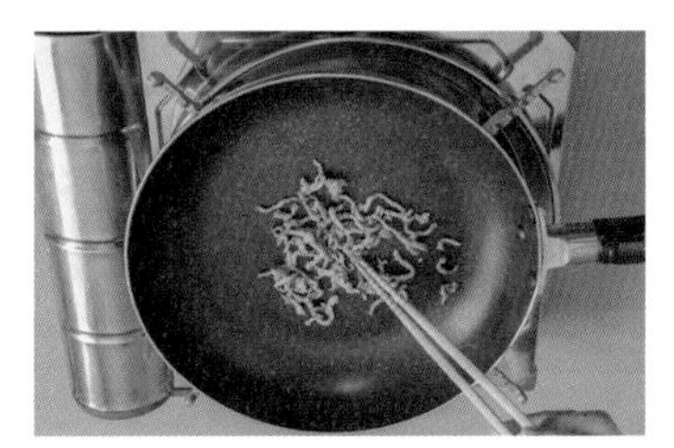

양념한 소고기 볶기

김 굽기

초간장에 무치기

● **Point**

① 청포묵을 썰 때는 칼날에 물을 적셔 사용하면 칼에 붙지 않고 잘 썰어진다.

② 제출하기 직전에 무쳐야 미나리 색이 변하지 않는다.

## 참고문헌


[국내]

김기영(1997), 호텔주방관리론, 백산출판사
김덕웅 외 2인(2004), 21C 식품위생학, 수학사
김동석외 29인(2011), 공중보건학, 수문사
김이수(2014), 조리영양학, 대왕사
김숙희(2013), 기초영양학, 대왕사
김태형 외 4인(2010), 주방관리론, 교문사
김동희, 김소미, 김은희, 오승희(2004), 조리사시험 문운당
금종화외 9인(2010), 조리사시험, 문운당
노수정(2019), 조리기능사 필기 시험문제, 크라운출판사
노수정(2020), 한식조리기능사, 크라운출판사
남궁석, 심우만, 소명환(1998), 식품저장 및 가공, 선진문화사
남궁석 외 4인(1998), 식품학총론, 진로연구사
문범수(2002), 식품첨가물, 수학사
문범수, 이갑상(1998), 식품재료학, 수학사
문수재, 손경희(2006), 식품학 및 조리원리, 수학사
박영배(2003), 식음료서비스관리론, 백산출판사
복혜자(2016), 한국의 음식문화와 스토리텔링, 백산출판사
송태희 외 4인(2016), 조리과학, 교문사
진영일 외 3인(2017), 조리기능사 필기, 백산출판사
이종임(2019), 조리기능사 시험문제 총정리, 수도출판문화사
안승요, 조영(2000), 식품학, 한국방송대학교출판부,
우세홍, 황상용((1998), 식품위생학, 개문사
윤서석(2002), 한국음식, 수학사
이한창, 임종필, 조좌형, 신중엽(1998), 식품미생물학, 수학사
이혜수, 조영(1996), 조리원리, 한국방송통신대학교 대학부
임윤희, 양성숙, 김선유(2016), 조리기능사, 씨마스
정재권, 백대기(2007), 원가회계, 두남
정재홍 외 10인(2015), 한식조리, 형설출판사
한복려(2017), 조선왕조 궁중음식, 궁중음식연구원
한은숙(2019), 조리기능사 기출이 답이다, ㈜시대고시기획
한혜영 외 5인(2017), NCS 자격검정을 위한 한식조리, 백산출판사
현기순, 홍성야, 임양순, 이애랑((2003), 단체급식관리, 수학사
홍기운외5인(2009), 식품위생학, 대왕사
황춘기 외 8인(2008), 주방관리론, 지구문화사
황혜성, 한복려, 한복진, 정라나(2015), 3대가 쓴 한국의 전통음식, (주)교문사
황혜성, 한복려, 한복진(1990), 한국의 전통음식, (주)교문사
국가자격시험 연구회(2020), 한식조리 기능사 필기, 책과 상상
(사)한국전통음식연구소(2019), 떡 제조기능사 필기 및 실기, (주)지구문화
전희정(2002), 한국음식용어사전, 전희정, 지구문화사
박경태 외 2인(2008), 글로벌음식문화의 이해, 석학당
정순영 외 5인(2013), 고급전통 한국음식, 백산출판사
이하연(2007), 이하연의 명품김치, 웅진리빙하우스
산업재해안전관리공단

[국외]

The Culinary Institute of America Staff(1996), The new professional chef, Published by Wiley & Sons,Inc.

[참고 사이트]

한국산업인력공단, 한국 NCS 학습모듈, 2019(http://www.hrdkorea.or)

# 한식조리기능사 필기실기


**발 행 일** 2023년 3월 10일 개정2판 1쇄 발행
2023년 6월 10일 개정2판 2쇄 발행

**저 자** 하현숙 · 남자숙 · 김남희 공저

**발 행 처** 크라운출판사 http://www.crownbook.com

**발 행 인** 李尙原
**신고번호** 제 300-2007-143호
**주 소** 서울시 종로구 율곡로13길 21
**공 급 처** (02) 765-4787, 1566-5937, (080) 850~5937
**전 화** (02) 745-0311~3
**팩 스** (02) 743-2688
**홈페이지** www.crownbook.co.kr
**I S B N** 978-89-406-4698-4 / 13590

**특별판매정가 27,000원**




이 도서의 문의를 편집부(02-6430-7019)로 연락주시면 친절하게 응답해 드립니다.